BMFT – Risiko- und Sicherheitsforschung

Steinkohle – Technikfolgenabschätzung ihres verstärkten Einsatzes in der Bundesrepublik Deutschland

Im Auftrag des Kernforschungszentrums Karlsruhe
Abteilung für Angewandte Systemanalyse (AFAS)
herausgegeben von R. Coenen

Mit 43 Abbildungen und 127 Tabellen

Springer-Verlag
Berlin Heidelberg New York Tokyo 1985

Bundesministerium für Forschung
und Technologie, Bonn

Diplom-Volkswirt R. Coenen, Kernforschungszentrum Karlsruhe
Abteilung für Angewandte Systemanalyse (AFAS)
Karlsruhe

Diese Studie wurde im Auftrag des BMFT erstellt.
Die Aufgabenstellung wurde vom BMFT vorgegeben.
Der BMFT hat das Ergebnis der Studie nicht beeinflußt.
Der Auftragnehmer trägt allein die Verantwortung.

CIP-Kurztitelaufnahme der Deutschen Bibliothek
Steinkohle – Technikfolgenabschätzung ihres verstärkten Einsatzes in der Bundesrepublik Deutschland / [Bundesministerium für Forschung u. Technologie, Bonn]. Im Auftr. d. Kernforschungszentrums Karlsruhe, Abt. für Angewandte Systemanalyse (AFAS) hrsg. von R. Coenen [Diese Studie wurde im Auftrag des BMFT erstellt]. – Berlin ; Heidelberg ; New York ; Tokyo : Springer, 1985.
(BMFT – Risiko- und Sicherheitsforschung)
NE: Coenen, Reinhard [Hrsg.]; Deutschland ‹Bundesrepublik› / Bundesminister für Forschung und Technologie

ISBN-13:978-3-642-82244-5 e-ISBN-13:978-3-642-82243-8
DOI: 10.1007/978-3-642-82243-8

Satz: Graphischer Betrieb Konrad Triltsch, Würzburg

Vorwort

Im Sommer 1980 wurde vom Bundesminister für Forschung und Technologie eine Studie über die Auswirkungen eines verstärkten Einsatzes von Kohle zur Energiebedarfsdeckung ausgeschrieben. Die Abteilung für Angewandte Systemanalyse (AFAS) des Kernforschungszentrums Karlsruhe beteiligte sich an dieser Ausschreibung und wurde im Jahre 1981 mit der Durchführung der Studie beauftragt.

Für die AFAS lag, neben dem Interesse an der inhaltlichen Thematik, der besondere Reiz dieses Projektes in der Chance, erstmals in Deutschland eine größere Untersuchung entsprechend dem Konzept der Technikfolgenabschätzung durchführen zu können. Zwar findet seit Jahren eine Diskussion über das Technology-Assessment (TA)-Konzept und seine Institutionalisierung im wissenschaftlichen und politischen Bereich statt; es fehlt aber weitgehend noch an einer praktischen Demonstration der Möglichkeiten und Grenzen dieser Analysekonzeption, sieht man von einigen Studien ab, die man nur im weiteren Sinne als Technikfolgenabschätzung einordnen kann.

Die Studie wurde von der AFAS mit dem Anspruch einer möglichst umfassenden Identifikation und Analyse der ökonomischen, ökologischen und gesellschaftlichen Bedingungen und Folgen eines verstärkten Steinkohleeinsatzes konzipiert. Generell ist die Erfüllung eines solchen Anspruchs mit einem erheblichen personellen und zeitlichen Aufwand verbunden, vor allem dann, wenn noch kein ausreichendes Instrumentarium vorliegt und z. B. neue Modelle noch entwickelt werden müssen. Dies kann dazu führen, daß die Fragestellung einer solchen Studie im Verlauf der Bearbeitung einen Teil ihrer politischen Aktualität verliert oder eine neue Akzentuierung erfährt. Von diesem Schicksal ist auch diese Technikfolgenabschätzung zum verstärkten Steinkohleeinsatz nicht ganz verschont geblieben. Eine substantielle Fragestellung – als solche ist nach den negativen Erfahrungen zweier Ölkrisen die Frage nach den Folgen und Bedingungen eines verstärkten Steinkohleeinsatzes zur Ölsubstitution auch heute noch anzusehen – wird jedoch nicht mit dem Verlust der oft kurzlebigen politischen Aktualität gegenstandslos. Wie in der Vorbemerkung in Teil A dieses Buches ausgeführt, besitzt die Fragestellung dieser Studie nach Ansicht der Autoren weiterhin technologie-, energie- und umweltpolitische Aktualität, obwohl sich im Verlauf der Bearbeitung der Studie energie- und umweltpolitische Rahmenbedingungen teilweise erheblich geändert haben. Soweit möglich, wurde Änderungen der Rahmenbedingungen auch bei der Bearbeitung Rechnung getragen.

Auf der anderen Seite kann eine auch noch so umfassende Technikfolgenabschätzung für technologische Optionen mit weitreichenden und langfristigen Folgen nicht alle Aspekte behandeln, d. h. die Bearbeitung bestimmter Aspekte muß ergänzenden TA-Analysen überlassen werden oder kann nur mit deutlich geringerer Analysetiefe erfolgen. Dies trifft auch für diese Studie zu, bei der z. B. alternative Möglichkeiten der Ölsubstitution nicht oder nur am Rande als Realisierungsprobleme einer Ölsubstitution durch Steinkohle behandelt werden konnten, wie beispielsweise die Konkurrenzsituation von Fernwärme auf Kohlebasis und Erdgas bei der Ölsubstitution. Eine gleichrangige Behandlung anderer Alternativen zur Ölsubstitution (Erdgas, Kernenergie, Einsparung) hätte den Rahmen der Studie in zeitlicher und finanzieller Hinsicht gesprengt. Damit wird eine der wesentlichen Grenzen von TA-Untersuchungen deutlich und die Aussage im Bundesbericht Forschung 1984 des BMFT untermauert, daß es die ideale, tatsächlich alle Folgen der Technik für die Entwicklung der sozialen, wirtschaftlichen und ökologischen Verhältnisse berücksichtigende Untersuchung kaum wird geben können.

Über die Frage, welche Aspekte mit welcher Analysetiefe zu bearbeiten sind, wie auch über das von bisherigen Energiestudien abweichende TA-Konzept der Studie ist es in dem vom Bundesministerium für Forschung und Technologie berufenen „Ad-hoc-Ausschuß Kohlestudie" teilweise zu sehr kontroversen Diskussionen gekommen. Die Ausschußmitglieder bitten wir um Verständnis, daß die AFAS in vielen Punkten, insbesondere konzeptionellen, auf ihrem Standpunkt beharrt hat, weil sie – wie übrigens auch das BMFT – diese Studie zugleich als eine Modellstudie zur Demonstration des TA-Konzepts betrachtet hat. Gleichzeitig haben uns die Ausschußsitzungen aber sehr viele wertvolle Hinweise und Anregungen gebracht. Besonders möchten wir den Ausschußmitgliedern Dr. G. Escher (VEBA Oel AG), Prof. Dr. K. Hedden (Universität Karlsruhe), Dr. P. Necker (Neckar-Werke Elektrizitätsversorgung AG), Dr. J. Seeliger (Gesamtverband des Deutschen Steinkohlenbergbaus) sowie den Gästen des Ausschusses Dr. K. Flath (Bundesministerium für Wirtschaft), Dr. G. Reimann (Bundesministerium des Innern) und Herrn Ch. Cirkel (Ministerium für Wirtschaft, Mittelstand und Verkehr des Landes Nordrhein-Westfalen) danken, die uns darüber hinausgehend durch detaillierte Diskussion von Texten, Vermittlung von Kontakten und wichtigen Informationen bei der Durchführung der Studie unterstützt haben. Besonderer Dank gilt auch Herrn Dr. Schwarz und Herrn Dr. Roemer-Mähler, die die Studie seitens des BMFT betreut haben.

Die Durchführung einer umfassenden Technikfolgenabschätzung für eine Technologie mit weitreichenden und weitgefächerten Implikationen erfordert die Heranziehung von Sachverstand aus sehr verschiedenen wissenschaftlichen und technischen Bereichen, der wohl nie innerhalb einer einzelnen Forschungseinrichtung vereinigt sein dürfte. Aus diesem Grund erfolgte in Form von Unteraufträgen eine Zusammenarbeit mit folgenden Institutionen und externen Fachleuten, denen wir hiermit für die fruchtbare Kooperation danken möchten: ABAS GmbH, Karlsruhe; Bergbau-Forschung GmbH, Essen; Deutsches Institut für Wirtschaftsforschung, Berlin; Eproplan GmbH, Ostfildern; Fraunhofer-Institut für Systemtechnik und Innovationsforschung (ISI), Karlsruhe; Gesellschaft für Reaktorsicherheit (GRS), Köln; Institut für Siedlungswasserwirtschaft der Universität Karlsruhe; Rheinisch-Westfälischer Technischer Überwachungsverein e.V., Essen; Zentrum für Umfragen, Methoden und Analysen (ZUMA), Mannheim; Herr Dr. Dlugi und Herr Dr. Güsten von anderen Instituten bzw. Abteilungen des Kernforschungszentrums Karlsruhe; Prof. Dr. G. Hoffmann (Staatliche Landwirtschaftliche Untersuchungs- und Forschungsanstalt, Augustenberg); Dr. Jill Jäger (Meteorologin, Karlsruhe); Dipl.-Chemikerin M. Wüstefeld (Schwalbach/TS). Gedankt sei ebenfalls J. Cofala

(Polnische Akademie der Wissenschaften, Warschau) und B. Dykes (Radian Corporation, North Carolina), die als ausländische Gastwissenschaftler zeitweilig an der Studie mitgearbeitet haben.

Dieses Buch beinhaltet im wesentlichen den offiziellen Schlußbericht der Studie. Aus Platzgründen werden drei größere Abschnitte des Schlußberichts getrennt als Berichte des Kernforschungszentrums Karlsruhe veröffentlicht; es handelt sich dabei um die Analysen zum CO_2-Problem (KfK-Bericht Nr. 3527), die Analysen zu Abwässern und festen Rückständen bei der Kohlenutzung (KfK-Bericht Nr. 3526) und die Analysen zu den Unfall- und Gesundheitsrisiken im Bergbau (KfK-Bericht Nr. 3525); dieses Buch enthält lediglich Kurzfassungen der Ergebnisse dieser Analysen. Als KfK-Berichte werden auch verschiedene Materialienbände zur Studie veröffentlicht. Die KfK-Berichte können vom Kernforschungszentrum Karlsruhe bezogen werden; eine Liste der im Rahmen der Studie veröffentlichten KfK-Berichte kann bei der Abteilung für Angewandte Systemanalyse, Kernforschungszentrum Karlsruhe, Postfach 36 40, D-7500 Karlsruhe 1, angefordert werden.

Abschließend möchte ich als Herausgeber der Studie sehr herzlich meinen in diesem Buch als Bearbeiter und Autoren genannten Kollegen für ihre Mitarbeit an dieser Studie danken und insbesondere auch den Sekretariatsmitarbeiterinnen der AFAS – Frau G. Kaufmann, Frau M. Kinsch, Frau W. Laier, Frau Ch. Neu und Frau G. Rastätter –, die mit unermüdlichem Einsatz – teilweise unter großem Zeitdruck und in Überstunden – das Buchmanuskript, zahlreiche Berichtsentwürfe, Materialienbände, Zwischenberichte und Ausschußvorlagen geschrieben haben.

Karlsruhe, September 1984

Reinhard Coenen
(Studienleiter)

Mitarbeiter

Herausgeber und Studienleiter: R. Coenen

Redaktionelle Bearbeitung: Ingrid Ruhle-von Berg

Autoren und Bearbeiter:

G. Bechmann
H. Blume
K. R. Bräutigam
D. Brune
R. Coenen
P.-M. Fischer
F. W. Fluck
G. Frederichs
B. Fürniß
F. Gloede
G. Halbritter
J. Jörissen
H. Katzer
S. Klein-Vielhauer
Ch. Kupsch
E. Leßmann
M. Mäule
E. Nieke
H. Paschen
F. K. Pickert
G. Sardemann
G. Schufmann
V. Schulz
H. Stehfest
M. Tampe-Oloff *
H. Tangen **
D. Wintzer

* Institut für Forstpolitik und Raumordnung der Universität Freiburg
** Hauptabteilung Ingenieurtechnik des Kernforschungszentrums Karlsruhe

Alle anderen Mitarbeiter waren zum Zeitpunkt der Durchführung der Studie in der Abteilung für Angewandte Systemanalyse (AFAS) des Kernforschungszentrums Karlsruhe tätig

Inhaltsverzeichnis

Teil C
Analysen zu den Umweltfolgen eines verstärkten Kohleeinsatzes

Teil A

Konzept der Studie, Referenzannahmen zum Energiebedarf und zur Energieversorgung, Kohleeinsatzstrategien

Bearbeiter:	R. Coenen	V. Schulz
	H. Katzer	H. Tangen
	S. Klein-Vielhauer	D. Wintzer
	H. Paschen	

1 Vorbemerkungen

Die Studie, deren Ergebnisse in diesem Bericht dargestellt werden, wurde im Juni 1980 unter dem Eindruck der zweiten Ölpreiskrise vom Bundesminister für Forschung und Technologie ausgeschrieben. Inzwischen haben sich die wirtschaftlichen und energiewirtschaftlichen Rahmenbedingungen in kaum voraussehbarem Maße verändert. Die letzten Jahre waren gekennzeichnet

- durch wirtschaftliche Rezession bzw. Stagnation mit realen Wachstumsraten des Bruttosozialproduktes in den Jahren 1981, 1982 und 1983 von –0,3%, –1,1% und +1,2%,
- durch einen Rückgang des Primärenergieverbrauchs um mehr als 10% von 408 Mio t SKE im Jahr 1979 auf 362 Mio t SKE im Jahr 1983,
- durch ein noch stärkeres Sinken des Mineralölverbrauchs – um 25% – im gleichen Zeitraum, trotz eines spürbaren Rückgangs des Rohölpreises.

Die zum Zeitpunkt der Ausschreibung erwartete „Renaissance" der Steinkohle als Träger der Ölsubstitution ist bisher ausgeblieben. Den deutschen Bergbau drükken schwere Absatzprobleme; die Halden beliefen sich Mitte 1983 auf 34,5 Mio t SKE einschließlich der nationalen Kohlereserve von 10 Mio t SKE, die in den Jahren 1985 bis 1988 zum Rückkauf durch den Bergbau ansteht. Die Absatzflaute ist allerdings nahezu ausschließlich auf den rezessions- und insbesondere auch strukturell bedingten Absatzrückgang bei der Stahlindustrie zurückzuführen, während in dem anderen wichtigen Absatzbereich – der Elektrizitätswirtschaft – der Einsatz der Steinkohle dank des langfristigen Verstromungsvertrages zwischen Kohlebergbau und Elektrizitätswirtschaft sogar zugenommen hat. Schließlich haben sich auch die umweltpolitischen Randbedingungen geändert: Die jahrelang diskutierten Vorhaben zur Reduktion der Emissionen und Immissionen von Luftschadstoffen – die Neufassung der TA Luft und die Großfeuerungsanlagenverordnung – wurden vor allem unter dem Eindruck der rapide fortschreitenden Waldschäden und der dadurch ausgelösten Reaktionen einer besorgten Öffentlichkeit von der neuen Bundesregierung relativ kurzfristig verabschiedet, ohne daß damit allerdings die Diskussion über weitere Verschärfungen dieser Verordnungen beendet worden wäre. Dies gilt insbesondere für die Altanlagenregelung der Großfeuerungsanlagenverordnung. Es sind daher weitere Veränderungen der umweltpolitischen Rahmenbedingungen für den Steinkohleeinsatz nicht auszuschließen.

Angesichts dieser entscheidenden Veränderungen im politischen und wirtschaftlichen Umfeld stellt sich die Frage nach der Aktualität einer Studie, die die Möglichkeiten eines verstärkten Kohleeinsatzes und dessen ökonomische, ökologische und gesellschaftliche Folgen analysiert. Die Autoren der Studie sind der Meinung, daß die Studie vielleicht sogar noch an Aktualität gewonnen hat, und zwar aus folgenden Gründen:

(1) Die Absatzprobleme des Steinkohlenbergbaus in einem seiner traditionellen Märkte machen Überlegungen über die Erschließung neuer Einsatzmärkte oder die Wiedereroberung alter Märkte der Steinkohle notwendig, da ein starkes Rückfahren der einheimischen Produktion insbesondere unter regionalen ar-

beitsmarkt- und strukturpolitischen Gesichtspunkten schwere Probleme aufwerfen würde.

(2) Es sind zwar bereits jetzt ansehnliche Erfolge bei der Zurückdrängung des Öls in unserer Energieversorgung zu verzeichnen; eine weitere erhebliche Reduzierung des Ölanteils (1982: 44,2%) an unserer Primärenergieversorgung bleibt aber ein wichtiges energiepolitisches Ziel. Zudem ist zu bedenken, daß sich die zur Zeit günstige geopolitische Diversifikation der bundesdeutschen Ölimporte in den 90er Jahren wieder verschlechtern wird, weil die OPEC-Staaten wegen der Erschöpfung der Erdölvorkommen in der Nordsee dann wieder ein stärkeres Gewicht bekommen dürften.

(3) Unter längerfristigen energiepolitischen Perspektiven, d.h. über das Jahr 2000 hinausgehend, dürfte es aufgrund der Ressourcensituation bei den fossilen Primärenergieträgern notwendig werden, daß die Kohle die Rolle des Öls als „Primärenergieträger Nr. 1" übernimmt.

(4) Die Analyse der Auswirkungen des zukünftigen Einsatzes fossiler Energieträger – insbesondere der weiträumigen Ausbreitung dabei entstehender Luftverunreinigungen und der damit verbundenen ökologischen Wirkungen – ist angesichts der Problematik des „Waldsterbens" von unmittelbarer politischer Bedeutung.

2 Fragestellung, Konzept und Aufbau der Studie

2.1 Fragestellung und Konzept der Studie

Die Studie wurde, wie einleitend erwähnt, vor dem Hintergrund der zweiten Ölkrise konzipiert. Ziel der Studie ist es, die technischen Möglichkeiten, die Realisierungsbedingungen und die ökonomischen, ökologischen und gesellschaftlichen Folgen eines verstärkten Einsatzes von Steinkohle zur Ölsubstitution systematisch darzustellen und zu bewerten und Vorschläge zur Vermeidung oder Milderung negativer Folgen und zur Überwindung von Realisierungsproblemen des verstärkten Kohleeinsatzes zu machen.

Die Untersuchung wurde von der Abteilung für Angewandte Systemanalyse (AFAS) des Kernforschungszentrums Karlsruhe als sogenannte problem-induzierte Technologiefolgenabschätzung (TA)[1] angelegt. Das Problem besteht darin, über die Rohölmenge hinaus, die bis zum Jahr 2000 bereits trendmäßig eingespart oder durch andere Energieträger ersetzt werden dürfte, eine bestimmte zusätzliche Menge Rohöl zu substituieren. Zunächst werden verschiedene (technische) Wege zur Lösung des Problems erarbeitet, die dann miteinander verglichen werden. Auf der Basis dieses Vergleichs werden Empfehlungen zur Problemlösung entwickelt. Entsprechend der Ausschreibung des BMFT werden allerdings nur Wege der Ölsubstitution *durch Kohle* analysiert; andere denkbare Lösungswege, z.B. Ölsubstitution durch

1 „Problem-induzierte" TA-Untersuchungen sind auf die Analyse sozialer, ökonomischer oder ressourcenbedingter Probleme gerichtet; sie prüfen alternative technische (oder auch nicht-technische) Wege zur Lösung solcher Probleme.

Erdgas, Kernenergie oder regenerative Energieträger, werden nicht oder nur am Rande – im Zusammenhang mit der Diskussion von Realisierungsbedingungen der „Kohlelösungen" – betrachtet.

Als grundlegende technische Möglichkeiten der Ölsubstitution durch Kohle werden analysiert:

- die *Kohleverstromung*, bei der Ölprodukte durch Strom substituiert werden sollen;
- die *Kohleverheizung*, bei der Ölprodukte durch Fernwärme und Prozeßwärme aus Kohleheizkraftwerken bzw. industriellen Kohlefeuerungen ersetzt werden sollen;
- die *Kohleveredlung*, bei der Ölprodukte durch Produkte der Kohleverflüssigung und -vergasung substituiert werden sollen.

Der Vergleich alternativer Lösungswege zur Ölsubstitution durch Kohle beschränkt sich nicht auf eine Gegenüberstellung der Kohleumwandlungstechnologien. Vielmehr werden einerseits die Verteilungs- und Nutzungstechnologien für die Kohleumwandlungsprodukte mit betrachtet, d.h. es werden „Technologieketten" analysiert, wie z.B. Kohlekraftwerk – Elektrizitätsverteilung – Elektrowärmepumpen; Kohleheizkraftwerk – Fernwärmeverteilung – Fernwärmehausstation; Kohlevergasung zur Methanolerzeugung – Methanolverteilung – Methanol-Pkw. Andererseits erfolgt der Vergleich im Rahmen versorgungswirtschaftlicher Strategien (im folgenden Kohleeinsatzstrategien genannt), durch die die Endenergienutzergruppen, bei denen Öl mit den jeweiligen strategiespezifischen Technologien substituiert werden soll, und der Umfang der Ölsubstitution bei diesen Gruppen festgelegt sind.

2.2 Aufbau der Studie

Der Aufbau der Studie orientiert sich an den in der Literatur vielfach beschriebenen iterativen Ablaufschemata für TA-Analysen, die zumeist die in Abb. A-1 (linke Seite) aufgeführten TA-typischen Aufgabenpakete enthalten. Auf der rechten Seite der Abbildung ist die jeweilige Konkretisierung dieser Aufgabenpakete im Rahmen der Kohlestudie dargestellt. Im folgenden werden diese Aufgabenpakete der Kohlestudie kurz erläutert; damit wird zugleich eine Lesehilfe für den Bericht gegeben.

2.2.1 Problemanalyse und -definition

Zur qualitativen und quantitativen Beschreibung der zu analysierenden Substitutionsaufgabe waren eine problemadäquate Erfassung der derzeitigen Energieverbrauchs- und -versorgungsstruktur und eine Prognose der zukünftigen Entwicklung (Referenzschätzung) erforderlich. Die Prognose wurde auf das Jahr 2000 bezogen. Sie zeigt auf, in welchen Bereichen unter Berücksichtigung erwartbarer Entwicklungen auf den Energiemärkten die Potentiale für die Ölsubstitution durch Kohle liegen, und liefert die bedarfs- und versorgungsseitigen Rahmendaten zur quantitativen Festlegung des Substitutionsumfangs. Die wesentlichen wirtschaftlichen und energiewirtschaftlichen Annahmen und die Eckwerte der Referenzschätzung sowie die Überlegungen, die zur Festlegung des Umfangs der Substitutionsaufgabe führten, werden im folgenden Kapitel 3 dieses Berichtsteils dargestellt.

Ablaufplan einer probleminduzierten Technologiefolgenabschätzung	Konkretisierung dieser Aufgabenpakete in der Kohlestudie
• Problemanalyse und -definition	• Analyse des Energieversorgungssystems und seiner zukünftigen Entwicklung zur Identifikation von Ölsubstitutionspotentialen und zur Festlegung des quantitativen Umfangs der Substitutionsaufgabe der Kohle
• Entwicklung von (technischen) Lösungsalternativen	• Entwicklung verschiedener Kohleeinsatzstrategien (Ausgangsstrategien)
• Analyse der in die Untersuchung einbezogenen Technologien (technische Analyse)	• Analyse der strategiespezifischen Technologien bezüglich Wirkungsgrade, Investitionskosten, Emissionen etc.
• Identifikation der Realisierungsbedingungen und Folgen der Technologieeinführung (Issue Analysis)	• Problemanalysen zur Identifikation der Realisierungsbedingungen und der Folgen der verstärkten Kohlenutzung
• Analyse der Realisierungsbedingungen und Folgen der Technologieeinführung (Folgenanalyse)	• Analyse der Realisierungsbedingungen und Folgen der verschiedenen Kohleeinsatzstrategien
• Bewertung der Realisierungsbedingungen und Folgen der Technologieeinführung; Entwicklung von Handlungsempfehlungen (Policy Analysis)	• Bewertung der Kohleeinsatzstrategien anhand ihrer Realisierungsbedingungen und Folgen; Entwicklung von Vorschlägen für einen verstärkten Steinkohleeinsatz

Abb. A-1. Ablaufplan und Konkretisierung der Aufgaben einer probleminduzierten Technologiefolgenabschätzung

2.2.2 Entwicklung von technischen Lösungsalternativen

In der Studie werden – wie schon erwähnt – drei Kohleeinsatzstrategien miteinander verglichen. Primäres Unterscheidungsmerkmal dieser Kohleeinsatzstrategien ist das Verfahren der Kohleumwandlung in Sekundärenergieträger: Die Strategiebildung orientiert sich an den drei verfahrenstechnisch grundsätzlich unterschiedlichen Kohleumwandlungstechniken, nämlich der *Verstromung*, der *Verheizung zur Nutzwärmeerzeugung* und der *Veredlung von Kohle zu flüssigen oder gasförmigen Kohlenwasserstoffen.* Die Ergänzung dieser drei Kohleumwandlungsverfahren mit Verteilungs- und Nutzungstechnologien zu Technologieketten in den drei Strategien erfolgte aufgrund von Überlegungen über die mit den jeweiligen Umwandlungsprodukten erschließbaren Ölsubstitutionspotentiale. Bei der Festlegung des auf die einzelnen Technologieketten entfallenden Umfangs der Ölsubstitution wurden bestimmte Leitkriterien für die Strategien berücksichtigt. Eine ausführlichere Beschreibung der Vorgehensweise bei der Strategiebildung und eine Darstellung der Strategien enthält Kapitel 4.

2.2.3 Analyse der in die Untersuchung einbezogenen Technologien (technische Analyse)

Die technische Analyse ist naturgemäß ein zentrales Element einer jeden Technologiefolgenabschätzung; sie liefert die Basisdaten für ökonomische und ökologische Folgenanalysen. Die technische Analyse muß alle „Inputs und Outputs" der zu betrachtenden Anlagen, in diesem Fall der Kohleumwandlungs-, -verteilungs- und -nutzungsanlagen, erfassen. Inputs sind die eingesetzten Ressourcen wie Kapital, Arbeit, Boden, Energieträger, Wasser und sonstige Roh- und Hilfsstoffe, Outputs neben dem erwünschten Produkt die Emissionen in Luft und Wasser und die festen Rückstände. Darüber hinaus waren weitere technische, ökonomische und umweltrelevante Daten zu erfassen wie Bauzeit, Lebensdauer, technischer Entwicklungsstand, Rückhaltetechniken und -grade, um nur einige zu nennen.

Die Technologiedaten für die strategiespezifischen Umwandlungs-, Verteilungs- und Nutzungstechnologien sowie für die zu ersetzenden Öltechnologien wurden auf Datenblättern erfaßt, die in einem Materialienband als KfK-Bericht (Berichtsreihe des Kernforschungszentrums Karlsruhe) veröffentlicht werden. Soweit es erforderlich erschien, enthalten die Strategiebeschreibungen in Kapitel 4 dieses Berichtsteils kurze Technologiebeschreibungen. Wichtige ökonomische und umweltrelevante Kenndaten der Technologien sind in den Berichtsteilen zu den ökonomischen und den Umweltfolgenanalysen enthalten.

2.2.4 Identifikation der Realisierungsbedingungen und Folgen der Technologieeinführung (Issue Analysis)

Die Identifikation von Realisierungsbedingungen und Folgen der Technologieeinführung ist im Rahmen von TA-Untersuchungen ein kritischer Arbeitsschritt. Einerseits ist deren möglichst vollständige Erfassung einer der zentralen Ansprüche, die an TA gestellt werden, andererseits ist die Erfüllung dieser Forderung bei weitreichenden Technologien oder Technologie-Kombinationen, wie sie in der Kohlestudie analysiert werden, kaum und sicher nicht in gleicher Tiefe für alle Folgen möglich. Aus arbeitsökonomischen und finanziellen Gründen ist man meistens gezwungen, einen Selektionsprozeß zwischenzuschalten, um die Folgen oder Probleme auszuwählen, denen im Rahmen der Folgenanalyse besondere Aufmerksamkeit zu schenken ist.

Für diesen Selektionsprozeß gibt es keine generellen Verfahrensweisen. Es versteht sich von selbst, daß öffentlich oder wissenschaftlich intensiv diskutierte Probleme behandelt werden müssen, wie z. B. bei der Kohlenutzung der Problemkreis „Saurer Regen und Waldsterben". Darüber hinaus ist es aber gerade ein Anspruch des TA, auch bisher nicht erkannte oder nicht diskutierte Probleme einer Technologieanwendung zu identifizieren.

In der vorliegenden Studie wurde die Problemidentifikation so durchgeführt, daß zunächst „Problemanalysen" für verschiedene Auswirkungsbereiche auf der Basis von Literaturauswertungen und Expertengesprächen durchgeführt wurden, anhand derer dann Entscheidungen über die Behandlung und Analysetiefe einzelner Probleme getroffen wurden.

2.2.5 Analyse der Realisierungsbedingungen und Folgen der Technologieeinführung (Folgenanalysen)

Untersucht wurden die ökonomischen Bedingungen und Folgen, die Umweltfolgen und die gesellschaftlichen Akzeptanzbedingungen der drei Kohleeinsatzstrategien.

Analyse der ökonomischen Bedingungen und Folgen (Ökonomische Folgeanalysen)

Zentrales Realisierungsproblem des verstärkten Steinkohleeinsatzes ist die wirtschaftliche Attraktivität der Kohle gegenüber dem zu ersetzenden Öl. Aus diesem Grund stehen im Zentrum der ökonomischen Folgenanalysen Kostenvergleiche zwischen den Strategietechnologien auf Kohlebasis und den strategiegemäß zu substituierenden Öltechnologien. Daneben werden weitere Realisierungsprobleme der Strategien und Strategieelemente diskutiert. Hierzu zählen energierechtliche, umweltrechtliche, organisatorische Aspekte, um einige zu nennen. Zur globalen ökonomischen Bewertung der Strategien werden weiterhin Indikatoren ermittelt, die den Investitionsbedarf, den Arbeitskräftebedarf und die Substitutionskosten jeweils für die Gesamtstrategie widerspiegeln.

Die Ergebnisse der ökonomischen Folgenanalysen werden in Teil B dieses Berichtes dargestellt.

Umweltfolgenanalysen

Die Umweltfolgenanalysen umfassen quantitative und qualitative Untersuchungen über die Belastungen durch Luftverunreinigungen, Abwasseremissionen und feste Rückstände eines verstärkten Kohleeinsatzes sowie Analysen zu den Unfall- und Gesundheitsrisiken im Steinkohlebergbau und bei Steinkohletransport, -aufbereitung und -umwandlung.

Der Schwerpunkt der quantitativen Analysen im Bereich der Luftverunreinigungen liegt auf der lokalen und weiträumigen Ausbreitung von Schwefeldioxid; für andere Luftverunreinigungen (z. B. Stickoxide und staubgetragene Schwermetalle) konnten – vor allem wegen Datenlücken und Modellierungsproblemen – nur in begrenztem Maße quantitative Analysen durchgeführt werden. Für verschiedene umwelt- und gesundheitsrelevante Schadstoffe wurden detaillierte Kenntnisstandsanalysen über deren Auswirkungen durchgeführt, z. B. zu den Gesundheitsauswirkungen von SO_2, NO_x, bestimmten Schwermetallen und polyzyklischen Aromaten und zu den Auswirkungen saurer Depositionen auf Waldökosysteme. Die Ergebnisse der Kenntnisstandsanalysen sowie empfohlene bzw. gesetzlich vorgeschriebene Grenzwerte wurden zur Bewertung der Ergebnisse der Emissions- und Immissionsanalysen herangezogen.

Auch die durch einen verstärkten Kohleeinsatz verursachten Abwasseremissionen und festen Rückstände wurden quantitativ abgeschätzt, und es wurde in Kenntnisstandsanalysen untersucht, ob hiermit Umweltbelastungen bzw. Gewässerbelastungen verbunden sind.

Die Umweltfolgenanalysen werden in Teil C dieses Berichtes dargestellt; über die Analysen zu den Abwasseremissionen, festen Rückständen und Unfallrisiken konnten allerdings aus Platzgründen nur Zusammenfassungen der Ergebnisse aufgenommen werden.

Analysen zu den gesellschaftlichen Bedingungen eines verstärkten Kohleeinsatzes

Neben der Analyse ökonomischer und umweltpolitischer Realisierungsbedingungen wurde auch untersucht, ob bei einer verstärkten Kohlenutzung und der Einführung neuer Kohletechnologien mit Realisierungsproblemen durch Widerstände in der Bevölkerung zu rechnen ist und ob bestimmte technische Einsatzformen der Kohle mehr oder weniger Zustimmung in der Bevölkerung und bei gesellschaftlichen Gruppen finden. Diese beiden Fragen wurden empirisch durch repräsentative Bevölkerungsbefragungen (1980, 1982, 1983) und durch Medienanalysen relevanter Zeitungen und Zeitschriften untersucht. Über die Ergebnisse dieser Untersuchungen wird in Teil D berichtet.

Bewertung der Realisierungsbedingungen und Folgen der Technologieeinführung; Entwicklung von Handlungsempfehlungen

Zur Gesamtbeschreibung der Strategien werden die in den verschiedenen Folgenanalysen durchgeführten partiellen Strategievergleiche zusammengestellt. Je nach Gewichtung verschiedener Folgenaspekte können sich unterschiedliche Gesamtbewertungen ergeben. In Teil E dieses Berichts wird eine zusammenfassende Bewertung der Strategien und von Strategieelementen aus der Sicht der Bearbeiter der Studie gegeben und zur Diskussion gestellt. Darüber hinaus werden Empfehlungen gegeben, in welchen Bereichen eine Strategie der Ölsubstitution durch Kohle, die eine Mischstrategie aus einzelnen Elementen der drei Ausgangsstrategien sein kann, ansetzen sollte bzw. welchen Strategietechnologien auf Kohlebasis Priorität bei der Ölsubstitution eingeräumt werden sollte.

3 Prognose der zukünftigen Energiebedarfs- und -versorgungsstruktur in der Bundesrepublik Deutschland (Referenzschätzung)

In der Studie werden für die Energieversorgung der Bundesrepublik Deutschland alternative Wege der Substitution einer bestimmten Menge Rohöl durch Steinkohle und die damit verbundenen Realisierungsprobleme und Folgewirkungen untersucht. Bei einer solchen Aufgabenstellung kann man sich nicht darauf beschränken, verschiedene Kohleumwandlungstechnologien bzw. „Technologieketten" (Einbeziehung auch der Verteilungs- und Nutzungstechnologien für die Kohleumwandlungsprodukte) in bezug auf bestimmte Indikatoren, z. B. Wirkungsgrade, Kosten, Emissionen, technischer Entwicklungsstand etc., miteinander zu vergleichen. Da es um die Analyse eines nicht unbeträchtlichen energiewirtschaftlichen Umstellungsprozesses von Öl auf Kohle geht, der Endenergieverbraucher, Energiewirtschaft, die Bevölkerung und die Umwelt in vielfältiger Weise tangieren würde, kann die Frage nach den Auswirkungen und Realisierungsbedingungen eines verstärkten Kohleeinsatzes zur Ölsubstitution nur im Kontext des historisch gewachsenen und sich weiterentwickelnden Energieversorgungssystems der Bundesrepublik Deutschland untersucht werden. Als Ausgangspunkt der Analyse bedurfte es deshalb einer problemadäquaten Beschreibung des Istzustands der Energieversorgung der Bundesrepublik Deutschland und einer Abschätzung der zukünftigen Entwicklung (Referenzschätzung). Die Referenzschätzung muß die Potentiale aufzeigen, die unter Berücksichtigung zu erwartender Entwicklungen auf den verschiedenen Energiemärkten für die *strategische* – d.h. die über die trendmäßig zu erwartende Ölsubstitution hinausgehende – Ölsubstitution durch Kohle verbleiben.

Die Referenzschätzung kann als bedingte Prognose charakterisiert werden, die von einer Kontinuität der Energiepolitik sowie – im Vergleich zu anderen Prognosen – von mittleren Annahmen über die Entwicklung wichtiger Einflußfaktoren des Energieverbrauchs, z.B. des Bruttosozialprodukts und des spezifischen Energieverbrauchs, ausgeht.

Bei der Erarbeitung der Referenzschätzung wurden zunächst sektorale Abschätzungen des Endenergiebedarfs für die drei Sektoren Haushalte und Kleinverbraucher, Industrie und Verkehr durchgeführt. Dazu war es notwendig, Annahmen über die jeweiligen Haupteinflußfaktoren des sektoralen Nutzenergiebedarfs bzw. des Bedarfs an Energiedienstleistungen sowie über die zukünftige Endenergieträgerstruktur zu treffen. In einem abschließenden Arbeitsschritt wurde aus den sektoralen Endenergiebedarfsschätzungen und der dabei unterstellten Endenergieträgerstruktur unter Berücksichtigung des Eigenverbrauchs im Umwandlungssektor eine Abschätzung des Primärenergiebedarfs vorgenommen.

In dem folgenden Abschnitt werden die wichtigsten Ergebnisse und Annahmen der Referenzschätzung kurz dargestellt.

3.1 Sektorale Energiebedarfsschätzungen für das Jahr 2000

3.1.1 Sektor „Haushalte, Kleinverbraucher, militärische Dienststellen“ (HuK-Sektor)

Die Energiebedarfsschätzung für den Sektor „Haushalte, Kleinverbraucher, militärische Dienststellen“ kommt zu dem Ergebnis, daß der Endenergieverbrauch in diesem Sektor bis zum Jahr 2000 um ca. 15% zurückgehen wird, von 112 Mio t SKE im Jahr 1980 auf etwa 96 Mio t SKE im Jahr 2000. Dieses Ergebnis ist vor allem darauf zurückzuführen, daß ein beträchtlicher Rückgang des Endenergieverbrauchs für die Raumwärmeerzeugung veranschlagt wird. Ein geringer Rückgang wird auch beim Endenergieeinsatz für die „Warmwasser- und Prozeßwärmeerzeugung“ prognostiziert, während der Energieeinsatz für die sonstigen Anwendungszwecke, z.B. „Kraft und Licht“, nach der Prognose noch steigt (vgl. Tabelle A-1). Da der Raumwärmebereich in diesem Sektor einerseits bei weitem der wichtigste Energieverbrauchsbereich ist und andererseits auch als ein wesentliches Potential für die Ölsubstitution in Frage kommt, sollen die in Tabelle A-1 aufgeführten Entwicklungsannahmen für diesen Teilbereich kurz erläutert werden.

Die Prognose des Energiebedarfs zur Raumwärmeerzeugung im Teilsektor „Haushalte“ wurde auf Basis der Größen „Einwohnerzahl“, „durchschnittliche Wohnfläche pro Kopf“ und „spezifischer Nutzenergieverbrauch pro m^2 Wohnfläche“ durchgeführt. Hierzu wurden folgende Annahmen getroffen: Die Anzahl der

Tabelle A-1. Ergebnisse und wichtige Annahmen der Referenzschätzung des Endenergiebedarfs 2000 für den Sektor „Haushalte, Kleinverbraucher, militärische Dienststellen"

		1980	2000
Endenergieverbrauch, in Mio t SKE		112,0	96,4
davon			
– Haushalte:	Raumwärme	54,9	44,0
	Warmwasser	6,7	5,8
	Kraft/Licht/Sonstiges	7,2	8,0
– Kleinverbraucher:	Raumwärme	23,6	19,2
	Prozeßwärme	9,7	7,9
	Kraft/Licht/Sonstiges	6,5	8,1
– militärische Dienststellen		3,4	3,4
Wichtige Annahmen:			
– Wohnbevölkerung in Mio		61,6	57,0
– Anzahl der Wohnungen in Mio		23,8	25,8
– Mittlere Wohnfläche pro Wohnung in m²		81	81
– hieraus ergibt sich Wohnfläche pro Kopf in m²		31,3	36,7
bzw. Zuwachs der Wohnfläche von 1980 bis 2000			+ 8%
– Zuwachs der Nutzfläche im Teilsektor Kleinverbraucher von 1980 bis 2000			+10%
– Änderung des spezifischen Endenergieverbrauchs für Raumwärme pro m² Wohn- bzw. Nutzfläche gegenüber 1980			
– Haushalte (zusammengefaßte Auswirkung eines *Mehr*verbrauchs aufgrund eines größeren Anteils von Sammelheizungen sowie eines *Minder*verbrauchs durch Einsparmaßnahmen einschließlich Nutzung von Umweltwärme und durch Änderung der Energieträgerstruktur)			-26%
– Kleinverbraucher (zusammengefaßte Auswirkung eines Minderverbrauchs durch Einsparmaßnahmen und durch Änderung der Energieträgerstruktur)			-26%

Wohnungen wird sich trotz des demographisch relativ sicher prognostizierbaren Bevölkerungsrückgangs bis zum Jahr 2000 noch um 2 Mio erhöhen. Hierfür in erster Linie verantwortlich ist der Trend einer Zunahme von Kleinhaushalten und Zweitwohnungen. Dieser Trend führt, zusammen mit hohen Boden- und Baupreisen und hohen Heiz- und Bewirtschaftungskosten, aber auch zu der Annahme, daß die durchschnittliche Wohnungsgröße, die in der Vergangenheit stark gestiegen war, nicht mehr zunimmt.

Unter diesen Annahmen ergibt sich eine Erhöhung der Gesamtwohnfläche um 8% und bei Einbeziehung der Bevölkerungsabnahme bis zum Jahr 2000 eine Erhöhung der Wohnfläche pro Kopf auf etwa 37 m² im Vergleich zu etwa 31 m² im Jahr 1980.

Die Abschätzung des spezifischen Endenergieverbrauchs für die Wohnraumbeheizung im Jahr 2000 beruht auf folgenden Annahmen:

- Bei der Entwicklung des Nutzenergiebedarfs wurden die Effekte eines wachsenden Anteils von Sammelheizungen (verbrauchssteigernd), einer besseren Wärmedämmung und einer besseren räumlichen und zeitlichen Temperaturregelung

(Nachtabsenkung) berücksichtigt. Insgesamt wird hierdurch pro m^2 Wohnfläche (im Mittel) 17% weniger Nutzenergie gegenüber 1980 benötigt. Unter Einbeziehung der Erhöhung der Gesamtwohnfläche führt dies zu einer Verringerung des gesamten Nutzenergiebedarfs für Raumheizung um 10%.

- Das Verhältnis zwischen Nutzenergie und Endenergie wird sich um 11% verbessern. Hierfür ist sowohl die Nutzung von Umweltenergie (Wärmepumpen) verantwortlich als auch die Verbesserung der Wirkungsgrade der Heizanlagen sowie die Veränderung der Endenergieträgerstruktur, mit stärkerer Betonung der Energieträger mit höheren Endenergiewirkungsgraden (Erdgas, Fernwärme, Strom).

Zusammenfassend ergibt sich eine Verringerung des spezifischen Endenergieverbrauchs pro m^2 Wohnfläche um 26% bzw. eine Verringerung des *gesamten* Endenergieverbrauchs für Wohnraumbeheizung um 20%. Dies bedeutet für die Referenzschätzung, daß der Endenergieverbrauch für Raumwärme in Privathaushalten von 55 Mio t SKE im Jahr 1980 auf 44 Mio t SKE im Jahr 2000 zurückgeht.

Für den zweitwichtigsten Verbrauchsbereich dieses Sektors, nämlich die Raumwärmeerzeugung im Teilsektor Kleinverbraucher, wird ebenfalls von einer 26%igen Verringerung des spezifischen Endenergieverbrauchs pro m^2 Nutzfläche im Zeitraum 1980 bis 2000 ausgegangen. Bei der Nutzfläche wird aufgrund zunehmender Beschäftigtenzahl bei gleichbleibender Nutzfläche pro Beschäftigten noch ein Zuwachs von 10% bis zum Jahr 2000 angenommen. Aber auch in diesem Teilsektor überwiegt die Verminderung des spezifischen Endenergieverbrauchs durch Einsparmaßnahmen und Veränderung der Endenergieträgerstruktur den verbrauchserhöhenden Effekt der Zunahme der Nutzfläche, so daß sich hier insgesamt ebenfalls ein Minderverbrauch gegenüber 1980 in Höhe von gut 4 Mio t SKE ergibt.

Bei der Endenergieträgerstruktur im HuK-Sektor wird eine starke Verschiebung von festen und flüssigen Brennstoffen zu leitungsgebundenen Energieträgern erwartet. Kohleheizungen werden im Gefolge von Wohnungsmodernisierungen weiter zurückgedrängt; Heizöl wird in Groß- und auch in Mittelstädten gemäß Referenzschätzung bereits in großem Umfang durch Gas und Fernwärme und in weniger dicht besiedelten Gebieten (Außenbereiche von Großstädten, Kleinstädte und Landgemeinden) durch Strom substituiert. Annahmegemäß halbiert sich der Heizölverbrauch in diesem Sektor.

3.1.2 Sektor „Industrie“

Der Endenergieeinsatz der Industrie (Verarbeitendes Gewerbe ohne Mineralölverarbeitung) war 1980 mit 88 Mio t SKE nicht höher als 1970, obwohl die Nettoproduktion der Industrie in diesem Zeitraum (inflationsbereinigt) um 24% stieg. Für den Zeitraum von 1980 bis 2000 wird von einem weiteren Zuwachs der realen industriellen Nettoproduktion um 50% ausgegangen. Diese Annahme entspricht einer durchschnittlichen realen Wachstumsrate von 2% pro Jahr.

Für die Entwicklung des industriellen Endenergieverbrauchs sind aber auch strukturelle Änderungen der Industrieproduktion von großer Bedeutung, wie die Vergangenheit gezeigt hat. Die hierzu getroffenen Annahmen gehen von einer weiteren Verschiebung der Wertschöpfung von der Herstellung von Rohprodukten zu weniger energieintensiven nachgelagerten Veredlungsschritten aus. In der Referenz-

Tabelle A-2. Ergebnisse und wichtige Annahmen der Referenzschätzung des Endenergiebedarfs 2000 für den Sektor „Industrie"

	1980	2000
Endenergieverbrauch, in Mio t SKE	88,1	87,5
Nichtenergetischer Verbrauch, in Mio t SKE	27,4	28
Wichtige Annahmen zum Endenergieverbrauch:		
– Entwicklung des realen Bruttoinlandprodukts 1980 bis 2000		
– jahresdurchschnittliches Wirtschaftswachstum		2%
– Zuwachs insgesamt		50%
– Entwicklung der realen Nettoproduktion der Industrie		
– Verhältnis Wachstum der realen Nettoproduktion der Industrie zu Wachstum des realen Bruttoinlandprodukts		1,0%
– Zuwachs 1980 bis 2000, insgesamt		50%
– Entwicklung der realen Nettoproduktion in verschiedenen Industriezweigen, Zuwachs 1980 bis 2000		
– Steine und Erden		0%
– Eisenschaffende Industrie		– 10%
– Chemie		+ 60%
– übrige Grundstoffindustrie		+ 25%
– Investitionsgüter		+ 75%
Verbrauchsgüter		+ 30%
– Nahrungs- und Genußmittel		+ 30%
– Spezifischer Endenergieverbrauch (bezogen auf die reale Nettoproduktion) (SEV) in verschiedenen Industriezweigen, Verhältnis SEV 2000 zu SEV 1980		
– Steine und Erden		0,80
– Eisenschaffende Industrie		0,78
– Chemie		0,72
– übrige Grundstoffindustrie		0,85
– Investitionsgüterindustrie		0,83
– Verbrauchsgüterindustrie		0,83
– Nahrungs- und Genußmittel		0,83

schätzung wird von 1980 bis 2000 eine 27%ige Verringerung des spezifischen Endenergieverbrauchs aufgrund struktureller Änderungen der Industrieproduktion veranschlagt. Davon entfällt der größere Teil auf Grobstrukturänderungen durch Umschichtung zwischen Industriebranchen; Einzelannahmen sind in Tabelle A-2 dargestellt. Auswirkungen auf den spezifischen Endenergieverbrauch durch Feinstrukturänderungen werden in besonderem Maße bei der Chemie veranschlagt (weitere Umschichtungen von der Grundstoffchemie zu forschungs- und entwicklungsintensiven, aber weniger energieintensiven Chemieprodukten), in zweiter Linie in den Industriezweigen „Steine und Erden" (u.a. durch Verringerung des Anteils der Herstellung und Produktion von Zement und Kalk zugunsten vorgefertigter Betonteile und Wärmedämmstoffe) und der „Eisenschaffenden Industrie" (sinkende Anteile der Roheisenproduktion, wachsende Anteile der Edelstahlerzeugung), in geringerem Ausmaße bei anderen Industriezweigen.

Ohne technische Fortschritte hinsichtlich der Effizienz des Endenergieeinsatzes zur Herstellung von Industrieprodukten würden die veranschlagten Struktureffekte zu etwa 10% mehr Endenergieeinsatz bei um 50% erhöhter Nettoproduktion der Industrie führen.

Dieser potentielle Mehrbedarf von 10% dürfte aber durch Verbesserungen der Effizienz des Endenergieeinsatzes kompensiert werden. Zu denken ist dabei an Verbesserungen des Wirkungsgrades von Heizkesseln zur Prozeßdampferzeugung, an Minderungen des Nutzenergiebedarfs je Produkteinheit durch veränderte technische Verfahrensweisen sowie an Minderung des spezifischen Endenergiebedarfs durch Übergang auf Endenergieträger (z. B. Strom) mit höheren Nutzenergiewirkungsgraden.

Diese Annahmen und Einschätzungen führen zu dem Ergebnis, daß der Endenergieeinsatz der Industrie im Jahr 2000 einen ähnlichen Umfang wie 1980 haben wird.

Bei der Endenergieträgerstruktur im Sektor „Industrie" wird mit folgenden Entwicklungen gerechnet:

. Der Einsatz von schwerem und leichtem Heizöl wird bis zum Jahr 2000 – wie sich bereits jetzt andeutet – noch erheblich zurückgehen, nicht zuletzt auf Grund der Substitution durch Steinkohle, dies führt dazu, daß der Einsatz fester Brennstoffe – vornehmlich Steinkohle – bis 2000 leicht zunehmen wird, obwohl beim Koksverbrauch in der Stahlindustrie mit einer rückläufigen Entwicklung zu rechnen ist. Der Gaseinsatz wird sich auf dem derzeitigen Niveau bewegen. Stark zunehmen wird der Stromeinsatz, nicht weil in den stromintensiven Industriezweigen mit einem Mehreinsatz gerechnet wird, sondern weil in weniger energieintensiven Industriezweigen mit guten Wachstumsperspektiven eine Erhöhung des Stromeinsatzes unterstellt wird.

Nichtenergetischer Verbrauch. Der nichtenergetische Einsatz von Energieträgern erfolgt hauptsächlich bei der Herstellung von Olefinen, Aromaten und Synthesegasfolgeprodukten, die ihrerseits in erster Linie zur Herstellung von Kunststoffen, Lakken, Verdünnungsmitteln, Waschmitteln und Düngemitteln eingesetzt werden. Bei den meisten dieser Produkte sind Sättigungstendenzen des Inlandsverbrauchs zu verzeichnen. Wegen der Verschiebung von Standortvorteilen zugunsten der erdölfördernden Länder ist außerdem zu erwarten, daß Importquoten für wichtige Zwischenprodukte steigen werden. Für die Referenzschätzung wird angenommen, daß sich der nichtenergetische Verbrauch von Energieträgern mit insgesamt 28 Mio t SKE im Jahr 2000 nur unwesentlich gegenüber 1980 ändert.

3.1.3 Sektor „Verkehr"

Die wichtigsten Bestandteile des Endenergieverbrauchs im Verkehrssektor werden in Zukunft wie in der Vergangenheit der Motorenbenzinverbrauch im Pkw/Kombi-Verkehr und der Dieselkraftstoffverbrauch im Straßengüterverkehr (Lkw-Verkehr) sein. Ohne einschneidende verkehrspolitische Eingriffe, die bisher nicht absehbar sind, ist im Zeitraum bis zum Jahr 2000 weder eine wesentliche Verlagerung des Personen- und Güterverkehrs auf öffentliche bzw. schienengebundene Transportmittel noch eine merkliche Substitution der mineralölstämmigen Endenergieträger zu erwarten. Die Höhe des zukünftigen Endenergieverbrauchs im Verkehrssektor ist damit in erster Linie vom technischen Fortschritt bei Personen- und Lastkraftwagen und von den sozio-ökonomischen Bestimmungsfaktoren des Personen- und Güterverkehrs abhängig.

Als Gesamtergebnis für den Verkehrssektor ergibt die Referenzschätzung einen Rückgang des Endenergieverbrauchs von 56,8 Mio t SKE im Jahr 1980 auf 47,4 Mio t SKE im Jahr 2000. Diese Entwicklung ist vor allem auf einen erwarteten beträchtlichen Minderverbrauch beim Pkw/Kombi-Verkehr zurückzuführen. In den anderen Teilbereichen Straßengüterverkehr, Flugverkehr, Schienenverkehr und Sonstiges (Schiffsverkehr, Busverkehr) wird teils eine Stagnation, teils noch ein geringfügiger Mehrverbrauch erwartet (vgl. Tabelle A-3). Für die Hauptenergieverbraucher in diesen Sektoren – Pkw/Kombi-Verkehr sowie Straßengüterverkehr bzw. Lkw-Verkehr – soll die Referenzschätzung noch etwas erläutert werden.

Im Bereich des Pkw/Kombi-Verkehrs ergibt die Referenzschätzung eine Abnahme des Endenergieverbrauchs von 37,0 Mio t SKE im Jahr 1980 auf 26,3 Mio t SKE im Jahr 2000.

Tabelle A-3. Ergebnisse und wichtige Annahmen der Referenzschätzung des Endenergiebedarfs 2000 für den Sektor „Verkehr“

	1980	2000
Endenergieverbrauch, in Mio t SKE	56,8	47,4
davon		
– Pkw/Kombi-Verkehr[a], insgesamt	37,0	26,3
– Motorenbenzin	35,0	20,0
– Dieselkraftstoff	2,0	5,0
– Flüssiggas	–	0,4
– Methanol	–	1,0
– Straßengüterverkehr	11,2	11,9
– Kraftomnibusverkehr	1,2	1,0
– Schienenverkehr	2,5	3,0
(darunter Strom)	(1,3)	(1,8)
– Küsten- und Binnenschiffahrt	1,2	1,5
– Luftverkehr	3,7	3,7
Wichtige Annahmen:		
– Pkw/Kombi-Verkehr		
– Pkw-Dichte (bezogen auf die Wohnbevölkerung ab 18. Lebensjahr), je 1000 Personen	491	600
– Bevölkerung ab 18. Lebensjahr in Mio	47,2	46,3
– Gefahrene Jahreskilometer je Pkw		
– mit Benzinmotor	12 500	10 600
– mit Dieselmotor	19 090	12 400
– Spezifischer Kraftstoffverbrauch in l/100 km		
– Benzin-Pkw	10,7	7,5
– Diesel-Pkw	7,5	6,0
– Dieselanteil am Pkw-Bestand	5%	20%
– Lkw-Verkehr		
– Gesamtfahrleistung im Straßengüterverkehr in Mrd km/a	29,5	36,9
– Spezifischer Dieselkraftstoffverbrauch im Straßengüterverkehr in l/100 km	30	25,5

[a] Einschließlich „Sonstiger Motorenbenzinverbrauch“, z. B. Motorräder, Lkw mit Benzinmotor, sonstige Fahrzeuge

Es wird zwar mit einer weiteren Zunahme der Pkw-Dichte (bezogen auf die Wohnbevölkerung ab dem 18. Lebensjahr) von ca. 490 (1980) auf ca. 600 Pkw je 1000 Personen im Jahr 2000 gerechnet, gleichzeitig aber mit einem Rückgang der Jahresfahrleistungen: bei Benzin-Pkw von 12 500 km (1980) auf 10 600 km (2000) und bei Diesel-Pkw von 19 000 km auf 12 400 km, was u.a. auf eine steigende Anzahl von Zweitwagen zurückzuführen ist. Diese Annahmen führen noch zu einer geringfügigen Zunahme der Jahresfahrleistungen für das Jahr 2000 im Pkw/Kombi-Verkehr insgesamt. Der daraus resultierende potentielle Energiemehrverbrauch wird aber durch verbrauchssenkende Effekte einer erwarteten Zunahme des Dieselanteils am Pkw-Bestand von 5% auf 20% sowie durch eine erwartete Reduzierung des spezifischen Endenergieverbrauchs (Verbrauch je 100 km) bei Benzin-Pkw um 30% und Dieselfahrzeugen um 20% gegenüber 1980 bei weitem überkompensiert, so daß sich insgesamt ein beträchtlicher Rückgang des Endenergieverbrauchs für diesen Teilbereich des Verkehrssektors errechnet, und zwar von etwa 30%.

Beim Straßengüterverkehr bzw. Lkw-Verkehr – dem zweiten Energieverbrauchsschwerpunkt in diesem Sektor – wird in der Bedarfsschätzung mit einer geringfügigen Zunahme des Endenergieverbrauchs von 11,2 Mio t SKE im Jahr 1980 auf 11,9 Mio t SKE im Jahr 2000 gerechnet. Für diesen Verbrauchsbereich ist das zukünftige Wachstum des Bruttoinlandprodukts, speziell das des Nettoproduktionsvolumens im Produzierenden Gewerbe, eine wichtige Einflußgröße; es wird ein unterproportionales Wachstum der Gesamtfahrleistungen im Straßengütertransport angenommen, und zwar um insgesamt 25% (bei einer Zunahme des Nettoproduktionsvolumens von 50%). Dies basiert auf der Annahme, daß durch Produktionsverschiebungen im Verarbeitenden Gewerbe in Richtung auf Produkte mit höherem „Dienstleistungsinput" und weniger Gewicht die zu transportierenden Nutzlasten relativ geringer steigen als die wertmäßige Produktion.

Der sich bei Annahme eines 25%igen Wachstums der Fahrleistungen im Straßengüterverkehr ergebende potentielle Energiemehrbedarf wird aber fast völlig durch eine erwartete Verbesserung des spezifischen Energieverbrauchs um 15% gegenüber 1980 ausgeglichen.

Als Endenergieträger kommen referenzmäßig auch im Jahr 2000 fast ausschließlich flüssige Kohlenwasserstoffe, vornehmlich Mineralölprodukte, zum Einsatz. Der Anteil des Dieselkraftstoffs wird aufgrund der erwarteten Steigerung des Anteils der Diesel-Pkw am Pkw-Bestand zunehmen.

3.2 Zusammenfassung der sektoralen Endenergiebedarfsschätzungen und Annahmen zur zukünftigen Endenergieträgerstruktur

Tabelle A-4 gibt einen Überblick über die sektoralen Endenergiebedarfsschätzungen und über die bei diesen Schätzungen unterstellten Endenergieträgerstrukturen. Die Zusammenfassung der sektoralen Endenergiebedarfsschätzungen ergibt für 2000 einen gegenüber 1980 um 25 Mio t SKE geringeren Endenergieeinsatz. Dieser Rückgang ist im wesentlichen auf die erwartete Verminderung des Endenergieeinsatzes in den Sektoren „Haushalte und Kleinverbraucher" und „Verkehr" zurückzuführen.

Tabelle A-4. Endenergieverbrauch und nichtenergetischer Verbrauch nach Sektoren und Endenergieträgern in Mio t SKE für 1980 und Referenzschätzung 2000

	Festbrennstoffe		Flüssige Brennstoffe[a]		Gase		Strom		Fernwärme		Gesamt	
	1980	2000	1980	2000	1980	2000	1980	2000	1980	2000	1980	2000
Industrie	18,7	20,6	23,8	14,0	26,1	26,3	18,2	24,6	1,2	2,0	88,1	87,5
Verkehr	0,1	0,1	55,3	45,5	0,1	0,1	1,3	1,7	–	–	56,8	47,4
Haushalte	6,0	2,2	36,0	18,4	14,1	19,2	10,5	14,0	2,2	4,0	68,8	57,8
Kleinverbraucher	2,4	1,5	24,4	13,2	6,3	10,0	8,0	9,9	2,1	4,0	43,2	38,6
Nichtenergetischer Verbrauch	2,8	3,0	22,3	23,0	2,3	2,0	–	–	–	–	27,4	28,0
Gesamt	30,0	27,4	161,8	114,1	48,9	57,6	38,0	50,2	5,6	10,0	284,3	259,3

[a] Incl. Flüssiggas

Die der Endenergiebedarfsschätzung zugrundeliegende Endenergieträgerstruktur zeigt im Vergleich zu 1980 einen sehr deutlichen Rückgang bei den Mineralölprodukten. Es wird eine Verringerung des Einsatzes von Mineralölprodukten um ca. 30% erwartet, die vornehmlich auf Substitution und Einsparung von Ölprodukten im Raum- und Prozeßwärmemarkt zurückzuführen ist. Im Einsatzbereich „Verkehr" wird ein Rückgang durch Verbesserung des spezifischen Energieverbrauchs unterstellt, eine nennenswerte Substitution von Mineralölprodukten in diesem Bereich wird aber im Betrachtungszeitraum nicht angenommen.

Bei den festen Brennstoffen wird ein leichter Rückgang unterstellt, weil eine weitere Abnahme des Einsatzes von Kohle zur direkten Raumwärmeerzeugung im Gefolge von Modernisierungsmaßnahmen im Wohnungsbestand erwartet wird, die einen leichten Zuwachs des Einsatzes im industriellen Wärmemarkt übertrifft. Im Gegensatz zu den flüssigen und festen Brennstoffen steigt referenzmäßig der Einsatz der leitungsgebundenen Endenergieträger Gas, Strom und Fernwärme. Der knapp 20%ige Zuwachs beim Gas resultiert fast ausschließlich aus einer erwarteten Verbrauchszunahme für die Raumwärmeerzeugung im Sektor „Haushalte und Kleinverbraucher"; im Prozeßwärmemarkt der Industrie wird kein weiterer Zuwachs angenommen, weil die Kohle hier preisliche Wettbewerbsvorteile haben dürfte. Die Erhöhung des Stromeinsatzes um gut 30% vollzieht sich in erster Linie in der Industrie, aber auch im Sektor „Haushalte und Kleinverbraucher" wird ein deutlicher Mehreinsatz erwartet. Der Fernwärmeeinsatz erhöht sich referenzmäßig um fast 80%. Der Mehreinsatz konzentriert sich auf eine weitere Erschließung von Großstädten für die Fernwärme.

3.3 Referenzannahmen zum Einsatz von Primärenergieträgern im Jahr 2000

Bei der im vorherigen Abschnitt dargestellten Endenergieträgerstruktur ergibt sich trotz des beachtlichen Rückgangs des Endenergiebedarfs bis zum Jahr 2000 keine

Tabelle A-5. Primärenergieträgereinsatz 1980 und Referenzschätzung 2000

	1980		Referenzannahmen 2000	
	Mio t SKE	%	Mio t SKE	%
Steinkohle	77	20	90	23
Braunkohle	39	10	40	10
Öl	186	48	131	34
Erdgas	64	16	64	16
Kernenergie	14	4	50	13
Sonstige	10	3	14	4
Insgesamt	390	100% [a]	389	100%

[a] Abweichung bedingt durch Rundung

Verminderung des Primärenergieeinsatzes, der mit etwa 390 Mio t SKE auf dem Stand von 1980 bleibt. Dies ist im wesentlichen auf den erwarteten Zuwachs beim Stromeinsatz, zum Teil auch auf eine schon referenzmäßig veranschlagte Veredlung von Stein- und Braunkohle – mit einem Primärenergieeinsatz von 9,5 Mio t SKE – zurückzuführen.

Tabelle A-5 gibt einen Überblick über die für das Jahr 2000 angenommenen Beiträge der verschiedenen Primärenergieträger.

Der veranschlagte Mehreinsatz von *Steinkohle* in Höhe von 13 Mio t SKE gegenüber 1980 beruht auf folgenden Annahmen:

- Der Einsatz bei der Verstromung wird sich entsprechend der Verstromungsverträge entwickeln; dabei wird eine Fortführung der Verstromungsverträge über das Jahr 1995 hinaus unterstellt.
- In der Industrie und bei der Fernwärmeerzeugung wird sich der Kohleeinsatz aufgrund preislicher Vorteile gegenüber Öl und Gas erhöhen.
- Bis zum Jahr 2000 werden bereits nennenswerte Steinkohlemengen in großtechnischen Demonstrationsanlagen der Kohleveredlung eingesetzt.
- Der erwartete Mehreinsatz in diesen Bereichen bringt mehr als einen Ausgleich für den erwarteten Mindereinsatz in der Stahlindustrie.

Bei der *Braunkohle* wird ein Beitrag von 40 Mio t SKE angenommen. Dies entspricht ungefähr der derzeitigen Förderleistung und der längerfristigen Planung des Braunkohlenbergbaus.

Der beträchtlich verringerte Beitrag des *Erdöls* zur Primärenergieversorgung ergibt sich als unmittelbare Konsequenz aus den erwarteten Einsparungen beim Einsatz von Mineralölprodukten im Verkehr und im Wärmemarkt und der erwarteten Substitution durch Kohle, Gas, Fernwärme und Strom im Wärmemarkt.

Bei der *Kernenergie* wird ein Beitrag von 50 Mio t SKE angesetzt, was eine installierte Kapazität von 25 bis 30 GWe erfordern würde. Dies würde bedeuten, daß neben den zur Zeit in Betrieb und in Bau befindlichen Kernkraftwerken (10,3 GWe in Betrieb/13,9 GWe in Bau) bis zum Jahr 2000 noch drei oder vier der in der Planung befindlichen Projekte realisiert werden müßten.

Beim *Erdgas* wird keine Steigerung des derzeitigen Beitrags von ca. 64 Mio t SKE veranschlagt. Zwar ist zu erwarten, daß sich der Einsatz als Endenergieträger in der Nutzwärmeerzeugung noch erhöhen wird. Dieser Mehreinsatz wird aber kompensiert durch einen beträchtlichen Rückgang in der Stromerzeugung, der sich jetzt schon deutlich abzeichnet.

Der Beitrag *sonstiger Primärenergieträger* wird mit 14 Mio t SKE veranschlagt und setzt sich zusammen aus 7 Mio t SKE an Wasserkraft, 2 Mio t SKE an Stromimporten und 5 Mio t SKE sonstiger Beiträge (Holz, Torf, Müll; Biomasse, etc.).

3.4 Ölsubstitutionspotentiale und der Umfang der Substitutionsaufgabe der Kohle

Der Umfang der im Rahmen dieser Studie analysierten strategischen Ölsubstitution beläuft sich auf 20 Mio t SKE Rohöl. Zu betonen ist, daß es sich hierbei um eine über die trendmäßig zu erwartende Ölsubstitution hinausgehende zusätzliche Ölsubstitution durch Steinkohle – im folgenden „strategische" Ölsubstitution genannt – handelt, von der a priori angenommen wird, daß sie bis zum Jahr 2000 bei der Konstellation der zugrundegelegten ökonomischen und energiewirtschaftlichen Rahmenannahmen nicht ohne energiepolitische Unterstützung möglich sein wird.

Der Festlegung auf 20 Mio t SKE Rohöl liegen Überlegungen zu einer ausgewogenen Primärenergieträgerstruktur einerseits und zu vorhandenen und für die Steinkohle erschließbaren Ölsubstitutionspotentialen andererseits zugrunde. Gemäß Referenzschätzung verringert sich der Anteil des Erdöls an der Primärenergieversorgung von 48% im Jahr 1980 auf 34% im Jahr 2000; der Anteil der Steinkohle erhöht sich leicht von 20% auf 23% (vgl. Tabelle A-5). Das Erdöl wäre demnach auch noch im Jahr 2000 der wichtigste Primärenergieträger. Unter Ressourcengesichtspunkten erscheint es langfristig wünschenswert, daß diese dominante Position des Erdöls weiter abgebaut wird.

Bei einem Substitutionsumfang von 20 Mio t SKE Rohöl über die bis zum Jahr 2000 referenzmäßig angenommene Reduzierung des Öleinsatzes hinaus würden Erdöl und Steinkohle im Jahr 2000 etwa gleich große Anteile an der Primärenergieversorgung von etwa 27 bis 30% haben. Die Anteile würden sich je nach Kohleeinsatzstrategie etwas unterscheiden, da bei den Strategien jeweils unterschiedliche Mengen an Steinkohle zur Substitution von 20 Mio t SKE Rohöl benötigt werden. Mit der Realisierung einer solchen Primärenergieträgerstruktur wäre ein wichtiger Zwischenschritt auf dem Wege zu der unter Ressourcengesichtspunkten längerfristig notwendigen Ablösung des Erdöls als „Primärenergieträger Nr. 1" getan. Die Kohle käme damit der Position näher, die ihr vielerorts als wichtigste einheimische Energierohstoffressource und als fossiler Energieträger mit den größten weltweiten Ressourcen zugedacht wird. Eine noch stärkere, energiepolitisch unterstützte Reduzierung des Erdölanteils ist für die nächsten 20 Jahre allerdings kaum zu begründen und dürfte auch bei optimistischer Einschätzung in zeitlicher Hinsicht nicht zu realisieren sein. Außerdem kommen für die Verstromungs- und Verheizungsstrategie, die aus technischen Gründen im Betrachtungszeitraum nur im Wärmemarkt ansetzen können, Potentialgrenzen zum Tragen, da, wie aus Tabelle A-6 hervorgeht, das

Tabelle A-6. Endenergieeinsatz von Mineralölprodukten 1980 und Referenzschätzung 2000

	1980		Referenzschätzung 2000	
	Mio t SKE		Mio t SKE	
Haushalte und Kleinverbraucher[a]	56,4		26,4	
davon				
– Raumwärme		48,2		23,5
– Warmwasser/Prozeßwärme		8,2		2,9
Industrie	23,8		14,0	
davon				
– Raumwärme		4,8		3
– Prozeßwärme < 100 °C		2,6		2
– Prozeßwärme zwischen 100 und 400 °C		8,8		5,5
– Prozeßwärme > 400 °C		7,6		3,5
Nichtenergetischer Verbrauch	23,3		23,0	
Verkehr[a] (Kraftstoffe)	59,4		51,0	
Summe	162,9	(141,7)[b]	114,4	

[a] Der Öleinsatz als Kraftstoff in der Landwirtschaft und beim Militär, der eigentlich dem Sektor „HuK" zuzuordnen wäre, wird beim Verkehr ausgewiesen

[b] Wert für 1982. Es zeigt sich, daß bereits bis 1982 ein nicht unerheblicher Teil des erwarteten Verbrauchsrückgangs von 1980 auf 2000 stattgefunden hat

Potential im Wärmemarkt schon referenzmäßig stark reduziert wird. Die Verstromungs- und Verheizungsstrategie werden dieses verbleibende Potential nochmals um ca. 50% reduzieren. Die dann noch in diesem Bereich verbleibenden Ölmengen stellen bei einem Betrachtungszeitraum bis zum Jahr 2000 ein weitgehend theoretisches Potential dar. Bei der Veredlungsstrategie, für die zusätzlich auch die Potentiale im Verkehr und im nichtenergetischen Verbrauch erschließbar sind, sprechen zeitliche und technische Gesichtspunkte gegen einen höheren Substitutionsumfang.

Zur Substitution von 20 Mio t SKE Rohöl werden, wie im folgenden Kapitel 4 noch im einzelnen dargestellt wird, je nach Substitutionsstrategie 12 bis 30 Mio t SKE Steinkohle benötigt. Dieser Kohleeinsatz stellt den sogenannten strategischen Kohleeinsatz dar, der im Zentrum der Folgenanalysen steht. Bei den Umweltfolgenanalysen wird darüber hinaus auch noch der trendmäßige Kohlemehreinsatz gegenüber 1980 betrachtet. Gemäß Referenzschätzung beträgt dieser 13 Mio t SKE, so daß in den Umweltfolgenanalysen ein Kohlemehreinsatz von 25 bis gut 40 Mio t SKE zur Debatte steht.

4 Kohleeinsatzstrategien

Von der Fragestellung der Studie her, technische Möglichkeiten zur Ölsubstitution durch Steinkohle und deren Realisierungsprobleme und Folgen zu analysieren, lag es nahe, alternative Substitutionsstrategien technologisch zu definieren und erst danach diese Strategien institutionell im Hinblick auf Energieverbrauchergruppen und funktional im Hinblick auf Einsatzzwecke (Raumwärme-, Prozeßwärmeerzeugung, Kraftstoff etc.) zu konkretisieren. Bestimmend für die Bildung der Kohleeinsatzstrategien ist die Unterscheidung der drei technologisch grundsätzlich unterschiedlichen Kohleumwandlungstechniken: *Verstromung* von Kohle, *Verheizung* von Kohle zur Fernwärme- und direkten Nutzwärmeerzeugung und *Veredlung* von Kohle zu flüssigen oder gasförmigen Kohlenwasserstoffen. Beim Entwurf der drei Strategien wurde so vorgegangen, daß die strategische Substitutionsaufgabe, 20 Mio t SKE Rohöl zu ersetzen, jeweils allein durch eine dieser „Kohleumwandlungstechniken" geleistet wird. Es wurden also technologisch „reinrassige" Strategien gebildet, um die Vor- und Nachteile dieser drei prinzipiellen Umwandlungstechnologien deutlich herauszuarbeiten, und es wurde nicht von vornherein eine Mischung dieser Technologien vorgesehen.

Diesem Vorgehen liegen auch energiepolitische Erwägungen zugrunde; denn mit diesen drei prinzipiellen Kohleumwandlungstechniken verbinden sich in der gegenwärtigen energiepolitischen Diskussion auch zum Teil stark konträre Vorstellungen über die Gestaltung der Energieversorgung, so daß diese technologieorientierte Strategiebildung auch die Möglichkeit bietet, die Implikationen dieser energiepolitischen Gestaltungsvorstellungen zu analysieren. Für eine *verstärkte Verstromung* in Großkraftwerken werden Argumente wie hohe Endenergiequalität (Umweltfreundlichkeit beim Endverbraucher; gute Dosierbarkeit und Regelbarkeit; hohe thermodynamische Qualität, die zur Wärmeveredelung insbesondere über Wärmepumpen genutzt werden kann), Vorhandensein bzw. geringe Aufwendungen beim Ausbau von Transport- und Verteilungssystemen sowie technisch-wirtschaftlich effiziente Stromproduktion und Rückhaltung von Schadstoffen ins Feld geführt. Von Befürwortern *verstärkter Verheizung* der Kohle, insbesondere in Wärme-Kraft-Kopplung, werden der gute Systemwirkungsgrad von der Primärenergie bis zur Nutzenergie sowie der daraus resultierende geringere Kohleeinsatz mit entsprechender Umweltentlastung als Argumente angeführt. Zugunsten der *Kohleveredlung* wird unter dem Gesichtspunkt der Erhöhung der Versorgungssicherheit bei Ölimportkrisen plädiert, da nur diese Strategie die Substitution des Öls in den besonders ölabhängigen Sektoren Straßenverkehr und Petrochemie erlaube, was langfristig ohnehin nötig sei.

Die Konstruktion der Ausgangsstrategien erfolgte in folgenden Stufen:

- Abschätzung der für die drei Kohleumwandlungstechnologien erschließbaren Potentiale zur Ölsubstitution in den verschiedenen funktionalen und institutionellen Einsatzbereichen.
- Definition von strategiespezifischen Leitkriterien, nach denen die vorhandenen Potentiale bis zur Erreichung des vorgegebenen Substitutionsziels durch die jeweilige Technologie ausgeschöpft werden sollen.
- Überschlägige Überprüfung, ob andere relevante Kriterien – z. B. die zeitliche und technische Realisierbarkeit, die Wirtschaftlichkeit – bei diesem Vorgehen gröblich verletzt wurden, damit unausgewogene oder völlig unrealistische Strategien vermieden werden.

Aus Tabelle A-6 läßt sich ablesen, welche Potentiale zunächst „theoretisch" für die Ölsubstitution in Frage kommen. Von substantieller Bedeutung sind dabei die

Einsatzbereiche

- Raumwärme Sektor HuK,
- nichtenergetischer Verbrauch,
- Verkehr (Kraftstoffe),

da ohne Rückgriff auf mindestens einen dieser Bereiche der strategische Substitutionsumfang nicht zu realisieren wäre.

Ein weiteres wichtiges Potential bietet der Einsatzbereich „Prozeßwärme, Industrie", während die Bereiche „Raumwärme Industrie" und „Warmwasser für Prozeßwärme Sektor HuK" von untergeordneter Bedeutung sind.

Für die Verstromungs- und Verheizungsstrategie liegen die Potentiale aus technischen Gründen im Wärmemarkt (Raum- und Prozeßwärme); von der Elektrifizierung im Straßenverkehr sind aus technischen Gründen in den nächsten zwanzig Jahren nur sehr bescheidene, voraussichtlich zu vernachlässigende Beiträge zu erwarten. Bei der Veredlungsstrategie ist die Erschließung der Potentiale technisch nicht eingeschränkt, da diese Form der Kohleumwandlung ein nahezu identisches Produktspektrum produzieren kann wie die Erdölverarbeitung und deshalb eine unmittelbare Substitution von Mineralölprodukten in den verschiedenen Verwendungsbereichen erlaubt.

4.1 Darstellung der Verstromungsstrategie

Der prinzipielle Substitutionsweg der Verstromungsstrategie besteht darin, in modernen Großkraftwerken der 700 MWe-Klasse Steinkohle zu verstromen und den Strom zur Substitution von Mineralölprodukten im Raumwärme- und Prozeßwärmemarkt einzusetzen.

Bezüglich der Substitutionsmöglichkeiten von Ölprodukten durch Strom im Wärmemarkt ist derzeit eine deutliche Diskrepanz festzustellen zwischen dem theoretischen Potential einerseits und dem ökonomischen Potential andererseits. Von technischen Gesichtspunkten her wäre es unproblematisch, praktisch die gesamte Ölmenge, die in den Wärmemarkt fließt, durch Strom zu ersetzen. Dieses theoretische Potential hatte 1980 einen Umfang von rund 80 Mio t SKE. Gemäß Referenzschätzung wird es sich bis zum Jahr 2000 auf ca. 40 Mio t SKE vermindern (vgl. Tabelle A-6). Im Jahr 1980 wurden rund 30% der Elektrizität (das sind rund 12 Mio t SKE) für Wärmezwecke verbraucht. Jedoch ging der überwiegende Teil dieser Menge in Nutzungsbereiche, in denen Heizöl entweder aus verfahrenstechnischen oder aus anwendungstechnischen Gründen nicht geeignet ist. Zur ersten Gruppe sind z. B. die Aluminiumherstellung, Elektrostahlerzeugung und Lichtbogenanwendungen zu zählen. Aus anwendungstechnischen Gründen ist das Öl im Bereich der sogenannten Kleinwärme in den privaten Haushalten (Backofen, Waschmaschine, Geschirrspüler) ohne Bedeutung.

Im „nicht-stromspezifischen" Wärmemarkt, d. h. dort, wo Konkurrenz zwischen Strom und Öl und anderen Sekundärenergieträgern besteht, konzentriert sich der Stromeinsatz bisher auf

- die Raumwärmeerzeugung durch elektrische Widerstandsheizungen mit Schwachlaststrom (Nachtspeicherheizungen),

- die Warmwasserbereitung im HuK-Bereich und
- einzelne Hochtemperaturprozesse im industriellen Bereich, wie Stahlerzeugung, Metallverarbeitung.

Die strategische Substitution von Öl durch Strom erfordert ein weiteres Vordringen des Stroms auf diesem Markt. Betrachtet man Tabelle A-6, so kommen als Potentiale

- der Bereich „Raumwärme im Sektor HuK" mit einem Öleinsatz im Jahr 2000 von 23,5 Mio t SKE,
- der Bereich „Prozeß- und Raumwärme in der Industrie" mit einem Öleinsatz von 14,0 Mio t SKE und
- der Bereich „Warmwasser- und Prozeßwärme im Sektor HuK" mit einem Einsatz von 2,9 Mio t SKE

in Frage.

Wenngleich im Prinzip eine Verteilung der Substitutionsaufgabe auf diese Bereiche nicht eindeutig zu sein braucht, so ergibt sich die Zuordnung in der Verstromungsstrategie relativ zwanglos durch die Betrachtung der referenzmäßigen Ölversorgung im Jahr 2000. Stellt man die oben angegebene Ölverwendungsstruktur 2000 in diesen Bereichen in Relation zum vorgesehenen Substitutionsumfang von 17,6 Mio t SKE an Mineralölprodukten (20 Mio t SKE Rohöläquivalent), so ist ersichtlich, daß der HuK-Raumwärmemarkt von substantieller Bedeutung für diesen Substitutionsumfang ist; der industrielle Sektor ist als Nebenbereich zu identifizieren; die HuK-Warmwasserbereitung und -Prozeßwärme hat lediglich die Funktion eines Randbereichs, sie wird deshalb nicht weiter als Potential berücksichtigt.

Die Aufteilung des Substitutionsumfangs auf die zu betrachtenden Potentiale erfolgte in etwa proportional zum referenzmäßigen Ölverbrauch dieser Bereiche. Im Bereich „HuK-Raumwärme" wird ein Substitutionsumfang von 11,6 Mio t SKE Heizöl vorgesehen, im Bereich „industrielle Prozeß- und Raumwärme" ein Substitutionsumfang von 6,0 Mio t SKE Heizöl.

4.1.1 Erläuterungen zu den Substitutionsprozessen im Bereich „Raumwärme im Sektor Haushalte und Kleinverbraucher"

Im Rahmen der Verstromungsstrategie werden die folgenden Elektrowärmetechnologien für die HuK-Raumheizung zur Ölsubstitution in Betracht gezogen:

- Widerstandsheizungen mit unterschiedlichem Speichervermögen:
  - Elektro(E)-Nachtspeicherheizung,
  - Elektro(E)-Teilspeicherheizung sowie
  - eine Kombination von Nachtspeicherheizgeräten mit Direktheizgeräten (Elektro(E)-Direktheizung-Nachtspeicher-Kombination)
- Elektro(E)-Kompressionswärmepumpen, ausgelegt für den bivalent-alternativen Betrieb, als Zusatzaggregat für Ölzentralheizungen.

Das wichtigste Potential für die verschiedenen Typen von *Widerstandsheizungen* wird in der Erstausrüstung von Neubauten mit solchen Heizungen anstelle von Ölzentralheizungen gesehen. Die *bivalenten Elektrowärmepumpen* kommen vor allem als Zusatzausrüstung von bisher ölzentralbeheizten Gebäuden in Frage. Wegen unterschiedlicher Gründe, wie Aufstellprobleme und Eigentumsverhältnisse, erscheint eine Eingrenzung des Wärmepumpenpotentials auf Ein- und Zweifamilienhäuser als sinnvoll.

In *Elektrowiderstandsheizgeräten* wird Strom mittels Widerstandsheizelementen in Wärme umgewandelt. Je nach Funktionsweise der Heizanlage wird die Wärme unmittelbar an die zu beheizenden Räume abgegeben (Direktheizung) oder zunächst in einen Wärmespeicher eingebracht und nach Bedarf von dort entnommen. Vor allem aufgrund der leichten Einpaßbarkeit der Widerstandsheizelemente in einzelne Bauteile gibt es verschiedenartige Ausführungen der Elektroheizsysteme wie: Elektrokesselheizung mit Zentralspeicher, Elektro-Fußboden- und Elektro-Deckenheizung, Heizungen mit Elektro-Einzelheizgeräten. Das Speichervermögen wird dabei entweder durch besondere Speicher (Zentralspeicher, Einzelöfen mit Keramikspeicher) oder durch die Speicherwirkung des betreffenden Gebäudeteils (Fußbodenheizung) gewährleistet. Für die hier betrachtete Verstromungsstrategie wird modellhaft mit Einzelofenheizungen gerechnet, wobei für die Strategiegestaltung das Speichervermögen der Widerstandsheizanlagen im Vordergrund steht und nicht die Art und Weise der technischen Realisierung des Speichervermögens.

Das Funktionsprinzip der *Wärmepumpe* besteht darin, daß Wärme von einem niedrigen Temperaturniveau auf ein höheres und damit nutzbares Temperaturniveau angehoben wird. Im Gegensatz zum konventionellen Heizverfahren liefert im Fall der Wärmepumpe die Umgebungsenergie einen erheblichen Beitrag zur Wärmebedarfsdeckung. Prinzipiell läßt sich der thermodynamische Prozeß des Wärmepumpens auf vielfältige Weise realisieren. Wenn man Strom als Energiequelle für die Wärmepumpe benutzt, ist das übliche Verfahren die Kompressionswärmepumpe. Bei Elektrowärmepumpen wird einerseits unterschieden nach der Betriebsweise: Wärmepumpen können monovalent als Alleinheizung oder bivalent als Zusatzheizung zu einem anderen Heizungssystem betrieben werden, wobei eine bivalent-alternative und eine bivalent-parallele Fahrweise unterschieden werden. Weitere Unterscheidungsmerkmale sind die als Umgebungsenergien für die Wärmepumpe genutzten Wärmequellen (Außenluft, Abluft, Grundwasser, Erdreich, Energiedach u. ä.) sowie die hausinternen Wärmeträger (Wasser, Luft). Im Rahmen der Verstromungsstrategie wird lediglich die *Elektrowärmepumpe mit bivalent-alternativer Betriebsweise* als Zusatz zur Ölzentralheizung (hausinterner Wärmeträger: Wasser) und Außenluft als Wärmequelle betrachtet, weil monovalente Wärmepumpen vom Anwendungspotential her starken Einschränkungen unterliegen und die Investitionskosten als vergleichsweise hoch erscheinen gegenüber Wärmepumpen, die für die bivalente Betriebsweise ausgelegt sind. Die Einschränkungen des Anwendungspotentials für monovalente Elektrowärmepumpen ergeben sich dadurch, daß besondere Anforderungen an die Wärmequelle bei extrem niedrigen Außentemperaturen gestellt werden und daß als hausinternes Verteilungssystem nur ein Niedertemperaturheizsystem in Frage kommt. Bei einer Beschränkung auf bivalente Elektrowärmepumpen sind die Anforderungen an die Wärmequelle gering, und es kann deshalb auf die am kostengünstigsten zu erschließende Wärmequelle „Außenluft" zurückgegriffen werden.

Bei der Bestimmung der Beträge der verschiedenen Elektroheizsysteme zur Ölsubstitution im Sektor HuK muß von der durch die Referenzschätzung gegebenen Situation ausgegangen werden. Bezüglich der Elektro-Raumheizung im HuK-Bereich sieht die Referenzschätzung folgendes für das Bezugsjahr 2000 vor:

- Widerstandsheizungen werden in Form von Nachtspeicherheizungen in dem Umfang installiert, daß – wie zur Zeit – 80% der verfügbaren Kraftwerkskapazitäten (Nachttal des Lastverlaufs am kältesten Tag) ausgeschöpft sind.
- Wärmepumpen werden bis zum Jahr 2000 referenzgemäß in einem Maße vorhanden sein, daß die hierfür verfügbaren Lasttäler ausgenutzt werden. Dabei wird unterstellt, daß die Wärmepumpen über keinen speziellen Wärmespeicher verfügen, so daß die Wärmeerzeugung und der Wärmebedarf zeitlich synchron sind. Daher sind für die Anzahl der bivalenten Wärmepumpen die Lasttäler in den Tagstunden an Tagen mit Außentemperaturen von 2 bis 5 °C maßgeblich, während für die Anzahl der Nachtspeicherwiderstandsheizungen die Lasttäler in den Nachtstunden am kältesten Tag als Begrenzung wirken.

Ohne weiteren Ausbau der Kraftwerkskapazität verbleibt für die strategische Substitution nur noch ein geringes Potential durch Erhöhung der Ausnutzung der Nachttäler auf 90% der verfügbaren Kapazität mittels Nachtspeicherheizung. Dieses Potential für die Nachtspeicherheizungen erhöht sich noch leicht durch das zusätzliche Nachttal, das durch die strategiegemäß vorgesehene Substitution von Öl durch Strom im Sektor „Industrie“ entsteht. Für den darüber hinausgehenden Teil der Ölsubstitution durch E-Heizung im Rahmen der Verstromungsstrategie muß zusätzliche Kraftwerksleistung – nur für diesen Zweck – installiert werden.

Bisher vertritt die Elektrizitätswirtschaft der Bundesrepublik Deutschland in dieser Hinsicht die Auffassung, daß eine verstärkte Ausweitung der Elektrowärme im HuK-Raumwärmebereich praktisch ausschließlich durch Nutzung von Lasttälern erfolgen solle. Dieses Argument läßt sich verallgemeinernd dahingehend deuten, daß die Elektrizitätswirtschaft vor allem an einer hohen Auslastung ihrer Erzeugungskapazitäten interessiert ist (dies war übrigens einer der maßgeblichen Gründe für die Einführung der Nachtspeicherheizung). Im Rahmen der Verstromungsstrategie wird daher eine möglichst hohe Auslastung der Kraftwerkskapazitäten als Gestaltungskriterium bzw. Auswahlkriterium benutzt. Eine hohe Auslastung der Kraftwerkskapazitäten erfolgt dabei sowohl durch möglichst hohe Auslastung der zusätzlich benötigten Kapazitäten als auch durch stärkere Ausnutzung des vorhandenen Kraftwerksparks. Zur Erzielung einer hohen Kraftwerksauslastung bietet sich eine zahlenmäßige Verknüpfung der beiden Heizsysteme E-Widerstandsheizungen und bivalent-alternative E-Wärmepumpen an, weil die jeweiligen Lastspitzen gemäß dem tagesmittleren Wärmebedarf klar getrennt sind.

Nach einer kurzen Erläuterung zum vorgegebenen Substitutionsumfang durch Nachtspeicherheizungen wird nachfolgend die gegenseitige Ergänzung von Widerstandsheizungen und Wärmepumpen detailliert dargestellt, da der weitaus größte Teil der strategiegemäß vorgesehenen Substitution im Sektor HuK durch die Verknüpfung von Nutzergruppen dieser beiden Heizsysteme erfolgt.

4.1.1.1 Substitution durch Elektro-Nachtspeicherheizungen

Im Rahmen der Verstromungsstrategie ist die Substitution durch Elektro-Nachtspeicherheizungen folgendermaßen begründet:

- Durch die referenzmäßige Entwicklung sind die nutzbaren Lasttäler bundesweit bereits zu 80% ausgeschöpft (wie zur Zeit). Innerhalb der Verstromungsstrategie wird angenommen, daß die Ausnutzung der Kraftwerkskapazitäten durch Widerstandsheizungen allgemein auf 90% gesteigert wird, was mit technischen Maßnahmen einhergeht wie Netzertüchtigung und Rundsteuereinrichtungen. Aufgrund dieses Effektes kann der Umfang der Nachtspeicherheizungen gegenüber der Referenzschätzung um 12,5% erhöht werden.
- Im Rahmen der Verstromungsstrategie erfolgt eine Ölsubstitution auch im industriellen Bereich. Hierdurch ergeben sich zusätzliche Nachttäler, die durch E-Nachtspeicherheizungen genutzt werden. Dadurch erhöht sich der Umfang der Nachtspeicherheizungen gegenüber der Referenzschätzung nochmals um knapp 15%.

Der Substitutionsbeitrag durch E-Nachtspeicherheizungen innerhalb der Verstromungsstrategie beträgt insgesamt 1,5 Mio t SKE Rohöl (bzw. 1,3 Mio t SKE Heizöl).

4.1.1.2 Substitution durch die Verknüpfung der Nutzergruppen „Elektro-Teilspeicherheizungen" und „bivalente Elektro-Wärmepumpen"

Der vom Umfang her bedeutendste Substitutionsprozeß der Verstromungsstrategie erfolgt dadurch, daß zusätzliche Kraftwerksleistung bereitgestellt wird, um zusätzliche Widerstandsheizungen – im Form von Teilspeicherheizungen – und zusätzliche Elektrowärmepumpen – in bivalent-alternativer Betriebsweise mit Ölzusatzheizung – mit Strom zu versorgen. Der Substitutionsumfang umfaßt mit 9,8 Mio t SKE Rohöl praktisch die Hälfte des gesamten Substitutionsumfangs der Verstromungsstrategie, so daß eine relativ detaillierte Beschreibung dieses Prozesses angebracht ist.

Die Elemente dieses Substitutionsprozesses sind

- Großkraftwerke der 700 MWe-Klasse,
- Verteilungsnetze für die Stromversorgung (Hoch-, Mittel- und Niederspannung),
- Hausanlagen in der Form von
  - elektrischen Widerstands-Teilspeicherheizungen. Die Festlegung der Anzahl der Anlagen sowie des Speicherumfangs ist Gegenstand nachfolgender Überlegungen. Es wird angenommen, daß die E-Teilspeicherheizungen vorwiegend in Einfamilienhaus-Neubauten installiert werden;
  - E-Wärmepumpen als Zusatzaggregate zu Ölzentralheizungen für bivalent-alternative Betriebsweise, d.h. bei Temperaturen unterhalb von etwa 2 °C übernimmt die Ölzentralheizung allein die Wärmeversorgung. Das wichtigste Anwendungsfeld für diese Wärmepumpen wird in der Beheizung von Ein- und Zweifamilienhäusern gesehen, bei denen bereits eine Ölzentralheizung installiert ist.

Die Verknüpfung der Nutzergruppen „Widerstandsheizungen" und „bivalente E-Wärmepumpen mit Ölzusatzheizungen" hat den Vorteil einer hohen Auslastung der zusätzlich zu installierenden Kraftwerksleistung. Dies ergibt sich dadurch, daß die Lastspitzen der Elektrizitätsnachfrage für diese Verbrauchergruppen deutlich getrennt sind. Widerstandsheizungen haben die maximale Stromnachfrage am kältesten Tag, während für bivalent-alternative Wärmepumpen die maximale Stromnachfrage in die Übergangszeit bei Außentemperaturen von etwa 2 bis 5 °C fällt. Der Tag mit der maximalen Stromnachfrage für bivalent-alternative Wärmepumpen wird im folgenden kurz als „Bivalenztag" bezeichnet. Das Besondere der Substitution durch Teilspeicherheizungen und bivalent-alternative Wärmepumpen besteht darin, daß Nachttäler ausgeschöpft werden, die am Bivalenztag vorhanden sind. Dadurch wird die Auslastung der vorhandenen Kraftwerke durch diesen Substitutionsvorgang verbessert.

Offensichtlich gibt es bei der Verknüpfung der Nutzergruppen „E-Teilspeicherheizung" und „E-Wärmepumpen" zwei kritische Situationen, für die die Kraftwerksleistung ausreichend bemessen sein muß, und zwar am kältesten Tag und am Bivalenztag. Im folgenden soll anhand von schematischen Lastdiagrammen für diese beiden Tage das Verknüpfungsprinzip von E-Speicherheizungen mit bivalent-alternativen Wärmepumpen erläutert werden.

Die Ausgangssituation für den hier diskutierten Teil der Verstromungsstrategie besteht darin, daß über die referenzmäßige Stromversorgung hinaus bereits die Substitution im industriellen Sektor und die Substitution durch E-Nachtspeicherheizungen erfolgt ist. Abbildung A-2 zeigt den Lastverlauf jeweils für die Ausgangssituation am kältesten Tag und am Bivalenztag. Hierzu ist folgendes festzuhalten: Am *kältesten Tag* stehen keine Lasttäler mehr für die Versorgung von Nachtspeicherhei-

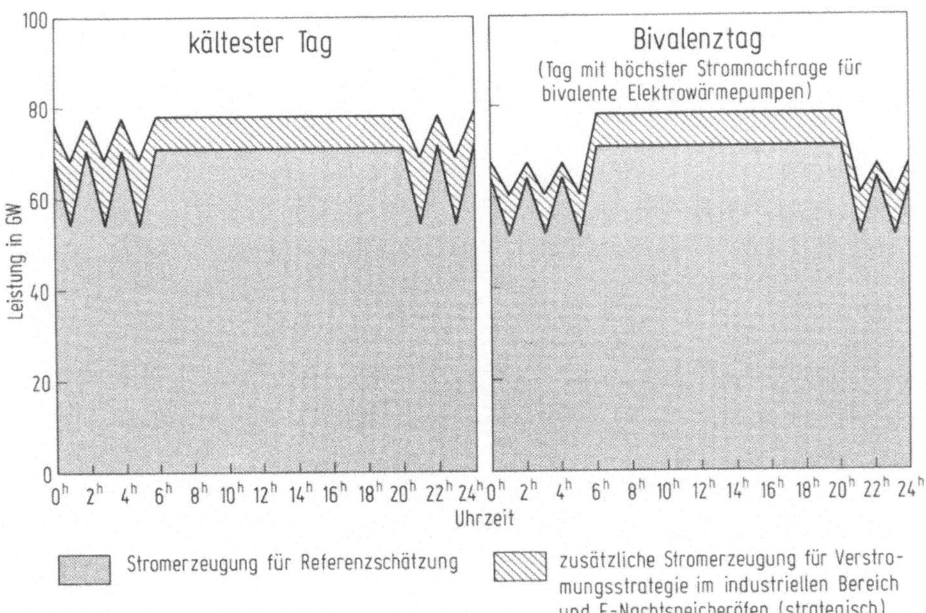

Abb. A-2. Leistungsdiagramme des öffentlichen Netzes (schematisch) als Ausgangssituation für die Substitution durch Nutzergruppen „E-Teilspeicherheizungen" und „bivalente E-Wärmepumpen"

zungen (= Vollspeicherheizungen) zur Verfügung. Die Zick-Zack-Linie soll andeuten, daß zur Berücksichtigung von Bedarfsschwankungen nur ein Teil der Lasttäler für Widerstandsheizungen zur Verfügung steht (90% in der Ausgangssituation, 80% in der Referenzschätzung).

Am *Bivalenztag* stellt sich die Ausgangssituation wie folgt dar: Hier sind Lasttäler der Stromversorgung vorhanden, die vor allem daraus resultieren, daß der Wärmebedarf über den ganzen Tag erheblich geringer ist als am kältesten Tag, so daß die Nachtspeicherheizungen entsprechend weniger Strom benötigen.

Aus dem Lastverlauf am Bivalenztag in Abb. A-2 ist abzulesen, daß prinzipiell die Möglichkeit zur Installierung von weiteren bivalenten Wärmepumpen ohne Eingriff in die Lastspitze besteht, wenn die Wärmepumpen ausschließlich mit Nachtstrom betrieben werden, was einen aufwendigen Niedertemperaturspeicher erfordern würde. Hier erschien die Nutzung der Lasttäler am Bivalenztag durch Teilspeicherheizungen als sinnvollere Alternative, da so die Elektrowärme mit geringerem Aufwand als Hochtemperaturwärme gespeichert werden kann (Keramikspeicher).

Der maximale Umfang dieser Substitution durch die Verknüpfung von Teilspeicherheizungen und Wärmepumpen ergibt sich bei gleichzeitiger Erfüllung der Bedingungen, daß

- in den Nachtstunden des Bivalenztages eine gleich hohe Lastspitze besteht wie in den Tagstunden des Bivalenztages und wie am kältesten Tag (tagsüber und nachts);

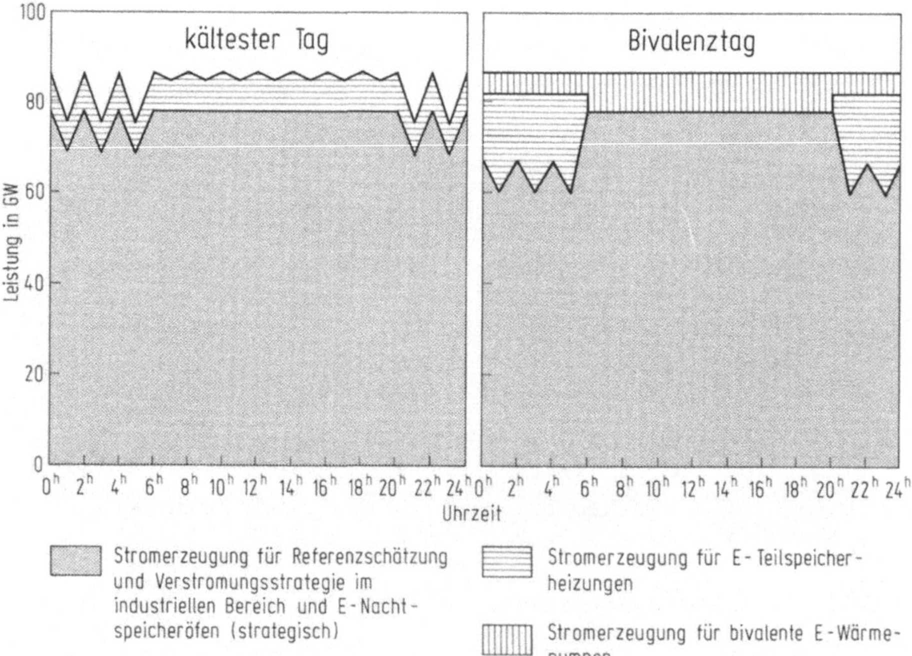

Abb. A-3. Leistungsdiagramme des öffentlichen Netzes (schematisch) bei vollem Substitutionsumfang durch die Kombination der Nutzergruppen „E-Teilspeicherheizungen“ und „bivalente E-Wärmepumpen“

- die Aufladung für die Teilspeicherheizungen am Bivalenztag voll auf die Nachtstunden verlegt werden kann, d.h., daß die Teilspeicherheizung am Bivalenztag als Nachtspeicherheizung betrieben wird.

Die erste Bedingung gilt auch für den im nächsten Abschnitt 4.1.1.3 dargestellten Substitutionsprozeß; die zweite Bedingung gilt speziell für den hier diskutierten Prozeß und bestimmt den Speicherumfang der Widerstandsheizungen.

Die Erfüllung dieser Bedingungen ist in Abb. A-3 schematisch dargestellt. Die Zick-Zack-Linie soll auch hier wieder andeuten, daß bei Widerstandsheizungen mit kurzfristigen Lastschwankungen zu rechnen ist, so daß entsprechend mehr an Kraftwerkskapazität vorzuhalten ist.

Aus dieser Abbildung ist insbesondere ersichtlich, daß die zusätzliche Kraftwerksleistung im vollen Umfang sowohl für die Widerstandsheizungen am kältesten Tag als auch für die Wärmepumpen am Bivalenztag zur Verfügung steht. Wegen des erheblich besseren Wirkungsgrades der Wärmepumpen ist dies mit ein Grund dafür, daß die Ölsubstitution innerhalb dieses Substitutionsprozesses überwiegend durch die Wärmepumpen erfolgt.

In die Berechnung von Kenngrößen der Substitution – wie Substitutionsumfang, Kraftwerks-, Kohle- und Strombedarf sowie Anzahl der Teilspeicherheizungen und der Wärmepumpen – geht eine Vielzahl von Parametern ein.

Die wesentlichen Ausgangsparameter sind in Tabelle A-7 angegeben. Unter „Gleichzeitigkeitsfaktor" wird hier verstanden das Verhältnis von der gleichzeitigen

Tabelle A-7. Parameter für die Ölsubstitution durch E-Teilspeicherheizungen und bivalent-alternative E-Wärmepumpen

1. Wärmebedarfsdaten	
Nutzwärmebedarf eines Einfamilienhauses mit 7 kW Nutzwärmehöchstlast:	13,1 MWh/a
Nutzwärmebedarf eines Zweifamilienhauses mit 15 kW Nutzwärmehöchstlast:	28,1 MWh/a
Anteil der bivalent-alternativen Wärmepumpen an der Wärmebedarfsdeckung:	0,65
2. Wirkungsgrade	
Widerstandsheizungen (in Nutzwärme):	0,95
Wärmepumpen (Verhältnis Nutzwärme zum Stromverbrauch)	
– Jahresmittel:	2,4
– Bivalenzpunkt (2 °C):	1,8
Stromtransport und -verteilung	
– Jahresmittel:	0,95
– bei Höchstlast:	0,90
Stromerzeugung aus Steinkohle:	0,38
Heizöl in Nutzwärme	
– Ölzentralheizung:	0,78
– Ölzentralheizung als Zusatz zur Wärmepumpe:	0,81
Umwandlung von Rohöl in Heizöl:	0,88
3. Gleichzeitigkeitsfaktoren des Stromverbrauchs	
Widerstandsheizungen am kältesten Tag:	0,75
Wärmepumpen am Bivalenztag:	0,90
4. Referenzmäßiges Lasttal am Bivalenztag (Abb. A-2):	92,9 GWh

Tabelle A-8. Kenndaten der Substitution durch die Nutzergruppen „E-Teilspeicherheizungen" und „bivalent-alternative E-Wärmepumpen"

Substitutionsumfang gesamt:	9,8 Mio t SKE Rohöl
– durch Teilspeicherheizungen:	3,7 Mio t SKE Rohöl
– durch Wärmepumpen:	6,1 Mio t SKE Rohöl
Zusätzliche Kraftwerksleistung:	8,4 GW
Zusätzlicher Steinkohlenverbrauch:	12,1 Mio t SKE
– für Teilspeicherheizungen:	7,3 Mio t SKE
– für Wärmepumpen:	4,8 Mio t SKE
Zusätzliche Versorgungseinheiten mit Widerstandsheizungen als Teilspeicherheizungen:	1,6 Mio zu je 7 kW Nutzwärmehöchstlast
Zusätzliche Versorgungseinheiten mit bivalenten Wärmepumpen:	1,8 Mio zu je 15 kW Nutzwärmehöchstlast bzw. 3,9 Mio zu je 7 kW Nutzwärmehöchstlast
Kraftwerksbedarf zur Substitution von 1 Mio t SKE Rohöl:	0,86 GW
Steinkohlenbedarf zur Substitution von 1 Mio t SKE Rohöl:	1,23 Mio t SKE

Stromhöchstlast der Summe der einzelnen Versorgungseinheiten eines Netzes zur Summe der ungleichzeitig anfallenden Wärmestromanforderungen für die einzelnen Versorgungseinheiten dieses Netzes. Dabei wird zusätzlich angenommen, daß keine Überdimensionierung der einzelnen Versorgungseinheiten vorliegt.

Die resultierenden Kenngrößen für den hier beschriebenen Substitutionsprozeß sind in Tabelle A-8 aufgeführt. Dadurch, daß die Substitution zum überwiegenden Teil auf die Wärmepumpen entfällt, erklärt sich der relativ geringe Bedarf an Steinkohle und Kraftwerksleistung pro t SKE Ölsubstitution.

Anschließend ist in diesem Zusammenhang der notwendige *Speicherumfang der Teilspeicherheizungen* zu bestimmen. Offensichtlich gibt es zwei kritische Situationen, für die der Speicherumfang ausreichen muß (Abb. A-3):

- am kältesten Tag muß der Tagesgang des Wärmebedarfs in eine über 24 h konstante Heizstromabnahme transformiert werden;
- am Bivalenztag muß die tagsüber benötigte Wärmemenge in den Nachtstunden gespeichert werden.

Aus den hierzu durchgeführten Berechnungen ergibt sich, daß die zweite Bedingung als begrenzender Faktor wirkt. Da am Bivalenztag der Wärmebedarf für die individuelle Versorgungseinheit nur 55% des Wärmebedarfs am kältesten Tag beträgt, läßt sich der notwendige Speicherumfang der Teilspeicherheizungen gegenüber dem der Nachtspeicherheizungen auf fast die Hälfte reduzieren.

4.1.1.3 Substitution durch die Verknüpfung der Nutzergruppen „Elektro-Direktheizung – Nachtspeicher-Kombination" und „bivalent-alternative Elektro-Wärmepumpen"

Gemessen am vorgesehenen Substitutionsumfang im Bereich der HuK-Raumwärme verbleibt nach den bisher beschriebenen Substitutionsprozessen eine Lücke von 1,8 Mio t SKE Rohölsubstitution.

Für diese weitere Substitution stellt sich die Ausgangssituation wie folgt dar:

- Weder am kältesten Tag noch am Bivalenztag (dem Tag mit der höchsten Stromnachfrage für bivalente Wärmepumpen) sind Nachttäler verfügbar. Diese Situation ist durch Abb. A-3 dargestellt. Sie tritt also beim maximalen Substitutionsumfang durch Teilspeicherheizungen in Verbindung mit bivalenten Wärmepumpen auf.
- Durch den Substitutionsprozeß „E-Teilspeicherheizung“ und „bivalente E-Wärmepumpen“ sind die Versorgungspotentiale für E-Raumheizung bereits derart verringert, daß Potentialbeschränkungen für die Installation von Wärmepumpen zu berücksichtigen sind.

Unter alleiniger Berücksichtigung des ersten Punktes gibt es offensichtlich zwei Grenzfälle der gegenseitigen Ergänzung von Widerstandsheizungen und bivalenten Wärmepumpen. In einem dieser Fälle wird die zusätzliche Kraftwerkskapazität durch möglichst viele Wärmepumpen genutzt, im zweiten Fall durch möglichst viele Widerstandsheizungen. Diese beiden Fälle sollen im folgenden kurz skizziert werden:

- Bei einer Erweiterung der Stromlieferungen für bivalente Wärmepumpen gegenüber dem in Abb. A-3 dargestellten Umfang entstehen neue Lasttäler am Bivalenztag und am kältesten Tag, die die Möglichkeit der Installation zusätzlicher Teilspeicherheizungen eröffnen. Begrenzt wird die zahlenmäßige Ausweitung der Teilspeicherheizungen durch die freien Kapazitäten am Bivalenztag, so daß die zusätzliche Kraftwerkskapazität am kältesten Tag nicht voll genutzt werden kann. Bei dieser Art der Substitution übernähmen die zusätzlichen bivalenten Wärmepumpen etwa 90% des Substitutionsumfangs, was für die Verstromungsstrategie nicht mehr mit den veranschlagten Substitutionspotentialen vereinbar wäre.
- Bei einer Erweiterung der Stromlieferungen für Widerstandsheizungen gegenüber dem Umfang von Abb. A-3 ergeben sich als Nebeneffekt Lasttäler am Bivalenztag, die durch Wärmepumpen genutzt werden können, jedoch wird auch am Bivalenztag in den Tagstunden Strom für Widerstandsheizungen erzeugt. In diesem Fall erfolgt also eine Verlagerung auf die Substitution mit Widerstandsheizungen, mit dem bemerkenswerten Begleitumstand, daß die Auslastung der zusätzlich benötigten Kraftwerke höher ist als im obigen Fall. (Insofern wird das Gestaltungskriterium der Verstromungsstrategie im HuK-Raumwärmebereich, nämlich die Maximierung der Kraftwerksauslastung, konsequent befolgt.)

Der letztgenannte Fall ist der Substitutionsprozeß, der im folgenden weiter diskutiert wird. Die Aufteilung der Stromerzeugung auf die Nutzergruppen „Direktheizung-Nachtspeicher-Kombination“ und „bivalente Wärmepumpen“ ist in Abb. A-4 schematisch für den kältesten Tag und den Bivalenztag dargestellt. Aus Darstellungsgründen wurde die zusätzliche Kraftwerksleistung deutlich überhöht gegenüber der für den Substitutionsumfang benötigten. Im Vergleich zu Abb. A-3 besteht der wesentliche Unterschied darin, daß die hier betrachteten zusätzlichen Widerstandsheizungen am Bivalenztag auch in den Tagstunden mit Strom versorgt werden. Wie in Abschnitt 4.1.1.2 dargelegt, ist der Speicherumfang der Teilspeicherheizungen dadurch bestimmt, daß am Bivalenztag nur eine Nachtaufladung zulässig ist. Als Folgerung ergibt sich, daß aufgrund der andersartigen Stromversorgung der hier betrachteten Widerstandsheizungen am Bivalenztag eine Reduzierung des

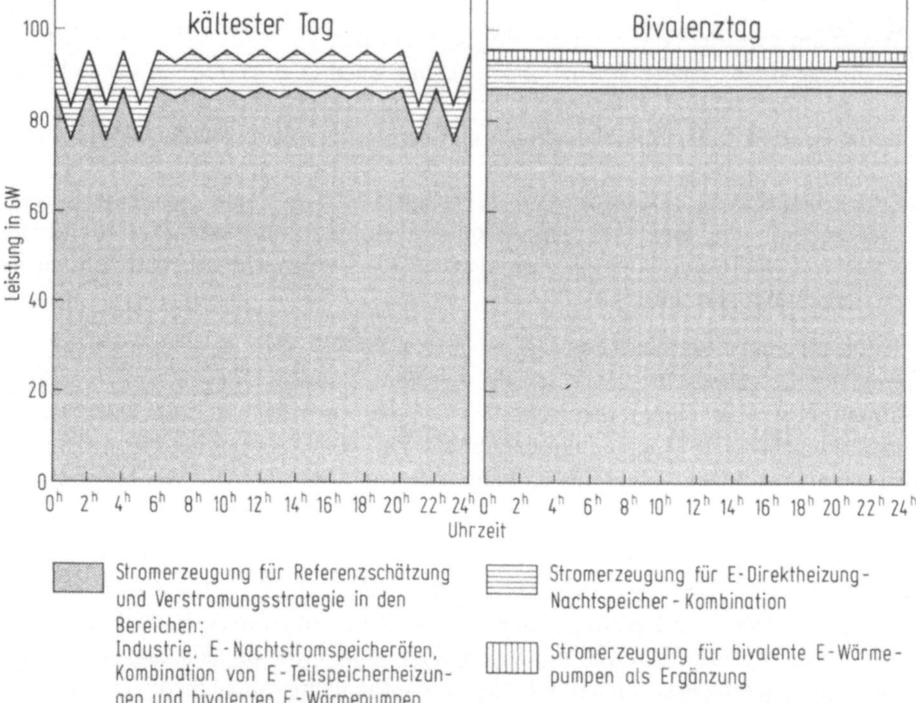

Abb. A-4. Leistungsdiagramme des öffentlichen Netzes (schematisch) für Substitution durch Nutzergruppen: „E-Direktheizung-Nachtspeicher-Kombination" und „bivalente E-Wärmepumpen"

Tabelle A-9. Kenndaten der Substitution durch die Nutzergruppen „E-Direktheizung-Nachtspeicherkombination" und „bivalente E-Wärmepumpen"

Substitutionsumfang gesamt:	1,8 Mio t SKE
– durch Widerstandsheizungen:	1,1 Mio t SKE
– durch Wärmepumpen:	0,7 Mio t SKE
Zusätzliche Kraftwerksleistung:	2,5 GW
Zusätzlicher Steinkohlenverbrauch:	2,8 Mio t SKE
– für Widerstandsheizungen:	2,2 Mio t SKE
– für Wärmepumpen:	0,6 Mio t SKE
Zusätzliche Versorgungseinheiten mit Widerstandsheizungen als Direktheizungs-Nachtspeicher-Kombination:	0,5 Mio zu je 7 kW Nutzwärmehöchstlast
Zusätzliche Versorgungseinheiten mit bivalenten Wärmepumpen:	0,2 Mio zu je 15 kW Nutzwärmehöchstlast bzw. 0,5 Mio zu je 7 kW Nutzwärmehöchstlast
Kraftwerksbedarf zur Substitution von 1 Mio t SKE Rohöl:	1,39 GW
Steinkohlenbedarf zur Substitution von 1 Mio t SKE Rohöl:	1,58 Mio t SKE

Speicherumfangs gegenüber dem der Teilspeicherheizungen möglich ist. Die Realisierung der in Abb. A-4 dargestellten Aufteilung der Stromversorgung für Widerstandsheizungen mit Tagstromversorgung am Bivalenztag ist z. B. durch folgende Heizanlagen möglich:

- Das Wohnzimmer wird durch konventionelle Nachtspeichergeräte mit integrierter Direkt-Zusatzheizung beheizt. Am Bivalenztag und an Tagen mit höherer Außentemperatur müssen die Speicher (die nur nachts geladen werden) zur Beheizung des Wohnzimmers ausreichen. Der zusätzliche Wärmebedarf bei niedrigen Temperaturen wird durch die integrierten Direktzusatzheizungen gedeckt.
- Die übrigen Räume der Wohnung werden nur mit Direktheizgeräten beheizt.

Aufgrund dieser Realisierungsmöglichkeit erhält diese Widerstandsheizanlage die Bezeichnung „Direktheizung-Nachtspeicher-Kombination".

Die energieökonomischen Eingangsparameter für die Kenngrößen der Substitution sind identisch mit denen für die Nutzergruppen „Teilspeicherheizungen" und „bivalente Wärmepumpen" (Tabelle A-7), bis auf die freien Kapazitäten am Bivalenztag, die nicht mehr vorhanden sind.

Die Kenndaten der Substitution durch die Nutzergruppen „Direktheizung-Nachtspeicher-Kombination" und „bivalente Wärmepumpen" sind in Tabelle A-9 angeführt. Der Substitutionsumfang ergibt sich als Restgröße aus dem veranschlagten Substitutionsumfang im HuK-Raumwärmebereich und dem Substitutionsumfang durch die Prozesse „Teilspeicherheizungen und bivalente Wärmepumpen" und „Nachtspeicherheizungen". Prinzipiell wäre ein höherer Substitutionsumfang durch den Prozeß „Direktheizung-Nachtspeicher-Kombination und bivalente Wärmepumpen" zu Lasten des Prozesses „Teilspeicherheizungen und bivalente Wärmepumpen" möglich, doch würde dies der Zielsetzung einer möglichst großen Auslastung der Kraftwerkskapazitäten widersprechen.

4.1.2 Erläuterungen zu den Substitutionsprozessen im Sektor „Industrie"

Dieser Substitutionsbereich zeichnet sich durch eine große Heterogenität der Wärmeverwendung aus, die ihren Niederschlag auch in den möglichen Substitutionsprozessen von Öl durch Strom findet. Im Rahmen einer Grobeinteilung ist hierbei zu unterscheiden zwischen Endenergiesubstitution und Verfahrenssubstitution.

Eine *Endenergiesubstitution* bedeutet in diesem Zusammenhang einen direkten Austausch der Endenergieträger Öl durch Strom, ohne daß dadurch andere Unternehmensziele wie Rationalisierung oder Qualitätsverbesserung verfolgt werden. Typische Beispiele für eine Endenergiesubstitution werden bei Substitution in folgenden Fällen vorliegen:

- Die Wärme ist als Endprodukt anzusehen; dies umfaßt im wesentlichen den Bereich Raumwärmeerzeugung in der Industrie.
- Die Einbindung der Wärme in den Produktionsprozeß erfolgt über ein Zwischenmedium wie Dampf oder Warmwasser, d. h. sie wird nicht direkt in den Produktionsprozeß eingetragen; die Nutzwärmeerzeugung ist vom eigentlichen Produktionsprozeß getrennt.

Vorteile der Endenergie „Elektrizität" bei einer reinen Endenergiesubstitution sind nur in Sonderfällen zu erwarten. Hierunter fällt zum einen der Bereich der Nutzung der Wärmepumpen mit hohem Nutzungsgrad bei der Wärmerückgewinnung (bzw. „Wärmeverschiebung") und der Raumwärmeerzeugung. Der Einsatz von Wärmepumpen wird vor allem durch die Temperaturanforderung an die Nutzwärme begrenzt. Ein weiteres Anwendungsfeld für die Endenergiesubstitution besteht in der Ausnutzung eines deutlich geringeren apparativen Aufwandes bei der Wärmeerzeugung durch Strom anstelle von Öl. Dies trifft im wesentlichen für Dampf- und Warmwasserboiler dann zu, wenn diese Anlagen zum einen einen relativ geringen Benutzungsumfang haben, zum anderen aber zügig auf Laständerungen reagieren müssen.

Bei einer *Verfahrenssubstitution*, wie z.B. der induktiven Erwärmung von Stahl in Walzwerken, sind neben dem Effekt einer Energiesubstitution normalerweise weitere Gründe für die Prozeßumstellung ausschlaggebend; oft dürfte die Energiesubstitution nur einen – wenngleich volkswirtschaftlich erwünschten – Nebeneffekt darstellen. Entsprechend problematisch sind die Einflußmöglichkeiten auf eine gezielte Ölsubstitution durch Strom sowie die Quantifizierung der ökonomischen Folgen einer derartigen Ölsubstitution.

Die Erarbeitung der Verstromungsstrategie für den Bereich der Industrie steht angesichts der erwähnten Probleme unter der Zielsetzung, durch relativ wenige Substitutionsprozesse ein einigermaßen repräsentatives Bild für die Möglichkeiten, aber auch für die Probleme der Ölsubstitution durch Steinkohlenstrom im industriellen Sektor zu liefern. Es wurde von folgender Auswahl und mengenmäßiger Aufteilung der Substitutionsprozesse ausgegangen:

Endenergiesubstitution:

- 1 Mio t SKE Substitution an Heizöl durch monovalente Wärmepumpen im Raumwärmebereich. Monovalente Wärmepumpen sind im industriellen Sektor in vielen Fällen ökonomisch deutlich vorteilhafter als im HuK-Bereich, da im industriellen Sektor die Erschließung einer geeigneten Wärmequelle häufig problemlos ist, z.B. bei Wärmerückgewinnung oder ohnehin vorhandener Grundwassernutzung.
- 1 Mio t SKE Heizöl durch Wärmepumpen in Verbindung mit Wärmerückgewinnung bzw. Wärmeverschiebung in der industriellen Prozeßwärme.
- 1 Mio t SKE Heizöl durch Substitution von ölbefeuerten Dampfkesseln durch Elektrokessel.

Verfahrenssubstitution:

- 2,3 Mio t SKE durch Verwendung elektrischer Öfen in der Metallverarbeitung.
- 0,7 Mio t SKE durch Elektrizitätsanwendung für die Glasschmelze.

In den letzten beiden Fällen wird direkt überwiegend Erdgas freigesetzt. Es wird unterstellt, daß dieses Erdgas in einem weiteren Schritt zur Ölsubstitution eingesetzt wird, wobei der Einfachheit halber angenommen wird, daß es bezüglich der Verwendung von Gas anstelle von Öl weder ökonomische Verbesserungen noch Verschlechterungen gibt. Insofern kann man sich bei der ökonomischen Analyse der Substitution auf den Ölvergleichsfall beschränken.

4.1.3 Technologien zur Stromerzeugung aus Steinkohle

Für die Erzeugung des strategiegemäß benötigten Stroms werden konventionelle Steinkohlenkraftwerke mit Rauchgasentschwefelung (Dampfturbinen-Kondensationsprozeß, trocken entaschte Staubfeuerung) vorgesehen. Zukünftige Entwicklungslinien der Steinkohleverstromung in Großanlagen sind:

- Integration der Kohledruckvergasung in den Kraftwerksprozeß;
- druckbetriebene Wirbelschichtfeuerung.

Die Zielsetzung besteht in beiden Fällen darin, die Einhaltung strenger Emissionsauflagen zu ökonomisch und energetisch günstigeren Bedingungen als im Falle konventioneller Kraftwerke mit Rauchgasreinigung zu erreichen.

Beim Verfahren der Kohledruckvergasung wird das Kohlegas gereinigt und anschließend im kombinierten Gas/Dampfturbinenprozeß in Strom umgewandelt. Der Vorteil gegenüber konventionellen Steinkohlenkraftwerken liegt darin, daß durch zusätzliche Ausnutzung des Gasturbinenprozesses eine Erhöhung des Umwandlungswirkungsgrades gegenüber dem reinen Dampfturbinenprozeß erfolgt und die vor der Verbrennung zu reinigende Brenngasmenge geringer ist als die Rauchgasmenge, was sich ebenfalls positiv auf den Wirkungsgrad auswirkt.

Das Problem der Integration der Kohledruckvergasung in den Kraftwerksprozeß besteht darin, den Gesamtprozeß derart zu gestalten, daß diese Vorteile der Stromerzeugung den Nachteil bei der Kohlevergasung überwiegen. Den kritischen Teil stellt hierbei die Gasreinigung dar, die hohe Rückhaltegrade bei möglichst geringen Druck- und Wärmeverlusten erfordert. Erfahrungen mit der Kohledruckvergasung in der Prototypanlage mit 170 MW Leistung in Lünen ergaben bei der Brenngasentschwefelung einen zu hohen Eigenenergiebedarf. Weiterhin gab es Probleme mit dem Betriebsverhalten des Gaserzeugers bei hohem und schwankendem Aschegehalt der Einsatzkohlen, so daß der Einsatz von Ballastkohlen zusätzliche Problemlösungen erfordert.

Von den verschiedenen Technologien der Wirbelschichtfeuerungen kommt für die Stromerzeugung in Großkraftwerken aus heutiger Sicht am ehesten die druckbetriebene Wirbelschichtfeuerung in Betracht. Ebenso wie bei der Kohledruckvergasung wird auch hier eine ökonomische und energetische Verbesserung durch die Einbeziehung des Gasturbinenprozesses in die Stromerzeugung angestrebt. Hierzu ist eine extrem gute Hochtemperaturentstaubung der Verbrennungsgase der Wirbelschicht notwendig, damit für die Gasturbine eine ökonomisch ausreichende Lebensdauer erreicht werden kann (Problem der Erosion und Heißgaskorrosion). Die relativ problemlose Entschwefelung und die weitgehende Unterbindung der Stickoxidbildung sind die Vorteile der möglichen Anwendung der Wirbelschichtfeuerung. Bisher verläuft die Erprobung der druckbetriebenen Wirbelschichtfeuerung im Pilotmaßstab. Für die Einbindung in den Stromerzeugungsprozeß sind keine konkreten Planungen bekannt, da das Problem der Heißgasentstaubung bisher nicht zufriedenstellend gelöst ist.

Aufgrund des gegenwärtigen technologischen Entwicklungsstandes ist nicht zu erwarten, daß bis zum Jahr 2000 die hier diskutierten unkonventionellen Technologien in größerem Umfang zur Kohleverstromung zum Einsatz kommen. Von den geplanten 34 000 MW Steinkohlenkraftwerksneubauten entfallen lediglich 400 MW auf bisher unkonventionelle Verfahren der Stromerzeugung, und zwar auf die Integration der Kohledruckvergasung in den Kraftwerksprozeß. Aus dieser zahlenmäßigen Relation ist ersichtlich, daß sich eine Verstromungsstrategie bis zum Jahr 2000 im Umwandlungsbereich praktisch ausschließlich auf konventionelle Verfahren der Stromerzeugung aus Steinkohle abstützen dürfte.

4.1.4 Zusammenfassender Überblick über die Substitutionsprozesse der Verstromungsstrategie

Die Aufteilung des Substitutionsumfangs der Verstromungsstrategie auf einzelne Anwendungsbereiche ist zusammenfassend in Tabelle A-10 dargestellt.

Aus dieser Aufstellung ist deutlich die große Bedeutung der bivalent-alternativen Wärmepumpen für die Ölsubstitution ersichtlich, wenngleich der Steinkohleeinsatz für Widerstandsheizungen im HuK-Bereich mehr als doppelt so hoch ist wie für die bivalenten Wärmepumpen. Entsprechend der Heterogenität der Ölanwendungen im industriellen Bereich verteilt sich die Substitution auf unterschiedliche Verfahren, wobei die Auswahl eher beispielhaft als repräsentativ ist.

Tabelle A-10. Aufteilung des Substitutionsumfangs der Verstromungsstrategie auf einzelne Anwendungen[a]

Anwendungstechnologie	Substitution in Mio t SKE		Mehreinsatz in Mio t SKE		Zusätzl. Kraftwerksleistung
	Rohöl	Heizöl	Strom	Steinkohle	GW
E-Nachtspeicherheizung	1,5	1,3	1,1	3,1	8,4[b]
E-Teilspeicherheizung	3,7	3,2	2,7	7,3	8,4
E-Direktheiz.-Nachtspeicher-Komb.	1,1	1,0	0,8	2,2	2,5
Widerstandsheizungen zusammen	6,3	5,5	4,6	12,6	10,9
Bivalent-alternative Wärmepumpen	6,9	6,1	1,9	5,4	9,4[b]
HuK-Raumwärme insgesamt	13,2	11,6	6,5	18,0	10,9
Monovalente Wärmepumpe für industrielle Raumwärme	1,1	1,0	0,3	0,8	0,9
Monovalente Wärmepumpe für industrielle Prozeßwärme	1,1	1,0	0,3	0,8	0,9
Elektr.-Dampfkessel für industrielle Prozeßwärme	1,1	1,0	0,9	2,5	2,3
Induktionsöfen in der metallverarbeitenden Industrie	2,6	2,3	0,9	2,6	1,2
Vollelektrische Glasschmelze	0,8	0,7	0,3	0,8	0,4
Industrie insgesamt	6,8	6,0	2,8	7,5	5,6
Verstromungsstrategie gesamt	20,0	17,6	9,3	25,5	16,5

[a] Rundungsfehler bei Summation
[b] Bei Summation nicht berücksichtigt zur Vermeidung von Doppelzählungen

4.2 Darstellung der Verheizungsstrategie

4.2.1 Leiterwägungen und Überblick

Die Technologieketten der Verheizungsstrategie verlaufen ausnahmslos über die direkte Nutzung (Verbrennung) von Kohle zur Nutzwärmeerzeugung ohne Zwischenschaltung von Strom und Kohlenwasserstoffen als Sekundärenergieträger.

Die Endenergiemengen an Mineralölprodukten, die 1980 und gemäß Referenzschätzung 2000 zur Nutzwärmeerzeugung eingesetzt werden, gehen aus Tabelle A-6 hervor. Daraus ist ersichtlich, daß 1980 etwa 80% des Öleinsatzes im Wärmemarkt auf den Niedertemperaturbereich (Raumwärme und Prozeßwärme < 100 °C) entfielen, der rein technisch voll über Fern- und Nahwärme aus Kohle versorgbar wäre. Am 80%-Anteil des Öleinsatzes im Wärmemarkt für Niedertemperaturwärme hat sich durch die Referenzannahmen für das Jahr 2000 wenig verändert: Spareffekte sowie Ölsubstitution durch Kohle, Gas, Fernwärme, Strom und regenerative Energiequellen führen zu einem starken Rückgang des Öleinsatzes im Niedertemperaturbereich, sie dürften jedoch auch im industriellen Prozeßwärmebereich oberhalb 100 °C den Öleinsatz um etwa 7 Mio t SKE (gegenüber 1980) verringern, so daß die Relationen in etwa gleich bleiben.

Wie auch bei der Verstromungsstrategie müssen daher die *strategiespezifischen* Substitutionsprozesse schwerpunktmäßig im Niedertemperaturwärmemarkt ansetzen.

Aus diesen Potentialerwägungen ergibt sich eine Konzentration der strategischen Ölsubstitution auf Fernwärme aus Kohle für die Raumwärme- und Brauchwasserversorgung; andere Technologien zur direkten Raumwärmeerzeugung auf Kohlebasis wie Kohle-Blockheizungen, Kohlezentralheizungen und Kohleöfen wurden aufgrund von Vorabschätzungen zur Wirtschaftlichkeit und wegen Umweltaspekten als Strategietechnologien zur Ölsubstitution im Raumwärmebereich nicht betrachtet.

Als weiteres Potential für die strategische Ölsubstitution wird die Substitution von Öl durch Dampf- und Heißwasserkessel mit Kohlefeuerungen in der Industrie im Temperaturbereich < 400 °C einbezogen.

Für auf Kohlebasis erzeugte Fernwärme wird ein Substitutionsbeitrag von 11,1 Mio t SKE Endenergie angesetzt; für die Ölsubstitution in der Industrie durch Kohle wird ein Beitrag von 6,5 Mio t SKE vorgesehen.

Bei der weiteren Ausgestaltung der Verheizungsstrategie wurde die *Energieeffizienz* als *leitender Gesichtspunkt* ausgewählt, der zu einer Präferenzbildung für Technologieketten mit Kraft-Wärme-Kopplung führt. Daneben werden bei der Strategiegestaltung Grenzen der Substitutionspotentiale in den verschiedenen Wärmemarktbereichen berücksichtigt, die sich aus energietechnischer und wirtschaftlicher Sicht gemäß Vorabschätzungen ergeben.

4.2.2 Eingrenzung der Substitutionspotentiale und der vorgesehenen Substitutionsprozesse

4.2.2.1 Fernwärme auf Kohlebasis

Aus wirtschaftlich-technischen Gründen kann Kohle in großen Heizkraftwerken (HKW) exergetisch besser genutzt werden als in kleinen. Daraus folgt eine Präfe-

Tabelle A-11. Fernwärmezubau bis zum Jahr 2000

Gemeinde-Größenklasse (Tsd. Einwohner)	Fernwärmezubau in Mio t SKE (Endenergie)				
	strategie-unabhängig Gas	strategie-unabhängig Kohle	strategie-spezifisch Kohle	Kohle gesamt	insgesamt Kohle + Gas
> 350	0,4	2,0	2,5	4,5	4,9
150 – 350	0,3	0,5	1	1,5	1,8
50 – 150			4,5	4,8	4,8
< 50	0,9	0,3	3,5	3,5	4,4
Insgesamt	1,6	2,8	11,5[a]	14,3	15,9

[a] Hierdurch werden 11,1 Mio t SKE Mineralölprodukte (netto, d.h. unter Berücksichtigung des Schweröleinsatzes in Spitzenheizwerken) substituiert

renz für den Ausbau großer, zusammenhängender Fernwärme-Versorgungsgebiete, für die größere Städte (> 150 000 Einwohner) infrage kommen. In größeren Städten ist zugleich der Anteil von Gebieten mit hoher Wärmebedarfsdichte an der gesamten besiedelten Fläche höher als in kleineren Städten. Dadurch bestehen in ersteren günstige Vorbedingungen hinsichtlich der spezifischen Kosten von Fernwärmeverteilungsnetzen. Daraus erklärt sich, daß sich gegenwärtig auch der Fernwärmeeinsatz mit 75% des Gesamteinsatzes auf Städte mit mehr als 150 000 Einwohnern konzentriert, in denen allerdings nur 30% der Gesamtbevölkerung wohnen.

Bei dem in der Referenzschätzung veranschlagten strategieunabhängigen Teil des Fernwärmeausbaus von 4,4 Mio t SKE Endenergie (einschließlich der Beiträge von Fernwärme aus Erdgas) wird angenommen, daß diese Konzentration auch in Zukunft im wesentlichen erhalten bleibt, d.h., daß über 70% davon in größeren Städten erfolgt (siehe Tabelle A-11). Dadurch würde der Anteil der Fernwärme an der Raumwärmeversorgung in diesen Städten bis zum Jahr 2000 von gegenwärtig 12% auf etwa 20% ansteigen. Als strategischer Ölsubstitutionsbeitrag wird ein weiterer Ausbau der Fernwärme in diesen Städten auf etwa 30% vorgesehen, was einem Beitrag von 3,5 Mio t SKE zum strategiegemäß vorgesehenen Fernwärmeausbau von 11,5 Mio t SKE (Endenergie) entspricht (siehe Tabelle A-11). Ein darüber hinausgehender Ausbau bis zum Jahr 2000 erscheint kaum möglich, wenn der Gasausbau für Heizzwecke in diesen Städten entsprechend dem gegenwärtigen Trend weiter rasch fortschreitet.

Ein größeres Potential für den strategiespezifischen Aufbau von Fernwärmenetzen, die für Wärmeeinspeisung aus Kohleheizkraftwerken infrage kommen, besteht in mittleren und kleineren Städten zwischen 20 000 und 150 000 Einwohnern, für die im Durchschnitt ebenfalls ein bis zum Jahr 2000 auf etwa 30% wachsender Fernwärmeanteil in der Strategie veranschlagt wird, was einem Substitutionsbeitrag von 7,6 Mio t SKE Heizöl entspricht. Gegenwärtig werden weniger als 5% der Wohnungen in Städten dieser Größenklasse mit Fernwärme beheizt. Dies beleuchtet das Realisierungsproblem. Jedoch sind, wie in den ökonomischen Folgenanalysen noch näher erläutert wird, die Voraussetzungen zur Erschließung dieses Potentials durch die Fernwärme in bezug auf die Wärmedichte kaum oder nicht ungünstiger als für ein weiteres Vordringen der Fernwärme in Großstädten über einen Anteil von 20% hinaus, da in Großstädten die für Fernwärme besonders geeigneten Gebiete bereits referenzmäßig durch Fernwärme oder auch durch Gas besetzt sind.

Für Städte unterhalb etwa 20 000 Einwohnern lassen überschlägige Abschätzungen (beim gegenwärtigen Stand der Technik) erkennen, daß wegen überproportional wachsender Kosten von HKW gegenüber HW und geringer werdender energetischer Vorteile der Einsatz ortsnaher kleiner Kohle-Heizkraftwerke wenig lohnend erscheint.

Nach etwas weitergeführter Aufgliederung und mit abgerundeten Zahlen führen die genannten Erwägungen zu dem Gesamtbild für den Fernwärmezubau in Tabelle A-11. Sie läßt folgenden Kontrast erkennen:

Der strategieunabhängige Teil des Fernwärmeausbaus konzentriert sich auf der Linie bisheriger Präferenzen mit etwa 75% auf Städte mit mehr als 150 000 Einwohnern. Der strategiespezifische Teil des Fernwärmeausbaus erfolgt dagegen zu 70% in Städten unter 150 000 Einwohnern.

Mit der Aufgliederung des Fernwärmezubaus in insgesamt vier Gemeindegrößenklassen gemäß Tabelle A-11 wird angestrebt, Abstufungen von Vor- und Nachteilen etwas feiner erfassen und darstellen zu können, als dies bei einer Grobgliederung in zwei Größenklassen möglich ist.

Entsprechend dieser Aufgliederung werden bei der versorgungsseitigen Modellierung des Fernwärmeausbaus *vier HKW-Größen* unterschieden (vgl. Tabelle A-12).

Die beiden größeren HKW sind Entnahme-Kondensationsanlagen, die beiden kleineren sind Gegendruckanlagen.

Gegendruckanlagen sind technisch weniger aufwendig, haben aber den Nachteil, daß die Stromerzeugung während des Betriebes nicht unabhängig von der Fernwärmeabgabe geregelt werden kann. Strom- und Fernwärmeabgabe stehen in einem durch die „Stromkennzahl“ der Anlage gegebenen festen Verhältnis. Ursache dafür ist, daß die bei der Stromerzeugung anfallende „Abwärme“ nur in das angeschlossene Fernwärmenetz (ggf. unter Zwischenschaltung eines Wärmespeichers) abgeleitet werden kann. Dementsprechend wird z.B. in Sommermonaten wenig oder kein Strom erzeugt werden. Im Gegensatz dazu kann die Abwärme bei Entnahme-Kondensationsanlagen auch über einen zusätzlichen Kondensator an die Umgebung (Luft oder Wasser) abgeführt werden. Dadurch ist es möglich, Stromerzeugung und

Tabelle A-12. Größe, Art und Zahl von Modellanlagen zur strategiespezifischen Fernwärmeeinspeisung nach Gemeindegrößenklassen

Gemeindegrößenklasse Tsd. Einwohner	Wärmehöchstlast der Einspeisung MWth	Davon Einspeisung aus KWK-Anlagen MWth	Zugehörige elektrische Leistung MWe	Art der Anlage	Zahl der Anlagen
> 350	750	375	500	Entnahme-Kond.	5
150 – 350	400	200	120	Entnahme-Kond.	25
50 – 150	170	85	42	Gegendruck	80
20 – 50	60	30	12	Gegendruck	130

Fernwärmeauskopplung weitgehend unabhängig voneinander zu regeln; die Stromerzeugung muß beispielsweise nicht gedrosselt werden, wenn der Heizbedarf sinkt. Sie kann sogar etwas erhöht werden, wenn die Fernwärmeleistung unter die Auslegungsdaten sinkt. Der technische Mehraufwand zur Erzielung dieses Flexibilitätsvorteils gegenüber Gegendruckanlagen lohnt sich jedoch in der Regel umso weniger, je kleiner die Anlagen werden.

In der dritten und vierten Spalte von Tabelle A-12 sind Daten für die maximale Fernwärmeleistung der vier Modell-HKW und die zugehörige elektrische Leistung aufgeführt.

Die Fernwärmeleistung der HKW ist auf 50% der Jahreshöchstlast im zugehörigen Versorgungsgebiet ausgelegt. Damit übernehmen die HKW die Grundlast der Fernwärmeversorgung (85% der Jahresarbeit). Die Spitzenlast (15% der Jahresarbeit) wird von Spitzenheizwerken übernommen, die mit schwerem Heizöl befeuert werden und leistungsmäßig auf 50% der Jahreshöchstlast zuzüglich Reserveleistung ausgelegt sind.

Entsprechend der Großfeuerungsanlagenverordnung (Juni 1983) sind die HKW und die zugehörigen Spitzenkessel mit Ausnahme der kleinsten Anlage mit Rauchgasentschwefelungsanlagen (REA) ausgerüstet. Zum Vergleich wird bei den beiden kleineren HKW alternativ auch der Einsatz einer Wirbelschichtfeuerung (WSF) betrachtet. Wirbelschichtfeuerungen bieten die Möglichkeit, SO_2- und NO_x-Emissionen auch in Kesselleistungsbereichen unterhalb der gegenwärtig von der Großfeuerungsanlagenverordnung festgelegten Grenzen ohne Rauchgasentschwefelung zu reduzieren. Erreicht wird dies durch Zugabe von Kalkstein und durch Verbrennungstemperaturen unter 950 °C. Die Kostenrelationen gegenüber konventionellen Kohlekesseln ohne und mit REA werden bei der ökonomischen Analyse für den Fall atmosphärischer stationärer WSF aufgezeigt.

Von den drei in der Entwicklung befindlichen Wirbelschichtfeuerungen – atmosphärisch stationär, atmosphärisch zirkulierend, druckaufgeladen stationär – ist die atmosphärisch stationär betriebene Wirbelschichtfeuerung in der Entwicklung soweit fortgeschritten, daß sie von mehreren in- und ausländischen Herstellern kommerziell angeboten wird. Die Leistungsspanne der Angebotspalette reicht von einigen MW Feuerungsleistung für industrielle Dampferzeuger bis zu 200 MWth in einem Block. Im einzelnen werden Entwicklungs- und Umweltaspekte der Wirbelschichtfeuerung in einem im Rahmen dieser Studie erstellten Materialienband dargestellt [Bonn, Schilling 1983].

Neben den erwarteten Umweltvorteilen ist ein weiterer Vorteil der WSF darin zu sehen, daß auch Ballastkohlen (evtl. auch Berge) und Abfälle verbrannt werden können.

In der letzten Spalte von Tabelle A-12 ist die Anzahl der HKW angegeben, die zur Realisierung der Strategie erforderlich wäre. Die Summe der Anlagen ergibt eine elektrische Leistung von 10,4 GWe. Zusammen mit der strategieunabhängig veranschlagten zusätzlichen elektrischen Kapazität von Kohle-HKW (knapp 4 GWe) führt das auf etwa 14 GWe elektrischer Leistung, die von 1980 bis 2000 über Kohle-HKW zu installieren wäre.

In Bau und in Planung sind gegenwärtig Steinkohlekraftwerke (teilweise als HKW ausgelegt) mit einer Gesamtkapazität von 35 GWe. Etwa 40% dieser Kapazität müßten zur Realisierung der Strategie über HKW installiert werden.

4.2.2.2 Industrielle Dampferzeuger und Heißwasserkessel

1980 wurden etwa 15 Mio t SKE an Ölprodukten (meist schweres Heizöl) in industriellen Dampferzeugern und Heißwasserkesseln eingesetzt. Die Leistungsbandbreite der in der Industrie eingesetzten Dampfkessel reicht von einigen hundert Kilowatt Dampfleistung bis in die Größenordnung von 100 MWth.
Je nach Anwendungszweck werden unterschiedliche Kesselkonstruktionen mit jeweils verschiedenartigen Feuerungssystemen eingesetzt. Dabei ist im wesentlichen zwischen Sattdampfkesseln mit Leistungen bis größenordnungsmäßig 10 MWth und 20 bar Frischdampfdruck und Hochdruckkesseln zur Erzeugung von überhitztem Dampf zu unterscheiden. Bei Dampfleistungen über 10 MWth ist es heute schon in vielen Fällen wirtschaftlich, überhitzten Hochdruck-Dampf zu erzeugen und einen Teil seines Energiegehaltes in Kraft-Wärme-Kopplung (KWK) in elektrische Energie zu überführen. 1980 wurden etwa 6 Mio t SKE Heizöl in KWK-Anlagen eingesetzt.

Von den 15 Mio t SKE an Ölprodukten, die 1980 in industriellen Dampferzeugern und Heißwasserkesseln eingesetzt wurden, werden referenzmäßig schon ca. 5 Mio t SKE durch Kohle, Strom und Fernwärme substitutiert. Darüberhinaus wird eine weitere strategische Ölsubstitution von 6,5 Mio t SKE vorgesehen, wovon 3,5 Mio t SKE in industriellen KWK-Anlagen und 3 Mio t SKE in Anlagen ohne KWK substituiert werden. Dies würde bedeuten, daß insgesamt ¾ der 1980 installierten industriellen Ölkessel mit und ohne KWK bis zum Jahr 2000 durch Kohlekessel ersetzt würden.

Die Verwendungszuordnungen in Tabelle A-13 beruhen auf Schätzungen des gegenwärtigen Verwendungsmusters in denjenigen Industriegruppen, für die Ölkesselsubstitutionen am ehesten infrage kommen: Chemische Industrie, Papier- und Zellstoffindustrie, Nahrungsmittelindustrie, Fahrzeug- und Maschinenbau.

Für die strategiespezifische Substitution von 6,5 Mio t SKE Öl in diesem Bereich werden etwa 7 Mio t SKE Steinkohle benötigt.

Bei der Substitution werden vier Dampfkesselgrößen mit abgestufter Dampfleistung – 2, 8, 15 und 60 MWth – als Modellanlagen betrachtet. Bei diesen handelt es sich um Kesselanlagen konventioneller Bauweise, die sich nur durch die brennstoffspezifischen Besonderheiten der Kohle von Öl- oder Gasanlagen unterscheiden. Zur Zeit werden bei kleinen Kohlekesseln Feuerungen mit festen Rosten, wie Planrostfeuerungen, Unterschubfeuerungen und Schrägrostfeuerungen, eingesetzt. Bei Lei-

Tabelle A-13. Verheizungsstrategie – strategiespezifische Substitution von Öl in industriellen Dampf- und Heißwassererzeugern durch kohlebefeuerte Anlagen (Mio t SKE Endenergie)

Verwendung	Raumheizung	Prozeßwärme > 100 °C	Prozeßwärme 100 bis 400 °C	Strom-erzeugung	Summe
Dampferzeuger mit KWK	0,3	–	2,2	1,0	3,5
Kessel ohne KWK	0,7	0,5	1,8	–	3,0
Summe	1,0	0,5	4,0	1,0	6,5

stungen von 10 MWth bis 50 MWth werden vorrangig Feuerungen mit beweglichen Rosten, wie Wanderrost (ggf. mit Wurfbeschickung), Schüttelrost- oder Überschubrost-Feuerungen, verwendet. Oberhalb der 50-MWth-Klasse liegt der Einsatzbereich der Staubfeuerungen.

Für die vier Leistungsklassen wurden folgende Anlagenkonzepte gewählt:

2 MWth: Flammrohr-Rauchrohr-Kessel mit Unterschubfeuerung,
8 MWth: Flammrohr-Rauchrohr-Kessel mit Unterschubfeuerung,
15 MWth: Wasserrohr-Kessel mit Wanderrost und Wurfbeschickung (Spreader-Stoker),
60 MWth: Wasserrohr-Kessel mit Staubfeuerung.

Zum Vergleich wurde bei den Leistungsklassen mit 8, 15 und 60 MWth auch die atmosphärische stationäre Wirbelschichtfeuerung betrachtet.

4.3 Darstellung der Kohleveredlungsstrategie

Die Einsatzbereiche von Kohleveredlungsprodukten sind äußerst vielfältig. Kohleveredlungsprodukte können in unterschiedlicher Form zur Substitution von Erdölprodukten im Verkehr, im Wärmemarkt und im nichtenergetischen Bereich eingesetzt werden. Vor allem flüssige Produkte können ohne größere Umstellungsprobleme im Endnutzungs- und Infrastrukturbereich Mineralölprodukte in allen Anwendungsbereichen „direkt" substitutieren.

Somit ist bei der Veredlungsstrategie die Frage, welche Potentiale für die Substitution vorgesehen werden sollen, offener als bei den anderen Strategien. Deshalb wurden zunächst zwei Varianten der Kohleveredlungsstrategie entwickelt.

Bei der Variante A ist die Minderung der Auswirkungen möglicher Ölversorgungskrisen das Leitkriterium für die Strategiebildung. Daraus ergibt sich eine Präferenz für flüssige Kohleveredlungsprodukte bzw. für Öleinsatzbereiche, in denen kurz- und mittelfristig eine Substitution von Mineralölprodukten über andere Substitutionswege nicht möglich ist. Daraus folgt, daß diese Variante primär auf das Substitutionspotential „Kraftstoffe im Verkehr" ausgerichtet ist, nur kleinere Beiträge im Wärmemarkt vorsieht und außerdem technisch stärker auf die Kohleverflüssigung aufbaut.

Mit der Variante B sollen auch stärker die Möglichkeiten der Kohlevergasung analysiert werden. Bei ihr liegt der Schwerpunkt der Substitutionsbeiträge im Wärmemarkt.

4.3.1 Verfahren der Kohleveredlung, Produktspektrum und Anwendungsbereiche

Die Veredlungsprodukte der Kohleveredlungsstrategie sollen aus Steinkohle hergestellt werden, einem heterogenen Material, das – abgesehen von mineralischen Einschlüssen – aus einem Gemisch kohlenstoffhaltiger Verbindungen besteht. Die Moleküle der Steinkohle bestehen aus mehrkernigen Aromateneinheiten mit durchschnittlich vier bis fünf Ringen, die durch Brückenbindungen miteinander verknüpft sind. Um Kohle in flüssige und gasförmige Produkte umzuwandeln, gilt es, ihre Makromoleküle aufzubrechen und in kleinere Fragmente zu zerlegen. Dies kann mit den Konversionsverfahren Kohleentgasung, Kohleextraktion, Kohlevergasung und Kohlehydrierung geschehen. Auf die beiden zuletzt genannten Verfahren wird hier näher eingegangen, da nur diese in den Strategievarianten betrachtet werden.

Unter *Kohlevergasung* versteht man die Umsetzung von Stein- oder Braunkohle mit einem Vergasungsmittel zu Gasgemischen. Die Zusammensetzung der Gasgemische hängt ab von der Kohle, dem Vergasungsmittel und den Vergasungsbedingungen. Prinzipiell können alle Kohlen vergast werden. Als Vergasungsmittel kommt jedes Gas in Frage, das bei erhöhter Temperatur mit der Kohle reagiert, wie Wasserdampf, Wasserstoff und Kohlendioxid. Von Bedeutung ist ein Gemisch aus Wasserdampf und Luft oder aus Wasserdampf und Sauerstoff. Die Vergasungsreaktion verläuft heterogen ohne Katalysator. Als Zwischenprodukt entsteht ein Rohgas, das aus Kohlenmonoxid, Kohlendioxid, Wasserstoff, Methan, Wasserdampf, Schwefelwasserstoff, Kohlenoxidsulfid, eventuell Schwelprodukten und je nach Vergasungsmittel auch Stickstoff besteht. Das Rohgas wird durch Reinigung und Konvertierung zu Brenngasen, Wasserstoff und Synthesegasen für die Ammoniak-, Methanol-, Fischer-Tropsch-(Kohlenwasserstoffe), Methan- und Oxo-Synthese (Oxo-Alkohole) aufgearbeitet.

Vergasungsverfahren unterscheiden sich untereinander nach einer Reihe von Kriterien. Bezüglich der für den Vergasungsprozeß erforderlichen Reaktionswärme unterscheidet man Verfahren, bei denen die Wärme von außen dem Reaktor zugeführt wird (allotherme Prozesse), und Verfahren, bei denen durch Teilverbrennung der Kohle im Vergasungsreaktor die erforderliche Wärme erzeugt wird (autotherme Prozesse). Die allotherme Kohlevergasung befindet sich derzeit noch im Entwicklungsstadium, während die autotherme Kohlevergasung bereits kommerziell angewendet wird und deshalb auch der Strategie zugrundegelegt wird.

Bei der *Kohlehydrierung* wird die Kohle direkt verflüssigt, indem man große Strukturen in kleinere zerlegt und dabei Wasserstoff – gasförmig oder in Form eines Lösungsmittels – zuführt. Es sind hierzu Temperaturen zwischen 400 und 500 °C und hohe Drücke um 300 bar, erforderlich. Als Einsatzkohlen für die direkte Hydrierung eignen sich Kohlen, deren Kohlenstoffgehalt vorzugsweise nicht mehr als 84 Gew.-% betragen soll, mit einem möglichst hohen Gehalt an flüchtigen Anteilen, zum Beispiel 35% und darüber. Der Aschegehalt sollte wegen der Ölausbeute so niedrig wie möglich sein.

Als Zwischenprodukt der direkten Kohlehydrierung entsteht Kohleöl, ein dem Erdöl ähnliches Produkt. Aus diesem lassen sich durch weitere Aufarbeitungsschritte wie Destillieren, Raffinieren, Cracken, Reformieren die höherwertigen verkaufsfähigen Produkte Benzin, Mitteldestillat, Flüssiggas und Aromaten herstellen.

Tabelle A-14 ist eine Übersichtsdarstellung über die für die Kohleveredlung im wesentlichen infrage kommenden Verfahren, ihre Produkte und die Einsatzbereiche für diese Produkte. Die Zeilenordnung wurde dabei so angelegt, daß sie weitgehend einem von oben nach unten wachsenden technischen Aufwand zur Produkterzeugung entspricht. Dem wachsenden Aufwand entsprechen im allgemeinen höhere Produktqualitäten in dem Sinne, daß die Produkte ein breiteres Einsatzpotential haben und besonders gut in bestehende Infrastrukturen zur Weiterverwendung eingefügt werden können. Mit wachsendem technischen Aufwand zur Erzielung höherer

Tabelle A-14. Übersicht über Kohleveredlungsverfahren

Verfahrensvariante	Zwischenprodukte	Aufarbeitung der Zwischenprodukte	Endprodukte	Verwendung
Kohlevergasung				
Vergasungsmittel:				
Luft Wasserdampf →	niederkaloriges Rohgas →	(Gasreinigung) →	niederkaloriges Brenngas →	Industrie
Sauerstoff Wasserdampf →	mittelkaloriges Rohgas →	Gasreinigung → (↓ Konvertierung)	mittelkaloriges Brenngas →	Strom- und Fernwärmeerzeugung
		Konvertierung → (↓ Synthese)	Wasserstoff →	Chemierohstoffe
		Synthese →	Ammoniak →	Chemierohstoffe
			Oxo-Alkohole →	Chemierohstoffe
			Kohlenwasserstoffe →	Chemierohstoffe, Kraftstoffe
			Methanol →	Kraftstoffe
		Synthese →	Methan (SNG) →	Zuspeisung in Erdgasnetze
Wasserstoff →	hochkaloriges Rohgas →	Gasreinigung →	Methan (SNG) →	Zuspeisung in Erdgasnetze
Direkte Kohlehydrierung →	Kohleöl →	Destillieren Raffinerien Hydrocracken Steamcracken Reformieren	Benzin Flüssiggase (LPG) Mitteldestillate Aromaten →	Kraftstoffe Brennstoffe Chemierohstoffe

Produktqualität ist im allgemeinen zugleich ein höherer spezifischer Kohleeinsatz (geringerer energetischer Wirkungsgrad) bei der Kohleveredlung verknüpft. So ist Schwachgas mit einem deutlich höheren energetischen Wirkungsgrad erzeugbar als SNG (Substitute Natural Gas) oder flüssige Kohlenwasserstoffe.

Die Substitutionspotentiale und vorab erkennbare spezifische Vor- und Nachteile der verschiedenen Veredlungsprodukte werden im folgenden Abschnitt diskutiert.

4.3.2 Substitutionspotentiale von Veredlungsprodukten

4.3.2.1 Schwachgas

Innerhalb der in Tabelle A-14 aufgeführten Verfahrensgruppen zeichnet sich die Vergasung mit Luft und Wasserdampf durch einen hohen Wirkungsgrad bei der Energieumwandlung (75 bis 90%) und durch vergleichsweise geringen technischen Aufwand aus. Der Energiegehalt je m^3 Gas liegt jedoch etwa um einen Faktor 6 niedriger als bei Erdgas. Dies hat zwei Konsequenzen: Erstens ergeben sich hohe Energietransportkosten je Energieeinheit für das Schwachgas, die keine größeren Entfernungen zwischen Erzeugung und Weiterverwendung des Gases zulassen und so eine Erzeugung nahe am Standort der Weiterverwendung erfordern. Ein breiter Einsatz für Haushalte und Kleinverbraucher kommt deshalb kaum in Frage. Zweitens sind die bei der Verbrennung von Schwachgas erzielbaren Temperaturen geringer als bei Erdgas. Dadurch wird das Einsatzpotential als Brenngas zur Hochtemperatur-Prozeßwärme in der Industrie weitgehend begrenzt auf (größere und zeitlich gut ausgelastete) Anlagen für die Ziegel- und Kalkherstellung, für Grobkeramik und für die metallverarbeitende Industrie. In diesen Bereichen bietet sich aber meist der einfachere Weg über Direktverbrennung von Kohle an. Ausnahmen sind im wesentlichen in solchen Fällen zu sehen, in denen es auf Staub- und SO_2-Freiheit der Brenngase ankommt.

In einer längerfristigen Perspektive erscheint das Potential für die Verwendung von Schwachgas in Kraftwerken, vielleicht auch in Heizkraftwerken, am Standort der Vergasung deutlich größer zu sein. In- und ausländische Entwicklungsarbeiten in dieser Richtung zielen darauf ab, über kombinierte Gas- und Dampfturbinenanlagen höhere Gesamtwirkungsgrade für die Stromerzeugung als mit konventionellen Kohletechnologien zu erzielen und Schadstoffe effektiv zurückzuhalten.

Inwieweit beides mit vertretbarem technischen Aufwand gleichzeitig erreichbar ist, kann gegenwärtig noch nicht übersehen werden; für den Betrachtungszeitraum dieser Studie dürften auf jeden Fall aber keine größeren Beiträge dieser Technologie zu erwarten sein.

4.3.2.2 Mittelkalorige Gase

Bei der Kohlevergasung mit Sauerstoff und Wasserdampf entsteht ein Rohgas, das nach einer Reinigungsstufe entweder als mittelkaloriges Industriebrenngas verwendet oder zu Stadtgas konditioniert werden kann. Hierbei liegen die Umwandlungswirkungsgrade mit 65 bis 75% im Mittelbereich zwischen Schwachgaserzeugung und höher veredelten gasförmigen und flüssigen Kohlenwasserstoffen (45 bis 65%). Die Einsatzpotentiale von Stadtgas und Industriebrenngas im Sektor HuK sind gering. Alte Stadtgasnetze gibt es nur noch wenige, und der Aufbau eines neuen, weit verzweigten und deshalb teuren Verteilungsnetzes neben dem gegenwärtigen – auch für SNG geeigneten – Erdgasnetz kommt kaum in Frage. Eine Zuspeisung begrenzter Mengen mittelkaloriger Gase in vorhandene Erdgasnetze wäre grundsätzlich möglich, erfordert aber Anpassungsmaßnahmen und wird hier nicht weiter betrachtet.

Weniger aufwendig als Feinverteilungsnetze sind Grobverteilungsnetze für die Verteilung von Industriebrenngas auf eine kleinere Zahl industrieller Abnehmer in mäßiger Entfernung (10 bis 100 km) von einer zentralen Gaserzeugungsanlage. Für mittelkaloriges Industriebrenngas kommen aber wesentliche Potentialbegrenzungen von drei Seiten:

Erstens dürfen die technischen und energetischen Aufwandsvorteile bei der Erzeugung gegenüber SNG nicht durch entsprechende Nachteile bei Transport oder Verteilung des Gases überkompensiert werden. Dies würde der Fall sein, wenn kleine Leistungsabnahmen beim industriellen Verwender mit großen Gasrohrlängen verknüpft sind. Die Größenordnung von 0,5 bis 1 MW je km zuzurechnender Rohrlänge ist der geschätzte Grenzbereich. Dadurch wird das Potential weitgehend auf größere industrielle Abnehmer in Ballungsgebieten eingegrenzt.

Zweitens ist die direkte Verbrennung von Kohle zur Prozeßwärmeerzeugung gerade bei energieintensiven Industrien im Hinblick auf den technischen und energetischen Aufwand oft attraktiver als der Umweg über mittelkaloriges Gas als Sekundärenergieträger. Dies gilt insbesondere für die Erzeugung von Prozeßdampf. Es gilt aber auch für solche Bereiche der Hochtemperaturprozeßwärme, die keine besonderen Anforderungen an Reinheit (bezüglich Staub und SO_2) und räumlicher oder zeitlicher Dosierbarkeit stellen.

Drittens: Bei Versorgungssystemen mit wenigen großen Abnehmern ergeben sich vergleichsweise hohe Anforderungen an zeitliche Abgleiche zwischen Sekundärenergieproduktion und Sekundärenergienutzung. Tages-, Wochen- und Jahresrhythmen sind zu überbrücken. Im hier diskutierten Fall kann dies durch Gasspeicher oder (wahrscheinlich günstiger) durch zusätzliche Konversionsanlagen (zum Beispiel Konversion zu gut speicherbarem Methanol) geschehen, die in Zeiten geringer Gasabnahme in Betrieb gehen. Dadurch sind technische Zusatzaufwendungen zu veranschlagen, die die erzeugungsseitigen Vorteile teilweise kompensieren.

Angesichts der genannten Einschränkungen erscheint das Einsatzpotential für mittelkaloriges Gas auf Kohlebasis für die nächsten zwei bis drei Jahrzehnte als bescheiden im Vergleich zum Potential höher veredelter Kohlenwasserstoffe, die sich besser in bestehende Infrastrukturen bei Verteilung und Anwendung einpassen lassen. Es wird jedoch ein kleiner Beitrag in der Strategievariante A berücksichtigt.

4.3.2.3 SNG

Ferngas (überwiegend Methan) aus Kohlevergasungsanlagen, häufig als SNG (*S*ubstitute *N*atural *G*as) bezeichnet, läßt sich in Erdgasverteilungsnetze einspeisen, ohne Anpassungsmaßnahmen beim Endenergieverbraucher zu erfordern. Daraus ergibt sich ein großes Potential zur direkten und indirekten Ölsubstitution im Wärmemarkt. Es umfaßt die direkte Nutzung als Heizgas (gegenwärtig vorherrschend), indirekte Nutzungen für Niedertemperaturwärme über Heizkraftwerke und Gaswärmepumpen sowie Prozeßwärmeerzeugung über Dampferzeugung und direkte Befeuerung für Hochtemperaturzwecke in der Industrie und bei Kleinverbrauchern. Den Vorteilen der Verteilbarkeit über Erdgasnetze und der Umweltfreundlichkeit des Gases steht als Nachteil insbesondere der erhebliche energetische und technische Aufwand zur Umwandlung in Ferngas gegenüber.

4.3.2.4 Flüssige Brennstoffe

Im Bereich der flüssigen Brennstoffe verschiebt sich bei insgesamt zurückgehender Nachfrage die Nachfragestruktur gegenwärtig zunehmend auf Kraftstoffe für Otto- und Dieselmotoren sowie auf leichte Fraktionen für Chemierohstoffe (siehe Abschnitt 4.3.2.5). Diese Tendenz dürfte anhalten, da sich Schwerölkessel zur Dampf- und Stromerzeugung vergleichsweise gut durch Kohlekessel ersetzen lassen und da es für leichtes Heizöl im Wärmemarkt eine Reihe von Substitutionsmöglichkeiten gibt. Deshalb zielt man bei der Herstellung von flüssigen Brennstoffen aus Kohle in erster Linie auf die Verwendung als Kraftstoffe im Straßenverkehr ab.

Rein theoretisch könnte der gesamte Straßenverkehr (darüber hinaus der vom Umfang her weniger bedeutsame Luft- und Wasserverkehr) mit kohlestämmigen Treibstoffen versorgt werden. In diesem Bereich wurden 1980 etwa 60 Mio t SKE Erdölprodukte (Benzin und Dieselkraftstoff) eingesetzt (siehe Tabelle A-6). Das technische Substitutionspotential ist also groß. Als Veredlungsprodukte interessieren in erster Linie

- Methanol über Kohlevergasung,
- Benzin über direkte Kohlehydrierung und aus kohlestämmigem Methanol über das Mobil-Verfahren,
- Mitteldestillate über direkte Kohlehydrierung.

4.3.2.5 Chemierohstoffe

1980 wurden etwa 20 Mio t SKE an Mineralölprodukten und 1,8 Mio t SKE an Erdgas eingesetzt, um petrochemische Vorprodukte zu erzeugen. Die Verwendungsstruktur war dabei in etwa so:

50% für Olefine (Ethylen, Propylen, Butadien),
15% für Aromaten (Benzol, Toluol, Xylole),
15% für Ammoniak und Methanol,
20% für sonstige Produkte bzw. Vorprodukte.

Technisch ist es möglich, alle diese Produkte aus Kohle herzustellen, ca. 80% davon aus Synthesegas. Es sind jedoch Unterscheidungen zu treffen hinsichtlich des technischen Entwicklungsstandes und des energetischen und technischen Mehraufwands des Kohlewegs (oder der Kohlewege) gegenüber dem Erdölweg:

(1) Die Herstellung von *Ammoniak und Methanol* aus Kohle über Synthesegas ist großtechnisch erprobt. Der technische und energetische Aufwand ist nur mäßig höher als bei der Erzeugung aus Mineralöl oder Erdgas, die ebenfalls über Synthesegas erfolgt.

(2) Aromatenreiche Fraktionen entstehen bei der Direkthydrierung von Kohle und (in geringerem Umfang) aus der Umsetzung von Methanol zu Benzin über das Mobil-Verfahren (Methanol aus Kohle-Synthesegas). Die Extraktion von *Aromaten* ist in beiden Fällen mit konventionellen Verfahren möglich. Teilschritte

der weiteren Konditionierung für spezielle Anwendungen sind jedoch noch nicht großtechnisch erprobt. Der technische Mehraufwand der Kohlechemiewege gegenüber Erdölchemiewegen ist größer als bei (1).

(3) Verschiedene Wege zur Herstellung größerer *Olefinmengen* im Rahmen der Rohgasweiterverarbeitung befinden sich in Entwicklung (Mobil-Prozeß, Fischer-Tropsch-Synthese). Der Weg zur möglichen großtechnischen Bewährung scheint jedoch länger zu sein als für (2).

Im Falle wachsender Preisunterschiede zwischen Öl und Kohle ist daher eine zeitlich gestaffelte Umstellung der Petrochemie auf eine Kohlechemie zu erwarten, die mit Synthesegasfolgeprodukten beginnt und erst zuletzt den gegenwärtigen Produktionsschwerpunkt (Olefine) in größerem Umfang erfaßt.

Hinsichtlich des technischen Aufwands, der die spezifischen Investitionskosten bestimmt, und des Wirkungsgrades bei der Umsetzung von Kohle erscheint die Aromatenerzeugung aus Kohle ungefähr vergleichbar mit der Erzeugung von Kraftstoffen aus Kohle, die ein deutlich größeres Potential zur Ölsubstitution haben.

4.3.3 Grundlagen der Strategiegestaltung

Aus den Darstellungen zum direkten und indirekten Ölsubstitutionspotential für die Veredlungsprodukte geht folgendes hervor: Schwachgas und mittelkaloriges Gas als Endenergieträger für den Wärmemarkt sind zwar mit vergleichsweise geringem technischen und energetischen Aufwand aus Kohle erzeugbar, haben aber nur ein bescheidenes Einsatzpotential. Strategien zur Erdölsubstitution im hier diskutierten Umfang müssen sich deshalb hauptsächlich auf höher veredelte Kohlenwasserstoffe (SNG und flüssige Kohlenwasserstoffe zum Einsatz als Kraftstoffe) abstützen.

Ob nun bei einer Strategiegestaltung vorwiegend flüssige oder vorwiegend gasförmige Sekundärenergieträger aus Kohle vorgesehen werden sollten, geht aus den Potentialschätzungen nicht hervor: Das Substitutionspotential ist in beiden Fällen hinreichend groß. Einige Vor- und Nachteile liegen ähnlich: Hoher Aufwand bei Umwandlungsanlagen und relativ geringe Schwierigkeiten beim Ausbau von Verteilungssystemen und bei der Anpassung von Anwendungstechnologien.

Eine Präferenz für *flüssige Sekundärenergieträger* ergibt sich bei Betonung versorgungspolitischer Vorteile:

- Ausweitung der Substitutionsmöglichkeiten über den Wärmemarkt hinaus in die Bereiche „Verkehr“ und „Nichtenergetischer Verbrauch“, in denen Mineralölprodukte bisher auf andere Weise kaum zu substituieren sind.
- Erhöhung der heimischen Basis für den in besonderem Maße importabhängigen Bereich der Versorgung mit flüssigen Kohlenwasserstoffen.
- Flexibilität der Produkteinsatzbereiche beim Mitteldestillat.

Diese Vorteile werden bei Variante A der Kohleveredlungsstrategie betont (vgl. Tabelle A-15).

Für ein Präferenzlegung auf *gasförmige Sekundärenergieträger* aus Kohle werden folgende Argumente vorgebracht.

- Der technische und energetische Aufwand bei der Umsetzung in SNG ist etwas geringer als bei der Umsetzung in Kraftstoffe.

Tabelle A-15. Veredlungsprodukte und Substitution von Mineralölprodukten für die Varianten A und B der Kohleveredlungsstrategie

Produktgruppe	Substitutionseffekt in Mio t SKE/a Mineralölprodukte[a]	
	Variante A	Variante B
Mitteldestillat, Benzin, Flüssiggas aus Hydrieranlagen	11,1	2,2
Methanol	4,3	4,3
SNG	2,2	6,8
Industriebrenngas	–	4,3
Summe	17,6	17,6

[a] Endenergie

- Es besteht auch ein Potential für das energetisch deutlich günstiger erzeugbare Industriegas.
- Die Emissionen bei der Nutzung gasförmiger Kohleveredlungsprodukte sind gering.

Im Sinne dieser Aspekte wird die Variante B (vgl. Tabelle A-15) zur Kohleveredlung in die Analysen einbezogen.

Aus Tabelle A-15 ist für die Variante A ein ganz deutliches Übergewicht flüssiger Kohleveredlungsprodukte abzulesen; ihr Beitrag zum Substitutionsumfang beläuft sich auf fast 90%. Bei der Variante B liegt der Schwerpunkt entsprechend den obigen Ausführungen auf gasförmigen Produkten aus der Kohleveredlung; der Beitrag gasförmiger Produkte am Substitutionsumfang beträgt über 60%.

4.3.4 Modellanlagen

Als Modellanlagen zur Kohleveredlung im Rahmen der Veredlungsstrategie wurden aus der Vielzahl der möglichen Verfahren und Verfahrensvarianten zur Erzeugung flüssiger und gasförmiger Kohlenwasserstoffe aus Kohle repräsentativ fünf ausgewählt: ein Verfahren der direkten Hydrierung und vier Vergasungsverfahren. Es handelt sich dabei entweder um Verfahren, die bereits großtechnisch angewendet werden, oder um Weiterentwicklungen und Modifikationen kommerzieller Verfahren, die in Großversuchsanlagen getestet wurden. Für alle genannten Verfahren wurden von der Industrie Projektstudien zum Bau großtechnischer Anlagen in der Bundesrepublik Deutschland erstellt. Tabelle A-16 gibt eine Übersicht über die Modellanlagen, deren Technologien, Produkte und Kohleeinsatzmengen. Bei den Modellanlagen wurden folgende Verfahren zugrundegelegt, deren Entwicklungsstand kurz skizziert werden soll:

Kohlehydrierverfahren

- Direkte Hydrierung zur Erzeugung von Flüssigprodukten nach dem modifizierten IG-Farben-Verfahren (für Modellanlage I)

Tabelle A-16. Kohleveredlungsstrategie: Modellanlagen, Produktspektrum, Produktmengen, Kohleeinsatz und Zahl der Modellanlagen

Modellanlagen	Kohleveredlungsprodukte	Produktmenge je Anlage Mio t SKE/a	Kohleeinsatz je Anlage Mio t SKE/a	Zahl der Anlagen	
				Variante A	Variante B
I Direkte Kohlehydrierung modif. IG-Verfahren	Mitteldestillat Benzin Flüssiggas	0,94 0,94 0,31	3,643	5	1
II Kohle-Festbettvergasung Lurgi-Verfahren	SNG	2,34	3,6	0	2
III Kohle-Festbettvergasung Lurgi-Verfahren	Methanol SNG	1,08 1,08	3,6	2	2
IV Kohle-Staubvergasung Texaco-Verfahren	Methanol	1,69	3,6	1	1
V Kohle-Staubvergasung Texaco-Verfahren	Industriebrenngas	0,733	0,977	0	2
VI Kohle-Flugstromvergasung Koppers-Totzek-Verfahren	Industriebrenngas	0,635	0,977	0	2
VII Kohle-Flugstromvergasung Shell-Verfahren	Industriebrenngas	0,733	0,977	0	2

Zur Durchführung der direkten Kohlehydrierung gibt es heute bereits einige Verfahren, bei denen die Entwicklung weit fortgeschritten ist. Die Verfahren unterscheiden sich nach der Art des Umlauf-Lösungsmittels, nach Katalysator sowie nach den Temperatur-, Druck- und Konzentrationsbedingungen.

In den USA wurden z. B. das Exxon-Donor-Solvent-Verfahren (EDS), das Solvent-Refined-Coal-II-Verfahren (SRC II) und das H-Kohlen-Verfahren entwikkelt [Energy Research Symposium 1980]. In der Bundesrepublik Deutschland wurden in den 70er Jahren auf der Basis der von Bergius und Pier entwickelten direkten Kohlehydrierung und dem in den 50er Jahren in der Bundesrepublik Deutschland bereits industriell genutzten IG-Farben-Verfahren (12 Großanlagen mit einer Kapazität von 4 Mio t Benzin/a) drei Technikumsanlagen in Betrieb genommen (Bergbau-Forschung, Saarbergwerke, Rheinische Braunkohlenwerke). Es wurden dort verschiedene Kohlen eingesetzt und die erzeugten Produkte analysiert. Aufgrund der im Technikumsmaßstab gewonnenen Erkenntnisse wurde in Bottrop und bei Völklingen/Saarland je eine Großversuchsanlage errichtet (Ruhrkohle/VEBA 200 t/d, Saarbergwerke 6 t/d [Winnacker, Küchler 1981]). 1981 wurden von seiten der Industrie vier Projektvorschläge für großtechnische Kohlehydrieranlagen, die ausschließlich nach dem modifizierten IG-Verfahren arbeiten, bei der Bundesregierung eingereicht. Deshalb und insbesondere auch wegen der Datenlage lag es nahe, dieses Verfahren den Modellanlagen zugrundezulegen.

Kohlevergasungsverfahren

- Kohle-Festbettvergasung zur Erzeugung von SNG bzw. von SNG und Methanol (für Modellanlagen II und III)
  Diesen Modellanlagen zur Kohle-Festbettvergasung liegt eine Lurgi-Druckvergasung zugrunde. Bei der Lurgi-Druckvergasung handelt es sich um ein großtechnisch vielfach erprobtes Verfahren, das weltweit seit mehreren Jahrzehnten Anwendung findet (16 Anlagen mit insgesamt 140 Vergasern). Die erste kommerzielle Anlage zur Erzeugung von Stadtgas wurde 1936 von den Sächsischen Werken, Dresden, in Hirschfelde in Betrieb genommen. Eine Weiterentwicklung dieses Verfahrens ist das Projekt „Ruhr 100", das gemeinsam von der Ruhrgas AG und Steag AG in einer Großversuchsanlage in Dorsten betrieben wird. Gegenüber der herkömmlichen Lurgi-Druckvergasung hat das Projekt „Ruhr 100" einige Neuerungen. So wird der Betriebsdruck im Vergasungsreaktor auf nahezu 100 bar erhöht, um damit die spezifische Durchsatzleistung und die Methanausbeute zu steigern und den Anfall der höheren Kohlenwasserstoffe zu verringern. Durch die Installation eines zweiten Gasabzuges am Vergasungsreaktor kann neben dem Schwelgas unterhalb der Schwelzone ein Klargas abgezogen werden, das im wesentlichen frei von Schwelprodukten ist. Während es bei den früher entwikkelten Festbettvergasern Beschränkungen bezüglich der Einsatzkohle gab (stükkig, nichtbackend, nichtblähend), sollen in dieser Vergasergeneration, bedingt durch die besondere Gestaltung eines zusätzlich in den Reaktor eingebauten Rührers, auch mittelbackende und blähende Kohlen eingesetzt werden können.
  Eine andere – allerdings nicht als Modellanlage betrachtete – Variante der konventionellen Festbettvergasung stellt das KGN-Druckvergasungsverfahren dar. Es handelt sich um ein von der Kohlegas-Nordrhein GmbH entwickeltes Festbettvergasungsverfahren, bei dem der Vergaser mit einer integrierten Schwelgasrückführung ausgerüstet ist und dadurch ein teerfreies Rohgas erzeugen kann. Das Verfahren wurde bereits in einer 30 kg/h-Pilotanlage und in einer 2 t/h-Versuchsanlage erprobt [Abel, Oelert 1981].
- Kohlestaubvergasung nach dem Texaco-Kohlevergasungsverfahren zur Erzeugung von Methanol bzw. Industriebrenngas (für Modellanlagen IV und V)
  Das Texaco-Kohlevergasungsverfahren unterscheidet sich von anderen Flugstaubvergasungsverfahren durch die Art der Kohleeinspeisung, die in Form einer Kohle-Wasser-Suspension erfolgt. Wegen des besonderen Eintrags der Kohle als Suspension kann die vorhandene und erprobte Technologie der Ölvergasung weitgehend übernommen werden; außerdem ist keine Einspeisung von Wasserdampf erforderlich, da das für die Vergasung notwendige Wasser direkt mit der Kohle in den Prozeß eingebracht wird. Jedoch muß die für die Verdampfung des Wassers erforderliche Energie im Reaktor aufgebracht werden. Das Verfahren hat eine hohe Flexibilität bezüglich der Eigenschaften der Einsatzkohle. Außerdem können in dem Verfahren auch flüssige Rückstände chemischer Prozesse, z. B. von Kohlehydrierverfahren, vergast werden. Der Umsatz der Kohle kann bei Drücken zwischen 20 und 100 bar erfolgen.
  Das Texaco-Kohlevergasungsverfahren war von der Texaco Development Corporation in seinen Grundzügen bereits Anfang der 50er Jahre im Technikumsmaßstab entwickelt worden. Nach Voruntersuchungen in den Forschungseinrichtun-

gen der Texaco in Montebello (Kalifornien) wurde eine Großversuchsanlage zur Herstellung von Synthesegas als Gemeinschaftsprojekt der Ruhrkohle AG und der Ruhrchemie AG in Oberhausen-Holten gebaut. Die Anlage konnte 1978 in Betrieb genommen werden. Aufgrund der hier gewonnenen Erkenntnisse wird, ebenfalls als Gemeinschaftsprojekt der Ruhrkohle AG und der Ruhrchemie AG, auf dem Gelände der Ruhrchemie AG in Oberhausen die „Synthesegasanlage Ruhr", eine großtechnische Kohlevergasungsanlage, gebaut.

- Kohle-Flugstromvergasung nach dem Koppers-Totzek-Verfahren zur Erzeugung von Industriebrenngas (für Modellanlage VI)
  Die Entwicklungsarbeiten des Koppers-Totzek-Verfahrens begannen 1936. Großtechnisch wird das Verfahren seit etwa 30 Jahren angewendet. Es ist das einzige Verfahren, welches heute kommerziell für alle vorkommenden Kohlen eingesetzt wird.
  Die Kohle wird staubförmig zusammen mit den Vergasungsmedien Sauerstoff und Wasserdampf in den Vergaser eingeblasen und in weniger als einer Sekunde vergast.
- Kohle-Flugstromvergasung nach dem Shell-Verfahren zur Erzeugung von Industriebrenngas (für Modellanlage VII)
  Der Shell-Kohlevergasungsprozeß arbeitet bei einem Betriebsdruck von 20 bis 30 bar und stellt eine Weiterentwicklung der drucklosen Flugstromvergasung nach Koppers-Totzek dar. Die Vergasung unter Druck steigert die spezifische Vergaserleistung. In den Prozeß können alle Arten von Kohlen, aber auch Petrolkoks und Kohle/Öl-Mischungen eingesetzt werden. Zur Demonstration und Optimierung des Verfahrens wurde auf dem Gelände der Shell-Raffinierie Hamburg eine Versuchsanlage von 150 t/d erstellt.

Ein weiteres Vergasungsverfahren nach dem Flugstromprinzip – das wegen des derzeitigen Entwicklungsstandes nicht als Modellanlage berücksichtigt wurde – ist die Kohlestaub-Druckvergasung nach dem Saarberg/Otto-Verfahren. Die Besonderheit dieses Verfahrens, in dem ein breites Spektrum von Einsatzstoffen, darunter alle Kohlearten, verarbeitet werden kann, besteht darin, daß sich im Reaktor ein Schlackenbad befindet, auf das durch ein Düsensystem der zu vergasende Brennstoff (z. B. Kohlestaub) und das Vergasungsmittel (Sauerstoff bzw. Luft und Wasserdampf) aufgeblasen werden. Wie auch in anderen Flugstromvergasern erfolgt die Vergasung bei hohen Temperaturen, so daß das erzeugte Gas frei von Kohlenwasserstoffen ist. Nach dem Saarberg/Otto-Verfahren ist auf dem Gelände der Saarbergwerke AG in Völklingen/Saar eine Demonstrationsanlage errichtet worden. Der Kohledurchsatz beträgt 11 t/h bei einem Vergasungsdruck von 25 bar [Verband der Chemischen Industrie 1981].

Die Kohlevergasung mit Hilfe eines flüssigen Eisenbades wird derzeit von der KHD Humboldt Wedag AG sowie von der Klöckner-Kohlegas GmbH entwickelt.

Das Humboldt-Kohlevergasungsverfahren wird in einem feuerfest ausgemauerten Behälter (Reaktor) mit einem flüssigen Eisenbad, das eine Temperatur von etwa 1350 bis 1400 °C hat, durchgeführt. Das Eisenbad hat katalytische Wirkung und wird nicht verbraucht. In das Eisenbad wird durch gekühlte Mehrstoffdüsen am Boden des Reaktors zerkleinerte Kohle mit Fördergas, Kalk und Sauerstoff eingeblasen. In den Vergasungsprozeß können alle Kohlearten, unabhängig von ihren Eigenschaften, eingesetzt werden. Die Kohle wird vollständig umgesetzt; es fallen keine Nebenprodukte wie Teere und andere höhere Kohlenwasserstoffe an [Paschen, Pfeiffer et al. 1981; Humboldt-Wedag AG 1981]. Zur Erprobung des Humboldt-Kohlevergasungsverfahrens in größerem Maßstab wird eine Pilotanlage für einen stündlichen Kohledurchsatz von 10 t gebaut.

Das Klöckner-Kohlestaubverfahren im Eisenbadreaktor ist dem Humboldt-Wedag-Verfahren ähnlich. Für dieses Verfahren ist eine großtechnische Kohlevergasungsanlage in Berlin in Planung. In ihr sollen in einem Vergaser aus 0,28 Mio t/a deutscher und importierter Steinkohle 600 Mio m^3/a Brenngas zur Substitution von schwerem Heizöl in einem Heizkraftwerk hergestellt werden.

Wie aus Tabelle A-16 zu entnehmen ist, beträgt der jährliche Gesamtkohleeinsatz bei den Anlagen zur Herstellung von Industriebrenngas etwa 1 Mio t SKE und bei allen anderen Anlagen rund 3,6 Mio t SKE. Es wird dabei angenommen, daß ein Teil der Gesamteinsatzkohle (ca. 20%) in einem in die Modellanlage integrierten Kraftwerk zur Dampf- und Stromerzeugung verbrannt wird. In der Praxis wäre abzuwägen, ob insbesondere bei den kleinen Vergasungsanlagen der Strombedarf eventuell kostengünstiger durch Zukauf gedeckt werden könnte.

Als Einsatzkohlen kommen deutsche und importierte Steinkohlen in Betracht, deren Eigenschaften den jeweiligen Prozeßanforderungen gerecht werden (vgl. Tabelle C-6).

4.3.5 Gesamtüberblick über die beiden Varianten der Kohleveredlungsstrategie

Aus Tabelle A-16 ist zu entnehmen, daß zur Substitution von 17,6 Mio t SKE Mineralölprodukten bei Strategievariante A acht und bei B zwölf Kohleveredlungsanlagen erforderlich sind. In der folgenden Tabelle A-17 sind für die beiden Varianten der Veredlungsstrategie auch Angaben zum Produktspektrum, zum Gesamtkohleeinsatz und zur sektoralen Verwendung sowie zu Art und Zahl der Nutzungsanlagen für die Veredlungsprodukte aufgeführt.

In den meisten Fällen erfordert der Einsatz der Kohleveredlungsprodukte nur geringe oder gar keine technischen Veränderungen an den Nutzungsanlagen. Einige Ausnahmen sind jedoch zu erläutern:

- Mitteldestillate aus Hydrieranlagen sind wegen ihrer Dichte und Viskosität nicht direkt als Dieselkraftstoff verwendbar. Die Aufwendungen zur Konditionierung auf Spezifikationen von Dieselkraftstoff erscheinen höher als die zur Anpassung von Ölkesselbrennern an die Mitteldestillate aus Hydrieranlagen erforderlichen Aufwendungen. Da das gegenwärtig in Ölkesseln eingesetzte leichte Heizöl praktisch Dieselqualität hat, kann seine Substitution indirekt auch als Substitution von Dieselkraftstoff gesehen werden, d. h. es wird angenommen, daß das Kohle-Mitteldestillat in Ölkesseln im Sektor HuK eingesetzt wird und das frei werdende Heizöl als Dieselkraftstoff im Verkehr verwendet wird.
- In beiden Strategievarianten wird Methanol als Vergaserkraftstoff in Form von Methanol 100 (M 100) zur Substitution von 4,3 Mio t SKE Benzin vorgesehen.
  Wegen des geringeren Heizwertes von Methanol M 100 braucht der Pkw einen größeren Tank als der Benzin-Pkw. Zusätzlich sind weitere Komponenten erfor-

Tabelle A-17. Gesamtübersicht über die Veredlungsstrategie, gegliedert nach Veredlungsprodukten (erste Zahl jeweils für Variante A, zweite Zahl für Variante B)

Produktart	Produktmenge Mio t SKE/a	Kohleeinsatz[a] Mio t SKE/a	Substitutionseffekt Mio t SKE/a	Produktverwendung (Sektoren/ Nutzungsanlagen)	Zahl der Nutzungsanlagen Mio
Mitteldestillat	4,7/0,94	7,83/1,57	4,7/0,94	Diesel-Pkw/ Verkehr[d]	1,1/0,2
Benzin	4,7/0,94	7,83/1,57	4,7/0,94	Benzin-Pkw/ Verkehr	4,4/0,9
LPG	1,53/0,31	2,55/0,51	1,7/0,34[b]	LPG-Pkw-Verkehr	1,5/0,3
Methanol	3,85/3,85	7,20/7,20	4,33/4,33	M100-Pkw/Verkehr	4,1/4,1
SNG	2,16/6,84	3,60/10,80	2,16/6,84	Gaskessel für Zentralheizungen/ Sektor HuK	0,5/1,7
Industriegas	0/4,2	0/5,86	0/4,2	Industriegas-feuerungen/Sektor Industrie	0/[c]
Summen	16,94/17,08	29,01/27,51	17,6/17,6		

[a] Bei Koppelproduktion gemäß Tabelle A-16 produktanteilig umgerechnet

[b] Wegen des höheren Wirkungsgrades bei der Produktverwendung im Pkw ist der Substitutionseffekt etwas größer als der Energieinhalt der Produkte

[c] Dampfkessel mit und ohne KWK zur Substitution von schwerem und leichtem Heizöl nach Zuleitung über zu errichtende Grobverteilungsnetze, ca. 600 Anlagen

[d] Indirekt auch im Sektor „HuK" durch Kohlemitteldestillate freigesetztes Heizöl (weiteres siehe Text)

derlich, wie Kaltstartanreicherung, ggf. Vorwärmung und entsprechende Steuerorgane, um den Motor bei niedrigen Außentemperaturen starten und ruckfrei betreiben zu können.

Bezüglich des Wirkungsgrades ist zur Zeit die Situation so, daß sich mit Methanol in Ottomotoren um ca. 20% höhere Wirkungsgrade erzielen lassen als mit Benzinmotoren gegenwärtiger Bauart. Dazu ist jedoch anzumerken: M 100 besteht in der Sommerausführung aus 95% Methanol und 5% Isopentan (im Winter 8% Isopentan). Es besitzt eine hohe Klopffestigkeit (Oktanzahl bis 114 ROZ, 94 MOZ). Deswegen ist es leichter, für Methanolbetrieb optimierte Motoren mit einem höheren Verdichtungsverhältnis auszurüsten als Benzinmotoren. Aber auch Superbenzinmotoren werden heute serienmäßig mit einem Verdichtungsverhältnis von 11 : 1 und neuerdings sogar von 12,5 : 1 (May-Fireball-System im Jaguar 5,3 l HE-Motor) hergestellt. Da die Entwicklung auch bei den Benzinmotoren weitergehen wird, werden Benzin- und Methanolmotoren bei etwa gleichem Verdichtungsverhältnis miteinander verglichen. Bezogen auf den gleichen Heizwert des Treibstoffes ergibt sich im Vergleich zum Benzin dabei für den M 100-Motor ein um 5 bis 12% besserer Wirkungsgrad.

- Während für das SNG, das zur Substitution von Heizöl im Sektor HuK vorgesehen ist, nur Ausweitungen des vorhandenen Netzes erforderlich sind, erfordert

Tabelle A-18. Erdölsubstitution durch die Kohleeinsatzstrategien (Mio t SKE Endenergie). Öleinsatz 1980; Referenzschätzung 2000; Ölmindereinsatz und Steinkohlenmehreinsatz bei Kohleeinsatzstrategien; Modelltechnologien zur Ölsubstitution im Endnutzungsbereich

	Öleinsatz[c] 1980	Öleinsatz 2000 Referenzschätzung	Verstromungsstrategie			Verheizungsstrategie			Veredlungsstrategie				
			Δ Öl	Δ Steinkohle[b]	Modelltechnologien	Δ Öl	Δ Steinkohle[b]	Modelltechnologien	Δ Öl Varianten A	Δ Öl Varianten B	Δ Steinkohle Varianten A	Δ Steinkohle Varianten B	Modelltechnologien
Haushalte und Kleinverbraucher[a]					bivalente el. Wärmepumpen, el. Nacht- und Teilspeicherheizungen und Direktheizungen			Fernwärme-Übergabe- und Hausstationen					Gaszentralheizungen
– Raumwärme	48,2	23,5	– 11,6	+ 18,0		– 10,1	+ 4,4		– 2,2	– 6,8	+ 3,6	+ 10,8	
– Warmwasser/ Prozeßwärme	8,2	2,9	–	–		– 1,0	+ 0,4		–	–	–	–	
Industrie					Elektrodampfkessel, monovalente el. Wärmepumpen, Induktionsöfen, el. Glasschmelze			Kohlekessel mit und ohne Kraft-Wärme-Kopplung					Industriekessel für mittelkaloriges Gas
– Raumwärme	4,8	3,0	– 1,0	+ 0,8		–	–		–	–	–	–	
– Prozeßwärme	19,0	11,0	– 5,0	+ 6,7		– 6,5	+ 6,9		–	– 4,2	–	+ 5,9	
Verkehr													Methanol-, Diesel-, Benzin- und LPG-Pkw
– (Kraftstoffe)	59,4	51,0	–	–		–	–		– 15,4	– 6,6	+ 25,4	+ 10,9	
Total	139,6	91,4	– 17,6	+ 25,5		– 17,6	+ 11,7		– 17,6	– 17,6	+ 29,0	+ 27,6	

[a] Ohne Kraftstoffe in der Landwirtschaft und beim Militär, die beim Sektor „Verkehr" ausgewiesen sind
[b] In Mio t SKE Primärenergie
[c] Ohne Nichtenergetischer Verbrauch

der strategiegemäß vorgesehene Einsatz von Industriebrenngas in der Variante B den Aufbau von neuen Gasrohrnetzen über mittlere Entfernungen. Die für den Einsatz vorgesehenen Industriegaskessel sind konventioneller Art. Wegen des geringeren Heizwertes des Industriegases müssen bei gleicher Kesselleistung die Querschnitte von Rohrleitungen und Armaturen entsprechend größer dimensioniert werden, auch sind an den Brennersystemen geringfügige Änderungen mit Rücksicht auf den gegenüber SNG oder Erdgas geänderten Luftbedarf erforderlich.

4.4 Überblick über die Ölsubstitution durch Steinkohle bei den drei Kohleeinsatzstrategien und Referenzannahmen zum Steinkohleeinsatz im Jahr 2000

Tabelle A-18 gibt einen zusammenfassenden Überblick über die Ölsubstitution durch Steinkohle bei den drei Kohleeinsatzstrategien in funktionaler und sektoraler Hinsicht. Deutlich zeigt sich bei der Verstromungsstrategie und der Verheizungsstrategie die Konzentration auf den Bereich „Raumwärme im Sektor HuK". Bei der Variante A der Kohleveredlungsstrategie ergibt sich eine sehr starke Konzentration auf den Sektor Verkehr.

Bei gleichem Umfang der Ölsubstitution von 17,5 Mio t SKE Endenergie bzw. 20 Mio t SKE Rohöl ist der Steinkohlebedarf je nach Strategie unterschiedlich. Die Verheizungsstrategie verzeichnet aufgrund des hohen Anteils an Kraft-Wärme-Kopplung den besten energetischen „Substitutionswirkungsgrad"; zur Substitution von 20 Mio t SKE Öl werden nur knapp 12 Mio t SKE Steinkohle benötigt. Bei der Verstromungsstrategie und der Variante A der Veredlungsstrategie ist der Substitutionswirkungsgrad schlechter als beim Ölreferenzfall; es werden etwa 25 bis 50% mehr Primärenergie an Steinkohle benötigt als an Öl substitutiert werden.

Tabelle A-19. Steinkohleeinsatz 1980 und Referenzannahmen zum Steinkohleeinsatz 2000[c] (in Mio t SKE)

Einsatzbereich	1980	2000
Stromerzeugung	35,7	48
Fernwärmeerzeugung	2,6	4,6
Kokereien, Ortsgaswerke	37,5[a]	28[b]
Direkteinsatz im Wärmemarkt (ohne Koks und Briketts)		
– Industrie	3,3	7,2
– Haushalte und Kleinverbraucher	2,3	1,0
Zechen, Brikettfabriken	1,7	1,2
Verflüssigungs- und Vergasungsanlagen	–	4,5
Insgesamt	83,1	94,5

[a] Davon ca. 7 für Koksexport, 26 für inländ. Stahlindustrie
[b] Davon ca 6 für Koksexport, 18 für inländ. Stahlindustrie
[c] Kleinere Abweichungen zu Angaben im Umweltteil der Studie beruhen auf unterschiedlichen Abgrenzungen

Da die mengenmäßigen Regelungen der Verstromungsverträge bereits durch die Annahmen der Referenzschätzung erfüllt sind und der strategische Steinkohlemehreinsatz über die in den Verträgen vereinbarten Mengen hinausgeht, wird für diesen von einer „liberalisierten“ Kohleeinfuhrpolitik ausgegangen. Es wird deshalb als Basisfall angenommen, daß der strategische Kohlemehreinsatz zu einem Drittel aus inländischer Förderung und zu zwei Dritteln aus Importen bestritten wird.

In Sensitivitätsanalysen im Rahmen der ökonomischen Folgenanalysen werden allerdings auch die Extremfälle betrachtet, daß der strategische Kohlemehreinsatz einerseits voll aus einheimischer Steinkohle und andererseits voll aus Importkohle bestritten wird.

Der Steinkohleeinsatz 1980 und die Referenzannahmen zum Steinkohleeinsatz im Jahr 2000 sind in Tabelle A-19 dargestellt.

Teil B

Analysen der ökonomischen Bedingungen und Folgen eines verstärkten Steinkohleeinsatzes zur Ölsubstitution (Ökonomische Folgenanalysen)

Bearbeiter:	H. Blume	E. Nieke
	R. Coenen	F. K. Pickert
	P.-M. Fischer	V. Schulz
	J. Jörissen	H. Tangen
	S. Klein-Vielhauer	D. Wintzer (Hauptbearbeiter)

Vorbemerkungen

Im Rahmen der ökonomischen Folgenanalysen werden

- *Kostenvergleiche* zwischen den Strategietechnologien und den zu substituierenden Öltechnologien,
- Analysen zu den *Realisierungsbedingungen* der Kohleeinsatzstrategien bzw. von Strategieelementen sowie
- Abschätzungen der *gesamtwirtschaftlichen* Folgen der Strategien

durchgeführt.

Die Kostenvergleiche zwischen den Strategietechnologien bzw. Strategietechnologieketten auf Kohlebasis und den zu substituierenden Öltechnologien stehen im Zentrum der ökonomischen Folgenanalysen. Sie werden aus einer gesamtwirtschaftlichen Sichtweise durchgeführt, liefern aber auch Hinweise auf die einzelwirtschaftliche Attraktivität der verschiedenen technischen Wege der Ölsubstitution durch Kohle, die als eine zentrale Realisierungsbedingung des verstärkten Steinkohleeinsatzes anzusehen ist. Daneben werden weitere Realisierungsprobleme der Strategien bzw. Strategietechnologien diskutiert; sie betreffen u.a. die Finanzierbarkeit, die institutionelle, rechtliche und infrastrukturelle Einpaßbarkeit in das bestehende Energieversorgungssystem, die Konkurrenzsituation zu dritten Energieträgern wie Erdgas und Kernenergie.

Zur Analyse der gesamtwirtschaftlichen Folgen der Kohleeinsatzstrategien werden vier Indikatoren ermittelt:

- der Investitionsbedarf,
- der Arbeitskräftebedarf,
- der Devisenbedarf,
- der monetäre Substitutionsaufwand (Substitutionskosten)

und die Strategien anhand dieser Indikatoren verglichen.

In *Kapitel 1* dieses Teils werden die Vorgehensweise und die wesentlichen Annahmen der quantitativen ökonomischen Folgenanalysen dargestellt, d.h. die für die Kostenvergleiche von Strategie- und Öltechnologien und für die Bestimmung des monetären Substitutionsaufwands verwendeten Verfahren (Verfahren der Wirtschaftlichkeitsrechnung) sowie die wesentlichen ökonomischen und energiewirtschaftlichen Ausgangsannahmen (über Inflationsrate, Steigerungsraten für Lohnkosten, Zinssätze, Öl- und Kohlepreisentwicklung).

In *Kapitel 2* werden in den Abschnitten 2.1, 2.2 und 2.3 „strategieweise" die Kostenvergleiche und die Realisierungsbedingungen der Verstromungs-, der Verheizungs- und der Veredlungsstrategie behandelt. In Abschnitt 2.4 werden Sensitivitätsbetrachtungen für die Vergleiche zwischen Strategie- und Öltechnologien in bezug auf verschiedene Parameter (Öl- und Kohlepreisentwicklung, Einsatzverhältnis inländische Kohle/Importkohle, Kapitalkosten) sowie Vergleiche der Strategietechnologien über die Strategiegrenzen hinweg durchgeführt.

In *Kapitel 3* werden die Vergleiche der gesamtwirtschaftlichen Folgen der Kohleeinsatzstrategien auf Basis der genannten Indikatoren dargestellt.

In *Kapitel 4* wird eine kurze Zusammenfassung der Ergebnisse der ökonomischen Folgenanalysen gegeben.

1 Vorgehensweise und wesentliche Annahmen bei den Kostenvergleichen zwischen Strategietechnologien und Öltechnologien

1.1 Generelle Vorgehensweise

Für die Kostenvergleiche zwischen Strategietechnologien bzw. -technologieketten und den jeweiligen Öltechnologien werden die spezifischen Nutzenergiekosten für die Endenergieverbraucher (Haushalte und Unternehmen) bestimmt. Die für jede Endenergienutzungsanlage ermittelten spezifischen Nutzenergiekosten stellen einen finanzmathematischen Durchschnittswert für einen 20-jährigen Betrachtungszeitraum (ab Betriebsbeginn) dar. Dieser beruht auf einem Verfahren der dynamischen Investitionsrechnung, der Barwertbildung. Im Gegensatz zu statischen Verfahren, die die Kostensituation des ersten Betriebsjahres beschreiben, wird mit dynamischen Verfahren die zeitliche Entwicklung der Kostenfaktoren, z. B. der Brennstoffkosten, berücksichtigt. Ein solcher Ansatz ist bei der in dieser Studie durchgeführten langfristigen Betrachtung einem statischen Ansatz vorzuziehen.

Der Berechnung dieses finanzmathematischen Durchschnittswerts für die spezifischen Nutzenergiekosten liegen die folgenden wesentlichen Teilschritte zugrunde:

- die Erfassung der mit dem Bau und Betrieb der Anlagen verbundenen Ausgaben,
- die Bildung von Barwerten,
- die Ermittlung von realen finanzmathematischen Durchschnittskosten (im folgenden in Anlehnung an Hansen „mittlere reale Kosten“ genannt [Hansen 1983]) durch Transformierung der Barwerte in reale Annuitäten.

Als *erster Teilschritt* werden zunächst alle vor und während des Betrachtungszeitraums anfallenden Ausgaben im zeitlichen Ablauf erfaßt, die mit der Erstellung und dem Betrieb der jeweiligen Anlage verbunden sind:

- Investitionsausgaben bzw. Ausgaben zur Anschaffung oder Herstellung der Anlage (in der Regel vor Betriebsbeginn der betrachteten Anlage, einschließlich Zinsen und Steuern während der Bauzeit);
- Brennstoffausgaben;
- sonstige Betriebsausgaben;
- Steuern.

Bei den Kohle- und Öltechnologien erfolgt die Ermittlung der Brennstoffausgaben auf unterschiedliche Weise. Während die Brennstoffausgaben bei den Öltechnologien auf der Basis von Marktpreisen bzw. eskalierten Marktpreisen erfaßt werden, wird bei den Kohletechnologien anders vorgegangen, und zwar aus folgendem Grund: Die Substitution von Mineralölprodukten durch Kohle im Rahmen der Strategien erfolgt in den meisten Fällen nicht direkt durch Kohle als Endenergieträger (Ausnahme: Ersatz von Ölkesseln durch Kohlekessel in der Verheizungsstrategie), sondern durch Kohleumwandlungsprodukte wie Strom, Fernwärme sowie flüssige und gasförmige Kohlenwasserstoffe. Da diese Endenergieträger aus unterschiedlichen Primärenergieträgern hergestellt werden, spiegeln die derzeitigen Marktpreise nicht unbedingt die Herstellungskosten dieser Endenergieträger auf der Basis von Kohle wider. Es wäre deshalb problematisch, bei den Kostenvergleichen die kohlestämmigen Endenergieträger auf der Endverbraucherebene mit diesen Marktpreisen zu bewerten. Daher werden die Endenergieträger auf Kohlebasis mit Kostenpreisen bewertet, die sich aus Kostenanalysen für die entsprechenden Kohleumwandlungsanlagen und für die Verteilung der Umwandlungsprodukte ergeben. Diese spezifischen Endenergiekosten werden ebenfalls nach dem hier beschriebenen Verfahren der dynamischen Investitionsrechnung ermittelt. Da die Nutzenergiekosten bei den Kohletechnologien auf Basis von Kostenanalysen auf der Erzeugungs-, Verteilungs- und Endenergienutzungsebene ermittelt werden, wird im folgenden auch von *Technologiekettenanalysen* gesprochen.

Im *zweiten Teilschritt* werden die zu verschiedenen Zeitpunkten innerhalb des Betrachtungszeitraums anfallenden Ausgaben mit Hilfe des kalkulatorischen Zinssatzes (Diskontierungsrate) auf den Zeitpunkt der Inbetriebnahme der betrachteten Anlage abdiskontiert, d.h. in sogenannte Barwerte transformiert und anschließend aggregiert (Barwertsumme). Investitionsausgaben, die vor dem Inbetriebnahmezeitpunkt anfallen, müssen jedoch zuvor unter Berücksichtigung von Preissteigerungen, Bauzinsen und Steuern auf die Inbetriebnahmezeitpunkte umgerechnet werden. Dieser Wert stellt für Anlagen, deren wirtschaftliche Lebensdauer dem Betrachtungszeitraum entspricht, zugleich den zu berucksichtigenden Investitionsausgabenbarwert dar. Bei Anlagen mit einer den Betrachtungszeitraum übersteigenden wirtschaftlichen Lebensdauer ist eine Restwertkorrektur notwendig: der ermittelte Investitionsausgabenwert wird mit Hilfe des kalkulatorischen Zinssatzes in jährlich nominal konstante Kapitalkosten (nominal konstante Annuitäten) für die gesamte Lebensdauer der Anlage transformiert; bei der Barwertbildung für die Vergleichsrechnungen werden jedoch nur die auf die 20 Jahre des Betrachtungszeitraums entfallenden Kapitalkosten berücksichtigt.

Die Abdiskontierung mit dem kalkulatorischen Zinssatz bedeutet, daß in die Barwertsumme alle monetären Größen mit einem umso geringeren Gewicht eingehen, je später sie nach der Inbetriebnahme anfallen. Die Diskontierungsrate bzw. der kalkulatorische Zinssatz ist bei der Abdiskontierung als Zeitpräferenzrate zu interpretieren, die eine Mindergewichtung zukünftiger Einnahmen- und Ausgabenströme zum Ausdruck bringt.

Bei Anlagen, die dem gleichen Zweck dienen und die, wie in der Studie vorgesehen, gleiche Outputmengen (Nutzenergie) bereitstellen sollen, reichen im Prinzip die Barwertsummen bei gleichem Betrachtungszeitraum für die Anlagen bereits als Bewertungsmaßstab aus; die Technologie mit der kleineren Barwertsumme wäre wirtschaftlich vorzuziehen. Die Barwertsummen haben aber den Nachteil der Unanschaulichkeit, d.h. die Differenzen zwischen Barwertsummen sind schlecht zu interpretieren.

Aus diesen Gründen werden in einem *dritten Teilschritt* die Barwertsummen unter Anwendung eines üblichen finanzmathematischen Verfahrens zunächst in jährlich real konstante Beträge, die sogenannten realen Annuitäten, transformiert und anschließend die spezifischen Nutz- bzw. Endenergiekosten ermittelt, indem die realen Annuitäten durch die mit der betrachteten Anlage jährlich befriedigte Nutz- bzw. Endenergiebedarfsmenge dividiert werden. Bei Anlagen mit anfänglichen Unterauslastungen sind bei diesem Teilschritt einige hier nicht im einzelnen ausführbare Modifikationen erforderlich.

Der Transformation in real konstante jährliche Beträge bzw. Kosten pro MWh Nutz- bzw. Endenergie wird der Vorrang gegeben gegenüber einer Transformation in nominal konstante Beträge (nominale Annuitäten), weil letztere sich nicht sinnvoll in zeitbezogene Geldwerte, z. B. in DM 1982, umsetzen lassen, um Vergleiche mit gegenwärtigen Preisen zu ermöglichen [vgl. Hansen 1983]. Die realen Annuitäten vermitteln auch ein realistischeres Zeitmodell der Kosten- oder Erlösentwicklung (mit der Inflationsrate ansteigende Kosten) bei den hier diskutierten Eskalationsraten der Kostenfaktoren als die nominal konstanten Annuitäten. Eine Umrechnung der Barwerte in eine mit der durchschnittlichen Wachstumsrate der verschiedenen Kostenbestandteile wachsende Annuität [vgl. Minister für Wirtschaft, Mittelstand und Verkehr, NRW 1984], die vielleicht noch eine höhere Realitätsnähe in bezug auf die zeitliche Entwicklung der Kosten hätte, war für diese Studie nicht praktikabel, da ein Vergleich sehr unterschiedlicher Technologien mit teilweise sehr differierenden Kostenstrukturen und -bestandteilen über einen größeren Betrachtungszeitraum auf Basis einer Kennzahl nicht möglich gewesen wäre.

Die auf die Barwertsumme anzuwendende Annuitätsrate (bisweilen auch als Annuitätsfaktor oder Wiedergewinnungsfaktor bezeichnet) wird auf der Basis des realen kalkulatorischen Zinssatzes und des zugrundegelegten (zwanzigjährigen) Betrachtungszeitraums berechnet. Dabei ergibt sich der reale kalkulatorische Zinssatz aus dem nominalen Zinssatz, der um die Wirkung der Inflationsrate bereinigt ist.

Die Ergebnisse von Kostenvergleichen auf Basis dynamischer Investitionsrechnungen werden nicht zuletzt durch die *Länge des Betrachtungszeitraums* und durch die Höhe des *kalkulatorischen Zinssatzes* bestimmt. Bei der Festlegung dieser wichtigen Parameter wurde eine mehr gesamtwirtschaftliche als betriebswirtschaftliche Sichtweise in den Vordergrund gestellt.

Der gewählte *Betrachtungszeitraum* beträgt für alle betrachteten Technologien 20 Jahre ab Inbetriebnahme; er orientiert sich an der durchschnittlichen (erfahrungsgemäßen oder erwarteten) wirtschaftlichen Nutzungsdauer des betrachteten Technologiespektrums. Bei betriebswirtschaftlichen Betrachtungen werden oft – teilweise ergänzend – gegenüber der wirtschaftlichen Nutzungsdauer deutlich kürzere Betrachtungszeiträume gewählt, weil mehr ein schneller Kapitalrückfluß als die langfristige Kapitalrentabilität in den Vordergrund gestellt wird. Dies kann in bestimmten Fällen einzelwirtschaftlich rational sein; eine gesamtwirtschaftliche Sichtweise, bei der es vor allem auf die optimale Güterversorgung und Ressourcennutzung ankommt, sollte die tatsächliche Nutzungsdauer der Anlagen vorrangig betrachten und außerdem langfristige Entwicklungen berücksichtigen, z. B. die sich wegen der unterschiedlichen geopolitischen Ressourcensituation möglicherweise auf längere Sicht öffnende Schere bei Kohle- und Ölpreisen.

Der *kalkulatorische Zinssatz bzw. die Diskontierungsrate,* deren quantitative Festlegung im nächsten Abschnitt erläutert wird, orientiert sich in der Studie am realen Zinssatz für langfristige Anlagen auf dem Kapitalmarkt, d. h. am langfristigen Kapitalmarktzins. Es erfolgt somit eine Ausrichtung an den tatsächlich entstehenden Finanzierungskosten bzw. an entgangenen Zinsgewinnen. In betriebswirtschaftlichen Rechnungen übliche Risikozuschläge oder eine höhere Eigenkapital- als Fremdkapitalverzinsung zur Rücklagenbildung werden also nicht berücksichtigt. Die für Unternehmen errechneten Endenergiekosten (Umwandlungssektor) und Nutzenergiekosten (Endenergienutzung in der Industrie) sind deshalb im Sinne von *erforderlichen Mindesterlösen* zur Deckung der Kosten zu interpretieren.

Tendenziell begünstigen relativ niedrige kalkulatorische Zinssätze, wie sie in dieser Studie verwendet werden, bei Barwertrechnungen auf Ausgabenbasis kapitalintensive Technologien, d.h. Technologien mit einem relativ niedrigen Anteil an variablen Kosten, die während der Nutzungsdauer der Anlagen unter Umständen erheblichen Preissteigerungen unterliegen können. Es darf aber auch nicht übersehen werden, daß die häufig für volkswirtschaftliche Betrachtungen geforderte Berücksichtigung von langfristigen ökonomischen Entwicklungen durch relativ hohe kalkulatorische Zinssätze aufgehoben wird, da weiter in der Zukunft liegende Werte bei hohen kalkulatorischen Zinssätzen nur mit einem geringen Gewicht in die Barwerte eingehen.

1.2 Volkswirtschaftliche und energiewirtschaftliche Basisannahmen

Den Kostenvergleichen des folgenden Kapitels liegt als Basisfall ein Energiepreisszenario zugrunde, das sich durch jährliche reale Preissteigerungsraten für Mineralölprodukte von 2%, für Importkohle von 2% und für inländische Steinkohle von 1% charakterisieren läßt. Für den strategiebedingten Steinkohleeinsatz wird ein Einsatzverhältnis inländische Steinkohle/Importkohle von 1 : 2 unterstellt.

Angesichts der vielfältigen Unsicherheiten bei der Prognose bzw. Einschätzung zukünftiger Entwicklungen ist das Arbeiten mit nur einem Basisfall problematisch. Die Diskussionen im begleitenden BMFT-Ad-hoc-Ausschuß „Kohlestudie" waren in bezug auf diesen Basisfall auch durchaus kontrovers. Das Durchspielen mehrerer Fälle hätte aber bei der Vielzahl der durchzuführenden Kostenvergleiche zu einer Datenflut geführt. Aus diesem Grunde werden nur für einige wesentliche Parameter Sensitivitätsanalysen durchgeführt, und zwar für die Öl- und Kohlepreisentwicklung, für das Einsatzverhältnis inländische Kohle/Importkohle sowie in summarischer Form für die Kapitalkosten bzw. den kalkulatorischen Zinssatz.

Als Inbetriebnahmejahre werden die Jahre 1982 und 1992 gewählt; eine weitere zeitliche Differenzierung wäre bei der Vielzahl der durchzuführenden Rechnungen mit nicht vertretbarem Aufwand verbunden gewesen. Die Rechnungen für den ersten Inbetriebnahmezeitpunkt sollen die ökonomischen Gegebenheiten für die Ölsubstitution durch Kohle in der ersten Hälfte des Betrachtungszeitraums der Studie widerspiegeln; sie sind stärker durch gegenwärtige Preisrelationen für Kohle und Öl bestimmt. Wegen der Fixierung des Mengengerüstes der Strategien auf das Jahr 2000 war es darüber hinaus angebracht, auch die ökonomischen Daten auf diesen Zeitpunkt oder einen entsprechenden repräsentativen Zeitraum zu beziehen. Deshalb wurde 1992 als weiterer Inbetriebnahmezeitpunkt gewählt, der bei einem Betrachtungszeitraum von 20 Jahren die ökonomischen Verhältnisse um das Jahr 2000 repräsentieren soll, insbesondere bei annahmegemäß größeren Preisdifferenzen zwischen Steinkohle und Öl im Vergleich zu 1982. Die wesentlichen Annahmen des Basisfalls sind Tabelle B-1 zu entnehmen; sie werden im folgenden kurz erläutert.

Tabelle B-1. Volkswirtschaftliche und energiewirtschaftliche Basisannahmen

	Stand 1982 (Ausgangswerte)	Jährliche Steigerungsrate %
Wirtschaftswachstum	–	6,5
Inflationsrate	–	4,5
Lohnkosten (je nach Qualifikationsanforderungen) DM je Mannjahr	zwischen 60 000,– und 70 000,–	5,5
Instandhaltungsaufwand	zwischen 1% und 3% der Investitionskosten	5,5
Sonstiger betriebsfixer und -variabler Aufwand	verschiedene Einzelannahmen je Technologie	5,5
Investitionsgüterpreise	[a]	4,5
Ausgewählte Energieträgerpreise, ohne Mehrwertsteuer		
– Steinkohle (31,8 MJ/kg), inländisch, ab Zeche, in DM/t SKE (Einsatz in kleinen Kohlekesseln)	247,–	5,5
– Steinkohle (29,3 MJ/kg), inländisch, ab Zeche, in DM/t SKE (Einsatz in Kraftwerken, Heizkraftwerken, großen Kohlekesseln)	238,–	5,5
– Steinkohle (28,7 MJ/kg), inländisch, ab Zeche, in DM/t SKE (Einsatz in der Hydrierung)	233,–	5,5
– Steinkohle (24,9 MJ/kg), inländisch, ab Zeche, in DM/t SKE (Einsatz in der Kohlevergasung)	225,–	5,5
– Steinkohle (33 MJ/kg), importiert, frei Grenze, in DM/t SKE (Einsatz in der Hydrierung)	175,–	6,5
– Steinkohle (24,7 MJ/kg), importiert, frei Grenze, in DM/t SKE (Einsatz in der Vergasung, Kraftwerken und Heizkraftwerken)	160,–	6,5
– Steinkohle (23,6 MJ/kg), importiert, frei Grenze, in DM/t SKE (Einsatz in der Vergasung)	155,–	6,5
– Aufschläge für den Umschlag und Transport von Steinkohle (drei Ausgangswerte in Abhängigkeit von Transportentfernung, verkehrsgünstiger Lage des Zielorts, Abnahmemenge), in DM/t	10,–/27,–/37,–	4,5
– Heizöl S, frei Endverbraucher[b], in DM/t SKE	325,–	6,5
– Heizöl EL, frei industrieller Verbraucher[b], in DM/t SKE	531,–	6,5
– Heizöl EL, frei Verbrauch in Mehrfamilienhäusern (> ZFH)[b], in DM/t SKE	547,–	6,5
– Heizöl EL, frei Verbrauch in EFH/ZFH[b], in DM/t SKE	572,–	6,5
– Mineralölstämmiger Superbenzinkraftstoff		
– Preis ab Raffinerie, ohne Mehrwertsteuer und Bevorratungsabgabe, in DM/t SKE	547,–	6,5
– Aufschlag für Mineralölsteuer und Bevorratungsabgabe in DM/t SKE	470,–	4,5
– Vertriebsaufwand, in DM/t SKE	100,–	5,0

[a] Die Ausgangswerte sind in Verbindung mit den Ergebnisdarstellungen zu den Kostenvergleichen angegeben (Kapitel 2 dieses Berichtsteils)

[b] Einschließlich Mineralölsteuer und Bevorratungsabgabe

1.2.1 Volkswirtschaftliche Annahmen

Die gesamtwirtschaftliche Ausgangssituation wird durch ein jährliches Wirtschaftswachstum in Höhe von rund 2% real bei einer unterstellten *jährlichen Inflationsrate* von 4,5% charakterisiert. Die Inflationsrate ist für das Investitions- und das Konsumgüterpreisniveau gleichermaßen gültig. Die unterstellte *jährliche Lohnkosten-Steigerungsrate* beläuft sich auf 5,5% nominal bzw. rund 1% real.

Die Ermittlung der *Investitionsgüterpreise* wurde auf der Grundlage von Literatur- und Expertenangaben für den Preisstand zu Beginn des Jahres 1982 getroffen. Für alle anderen, davor oder danach liegenden Jahre wird für Investitionsgüter ein nominaler Preisanstieg in Höhe der Inflationsrate unterstellt.

1.2.2 Annahmen zur Energiepreisentwicklung

Die Annahmen zu den *Energieträgerpreisen* betreffen im wesentlichen die inländische und die importierte Steinkohle sowie die Mineralölprodukte Heizöl S, Heizöl EL und Superbenzinkraftstoff. Das Preisniveau im Basisjahr 1982 wurde in Anlehnung an amtliche statistische Unterlagen festgelegt.

Die jährlichen Preissteigerungsraten für die *Mineralölprodukte* (bei Heizöl frei Endverbraucher, bei Kraftstoffen ab Raffinerie) betragen im Basisfall rund 2% real. Aufgrund der beträchtlichen Einsparungen beim Ölverbrauch in den westlichen Industrieländern, die zu einem deutlichen Rückgang des Ölverbrauchs führten, sowie aufgrund der Überkapazitäten bei der Rohölförderung sind zumindest auf mittlere Sicht auch Preisentwicklungstendenzen für Ölprodukte unter der hier angenommenen Rate plausibel. Aus diesem Grund und wegen der Bedeutung der Annahme im Kontext dieser Studie werden deshalb, wie bereits erwähnt, hierzu Sensitivitätsanalysen durchgeführt.

Die Annahmen für die jährlichen Preissteigerungsraten für die *importierte* und die *inländische Steinkohle* gehen von einem relativ stärkeren Anstieg für die Importkohle frei Grenze (rund 2% real) als für die inländische Kohle ab Zeche (rund 1% real) aus. Der Annahme für die Importkohle liegt die Überlegung zugrunde, daß sich die Preisentwicklung der Importkohle weniger an den Förder- und Transportkosten als an der allgemeinen Weltmarktsituation für Steinkohle sowie an der weltweiten Ölpreisniveauentwicklung orientiert. Dagegen wird bei der Preisentwicklung für die inländische Steinkohle von einer Orientierung an den Gestehungskosten ausgegangen, wobei eine Fortführung der direkten Subventionierung des Bergbaus im bisherigen Rahmen unterstellt wird. Eine reale Preissteigerungsrate von 1% stünde dann in Konsistenz mit den Annahmen zur Investitionsgüterpreisentwicklung und zur Lohnkostenentwicklung unter gleichzeitiger Berücksichtigung der zukünftig erschwerten Abbaubedingungen.

Die Preisentwicklung bei der inländischen Steinkohle dürfte auch durch die zukünftige Entwicklung der Förderung tangiert werden. Die Rücknahme der Förderung – wie sie bis 1990 zur Anpassung an die Absatzlage zu erwarten ist – könnte, verbunden mit dem Ausscheiden von Zechen mit besonders ungünstigen Gestehungskosten, einen insgesamt positiven Einfluß auf die Kostenentwicklung haben. Wenn jedoch große Beiträge zur strategischen Ölsubstitution durch inländische Kohle geleistet werden sollen, würde das noch eine Förderungsausweitung erfordern, die mit einem erheblichen Investitionsaufwand und damit möglicherweise auch mit höheren Preissteigerungsraten verbunden wäre. Deshalb werden in Sensitivitätsanalysen auch Preissteigerungsraten bis 2% real betrachtet. Umgekehrt werden bei der Importkohle niedrigere Preissteigerungsraten analysiert. Außerdem werden Sensitivitätsanalysen für das Einsatzverhältnis inländische Kohle/Importkohle mit den Extremfällen ausschließlicher Einsatz inländischer Kohle bzw. ausschließlicher Einsatz von Importkohle durchgeführt.

1.3 Annahmen zur Finanzierungs- und Besteuerungssituation

Einen Überblick über die Modellannahmen zur Finanzierungs- und Besteuerungssituation gibt Tabelle B-2.

Im Rahmen der Studie wird vereinfachend von einem einzigen Zinsniveau auf den Finanzmärkten ausgegangen, das für die Kapitalgeber und -nehmer im Haushalts- und Unternehmensbereich sowie für Eigen- und Fremdkapital gleichermaßen gilt. Die nominale Zinshöhe von 8% wird in Anbetracht der Inflationsrate von 4,5% festgelegt, so daß die Kapitalgeber und -nehmer mit einem Realzins von gut 3% rechnen können, der aufgrund der historischen Entwicklung als eine volkswirtschaftlich sinnvolle Durchschnittsgröße im Hinblick auf eine ungehinderte Entwicklung von Kapitalaufnahme- und -anlageaktivitäten in der gesamten Volkswirtschaft angesehen werden kann.

Tabelle B-2. Modellannahmen zur Finanzierungs- und Besteuerungssituation

Primäre Annahmen	
Eigenkapitalzins, in %	8
Fremdkapitalzins, in %	8
Finanzierungssituation der Unternehmen (Aktiengesellschaften):	
Eigenkapital-Fremdkapital-Verhältnis	30:70
Körperschaftsteuersatz auf ausgeschüttete Gewinne (=Eigenkapitalverzinsung), in % des Gewinns vor Abzug der Körperschaftsteuer und nach Abzug der Gewerbeertragsteuer	36
Abgeleitete Annahmen	
Haushalte	
Nominaler kalkulatorischer Zinssatz (bei beliebigem Eigenkapital-Fremdkapital-Finanzierungsverhältnis), in %	8
Nonimale Annuitätsrate (Zinssatz 8%, 20 Jahre), in %	10,19
Unternehmen (Aktiengesellschaften)	
Nominaler kalkulatorischer Zinssatz während der Betriebszeit (Aggregation – entsprechend dem Finanzierungsverhältnis 30:70 – der vom Unternehmen zu erwirtschaftenden Eigen- und Fremdkapitalzinssätze in Höhe von 8% · 0,64 = 5,12% und 8%), in %	7,136
Nominale Annuitätsrate (Zinssatz 7,136%, 20 Jahre), in %	9,539
Jährliche Belastung durch Ertrag- und Substanzsteuern in % der Investitionsausgaben	2,0

Haushalte können Geld zu 8% aufnehmen oder müssen auf einen Zinsertrag von 8% verzichten, wenn sie verfügbares Geld nicht auf den Finanzmärkten anlegen, sondern ausgeben, um eine Anlage zur Endenergienutzung zu beschaffen. Aufgrund dieser Zahlenannahmen kann die kalkulatorische Zinsrate für Berechnungen aus Haushaltssicht mit beliebigen Eigenkapital- bzw. Fremdkapital-Finanzierungsanteilen verbunden sein. Dieser kalkulatorische Zinssatz stellt für die Haushalte zugleich jene Größe dar, mit der Geldbeträge, die zu bestimmten unterschiedlichen Zeitpunkten verausgabt werden, auf den Wert zum ausgewählten Bezugszeitpunkt umgerechnet werden (Zeitpräferenzrate).

Unternehmen sind in der zugrundegelegten Modellbetrachtung als Aktiengesellschaften organisiert und verfügen über einen – gegebenenfalls beliebig aufstockbaren – Finanzmittelfonds, der mit Eigen- und Fremdkapital in einem konstanten Verhältnis von 30 zu 70 ausgestattet ist. Der Finanzmittelfonds stellt die notwendigen Geldbeträge zur Finanzierung der Investitions- und sonstigen Ausgaben eines Projekts bereit, soweit sie nicht zum selben Zeitpunkt durch projektbedingte Einnahmen gedeckt sind. Gleichzeitig sorgt der Fonds dafür, daß die Eigenkapitalgeber eine Barausschüttung von $0{,}64 \cdot 8\% = 5{,}12\%$ und die Fremdkapitalgeber eine Vergütung von 8% auf das von ihnen zur Verfügung gestellte Kapitalvolumen erhalten. Zugleich zahlt der Fonds an das Finanzamt die anteilige Körperschaftsteuer ($0{,}36 \cdot 8\% = 2{,}88\%$), so daß die Eigenkapitalgeber in dieser Höhe außerdem eine Körperschaftsteuer-Gutschrift erhalten, die auf die Steuerschuld bei der persönlichen Einkommensteuer angerechnet wird. Die Tilgungszahlungen aus dem Projekt werden vom Finanzmittelfonds unverzüglich an andere Projekte weitergeleitet, die wiederum eine Mindestverzinsung in Höhe des kalkulatorischen Zinssatzes erzielen. Auf diese Weise ist der Fonds in jedem Jahr in der Lage, die von den Eigen- und Fremdkapitalgebern erwünschte Verzinsung auf das von ihnen zur Verfügung gestellte Kapitalvolumen auszuzahlen.

Der Finanzmittelfonds macht somit *während der Betriebszeit des betrachteten Projekts* einen kalkulatorischen Zinssatz in Höhe von 7,136% ($= 0{,}3 \cdot 5{,}12\% + 0{,}7 \cdot 8\%$) gegenüber dem Projekt geltend. Die Körperschaftsteuerbelastung und andere dem Projekt zurechenbare Ertrag- und Substanzsteuerbelastungen werden, wie weiter unten ausgeführt, vereinfacht als gesonderte Ausgabenposition in Form eines festen Prozentsatzes der *Investitionsausgaben* berücksichtigt. Ermittelt wird mit diesem kalkulatorischen Zinssatz einerseits der Barwert aller auf den Betrachtungszeitraum entfallenden projektbedingten Mindesterlöse (mittels des nominalen kalkulatorischen Zinssatzes von 7,136%). Andererseits wird mit Hilfe des entsprechenden realen kalkulatorischen Zinssatzes (2,522% bei einer jährlichen Inflationsrate von 4,5%) die Summe aller Mindesterlös-Barwerte auf die Jahre des Betrachtungszeitraums verteilt (Bildung von realen Annuitäten = real konstante jährliche Beträge). Zu beachten ist, daß der hier angesetzte kalkulatorische Zinssatz nur die Verzinsung widerspiegelt, die zur Vergütung der Eigen- und Fremdkapitalgeber bei gegebenem Außenfinanzierungsvolumen unbedingt erforderlich ist. In der Mehrzahl der Fälle dürfte die betroffene Unternehmensleitung aber darauf aus sein, zusätzliche Erlöse zur Stärkung der Selbstfinanzierungskraft im Sinne einer angemessenen Verzinsung zu erzielen. Insofern stellt der kalkulatorische Zinssatz lediglich einen vom Projekt zu erwirtschaftenden *Mindestzinssatz* dar. Entsprechend sind, wie schon vorher erwähnt, die zu berechnenden Kosten auch lediglich als erforderliche Mindesterlöse zu interpretieren.

Bei der zugrundegelegten Modellbetrachtung verringern sich die jährlich erforderlichen Mindesterlöse zur Deckung der projektbedingten jährlichen Ertragsteuerbelastung (Körperschaftsteuer und Gewerbeertragsteuer) im Prinzip von Jahr zu Jahr entsprechend dem sinkenden Zinsanteil an dem nominal konstanten Kapitaldienst. Sie wird aber vereinfachend in Form einer durchschnittlichen jährlichen Ertragsteuerbelastung des Projekts in Höhe von 1,5% des Investitionsausgabenbarwerts berücksichtigt. Ebenso werden die jährlich erforderlichen Mindesterlöse zur Deckung der jährlichen *Substanzsteuerbelastung* (Gewerbekapitalsteuer und Vermögensteuer), die auch im Verlauf der Betriebszeit abschreibungsbedingt abnimmt, in Form einer durchschnittlichen jährlichen Substanzsteuerbelastung in Höhe von 0,5% des Investitionsausgabenbarwerts pauschal veranschlagt.

Damit wird für die modellmäßige Berücksichtigung der jährlichen Ertragsteuer- und Substanzsteuerbelastung ein pauschaler Prozentsatz von insgesamt 2,0% des Investitionsausgabenbarwerts in die Berechnungen eingesetzt.

Bei Rechnungen für Haushalte wird die *Mehrwertsteuer* berücksichtigt; bei Rechnungen für Unternehmen wird diese nicht mit ausgewiesen, da normalerweise davon auszugehen ist, daß diese auf den Endverbraucher überwälzt werden kann. Die *Mineralölsteuer* auf Heizöl und die Bevorratungsabgabe sind bei den Nutzenergiekostenanalysen für die Verstromungs- und Verheizungsstrategie berücksichtigt. Die wesentlich höhere Mineralölsteuer auf Kraftstoffe ist – soweit nicht anders explizit erwähnt – in den Angaben bei der Veredlungsstrategie nicht enthalten.

2 Analysen zu den Kosten und Realisierungsbedingungen der Strategietechnologien

Es sei noch einmal darauf hingewiesen, daß den in den Abschnitten 2.1 bis 2.3 dieses Kapitels präsentierten Ergebnissen von Kostenvergleichsanalysen – wenn nicht ausdrücklich anders erwähnt – die volkswirtschaftlichen und energiewirtschaftlichen Ausgangsannahmen der Tabelle B-1 sowie ein Einsatzverhältnis inländische Kohle/Importkohle von 1 : 2 zugrundeliegen. Sensitivitätsbetrachtungen in bezug auf die Öl- und Steinkohlenpreisentwicklung und die Einsatzverhältnisse von inländischer Steinkohle zu Importkohle werden in Abschnitt 2.4 dieses Kapitels dargestellt.

2.1 Verstromungsstrategie

2.1.1 Kostenanalysen für Elektroraumheizsysteme auf Kohlestrombasis im HuK-Bereich

Im folgenden werden für die Anwendungstechnologien (Elektroraumheizsysteme auf Kohlestrombasis) im HuK-Bereich, die als Strategietechnologien in der Verstromungsstrategie vorgesehen sind, die Kostenvergleiche mit den entsprechenden Öltechnologien durchgeführt.

Tabelle B-3. Kostendaten für Strategietechnologien der Verstromungsstrategie, HuK-Sektor

Strategietechnologie	Ausgangsdaten für Investitionen und Betriebskosten (1982)		
Elektrizitätserzeugung (700 MWe Steinkohleblock mit Rauchgasentschwefelung gemäß Großfeuerungsanlagen-verordnung)	Investition:	1 750 DM/kW	
	Betrieb, Wartung (Fixkosten):	49,3 DM/a pro kW	
	Kosten für Einsatz-kohle (⅓ einh., ⅔ Import):	216 DM/t SKE	
	sonst. variable Kosten:	0,2 Dpf/kWh	
Elektrizitätsverteilung	Kosten für zusätzliche Netzerweiterung: (80% Investition, 20% Betrieb)	3 Dpf/kWh	
E-Nachtspeicherheizung für Einfamilienhaus mit 7 kW Nutzwärmehöchstlast	Investition:	14 040 DM	
	Betrieb, Wartung:	196 DM/a	
E-Teilspeicherheizung für Einfamilienhaus (7 kW)	Investition:	9 970 DM	
	Betrieb, Wartung:	156 DM/a	
E-Direktheizung – Nacht-speicherkombination für Einfamilienhaus (7 kW)	Investition:	5 700 DM	
	Betrieb, Wartung:	92 DM/a	
E-Wärmepumpe (biv.-alternativ) für Einfamilienhaus	Investition:	8 800 DM	zusätzlich zur
	Betrieb, Wartung:	78 DM	Ölzentralheizung
E-Wärmepumpe (biv.-alternativ) für Zweifamilienhaus	Investition:	10 800 DM	zusätzlich zur
	Betrieb, Wartung:	86 DM/a	Ölzentralheizung
Ölzentralheizung für Einfamilienhaus (7 kW)	Investition:	16 400 DM	
	Betrieb, Wartung:	341 DM/a	
	Heizölkosten (o. MWSt):	70,3 Dpf/l	
Ölzentralheizung für Zweifamilienhaus (15 kW)	Investition:	22 600 DM	
	Betrieb, Wartung:	433 DM/a	

Die Kostendaten für die Strategietechnologien im Bereich der HuK-Raumheizung sind in Tabelle B-3 zusammengefaßt. Bei den Kosten für die bivalent-alternativen E-Wärmepumpen ist der Hinweis notwendig, daß es sich hierbei um technisch relativ einfache Anlagen handelt. Dementsprechend können sie nur einen Anteil von etwa 65% an der Jahresarbeit für die Raumwärme übernehmen. Vergleichsrechnungen mit aufwendigeren Wärmepumpenanlagen haben gezeigt, daß diese erheblich unwirtschaftlicher sind als die einfachen Anlagen.

Bei der Zusammenstellung der Gesamtkosten für die auf Steinkohle basierenden Technologieketten gehen zusätzlich folgende Daten ein:

- Die Wirkungsgrade der Kettenelemente,
- die Gleichzeitigkeitsfaktoren,
- die Auslastungsgrade der verfügbaren Kraftwerksleistung,
- die Berücksichtigung der gegenseitigen Ergänzung von Stromanwendern bezüglich der Kraftwerksauslastung bei der Kraftwerksfixkostenzurechnung.

Bis auf den letztgenannten Punkt sind die entsprechenden Daten in der Strategiebeschreibung (Teil A) dargestellt.

Im Rahmen der ökonomischen Analyse ist über die Strategiebeschreibung hinaus zu erläutern, nach welchem Prinzip die Fixkostenzurechnung auf die sich ergänzenden Strategieelemente vorgenommen wurde. Den *Elektro-Nachtspeicherheizungen* wurden keine Kraftwerksfixkosten zugerechnet, da sie keine zusätzlichen Kraftwerkskapazitäten benötigen. Für die weiteren Strategieelemente des HuK-Sektors wird zusätzliche Kraftwerksleistung benötigt, wobei zur Erzielung einer hohen Auslastung der Kraftwerkskapazitäten eine Mischung aus E-Widerstandsheizungen und bivalenten E-Wärmepumpen vorgesehen ist. Die Zurechnung der Kraftwerksfixkosten auf die einzelnen Strategieelemente erfolgt nach dem Einfluß der Nutzergruppen auf die Jahreshöchstlast. Gemäß Strategiebeschreibung tritt die Jahreshöchstlast modellhaft an unterschiedlichen Tagen auf, und zwar am kältesten Tag und am „Bivalenztag". Bei der Verknüpfung der Nutzergruppen *E-Teilspeicherheizungen* und *E-Wärmepumpen* tragen die E-Teilspeicherheizungen am kältesten Tag in vollem Umfang zur Erhöhung der Höchstlast bei. Am „Bivalenztag" tun dies die E-Wärmepumpen, da die Stromversorgung für die Teilspeicherheizungen dann ausschließlich in den Nachtstunden erfolgt. Bei der Verknüpfung der Nutzergruppen *E-Direktheizung-Nachtspeicher-Kombination* und *E-Wärmepumpen* trifft am kältesten Tag für die Direktheizungen das gleiche zu wie bei den Teilspeicherheizungen, ein Unterschied ergibt sich jedoch am „Bivalenztag". An diesem Tag werden die Direktheizungen auch mit Tagstrom versorgt, daher wird den Direktheizungen ein höherer Fixkostenanteil zugerechnet als den Teilspeicherheizungen. Die Berechnung der Aufteilung der Kraftwerksfixkosten nach den hier skizzierten Prinzipien ergibt für die Nutzergruppen folgende Anteile:

- E-Teilspeicherheizung: 50%,
- E-Direktheizung-Nachtspeicher-Kombination: 71%,
- E-Wärmepumpen als Ergänzung zu Teilspeicherheizungen: 50%,
- E-Wärmepumpen als Ergänzung zu E-Direktheizungen: 29%.

Da die bivalenten Wärmepumpen in Ergänzung zu den Direktheizungen nur einen geringen Anteil der strategiegemäßen E-Wärmepumpen ausmachen, wird im folgenden für alle E-Wärmepumpen mit dem Kraftwerksfixkostenanteil von 50% gerechnet.

Für den Zeitraum 1982 bis 2001 sind die durchschnittlichen Gesamtkosten pro MWh Nutzwärme in Tabelle B-4 angegeben. Die Gesamtkosten für die Technologieketten auf Kohlebasis umfassen die erforderlichen Mindesterlöse zur Deckung der Stromerzeugungskosten auf Steinkohlenbasis und der zusätzlichen Aufwendungen für die Stromverteilung sowie die kapitalbezogenen Kosten und Betriebskosten beim Anwender. Die Mehrwertsteuer für Strom und Hausanlage ist eingerechnet.

Die Ergebnisse zeigen, daß bei den Strategietechnologien zur Zeit allein für die E-Nachtspeicherheizung Kostenvorteile gegenüber der Ölvergleichstechnologie bestehen. Dies bedeutet insbesondere, daß zur Zeit die Bereitstellung zusätzlicher Kraftwerksleistung für die Elektro-Raumwärmeerzeugung sich bei ausschließlich ökonomischer Betrachtungsweise kaum rechtfertigen läßt. Allerdings ist diese Aussage vor dem Hintergrund der derzeitigen Situation der Elektrizitätswirtschaft mög-

Tabelle B-4. Kosten für E-Raumwärmeverfahren der Verstromungsstrategie sowie für die Ölvergleichstechnologien im HuK-Sektor, Bezugszeitraum 1982 bis 2001 [a]

Strategietechnologie bzw. Ölvergleichstechnologie	Gesamtkosten in DM_{82} pro MWh Nutzwärme Durchschnitt 1982 bis 2001	Mehr- bzw. Minderkosten gegenüber Ölvergleichstechnologie	
		pro MWh	relativ
1. E-Nachtspeicherheizung (Einfamilienhaus)	216	– 12	– 5%
2. E-Teilspeicherheizung (Einfamilienhaus)	237	+ 9	+ 4%
3. E-Direktheizung – Nachtspeicher-Kombination (Einfamilienhaus)	230	+ 2	+ 1%
4. Bivalente E-Wärmepumpenanlage für Einfamilienhaus, einschließlich Ölzusatzheizung	265	+ 37	+ 16%
5. Bivalente E-Wärmepumpenanlage für Zweifamilienhaus, einschließlich Ölzusatzheizung	193	+ 9	+ 5%
6. Ölzentralheizung für Einfamilienhaus	228	–	–
7. Ölzentralheizung für Zweifamilienhaus	184	–	–

[a] Zu den volkswirtschaftlichen und energiewirtschaftlichen Ausgangsannahmen siehe Tabelle B 1

licherweise zu relativieren. Denn eine Ausweitung der Mittellaststromverwendung hätte folgende Vorteile:

- Sicherung der steigenden Abnahmeverpflichtung für heimische Kohle aus dem „Jahrhundertvertrag". Der in den letzten Jahren zu beobachtende Trend des verstärkten Steinkohleeinsatzes zur Substitution von Öl und Erdgas im Stromerzeugungsbereich ist nämlich nicht beliebig fortsetzbar.
- Möglichkeit des Zugangs zum kostengünstigen Importkohlemarkt, der zur Zeit nicht durch die Importrestriktionen, sondern durch die Abnahmeverpflichtung von einheimischer Steinkohle in Verbindung mit stagnierendem Stromverbrauch eingeschränkt ist.

Bei den Preissteigerungsraten, die im Rahmen dieser Studie für die Energieträger, Investitionen sowie für Wartung und Betrieb unterstellt werden, hat das Öl die höchsten Werte. Insofern ergibt sich auf längerfristige Sicht eine günstigere ökonomische Situation der Strategietechnologien gegenüber den Ölvergleichsfällen. Für den Zeitraum von 1992 bis 2011 sind die Kosten für die Raumwärmeerzeugung im HuK-Bereich in der Tabelle B-5 enthalten (diese Kosten sind in hinreichender Näherung als repräsentativ für die Kostensituation im Jahr 2000 anzusehen). Zusätzlich zu den Strategietechnologien und den entsprechenden Ölvergleichstechnolo-

Tabelle B-5. Kosten für verschiedene E-Raumwärmeverfahren und Ölvergleichstechnologien im HuK-Sektor, Bezugszeitraum 1992 bis 2011[d]

Elektro-Raumwärmeverfahren bzw. Ölvergleichstechnologien[a]	Gesamtkosten in DM_{82} pro MWh Nutzwärme Durchschnitt 1992 bis 2011	Kostenanteile		
		Kohle bzw. Öl [b, c]	Umwandlung ohne Brennstoff[b]	Hausanlage ohne Endenergie
1. E-Nachtspeicher (Ein-, Zwei- und Mehrfamilienhaus)	234 DM_{82}	46%	13%	41%
2. E-Teilspeicher (Ein-, Zwei- und Mehrfamilienhaus)				
a) mit Gutschrift für Mitausnutzung der Kraftwerkskapazität durch Wärmepumpen	255 DM_{82}	43%	30%	27%
b) ohne Gutschrift	302 DM_{82}	36%	41%	23%
3. E-Direktheizung-Nachtspeicherkombination (Ein-, Zwei- und Mehrfamilienhaus)				
a) mit Gutschrift für Mitausnutzung der Kraftwerkskapazität durch Wärmepumpen	248 DM_{82}	44%	39%	17%
b) ohne Gutschrift	275 DM_{82}	39%	45%	16%
4. Bivalente E-Wärmepumpenanlage, Einf.-Haus, Gesamtkosten incl. Ölzusatzheizung				
a) mit Gutschrift für Mitausnutzung der Kraftwerkskapazität durch Widerstandsheizungen	285 DM_{82}	10% Kohle 17% Öl	7%	66%
b) ohne Anrechnung von Kraftwerksfixkosten	273 DM_{82}	10% Kohle 17% Öl	4%	69%
5. Bivalente E-Wärmepumpenanlage, Zweif.-Haus, Gesamtkosten incl. Ölzusatzheizung				
a) mit Gutschrift für Mitausnutzung der Kraftwerkskapazität durch Widerstandsheizungen	209 DM_{82}	13% Kohle 22% Öl	10%	55%
b) ohne Anrechnung von Kraftwerksfixkosten	197 DM_{82}	14% Kohle 24% Öl	4%	58%
6. Ölzentralheizung				
a) Einfamilienhaus (7 kW)				
– bei nominaler Ölpreissteigerungsrate von 6,5% pro Jahr (inflationsbereinigt rund 2% pro Jahr)	258 DM_{82}	54%	–	46%
– bei nominaler Ölpreissteigerungsrate von 5,5% pro Jahr (inflationsbereinigt rund 1% pro Jahr)	235 DM_{82}	50%	–	50%
b) Zweifamilienhaus (15 kW)				
– bei nominaler Ölpreissteigerungsrate von 6,5% pro Jahr	210 DM_{82}	65%	–	35%
– bei nominaler Ölpreissteigerungsrate von 5,5% pro Jahr	188 DM_{82}	61%	–	39%

Tabelle B-5. (Fortsetzung)

Elektro-Raumwärmeverfahren bzw. Ölvergleichstechnologien	Gesamtkosten in DM_{82} pro MWh Nutzwärme Durchschnitt 1992 bis 2011	Kostenanteile[a]		
		Kohle[b, c] bzw. Öl	Umwandlung[b] ohne Brennstoff	Hausanlage ohne Endenergie
c) Mehrfamilienhaus (50 kW)				
– bei nominaler Ölpreissteigerungsrate von 6,5% pro Jahr	172 DM_{82}	78%	–	22%
– bei nominaler Ölpreissteigerungsrate von 5,5% pro Jahr	150 DM_{82}	75%	–	25%

[a] Eingerahmte Werte: Strategietechnologien und Ölvergleichstechnologien der Verstromungsstrategie
[b] Aus der Sicht des Endverbrauchers, daher unter Einbeziehung der von ihm zu entrichtenden MWSt
[c] Verhältnis einheimische Kohle zu Importkohle: 1:2
[d] Zu den volkswirtschaftlichen und energiewirtschaftlichen Ausgangsannahmen siehe Tabelle B-1

gien sind hierbei auch die Ergebnisse der Kostenrechnungen für folgende Varianten aufgeführt:

- E-Teilspeicherheizung und E-Direktheizung-Nachtspeicher-Kombination unter Zurechnung der vollen Kraftwerksfixkosten. Dieser Fall ist dann von Bedeutung, wenn die bivalent-alternativen Wärmepumpen keinen Beitrag zu den Kraftwerksfixkosten leisten, und zwar entweder weil sie in unzureichendem Maße installiert werden oder aufgrund einer Bevorzugung im Rahmen der Tarifgestaltung.
- Bivalent-alternative E-Wärmepumpen ohne Zurechnung von Kraftwerksfixkosten. Diese Fallunterscheidung ist relevant bei einer möglichen Bevorzugung der Wärmepumpen in der Tarifgestaltung (s.o.). Weiterhin läßt sich hieraus beurteilen, inwieweit die Annahme gerechtfertigt ist, daß bereits referenzmäßig die bivalent-alternativen Wärmepumpen in einem Umfang installiert sind, daß die entsprechenden Lasttäler ausgeschöpft sind.
- Ölvergleichstechnologien unter der Annahme einer geringeren Ölpreissteigerungsrate als im Basisfall.
- Ausweitung der Ölvergleichstechnologien auch auf Mehrfamilienhäuser mit 50 kW Nutzwärmehöchstlast.

Anhand der Angaben aus Tabelle B-5 läßt sich eine Rangfolge der Wirtschaftlichkeit von E-Raumwärmeverfahren gegenüber der Ölzentralheizung aufstellen, unter Einbeziehung auch der Varianten, die nicht Bestandteil der Verstromungsstrategie sind. Die Reihenfolge der zehn günstigsten Verfahren lautet:

1. E-Nachtspeicherheizung für Einfamilienhaus (Minderaufwand gegenüber Ölzentralheizung im Einfamilienhaus: 24 DM/MWh),
2. Bivalente E-Wärmepumpe für Zweifamilienhaus, ohne Kraftwerksfixkosten (Minderaufwand gegenüber Ölzentralheizung im Zweifamilienhaus: 13 DM/MWh),

3. E-Direktheizung-Nachtspeicher-Kombination für Einfamilienhaus, mit Gutschrift für Kraftwerksauslastung durch Wärmepumpen (Minderaufwand gegenüber Ölzentralheizung im Einfamilienhaus: 10 DM/MWh),
4. E-Teilspeicherheizung für Einfamilienhaus, mit Gutschrift zur Kraftwerksauslastung durch Wärmepumpen (Minderaufwand gegenüber Ölzentralheizung im Einfamilienhaus: 3 DM/MWh),
5. Bivalente E-Wärmepumpe für Zweifamilienhaus, mit anteiligen Kraftwerksfixkosten (Minderaufwand gegenüber Ölzentralheizung im Zweifamilienhaus: 1 DM/MWh),
6. Bivalente E-Wärmepumpe für Einfamilienhaus, ohne Kraftwerksfixkosten (Mehraufwand gegenüber Ölzentralheizung im Einfamilienhaus: 15 DM/MWh),
7. E-Direktheizung-Nachtspeicher-Kombination für Einfamilienhaus ohne Gutschrift für Kraftwerksauslastung durch Wärmepumpen (Mehraufwand gegenüber Ölzentralheizung im Einfamilienhaus: 17 DM/MWh),
8. E-Nachtspeicherheizung für Zweifamilienhaus (Mehraufwand gegenüber Ölzentralheizung im Zweifamilienhaus: 24 DM/MWh),
9. Bivalente E-Wärmepumpe für Einfamilienhaus mit anteiligen Kraftwerksfixkosten (Mehraufwand gegenüber Ölzentralheizung im Einfamilienhaus: 27 DM/MWh),
10. E-Teilspeicherheizung für Einfamilienhaus, ohne Gutschrift für Kraftwerksauslastung durch Wärmepumpen (Mehraufwand gegenüber Ölzentralheizung im Einfamilienhaus: 44 DM/MWh).

Diese Rangfolge offenbart folgende Sachverhalte:

- Die Nutzung von Lasttälern (keine Kraftwerksfixkosten) hat höchste ökonomische Priorität, bemerkenswerterweise gilt dies sowohl für Nachtspeicherheizungen als auch für Wärmepumpen.
- Sofern die Lasttäler ausgeschöpft sind, bietet sich eine Strategie an, die gleichzeitig sowohl auf E-Widerstandsheizungen als auch auf E-Wärmepumpen setzt mit anteiliger Verrechnung der Kraftwerksfixkosten. Dies zeigt sich daran, daß erst an siebter Stelle ein E-Heizsystem auftritt, bei dem Kraftwerkskosten in voller Höhe (und nicht nur anteilig) zugerechnet werden. Hierzu ist anzumerken, daß dies auch gilt, wenn man den hier nicht dargestellten Fall der bivalenten Wärmepumpen mit voller Kraftwerksfixkostenzurechnung mit berücksichtigt.
- Die Wirtschaftlichkeit hängt in unterschiedlicher Weise stark von der Anlagenleistung ab. Bei der Nachtspeicherheizung sinkt die Wirtschaftlichkeit mit steigender Anlagenleistung: Rang 1 für Einfamilienhaus, aber erst Rang 8 für Zweifamilienhaus; bei der Wärmepumpe steigt sie mit steigender Anlagenleistung: Rang 2 für Zweifamilienhaus, Rang 6 für Einfamilienhaus (jeweils ohne Zurechnung von Kraftwerksfixkosten). Besonders ungünstig ist das Ergebnis für Widerstandsheizungen in Mehrfamilienhäusern, weshalb diese Varianten nicht unter die zehn günstigsten Verfahren fallen.

Bei den Widerstandsheizungen ist die Summe der Aufwendungen für Steinkohle und für die Anlagen zur Elektrizitätserzeugung und -verteilung selbst im günstigsten Fall (Nachtspeicherheizung) etwa gleich hoch wie die Kosten für Heizöl (139,– DM/

MWh für Elektrizität, 140,– DM/MWh für Heizöl EL). Dies ist für die Ölsubstitution derart zu interpretieren, daß bei einer nachträglichen Umstellung von Ölzentralheizung auf Elektro-Widerstandsheizung keine Rentabilität für den Umstellungsaufwand zu erwarten ist. Im Gegensatz zu den Widerstandsheizungen hängt die Wirtschaftlichkeit der Wärmepumpe nur wenig davon ab, ob die Anlage in einem Neubau oder Altbau zusätzlich zur Ölzentralheizung installiert wird.

Faßt man die obigen Ergebnisse bzw. Sachverhalte zusammen, so ergibt sich unter ökonomischen Überlegungen die folgende idealtypische Aufteilung für die Elektroheizsysteme:

- Widerstandsheizungen werden vorwiegend in Einfamilienhaus-Neubauten installiert,
- Wärmepumpen vorwiegend als Ergänzung zu vorhandenen Ölzentralheizungen in Zweifamilienhäusern bzw. großen Einfamilienhäusern.

Dies bedeutet, daß die E-Widerstandsheizungen und E-Wärmepumpen im Rahmen der Substitutionsstrategie nicht als Konkurrenten anzusehen sind. In Verbindung mit der günstigeren Auslastung der Kraftwerkskapazitäten erscheinen die unterschiedlichen E-Heizsysteme als sinnvolle gegenseitige Ergänzung.

Der Kostenvergleich der Widerstandsheizungen untereinander zeigt, daß die Nachtspeicherheizung am günstigsten ist, die Direktheizung-Nachtspeicher-Kombination am zweitgünstigsten und die Teilspeicherheizung am ungünstigsten. Für die ökonomische Beurteilung der Verstromungsstrategie ist dabei insbesondere der Vergleich der Teilspeicherheizung mit der Direktheizung-Nachtspeicher-Kombination von Interesse, da – unter der Zielsetzung einer günstigen Kraftwerksauslastung – das Schwergewicht in der Verstromungsstrategie auf die Teilspeicherheizungen gelegt wurde. Zwar fallen für die Teilspeicherheizungen geringere Kraftwerksfixkosten an, jedoch überwiegen beim Vergleich der Gesamtkosten mit den Direktheizung-Nachtspeicher-Kombinationen die höheren Investitions- und Wartungskosten für die Hausanlagen.

Die Kostenrechnungen für die Ölvergleichstechnologien unter der Annahme einer geringeren Ölpreissteigerungsrate als im Basisfall zeigen auf, welchen Einfluß der künftige Ölpreis auf die relative Wirtschaftlichkeit der E-Raumheizung hat. Bei einer realen Ölpreissteigerungsrate von etwa 1% pro Jahr ist allein die E-Nachtspeicherheizung im Einfamilienhaus (die in der Verstromungsstrategie nur als Nebeneffekt anzusehen ist) kostenmäßig gleichwertig mit der Ölzentralheizung.

2.1.2 Kostenanalysen für Elektrowärme im industriellen Sektor

Vom gesamten veranschlagten Substitutionsumfang entfällt in der Verstromungsstrategie etwa ein Drittel auf Elektrowärmeverfahren im industriellen Bereich. Im Vergleich zur Ölsubstitution im HuK-Sektor sind folgende Besonderheiten zu beachten, die die Aussagekraft von Kostenvergleichen zwischen Öltechnologien und (Steinkohlen-)Stromtechnologien erheblich einschränken:

- Im HuK-Bereich ist die Stromtechnologie in vielen Fällen die einzige Alternative zur Öltechnologie (ländlicher Raum ohne Gas- und Fernwärmeversorgung). Für die Industrie ist der Zugriff auf Erdgas in weitaus höherem Maße möglich, so daß hier die Konkurrenz durch diesen Energieträger erweitert wird.

- Entsprechend der Energieverwendungsstruktur setzt die Substitution im industriellen Bereich überwiegend bei der Prozeßwärmeerzeugung an. Dabei werden sowohl Verfahren analysiert, die von der Auslastungsstundenzahl her durch Mittellaststrom substituiert werden, als auch solche Verfahren, für die Grundlaststrom als Substitut für Öl infrage kommt. Zur Mittellaststromerzeugung ist die Steinkohle die typische Primärenergie, für die Grundlaststromerzeugung werden nach Möglichkeit jedoch die Energieträger Braunkohle, Kernenergie und Wasserkraft (Laufwasser) eingesetzt. Insofern sind die Kostenvergleiche der Technologieketten, die auf der Steinkohlenstromerzeugung im Grundlastbereich beruhen, mit den Ölvergleichstechnologien von eingeschränkter Aussagekraft bezüglich einer möglichen Realisierung.
- Entsprechend der Vielzahl der Wärmeanwendungen bei industriellen Prozessen ergibt sich auch für die Substitutionsmöglichkeiten von Öl eine bemerkenswerte Heterogenität. Daher lassen sich die ökonomischen Bedingungen für die Substitution nicht anhand weniger typischer Verfahren repräsentativ abbilden. Wenn dennoch analog zum HuK-Sektor für einige ausgewählte Technologien Kostenvergleiche durchgeführt werden, dann vor allem deshalb, um allgemeine Aussagen zu den kostenmäßigen Problemen der Elektrowärme am konkreten Einzelfall beispielhaft zu demonstrieren.

Angesichts dieser Situation bietet es sich an, die Kostenvergleiche zwischen Elektrowärme und Öltechnologie im wesentlichen relativ global abzuhandeln und die Aussagen aus den Kostenvergleichen für einzelne Technologien nur kurz zu skizzieren.

2.1.2.1 Globale ökonomische Betrachtungen für die Substitution von Heizöl durch Elektrowärme im industriellen Bereich

Aufgrund der technologischen Flexibilität von Strom als Energieträger ließe sich vom technischen Standpunkt her so ziemlich jedes Wärmeverfahren auf Ölbasis durch E-Wärmeverfahren ersetzen. Zur Zeit ist aber der Einsatz der industriellen Elektrowärme in der Bundesrepublik Deutschland auf einige wenige Bereiche begrenzt, wie

- elektrolytische Verfahren (üblicherweise werden diese stromspezifischen Verfahren auch unter Elektrowärme subsumiert),
- Lichtbogenanwendungen (Chemie, Stahlerzeugung),
- Induktionsöfen in der Metallverarbeitung,
- Zusatzheizung bei großen Glasschmelzwannen.

Die Ursache für die Diskrepanz zwischen den technischen Möglichkeiten und dem Umfang der Elektrowärmeanwendung liegt im fehlenden ökonomischen Anreiz, wie sich leicht anhand einiger Globalzahlen illustrieren läßt.

Die wesentlichen Parameter, die in den Kostenvergleich von Wärmeverfahren eingehen, sind

- Endenergiepreise für Strom bzw. Öl,
- Wirkungsgrade der wärmetechnischen Verfahren,
- Auslastungsstundenzahl pro Jahr (Vollbenutzungsstundenzahl) des wärmetechnischen Verfahrens,
- Investitions- und Betriebskosten (incl. Steuern) für die Endenergienutzung.

Die Endenergiepreise hängen beim Strom von der Auslastungsstundenzahl der Anlage ab, bei 3500 h/a wird hier mit 16,7 Dpf/kWh$_E$ gerechnet, bei 7000 h/a mit 10,6 Dpf/kWh$_E$ (Index E für Endenergie). Hierbei wurde von den üblichen Vertragsbedingungen ausgegangen. Spezialtarife für Elektrowärme im Industriesektor wurden nicht berücksichtigt, weil derartige Konditionen derzeit nicht mehr angeboten werden. Beim Ölpreis ist nach der Art des Brennstoffs zu unterscheiden, für Heizöl EL werden für 1982 6,5 Dpf/kWh$_E$ in Ansatz gebracht, für Heizöl S 4,0 Dpf/kWh$_E$.

Überschlägig läßt sich der Wirkungsgrad für Öltechnologien im Industriebereich im Mittel auf 60% beziffern. Für E-Wärmeverfahren ist, bezogen auf die gleiche Nutzwärme, der Endenergieverbrauch um etwa 20% geringer, was gleichbedeutend mit einem mittleren Wirkungsgrad von 75% ist.

Mit diesen Werten läßt sich ausrechnen, wie hoch die Energiekosten pro Nutzenergieeinheit (kWh$_N$) sind und welcher Kostenvorteil für Investition und Betrieb bei der Endenergienutzung bestehen müßte, damit Elektrowärmeverfahren insgesamt kostenmäßig mit den Öltechnologien gleichziehen (Tabelle B-6). Zwar gilt im allgemeinen, daß Elektrowärmeverfahren niedrigere Investitions- und Betriebskosten haben als Öltechnologien, jedoch reicht dieser Kostenvorsprung üblicherweise nicht aus, um den Energiekostennachteil aufzufangen.

Für eine typische Ölanwendung im Prozeßwärmebereich, der Dampferzeugung durch Heizöl EL im Leistungsbereich von einigen MW mit einer Vollbenutzungsstundenzahl von 3500 h/a, liegen die Investitions- und Betriebskosten der Endenergienutzung bei 1 bis 2 Dpf/kWh$_N$. Diese Zahl liegt erheblich unter den 11,5 Dpf/

Tabelle B-6. Pauschaler Vergleich der Kostengünstigkeit von Elektrowärme gegenüber Heizöl im Bereich der industriellen Prozeßwärme

Annahmen	
Wirkungsgrad von Elektrizität in Nutzenergie:	75%
Wirkungsgrad von Heizöl in Nutzenergie:	60%
Strompreise für industrielle Abnehmer (1982) pro kWh Endenergie (kWh$_E$)	
– bei 3500 h/a Vollbenutzungsdauer der bestellten Leistung:	16,7 Dpf/kWh$_E$
– bei 7000 h/a Vollbenutzungsdauer der bestellten Leistung:	10,6 Dpf/kWh$_E$
Heizölpreise für industrielle Abnehmer (1982) (Index E: Endenergie)	
– Heizöl EL:	6,5 Dpf/kWh$_E$
– Heizöl S:	4,0 Dpf/kWh$_E$
Ergebnisse	
Endenergiekosten pro kWh Nutzenergie (kWh$_N$)	
– Elektrizität, 3500 h/a Vollbenutzungsdauer:	22,3 Dpf/kWh$_N$
– Elektrizität, 7000 h/a Vollbenutzungsdauer:	14,1 Dpf/kWh$_N$
– Heizöl EL:	10,8 Dpf/kWh$_N$
– Heizöl S:	6,7 Dpf/kWh$_N$
Notwendiger Vorteil der Investitions- und Betriebskosten der E-Wärme-Technologie, um insgesamt Kostengleichheit mit der Öltechnologie zu erzielen (bezogen auf das erste Betriebsjahr 1982)	
– Vergleich zu Heizöl EL bei 3500 h/a Vollbenutzungsdauer:	11,5 Dpf/kWh$_N$
– Vergleich zu Heizöl S bei 3500 h/a Vollbenutzungsdauer:	15,6 Dpf/kWh$_N$
– Vergleich zu Heizöl EL bei 7000 h/a Vollbenutzungsdauer:	3,3 Dpf/kWh$_N$
– Vergleich zu Heizöl S bei 7000 h/a Vollbenutzungsdauer:	7,4 Dpf/kWh$_N$

kWh_N aus Tabelle B-6, um die die Elektroanwendung bezüglich Investition und Betrieb günstiger sein müßte als die Ölanwendung. Insofern sind aus dieser Relation bereits deutlich die ökonomischen Grenzen der Ölsubstitution durch Elektrowärme zu erkennen. Allein unter Wirtschaftlichkeitsaspekten wird sich die Ölsubstitution durch Elektrowärme in erster Linie auf solche Bereiche beschränken, in denen die Vorteile der Elektrowärme deutlicher ausgeprägt sind als beim relativ einfachen Verfahren der Dampferzeugung. Dabei kann es sich um höhere Wirkungsgradunterschiede zugunsten der Elektrowärme handeln und/oder anwendungstechnische Vorteile. Beispiele hierfür sind: Elektro-Wärmepumpe, dielektrische Trocknungs- und Erwärmungsverfahren, Induktionsöfen. Diese Bereiche stellen jedoch nur ein eingeschränktes Potential für die Ölsubstitution dar.

Im Grundlastbereich (Vollbenutzungsstundenzahl ca. 7000 h/a) liegen die – auf die Nutzenergie bezogenen – Energiekosten von Strom und Heizöl EL relativ nahe beieinander. Hierzu ist anzumerken, daß in den Industriebereichen, die vorwiegend im 3-Schichtbetrieb arbeiten, der Heizöl EL-Einsatz gering ist gegenüber dem Heizöl-S-Verbrauch. So verbrauchte die Chemische Industrie im Jahre 1980 praktisch kein Heizöl EL – bei einem Verbrauch von 3,2 Mio t SKE Heizöl S. In der Eisenschaffenden Industrie wurden 1,9 Mio t SKE Heizöl S verbraucht, aber nur 0,1 Mio t SKE Heizöl EL. Im Bereich Steine und Erden lauten die Zahlen 2,8 Mio t SKE Heizöl S und 0,8 Mio t SKE Heizöl EL. Daher erscheint für den Grundlastbereich der Vergleich mit Heizöl S von entscheidender Bedeutung, und hierfür liegen die ökonomischen Bedingungen ähnlich wie beim Vergleich Strom – Heizöl EL im Mittellastbereich.

Festzuhalten bleibt also, daß zum heutigen Zeitpunkt eine globale Umstellung auf industrielle Elektrowärmeverfahren wenig Chancen besitzt, was aber nicht ausschließt, daß im konkreten Einzelfall die Bedingungen für die Elektrowärme erheblich günstiger ausfallen können als bei der pauschalen Betrachtungsweise (Beispiele hierfür werden im nachfolgenden Abschnitt diskutiert). Aufgrund dieses Sachverhalts können globale Kennziffern über die ökonomischen Auswirkungen einer potentiellen Umstellung von Öltechnologien auf Elektrowärmeverfahren nur zur Abschätzung der Größenordnung dienen und müssen daher unter entsprechenden Vorbehalten gesehen werden.

Aufgrund der angenommenen Preissteigerungsraten ergibt sich, daß die Heizölpreise inflationsbereinigt um rd. 40% bis zum Jahr 2000 zunehmen, hingegen der Strompreis lediglich um ca. 20%, so daß per Saldo der Ölpreis relativ zum Strompreis um ca. 20% mehr ansteigt. Wie anhand von Tabelle B-6 zu sehen ist, fällt diese Veränderung der Kostenrelationen zwischen Stromanwendung und Heizölanwendung zu gering aus, als daß die oben dargestellten grundsätzlichen Aussagen ihre Gültigkeit verlieren würden. Im konkreten Einzelfall ist es hingegen durchaus möglich, daß die relative Verteuerung der Öltechnologie gegenüber der Elektrowärme einen Substitutionseffekt auslöst.

2.1.2.2 Kostenvergleiche für ausgewählte Technologien im industriellen Bereich

Wie bereits im vorangehenden Abschnitt dargelegt, dienen die folgenden Kostenvergleiche von konkreten Einzeltechnologien zur quantitativen Illustration der allgemeinen Aussagen zur Wirtschaftlichkeit der Elektrowärme. Eine Repräsentativität dieser Technologien für die Ölsubstitution ist aufgrund der Vielzahl der möglichen Technologien nicht beabsichtigt.

Die Berechnungsverfahren sind identisch mit denen für den HuK-Bereich. Bei der Ermittlung der Stromkosten auf der Basis der Steinkohlenstromerzeugung gehen auch hier nur die Zusatzkosten für Stromerzeugung und -verteilung in die Rechnungen ein.

Im folgenden werden Kostenvergleiche für vier Anwendungsbereiche (insgesamt sechs Anlagen) diskutiert, und zwar für

- monovalente Elektrowärmepumpen, zum einen mit einer Heizleistung von 50 kW und niedriger Auslastungsdauer, zum anderen mit einer Heizleistung von 500 kW und mittlerer Auslastungsdauer;
- Elektro-Dampfkessel mit 2 und 8 MW Dampfleistung, die kleinere Anlage mit niedriger Auslastung, die größere mit mittlerer Auslastung über das Jahr;
- Induktionsofen zum Erwärmen von Vorblöcken;
- elektrische Glasschmelze.

Die Anwendung von *Wärmepumpen* weicht von den Pauschalaussagen des vorigen Abschnitts in zweierlei Hinsicht ab:

- Die Endenergiewirkungsgrade der E-Wärmepumpe sind erheblich günstiger als die der Öltechnologie (konventioneller Ölkessel).
- Die Anlagekosten für die Elektrotechnologie liegen deutlich über denjenigen der Öltechnologie.

Die technisch-ökonomischen Kenndaten für die Wärmepumpen und die Ölvergleichstechnologien sind in Tabelle B-7 aufgelistet. Bei den Ausgangsannahmen ist der Hinweis notwendig, daß die Investitionskosten für Wärmepumpen über einen großen Bereich (ca. ± 40%) streuen, wobei insbesondere die Möglichkeiten der Einbindung der Wärmequelle (Abwärme, Grundwasser) in die Wärmepumpenanlage stark vom jeweiligen Einzelfall geprägt werden. Als aussichtsreiche Beispiele für die Anwendung von Wärmepumpen sind Verfahren bzw. Bereiche anzusehen, wo in Teilbereichen erwärmt und in anderen Teilbereichen gekühlt werden muß (Wärmeverschiebung), wie bei der galvanischen Verzinkung und in Teilen der Lebensmittelindustrie.

Im Gegensatz zu den Wärmepumpen sind *Elektrokessel* überall dort einsetzbar, wo Ölkessel zur Dampf- bzw. Warmwasserbereitung verwendet werden. Für zwei typische Nennleistungen von leichtölbefeuerten Dampfkesseln (2 MW bzw. 8 MW Dampfleistung) wurden die Kostenvergleiche mit entsprechenden Elektrokesseln errechnet. Hierbei wurde für die kleinere Anlage eine niedrige Auslastungsstundenzahl angenommen und für die größere Anlage eine mittlere.

Bei der Substitution von Öl durch *Induktionsöfen* handelt es sich prinzipiell um ein gängiges Verfahren im Bereich der Hochtemperaturprozeßwärme. Hier sind die Wirkungsgrade konventioneller Verfahren im allgemeinen relativ gering, so daß durch Anwendung elektrospezifischer Verfahren unter Umständen eine deutliche Wirkungsgradverbesserung möglich ist, was den Wirtschaftlichkeitsvergleich deutlich zugunsten der Elektrowärme verbessert. Für kleinere Anlagen, z.B. für die Erwärmung von Stahlstangen, ist die induktive Erwärmung bereits Stand der Technik, so daß für die Substitutionsüberlegung insbesondere zu fragen ist, inwieweit die in-

Tabelle B-7. Technisch-ökonomische Kenndaten von Elektrowärmeverfahren und Ölvergleichstechnologien im industriellen Sektor

A) *Anlagekosten beim Endverbraucher*

Technologie	Nutzwärmeleistung (MW)	Endenergiewirkungsgrad	Vollaststundenzahl (h/a)	Kostendaten 1982	
				Investition (Tsd. DM)	Wartung, Betrieb, Sonstiges (Tsd. DM/a)
1. Monovalente E-Wärmepumpe	0,05	2,8	1900	75	2,5
– Ölvergleichstechnologie	0,05	0,86	1900	23,5	1,2
2. Monovalente E-Wärmepumpe	0,5	2,8	3500	500	15,0
– Ölvergleichstechnologie	0,5	0,88	3500	66	2,0
3. Elektro-Dampfkessel	2,0	0,98	2200	260	27,2
– Ölvergleichstechnologie	2,0	0,91	2200	334	44,2
4. Elektro-Dampfkessel	8,0	0,95	3500	673	60,8
– Ölvergleichstechnologie	8,0	0,91	3500	830	120,9
5. Induktionsofen für Stahlvorblöcke	25,0	0,73	6000	38 100	1 150
– Ölvergleichstechnologie	25,0	0,30	6000	32 500	10 210[a]
6. Vollelektrische Glasschmelze	2,9	0,70	7500	3 540	660
– Ölvergleichstechnologie	2,9	0,30	7500	3 740	930[b]

B) *Kohlestromkosten:* Basisdaten für Erzeugung wie in Tabelle B-3; zusätzlich Verteilungskosten 0,8 Dpf/kWh für Technologien 1 bis 4 (Mittelspannungsabnehmer) bzw. 0,1 Dpf/kWh für Technologien 5 und 6 (Hochspannungsabnehmer)

C) *Heizölpreise 1982:* Heizöl EL (für Technologien 1 bis 4) 0,65 DM/l; Heizöl S (für Technologien 5 und 6) 0,44 DM/l

[a] Davon 9,1 Mio DM/a für höhere Materialverluste gegenüber Elektrotechnologie

[b] Davon 200 Tsd. DM/a für höheren Rohmaterialeinsatz gegenüber Elektrotechnologie

duktive Erwärmung auch für größere Einheiten unter wirtschaftlichen Gesichtspunkten geeignet ist. Als Beispiel wurde das Verfahren der Erwärmung von Vorblöcken durchgerechnet. Diese werden auf Temperaturen von ca. 1300 °C aufgeheizt, um anschließend gewalzt zu werden. Der spezielle Vorteil des Induktionsofens liegt sowohl in einem besseren Wirkungsgrad der Endenergie als auch in erheblich geringeren Metallverlusten; letzteres ist im wesentlichen ein Effekt der kürzeren Aufheizzeiten im Vergleich zur Öltechnologie. Bei den Kosten der *vollelektrischen Glasschmelze* gehen wie bei den Induktionsöfen erhebliche Wirkungsgradverbesserungen der Stromtechnologie ein, ebenso wie technologisch bedingte Materialeinsparungen.

Die Ergebnisse der Kostenrechnungen sind in der Tabelle B-8 für den Zeitraum von 1982 bis 2001 und für denjenigen von 1992 bis 2011 dargestellt. Diese Werte werden im folgenden zusammenfassend kommentiert.

Die Ergebnisse der Kostenrechnungen für *Elektrowärmepumpen* im industriellen Sektor weisen insbesondere folgendes aus: Die große Anlage wird bis zum Jahr 2000 konkurrenzfähig zum Ölkessel sein. Die kleinere Anlage hingegen bleibt der Öltechnologie wirtschaftlich deutlich unterlegen. Die Ursache für dieses abweichende Resultat liegt vor allem in der höheren Auslastungsdauer der größeren Anlage, woraus eine günstigere Umlegung der relativ hohen Anlageninvestitionskosten auf die Nutzenergieeinheit folgt. Als aussichtsreiche Beispiele für die Anwendung von Wärmepumpen werden Verfahren bzw. Bereiche genannt, wo in Teilbereichen erwärmt und in anderen Teilbereichen gekühlt werden muß (Wärmeverschiebung), wie bei der galvanischen Verzinkung und in Teilen der Lebensmittelindustrie.

Die Kostenvergleiche der *Elektrodampfkessel* mit den Ölkesseln zeigen deutlich die geringe Konkurrenzfähigkeit dieser Elektrotechnologien. Hierbei hat die Baugröße einen geringen Einfluß auf die spezifischen Nutzenergiekosten.

Aus den Kostenvergleichen des *Induktionsofens* mit dem ölbefeuerten Ofen läßt sich interpretieren, daß die Aussichten für ein weiteres Vordringen der induktiven Erwärmung in größere Einheiten günstig zu beurteilen sind. Jedoch muß bezweifelt werden, ob die Substitution, wie hier unterstellt, durch Strom aus verstärktem Steinkohleeinsatz erfolgt. Denn von der Auslastung her handelt es sich um typischen Grundlaststrom, für dessen Erzeugung aus ökonomischen Gründen eher die Kernenergie eingesetzt werden dürfte.

Tabelle B-8. Kosten der Elektrowärmetechnologien und der Ölvergleichstechnologien im industriellen Sektor[a]

Technologiekette	Gesamtkosten pro MWh Nutzwärme in DM_{82} Durchschnitt 1982 bis 2001	Gesamtkosten pro MWh Nutzwärme in DM_{82} Durchschnitt 1992 bis 2011	Kostenanteile für Durchschnitt 1992 bis 2011		
			Kohle bzw. Öl %	Umwandlung ohne Brennstoff %	Anwendung ohne Endenergie %
1. Monovalente Wärmepumpe 50 kW	164	172	19	17	64
– Ölvergleichstechnologie	119	139	76	–	24
2. Monovalente Wärmepumpe 500 kW	92	97	33	28	39
– Ölvergleichstechnologie	88	106	96	–	4
3. Elektro-Dampfkessel 2 MW	158	172	52	41	7
– Ölvergleichstechnologie	98	116	84	–	16
4. Elektro-Dampfkessel 8 MW	155	168	56	42	2
– Ölvergleichstechnologie	87	105	94	–	6
5. Induktionsofen für Vorblöcke	178	196	62	23	15
– Ölvergleichstechnologie	234	267	69	–	31
6. Vollelektrische Glasschmelze	198	218	58	20	22
– Ölvergleichstechnologie	209	244	75	–	25

[a] Zu den volkswirtschaftlichen und energiewirtschaftlichen Ausgangsannahmen siehe Tabelle B-1

Ein ebenfalls recht günstiges Resultat, wenn auch weniger günstig als beim Induktionsofen, ergibt sich beim Kostenvergleich der Technologiekette *„vollelektrische Glasschmelze"* mit der ölbefeuerten Glasschmelzwanne. Auch hier liegt aber die Auslastungsstundenzahl deutlich im Grundlastbereich, so daß das Problem der Energieträgerstruktur für die Grundlaststromerzeugung auch hier auftritt.

2.1.3 Technische, organisatorische und infrastrukturelle Realisierungsbedingungen von Elektrowärmeverfahren im industriellen Bereich

In diesem Abschnitt soll auf eine Reihe von Realisierungsbedingungen der Ölsubstitution durch Elektrowärme im industriellen Bereich eingegangen werden, die sich einer quantitativen Betrachtungsweise weitgehend entziehen.

Zu den Realisierungsproblemen des Einsatzes von *Elektrowärmepumpen* im industriellen Prozeßwärmebereich gehören

- die sorgfältige Planung der Einpassung der Wärmepumpenanlage in den Produktionsprozeß,
- das problematische Teillastverhalten der Wärmepumpe,
- die höheren Anforderungen an die Schulung des Personals im Vergleich zum Einsatz konventioneller Verfahren.

Die Notwendigkeit, die Einpassung der Wärmepumpe in den Produktionsprozeß sorgfältig zu planen, ergibt sich im wesentlichen als Folge davon, daß die Leistungsziffer der Wärmepumpe sowohl vom Temperaturniveau der Wärmenutzungsanlage als auch von dem der Wärmequelle empfindlich abhängig ist. Ein illustratives Beispiel dafür, wie der Wärmepumpeneinsatz unter Berücksichtigung der Verfahrensweise optimiert werden kann, gibt Mann für den Wärmepumpeneinsatz bei Trocknungsverfahren [Mann 1982]. Hierbei dient die Wärmezufuhr zur Aufrechterhaltung einer Potentialdifferenz, um den Trocknungsvorgang zu bewirken. Durch Verminderung des Temperaturniveaus läßt sich die Leistungsziffer der Wärmepumpe verbessern, jedoch verlängert sich dadurch die Trocknungszeit. Letzterer Effekt kann wiederum durch Erhöhung des Luftdurchsatzes umgangen werden, was jedoch höheren Energieverbrauch für die Ventilatoren erfordert.

Die Problematik des Teillastverhaltens der Wärmepumpe entsteht dadurch, daß häufiges An- und Abschalten der Wärmepumpe zu einer deutlichen Verringerung der Lebensdauer dieses Aggregats führt. Um dieses Problem zu umgehen, gibt es folgende Möglichkeiten, die im allgemeinen kostenerhöhend wirken [Canzler 1982; Amblank 1982]:

- Installation eines ausreichend großen Wärmespeichers;
- Aufteilung der Wärmepumpenleistung auf mehrere Aggregate;
- Ausführung der Anlage als bivalentes System, wobei die Grundlast durch die Wärmepumpenanlage abgedeckt wird. Diese Möglichkeit wäre in den Fällen zu diskutieren, wo für Teilbereiche der Betriebsstätte ohnehin ein konventioneller Dampferzeuger notwendig ist.

Der Betrieb der Wärmepumpenanlage erfordert im allgemeinen besser geschultes Personal und höheren meßtechnischen Aufwand zur Kontrolle und Optimierung der Betriebsweise (als Beispiel siehe [Amblank 1982]). Der wesentliche Grund besteht darin, daß es sich bei der Wärmepumpenanlage um eine Vermaschung von Heiz- und Kühlkreisläufen handelt und häufig keine Erfahrung mit kältetechnischen Anlagen vorliegt.

Die Kostenvergleiche von *E-Dampfkesseln* mit Ölkesseln zeigen im allgemeinen deutliche Vorteile für die Ölkessel. Ähnlich ungünstig stellt sich auch die Wirtschaftlichkeit der E-Dampfkessel im Vergleich zu konventionellen Kohle- und Gaskesseln dar. Nichtsdestoweniger haben Elektrokessel in gewissem Umfang Verbreitung in der Industrie gefunden; 1977 waren über 4300 Elektrokessel in der Bundesrepublik Deutschland im Einsatz [Koehnlein 1979]. Dies ist auf folgende Eigenschaften von Elektrokesseln zurückzuführen:

- Der Platzbedarf für E-Kessel ist wesentlich geringer als für konventionelle Öl-, Gas- oder Kohlekessel. Außerdem wird kein Platz für Nebenanlagen benötigt, z. B. für die Brennstofflagerung, für Beschickungsanlagen, für Schornsteine etc.
- Elektrokessel haben eine höhere Betriebszuverlässigkeit als konventionelle Kessel.
- Der Kapital- und der zeitliche Installationsaufwand sind wesentlich geringer als bei konventionellen Kesseln.
- Elektrokessel sind besonders flexibel in bezug auf Lastwechsel.
- Elektrokessel können weitgehend emissionsfrei betrieben werden (keine Schadstoffemissionen, geringere Abwärme als bei konventioneller Feuerung, keine Geräuschemissionen).

In den meisten Fällen dürften diese Vorteile aber von den Unternehmen nicht so hoch bewertet werden, daß sie die wesentlich höheren Kosten der Elektrokessel in Kauf nehmen. Am ehesten ist eine Substitution in Industriezweigen zu erwarten, in denen

- der Dampfbedarf sehr diskontinuierlich ist und deshalb die Flexibilität der Elektrokessel in bezug auf Lastwechsel zum Tragen kommt (Nahrungsmittelindustrie) und
- Kapital knapp ist und die Energiekosten im Vergleich zu den gesamten Betriebskosten so gering sind, daß es sinnvoller ist, das knappe Kapital in die Prozeßtechnologie zu investieren als in relativ kapitalintensive Dampferzeugung.

Der Einsatz von *Induktionsöfen* bei der Metallbearbeitung bietet eine Reihe von Vorteilen gegenüber Ölvergleichstechnologien. Zu nennen sind unter anderem der höhere Wirkungsgrad, die bessere Steuerung und Kontrolle des Erwärmungsprozesses, die größere Schnelligkeit des Erwärmungsprozesses und eine bessere Produktqualität, die bei der Ölvergleichstechnologie nur durch zusätzlichen Aufwand zu erreichen ist. Weiterhin kann das zu behandelnde Material nicht durch Verbrennungsprodukte verunreinigt werden. Außerdem ergeben sich beträchtliche Verbesserungen der Umweltbedingungen am Arbeitsplatz. Aus diesen Gründen finden heute Elektrowärmeverfahren vielfache Anwendung in der Metallbearbeitung; es ist anzunehmen, daß sie in diesem Bereich noch weiter vordringen.

Bei der *vollelektrischen Glasschmelze* ergeben sich eine Reihe von Vorteilen gegenüber fossil befeuerten Anlagen. Diese Vorteile hängen aber zum Teil erheblich von der Art des produzierten Glases ab. Zu nennen sind:

- Wirkungsgradvorteile der Endenergie,
- Verringerung von Emissionen,
- Verbesserung der Produktqualität.

Zwei Nachteile sind bei den vollelektrischen Glasschmelzwannen, wie sie in der Verstromungsstrategie modellhaft zur Ölsubstitution eingesetzt werden, jedoch zu beachten:

- ineffizienteres Teillastverhalten,
- häufigere Produktionsunterbrechungen zur Erneuerung der Ausmauerung der Schmelzwanne (etwa alle zwei Jahre bei vollelektrischer Schmelzwanne, etwa alle vier Jahre bei fossil befeuerter Schmelzwanne).

Generell läßt sich nach diesen Ausführungen feststellen, daß bei Elektrowärmeverfahren im allgemeinen die anwendungstechnischen Vorteile die Nachteile im Vergleich zu Öltechnologien überwiegen. Eine Ausnahme bilden die Wärmepumpen, bei denen eine Wertung in dieser Hinsicht schwierig ist. Den anwendungstechnischen Vorteilen der Elektrowärmeverfahren stehen aber zum Teil beträchtliche Kostennachteile gegenüber.

2.1.4 Rechtliche Realisierungsprobleme eines verstärkten Stromeinsatzes zur Wärmebedarfsdeckung

Das vorgegebene Substitutionsziel soll im Rahmen der Verstromungsstrategie hauptsächlich durch den Einsatz von Strom zur Raumwärmebedarfsdeckung im Haushaltsbereich erreicht werden. Während in der bisherigen Praxis Strom zu Heizzwecken nur in dem Umfang angeboten wird, der durch vorhandene Lasttäler vorgegeben ist, sieht die Strategie die Bereitstellung zusätzlicher Kapazitäten allein zur Raumwärmebedarfsdeckung vor. Im folgenden soll deshalb der Frage nachgegangen werden, ob sich einem solchen Kapazitätsausbau Hindernisse aus der Sicht des geltenden Energierechts entgegenstellen würden. Von Bedeutung sind in diesem Zusammenhang insbesondere das Energiewirtschaftsgesetzt (EnergG), die Bundestarifordnung Elektrizität (BTOElt), die Verordnung über Allgemeine Bedingungen für die Elektrizitätsversorgung von Tarifkunden (AVBEltv) sowie das Kartellgesetz (GWB).

Wegen der faktischen Monopolstellung, die die Versorgungsunternehmen innerhalb ihrer Versorgungsgebiete genießen, unterwirft sie der Gesetzgeber der Verpflichtung, „allgemeine Bedingungen und Tarife öffentlich bekanntzugeben und zu diesen Bedingungen und Tarifen jedermann an ihr Versorgungsnetz anzuschließen und zu versorgen“ (§ 6 Abs. 1 EnergG). Der generelle Versorgungsanspruch jedes Abnehmers ist aber nicht so zu interpretieren, daß das Unternehmen seinen Kapazitätsausbau ohne Rücksicht auf wirtschaftliche und technische Gegebenheiten an dem jeweils höchsten Energiebedarf ausrichten müßte. Das EVU ist keineswegs verpflichtet, unwirtschaftliche Investitionen vorzunehmen, um damit zu Lasten der Gesamtheit aller Stromabnehmer den erhöhten Bedarf einzelner Verbraucher zu befriedigen; eine solche Investitionsplanung stände im Widerspruch zu dem Ziel, „die Energieversorgung so sicher und billig wie möglich zu gestalten“ [Tegethoff, Büdenbender, Klinger, § 6 EnergG I, Tz. 65 ff]. Bei der Kalkulation der allgemeinen Tarife hat das EVU deshalb von den durchschnittlichen Abnahmeverhältnissen auszugehen, die in dem jeweiligen Versorgungsgebiet gegeben sind. Weichen die Abnahmeverhältnisse eines Antragstellers so nachhaltig von den der Gruppenkalkulation zugrundegelegten typischen Verhältnissen ab, daß dadurch Kosten entstehen, die nicht durch die allgemeinen Tarife gedeckt werden können, ist das EVU berechtigt, die Versorgung als „wirtschaftlich unzumutbar" abzulehnen (§ 6 Abs. 2 EnergG). Damit ist die Versorgung solcher Kunden nicht generell ausgeschlossen, sie haben nur keinen Anspruch auf Versorgung zu allgemeinen Bedingungen und Tarifen. Sofern sich der Kunde verpflichtet, die durch seine Versorgung entstehenden Mehraufwendungen zu tragen, wird das EVU in der Regel auch bereit sein, seinen Energiebedarf auf der Basis eines entsprechend gestalteten Sondervertrages zu befriedigen.

Die Voraussetzungen für die wirtschaftliche Unzumutbarkeit, die das EVU berechtigen, eine Versorgung zu allgemeinen Bedingungen und Tarifen abzulehnen, sind nach herrschender Meinung im Hinblick auf die Stromlieferung zur Raumwärmebedarfsdeckung erfüllt. Könnte jeder Kunde uneingeschränkt Energie für Heizzwecke beziehen, würde dies wegen der witterungsbedingten Gleichzeitigkeit der Nachfrage die Bereitstellung zusätzlicher Erzeugungskapazitäten erfordern, die über lange Zeiträume keine Auslastung fänden und damit besonders hohe Fixkosten verursachen würden. Wären die EVU gleichwohl verpflichtet, den Strombedarf der Heizungskunden zu decken, müßten sie die entstehenden Kosten in die allgemeinen Tarife einbeziehen. Dies hätte zur Folge, daß die Gesamtheit aller Stromabnehmer für die einzelnen Abnehmern zukommenden Sondervorteile höhere Strompreise in Kauf nehmen müßte. Eine solche Kalkulation wäre nicht mit dem Prinzip der kostenverursachungsgerechten Preisbildung vereinbar.

Anders ist die Stromlieferung zu Heizzwecken zu beurteilen, wenn das betreffende EVU in nachfrageschwachen Zeiten über freie Kapazitäten verfügt, die durch den Anschluß von Elektroheizungen besser ausgenutzt werden können. Die Heizungskunden tragen unter dieser Voraussetzung zu einer Vergleichmäßigung der Stromnachfrage bei, die durchaus mit dem Interesse der Allgemeinheit an einer möglichst sicheren und preiswürdigen Energieversorgung in Einklang steht.

In bezug auf die Verneinung der Versorgungspflicht ist noch anzumerken, daß der Abnehmer im Wärmemarkt zwischen verschiedenen Energiearten (Strom, Gas, Öl, Fernwärme) wählen kann, der Strom hier also einer wirksamen Substitutionskonkurrenz unterliegt. Nach überwiegender Auffassung in Rechtsprechung und Literatur besteht eine Versorgungspflicht nur in dem Bereich, in dem Versorgungsalternativen fehlen und die Belieferung mit Strom „lebensnotwendig" ist. Im Raumwärmebereich, in dem die EVU keine monopolartige Stellung ihren Kunden gegenüber innehaben, müßte es ihnen dagegen offenstehen, die Nachfrage in Abhängigkeit von der Auslastung ihrer Kapazitäten zu steuern [Büdenbender 1982a, Tz. 821].

Diese allgemeinen Überlegungen spiegeln sich in den geltenden tarifrechtlichen Regelungen für die Versorgung von Elektroheizungen wider:

- Der Anschluß elektrischer Heizsysteme bedarf generell einer Genehmigung durch das zuständige Versorgungsunternehmen. Die Genehmigung kann verweigert werden, wenn der Anschluß eine sichere, preiswürdige und störungsfreie Elektrizitätsversorgung gefährden würde (§ 17 AVBEltV).

- Sofern freie Kapazitäten vorhanden sind und durch den Einbau von Schaltuhren oder den Einsatz von Rundsteueranlagen die Voraussetzungen geschaffen werden, den Betrieb von elektrischen Heizgeräten an den Lastverlauf des EVU anzupassen, werden diese zum normalen Haushaltstarif versorgt.
- Zum normalen Haushaltstarif werden auch bivalent-alternative Wärmepumpen versorgt, die bei einem Absinken der Temperatur unter + 3 °C auf ein konventionelles Heizsystem umschalten und sich damit in der Regel nicht auf die Jahreshöchstlast auswirken (§ 4a BTOElt).
- Wenn der Kunde elektrische Geräte zur Heizung oder Klimatisierung verwenden kann, deren Elektrizitätsbezug zeitlich nicht eingeschränkt ist, kann das EVU einen angemessenen Zuschlag zum Bereitstellungspreis erheben, der der erhöhten Kostenverursachung dieser Versorgung Rechnung trägt (§ 4 Abs. 7 BTOElt).
- Nachtstromspeicherheizungen werden, solange Nachttäler vorhanden sind, zu einem Arbeitspreis beliefert, der sich ausschließlich an den variablen Kosten der Stromerzeugung orientiert und deshalb wesentlich niedriger ist als der normale Haushaltstarif.

Aus den hier kurz skizzierten energierechtlichen Grundlagen lassen sich für die Realisierung der Verstromungsstrategie folgende Schlußfolgerungen ziehen:

Die EVU sind nicht verpflichtet, zusätzliche Investitionen zu tätigen, um den Energiebedarf potentieller Heizungskunden zu befriedigen. Sofern die EVU dennoch nur zum Zweck der Raumwärmebedarfsdeckung neue Kraftwerke errichten, würde es das Prinzip der kostenverursachungsgerechten Preisbildung erfordern, daß die dadurch entstehenden Kosten ausschließlich von den Kunden getragen werden, die sie verursachen. Die Einbeziehung dieser Kosten in die allgemeinen Tarife wäre unzulässig, da sie eine Subventionierung der Heizungskunden durch die Allgemeinheit bedeuten und deshalb von den Preisaufsichtsbehörden nicht genehmigt würde. Eine Kalkulation, die die im Raumwärmebereich ungedeckt bleibenden Kosten durch erhöhte Strompreisforderungen im Bereich der industriellen und gewerblichen Sonderabnehmer auszugleichen versuchte, wäre ebenso unzulässig und würde das Einschreiten der Kartellbehörden zur Folge haben (s. u.). Eine verursachungsgerechte Kostenzuweisung führt aber – wie die Wirtschaftlichkeitsrechnungen zeigen – zu Strompreisen, die die Installation einer Elektroheizung aus der Sicht des Endverbrauchers in vielen Fällen wirtschaftlich uninteressant erscheinen lassen. Dies gilt vor allem dann, wenn eine nur mäßige Preissteigerungsrate für die Konkurrenzenergien unterstellt wird. Mit einer Investitionsbereitschaft der EVU wäre deshalb nur zu rechnen, wenn die Preise der Konkurrenzenergien so stark steigen würden, daß Strom für Heizzwecke trotz verursachungsgerechter Kostenzuweisung zu einem wettbewerbsfähigen Preis angeboten werden könnte.

Im Hinblick auf die Lieferung von Strom zur Wärmebedarfsdeckung im industriellen Bereich ergeben sich im Prinzip dieselben Realisierungsprobleme wie im Haushaltsbereich. Aus den Wirtschaftlichkeitsrechnungen wird ersichtlich, daß der Einsatz von Strom bei verursachungsgerechter Kostenzuweisung in den meisten Fällen nicht wirtschaftlich ist. Eine Abkehr von dem Prinzip der kostenverursachungsgerechten Preisbildung stößt jedoch auch hier auf energierechtliche Hemmnisse.

Im Gegensatz zum Tarifabnehmerbereich unterliegt die Preisbildung in Sonderabnehmerverträgen keiner staatlichen Preisaufsicht, sondern ist ausschließlich der kartellrechtlichen Mißbrauchsaufsicht unterstellt. Ein Mißbrauch der durch die Beschränkung des Wettbewerbs erreichten Stellung im Markt liegt gemäß § 103 Abs. 5 GWB u.a. vor, wenn das Marktverhalten eines Versorgungsunternehmens den Grundsätzen zuwiderläuft, die für das Marktverhalten von Unternehmen bei wirksamem Wettbewerb bestimmend sind (Prinzip des „Als-ob-Wettbewerbs").

Nach Auffassung der Landeskartellbehörde Bayern ist die Preisgestaltung trotz eines nicht mißbräuchlichen Gesamtpreisniveaus als mißbräuchlich anzusehen, wenn das Preissystem dem Kostenverursacherprinzip nicht entspricht und daher einzelne Abnehmer oder Abnehmergruppen zugunsten anderer Abnehmer oder Abnehmergruppen zu stark belastet. Als Begründung führt die Behörde an, daß der Markt unter Wettbewerbsbedingungen die Bildung im wesentlichen kostenverursachungsgerechter Preise bewirke. Deshalb müsse auch das Preissystem eines kraft gesetzlicher Ausnahmeregelung vom Wettbewerb freigestellten Unternehmens gewährleisten, daß die Kosten möglichst verursachungsgerecht auf die verschiedenen Abnehmergruppen verteilt werden [Landeskartellbehörde Bayern, Tätigkeitsbericht 1978/79, S. 83]. Würde ein EVU den industriellen Wärmestromkunden günstigere Preise gewähren, um gegenüber den Konkurrenzenergien wettbewerbsfähig zu sein und die dabei ungedeckt bleibenden Kosten auf die Tarifabnehmer oder andere industrielle Sonderkunden abwälzen, wäre dies demnach als Mißbrauch im Sinne des § 103 Abs. 5 GWB zu betrachten.

Die Einräumung günstiger Sondervertragsbedingungen für Wärmestromabnehmer ist darüber hinaus auch im Hinblick auf den Gleichbehandlungsgrundsatz des Kartellgesetzes problematisch. Gemäß § 26 Abs. 2 GWB ist es marktbeherrschenden und marktstarken Unternehmen untersagt, von gleichartigen Unternehmen ohne sachlich gerechtfertigten Grund unterschiedliche Preise und Geschäftsbedingungen zu verlangen. Nach überwiegender Auffassung in Rechtsprechung und Literatur ist bei der Beurteilung der „Gleichartigkeit" von Stromabnehmern von den elektrizitätswirtschaftlich relevanten Abnahmeverhältnissen auszugehen. Trotz unterschiedlicher unternehmerischer Tätigkeiten wäre demnach eine Gleichartigkeit der zu betrachtenden Unternehmen zu bejahen, wenn die für die Versorgung maßgebliche Spannungsebene, der Energiebezug in der Hoch- und Niedrigtarifzeit, die Benutzungsdauer und eventuell auch die Menge der abgenommenen Energie übereinstimmen [Büdenbender 1982a, Tz. 731 ff]. Eine Preisgestaltung, die sich an dem Verwendungszweck und nicht an den Abnahmeverhältnissen orientiert, ist von daher als kartellrechtlich bedenklich anzusehen.

Diese Auffassung wird auch von der Elektrizitätswirtschaft geteilt. Die zu Beginn der 60er Jahre eingeführten günstigen Sondervertragsbedingungen für Wärmestromabnehmer seien aufgrund der heutigen Kostensituation nicht mehr vertretbar, da sie zu einer Subventionierung des Einzelkunden durch die Allgemeinheit führen würden. Aus Gründen der Kostengerechtigkeit und der Gleichbehandlungspflicht könnten Wärmestrompreise nicht neu angeboten und alte Wärmestrompreisverträge nicht verlängert werden. Im Einzelfall könne allerdings die Einräumung günstigerer Preise in Betracht kommen, insbesondere dann, wenn der Wärmestromkunde bereit sei, seine Abnahmestruktur an den Lastverlauf des EVU anzupassen [Antoni et al. 1984].

2.1.5 Einpaßbarkeit der Verstromungsstrategie in die längerfristigen Planungen der Stromerzeugung, des Stromtransports und der Stromverteilung

2.1.5.1 Auswirkungen der Verstromungsstrategie auf die Kraftwerksplanungen

Nach Aussagen der Elektrizitätswirtschaft entspricht ein weiteres Vordringen des Stroms in den Wärmemarkt zum Zwecke der Ölsubstitution der Zielsetzung dieses Wirtschaftszweiges. Der wesentliche Unterschied zwischen der Auffassung der Elektrizitätswirtschaft und der Substitution im Rahmen der hier skizzierten Verstromungsstrategie besteht darin, daß seitens der Elektrizitätswirtschaft bisher kein Interesse besteht, zusätzliche Kraftwerke allein für die elektrische Raumheizung bereitzustellen, während die Verstromungsstrategie gerade in dieser Art der Substitution ihren Schwerpunkt hat. Dieser Unterschied hat zwei Ursachen:

- Einerseits ist der Substitutionsumfang der Ölsubstitutionsstrategien derart groß, daß die zugehörige Elektrizitätsversorgung allein durch Nutzung von Lasttälern nicht möglich ist.
- Des weiteren wird in der referenzmäßigen Entwicklung unterstellt, daß die Lasttäler weitgehend bereits referenzmäßig ausgeschöpft sind.

Insofern zeigt die Verstromungsstrategie im Raumwärmemarkt auf, wie eine weitergehende Ölsubstitution durch Strom erfolgen könnte, die nicht auf die Nutzung von Lasttälern beschränkt wäre. Selbstverständlich ist vor diesem Hintergrund die Frage müßig, inwieweit die Kraftwerksplanungen mit der hier skizzierten Verstromungsstrategie konform sind. Die Fragestellung muß vielmehr lauten, ob sich Realisierungsprobleme ergeben, wenn man die zusätzlich benötigten Kraftwerksleistungen installieren wollte.

Für den HuK-Raumwärmebereich handelt es sich unter Einschluß der notwendigen Reserveleistung um etwa 13 000 MWe, für deren Erstellung bis zum Jahr 2000 bisher keine Planungen vorliegen. Hierzu kommen noch weitere 7000 MWe (einschließlich Reserve) für die Substitution im industriellen Bereich, soweit hiervon nicht bereits ein Teil in den bisherigen Kraftwerksplanungen berücksichtigt worden ist. Dieser rechnerische Fehlbedarf von maximal 20 000 MWe Kraftwerksleistung ist in Beziehung zu setzen zu der Entwicklung der Engpaßleistung in der Vergangenheit und den bestehenden Planungen. Neben der globalen Entwicklung der Kraftwerksleistung für die Bundesrepublik Deutschland ist dabei auch die regionale Entwicklung der Steinkohlekraftwerksleistung von Interesse.

Im 10-Jahreszeitraum von 1972 bis 1982 stieg die Brutto-Engpaßleistung sämtlicher Kraftwerke der öffentlichen Versorgung von 42 auf 75 GWe, also um rd. 80% [VDEW 1983]. Die Vorausschau der Deutschen Verbundgesellschaft sieht für die Kraftwerksleistung der öffentlichen Versorgung von 1982 bis 1993 einen weiteren Zuwachs um rd. 40% vor [Lichtenberg 1983].

Für die öffentliche Versorgung ist weiterhin die vertraglich vereinbarte Bezugsleistung, insbesondere aus den Kraftwerken des Steinkohlebergbaus, zu berücksichtigen. Diese liegt z. Zt. bei etwa 5 GW und dürfte in etwa konstant bleiben.

Soll sich die Kraftwerksleistung, wie in der Verstromungsstrategie vorgesehen, bis zum Jahr 2000 um 20 000 MWe erhöhen, würde dies für den Zeitraum von 1982 bis

2000 eine mittlere zusätzliche Steigerung von 1,2% pro Jahr bedeuten. Dieser Wert liegt im Vergleich zu den in der Vergangenheit realisierten Steigerungsraten derart niedrig, daß hieraus keine Probleme für die Realisierbarkeit der Verstromungsstrategie zu erwarten sind.

Aus regional differenzierter Betrachtungsweise könnten sich dennoch aus folgenden Gründen Probleme ergeben: Der länderweise Verbrauch von Heizöl im HuK-Sektor entspricht in etwa der Bevölkerung der Bundesländer, mit Ausnahme von Nordrhein-Westfalen, wo dieser pro-Kopf-Verbrauch-Wert deutlich unterdurchschnittlich ist. Die Stromerzeugung aus Steinkohle hingegen hat – bezogen auf die Bevölkerung – deutliche Schwerpunkte in den Förderregionen, in Berlin-West und in einigen Küstenregionen [Energiebilanzen der Bundesländer für 1980]. Nach derzeitigen Planungen [Gesamtverband Steinkohlenbergbau 1983] ist eine verstärkte Konzentration der Steinkohlenverstromung in den Förderregionen zu erwarten. Für einen Entfernungsbereich von mehr als ca. 300 km ist der Steinkohletransport mit anschließender Verstromung im allgemeinen kostengünstiger als die reviernahe Stromerzeugung mit anschließendem Stromtransport. Insofern müßten für die Verstromungsstrategie die Kraftwerksstandorte in etwa der regionalen Verteilung des Heizölverbrauchs entsprechen. Daher wäre für die Realisierung der Verstromungsstrategie ein Überdenken der regionalen Kraftwerksplanungen erforderlich.

2.1.5.2 Auswirkungen der Verstromungsstrategie auf den Stromtransport und die Stromverteilung

Wenngleich seitens der Kraftwerksplanungen zumindest keine globalen Engpässe zur Realisierung der Verstromungsstrategie zu erkennen sind, so gilt dies nicht notwendigerweise für die Stromverteilung, da sich die Abnehmerstrukturen deutlich verändern würden. Der veranschlagte Umfang der Elektroheizungen würde in vielen Fällen eine Überforderung des Niederspannungsnetzes zur Feinverteilung für den HuK-Bereich bedeuten. Bei räumlicher Massierung der Elektroheizung könnte die mittlere Last der bisher von einer Ortsnetzstation versorgten Wohneinheiten von z.Zt. etwa 2 kW pro Wohneinheit (ohne E-Heizung) auf etwa 10 kW pro Wohneinheit ansteigen. Die letzte Zahl ist hier lediglich als Richtgröße zu betrachten, da sie sehr stark von der Art der E-Heizung abhängt und auch von dem Anteil der elektrobeheizten Wohnungen.

In der Bundesrepublik Deutschland sind derzeit mit 2 Mio Wohnungen rund 8% des gesamten Wohnbestandes mit Nachtstromspeicherheizung ausgestattet. Zur Raumwärmeerzeugung im HuK-Bereich können in der ländlichen Region bis 20% aller Wohnungen mit dieser Heizungsart ausgerüstet werden, ohne daß im allgemeinen im Nieder- und Mittelspannungsnetz wesentliche Investitionen erforderlich werden.

Zur Realisierung der Verstromungsstrategie wird jedoch in vielen Fällen, insbesondere im ländlichen Raum mit seinem hohen Anteil an ölbeheizten Ein- und Zweifamilienhäusern, eine sogenannte Netzertüchtigung notwendig werden. Dabei erfolgt die Reduzierung der an eine Ortsnetzstation angeschlossenen Wohneinheiten bei gleichzeitiger Verstärkung des verbliebenen Niederspannungsnetzes. Durch die Erhöhung der Anzahl der Netzstationen verlagert sich die örtliche Stromverteilungsaufgabe dabei verstärkt auf das Mittelspannungsnetz, so daß auch hierfür ein entsprechender Ausbau erforderlich wird.

In den höheren Spannungsebenen (regionale Hochspannung und Verbundebene) werden die Übertragungskapazitäten anhand globaler Abnahmegrößen geplant und somit besitzen die speziellen Abnehmerstrukturen für diese Spannungsebene weit weniger Bedeutung als für die Mittelspannungs- und Niederspannungsebene. Insofern gelten für den Ausbau des Hochspannungs- und Verbundnetzes sinngemäß die Betrachtungen zum Ausbau der Kraftwerkskapazitäten im vorigen Abschnitt.

2.2 Verheizungsstrategie

Aus den bei der Strategiebeschreibung dargelegten Gründen bildet die Ölsubstitution durch Fernwärme auf Kohlebasis mit etwa 2/3 der angesetzten Ölsubstitution den Schwerpunkt der Verheizungsstrategie. Der ergänzende Teil entfällt auf die Ölsubstitution im Bereich industrieller Dampfkessel.

In beiden Bereichen ist ein Mindestmaß an Fallunterscheidungen erforderlich, um die Spanne der aus ökonomischer Sicht sehr unterschiedlich zu bewertenden Einzelfälle erfassen zu können. Als wichtigstes Differenzierungsmerkmal hat sich die Größenklasse der Anlagen herausgestellt, sowohl bei der Fernwärmeerzeugung wie bei der industriellen Prozeßdampferzeugung. Darüber hinaus ist aus ökonomischer Sicht für industrielle Dampferzeuger der mittlere jährliche Auslastungsgrad eine relevante Größe für Vergleiche zwischen Öl- und Kohletechnologien. Außerdem werden für kleine Kohleheizkraftwerke und industrielle Kohlefeuerungen, die gemäß Großfeuerungsanlagenverordnung nicht entschwefeln müssen, auch Alternativrechnungen für emissionsärmere Wirbelschichtfeuerungen durchgeführt.

Im folgenden Abschnitt 2.2.1 wird zunächst auf die Kosten für Fernwärme aus Kohleheizkraftwerken im Vergleich zu Ölheizungen eingegangen, danach (in Abschnitt 2.2.2) auf die Kosten von Kohlekesseln zur industriellen Dampferzeugung im Vergleich zu Ölkesseln. Abschnitt 2.2.3 enthält eine Diskussion von Realisierungsproblemen der Verheizungsstrategie.

2.2.1 Kostenanalysen für Fernwärme aus Kohle-Heizkraftwerken

2.2.1.1 Ausgangsannahmen für die Fernwärmeerzeugung aus Kohle-Heizkraftwerken

2.2.1.1.1 Technische, ökonomische und siedlungsstrukturelle Ausgangsdaten

Bei der Beschreibung der Verheizungsstrategie wurde bereits ein Überblick über Art und Größe der vier Modell-Heizkraftwerke sowie ihre Zuordnung zu Gemeindegrößenklassen (Versorgungsfälle) gegeben (vgl. Abschnitt 4.2.2.1, Teil A). Tabelle B-9 enthält weitere technische Daten und ökonomische Kenndaten, die für die Kostenanalysen benötigt werden. Für die beiden kleinsten Heizkraftwerke (HKW) sind sowohl Daten für konventionelle Befeuerung der Kohlekessel als auch für die Wirbelschichtfeuerung angegeben.

In die technischen und ökonomischen Kenndaten für die Fernwärmeverteilungsnetze gemäß Tabelle B-9 sind Annahmen hinsichtlich siedlungsstruktureller Gegebenheiten für die Fernwärmenetze eingeflossen, die in Tabelle B-10 zusammengestellt sind. Dort sind in Teil a) Ausgangsdaten für spezifische Investitionskosten in

	Einheit	Entnahme-Kondensations-anlagen		Gegendruckanlagen		Gegendruckanlagen (Wirbelschichtfeuerung)	
		500 MWe/ 375 MWth	120 MWe/ 200 MWth	42 MWe/ 85 MWth	12 MWe/ 30 MWth	42 MWe/ 85 MWth	12 MWe/ 30 MWth
HKW-Daten							
Elektrische Leistung, netto	MWe	500[a]	117,6[a]	41,9	12	43	12
Fernwärmeleistung HKW	MWth	375	200	85	30	85	30
Wirkungsgrad HKW	%	60[a]	85[a]	87	86	85	84
Feuerungsart		Staub-feuerung	Staub-feuerung	Staub-feuerung	Wurfbe-schickung	atm. Wirbel-schicht	atm. Wirbel-schicht
Fernwärmeleistung Spitzenkessel[b]	MWth	525	280	120	40	120	40
Wirkungsgrad Spitzenkessel	%	88	87	85	85	85	85
Jährliche Energieabgabe, elektrisch	TWh/a	2,96	0,71	0,21	0,06	0,22	0,06
Jährliche Energieabgabe, Fernwärme	TWh/a	2,25	1,20	0,51	0,18	0,51	0,18
– davon HKW	TWh/a	1,91	1,02	0,43	0,15	0,43	0,15
Investitionskosten	10^6 DM	1089	317,3	126,5	43	111,8	48
– davon für REA	10^6 DM	169	67,3	21,5	–	–	–
Bauzeit	a	4	3	2	1,5	2	1,5
Betriebskosten[c]	10^6 DM/a	40,6	14,4	6,6	3,3	6,8	4,0
Betriebspersonal	Personen	100	60	40	32	40	32
Fernwärmeverteilungsnetze							
Fernwärme-Transportleitung	km	10	5	–	–	–	–
Anschlußleistung Verteilungsnetz	MW	925	505	218	77	218	77
Mittlere Anschlußleistungsdichte	MW/km²	41	38	36	32	36	32
Energieverluste Transportleitung	%	4	2	–	–	–	–
Energieverluste Verteilungsnetz	%	10	10	10	10	10	10
Investitionskosten Transport und Verteilung	10^6 DM	332	197	79	31	79	31
Betriebskosten Transport und Verteilung	10^6 DM/a	6,65	3,94	1,58	0,62	1,58	0,62
Anschlußleitung und Übergabestation							
Mittlere Anschlußleistung je Gebäude	kW	48	44	42	36	42	36
Investitionskosten	10^6 DM	250	144,5	64,5	25,6	64,5	25,6
Betriebskosten	10^6 DM/a	5,0	2,89	1,29	0,51	1,29	0,51

[a] Bei voller Fernwärmeauskopplung [b] Brennstoff: Heizöl S [c] Außer Brennstoffkosten

Tabelle B-10. Daten für Modell-Fernwärmenetze

a) Ausgangsdaten für städtische Siedlungstypen

Siedlungstyp	Art der Besiedlung	Durchschnittliche Anschlußleistungsdichte (MW/km²)	Durchschnittliche Anschlußleistung je Gebäude (kW)	Investitionskosten je kW Anschlußleistung (DM/kW)		
				Straßennetz	Anschlußleitung	Übergabestation
A	Innerstädtische Kerngebiete	120	240	120	60	40
B	Zeilen- und Blockbebauung hoher Dichte	60	75	240	140	80
C	Zeilen- und Blockbebauung mittlerer Dichte	40	50	340	160	100
D	Ein- und Zweifamilienhaussiedlungen hoher Dichte	20	20	600	320	200
E	Ein- und Zweifamilienhaussiedlungen niedriger Dichte	10	10	1000	600	400

b) Anteile der Siedlungstypen an der Anschlußleistung in den betrachteten Fällen

HKW-Größe (MWe/MWth)		500/375	120/200	42/85	12/30
Gemeindegrößenklasse		350 Tsd. Einw.	150–500 Tsd. Einw.	50–150 Tsd. Einw.	20–50 Tsd. Einw.
Siedlungstyp		Anteile in %			
A	Innerstädtische Kerngebiete	10	10	5	0
B	Zeilen- und Blockbebauung hoher Dichte	30	25	20	15
C	Zeilen- und Blockbebauung mittlerer Dichte	45	45	55	55
D	Ein- und Zweifamilienhaussiedlungen hoher Dichte	15	20	20	30
E	Ein- und Zweifamilienhaussiedlungen niedriger Dichte	0	0	0	0
Summe		100	100	100	100

c) Durchschnittswerte für spezifische Investitionskosten, bezogen auf die Anschlußleistung

HKW-Größe (MWe/MWth)	500/375	120/200	42/85	12/30
Straßennetz (DM/kW)	327	345	361	403
Anschlußleitungen (DM/kW)	168	177	183	205
Übergabestationen (DM/kW)	103	109	113	127
Mittlere Leistungsdichte (MW/km²)	41	38	36	32

Tabelle B-11. Technisch-ökonomische Daten für Zentralheizungen (Mehrfamilienhaus)

Heizungstyp	Öl-Zentral-heizung	Gas-Zentral-heizung	Fernwärme
Nutzwärmehöchstlast (kW)	50	50	50
Verhältnis zwischen Nutz- und Endenergie	0,78	0,78	0,90
Investitionskosten (10^3 DM) (ohne Anschlußkostenbeitrag)	20,9[a]	9,2[b]	6,3[b]
Anschlußkostenbeitrag (10^3 DM)	–	4,5	6,3[c] (15,7)
Jährl. Kosten für Wartung, Instandhaltung (DM/a)	1170	970	660

[a] Ersatz von Kessel, Brenner, Öltanks, Heizungsregelung
[b] Umstellung von Öl-Zentralheizung auf Gas- oder Fernwärme, bei 2000 DM Gutschrift für freiwerdenden Tankraum
[c] Bei 100 DM/kW (bzw. 250 DM/kW) vor MWSt

einer Gliederung nach fünf Siedlungstypen angegeben. Aus diesen Angaben läßt sich ablesen, daß durchschnittliche spezifische Investitionskosten für Fernwärmenetze davon abhängen, welche Siedlungstypen welche Anteile an der gesamten Anschlußleistung des Netzes haben. Die für die betrachteten Versorgungsfälle hierzu gemachten Annahmen zeigt Teil b) der Tabelle B-10. Die veranschlagten Anteile der Siedlungstypen tragen siedlungsstrukturellen Unterschieden zwischen Großstädten (hoher Anteil dicht bebauter Siedlungsflächen) und Städten mit weniger als 50 000 Einwohnern (hoher Anteil an Gebieten mittlerer Bebauungsdichte) Rechnung. Hierbei werden statistische Daten von Roth benutzt [Bundesministerium für Raumordnung, Bauwesen und Städtebau 1980]. Außerdem ist berücksichtigt, daß in größeren Städten bereits (referenzmäßig) ein größerer Anteil von Gebäuden in Stadtteilen mit hoher Wärmeleistungsdichte an Fernwärme- oder Gasnetze angeschlossen ist. Die Konsequenz ist, daß die siedlungsstrukturellen Gegebenheiten für die Erschließung neuer Fernwärme-Versorungsgebiete in Großstädten für die strategische Ölsubstitution durch Fernwärme nicht mehr wesentlich günstiger sind als für Mittelstädte. Aus den getroffenen Annahmen ergeben sich Mittelwerte für die Wärmeleistungsdichte der Modellnetze (vgl. Tabelle B-10, Teil c), die mit 41 MW/km^2 für Großstädte nur mäßig höher liegen als für das kleinste betrachtete Netz (32 MW/km^2).

Technisch-ökonomische Ausgangsdaten für die als Ölvergleichstechnologie betrachtete Ölzentralheizung für ein Mehrfamilienhaus mit 50 kW Nutzwärmehöchstlast enthält Tabelle B-11; weiterhin werden in dieser Tabelle entsprechende Angaben zu den Fernwärmeübergabe- und Hausstationen, deren Kosten vom Endverbraucher zu tragen sind, sowie zu Erdgaszentralheizungen gegeben.

2.2.1.1.2 Annahmen zur Anlaufentwicklung der Fernwärmeversorgung

Die Kostenanalysen beziehen sich nicht auf Versorgungsgebiete, in denen bereits vorhandene Fernwärme-Verteilungsnetze nur zu verdichten sind, sondern auf solche, in denen sowohl Erzeugungskapazitäten als auch Verteilungsnetze neu aufzubauen sind. Für den zeitlichen Aufbau des Versorgungssystems wird dabei folgender Modellfall betrachtet:

Das Versorgungsgebiet wird im Endausbau durch zwei Heizkraftwerke beliefert. Wenn das erste Heizkraftwerk seinen Betrieb aufnimmt, beträgt die Anschlußleistung 25% des Vollausbauziels. 100% werden 15 Jahre danach erreicht; bis dahin steigt die Anschlußleistung linear, das zweite Heizkraftwerk muß demnach fünf Jahre nach dem ersten in Betrieb gehen. Bei Betriebsaufnahme des ersten Heizkraftwerks sind 40% des Versorgungsgebietes durch Fernwärmeleitungen in den wichtigsten Straßen vorerschlossen, der Ausbau auf 100% des Versorgungsziels erfolgt ebenfalls stetig innerhalb von 15 Jahren. Dieses Zeitraster wird bei allen vier betrachteten HKW-Größen bzw. bei allen betrachteten Versorgungsfällen und den auf sie abgestimmten Anschlußleistungen bei Vollausbau unterstellt.

2.2.1.1.3 Bewertung der Stromerzeugung aus Heizkraftwerken

Kostenrechnungen für Heizkraftwerke ergeben zunächst die Kosten für die Koppelprodukte von Fernwärme und Strom. Nur über eine externe Bewertung eines der beiden Produkte ist es möglich, Produktkosten zu definieren; hier erfolgt eine Kostenbestimmung für die Fernwärme über eine externe Bewertung des Stroms durch Ansatz von Stromgutschriften. Der Ansatz von Stromgutschriften orientiert sich in dieser Studie an den vermiedenen Kosten der alternativen Erzeugung von Mittellaststrom in neuen Steinkohlekraftwerken der 700 MWe-Klasse. Dabei geht es um eine Leistungsgutschrift und eine Arbeitsgutschrift.

Die *Leistungsgutschrift* ist eine Gutschrift dafür, daß durch die zusätzliche Stromerzeugungskapazität der HKW gegenüber der Referenzschätzung weniger große Steinkohlekraftwerke zugebaut werden müssen. Bei *Entnahme-Kondensationsanlagen* wird die Leistungsgutschrift gemäß der elektrischen Leistung des HKW bei maximaler Fernwärmeauskopplung angesetzt. Bei *Gegendruckanlagen* wird die Leistungsgutschrift an 80% der elektrischen Auslegungsleistung bemessen. Dieser Ansatz wird gewählt, um wärmelastbedingte Minderungen der verfügbaren elektrischen Gegendruckleistung zu Zeiten hoher Nachfrage nach Mittellaststrom zu berücksichtigen. So kann beispielsweise die Jahresspitze des Stromverbrauchs zu einem Zeitpunkt anfallen, bei dem nur etwa 40% der Jahreshöchstlast des Fernwärmenetzes abgenommen werden. Ohne Wärmespeicher (ihr Einsatz wird zur Vereinfachung der Kostenanalysen nicht unterstellt) bedeutet das, daß die Fernwärmeeinspeisung zugleich auf 40% ihrer Höchstlast begrenzt wird. Zu diesem Zeitpunkt würden die Spitzenheizwerke abgeschaltet sein, die HKW, die auf 50% der fernwärmeseitigen Jahreshöchstlast ausgelegt sind, würden 80% ihrer maximalen Fernwärmeleistung einspeisen und wegen der bei Gegendruckanlagen starren Kopplung zwischen Strom- und Fernwärmeabgabe nur 80% ihrer elektrischen Auslegungsleistung erbringen können.

Die *Arbeitsgutschrift* entspricht für alle HKW den *variablen* Betriebskosten (ganz überwiegend Kohlekosten), die in einem 700 MWe-Steinkohlekraftwerk je kWh anfallen.

Sowohl bei Arbeits- als auch bei Leistungsgutschriften für Gegendruckanlagen wird in der Kostenbilanz über 20 Jahre berücksichtigt, daß diese während der Anlaufphase (modellgemäß 15 Jahre) unterhalb der Jahresauslastung bei Vollausbau der Anschlußleistung arbeiten.

Hervorzuheben ist, daß sich die Stromgutschriften in dieser Studie an den mittleren realen Kosten der Stromerzeugung in neuen Steinkohlekraftwerken orientieren, die im Hinblick auf die kapitalbezogenen Kosten geringer sind als die häufig zur Bemessung der Leistungsgutschrift angesetzten kapitalbezogenen Kosten des ersten Betriebsjahrs. Im Falle der Brennstoff- und sonstigen variablen Kosten sind die mittleren realen Kosten bei den angenommenen Eskalationsraten der Kohlepreise etwas höher als die üblicherweise als Arbeitsgutschrift angesetzten variablen Kosten des ersten Betriebsjahrs.

2.2.1.2 Ergebnisse der Kostenanalysen zur Fernwärmeversorgung aus Kohle-Heizkraftwerken

2.2.1.2.1 Nutzenergiekostenvergleiche

Die Ergebnisse der Nutzenergiekostenvergleiche zwischen Fernwärme aus Kohle-HKW und Ölzentralheizungen sind in Tabelle B-12 zusammengestellt. Für den Betriebsbeginn 1982 ergibt der Vergleich der Nutzenergiekosten von Fernwärme und Ölzentralheizung folgendes: Die Nutzenergiekosten der Fernwärmeversorgung aus den *größeren* Entnahme-Kondensationsanlagen sind für Mehrfamilienhäuser deutlich geringer als die der Ölzentralheizung. Auch bei der Versorgung von Mittelstädten aus 42 MWe/85 MWth-Gegendruckanlagen sind sie noch geringer – sowohl bei Ölpreissteigerungen von 2%/a als auch bei 1%/a. Im Falle kleinerer Versorgungsgebiete mit Fernwärmeeinspeisung aus den kleinen 12 MWe/30 MWth-Gegendruckanlagen sind die Nutzenergiekosten in der 20-Jahresbilanz höher als bei der Ölzentralheizung, auch bei Ölpreissteigerungen von 2%/a.

Bei Projektbeginn 1992 verschieben sich die Nutzenergie-Kostenrelationen aufgrund des höheren Ölpreisniveaus zugunsten der Fernwärme aus Kohle-HKW. Bei Ölpreissteigerungen von 2%/a bestehen auch für die Fernwärmeerzeugung aus den 12 MWe/30 MWth-Anlagen Kostenvorteile. Zum Verständnis der recht unterschiedlichen Nutzenergiekostendifferenzen zur Ölzentralheizung ist ein Vergleich der Kostenstrukturen hilfreich. Dazu gibt, ergänzend zu Tabelle B-12, Abb. B-1 eine optische Lesehilfe in Form von Kostenflußbildern für den Fall der Fernwärmeeinspeisung aus einer 42 MWe/85 MWth-Anlage. Man erkennt aus einem Vergleich mit dem Kostenflußbild für die Ölzentralheizung den drastischen Unterschied beim Energiekostenbeitrag zu den gesamten Nutzenergiekosten, welcher hauptsächlich auf den energetischen Vorteil der Wärme-Kraft-Kopplung zurückzuführen ist, der sich in einer hohen Kohlekostengutschrift wegen Mindereinsatzes von Kohle in großen Mittellastkraftwerken bemerkbar macht (vgl. auch die Energieflußbilder in Abb. B-1). Abbildung B-1 läßt auch die Vorteile bei den der Hausanlage zuzuordnenden Kosten gegenüber denen der Ölzentralheizung erkennen. Die Kostennachteile der Fernwärmeversorgung (Gebäude-Anschlußkosten und Mehrkosten bei der Energieverteilung) sind im Modellbeispiel geringer als die zuvor genannten Kostenvorteile gegenüber der Ölzentralheizung.

Man erkennt aus Tabelle B-12, daß die wesentlichen Kostenunterschiede zwischen den unterschiedlich großen Versorgungsgebieten nicht bei den Verteilungs-, sondern bei den Fernwärmeerzeugungskosten liegen, da, wie oben erläutert, die Anteile der Siedlungstypen, die in die Fernwärmeversorgung einbezogen wurden, bei den betrachteten Versorgungsfällen bzw. Gemeindegrößenklassen ähnlich sind.

Tabelle B-12. Nutzenergie-Kostenvergleiche für Fernwärme aus Kohle-HKW und Ölzentralheizung für Mehrfamilienhäuser. Angaben in DM_{82} pro MWh Nutzwärme beim Endverbraucher, Betrachtungszeitraum 20 Jahre[d]

	Betriebsbeginn 1982						Betriebsbeginn 1992					
	Fernwärme				Öl-Zentralheizung		Fernwärme				Öl-Zentralheizung	
					a)[a]	b)[a]					a)[a]	b)[a]
HKW-Klasse (MWe/MWth)	500/375	120/200	42/85	12/30			500/375	120/200	42/85	12/30		
Fernwärmeerzeugung, davon	46,6	45,0	60,4	76,9			50,9	49,6	66,0	84,5		
– Kohle	11,8	11,3	13,5	19,6			13,5	13,0	15,5	22,5		
– Öl[b]	10,4	10,3	10,3	10,3	89,7	97,8	12,5	12,4	12,4	12,4	98,7	118,2
– Kapitalbezogene Kosten	19,7	14,6	20,6	21,1			19,7	14,5	20,6	21,1		
– Betrieb, Instandhaltung	4,7	8,8	15,9	25,9			5,2	9,7	17,6	28,5		
Fernwärmeverteilung[c]	29,4	31,8	29,7	33,0			30,0	32,5	30,3	33,8		
Übergabestationen	5,3	5,6	5,8	6,5			5,4	5,8	5,9	6,7		
Summe	81,3	82,4	95,9	116,4	89,7	97,8	86,3	87,9	102,2	125,0	98,7	118,2
MWSt	11,4	11,5	13,4	16,3	12,6	13,7	12,1	12,3	14,3	17,5	13,8	16,6
Hausanlage	12,3	12,3	12,3	12,3	29,5	29,5	13,0	13,0	13,0	13,0	31,1	31,1
– Kapitalbezogene Kosten	5,1	5,1	5,1	5,1	16,7	16,7	5,1	5,1	5,1	5,1	17,0	17,0
– Instandhaltung	7,2	7,2	7,2	7,2	12,8	12,8	7,9	7,9	7,9	7,9	14,1	14,1
Insgesamt	105,0	106,2	121,6	145,0	131,8	141,0	114,8	113,2	129,5	155,5	143,6	165,9
zum Vergleich: Ohne Anlaufkosten	91,7	93,6	102,3	123,1	131,8	141,0	98,2	100,2	109,7	132,3	143,6	165,9

[a] Preissteigerungsraten für HEL frei Endverbraucher: 1%/a (Fall a) bzw. 2%/a (Fall b)
[b] HS für Spitzenlastkessel bei HKW; HEL für Ölzentralheizung (einschließlich Verteilungskosten)
[c] Einschließlich Stichleitungen
[d] Zu den volkswirtschaftlichen und energiewirtschaftlichen Ausgangsannahmen siehe Tabelle B-1

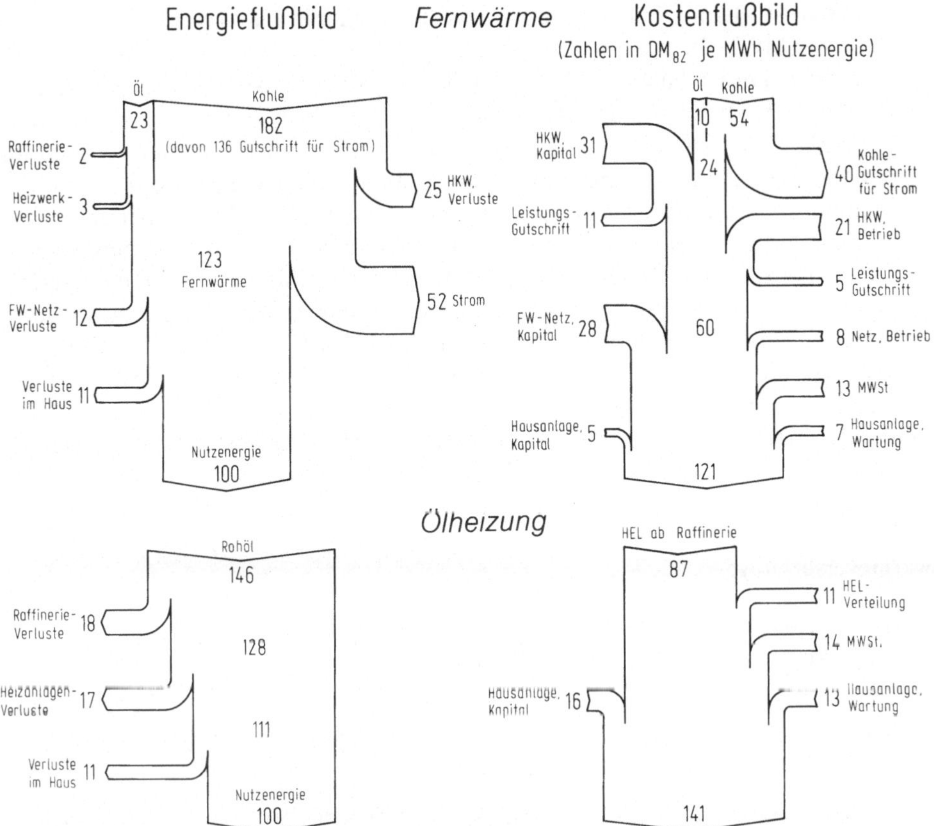

Abb. B-1. Energie- und Kostenflußbilder für Fernwärme- und Ölheizung (Mehrfamilienhaus) am Beispiel des HKW 42 MWe/85 MWth

Für die Unterschiede bei den Fernwärmeerzeugungskosten sind in erster Linie die Betriebskosten für Personal, Wartung, Instandhaltung verantwortlich, die von 4,7 DM/MWh bei der größten betrachteten Anlage auf 25,9 DM/MWh für das kleinste HKW steigen. Die Hauptursache dafür ist, daß das erforderliche Betriebspersonal nur mäßig von der Anlagengröße abhängt.

Bei den kapitalbezogenen Kosten der HKW fällt der Sprung von der 120 MWe/200 MWth-Entnahme-Kondensationsanlage zur 42 MWe/85 MWth-Gegendruckanlage auf. Er ist hauptsächlich dadurch verursacht, daß je MWe für Gegendruckanlagen nur 0,8 MWe-Einsparung beim Ausbau der Kapazität von Kohle-Großkraftwerken veranschlagt wurden. Das bedeutet eine um 20% geringere Leistungsgutschrift je MWe als bei Entnahme-Kondensationsanlagen.

Die höheren kapitalbezogenen Kosten je MWh Fernwärmeerzeugung der 500-MWe/375 MWth-Anlage gegenüber der 120 MWe/200 MWth-Anlage sind darauf zurückzuführen, daß die technischen Möglichkeiten der Fernwärmeauskopplung bei der größten Anlage nicht voll genutzt werden.

Bei den in Tabelle B-12 aufgeführten Kohlekosten handelt es sich um eine Nettobilanz, in der gemäß Berechnungskonzept ein der Koppelstromerzeugung entsprechender Mindereinsatz an Steinkohle in großen Mittellastkraftwerken bereits berücksichtigt ist. Beim Übergang von großen zu kleineren HKW wird die Stromauskopplung je MWh Fernwärme geringer, dementsprechend auch die „Gutschrift" für Kohlekosten. Dieser Sachverhalt erklärt den Anstieg der kohlebezogenen Kosten insbesondere beim Übergang von der 42 MWe/85 MWth-Anlage zur 12 MWe/30 MWth-Anlage, der zu den vergleichsweise hohen erforderlichen Mindesterlösen für letztere beiträgt. An dieser Stelle muß jedoch darauf hingewiesen werden, daß das Berechnungskonzept für arbeits- und leistungsbezogene Gutschriften bei der monetären Bewertung des Koppelstroms auf einer vereinfachenden Typisierung beruht. Von Fall zu Fall bestehen gegenwärtig recht unterschiedliche Rahmenbedingungen für unterschiedliche Fernwärmeversorgungsunternehmen (FVU), die zu entsprechend unterschiedlichen monetären Bewertungen des Koppelstroms im Einzelfall führen. Auf diesen Punkt wird näher in Abschnitt 2.2.3 dieses Berichtsteils eingegangen.

In Tabelle B-12 sind in der letzten Zeile auch Nutzenergiekosten für die Fernwärmesysteme ohne Anlaufkosten gemäß der 20-Jahresbilanz ausgewiesen. Sie liegen im Durchschnitt um 15% unter den Nutzenergiekosten mit Berücksichtigung der Anlaufentwicklung und verdeutlichen die Bedeutung der Anlaufphase bei der Fernwärmeversorgung.

2.2.1.2.2 Erforderliche Mindesterlöse für Fernwärme auf der Endenergiestufe – Vergleich mit Preisen von 1982

In Tabelle B-13 sind die den Kostendaten von Tabelle B-12 entsprechenden erforderlichen Mindesterlöse je MWh für an den Endverbraucher abgegebene Fernwär-

Tabelle B-13. Erforderliche Mindesterlöse je MWh Endenergie[a] bei Fernwärmeerzeugung aus Kohleheizkraftwerken (Fernwärmeerzeugung ab 1982, Betrachtungszeitraum 20 Jahre), gegliedert nach Kostenkomponenten[d]

HWK-Größe (MWh/MWth) Einwohnerzahl im Versorgungsgebiet	500/375 über 150 000	120/200	42/85 20 000 bis 150 000	12/30
FW-Erzeugungskosten	41,9	40,5	54,3	69,2
davon:				
– Kohle	10,6	10,2	12,1	17,6
– Öl für Spitzenlast	9,3	9,3	9,3	9,3
– Kapitalbezogene Kosten	17,7	13,1	18,6	19,0
– Betriebskosten[b]	4,2	7,9	14,3	23,3
FW-Verteilungskosten bis Gebäude[c]	26,4	28,4	26,7	29,7
davon:				
– Kapitalbezogene Kosten	20,6	22,4	20,9	23,2
– Instandhaltungskosten	5,8	6,3	5,8	6,5
Insgesamt	68,3	68,9	81,0	98,9

[a] Geldwert von 1982, unter Berücksichtigung von Anlaufkosten, Stromgutschriften sowie von Energieverlusten bei Transport und Verteilung, ohne Subventionen, ohne Mehrwertsteuer
[b] Außer Energiekosten
[c] Einschließlich Kosten für Anschlußleitungen von Straßen zu Gebäuden, ohne Kosten für Übergabestationen
[d] Zu den volkswirtschaftlichen und energiewirtschaftlichen Ausgangsannahmen siehe Tabelle B-1

meenergie aufgeführt. Die Zahlen beziehen sich auf solche Fälle, in denen das Versorgungsunternehmen die Kosten für das Verteilungsnetz einschließlich der Anschlußleitungen zu den versorgten Gebäuden trägt, während der Endverbraucher die Investitions- und Wartungskosten für die Übergabestation übernimmt, wobei er die Investitionskosten in Form eines einmaligen Anschlußkostenbeitrags zahlt. Die Bemessung des einmaligen Anschlußkostenbeitrags ist jedoch in der gegenwärtigen Praxis recht uneinheitlich, so daß der nachfolgende Vergleich zwischen den Mindesterlösen gemäß Tabelle B-13 (Betriebsbeginn 1982) und gegenwärtigen Fernwärme-Endenergiepreisen (berechnet als Summe von Arbeitspreisen und umgelegten Grundpreisen) mit einem entsprechenden Vorbehalt zu versehen ist.

Fernwärmepreise, die der Endverbraucher zu zahlen hat, unterscheiden sich gegenwärtig von Stadt zu Stadt in weit höherem Maße, als dies bei Heizöl oder Erdgas der Fall ist. 1982 reichte die Preisspanne nach dem Fernwärmepreisvergleich 1982 des Verbandes der Energieabnehmer (VEA) (für 1500 Vollbenutzungsstunden des verrechneten Anschlußwertes) von etwa 55 DM/MWh bis 98 DM/MWh [Maack 1982]. Im unteren Bereich dieser Spanne (bis etwa 80 DM/MWh) liegen meist Fernwärmeversorgungsunternehmen (FVU), die Fernwärme überwiegend in Kohle-HKW erzeugen. Im oberen Bereich liegen solche, die Fernwärme überwiegend in Heizwerken erzeugen.

Daß die Fernwärmepreise 1982 teilweise unter den berechneten Mindesterlösen für die kostengünstigsten Modell-Anlagen bei Inbetriebnahme 1982 liegen, ist u.a. dadurch zu erklären,

- daß keine Subventionen bei den berechneten Mindesterlösen angenommen werden;
- daß die berechneten Mindesterlöse zusätzlich (in Vergleich zum Bestand der HKW 1982) Aufwendungen für die Rauchgasentschwefelungen berücksichtigen, die ab 1983 gesetzlich erforderlich sind;
- daß beim strategischen Fernwärmeeinsatz wegen ungünstiger siedlungsstruktureller Voraussetzungen höhere Verteilungskosten zu veranschlagen sind.

Wenn man von diesen Unterschieden absieht, lassen sich die in Tabelle B-13 dargestellten Ergebnisse so charakterisieren:

- In einer Bilanz über 20 Jahre liegen die (ohne Subventionen) erforderlichen Mindesterlöse bei der Erschließung neuer Versorgungsgebiete für die beiden größeren der betrachteten HKW (bei Versorgungsgebieten in Gemeinden mit über 150 000 Einwohnern) bei rund 70 DM/MWh (Endenergie). Sie liegen damit einerseits oberhalb der gegenwärtigen Tarifpreise für die zehn günstigsten FVU (etwa 60 DM/MWh), andererseits unterhalb des Niveaus gegenwärtig an Erdgas bzw. Heizöl anlegbarer Fernwärmepreise (rund 80 DM/MWh bzw. 95 DM/MWh), d.h. Fernwärmepreise, die unter Berücksichtigung von Unterschieden bei den Anwendungskosten und Wirkungsgraden mit gleichen Nutzenergiekosten für die Endverbraucher wie bei Gas- und Ölzentralheizungen führen.
- Erforderliche Mindesterlöse beim Aufbau neuer FW-Versorgungsgebiete in Gemeinden mit 50 000 bis 150 000 Einwohnern aus der 42 MWe/85 MWth-HKW-Größenklasse liegen mit etwa 80 DM/MWh am oberen Rand der gegenwärtigen Preiskondition für solche FVU, deren Versorgung überwiegend aus Kohle-HKW erfolgt.

- Für die kleinsten betrachteten Kohle-HKW ergeben sich für die 20-Jahresbilanz ab 1982 erforderliche Mindesterlöse um 100 DM/MWh, die oberhalb gegenwärtig an Heizöl und Erdgas anlegbarer Fernwärmepreise liegen.

2.2.1.2.3 Finanzierungsprobleme während der Anlaufphase der Fernwärme

In den dargestellten Ergebnissen sind die Anlaufkosten, das heißt die Auswirkungen der anfänglichen Unterauslastung von HKW und Teilen des Verteilungsnetzes auf die erforderlichen Mindesterlöse im Rahmen eines Betrachtungszeitraums von 20 Jahren berücksichtigt. Im Falle des zweitkleinsten betrachteten HKW bedeutet das beispielsweise, daß die mittleren realen Kosten je gelieferter Fernwärmeeinheit etwa 25% höher liegen, als dies ohne Anlaufeffekt der Fall wäre. Selbst wenn man davon ausgeht, daß entsprechende Erlöse je Energieeinheit Fernwärme erzielt werden könnten, würden die jährlich anfallenden Kosten zunächst (im Beispielsfalle während etwa 10 Jahren ab Betriebsbeginn des ersten HKW) um bis zu 45% über den jährlichen Erlösen liegen (vgl. Abb. B-2 oberer Teil). Während dieser Zeit muß für ‚Zwischenfinanzierungen' gesorgt werden, die sich zusätzlich zum Finanzierungsbedarf für die im Verlaufe der ersten 10 Jahre anfallenden Investitionen ergeben. Die Berechnung der mittleren realen Kosten je gelieferter Energieeinheit Fernwärme ist so ausgelegt, daß die Zinslast für diese Zwischenfinanzierungen in der zweiten Hälfte des 20-jährigen Betrachtungszeitraums mitgetragen werden kann, in der die jährlichen Erlöse die jährlichen Kosten übersteigen. Nach Ablauf von 20 Jahren ab Betriebsbeginn des ersten HKW wird die zeitlich summierte Gesamtbilanz bei inflationsbereinigten konstanten Fernwärmepreisen insofern günstiger, als die mittleren realen Erlöse die mittleren realen Kosten übersteigen.

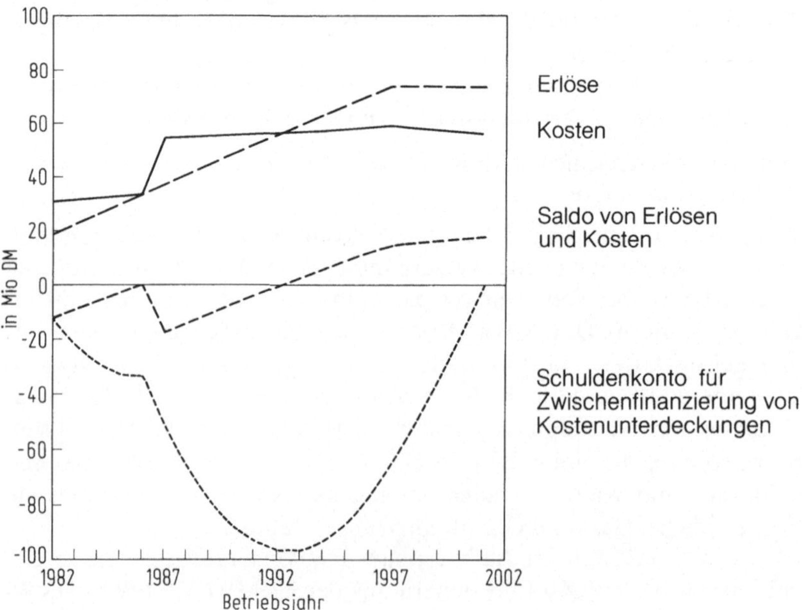

Abb. B-2. Finanzierungsprobleme der Fernwärme, dargestellt am Beispiel der Fernwärmeversorgung aus einem 42 MWe/85 MWth Heizkraftwerk, Projektbeginn 1982; Geldwert 1982, in Mio DM

Tabelle B-14. Erforderliche Mindesterlöse für Fernwärme bei verschiedenen Betrachtungszeiträumen, Anlaufphase 15 Jahre

Betrachtungszeitraum in Jahren	Erforderliche Mindesterlöse in DM/MWh Endenergie
15	89
20	81
25	76
ohne Anlaufkosten	66

Trotz günstiger Gesamtbilanzen nach 20 Jahren ab Betriebsbeginn des HKW-Versorgungssystems stellen die genannten Anforderungen an eine Zwischenfinanzierung eine qualitativ hervorzuhebende Besonderheit im Vergleich zu anderen Versorgungssystemen auf Kohlebasis dar, die durch die Besonderheit hoher Anlaufkosten verursacht ist: Ein vergleichsweise hoher Zwischenfinanzierungsbedarf während der besonders ausgeprägten Anlaufphase, die durch Unterauslastung kapitalintensiver Bestandteile des Versorgungssystems während der Anlaufzeit gekennzeichnet ist. Im unteren Teil der Abb. B-2 ist die zeitliche Entwicklung des Schuldenkontos für die Zwischenfinanzierung wiedergegeben; zehn Jahre nach Betriebsbeginn beträgt der Schuldenstand fast zwei Jahreserlöse; er wird dann aber bis zum Ende des Betrachtungszeitraums abgebaut. Die Entwicklung des Schuldenkontos verdeutlicht die Notwendigkeit von Finanzierungshilfen während der Anlaufphase. Die längerfristige Bilanz sieht zwar nicht ungünstig aus; ob es zu einem solchen Ausgleich in einem 20-jährigen Betrachtungszeitraum kommt, ist zum Entscheidungszeitpunkt für den Investor aber nicht überschaubar, so daß er ohne Finanzierungshilfen voraussichtlich nicht in die Fernwärme investieren würde. Bilanziert man über kürzere Betrachtungszeiträume, so steigen die Energiekosten wegen der langen Unterauslastungszeiten einer neu aufzubauenden Fernwärmeversorgung überdurchschnittlich im Vergleich zu anderen Kohletechnologien. Die starke Abhängigkeit der Fernwärmekosten von der Länge des Betrachtungszeitraums zeigt Tabelle B-14 für das 42 MWe/85 MWth-HKW-System.

Die überdurchschnittlich hohen Auswirkungen der Unterauslastungszeiten von Teilen eines neu aufzubauenden Fernwärmeversorgungssystems auf die Kostenbilanz für einen gegebenen Bilanzierungszeitraum führen dazu, daß auch Energiekostenangaben überdurchschnittlich (im Vergleich zu anderen Kohletechnologien) von der Zeitspanne des Bilanzierungszeitraums abhängen.

2.2.1.2.4 Kosten der Rauchgasentschwefelung, Kosten von Wirbelschicht-Heizkraftwerken

Die ab Juli 1983 gültige Großfeuerungsanlagenverordnung hat die Entschwefelungsanforderungen gegenüber früheren Entwürfen insbesondere im Bereich zwischen 100 MW und 300 MW Feuerungsleistung verschärft. Deshalb müssen künftig auch Heizkraftwerke mit Rauchgasentschwefelungsanlagen (REA) in der Größenklasse vorgesehen werden, die im Rahmen des Fernwärmebeitrages zur Strategie den größten Einzelbeitrag liefern, nämlich die 42 MWe/85 MWth-Gegendruck-Heizkraftwerke. Die dadurch veränderten technisch-ökonomischen Randbedingungen sind zwar schon in den oben dargestellten Nutzenergiekostenergebnissen berücksichtigt, sollen hier aber verdeutlicht werden, da sie zu Realisierungsproblemen für die Strategie führen könnten.

Für die kleinsten betrachteten HKW (12 MWe/30 MWth), die nach der Großfeuerungsanlagenverordnung nicht zu entschwefeln brauchen, liegt angesichts der Diskussion über weitere Begrenzungen der SO_2-Emissionen die Frage nahe, um wieviel sich die Fernwärmekosten erhöhen würden, wenn auch sie mit Entschwefelungsanlagen (REA) versehen bzw. mit Wirbelschichtfeuerung (WSF) – als technische Alternative zur Staubfeuerung mit REA – ausgerüstet würden. Beim Einsatz der WSF würden sich darüber hinaus wegen der niedrigeren Verbrennungstemperaturen der WSF auch geringere Stickoxidemissionen ergeben. Technisch-ökonomische Daten zu den betrachteten Wirbelschichtanlagen sind in Tabelle B-9 enthalten.

Die Ergebnisse dieser Kostenrechnungen sind in Tabelle B-15 zusammengestellt. Die Angaben für Wirbelschichtanlagen beziehen sich auf die stationäre atmosphärische WSF.

Daraus geht hervor, daß die Endenergiekosten für Fernwärme durch die Rauchgasentschwefelung im Falle der 42 MWe/85 MWth-Anlage um 9,6 DM/MWh und im Falle der 12 MWe/30 MWth-Anlage um 9,4 DM/MWh, d.h. um ca. 13% bzw. 9%, erhöht werden. Der absolut und relativ geringere Kostenanstieg bei der kleineren Anlage ist darauf zurückzuführen, daß für die schwerölbefeuerten Spitzenlastkessel dieser Anlage keine Rauchgasentschwefelung vorgesehen wird.

Hinsichtlich der Struktur der REA-Kosten ist anzumerken, daß etwa 80% davon auf kapitalbezogene Kosten und Betriebskosten (Sorptionsmittel, Instandhaltung, Personal) entfallen; der Rest ist dem zusätzlichen Energieaufwand zuzuordnen, den der Betrieb der REA erfordert.

Vergleiche der Kosten für konventionelle Anlagen mit REA und Wirbelschichtanlagen ergeben nach Tabelle B-15 geringfügige Kostenvorteile zugunsten letzterer.

Bei der Bewertung dieser Ergebnisse muß man sich jedoch vor Augen halten, daß gegenwärtig eine ganze Reihe verfahrenstechnisch unterschiedlicher REA angeboten wird, deren kostenrelevante Kenndaten streuen. Die Angaben in Tabelle B-15

Tabelle B-15. Fernwärmeendenergiekosten[a] für die Fälle konventionelle Feuerungen ohne und mit Rauchgasentschwefelung (REA) und Wirbelschichtfeuerung (WSF)

HKW-Größe (MWe/MWth)	42/85	12/30
Fernwärme-Endenergiekosten (ohne Übergabestationen) in DM/MWh[b]		
ohne REA	71,4	99,0
mit REA[c]	81,0	108,4[d]
mit WSF-Feuerung	79,9	106,8

[a] DM 1982, Betrachtungszeitraum 20 Jahre, Betriebsbeginn 1982, unter Berücksichtigung von Anlaufkosten
[b] Ohne MWSt
[c] Naßverfahren
[d] Spitzenlastkessel mit Schwerölfeuerung ohne REA

beziehen sich auf Naßverfahren, die in der Bundesrepublik Deutschland gegenwärtig überwiegend eingesetzt werden. Auch bei diesen Verfahren sind kostenrelevante Kenndaten nicht einheitlich. Bei der WSF sind ebenfalls die Kostendaten wegen der noch relativ bescheidenen Zahl von installierten bzw. bestellten Anlagen noch mit Unsicherheiten behaftet.

Bei den Rechnungen für Wirbelschichtanlagen wurde unterstellt, daß Vollwertkohle eingesetzt wird – wie bei den konventionellen Anlagen. Die Wirbelschichttechnologie ermöglicht aber auch den Einsatz billigerer (bezogen auf den Heizwert) Ballastkohlen. Dies kann trotz entsprechend höherer Transportkosten und zusätzlicher Aufwendungen im HKW zu einer weiteren Kostensenkung führen. Außerdem wären die Kostenrelationen der WSF zu Staubfeuerungen günstiger, wenn es gelänge, die in den Rechnungen mit 50 DM/t veranschlagten Deponiekosten für die Verbrennungsrückstände (Asche mit wasserlöslichen Kalziumverbindungen) durch Verwertung zu vermeiden oder durch Konditionierung zu vermindern.

2.2.2 Ölsubstitution durch Ersatz von Ölkesseln bei der industriellen Dampferzeugung

2.2.2.1 Modelltechnologien

In diesem Substitutionsbereich findet die Energieumwandlung (in Dampf) direkt beim Endverbraucher statt. Die Weiterverwendung des Dampfes bis zur Umsetzung in Nutzenergie ist in den verschiedenen Industriezweigen sehr vielfältig. Für die Aussageziele dieser Studie ist es ausreichend, die energetische Nettoproduktion von Dampf (gleicher Qualität) als Vergleichsmaßstab für Kohle- und Ölkessel anzulegen. Es ist aber notwendig, einige grobe Unterscheidungen zu treffen:

- nach der Größenklasse von Dampferzeugern (zu betrachten ist der Bereich zwischen 1 und 100 MWth);
- nach der Dampfqualität hinsichtlich Druck- und Temperaturniveau (dabei wird davon ausgegangen, daß Kessel oberhalb 10 MWth in der Regel auf Dampfqualitäten ausgelegt sind, die sich für Wärme-Kraft-Kopplung eignen);
- nach der Art der substituierten Mineralölprodukte (in der Regel schweres Heizöl oberhalb 10 MWth, leichtes Heizöl unterhalb 10 MWth);
- nach der Auslastung der Dampferzeuger (Vollaststunden pro Jahr).

Nach der Großfeuerungsanlagenverordnung müssen die Dampfkessel der betrachteten Größenklassen nicht mit Rauchgasentschwefelungsanlagen ausgerüstet werden; es genügt der Einsatz schwefelarmer Kohle, um die vorgeschriebenen Grenzwerte einzuhalten. Wie bei dem kleinsten betrachteten Heizkraftwerk erhebt sich aber hier angesichts der Diskussion über weitere Verschärfungen bei der SO_2-Rückhaltung die Frage nach dem Umfang zusätzlicher Kosten für eine emissionsärmere Dampferzeugung aus Kohle. Deshalb werden auch Dampferzeuger mit Wirbelschichtfeuerung in die Kostenanalysen einbezogen. Die wichtigsten technischen, energetischen und ökonomischen Kenndaten, die den Berechnungen für die Dampferzeugungskosten bei den betrachteten vier repräsentativen Kesselgrößen zugrundegelegt werden, sind in Tabelle B-16 zusammengestellt.

Tabelle B-16. Technisch-ökonomische Daten für kohle- und ölbefeuerte Industrie-Dampfkesselanlagen

Dampfleistung	MWth	2	8	15	60
Rostfeuerung					
Feuerungsart		Unterschub	Unterschub	Spreader Stoker	Staub-feuerung
Brennstoff		Fettkohle, Nuß 3–4	Fettkohle, Nuß 3–4	Fett-Feinkohle	Fett-Feinkohle
Kesseltyp		Flamm.-Rauchrohr	Flamm.-Rauchrohr	Wasserrohr	Wasserrohr
Dampf-Durchsatz	t/h	2,9	11,3	17,6	67,9
Dampf-Zustand	°C/bar	Sattdampf/10	Sattdampf/20	450/40	530/120
Wirkungsgrad	%	85	87	88	91
Bauzeit	a	0,5	1	1,5	2,5
Vollbetriebszeit	h/a	1500 (3000)	1500 (3000)	4000 (5500)	5500 (7000)
Personal	Personen	1 (2)	1 (2)	3 (4)	8 (10)
Investitionskosten	10^6 DM	0,6	2,3	8,7	29
Betriebskosten	10^3 DM/a	90 (162,6)	145 (237,3)	492 (604,1)	1991 (2338)
Atmosphärische Wirbelschichtfeuerung					
Kesseltyp[a]			Wasserrohr	Wasserrohr	Wasserrohr
Dampf-Durchsatz	t/h		11,3	17,6	67,9
Dampf-Zustand	°C/bar		Sattdampf/20	450/40	530/120
Wirkungsgrad	%		87,5	88	89,5
Bauzeit	a		1	1,5	2,5
Vollbetriebszeit	h/a		1500 (3000)	4000 (5500)	5500 (7000)
Personal	Personen		1 (2)	3 (4)	8 (10)
Investitionskosten	10^6 DM		7,4	12,1	31,8
Betriebskosten	10^3 DM/a		258 (389)	702 (871)	2597 (3165)
Ölfeuerung					
Brennstoff		HEL	HEL	HS	HS
Kesseltyp		Flamm.-Rauchrohr	Flamm.-Rauchrohr	Wasserrohr	Wasserrohr
Dampf-Durchsatz	t/h	2,9	11,3	17,6	67,9
Dampf-Zustand	°C/bar	Sattdampf/10	Sattdampf/20	450/40	530/120
Wirkungsgrad	%	91	91	92	93
Bauzeit	a	0,5	0,5	1	1,5
Vollbetriebszeit	h/a	1500 (3000)	1500 (3000)	4000 (5500)	5500 (7000)
Personal	Personen	0,3 (0,6)	0,3 (0,6)	0,9 (1,2)	1,2 (1,5)
Investitionskosten	10^6 DM	0,33	0,82	4,6	13,6
Betriebskosten	10^3 DM/a	28,9 (52,6)	53,3 (89,0)	189,3 (234,0)	789 (932)

[a] Brennstoff: Fett-Feinkohle

2.2.2.2 Ergebnisse der Kostenvergleiche für die Dampferzeugung bei Kohle- und Ölkesseln

Die Ergebnisse der Kostenanalysen sind in Tabelle B-17 zusammengestellt.

Es zeigt sich, daß konventionelle Kohlekessel für beide Betrachtungszeiträume 1982 bis 2001 und 1992 bis 2011 bei einer realen Ölpreissteigerungsrate von 2% in allen Fällen kostengünstiger sind als Ölkessel. Die Kostenvorteile sind im Fall des Betrachtungszeitraums 1982 bis 2001 deutlich geringer. Ebenfalls verringern sich die

Tabelle B-17. Dampferzeugungskosten und Kostenstrukturen bei Kohlekesseln mit konventioneller und Wirbelschichtfeuerung und bei Ölkesseln für verschiedene Leistungsklassen und Vollaststunden in DM_{82}/MWh_{Dampf}, Inbetriebnahme 1992, Betrachtungszeitraum 20 Jahre (Inbetriebnahme 1982: Gesamtkosten nachrichtlich in Klammern)[c]

	Inbetriebnahme 1992							
Dampfkesselleistung (MWth)	60		15		8		2	
Vollaststunden h/a	5500	7000	4000	5500	1500	3000	1500	3000
Konventionelle Kohlekessel								
– Energiekosten	37,4	37,4	38,7	38,7	39,5	39,5	40,5	40,5
– Sonstige Betriebskosten	6,9	6,4	9,4	8,4	13,8	11,3	34,4	31,0
– Kapitalbezogene Kosten	7,3	5,8	11,8	8,6	15,4	7,7	23,9	12,0
Summe	51,6	49,6	56,9	55,7	68,7	58,5	98,8	83,5
(Summe bei Inbetriebnahme 1982)	(46,5)	(44,5)	(54,3)	(50,2)	(62,6)	(52,7)	(90,7)	(75,8)
Kohlekessel mit Wirbelschichtfeuerung								
– Energiekosten	38,0	38,0	38,7	38,7	38,9	38,9	–	–
– Sonstige Betriebskosten	9,0	8,6	13,4	12,1	24,7	18,6	–	–
– Kapitalbezogene Kosten	9,8	7,7	16,4	11,9	49,7	24,8	–	–
Summe	56,8	54,3	68,5	62,7	113,2	82,7	–[b]	–[b]
(Summe bei Inbetriebnahme 1982)	(51,4)	(48,9)	(62,6)	(57,0)	(106,3)	(75,9)	–	–
Ölkessel[a]								
– Energiekosten	58,0	58,0	58,6	58,6	96,7	96,7	96,4	96,4
– Sonstige Betriebskosten	2,7	2,5	3,6	3,3	5,1	4,3	11,0	10,0
– Kapitalbezogene Kosten	3,4	2,7	6,2	4,5	5,4	2,7	8,8	4,4
Summe	64,1	63,2	68,4	66,4	107,2	103,7	116,2	110,8
Summe bei Inbetriebnahme 1982)	(54,6)	(53,7)	(58,8)	(56,8)	(91,2)	(87,8)	(99,7)	(94,4)

[a] Heizöl (S) für 60 MWth und 15 MWth; Heizöl (EL) für 8 MWth und 2 MWth
[b] Wegen erheblicher Unsicherheiten bei Kostendaten nicht untersucht
[c] Zu den volkswirtschaftlichen und energiewirtschaftlichen Ausgangsannahmen siehe Tabelle B-1, Seite 66

Kostenvorteile bei geringeren Auslastungszeiten. In allen betrachteten Fällen sind über 70% (teilweise über 80%) der Dampferzeugungskosten durch die Energiekosten verursacht. Deshalb werden die Gesamtkosten der Dampferzeugung in hohem Maße durch die Kosten für die eingesetzten Endenergieträger (Kohle, schweres oder leichtes Heizöl) geprägt.

Zur Erklärung der günstigen Ergebnisse für die Kohleanlagen sei auf einige kostenstrukturelle Unterschiede hingewiesen, die für den Betrachtungszeitraum 1992 bis 2011 aus Tabelle B-17 hervorgehen:

- Die Kostenvorteile der Kohlekessel sind auf die Energiekostenvorteile der Kohleanlagen gegenüber den Ölanlagen zurückzuführen, die die Vorteile der Ölanlagen bei den kapitalbezogenen Kosten und sonstigen Betriebskosten überwiegen. Diese kostenstrukturellen Unterschiede erklären, daß die Vorteilhaftigkeit der

Kohleanlagen beim Betrachtungszeitraum 1992 bis 2011 bei zunehmenden Preisvorteilen der Kohle gegenüber dem Öl deutlicher wird. Demgegenüber werden aus diesem Grund die Vorteile deutlich geringer oder verschwinden, wenn eine geringere Ölpreissteigerungsrate oder der ausschließliche Einsatz inländischer Steinkohle angenommen wird, wie später noch in den Sensitivitätsanalysen gezeigt wird.

- Bei geringerer Auslastung gewinnen die Vorteile der Ölanlagen bei den kapitalbezogenen Kosten und sonstigen Betriebskosten an Gewicht, so daß die Ergebnisse relativ günstiger für die Ölanlagen ausfallen.
- Die Kostenvorteile der Kohleanlagen werden weniger durch die Anlagengröße, als durch die Brennstoffe bestimmt, mit denen die Ölanlagen befeuert werden. Bei leichtölbefeuerten Anlagen (2 MWth und 8 MWth) sind die Energiekostennachteile der Ölanlagen besonders ausgeprägt, so daß sich bei der 8 MWth-Anlage insgesamt die deutlichsten Vorteile für die Kohleanlagen ergeben. Die relativen Kostennachteile der kleinen leichtölbefeuerten 2 MWth-Anlage und der großen schwerölbefeuerten 60 MWth-Anlage sind etwa gleich. Das relativ schlechteste Ergebnis für die Kohleanlagen ergibt sich bei der schwerölbefeuerten 15 MWth-Anlage mit geringer Auslastung.
- Die Kohlekessel mit Wirbelschichtfeuerungen haben höhere kapitalbezogene Kosten und sonstige Betriebskosten (Kalksteinzugabe) als konventionelle Kohlekessel; sie sind dadurch natürlich durchweg ungünstiger als konventionelle Kohlekessel. Gegenüber Ölanlagen ergeben sich aber beim Betrachtungszeitraum 1992 bis 2011 Kostenvorteile der WSF bei gut ausgelasteten Anlagen. Bei gering ausgelasteten Anlagen schlagen die Kapitalkostennachteile der WSF aber durch; nur noch für die größte Anlage (60 MWth) ergibt sich ein günstiges Bild. Beim Betrachtungszeitraum 1982 bis 2001 bestehen Kostenvorteile nur noch für die große Anlage und für die 8 MWth-Anlage bei guter Auslastung. Wie bei den Heizkraftwerken mit Wirbelschichtfeuerung wurde auch bei den Industriekesseln mit WSF der Einsatz von Vollwertkohle unterstellt. Auch bei letzteren besteht ein gewisses Potential zur Verringerung der Dampfkosten durch Einsatz billigerer Ballastkohle.

2.2.2.3 Amortisationszeiten beim Ersatz von Ölkesseln durch Kohlekessel

Obwohl die Kostenbetrachtungen über 20 Jahre mehr oder weniger deutliche Kostenvorteile für die Kohlekessel ausweisen, können die relativ höheren Kapitalkosten der Kohleanlagen zu einem Realisierungsproblem werden, da für Unternehmen oft die Kapitalrückflußzeit bzw. Amortisationszeit zumindest ein ebenso wichtiges Kriterium ist wie die Kapitalrentabilität. Deshalb wurde in der Studie ergänzend auch die Frage analysiert, ob sich Mehrinvestitionen für Kohlekessel gegenüber Ölkesseln hinreichend rasch amortisieren. Wieviel Jahre „hinreichend rasch" sind, hängt von der Art des Investitionsprojekts, von der Art des Unternehmens und von seiner konkreten Situation ab. Häufig sind es nur drei bis fünf Jahre.

Tabelle B-18 zeigt statisch berechnete Amortisationszeiten für die untersuchten Kohleanlagen zur Dampferzeugung. Sie gibt Antworten auf die Frage, nach wieviel Jahren die Vorteile bei den jährlichen Betriebskosten (aufgrund der geringeren Energiekosten) von Kohle- gegenüber Ölanlagen die Mehrkosten bei den Investitionen ausgleichen. Die Antworten hängen in einigen Fällen stark davon ab, ob sich

Tabelle B-18. Industrie-Dampfkessel: Statistische Amortisationszeiten für Mehrinvestitionen bei Kohleanlagen gegenüber Ölanlagen, Bezugsjahr 1982, Angaben in Jahren

Dampfkesselleistung (MW)		2		8		15		60	
Volllaststunden pro Jahr		1500	3000	1500	3000	4000	5500	5500	7000
Feuerungsart	*Einsatzkohle*								
konventionell	Mischkohle[a]	10,7	4,8	4,1	1,9	10,6	7,1	5,7	4,4
	inländische Kohle	18,5	7,7	5,1	2,4	[a]	89,4	22,15	15,4
Wirbelschicht-feuerung	Mischkohle[b]	n.u.	n.u.	24,4	10,1	43,7	23,4	12,8	9,8
	inländische Kohle	n.u.	n.u.	34,7	13,5	[a]	[a]	[a]	[a]

[a] Keine Amortisation
[b] ⅓ inländische Kohle, ⅔ Importkohle
n.u. = nicht untersucht

die Kohlekosten auf inländische Kohle oder auf Mischpreise für inländische und importierte Kohle beziehen.

Die in Tabelle B-18 aufgeführten Ergebnisse zeigen, daß statische Amortisationszeiten von ca. fünf Jahren oder darunter bei Ansatz von Preisen für inländische Steinkohle nur für konventionelle Kohlefeuerungen in der 8 MW-Klasse bestehen (bei Vergleich mit leichtölbefeuerten Anlagen). Bei Ansatz von Mischkohlepreisen rücken auch konventionelle Kohleanlagen der 60 MW-Klasse (bei Vergleich mit schwerölbefeuerten Anlagen) in den aus einzelwirtschaftlicher Sicht meist attraktiven Bereich von Amortisationszeiten. Dies gilt auch für gut ausgelastete Anlagen der 2 MW-Klasse. Tabelle B-18 zeigt weiter, daß die Amortisationszeiten für Kohle-Wirbelschichtfeuerungen aufgrund der höheren Kapitalkosten deutlich länger sind; für Mischkohlepreise gibt es aber auch für einige Fälle Amortisationszeiten, die bei oder unter zehn Jahren liegen.

2.2.3 Realisierungsprobleme der Verheizungsstrategie

2.2.3.1 Zum Problem der Fernwärmekosten aus Heizkraftwerken in Abhängigkeit unterschiedlicher elektrizitätswirtschaftlicher Randbedingungen

Die in den ökonomischen Folgenanalysen veranschlagten Leistungs- und Arbeitsgutschriften orientieren sich an den vermiedenen Kosten der Erzeugung von Mittellaststrom in neuen Steinkohlekraftwerken.

Bei der Wahl dieses Bewertungsansatzes wurde davon ausgegangen, daß der sich beim strategiegemäßen Ausbau der Fernwärme ergebende Zuwachs an elektrischer Leistung ohnehin aus stromwirtschaftlichen Gründen erforderlich ist und daß Fernwärmewirtschaft und Elektrizitätswirtschaft ihre Versorgungsplanung regional und überregional aufeinander abstimmen. Für die betrachteten Heizkraftwerke wurde daher eine wärmebedarfsorientierte Fahrweise vorgegeben und vorausgesetzt, daß eventuelle Diskrepanzen in den Lastverläufen von Wärme- und Stromerzeugung mit Hilfe eines umfassenden Verbundnetzes stromseitig durch andere Kraftwerke ausgeglichen werden können. Schließlich wurde angenommen, daß die Heizkraftwerke ca. 5000 Vollaststunden pro Jahr arbeiten, also im elektrischen Mittellastbereich, in dem zur Zeit überwiegend Steinkohle eingesetzt wird.

Aufgrund dieser Annahmen konnte in der Studie für alle betrachteten Versorgungsfälle ein einheitlicher Bewertungsansatz gewählt werden. Im Gegensatz dazu kommen in der Praxis unterschiedliche Bewertungsansätze in Betracht, die sich an den jeweils gegebenen elektrizitätswirtschaftlichen Randbedingungen des konkreten Einzelfalls orientieren müssen. Wie in dieser Studie ist dabei von dem Grundsatz auszugehen, daß der (örtlichen) Stromversorgung durch den Einsatz der Kraft-Wärme-Kopplung keine Mehraufwendungen entstehen dürfen, die thermodynamischen Vorteile der gekoppelten Erzeugung von Wärme und Strom aber der Fernwärme zugerechnet werden können. In der Praxis wird je nach der gegebenen Strombeschaffungssituation des Betreiberunternehmens die Strombewertung entweder aus den Kosten vorhandener bzw. neu zu errichtender Erzeugungsanlagen abgeleitet oder aus den Bedingungen eines bestehenden Strombezugsvertrages. Die Höhe der Stromgutschrift wird somit entscheidend davon bestimmt, wer als Betreiber des Heizkraftwerks in Betracht kommt und wie die Anlage in die Stromversorgungsstruktur des jeweiligen Versorgungsgebietes eingebunden werden kann. Eine ungünstigere Bewertung des Stroms – als in der Studie angenommen – könnte sich vor allem in folgenden Fällen ergeben:

(a) wenn das Heizkraftwerk die Stromerzeugung aus vorhandenen Anlagen verdrängt.
(b) wenn durch den Heizkraftwerksstrom kostengünstiger Fremdstrombezug ersetzt wird,
(c) wenn der Heizkraftwerksstrom als Überschußstrom in das öffentliche Netz abgegeben werden muß.

Zu a. Für den Fall, daß die Errichtung von Heizkraftwerken die Stromerzeugung aus vorhandenen Anlagen verdrängt, wäre nur eine Gutschrift in Höhe der eingesparten variablen Kosten anzunehmen, da die fixen Kosten der nicht mehr oder unterbeschäftigten Anlagen weiterhin anfallen. Nach den Referenzannahmen der Studie zur Strombedarfsentwicklung in der Bundesrepublik Deutschland wäre aber ein dem strategiegemäßen Zuwachs an Stromerzeugungskapazität entsprechender Zubau von Mittellastkraftwerken ohnehin aus stromwirtschaftlichen Gründen erforderlich, so daß – bundesweit gesehen – keine Verdrängung der Stromerzeugung aus vorhandenen Anlagen stattfinden würde. Bei regionaler Betrachtung sind jedoch Diskrepanzen zwischen dem rein elektrizitätswirtschaftlichen Bedarf an zusätzlicher Stromerzeugungskapazität und dem Angebot, das sich durch den am Fernwärmebedarf orientierten Zubau von Heizkraftwerken ergibt, nicht auszuschließen. Dieses Problem konnte im Rahmen der Studie nicht im einzelnen analysiert werden. Die Bereitschaft der Elektrizitätswirtschaft, ihre Kraftwerksausbauplanung an die Erfordernisse der Fernwärmeversorgung anzupassen, um solche Diskrepanzen zu vermeiden, kann unter den bestehenden rechtlichen und institutionellen Rahmenbedingungen nicht unbedingt vorausgesetzt werden (s. dazu ausführlich Abschnitt 2.2.3.2).

Eine Verdrängung der Stromerzeugung aus vorhandenen Anlagen und damit eine ungünstigere Strombewertung könnte auch dann eintreten, wenn der Verlauf von

Wärme- und Stromnachfrage in zeitlicher Hinsicht nicht übereinstimmt. Sofern der Betreiber des Heizkraftwerkes über andere Stromerzeugungsanlagen verfügt, die deutlich niedrigere Arbeitskosten aufweisen als Steinkohlekraftwerke, ist anzunehmen, daß das Heizkraftwerk in Zeiten geringer Stromnachfrage zurückgefahren oder außer Betrieb genommen wird mit der Folge, daß die Wärme währenddessen in Heizwerken mit höheren Gestehungskosten erzeugt werden muß. Die zeitlichen Verlaufsmuster von Mittellaststrom- und Fernwärmebedarf sind zwar statistisch gesehen sehr ähnlich und könnten sich – wenn man mit einem weiteren Vordringen des Stroms im Wärmemarkt rechnet – in Zukunft noch weiter angleichen, dennoch sind je nach der örtlich vorhandenen Abnehmerstruktur Diskrepanzen nicht auszuschließen. Der in der Studie für solche Fälle unterstellte Ausgleich über ein umfassendes Stromverbundnetz würde aber in der Praxis auf erhebliche institutionelle Probleme stoßen, da das Verbundnetz nur den daran beteiligten überregionalen EVU zur Verfügung steht, während die Heizkraftwerke überwiegend von kommunalen Unternehmen betrieben würden.

Zu b. Bei Versorgungsunternehmen, die ausschließlich als Verteilerunternehmen tätig sind oder aber ihren Strombedarf bisher nur in geringem Maße durch Eigenerzeugung decken, würde der Aufbau einer Fernwärmeversorgung auf Basis der Kraft-Wärme-Kopplung zu einer Verringerung des Fremdstrombezuges führen. Dieser Fall dürfte für die Mehrzahl der Städte unter 350 000 Einwohnern gegeben sein und betrifft somit einen wesentlichen Teil der strategiegemäß vorgesehenen Ölsubstitution durch Fernwärme.

Die Strombewertung würde sich hier nach den Kosten für den Fremdstromanteil richten, der durch den Heizkraftwerksstrom ersetzt wird. Für Entnahme-Kondensationsanlagen wäre als Leistungsgutschrift der eingesparte Leistungspreis für die Heizkraftwerksleistung bei maximaler Fernwärmeauskopplung anzusehen, die das ganze Jahr über gesichert und verfügbar ist. Für Gegendruckanlagen wäre eine entsprechend geringere Leistungsgutschrift anzusetzen, da der Strombedarf wegen der fernwärmeabhängigen Betriebsweise der Anlage in Zeiten geringer Wärmenachfrage auch weiterhin durch Fremdbezug gedeckt werden muß. Ob und in welchem Umfang zusätzliche Reservestellungskosten anfallen, hängt von der Zahl und Leistung der bereits vorhandenen Anlagen ab. War der Betreiber des Heizkraftwerks bisher nur als Verteiler tätig, muß die zur Deckung des lokalen Strombedarfs fest eingeplante Heizkraftwerksleistung durch Reserveleistung abgesichert werden, da das Unternehmen seinen Kunden gegenüber einer Versorgungspflicht unterliegt. Die Leistungsgutschrift reduziert sich deshalb in der Praxis um den an das regionale EVU zu zahlenden Preis für die Reservestellung.

Als Arbeitsgutschrift kann unabhängig von der Art der Anlage der eingesparte Arbeitspreis für die in der Hoch- und Niedrigtarifzeit erzeugte Strommenge veranschlagt werden. Dabei ist allerdings zu berücksichtigen, daß – sofern weiter Strom von einem EVU der Regional- oder Verbundstufe bezogen wird – für diesen Fremdstrom wegen des degressiven Verlaufs der Arbeitspreise (sinkender Arbeitspreis bei wachsendem Verbrauch) unter Umständen ein höherer Preis pro Kilowattstunde zu bezahlen ist als vorher; die Arbeitsgutschrift wäre dann um diesen Differenzbetrag zu verringern.

Wie sich in der Praxis gezeigt hat, sind Stromgutschriften, die aus den Strompreisen bestehender Großbezugsverträge abgeleitet werden, häufig deutlich niedriger als Stromgutschriften, die sich an den Erzeugungskosten neu zu errichtender Steinkohlekraftwerke orientieren. Dies ist darauf zurückzuführen, daß die Strompreise der EVU auf den durchschnittlichen Stromerzeugungskosten basieren, die sich aus einem bestehenden Anlagenpark mit Kraftwerken unterschiedlicher Größe, unterschiedlicher Einsatzenergien und unterschiedlichen Alters ergeben und die in der Regel unter den Stromerzeugungskosten eines neu zu bauenden Steinkohlekraftwerks liegen. Die Differenz wird um so größer sein je günstiger die Stromerzeugungsbasis des Stromlieferanten ist (hoher Anteil an Braunkohlen-, Kernkraft- und Laufwasserkraftwerken). Diese „stromwirtschaftlichen Disparitäten“ werden häufig als ein entscheidenes Investitionshemmnis für die Errichtung kommunaler Heizkraftwerke und damit für den weiteren Ausbau der Fernwärme betrachtet [Stumpf 1981].

Es ist allerdings zu berücksichtigen, daß Stromerzeugungskosten neuer Steinkohlekraftwerke in der Praxis üblicherweise als die Kosten des ersten Betriebsjahres definiert werden, die im Hinblick auf die kapitalbezogenen Kosten zwangsläufig höher sind als die derzeitigen Kapitalkosten älterer Kraftwerke. Aufgrund der in dieser Studie gewählten Berechnungsmethode, die von den mittleren realen Kosten der Stromerzeugung ausgeht, werden solche Unterschiede nivelliert.

Eine weitere Ursache für die Differenz zwischen heutigen Strompreisen und den Stromerzeugungskosten neuer Steinkohlekraftwerke liegt darin, daß zur Stromerzeugung in erheblichem Umfang auch alte Kraftwerke eingesetzt werden, die den geltenden umweltrechtlichen Anforderungen nicht genügen, während bei den Investitionskosten neuer Kraftwerke von dem Stand der Technik zur Schadstoffrückhaltung ausgegangen wird. Aufgrund der Bestimmungen der Großfeuerungsanlagenverordnung müssen solche Anlagen künftig stillgelegt oder nachgerüstet werden, was einen entsprechenden Anstieg der Strompreise zur Folge haben wird. Dennoch dürften auch in Zukunft die durchschnittlichen Stromerzeugungskosten eines EVU mit ausgewogener Kraftwerksstruktur unter den durchschnittlichen Stromerzeugungskosten eines kommunalen Unternehmens liegen, das seinen gesamten Strombedarf aus einem neuen Steinkohlekraftwerk decken müßte. Es wäre also in diesem Falle günstiger, wenn das Heizkraftwerk im Rahmen der aus Umweltgründen ohnehin erforderlichen Sanierung überalterter Kraftwerkssubstanz von dem in dem betreffenden Raum tätigen EVU der Regional- oder Verbundstufe errichtet würde, von dem das kommunale Unternehmen dann neben Strom auch Fernwärme bezieht. Denkbar wäre auch, daß das Heizkraftwerk als Gemeinschaftskraftwerk des EVU und des kommunalen Unternehmens als Träger der Fernwärmeversorgung gebaut würde. Auf die Bereitschaft der großen EVU, im Interesse eines weiteren Fernwärmeausbaus solche kooperativen Lösungen anzustreben, wird im nächsten Abschnitt näher eingegangen werden.

Zu c. Der Fall, daß der in Kraft-Wärme-Kopplung erzeugte Strom als Überschußstrom in das öffentliche Netz eingespeist werden muß, ist hauptsächlich bei der Errichtung von Gegendruckanlagen durch kleine Gemeinden denkbar.

Wurde die Stromversorgung bisher nicht von einem kommunalen Unternehmen, sondern im Rahmen eines Konzessionsvertrages von einem EVU der Regional- oder

Verbundstufe durchgeführt, müßte der gesamte Heizkraftwerksstrom abgegeben werden, da sich die Gemeinde verpflichtet hat, während der Dauer des Vertrages jede eigene Versorgungstätigkeit zu unterlassen. Auch bei Gemeinden, die bereits als Stromverteiler tätig waren, könnte die Abgabe von Überschußstrom dann erforderlich werden, wenn in Zeiten hoher Wärmenachfrage mehr Strom erzeugt wird als zur Deckung des lokalen Strombedarfs gebraucht wird. Die Strombewertung würde sich in diesen Fällen danach richten, wie der eingespeiste Strom von dem aufnehmenden EVU vergütet wird.

Während schon 1979 zwischen der Elektrizitätswirtschaft (VDEW) und der Industrie (BDI, VIK) eine Vereinbarung über Grundsätze der stromwirtschaftlichen Zusammenarbeit getroffen wurde [VIK 1979], in der Fragen der Reservestellung, des Zusatzstrombezugs und der Vergütung von Überschußstrom aus Anlagen mit Kraft-Wärme-Kopplung geregelt sind, ist eine vergleichbare Vereinbarung für den kommunalen Bereich bisher nicht zustande gekommen. Nach einer gemeinsamen Erklärung der Verbände der Elektrizitätswirtschaft ist deshalb gegenwärtig auch bei Vertragsverhandlungen zwischen Verbundwirtschaft und stromerzeugenden Unternehmen der Ortsstufe von den mit der Industrie vereinbarten Grundsätzen auszugehen. Darin ist für die Einspeisung von Überschußstrom eine Mindestvergütung festgelegt, die sich an den vermiedenen Kosten der Stromerzeugung in der öffentlichen Versorgung (in der Regel nur variable Kosten) orientiert, wobei etwaige Einsparungen von Verlusten bei Transport und Verteilung zu berücksichtigen sind. Eine höhere Vergutung, die auch die Einsparung leistungsabhängiger Kosten berücksichtigt, ist für den Fall vorgesehen, daß die Einspeisung mit einer Programmlieferverpflichtung des Einspeisers erfolgt. Voraussetzung dafür ist in erster Linie, daß bei dem aufnehmenden EVU ein entsprechender Leistungsbedarf besteht, also keine vorhandene Kraftwerksleistung verdrängt wird, und daß die Betriebsweise des Heizkraftwerkes an den Fahrplan des EVU angepaßt wird. Wegen nicht auszuschließender jahres- und tageszeitlichen Differenzen im Verlauf von Wärme und Stromnachfrage sind diese Voraussetzungen für kommunale Gegendruckanlagen, die zum Zweck der Fernwärmeversorgung errichtet werden und bei denen keine Möglichkeit der Wärmespeicherung vorgesehen sind, schwieriger zu erfüllen als bei Gegendruckanlagen im industriellen Bereich, die hauptsächlich die Aufgabe haben, kontinuierlich über das Jahr Prozeßwärme zu liefern.

Die vorstehende Diskussion hat gezeigt, daß die erzielbaren bzw. verrechenbaren Erlöse für Koppelstrom in der gegenwärtigen Praxis aufgrund derzeit anderer Randbedingungen teilweise geringer sein können als die eingesparten leistungs- und arbeitsabhängigen Kosten in einem neuen 700 MWe Steinkohlekraftwerk. Es wurde deshalb in Sensitivitätsbetrachtungen überprüft, wie sich eine ungünstigere Strombewertung auf die Fernwärmeerzeugungskosten auswirkt.

Die in Tabelle B-19 dargestellten Ergebnisse zeigen, daß die Fernwärmeendenergiepreise sehr empfindlich auf Reduzierungen der Arbeitsgutschrift reagieren, während sich in dem hier betrachteten Fall auch noch bei einem völligem Wegfall der Leistungsgutschrift Endenergiekosten ergeben, die anlegbaren Fernwärmepreisen in Bezug auf Heizöl (gegenwärtig rund 95 DM/MWh) entsprechen, d.h. Fernwärmepreisen, die unter Berücksichtigung von Unterschieden bei den Anwendungskosten und Wirkungsgraden zu gleichen Nutzenergiekosten für die Endverbraucher wie bei der Ölzentralheizung führen.

Tabelle B-19. Veränderung der Mindesterlöse je MWh Fernwärme (Endenergie) bei Verringerung der Arbeits- oder Leistungsgutschrift für die Stromerzeugung in einem 42 MWe/ 85 MWth HKW (Betriebsbeginn 1982, Betrachtungszeitraum 20 Jahre, Berücksichtigung von Anlaufkosten)

Bei Verringerung der jeweiligen Gutschrift um	Erforderliche Mindesterlöse in DM/MWh bei Reduzierung der Arbeitsgutschrift und konstanter Leistungsgutschrift	Erforderliche Mindesterlöse in DM/MWh bei Reduzierung der Leistungsgutschrift und konstanter Arbeitsgutschrift
0%	81	81
25%	90	84
50%	99	88
75%		91
100%		95

2.2.3.2 Ordnungsrechtlich relevante Rahmenbedingungen der Energiewirtschaft für die Realisierung der Verheizungsstrategie

Der Aufbau einer Fernwärmeversorgung auf der Basis der Kraft-Wärme-Kopplung würde – wie in der Verheizungsstrategie unterstellt – eine Anpassung der bisherigen Kraftwerksausbauplanung der EVU an die Erfordernisse der Fernwärmeversorgung voraussetzen vor allem hinsichtlich der Standortwahl und der Dimensionierung der Anlagen. Eine solche Anpassung liefe auf eine Dezentralisierung der Stromerzeugung hinaus, die im Gegensatz zu der gewachsenen rechtlichen und institutionellen Organisationsstruktur der Elektrizitätswirtschaft stünde und daher eine Reihe rechtlicher und institutioneller Hemmnisse zu überwinden hätte.

Das *Energiewirtschaftsgesetz (EnergG)* von 1935 läßt zwar die privatwirtschaftlich organisierte Energieversorgung im Prinzip unberührt, unterwirft aber alle wichtigen Entscheidungen der Unternehmen als Korrektiv für ihre durch Wettbewerb nicht hinreichend kontrollierte Stellung im Markt einer staatlichen Aufsicht. Hervorzuheben ist, daß der Begriff „Energiewirtschaft“ im Sinne des § 1 EnergG nur die leitungsgebundene Elektrizitäts- und Gasversorgung umfaßt, während die Fernwärmeversorgung, obwohl ebenfalls leitungsgebunden, nicht der Anwendung des Gesetzes unterliegt.

Nach § 4 EnergG sind der Bau, die Erneuerung, die Erweiterung und die Stillegung von Energieanlagen der Energieaufsichtsbehörde anzuzeigen und können von dieser beanstandet oder untersagt werden, „wenn Gründe des Gemeinwohls es erfordern“. Die Konkretisierung des unbestimmten Rechtsbegriffs „Gründe des Allgemeinwohls“ orientierte sich in der bisherigen energieaufsichtlichen Praxis ausschließlich an der in der Präambel zum Energiewirtschaftsgesetz formulierten Zielsetzung, „die Energieversorgung so sicher und billig wie möglich zu gestalten“. Unter Sicherheit der Energieversorgung wurde hierbei „die ausreichende Deckung des Bedarfs der Energiedarbietung“ verstanden [Tegethoff, Büdenbender, Klinger, Präambel EnergG 3a, Tz 2]. Unter dem Aspekt der Preiswürdigkeit der Energieversorgung wurde dem Gesichtspunkt der Konzentration der Stromerzeugung und -verteilung im Hinblick auf die Konkurrenzfähigkeit der deutschen Elektrizitätswirtschaft mit den verstaatlichten Elektrizitätswirtschaften in England, Frankreich und Italien eine vorrangige Bedeutung beigemessen [Bundesminister für Wirtschaft

1964]. Folgerichtig wurde eine Herauslösung von Verbrauchsschwerpunkten aus dem Versorgungsgebiet eines anderen EVU, z.B. durch Errichtung kommunaler Energieanlagen, als unvereinbar mit dem Gemeinwohl angesehen, da sie zu einer Strukturverschlechterung für den bisherigen Gebietsversorger und damit zu einer Zersplitterung der Versorgungsgebiete führen würde [Eiser, Riederer, Obernolte, Danner § 4 EnergG, Anm. 3f]. Die Errichtung großer Anlagen wurde als die wesentlichste Voraussetzung für die Erzielung niedriger Stromgestehungskosten angesehen. Zur Erreichung dieses Ziels sollten nach den Grundsätzen des sog. 300-Megawatt-Erlasses vom 21.6.64 – von Sonderfällen abgesehen – keine Freigaben für Kraftwerkseinheiten unter 300 MW erteilt werden.

Die hier nur kurz skizzierten Prüfungsmaßstäbe für die Beurteilung von Kraftwerksprojekten machen deutlich, daß zumindest die bisherige Interpretation und Anwendung des Energiewirtschaftsgesetzes im Rahmen der Investitionsaufsicht der Entwicklung einer dezentralen Energieversorgungsstruktur auf der Basis der Kraft-Wärme-Kopplung entgegenstehen. Die Frage, inwieweit die Energieaufsichtsbehörden in Anbetracht einer geänderten energiepolitischen Prioritätensetzung künftig bei der Konkretisierung des unbestimmten Rechtsbegriffs „Gründe des Gemeinwohls" auch Gesichtspunkte der Energieeinsparung, der Ressourcenschonung und des Umweltschutzes zur Geltung bringen können, ist umstritten.

Nach Auffassung des Rates von Sachverständigen für Umweltfragen kann das Energiewirtschaftsgesetz in Zusammenhang mit der vierten Novelle zum Kartellgesetz auch heute schon auf der Grundlage eines erweiterten Zielkatalogs ausgelegt werden, der diese Gesichtspunkte berücksichtigt [Rat von Sachverständigen für Umweltfragen 1981, Tz. 533].

Die Elektrizitätswirtschaft vertritt demgegenüber die Ansicht, daß als „Gründe des Gemeinwohls", die die Energieaufsichtsbehörden berechtigen, ein Investitionsvorhaben zu beanstanden oder zu untersagen, ausschließlich elektrizitätswirtschaftliche Belange in Betracht kommen. Weder allgemein volkswirtschaftliche Forderungen, noch Gesichtspunkte der Raumplanung und des Umweltschutzes könnten berücksichtigt werden, da sie außerhalb der Zielsetzung des Gesetzes lägen. Die Gesetzesvorschrift ermächtige die Energieaufsichtsbehörden lediglich zu materiell begründeten Maßnahmen repressiven Charakters, sie biete aber keine Rechtsgrundlage, positiv auf eine bestimmte Gestaltung der Versorgungsanlagen hinzuwirken [Tegethoff 1982].

Anders als die Elektrizitätswirtschaft ist Oligmüller (VIK) der Ansicht, daß weder der Wortlaut des Energiewirtschaftsgesetzes, noch Sinn und Zweck des Gesetzes die „Gründe des Gemeinwohls" auf die Zielsetzung einer möglichst sicheren und billigen Energieversorgung begrenzen. Hätte der Gesetzgeber eine solche Begrenzung gewollt, hätte er dies in § 4 EnergG aufgreifen müssen; dort sei aber nur allgemein von „Gründen des Gemeinwohls" die Rede. Die Tatsache, daß die Ziele Sicherheit und Preiswürdigkeit der Energieversorgung explizit in der Präambel genannt seien, mache lediglich deutlich, daß sie der Gesetzgeber für wichtig hält, bedeute aber nicht, daß andere wichtige Belange vom Grundsatz her ausgeschlossen sein sollen. Zumindest die Ressourcenschonung sei als ein anderer wichtiger Belang der Energieversorgung anzusehen. Eine Berücksichtigung von Belangen des Umweltschutzes sei dagegen ausgeschlossen, soweit sie bereits in einem anderen Verfahren hinsichtlich der gleichen Anlage geprüft würden [Oligmüller 1983].

Nach Auffassung der Bundesregierung wird der unbestimmte Rechtsbegriff „Gründe des Gemeinwohls" durch die Zielsetzung Sicherheit und Preiswürdigkeit konkretisiert. Da aber die rationelle und sparsame Energieverwendung eine wesentliche Voraussetzung für eine auch künftig sichere Versorgung sei, würden die Gesichtspunkte der Energieeinsparung und der Ressourcenschonung vom Ziel der Versorgungssicherheit mit erfaßt. Neben dem Verfahren nach § 4 EnergG seien für Energieanlagen unter Umweltgesichtspunkten Verfahren nach besonderen Gesetzen durchzuführen. Möglichkeiten, die Energieversorgungsunternehmen zu einer Verbesserung des Umweltschutzes anzuhalten, seien daher bereits vorhanden [Deutscher Bundestag, Drucksache 10/800 vom 8. 12. 83].

Auch die Arbeitsgruppe „Energie und Umwelt" der Umweltministerkonferenz ist zu dem Schluß gekommen, daß eine konsequente Anwendung des geltenden Energiewirtschaftsrechts es erlaubt, im Rahmen der Investitionskontrolle Aspekte der Energieeinsparung und der Ressourcenschonung zu berücksichtigen. Dennoch hält sie eine Konkretisierung und Erweiterung des Gemeinwohlbegriffs in § 4 EnergG für erforderlich, um die auch im immissionsschutzrechtlichen Verfahren nicht gegebene Möglichkeit zu schaffen, auf eine – unter dem Gesichtspunkt einer möglichst umweltfreundlichen Energieversorgung – optimale Wahl von Standort, Brennstoffart und Anlagengröße Einfluß zu nehmen [Arbeitsgruppe „Energie und Umwelt" 1983].

Die Wirtschaftsministerkonferenz hat den Bericht der Arbeitsgruppe „Energie und Umwelt" heftig kritisiert, da er ihrer Ansicht nach eine sachgerechte Abwägung der Belange der Energieversorgung mit den Belangen des Umweltschutzes vermissen läßt. Die ökonomische Bedeutung der Elektrizitätsversorgung für die Funktions- und Wettbewerbsfähigkeit der Wirtschaft werde verkannt, indem der hierfür entscheidende Aspekt der Preiswürdigkeit völlig außer Acht gelassen werde [Wirtschaftsministerkonferenz 1983].

Für die Realisierung der Verheizungsstrategie lassen sich aus den verschiedenen Stellungnahmen folgende Schlußfolgerungen ziehen: Nach überwiegender Meinung ist es bereits auf der Grundlage des geltenden Rechts möglich, die Prüfung von Kraftwerksvorhaben unter dem Gesichtspunkt der Ressourcenschonung vorzunehmen und eine Abwärmenutzung zu fordern, soweit diese technisch möglich und wirtschaftlich vertretbar ist.

Bei den strategiegemäß betrachteten Heizkraftwerken handelt es sich jedoch überwiegend um mittlere und kleinere Anlagen, die aus rein stromwirtschaftlichen Gründen nicht errichtet würden. Ein entscheidendes Hemmnis für die Realisierung der Verheizungsstrategie könnte deshalb in der mangelnden Bereitschaft der EVU zur Errichtung solcher „fernwärmeorientierter" Heizkraftwerke liegen. Wie aus zahlreichen Stellungnahmen der Elektrizitätswirtschaft hervorgeht, sieht sie ihren gesetzlich verankerten Versorgungsauftrag ausschließlich darin, „ihre Kunden ausreichend und preisgünstig mit elektrischer Energie zu versorgen" [Stellungnahme der VDEW zum Problemkatalog der Umweltministerkonferenz 1982]. Die Unternehmen der Verbund- und Regionalstufe haben sich zwar bereit erklärt, aus ihren thermischen Kraftwerken Fernwärme auszukoppeln, soweit die dadurch verursachten Zusatzkosten von dem Verkauf der Wärme gedeckt werden, gleichzeitig aber immer wieder betont, daß es ihnen das Gebot der möglichst preiswürdigen Stromversorgung nicht gestatte, auf die Kostenvorteile großer Kraftwerke zu verzichten [Erklärung der Elektrizitätswirtschaft zum Ausbau der Fernwärme vom Juni 1981].

Ob das geltende Energiewirtschaftsgesetz eine ausreichende rechtliche Grundlage bietet, eine Anpassung der Kraftwerksausbauplanung der EVU an die Erfordernisse der Fernwärmeversorgung zu erzwingen, muß bezweifelt werden. Da die Versorgung mit Fernwärme nicht der Anwendung des Gesetzes unterliegt, besteht keine rechtliche Verpflichtung, eine Optimierung der Kosten von Strom und Wärme bei der gemeinsamen Erzeugung in Anlagen mit Kraft-Wärme-Kopplung anzustreben. Es ist von daher fraglich, ob ein unter dem Aspekt einer wirtschaftlichen Elektrizitätsversorgung optimal ausgelegtes Großkraftwerk allein mit der Begründung untersagt werden kann, daß es eine wirtschaftliche *Fernwärmeversorgung* auf der Basis dezentraler Heizkraftwerke verhindere. Nach der überwiegenden Auffassung in Rechtsprechung und Literatur hat sich die Überprüfung von Investitionsvorhaben ausschließlich auf die Auswirkungen für die jeweilige Versorgungssparte zu beschränken, erlaubt also keine spartenübergreifende Betrachtung [Büdenbender 1982b]. Schließlich ermächtige die Gesetzesvorschrift die Aufsichtsbehörden lediglich, ein beantragtes Vorhaben zu beanstanden oder zu untersagen, nicht aber Alternativen vorzuschlagen und damit positiv auf die Gestaltung der Energieversorgung Einfluß zu nehmen [Tegethoff, Büdenbender, Klinger § 4 EnergG I 174]. Auch der Rat von Sachverständigen für Umweltfragen hält die Untersagung von Großkraftwerken zugunsten dezentraler Heizkraftwerke nur „unter Umständen", also in besonders gelagerten Einzelfällen, nicht aber generell für möglich.
Mit dem Aspekt der Umweltentlastung durch verstärkte Nutzung der Kraft-Wärme-Kopplung dürfte sich die Untersagung neuer Großkraftwerke ebensowenig rechtfertigen lassen, da nach herrschender Meinung eine Prüfung der Belange des Umweltschutzes nicht Aufgabe des energieaufsichtlichen Verfahrens ist. Eine Korrektur der von der Energieaufsichtsbehörde getroffenen Entscheidung kann aber auch im immissionsschutzrechtlichen Verfahren nicht erfolgen, da das geltende Umweltrecht keine Diskussion von Alternativen einer energiewirtschaftlichen Maßnahme zuläßt. Sofern der potentielle Betreiber eines reinen Kondensationskraftwerks ohne Abwärmenutzung die immissionsschutzrechtlichen Anforderungen erfüllt, hat er einen Rechtsanspruch auf Erteilung der Genehmigung [Bonberg, Hofmann 1984].

Wenn die Kommunen selbst Heizkraftwerke errichten wollen, können sich zunächst in zeitlicher Hinsicht Behinderungen aus bestehenden *Konzessions-* und *Demarkationsverträgen* ergeben. Gebietsschutzabsprachen zwischen Erzeuger- und Verteilerunternehmen (unselbständige Demarkationsverträge) sowie Vereinbarungen zwischen Gemeinden und Versorgungsunternehmen über die Einräumung ausschließlicher Wegebenutzungsrechte (Konzessionsverträge) sind gemäß § 103 des *Kartellgesetzes* (Gesetz gegen Wettbewerbsbeschränkungen – GWB –) von dem grundsätzlichen Verbot, wettbewerbsbeschränkende Absprachen zu treffen, freigestellt. Während es allerdings in der bisherigen Praxis üblich war, solche Verträge über einen Zeitraum von dreißig und mehr, teilweise auch von über fünfzig Jahre abzuschließen, ist ihre Laufzeit nunmehr durch die Vierte Novelle zum Kartellgesetz auf zwanzig Jahre befristet worden.

Unselbständige Demarkationsverträge und Konzessionsverträge enthalten üblicherweise neben der Verpflichtung, den Elektrizitätsbedarf ausschließlich bei dem Vertragspartner zu decken, auch eine Klausel, die es dem versorgten Partner verbietet, selbst Stromerzeugungsanlagen zu errichten oder zu betreiben. Die kartellrechtliche Zulässigkeit solcher Klauseln ist umstritten.

Die Kartellreferenten des Bundes und der Länder haben in einer Entschließung vom Oktober 1981 die Auffassung vertreten, daß die vertraglich abgesicherten Energieerzeugungsverbote gegen das allgemeine Kartellverbot des § 1 GWB verstoßen und auch nicht nach den besonderen versorgungswirtschaftlichen Bestimmungen freistellbar seien. Ein beliefertes Versorgungsunternehmen dürfe nicht gehindert werden, eigenerzeugte Energie in dem von ihm selbst versorgten Gebiet zu verteilen. Eine Gemeinde, deren Gebiet von einem anderen Unternehmen versorgt werde, dürfe nicht gehindert werden, Erzeugungsanlagen z. B. im Hinblick auf eine zukünftige Übernahme der öffentlichen Versorgung zu errichten und für den eigenen Bedarf (Straßenbeleuchtung, Stromversorgung von Gemeindeeinrichtungen) zu betreiben. Soweit dabei Überschußstrom aus Anlagen der Kraft-Wärme-Kopplung oder anderen Anlagen der rationellen Energienutzung anfalle, müsse dieser zu angemessenen Bedingungen in das Netz aufgenommen werden. Zum Schluß der Entschließung haben die Kartellreferenten angekündigt, daß sie künftig gegen ihnen bekannt werdende Behinderungen gemäß der Vierten Novelle zum Kartellgesetz vorgehen würden [Entschließung der Kartellreferenten des Bundes und der Länder vom 8./9. Oktober 1981].

Nach Auffassung der Verbände der Elektrizitätswirtschaft ist die rechtliche Beurteilung der Klauseln durch die Kartellreferenten unzutreffend, da sie den Zweck von Begrenzungen der Eigenerzeugung verkennt. Energieerzeugungsverbote in Demarkationsverträgen zwischen Lieferunternehmen und weiterverteilenden Sonderkunden würden nicht mit dem Ziel vereinbart, den Wettbewerb zu beschränken, sondern um die „Ausgewogenheit von Leistung und Gegenleistung" zu erhalten, und unterlägen von daher nicht dem Kartellverbot. Erzeugungsverbote in Konzessionsverträgen seien lediglich als eine Konkretisierung der Ausschließlichkeitsvereinbarung zu betrachten, die dem Gebietsschutz diene und deshalb durch den Freistellungstatbestand des § 103 Abs. 1 Satz 2 GWB erfaßt werde [Stellungnahme der VDEW zur Entschließung der Kartellreferenten vom 3.12.1981].

In Übereinstimmung mit den Kartellreferenten geht auch die Elektrizitätswirtschaft davon aus, daß Vorbereitungshandlungen der Gemeinden im Hinblick auf die Übernahme der öffentlichen Versorgung nach Auslaufen der bestehenden Gebietsschutzabreden nicht behindert werden dürfen. Dies ergäbe sich zwangsläufig aus der Befristung der Verträge. Ein Errichtungsverbot während der Laufzeit des Vertrages könne in Zukunft von den Kartellbehörden beanstandet werden, da es den nahtlosen Übergang von einer bisherigen Fremdversorgung zu einer eigenen Versorgungstätigkeit der Gemeinde ausschließen würde [Büdenbender 1982].

Neben der zeitlichen Behinderung durch langfristige Versorgungsverträge können vor allem wirtschaftliche Schwierigkeiten dem Bau kommunaler Heizkraftwerke entgegenstehen, weil eine Gemeinde, die eigene Stromerzeugungsanlagen errichtet, in der Regel – besonders wenn es sich um mittlere und kleinere Gemeinden handelt – im Hinblick auf die Reservestellung, den Bezug von Zusatzstrom und die Abgabe von Überschußstrom weiterhin auf das regionale Versorgungsunternehmen angewiesen ist. Letztlich entscheiden die hierfür eingeräumten Bedingungen, in erster Linie die Höhe der Vergütung für eingespeisten Überschußstrom, ob die kommunalen

Anlagen wirtschaftlich betrieben werden können [Rat von Sachverständigen für Umweltfragen 1981, Tz 529].

Die Vierte Novelle zum Kartellgesetz hat die Mißbrauchsaufsicht über die Versorgungsunternehmen verschärft, um sicherzustellen, daß eine technisch mögliche und volkswirtschaftlich sinnvolle Nutzung der Kraft-Wärme-Kopplung nicht durch mißbräuchliche Behinderungspraktiken erschwert wird [Begründung der Bundesregierung zum Entwurf eines vierten Gesetzes zur Änderung des Kartellgesetzes, Deutscher Bundestag, Drucksache 8/2136 vom 27. 9. 78, S. 34]. Der Tatbestand der „unbilligen Behinderung" bei der Verwertung von in eigenen Anlagen erzeugter Energie wurde explizit in das Gesetz aufgenommen. Eine unbillige Behinderung liegt auch dann vor, wenn ein Versorgungsunternehmen sich weigert, Verträge über die Einspeisung von Überschußstrom in sein Versorgungsnetz und eine damit verbundene Entnahme zu angemessenen Bedingungen abzuschließen (§ 103 Abs. 5 Nr. 3 und 4 GWB).

Dennoch ist es fraglich, ob die Konkretisierung der Mißbrauchstatbestände ausreicht, um die angedeuteten wirtschaftlichen Hemmnisse abzubauen. Aufgrund des bestehenden Systems geschlossener Versorgungsgebiete, das im Rahmen der Vierten Novelle zum Kartellgesetz erneut bestätigt wurde, ist die Gemeinde bei Vertragsverhandlungen ausschließlich auf den „zuständigen" Gebietsmonopolisten angewiesen. Sie hat nicht die Möglichkeit, dasjenige EVU zu wählen, das ihr die günstigsten Bedingungen bei der Reserve- und Zusatzstromversorgung einräumen und die höchsten Preise für eingespeisten Überschußstrom bezahlen würde.

Bei der Frage einer angemessenen Vergütung für die Einspeisung von Überschußstrom aus Eigenanlagen in das öffentliche Netz sind in erster Linie Verfügbarkeit und Dauer der Einspeisung von Bedeutung. Kurzfristig gesehen kann auch nach Auffassung des Bundeskartellamtes in der Regel kaum eine höhere Vergütung als die bei dem aufnehmenden EVU eingesparten Brennstoffkosten verlangt werden. Langfristig gesehen könne jedoch das EVU, das von einem zuverlässigen Einspeiser über mehrere Jahre Strom bezieht, zusätzlich zu den beweglichen Kosten der Stromerzeugung auch Investitionskosten für die Errichtung weiterer Stromerzeugungskapazitäten vermeiden. Diese Ersparnis müsse das EVU dem Einspeiser in Form einer höheren Vergütung zukommen lassen [Bundeskartellamt, zitiert nach VIK Tätigkeitsbericht 80/81]. Eine solche an den Kosten einer alternativen Strombeschaffung orientierten Vergütung ist zwar auch in den „Grundsätzen über die Intensivierung der stromwirtschaftlichen Zusammenarbeit zwischen öffentlicher Elektrizitätsversorgung und industrieller Kraftwirtschaft" für den Fall vorgesehen, daß die Einspeisung mit einer Programmlieferungsverpflichtung des Einspeisers erfolgt. Es ist jedoch zu fragen, ob die öffentliche Elektrizitätswirtschaft auch dann bereit ist, den Grundsätzen entsprechende Regelungen mit der kommunalen Elektrizitätswirtschaft zu treffen, wenn Überschußstrom aus kommunalen Heizkraftwerken in großer Menge anfiele. Dies hätte nämlich zur Folge, daß die EVU der Verbund- und Regionalstufe in einem nicht unbeträchtlichen Umfang auf eigenen Leistungszubau verzichten müßten. Bei dem zur Diskussion stehenden Leistungsumfang dürfte die Weigerung der EVU, auf einen entsprechenden Kapazitätsausbau zu verzichten, nicht als ein Mißbrauch im Sinne des Kartellrechts anzusehen sein.

Es läßt sich zusammenfassend feststellen, daß einerseits die Bereitschaft der EVU, bei einer verstärkten Fernwärmenutzung auf Basis der Kraft-Wärme-Kopplung in einem Umfang, wie sie die Verheizungsstrategie vorsieht, aktiv mitzuwirken, nicht vorausgesetzt werden kann und daß andererseits das geltende Energiewirtschaftsrecht keine ausreichende Handhabe bietet, eine solche Strategie gegen die Elektrizitätswirtschaft durchzusetzen.

2.2.3.3 Standortfragen

Raumordnung und Landesplanung haben sich bisher darauf beschränkt, im Wege räumlicher Fachpläne Flächen für Großkraftwerke mit überörtlicher Bedeutung zu sichern, unter Zugrundelegung des von der Elektrizitätswirtschaft angegebenen Bedarfs. Die Realisierung der Verheizungsstrategie erfordert demgegenüber die Bereitstellung stadtnaher Standorte für mittlere und kleinere Anlagen, denen hauptsächlich örtliche Bedeutung zukommt. Die Ausweisung geeigneter Flächen fiele deshalb überwiegend in den Kompetenzbereich der Gemeinden als Träger der kommunalen Bauleitplanung.

Dennoch besteht die Gefahr, daß aufgrund der von Raumordnung und Landesplanung bisher betriebenen Standortvorsorgeplanung der notwendige Leistungszubau im Mittellastbereich ausschließlich in Form von Großkraftwerken erfolgt und so der Spielraum für die Kraft-Wärme-Kopplung eingeengt wird. Hinzu kommt, daß die regionale Verteilung des geplanten Zubaus nicht mit der regionalen Verteilung fernwärmegeeigneter Siedlungsgebiete übereinstimmt, da für Kohlekraftwerke in erster Linie reviernahe Standorte bevorzugt werden [Rat von Sachverständigen für Umweltfragen 1981]. Die Landesregierung von Nordrhein-Westfalen hat zwar betont, daß sich die Bodenvorratspolitik bewährt habe und auch weiterhin erforderlich sei. Sie sieht aber wie der Sachverständigenrat die Gefahr, daß die ausschließliche Sicherung von Standorten für Großkraftwerke zu einer Begünstigung der herkömmlichen Energieerzeugungsstrukturen führen und damit die Entwicklung alternativer, d.h. dezentraler Energieversorgungssysteme verhindern könnte [Landesregierung NRW 1982].

Als Standorte für mittlere und kleinere Heizkraftwerke kommen hauptsächlich Industriegebiete im Sinne der Baunutzungsverordnung oder extra für dieses Vorhaben ausgewiesene Versorgungsflächen nach § 9 Abs. 1 Nr. 12 BBauG in Betracht. Bereits in Gewerbegebieten wäre die Errichtung solcher Anlagen unzulässig, da sie erhebliche Nachteile oder Belästigungen für die Umgebung zu Folge haben können. Die Bereitstellung geeigneter verbrauchsnaher Standorte könnte deshalb je nach der vorhandenen Flächennutzungsstruktur mit erheblichen Schwierigkeiten verbunden sein.

2.2.3.4 Fragen der Anschlußbereitschaft

Bei einer nur langsam wachsenden Auslastung der auf die Endkapazität ausgelegten Netze kann der Aufbau einer Fernwärmeversorgung über einen langen Zeitraum erhebliche Kostenunterdeckungen mit sich bringen (vgl. Abb. B-2). Für das Betreiberunternehmen ist es deshalb von zentraler Bedeutung, möglichst bald eine Anschlußdichte zu erreichen, die die Anlaufverluste reduziert. Hierbei können in Abhängigkeit von dem anzuschließenden Baugebiet und den Eigentumsverhältnissen der betreffenden Wohnungen unterschiedlich große Hemmnisse auftreten.

Unproblematisch ist in der Regel der Anschluß von Neubaugebieten, die durch einen Bauträger erschlossen werden. Die Konditionen der späteren Fernwärmeversorgung werden üblicherweise vor Beginn der Arbeiten zwischen Bauträger und Fernwärmeversorgungsunternehmen ausgehandelt und sind von den späteren Mietern oder Käufern zu akzeptieren. Alternative Versorgungsmöglichkeiten für den Mieter bzw. Käufer sind damit von vornherein ausgeschlossen.

Bei den fernwärmegeeigneten Gebieten handelt es sich jedoch überwiegend um schon bebaute Gebiete, in denen bereits eine Versorgungsstruktur auf der Basis anderer Energieträger existiert. Die Eigentümer von Mietwohnhäusern werden grundsätzlich nur bereit sein, die erheblichen Kosten für den Fernwärmeanschluß zu tragen, wenn dadurch der Mietwert der betreffenden Objekte wesentlich steigt und entsprechend höhere Mieteinnahmen zu erwarten sind. Die Umstellung einer bestehenden ölbefeuerten Sammelheizung auf Fernwärme wäre nicht als eine unmittelbare Steigerung des Mietwertes zu betrachten und würde deshalb keine Mieterhöhung rechtfertigen. Ein Interesse des Vermieters an einem Fernwärmeanschluß könnte hier nur dann bestehen, wenn die alte Anlage erneuerungsbedürftig ist. Eine wesentliche Erhöhung des Mietwertes würde dagegen der Ersatz von Einzelofenheizungen durch Fernwärme bedeuten, der aber meistens erst in Zusammenhang mit einer grundlegenden Sanierung des Gebäudes erfolgt.

Bei den Eigentümern von selbstgenutzen Wohnungen und Häusern hängt die Bereitschaft, sich an die Fernwärmeversorgung anzuschließen, entscheidend davon ab, wie komfortabel die bestehende Wärmeversorgung im Vergleich zur Fernwärme und wie hoch die Restnutzungsdauer der Eigenanlage ist. Die Umstellungsbereitschaft wird gering sein, wenn Investitionen in private Heizungsanlagen erst vor wenigen Jahren getätigt wurden und kein Modernisierungsbedarf besteht. Neben der Kostenfrage können u. U. auch Bedenken der Anlieger, sich in die Abhängigkeit einer zentralen Wärmeversorgung zu begeben, eine Rolle spielen [Spreer 1982].

Die Kommunen verfügen allerdings über eine Reihe von rechtlichen Instrumenten, um die Anschlußbereitschaft zu erhöhen oder gegebenenfalls den Anschluß zu erzwingen.

Durch die Novelle zum Bundesbaugesetz (BBauG) von 1976 sind die Gemeinden ermächtigt, *im Bebauungsplan Gebiete auszuweisen,* in denen bestimmte, die Luft erheblich verunreinigende Stoffe nicht verwendet werden dürfen (§ 9 Abs. 1 Nr. 23 BBauG). Im Wege der Planergänzung ist dies ebenso für bereits bebaute Gebiete möglich und aufgrund der Bestimmungen des Städtebauförderungsgesetzes auch für Sanierungsgebiete (§ 10 StBauFG). Auf dieser Basis kann die Gemeinde jedoch lediglich die Verwendung umweltbelastender Brennstoffe (wie Kohle und Heizöl) ausschließen, sie bietet dagegen keine Rechtsgrundlage, um *positiv* die Benutzung bestimmter Energiearten vorzuschreiben. Insbesondere die Besitzer anderer immissionsarmer Heizungsanlagen wie Nachtstromspeicherheizungen oder Gasheizungen können durch planerische Festsetzungen dieser Art nicht dazu veranlaßt werden, auf die Fernwärmeversorgung überzugehen.

Dieselbe Einschränkung gilt für *Verbrennungsverbote,* die die Gemeinden auf der Grundlage von Landesimmissionsschutzgesetzen (Bayern und Nordrhein-Westfalen) oder Landesbauordnungen (Baden-Württemberg, Rheinland-Pfalz, Schleswig-Holstein) erlassen können. Nur die Landesbauordnungen der Länder Hamburg, Hessen und Niedersachsen eröffnen den Gemeinden darüber hinaus auch die Möglichkeit, ein Verwendungsgebot zugunsten einer bestimmten Energieart vorzuschreiben.

Durch die Gemeindeordnungen der Länder sind die Kommunen ermächtigt, den Anschluß an Wasserleitungen, Kanalisation, Müllabfuhr, Straßenreinigung und „andere der Volksgesundheit dienende Einrichtungen" durch Satzung vorzuschreiben. In allen Bundesländern – mit Ausnahme von Berlin – wurden die gesetzlichen Grundlagen in den letzten Jahren im Hinblick auf die Durchsetzung einer immissionsarmen Wärmeversorgung, hauptsächlich der Fernwärmeversorgung, erweitert. Voraussetzung für die Statuierung eines *Anschluß- und Benutzungszwanges* zugunsten einer bestimmten Wärmeversorgung ist, daß diese erforderlich ist, um Gefahren, erhebliche Belästigungen oder sonstige Nachteile durch Luftverunreinigungen zu vermeiden. Dies ergibt sich in Bayern und Nordrhein-Westfalen explizit aus der Gesetzesformulierung, folgt aber im übrigen schon aus dem Begriff der „Volksgesundheit". Die Anordnung eines Anschluß- und Benutzungszwanges aus Gründen der Energierationalisierung wäre nach geltendem Recht unzulässig (vgl. u. a.: [Beschluß des Verwaltungsgerichtshofes Baden-Württemberg vom 26.9.1978]).

Obwohl die Gemeindeordnungen aller Bundesländer entsprechende gesetzliche Grundlagen bieten, haben die Gemeinden bisher von dem Rechtsinstitut des Anschluß- und Benutzungszwanges zur Durchsetzung der Fernwärme wenig Gebrauch gemacht. Dies ist nicht zuletzt auf die ablehnende Haltung der Versorgungsunternehmen zurückzuführen, die befürchten, in Abhängigkeit der Kommunen zu geraten [Schulte 1981]. Die Statuierung eines Anschluß- und Benutzungszwanges kommt nur für öffentliche Einrichtungen der Gemeinde in Betracht. Zur Annahme einer öffentlichen Einrichtung im Sinne der Gemeindeordnung ist es zwar nicht unbedingt erforderlich, daß diese im Eigentum der Kommune steht, es muß aber sichergestellt sein, daß das Benutzungsrecht der Bürger zu angemessenen und gleichen Bedingungen gewährleistet ist und Preise sowie Lieferbedingungen einer Kontrolle durch die Gemeindeorgane unterliegen. Soweit die Gemeinde die Fernwärmeversorgung nicht selbst betreibt, sondern einem Versorgungsunternehmen übertragen hat, muß sie sich deshalb durch Vertrag einen ausreichenden Einfluß auf das Unternehmen vorbehalten. Einem Anschluß- und Benutzungszwang auf der Seite des Abnehmers korrespondiert zwangsläufig eine Anschluß- und Versorgungspflicht auf der Seite des Anbieters. Von seiten der Fernwärmewirtschaft wird es als problematisch angesehen, wenn den Versorgungsunternehmen durch hoheitliche Maßnahmen die Verpflichtung auferlegt werden kann, die Versorgung auch in Gebieten aufzunehmen, die ihnen aufgrund zu geringer Wärmedichte bzw. zu hoher Transportkosten als nicht fernwärmegeeignet erscheinen [Deuster 1982].

Die Versorgungsunternehmen haben deshalb in der Vergangenheit vor allem mit Hilfe finanzieller Anreize versucht, die Anschlußbereitschaft der Hauseigentümer zu erhöhen. Hierzu gehört in erster Linie eine differenzierte Gestaltung der Anschlußkostenbeiträge. Eine von der Arbeitsgemeinschaft Fernwärme in diesem Zusammenhang durchgeführte Untersuchung hat ergeben, daß die in der Praxis bezahlten Anschlußkostenbeiträge nur 30% bis 50% der Kosten abdecken, die nach den Berechnungskriterien des § 9 AVB FernwärmeV einbezogen werden können [Witzel 1980]. Häufig werden solche Zuschüsse auch nur für Neubauten erhoben, während sie den Kunden, die über eine funktionsfähige Heizungsanlage verfügen, entweder ganz erlassen oder nur zu einem geringen Prozentsatz angelastet werden.

2.2.3.5 Konkurrenzsituation zwischen Fernwärme und Erdgas

Bei der Diskussion von Realisierungsbedingungen einer verstärkten Ölsubstitution durch Fernwärme auf Kohlebasis darf die Konkurrenz des Erdgases nicht unberücksichtigt bleiben. Die fernwärmetauglichen innerstädtischen Gebiete von Groß- und Mittelstädten sind zugleich auch der zur Zeit wichtigste Markt für die auf eine weitere Expansion drängende bzw. wegen der Verdrängung des Erdgases aus dem Kraftwerksbereich zur Umschichtung gezwungenen Erdgaswirtschaft. Das Erdgas hat auf diesem Markt auch schon deutlich höhere Marktanteile als die Fernwärme erreichen können. In Stadtgebieten, wo bereits eine weitgehend flächendeckende Gasversorgung besteht, sind die Chancen für eine neuaufzubauende Fernwärmeversorgung wegen der relativ geringen Zusatzkosten für eine Verdichtung oder Erweiterung einer bestehenden Gasversorgung gering.

Anders sieht die Situation in Gebieten aus, wo noch kein Gas vorhanden ist oder wo alte Gasnetze ersetzt werden müssen. Um die Konkurrenzsituation in diesem Fall zu beleuchten, wurden Vergleichsrechnungen zwischen Erdgas und Fernwärme für den in der Strategie betrachteten Versorgungsfall „Städte zwischen 50 000 und 150 000 Einwohner" durchgeführt.

Hinsichtlich der Kopplung zwischen Öl- und Gaspreisen wurde dabei unterstellt, daß der Erdgaspreis frei Stadtgrenze künftig (wie 1982) um etwa 10 DM/MWh unter dem Preis je MWh HEL ab Raffinerie liegt. Die Kosten für die örtliche Verteilung, den Hausanschluß und die Hausanlage wurden dabei wie bei der Fernwärmeversorgung als mittlere reale Kosten über einen Betrachtungszeitraum von 20 Jahren ab Betriebsbeginn und unter Berücksichtigung von Anlaufeffekten berechnet (Anschlußentwicklung entsprechend den Annahmen zur Fernwärme, vgl. Abschnitt 2.2.1.1.3).

Die Ergebnisse der Nutzenergiekostenberechnungen sind in Tabelle B-20 aufgeführt und vergleichbaren Resultaten für die Nutzenergiekosten der Fernwärmever-

Tabelle B-20. Nutzenergiekostenvergleich[a] zwischen Erdgas- und Fernwärmeversorgung[b] in Mittelstädten

	Betriebsbeginn 1982			Betriebsbeginn 1992		
	Erdgas		Fernwärme	Erdgas		Fernwärme
	1%/a	2%/a		1%/a	2%/a	
Energiekosten (bei Ergas, Preise frei Stadtgrenze, bei FW Erzeugungskosten)	67	74	60	75	92	66
Kosten für örtliche Verteilung, Hausanschluß, Hausanlage, Wartung	33	33	46	34	34	47
Summe	100	107	106	109	126	113

[a] Betrachtungszeitraum 20 Jahre, Geldwert 1982, Angaben in DM/MWh, ohne MWSt
[b] Fernwärmeversorgung in Mittelstädten mit HKW 42 MWe/85 MWth, ohne Subventionen, vgl. Abschnitt 2.2.1.2

sorgung gegenübergestellt. Die Nutzenergiekosten sind für die Inbetriebnahmejahre 1982 und 1992 aufgeführt. Im Falle von Erdgas werden – wie auch bei HEL in dieser Studie – mittlere jährliche Preissteigerungsraten von 1 und 2% betrachtet.

Die Ergebnisse illustrieren, daß sich der gegenwärtig bestehende leichte Kostenvorteil zugunsten des Erdgases bei real wachsenden Energiepreisen zugunsten der Fernwärmeversorgung verschiebt. Ursache ist die vergleichsweise geringe Abhängigkeit der Fernwärmeerzeugungskosten vom Kohlepreis. Ohne Anlaufkosten würden sich bereits bei gegenwärtigen Erdgaspreisen Kostenvorteile zugunsten der Fernwärme ergeben.

Generell läßt sich zu den Wettbewerbschancen von Fernwärme und Erdgas folgendes sagen: Aufgrund der deutlich ungünstiger werdenden Erzeugungskosten von Fernwärme beim Übergang zu kleineren Anlagen (vgl. Tabelle B-13) ergeben sich für das Erdgas tendenziell Kostenvorteile in kleineren Gemeinden, zumal die Verteilungskosten beim Erdgas günstiger sind. Die Wettbewerbsposition der Fernwärme verbessert sich, je größer das Versorgungsgebiet bzw. der Wärmebedarf je Versorgungsgebiet ist, da sich dann die deutlichen Größendegressionseffekte bei den Fernwärmeerzeugungskosten bemerkbar machen.

Die Ergebnisse der Studie würden folgende Politik nahelegen: Für die Fernwärme die größeren Städte vorzusehen, in denen sich auch langfristige Vorteile der Fernwärme gegenüber dem Erdgas errechnen, und das Erdgas in die kleineren Städte bzw. in Gebiete mit ungünstigeren siedlungsstrukturellen Voraussetzungen zu leiten, d.h. in Gebiete, in denen Gas auch langfristig konkurrenzfähig gegenüber Fernwärme aus Kohle ist.

Aus der Sicht einer Gemeinde dürften gegenwärtig bei den relativ geringen Kostenunterschieden zwischen Fernwärme und Erdgas bei der Entscheidung für Fernwärme oder Erdgas andere Gesichtspunkte zum Tragen kommen, die möglicherweise eher gegen die Fernwärme sprechen. Zu nennen sind das größere Finanzierungsvolumen der Fernwärme bei knappen kommunalen Budgets oder die Aussicht auf bzw. die Abhängigkeit von kontinuierlich fließenden Konzessionsabgaben eines regionalen Erdgasversorgers [Schmitt, Gommersbach 1981].

Daraus ist zu folgern, daß ein weiteres Wachsen der Fernwärme im bisherigen Umfang in Groß- und Mittelstädten bei den gegenwärtigen Kostenrelationen zum Erdgas eine Fortführung der Subventionierung erfordert und eine Beschleunigung des Fernwärmewachstums in dem für die Realisierung der Verheizungsstrategie erforderlichen Ausmaße eine höhere Subventionierung als heute voraussetzen würde.

2.2.3.6 Technische, organisatorische und infrastrukturelle Realisierungsprobleme beim Ersatz von Öl-Dampfkesseln durch Kohle-Dampfkessel in der Industrie

Wie in Abschnitt 2.2.2 dargestellt, ergeben sich Kostenvorteile für Kohledampfkessel gegenüber Ölkesseln, vor allem bei hohen Auslastungen. Eine Umstellung könnte sich insbesondere dann aus wirtschaftlichen Gründen empfehlen, wenn die Ölanlage schon länger installiert ist und ein Ersatz in nächster Zeit ansteht. Einer Umstellung von Öl auf Kohlekessel können aber verschiedene Hemmnisse im Wege stehen, die im folgenden kurz erläutert werden sollen:

- Da die Bauzeit der Kohle-Kesselanlage je nach Nennleistung zwischen einem halben und zweieinhalb Jahren liegt, scheidet der Standort des bisherigen Öl-

und Gaskessels für den neu zu errichtenden Kohlekessel in vielen Fällen aus, da sonst für diese Zeit die Dampferzeugung und damit die Produktion des Industrieunternehmens ausfallen würde. Selbst wenn in größeren Unternehmen mehrere Kessel parallel betrieben werden, ist die Umbauphase problematisch, da sich wegen des größeren Volumenbedarfs der Kohlekessel meistens eine geänderte Anordnung von Kesseln und Nebenaggregaten ergeben wird. Die Suche nach einem anderen Standplatz für den neuen Kessel ist für kleinere Kesselanlagen, die häufig in einem Teil eines Produktionsgebäudes untergebracht sind, leichter als für Kessel mit größerer Leistung, die in einem eigenen Gebäude (Kesselhaus) untergebracht werden müssen. Im letzteren Fall können die Dampfkosten steigen, bedingt durch die Amortisation zusätzlicher Transportleitungen und durch deren Energieverluste.

- Beim Neubau eines Kohlekessels anstelle eines bestehenden Ölkessels sind gleich mehrere Probleme zu lösen. Außer einem größeren Raumbedarf des Kohlekessels selbst (bis zu 50%) wird zusätzlich Platz für die Kohleübergabe, Aufbereitung, Zwischenbunker, Schlacke/Asche-Behandlung und die Staubabscheidung benötigt. Eventuell ist auch der Kamin noch umzubauen. Das Problem des Platzbedarfs für Kohle-Dampfkesselanlagen könnte sich gegenüber Leichtölkesseln noch verschärfen, wenn auch im Leistungsbereich der hier betrachteten Industriekessel Rauchgas-Entschwefelungsanlagen eingesetzt werden müßten. Weiterhin sind Abnehmer (Baustoffindustrie) bzw. eine Deponie für die anfallende Asche zu suchen und eventuell Kosten für die Beseitigung der Asche zu berücksichtigen.
- Die Handhabung der Kohle und des Kesselbetriebs ist umständlicher, so daß mehr und teilweise anders qualifiziertes Betriebspersonal benötigt wird als bei Gas- und Ölkesseln.
- In einigen Anwendungsfällen dürfte die schlechtere Regelbarkeit der kohlebefeuerten Kessel gegen ihren Einsatz sprechen, insbesondere in solchen Industrien, wo häufige Lastwechsel die Regel sind.
- Ob eine Dampfkesselanlage auf Kohle umgerüstet wird, ist in vielen Fällen auch abhängig von den Kapitalkosten und der Kapitalrückflußzeit. Steigende Energiekosten können eventuell aus laufenden Einnahmen beglichen, an den Kunden überwälzt werden oder haben, bezogen auf den Produktpreis, z. B. in der Nahrungsmittel- oder chemischen Industrie, einen so kleinen Anteil, daß der Anreiz für eine kapitalaufwendige Umrüstung zu gering ist, insbesondere wenn es sich um Unternehmen mit einem kurzen Planungs-Zeithorizont oder dünner Kapitaldecke handelt.
- Schließlich ist hervorzuheben, daß beim Ersatz einer noch betriebstüchtigen Anlage durch eine neue Anlage ein Genehmigungsverfahren ansteht, das im allgemeinen schärfere Auflagen bringt und natürlich auch Kosten verursacht.

2.2.3.7 Implementationshemmnisse bei der Wirbelschichttechnologie

Die Kostenvergleiche von konventionellen Kohlekesseln und Wirbelschichtkesseln zeigen, daß letztere bei der jetzigen Kostensituation zur Substitution von Ölkesseln nur dann in größerem Umfang zum Einsatz kommen dürften, wenn auch bei kleinen Feuerungsanlagen eine Entschwefelung und eine stärkere Reduzierung der Stickoxidemissionen verlangt würden. Vom Stand der Technik her gilt zumindest die stationäre atmosphärische Wirbelschichtfeuerung als marktreif. Die mangelnde

Vertrautheit von Entscheidungsgremien mit dieser neuen Technologie und die geringe Anzahl technisch demonstrierter Anlagen bei gleichzeitig geringer bisheriger Betriebszeit könnten aber Hinderungsgründe für Baubeschlüsse sein. Dies gilt sowohl für Kesselanlagen im Industriebereich als auch für Heizkraftwerke und Stromerzeugungsanlagen. Weiterhin könnten auch Unsicherheiten über die weitere technologische Entwicklung bei der Wirbelschichtfeuerung Entscheidungen verzögern, denn die noch nicht marktreifen Varianten der Wirbelschichtfeuerung – die zirkulierende und die druckaufgeladene Wirbelschichtfeuerung – versprechen ökonomische Vorteile und bieten einen besseren Kohleausbrand und eine bessere Regelbarkeit. Unsicherheiten bestehen auch noch in bezug auf die Ascheverwertung bzw. -deponierung, da die Asche nicht in gewohnter Weise an die Baustoffindustrie abgegeben werden kann.

2.3 Veredlungsstrategie

Die beiden Varianten der Kohleveredlungsstrategie basieren mit Ausnahme der Anlagen zur Industriegaserzeugung und zur reinen SNG-Erzeugung, die nur bei der Variante B vorgesehen sind, auf den gleichen Umwandlungsanlagen (vgl. Tabelle A-16), so daß in diesem Kapitel eine Unterscheidung nach den Varianten nicht durchgeführt wurde. Bei den gesamtwirtschaftlichen Indikatoren, die in Kapitel 3 dieses Berichtsteils dargestellt werden, wird jedoch eine Differenzierung für die Strategievarianten vorgenommen.

Im Abschnitt 2.3.1 wird zunächst auf die Erzeugungskosten für flüssige und gasförmige Kohlenwasserstoffe eingegangen, und es werden Vergleiche zwischen den errechneten Erzeugungskosten (erforderliche Mindesterlöse) und gegenwärtigen Preisen sowie mittleren realen Preisen für entsprechende Mineralölprodukte durchgeführt. Danach werden diese Kostenberechnungen in den Abschnitten 2.3.2 und 2.3.3 durch Technologiekettenanalysen ergänzt, bei denen die für die strategiegemäßen Einsatzzwecke der Veredlungsprodukte nachgelagerten Kosten der Verteilung, gegebenenfalls Speicherung und Anwendung berücksichtigt werden. Auf Basis der Technologiekettenanalysen werden Nutzenergiekostenvergleiche mit den als Vergleichstechnologien betrachteten Öltechnologien durchgeführt.

2.3.1 Erzeugungskosten für flüssige und gasförmige Kohlenwasserstoffe aus Kohleveredlungsanlagen

2.3.1.1 Ausgangsdaten

Es werden für fünf verschiedene Umwandlungsverfahren bzw. Modellanlagen Berechnungen durchgeführt:

- Direkte Kohlehydrierung (modifiziertes IG-Verfahren),
- Staubvergasung zur Herstellung von Methanol (Texaco),
- Festbettvergasung zur Herstellung von Methanol und SNG (Lurgi),
- Festbettvergasung zur Herstellung von SNG (Lurgi),
- Staubvergasung zur Herstellung von Industriegas (Koppers-Totzek).

Tabelle B-21. Technisch-ökonomische Daten für Kohleveredlungsanlagen

Art der Produkte / *Verfahren*	Hydrierprodukte	Methanol	Methanol plus SNG	SNG	Industriegas[d]
	Direkte Kohlehydrierung (mod. IG-Verfahren)	Staubvergasung (Texaco)	Festbettvergasung (Lurgi)	Festbettvergasung (Lurgi)	Flugstromvergasung (Koppers-Totzek)
Technische Daten					
Kohleeinsatz in 10^6 t SKE/a	3,6	3,6	3,6	3,6	0,98
– davon Energiekohle[c]	0,6	0,5	0,8	0,6	0,18
Wirkungsgrad[a] in Prozent	60	47	60	65	65
Bauzeit in Jahren	5	5	5	5	3
Ökonomische Daten					
Spezifische Investitionskosten in DM/kW[b]	2280	1450	1320	1130	675
Vollastbetriebsstunden	8000	8000	8000	8000	8000
Jährliche Betriebkosten (außer Energiekosten) in DM/kW[b]	221	125	113	101	37
Produktleistung in MW	Benzin: 945 Mitteldest.: 945 LPG: 307	Methanol: 1719	Methanol: 1099 SNG: 1099	SNG: 2380	Industriegas: 646 (10 MJ/m_n^3)

[a] Verhältnis zwischen dem Heizwert (H_u) der angegebenen Hauptprodukte und dem der insgesamt eingesetzten Kohle

[b] Je kW Produktleistung bei Vollast

[c] Energiekohle = Kohleeinsatz zur Strom- und Prozeßdampferzeugung

[d] Für die Industriegaserzeugung werden in der Strategiebeschreibung und in den Umweltfolgenanalysen auch noch Staubvergasung nach dem Texaco-Verfahren und nach dem Shell-Verfahren als Modellanlagen berücksichtigt; in den ökonomischen Folgenanalysen wurde hierauf verzichtet, weil keine hinreichend belastbaren Kostenunterscheidungen möglich waren

In Tabelle B-21 sind die wichtigsten technischen und ökonomischen Kenndaten für diese Anlagen aufgeführt, die den Rechnungen für die Erzeugungskosten zugrundeliegen. Basis für diese Daten sind Literaturangaben und Auskünfte von Unternehmen, die sich mit der Planung und dem Bau entsprechender Anlagen beschäftigen. Wegen teilweise noch fehlender großtechnischer Demonstration (vgl. Abschnitt 4.3.4, Teil A) bestehen bei den betrachteten Großanlagen größere Unsicherheiten bezüglich der Investitions- und Betriebskostendaten als bei den wichtigsten Technologien der Verstromungs- und Verheizungsstrategie.

Bei den Kostenrechnungen wurde unterstellt, daß alle Anlagentypen im ersten Betriebsjahr 50%, im zweiten Betriebsjahr 75% und erst ab dem dritten Betriebsjahr 100% der Auslegungsleistung erreichen und eine wirtschaftliche Lebensdauer von 20 Jahren haben. Es wird für alle Anlagen eine autonome Prozeßenergieversorgung aus zu den Anlagen gehörigen Kraftwerken unterstellt.

2.3.1.2 Erzeugungskosten von Veredlungsprodukten

Die Ergebnisse der Kostenberechnungen sind in Tabelle B-22 dargestellt. Sie sind gegliedert in Kohlekosten, sonstige Betriebskosten und kapitalbezogene Kosten. Die Angaben beziehen sich jeweils auf eine MWh Produktheizwert. Im Falle der Koppelproduktion von SNG und Methanol sowie bei den Hydrierprodukten handelt es sich um Kosten, die auf die Summe der Heizwerte der Einzelprodukte bezogen sind.

Aus Tabelle B-22 geht hervor, daß die Erzeugungskosten für flüssige Kohlenwasserstoffe deutlich höher liegen als für gasförmige Kohlenwasserstoffe. Bei dem unterstellten Einsatzverhältnis von inländischer Kohle zu Importkohle von 1 : 2 reicht bei Betriebsbeginn 1992 die Kostenspanne von 60 DM/MWh für Industriegas bis 113 DM/MWh für Hydrierprodukte. Die Herstellungskostenspanne ist in erster Linie bedingt durch Unterschiede im technischen Aufwand der Veredlungsanlagen, die sich auf die spezifischen Investitionskosten und die Betriebskosten (vgl. Tabelle B-21) auswirken. Daneben spielt der Wirkungsgrad der Anlagentypen (Verhältnis zwischen Heizwert der erzeugten Kohlenwasserstoffe und Heizwert der eingesetzten Kohle) eine wichtige Rolle. Dies wird bei den Kohlekosten deutlich, die bei allen betrachteten Anlagentypen den größten Einzelposten der Erzeugungskosten bilden;

Tabelle B-22. Erzeugungskosten für flüssige und gasförmige Produkte von Kohleveredlungsanlagen. Betriebsbeginn 1992, Bilanz über 20 Jahre, Angaben in DM_{82} je MWh Produktheizwert. Werte in Klammern Betriebsbeginn 1982, Betrachtungszeitraum 20 Jahre[a]

Art der Produkte, Verfahren	Hydrierprodukte (mod. IG-Verfahren)	Methanol (Texaco)	Methanol plus SNG (Lurgi)	SNG (Lurgi)	Industriegas (Koppers-Totzek)
Kohlekosten	54 (47)	65 (57)	51 (45)	47 (41)	47 (41)
Sonstige Betriebskosten	33 (30)	19 (17)	17 (15)	15 (14)	5 (5)
Kapitalbezogene Kosten	26 (26)	17 (17)	15 (15)	13 (13)	8 (8)
Summe	113 (103)	101 (91)	83 (75)	75 (68)	60 (54)

[a] Zu den volkswirtschaftlichen und energiewirtschaftlichen Ausgangsannahmen siehe Tabelle B-1

sie sind hauptsächlich durch den Wirkungsgrad der Anlagen geprägt, zu einem geringen Grad auch durch die unterschiedliche Qualität der eingesetzten Kohle.

Bei der reinen Methanolerzeugung sind die Kohlekosten wegen des schlechtesten Wirkungsgrades am höchsten. Die reine SNG-Erzeugung und die Industriegaserzeugung haben den besten Wirkungsgrad und weisen folglich die niedrigsten Kohlekosten auf. Bei Hydrierprodukten sind die Kohlekosten trotz gleichen Wirkungsgrades etwas höher als bei der Koppelproduktion von SNG und Methanol. Die Ursache liegt in den unterschiedlichen Anforderungen an die Qualität der in den Umwandlungsanlagen eingesetzten Kohlen. Bei der Hydrierung wurde der Einsatz von Vollwertkohle unterstellt, bei allen anderen Anlagentypen der Einsatz von Kohlen mit 24% Ballastgehalt. Bei den Vergasungsanlagen wären auch noch ballastreichere Kohlen einsetzbar, wodurch sich die Kohlekosten noch senken ließen; z. B. ergeben sich bei inländischer Kohle mit einem Ballastgehalt von 33% Kohlekostenverringerungen je MWh Produktheizwert von 5 bis 10 DM je nach Anlage.

Für Hydrierprodukte – Benzin, HEL (Diesel) und LPG – und SNG lassen sich die Erzeugungskosten mit den gegenwärtigen Preisen für entsprechende Raffinerieprodukte bzw. mit Importpreisen für Erdgas vergleichen (Tabelle B-23, Spalten 1, 4 und 5). Die Erzeugungskosten für Hydrierprodukte (mittlere reale Kosten, Betriebsbeginn 1982 bzw. 1992, Bilanz über 20 Jahre) liegen um 64% bzw. 80% über den Preisen von 1982 ab Raffinerie (ohne Mineralölsteuer), die sich für den dem Hydriermix (43% Benzin, 43% HEL bzw. Diesel, 14% LPG) entsprechenden Produktmix von Mineralölprodukten errechnen.

Neben den gegenwärtigen Preisen sind in Tabelle B-23 für Mineralölprodukte und Erdgas auch Preise für das Jahr 2000 bei jährlicher Eskalation mit 2% real angegeben sowie mittlere reale Preise bei 2%iger jährlicher Preissteigerung für den Zeitraum 1992 bis 2011, die mit dem gleichen finanzmathematischen Verfahren er-

Tabelle B-23. Vergleichspreise für Hydrierprodukte, Benzin und Erdgas. Angaben in DM_{82}/MWh

	Ölprodukt- und Erdgaspreise	Ölprodukt- und Erdgaspreise bei 2% Steigerung jährlich	Mittlere reale Preise für Ölprodukte und Erdgas	Kohleproduktkosten	Kohleproduktkosten
Jahr bzw. Zeitraum	1982	2000	1992–2011	1982–2001	1992–2011
	(1)	(2)	(3)	(4)	(5)
Benzin (S)[a]	67	94	92		
HEL, Diesel[a]	59,5	83	82		
LPG[a]	65	91	89		
„Hydriermix“[a, b]	63,5	89	87	103	113
Erdgas[c]	37	52	51	68	75

[a] Ab Raffinerie, ohne Mineralölsteuer und Mehrwertsteuer
[b] 43% Benzin, 42% HEL oder Diesel, 14% LPG
[c] Importpreis frei Grenze

mittelt wurden wie die Erzeugungskosten für die Kohleveredlungsprodukte und infolgedessen konsistent mit diesen vergleichbar sind. Aus dem Vergleich von Spalten 2 und 3 ist ablesbar, daß die eskalierten Preise für das Jahr 2000 annähernd den mittleren realen Preisen für den Zeitraum 1992 bis 2011 entsprechen, so daß man sagen kann, daß die mittleren realen Preise in etwa das Preisniveau im Jahr 2000 widerspiegeln.

Die Vergleiche der Spalten 2, 3 und 5 zeigen, daß die Erzeugungskosten für die Kohleveredlungsprodukte (Betriebsbeginn 1992) deutlich über den mittleren realen Preisen und den eskalierten Preisen im Jahr 2000 für die entsprechenden Mineralölprodukte und das Erdgas liegen. Bei den Hydrierprodukten liegen sie um 30% höher und bei SNG gegenüber dem Erdgas um 50% höher. Umgerechnet in erforderliche Preissteigerungsraten für Ölprodukte und Erdgas heißt das: Die Raffinerieabgabepreise müßten langfristig um jährlich etwa 3,2% (inflationsbereinigt) steigen, damit Hydrieranlagen, die 1992 in Betrieb gehen, konkurrieren könnten. Zur Konkurrenzfähigkeit für SNG wären eine Verdopplung des Importpreises bzw. jährliche Preissteigerungsraten von etwa 4% erforderlich (Betriebsbeginn der Anlage 1992).

Diese Zahlenaussagen werden nur unwesentlich geändert, wenn man bei Hydrieranlagen zusätzliche Kosten von etwa 2 DM je MWh Produktheizwert für eine Konditionierung auf Kraftstoffspezifikationen veranschlagt oder bei der Einspeisung von SNG in überregionale Verteilungsnetze von etwas geringeren durchschnittlichen Transportentfernungen bis zum Endverbraucher ausgeht als ab Grenze.

Für konsistente Kostenvergleiche im Rahmen dieser Studie ist auch die Frage zu beantworten, welche Kostenunterschiede sich unter Berücksichtigung der Kosten bei ergänzenden Gliedern der Technologieketten bis zum Endverbraucher (Transport, Speicherung, Verteilung, Endenergienutzungsanlagen) gegenüber Technologien auf Erdölbasis ergeben. Der Einbezug solcher Kosten ist erforderlich, um für Hydrierprodukte, SNG, Industriegas und Methanol Nutzenergiekostenvergleiche mit zu substituierenden Technologien auf Erdölbasis durchführen zu können.

Aussagen dazu werden in den folgenden Abschnitten für flüssige Kohlenwasserstoffe (2.3.2) und für gasförmige Kohlenwasserstoffe (2.3.3) gemacht.

2.3.2 Technologiekettenanalysen für flüssige Kohlenwasserstoffe aus Kohleveredlungsanlagen

2.3.2.1 Ausgangsdaten

Die *Verteilungskosten* für Kraftstoffe umfassen an Tankstellen anfallende Ausstattungs- und Personalkosten sowie Kosten, die für Lagerung und Transport der Kraftstoffe ab Veredlungsanlage oder ab Raffinerie bis zu den Tankstellen entstehen. Tabelle B-24 (obere Zeile) zeigt die für die diskutierten Kraftstoffarten veranschlagten spezifischen Verteilungskosten (je MWh Kraftstoffheizwert). Sie liegen für Methanol und LPG aus zwei Gründen höher als für Benzin und Dieselkraftstoff: Erstens muß aufgrund der geringeren Energiedichte bei Methanol etwa das Doppelte, bei LPG etwa das 1,5fache an Volumen je Energieeinheit transportiert und gelagert werden als bei Benzin und Diesel. Zweitens muß das bei Normaldruck gasförmige LPG in Drucktanks transportiert und gelagert werden, um es flüssig zu halten.

Bei den *Kraftfahrzeugkosten* sind für Kostenvergleiche technisch bedingte Unterschiede in den Anschaffungskosten des jeweiligen Pkw zu berücksichtigen. Sie be-

Tabelle B-24. Ausgangsdaten für Verteilungskosten von Kraftstoffen, Anschaffungskostendifferenzen und Kraftstoffverbrauch

	Benzin S	Diesel	LPG	Methanol
Verteilungskosten[a] DM/MWh	14	13	22	21
Pkw-Mehrkosten[b] DM/Pkw	–	1800	2000	800
Kraftstoffverbrauch[c] kWh/km	0,67	0,54	0,64	0,60

[a] Ab Raffinerie bzw. Veredlungsanlage, incl. Tankstellenkosten
[b] Gegenüber Pkw mit Ottomotor für Benzin S
[c] Schätzungen für 2000

treffen gemäß Tabelle B-24 (mittlere Zeile) gegenüber einem als Vergleichsbasis ausgewählten Mittelklasse-Pkw mit Ottomotor für Superbenzin im wesentlichen höhere Kosten für den Motor sowie bei LPG und Methanol-Pkw zusätzliche Kosten für die Treibstofftanks. Bei allen Pkw mit Ottomotoren ist eine Ausrüstung mit Abgaskatalysatoren unterstellt. Etwaige Unterschiede bei den Instandhaltungskosten werden vernachlässigt. Für alle Pkw wird eine jährliche Fahrleistung von 10 600 km angenommen. Unterschiede im *Kraftstoffverbrauch* kommen hauptsächlich dadurch zustande, daß Dieselmotoren eine höhere Verdichtung als Ottomotoren ermöglichen und daß die Verdichtung im Falle von Ottomotoren für Methanol und LPG höher ausgelegt werden kann als für Superbenzin. Die Zahlenangaben dazu in Tabelle B-24 (untere Zeile) sind Schätzungen für das Jahr 2000. *Mineralölsteuer und Bevorratungsabgabe* bzw. entsprechende Steuern auf flüssige Kohleveredlungsprodukte werden bei den Nutzenergiekostenvergleichen nicht berücksichtigt.

2.3.2.2 Ergebnisse der Nutzenergiekostenvergleiche

Die in Tabelle B-25 zusammengefaßten Kraftstoffkosten je 1000 km Fahrleistung (genauer: kraftstoffbedingten Kosten) ergeben sich durch

- Ergänzung der Erzeugungskosten bzw. Raffinerieabgabepreise durch Verteilungskosten sowie – im Falle von Hydrierprodukten – durch Kosten für deren Konditionierung auf Kraftstoffspezifikationen (Zeilen 2 und 3);
- Umrechnung der Kraftstoffkosten je Endenergieeinheit auf Kosten je 1000 km unter Berücksichtigung von Wirkungsgradunterschieden (Zeile 5);
- Umrechnung von Mehrkosten bei der Anschaffung des Pkw auf je 1000 km (Zeile 6).

Als gewichteter Mittelwert des spezifischen Kraftstoffverbrauchs ergibt sich für Hydrierprodukte 0,60 kWh/km, d.h. der gleiche Wert wie bei Methanol (vgl. Tabelle B-24). Die dadurch für die Veredlungsprodukte entstehenden Vorteile gegenüber mit Superbenzin betriebenen Ottomotoren, bei denen der spezifische Kraftstoffverbrauch höher ist (0,67 kWh/km), werden im Falle von Methanol durch Nachteile bei den Verteilungs- und den Pkw-Anschaffungskosten und im Falle der Hydrierprodukte im wesentlichen durch die höheren Anschaffungskosten überkompensiert.

Tabelle B-25. Flüssige Veredlungsprodukte – Kraftstoffkosten je 1000 km in DM_{82}. Vergleiche mit Benzin aus Mineralöl. Betriebsbeginn 1992, Betrachtungszeitraum 20 Jahre[f, g]

	Hydrierprodukte					Mittlere reale Kosten	
						bei Benzin (S) aus Mineralöl	bei Diesel aus Mineralöl
	Mitteldestillat	Benzin	LPG	Durchschnitt[a] aus Benzin und LPG	Methanol[b]	Jährliche Ölpreissteigerung 2%	Jährliche Ölpreissteigerung 2%
Erzeugungskosten, DM/MWh[c]	113 (103)	113 (103)	113 (103)	113 (103)	101 (91)	92 (76)	82 (67)
Konditionierung auf Spezifikationen, DM/MWh	1 (1)	3 (3)	1 (1)	3 (3)	– (–)	– (–)	– (–)
Verteilungskosten, DM/MWh	13 (13)	14 (14)	22 (22)	15 (15)	21 (21)	14 (14)	13 (13)
Kraftstoffkosten bis Tank, DM/MWh	127 (117)	130 (120)	136 (126)	131 (112)	122 (112)	106 (90)	95 (80)
Kraftstoffkosten je 1000 km, DM/1000 km	69 (63)	87 (80)	87 (81)	87 (80)	73 (67)	71 (60)	51 (43)
Mehrkosten Pkw, DM/1000 km[d]	18 (18)	– (–)	20 (20)	5 (5)	8 (8)	– (–)	18 (18)
Summe, DM/1000 km[e]	87 (81)	87 (80)	107 (101)	92 (85)	81 (75)	71 (60)	69 (61)

[a] Gewichtete Mittelwerte für die Hydrierprodukte Benzin und LPG
[b] Erzeugung über Texaco-Vergaser
[c] Für Benzin (S) und Diesel mittlerer realer Preis ab Raffinerie, ohne Mineralölsteuer und Bevorratungsabgabe; für Hydrierprodukte gleiche Kostenzuweisung je Produktheizwert
[d] Mehrkosten gegenüber einem leistungsgleichen Benzin-Pkw mit Ottomotor, ohne MWSt
[e] Ohne Mineralölsteuer und Bevorratungsabgabe, ohne MWSt
[f] Zahlen in Klammern: Betrachtungszeitraum 1982 bis 2001
[g] Zu den volkswirtschaftlichen und energiewirtschaftlichen Ausgangsannahmen siehe Tabelle B-1

Tabelle B-26. „Erforderliche“ Kohlepreise zur Konkurrenzfähigkeit von Kohleveredlungsprodukten mit Mineralölprodukten im Verkehrsbereich

	„Erforderliche“ Kohlepreise in DM_{1982} je t SKE um 2000	
	Hydrierung	Methanolerzeugung
Jährliche Benzin-Preissteigerungsrate		
1%	34	101
2%	105	165
Mittlere reale Kohlepreise 1992 bis 2011 für inländische bzw. importierte Kohle	265/237	257/214

In der Gesamtbilanz ergeben sich erheblich höhere Nutzenergiekosten für die Veredlungsprodukte (kraftstoffbedingte Kosten pro 1000 km Fahrleistung) als im Ölvergleichsfall, bei Methanol um 14%, bei Hydrierprodukten um 26 bis 30%. Das heißt, daß die Benzin(S)-Preise ab Raffinerie im Falle der Benzinsubstitution durch Methanol langfristig jährlich um 2,7% und im Falle der Benzinsubstitution durch Hydrierbenzin und LPG um 3,2%/a, und im Falle der Dieselsubstitution durch Mitteldestillat um 3,9%/a steigen müßten, damit diese Veredlungsprodukte konkurrenzfähig werden.

Aus den Zahlenangaben der Tabelle B-26 ist abzulesen, bei welchem Kohlepreisniveau (im Geldwert von 1982) sich für Veredlungsprodukte gleiche Kosten je km Fahrleistung ergeben wie bei Benzin aus Mineralöl, wenn die Preise für Benzin (S) ab Raffinerie langfristig mit jährlichen Raten von 2% oder 1% steigen.

In der letzten Zeile sind zum Vergleich die mittleren realen Kohlepreise (frei Veredlungsanlage) für den Zeitraum 1992 bis 2011 angegeben, die sich durch Eskalation der Preise von 1982 für inländische Kohle mit 1% jährlich und importierte Kohle mit 2% jährlich ergeben. Der Vergleich macht deutlich, in welchem Umfang Kohle subventioniert werden müßte, wenn man auf diesem Wege zu akzeptablen Preisen für die Veredlungsprodukte gelangen wollte.

Bei Kohlepreisen um 250 DM/t SKE und jährlichen Benzinpreissteigerungen von 2% entsprechen anlegbare Preise etwa der Summe aus Kohlekosten und sonstigen Betriebskosten bei der Methanolerzeugung, d.h. bei „geschenkten“ Anlagen (ohne kapitalbezogene Kosten für den Betreiber) könnten um das Jahr 2000 kostendekkende Erlöse erzielt werden. Im Falle der Hydrierung müßten Subventionen über das „Schenken“ der Hydrieranlagen hinausgehen.

Der Vergleich zeigt aber auch, daß die Methanolerzeugung in Förderländern wie Australien und Südafrika (Gewinnungskosten teilweise deutlich unter 100 DM/t SKE) sogar bei mäßigen Ölpreissteigerungen wirtschaftlich attraktiv sein kann. Voraussetzung ist allerdings, daß die entsprechenden Verbrauchsinfrastrukturen im Erzeugerland und/oder in importierenden Ländern geschaffen werden.

2.3.3 Technologiekettenanalysen für gasförmige Kohlenwasserstoffe aus Kohleveredlungsanlagen

2.3.3.1 Ausgangsdaten für Transport, Speicherung und Verteilung

Ziel dieses Abschnittes ist es, ähnlich wie in Abschnitt 2.3.2.2, die neben den Erzeugungskosten für gasförmige Sekundärenergieträger aus Kohleveredlungsanlagen je Energieeinheit anfallenden nachgelagerten Aufwendungen für Speicherung, Verteilung, Anwendung in einer Gesamtbilanz zu berücksichtigen, um Nutzenergiekostenvergleiche mit Technologien auf Mineralölbasis durchführen zu können.

Strategiegemäß wird *SNG* in Großanlagen erzeugt und in das überregionale Erdgasverteilungsnetz eingespeist. Von den Einspeisungspunkten wird es – vermischt mit Erdgas – über größere Entfernungen bis zu regionalen Verbraucherzentren transportiert, wo es in regionale Unterverteilungsnetze gelangt und hauptsächlich für Heizzwecke verwendet wird. Zum jahreszeitlichen Abgleich zwischen SNG-Erzeugung und -Verbrauch sind Gasspeicher erforderlich, wenn die SNG-Erzeugungsanlagen – wie bei der Berechnung von Herstellungskosten unterstellt wurde – mit einer hohen Jahresauslastung von 8000 Volllaststunden arbeiten sollen. Für die Summe von Speicher- und Transportkosten (bis Stadtgrenze) werden in dieser Studie 10 DM je MWh Gasheizwert unterstellt. Dieser Zahlenwert entspricht etwa der gegenwärtigen Differenz zwischen Erdgaspreisen frei Stadtgrenze und Importpreisen. Darüber hinaus sind Kosten für örtliche Verteilungsnetze zu veranschlagen. Ausgangsdaten dafür sind in Tabelle B-27 angegeben, ergänzt durch spezifische Investitions- und Betriebskosten für Anschlußleitungen zu den Gebäuden, Übergabestationen und für die Gas-Zentralheizanlagen in den Gebäuden. Als Ölvergleichstechnologie werden wie bei der Fernwärme im Rahmen der Verheizungsstrategie Ölzentralheizungen in Mehrfamilienhäusern (50 kW Nutzenergiehöchstlast) betrachtet.

Für den Einsatz des *Industriegases* wurde das gleiche Leistungsspektrum industrieller Dampferzeuger betrachtet wie bei den Kohlekesseln im Falle der Verheizungsstrategie. Ein Teil dieser Kessel ist in ein- und zweischichtig arbeitenden Betrieben installiert und wird in der Regel nachts und an den Wochenenden abgeschaltet. Deshalb kann auch bei den Industriegas-Erzeugungsanlagen eine gute Jahresauslastung nur dann erzielt werden, wenn Gasspeicher installiert werden. Je nach Standort wird man in günstigen Fällen in Kavernen speichern können, in ungünsti-

Tabelle B-27. Spezifische Investitionskosten für Speicherung und Verteilung von Brenngasen sowie für Gaszentralheizungen, Angaben in DM je kW Anschlußleistung

	Erdgas und SNG	Industriegas
Speicherung	[a]	150
Örtliches Verteilungsnetz	150	200
Anschlußleitungen und Übergabestationen	90	20
Gaszentralheizungen bzw. gasbefeuerte Dampfkessel	142	210/282/102/168[b]

[a] Bei den hier nicht ausgewiesenen Kosten für Ferntransport berücksichtigt (siehe Text)
[b] Zahlen gelten in dieser Reihenfolge für Kesselgrößen von 60 MW/15 MW/8 MW/2 MW

Tabelle B-28. Nutzenergiekosten (mittlere reale Kosten) beim Einsatz von SNG und Heizöl zur Heizung von Mehrfamilienhäusern. Betriebsbeginn 1992. Betrachtungszeitraum 20 Jahre, Angaben in DM_{1982} je MWh Nutzenergie[b, c]

	Nutzenergiekosten	
	SNG	Heizöl (HEL) aus Mineralöl bei jährlichen Preissteigerungen von 2% real
Herstellungskosten[a]	99 (90)	105 (87)
Kosten für Transport und Speicherung	14 (14)	14 (11)
Kosten für örtliche Verteilung	15 (15)	
Zusätzliche Kosten beim Endverbraucher	19 (18)	27 (26)
Summe ohne MWSt	147 (137)	146 (124)
Summe mit MWSt	168 (156)	166 (141)

[a] Bei HEL gemäß Preisen ab Raffinerie, bei SNG Kosten der Vergasung
[b] Zahlen in Klammern: Betriebsbeginn 1982
[c] Zu den volkswirtschaftlichen und energiewirtschaftlichen Ausgangsannahmen siehe Tabelle B-1

gen Fällen Druckröhrenspeicher errichten. Ein mittlerer Ansatz von 30 DM je Normkubikmeter Gas führt unter Berücksichtigung des betrachteten Zeitmusters für den Industriegasverbrauch im Versorgungsgebiet zu spezifischen Investitionskosten für die Speicherung von rund 150 DM je kW Anschlußleistung (vgl. Tabelle B-27). Die Investitionskosten für das zu errichtende Verteilungsnetz hängen stark von der räumlichen Verteilung der anschlußbereiten Abnehmer innerhalb des regionalen Versorgungsgebietes ab, die die erforderliche Rohrlänge bestimmt. Für die Kostenrechnungen werden in dieser Studie 0,5 km Rohrlänge je MW Anschlußleistung, 0,4 Mio DM je km und damit spezifische Investitionskosten von 200 DM/kW unterstellt. Hierbei muß jedoch mit einer erheblichen Streubreite für konkrete Einzelfälle gerechnet werden.

2.3.3.2 Ergebnisse der Nutzenergiekostenvergleiche

SNG. Tabelle B-28 zeigt nach Kostenbeiträgen aufgeschlüsselte Ergebnisse für SNG- und Öl-Sammelheizungen von Mehrfamilienhäusern (50 kW Nutzenergiehöchstlast). Sie besagen beim Vergleich der Summen der Kostenbeiträge, daß Heizölpreise ab Raffinerie langfristig um etwa jährlich 2% real wachsen müßten (das Preisniveau müßte um etwa 43% höher liegen als 1982), um für SNG kostendeckende Mindesterlöse erzielen zu können. In dieser Hinsicht liegen die Nutzenergiekostenverhältnisse etwas günstiger als bei flüssigen Kohlenwasserstoffen aus Steinkohle, die im Betrachtungszeitraum erst bei Mineralölproduktpreiserhöhungen um 52% (im Falle von Methanol) bzw. 79% (im Falle von Hydrierprodukten) die Wirtschaftlichkeitsgrenze aus der Nutzenergiekostensicht überschreiten können.

Im Gegensatz zur Kraftstofferzeugung aus Kohle (Methanol oder Hydrierprodukte) gibt es jedoch im Niedertemperatur-Wärmemarkt kostengünstigere Alternativen zur Ölsubstitution durch Kohle als über den SNG-Weg: Fernwärme aus HKW, teilweise auch Strom, die im Rahmen der Verheizungs- bzw. Verstromungsstrategie analysiert wurden (vgl. Abschnitte 2.1 und 2.2 dieses Berichtsteils).

Koppelproduktion von SNG und Methanol. Nach Tabelle B-21 werden bei der Koppelproduktion SNG und Methanol in energetisch gleichem Umfang erzeugt. Methanol wird strategiegemäß im Straßenverkehr eingesetzt, SNG für Heizzwecke verwendet.

Je MWh Produktausstoß der Veredlungsanlage kann man mit 0,5 MWh SNG 0,38 MWh Nutzwärme erzeugen und mit 0,5 MWh Methanol 833 Pkw-km zurücklegen. Substituiert werden dabei 1,04 MWh Mineralölprodukte: 0,48 MWh leichtes Heizöl und 0,56 MWh Benzin (S). In Tabelle B-29 sind die dabei entstehenden Kosten aufgeführt, gegliedert in Herstellungs-, Verteilungs- und Anwendungskosten.

Danach beeinflussen insbesondere die Verteilungskosten bei SNG und Methanol die Gesamtkosten zugunsten der Mineralölprodukte. Bei den Sekundärenergiekosten bestehen in der Summe noch Kostenvorteile der Steinkohleprodukte, die jedoch durch die nachgelagerten Aufwandsunterschiede gegenüber Mineralölprodukten überkompensiert werden. Nutzenergiekostengleichheit ergibt sich erst bei langfristigen jährlichen Preissteigerungsraten von etwa 2,2% für Mineralölprodukte.

Industriegas zur Dampferzeugung. Industriegas kann im betrachteten Spektrum der Kohleveredlungsprodukte am kostengünstigsten hergestellt werden (vgl. Tabelle B-22). Bei Speicherung und Verteilung fallen jedoch zusätzliche nachgelagerte Kosten bis zum Endverbraucher an, die in der Gesamtkostenbilanz für die Dampferzeugung – insbesondere für im Jahresdurchschnitt schwach ausgelastete Industriegaskessel – nachteilig ins Gewicht fallen.

In Tabelle B-30 sind dazu quantitative Angaben zusammengestellt, die sich auf das gleiche Größen- und Auslastungsspektrum von Dampfkesseln beziehen, das in Abschnitt 2.2.2 dieses Berichtsteils für kohle- und ölbefeuerte Anlagen diskutiert wurde.

Die je MWh Dampf auf die Industriegaserzeugung entfallenden Kosten unterscheiden sich dabei nur wenig. Sie ergeben sich aus Gaserzeugungskosten von 60 DM/MWh unter Berücksichtigung von 3% Energieverlust bei der Speicherung und Dampferzeugungs-Wirkungsgraden von 92% (für größere Kessel) bzw. 91% (für kleinere Kessel).

Im unteren Teil von Tabelle B-30 sind zum Vergleich die in Abschnitt 2.2.2 näher aufgeschlüsselten Dampferzeugungskosten für Ölkessel und für Kohlekessel aufgeführt. Vergleiche der Dampferzeugungskosten mit Industriegas aus Steinkohle einerseits und Mineralölprodukten andererseits zeigen:

- Bei der betrachteten Spanne realer Preissteigerungsraten für Mineralölprodukte (jährlich 1 bis 2%) kann Industriegas aus Steinkohlevergasungsanlagen im Betrachtungszeitraum bei den Dampferzeugungskosten nicht mit schwerem Heizöl konkurrieren, obwohl die Speicher- und Verteilungskosten bei Industriegas in diesen Fällen nicht stark ins Gewicht fallen. Allein die auf die Industriegaserzeugung entfallenden Kosten liegen über den Gesamtkosten der Dampferzeugung aus schwerölbefeuerten Anlagen.
- Bei kleineren Dampferzeugern – Modellanlagen von 8 und 2 MW – würde Industriegas hauptsächlich mit leichtem Heizöl konkurrieren. Dabei besteht auf der Sekundärenergieebene zunächst ein Kostenvorteil für Industriegas. Dieser Kostenvorteil geht jedoch bei den Gesamtkosten je MWh Dampf umso stärker verlo-

Tabelle B-29. Koppelproduktion von Methanol und SNG. Nutzenergiekostenvergleich mit Mineralöltechnologien. Betriebsbeginn 1992. Betrachtungszeitraum 20 Jahre[c, e]

	Steinkohleprodukte			Mineralölprodukte		
	SNG	Methanol	Summe	HEL	Benzin S	Summe
Einsatz für	Heizung	Pkw		Heizung	Pkw	
Sekundärenergieeinsatz (MWh)	0,5	0,5	1,0	0,485	0,558	1,043
Nutzwärme bzw. Pkw-km	0,378 MWh	833 km		0,378 MWh	833 km	
Sekundärenergiekosten[a], DM_{82}	41,8 (37,6)	41,8 (37,6)	83,6 (75,2)	39,6 (32,7)	51,5 (42,6)	91,1 (75,3)
Verteilungskosten, DM_{82}	11,0 (11,0)	10,5 (10,5)	21,5 (21,5)	5,1 (5,1)	7,8 (7,8)	12,9 (12,9)
Anwendungskosten, DM_{82}	7,2 (6,8)	6,6[d] (6,6)[d]	13,8 (13,4)	11,2 (10,7)	– (–)	11,2 (10,7)
Gesamtkosten[b]	60,0 (55,4)	58,9 (54,7)	118,9 (110,1)	55,9 (48,5)	59,3 (50,4)	115,2 (98,9)

[a] Bei Mineralölprodukten mittlere reale Preise berechnet auf Basis von Preisen ab Raffinerie bei jährlicher Wachstumsrate von 2%
[b] Ohne MWSt, bei Benzin ohne Mineralölsteuer und Bevorratungsabgabe
[c] Zahlen in Klammern für Betriebsbeginn 1982
[d] Pkw-Mehrkosten
[e] Zu den volkswirtschaftlichen und energiewirtschaftlichen Ausgangsannahmen siehe Tabelle B-1

Tabelle B-30. Dampferzeugungskosten bei Einsatz von Industriegas aus Koppers-Totzek Vergasern sowie von Heizöl und Kohle in industriellen Dampferzeugern. Betriebsbeginn 1992, Betrachtungszeitraum 20 Jahre, Angaben in DM_{82} je MWh Dampf (in Klammern Zahlen für Inbetriebnahme 1982)[e]

Dampfkesselleistung (MW)	60		15		8		2	
Vollaststunden pro Jahr	5500	7000	4000	5500	1500	3000	1500	3000
Industriegaskessel								
Gaskosten	67,4 (59,9)	67,4 (59,9)	67,4 (59,9)	67,4 (59,9)	68,1 (60,5)	68,1 (60,5)	68,1 (60,5)	68,1 (60,5)
Speicherkosten	3,2 (3,2)	2,5 (2,5)	4,4 (4,4)	3,2 (3,2)	12,0 (12,0)	6,0 (6,0)	12,0 (12,0)	6,0 (6,0)
Verteilungskosten	4,7 (4,6)	3,7 (3,6)	6,5 (6,4)	4,7 (4,6)	17,6 (17,2)	8,8 (8,6)	17,6 (17,2)	8,8 (8,6)
Anwendungskosten	6,1 (5,9)	5,2 (5,0)	9,8 (9,4)	7,7 (7,4)	10,2 (9,8)	6,5 (6,2)	18,0 (17,2)	12,3 (11,6)
Summe	81,4 (73,6)	78,8 (71,0)	88,1 (80,1)	83,0 (75,1)	107,9 (99,5)	89,4 (81,3)	115,7 (106,9)	95,0 (86,7)
Summe für Ölkessel[a, d]	64,1 (54,7)	63,2 (53,8)	68,4 (58,8)	66,4 (56,8)	107,2 (91,2)	103,7 (87,8)	116,2 (99,7)	110,8 (94,4)
	54,9 (50,6)	54,0 (49,7)	59,1 (54,7)	57,1 (52,7)	91,8 (84,5)	88,3 (81,1)	100,8 (93,0)	95,4 (87,7)
Summe[c] für Kohlekessel,								
konventionelle	52,0 (46,0)	50,0 (44,0)	60,0 (54,0)	56,0 (50,0)	69,0 (68,0)	59,0 (53,0)	99,0 (91,0)	84,0 (76,0)
WSF	57,0 (51,0)	54,0 (49,0)	69,0 (63,0)	63,0 (57,0)	113,0 (106,0)	83,0 (76,0)	[b]	[b]

[a] Bei 60 MW und 15 MW schweres Heizöl, bei 8 MW und 2 MW leichtes Heizöl
[b] Nicht berechnet
[c] Gerundet
[d] Obere Zahl 2% reale Ölpreissteigerung pro Jahr, untere Zahl 1%
[e] Zu den volkswirtschaftlichen und energiewirtschaftlichen Ausgangsannahmen siehe Tabelle B-1

ren, je schwächer die Dampferzeuger im Jahresdurchschnitt ausgelastet sind. Ursache dafür sind die bei schwacher Auslastung stark ins Gewicht fallenden anrechenbaren Kosten für Speicherung und Verteilung. Vorteile ergeben sich dadurch nur für kleinere Industriegaskessel mit höherer Auslastung. Würde man den Kundenkreis für Industriegas auf diese vergleichsweise günstigen Sonderfälle (zur Substitution von leichtem Heizöl in kleineren Kesseln) eingrenzen, müßte aber mit höheren spezifischen Kosten für das zu errichtende Verteilungsnetz gerechnet werden.

- Bei jährlichen Ölpreissteigerungen von 1% gelangt man in fast allen betrachteten Fällen mit Industriegas zu höheren Dampferzeugungskosten als mit schwerem oder leichtem Heizöl, nur bei den gut ausgelasteten kleineren Kesseln ergibt sich in etwa Kostengleichheit.

Vergleiche der Dampferzeugungskosten mit Industriegas aus Steinkohle einerseits und durch direkten Einsatz der Kohle in Dampfkesseln andererseits zeigen:

- Für Industriegaskessel bestehen in allen betrachteten Fällen insgesamt Kostennachteile gegenüber konventionellen kohlebefeuerten Dampferzeugern.
- Kostennachteile bestehen für die größeren Kessel auch gegenüber WSF-Anlagen. Bei kleineren Kesseln sind die Kostenrelationen gegenüber WSF-Anlagen von der Auslastung abhängig.

Zusammenfassend läßt sich sagen, daß bei Ölpreissteigerungsraten von 2%/a im Betrachtungszeitraum nur in Ausnahmefällen Kostenvorteile gegenüber ölbefeuerten Kesseln zu erwarten sind und daß in der Regel der direkte Kohleeinsatz in Dampfkesseln der kostengünstigere Weg zur Ölsubstitution ist.

2.4 Zusammenfassung der Kostenvergleiche für die Strategietechnologien und Sensitivitätsbetrachtungen

In diesem Abschnitt soll zunächst ein Gesamtüberblick über die Ergebnisse der Kostenvergleiche zwischen den Strategie- und den entsprechenden Ölvergleichstechnologien gegeben werden, der einen Quervergleich von Technologien der verschiedenen Strategien erlaubt. Zur Bildung einer Rangordnung der Strategietechnologien aller Strategien wird die sogenannte „Ölpreiskennzahl" verwendet; sie erlaubt auch direkte Vergleiche zwischen Technologien für unterschiedliche Einsatzbereiche. Diese Kennzahl ist definiert als der Faktor, um den der für den Zeitraum von 1992 bis 2011 ermittelte mittlere reale Preis der jeweils substituierten Mineralölprodukte ab Raffinerie inflationsbereinigt über dem Preis von 1982 liegen müßte, um bei den getroffenen Annahmen Nutzenergiekostengleichheit für Kohle- und Mineralöltechnologien zu erreichen. Bei stetigem jährlichem Wachstum der Ölpreise mit realen Preissteigerungsraten unter 5%/a unterscheiden sich diese – mit dem gleichen Verfahren wie bei den Kostenberechnungen ermittelten – mittleren realen Ölpreise nur wenig von den eskalierten Ölpreisen im Jahr 2000. Deshalb kann man die Ölpreiskennzahl etwas unscharf, aber anschaulicher als das zur Kostengleichheit erforderliche Preisverhältnis zwischen den Preisen der Jahre 2000 und 1982 interpretieren.

Tabelle B-31. Rangordnung der Strategietechnologien entsprechend Ölpreiskennzahlen[a], Kostenvor- oder -nachteile zu jeweiligen Ölvergleichstechnologien, Betrachtungszeitraum 1992 bis 2011, Verhältnis inländische Kohle zu Importkohle = 1 : 2, Preissteigerungsraten: inländische Kohle 1%/a, Importkohle 2%/a (real)

Kostenvorteile bzw. -gleichheit bei jährlichen realen Ölpreissteigerungen von	Rangordnung der Kohle-Strategietechnologien[b]	Substitutionsbeitrag in Mio t SKE Endenergie	kumuliert[e]	Ölpreiskennzahlen[c]	Strategie-Zuordnung
≦0% real	1. (3) Fernwärme aus Kondensations-Heizkraftwerk 500 MWe (MFH)	1,2	1,2	0,69	VH
	2. (4) Fernwärme aus Kondensations-Heizkraftwerk 120 MWe (MFH)	3,1	4,3	0,72	VH
	3. (1) Kohle-Dampfkessel (8 MW)[d]	0,8	5,1	0,76 (1,24)	VH
	4. (2) Elektrischer Induktionsofen (25 MW)	2,3	7,4	0,81	VS
	5. (5) Fernwärme aus Gegendruck-Heizkraftwerk 42 MWe (MFH)	4,3	11,7	0,94 (0,92)	VH
≦1% real	6. (7) Kohle-Dampfkessel (2 MW)[d]	1,6	13,3	1,05	VH
	7. (6) Kohle-Dampfkessel (60 MW)[d]	1,8	15,1	1,08 (1,21)	VH
	8. (8) Elektrische Nachtspeicherheizung (EFH)	1,3	16,4	1,14	VS
	9. (9) Kohle-Dampfkessel (15 MW)[d]	2,3	18,7	1,18 (1,38)	VH
≦2% real	10. (10) Elektrische Glasschmelze (2,9 MW)	0,7	19,4	1,22	VS
	11. (12) Industriegas-Dampfkessel (8 MW)[d]	–/0,5	19,9	1,28	VE
	12. (14) Fernwärme aus Gegendruck-Heizkraftwerk 12 MWe (MFH)	2,5	22,4	1,29 (1,43)	VH
	13. (15) Elektrische Wärmepumpe, monovalent (Prozeßwärme, 0,5 MW)	1,0	23,4	1,30	VS
	14. (13) Elektrische Direktheizung-Speicherkombination (EFH)	1,0	24,4	1,31	VS
	15. (11) Industriegas-Dampfkessel (2 MW)[d]	–/1,0	25,4	1,32	VE
	16. (16) Elektrische Teilspeicherheizung (EFH)	3,2	28,6	1,38	VS
	17. (18) Elektrische Wärmepumpe, bivalent (ZFH)	4,1	32,7	1,39	VS
	18. (17) Gasheizung mit SNG (MFH)	–/4,5	37,2	1,42	VE
≦3% real	19. (19) Gasheizung mit SNG (Koppelproduktion, MFH)	2,1/2,1	39,3	1,49	VE
	20. (20) Methanol im Kfz-Bereich aus Koppelproduktion	2,5/2,5	41,8	1,49	VE
	21. (21) Methanol im Kfz-Bereich aus Kohlestaubvergasung	1,9/1,9	43,7	1,65	VE
≦4% real	22. (22) Industriegas-Dampfkessel (60 MW)[d]	–/1,2	44,9	1,87	VE
	23. (24) Kraftstoffe aus Hydrieranlagen	11,1/2,4	56,0	1,91	VE
	24. (26) Elektrische Wärmepumpe, bivalent (EFH)	2,0	58,0	1,92	VS
	25. (23) Industriegas-Dampfkessel (15 MW)[d]	–/1,5	59,5	1,93	VE
	26. (25) Elektrische Wärmepumpe, monovalent (Raumwärme, Industrie)	1,0	60,5	1,94	VS
>4% real	27. (27) Elektrischer Dampfkessel (2 MW)	0,5	61,0	2,32	VS
	28. (28) Elektrischer Dampfkessel (8 MW)	0,5	61,5	2,45	VS

[a] Ölpreiskennzahl = Faktor, um den die Preise der Mineralölprodukte ab Raffinerie um 2000 über denen von 1982 liegen müßten, um Nutzenergiekostengleichheit zwischen Strategietechnologien auf Kohlebasis und Mineralöltechnologien zu erreichen

[b] Zahlen in Klammern: Rangfolge beim Betrachtungszeitraum 1982 bis 2001

[c] Zahlen in Klammern: Ölpreiskennzahlen bei Einsatz der Wirbelschichtfeuerung

[d] Ölpreiskennzahl in diesem Fall = gewichteter Mittelwert für verschiedene Annahmen zur Auslastung der Kessel

[e] Die hier vorgenommene Kumulation der Substitutionsbeiträge von Kohle-, Industriegas- und Elektrodampfkessel ist eigentlich wegen identischem Ölsubstitutionspotential nur begrenzt zulässig. Beschränkungen aufgrund von Potentialerschöpfung ergäben sich aber erst, wenn auch relativ kostenungünstige Technologien (große Industriegasdampfkessel und Elektrokessel) berücksichtigt würden

Tabelle B-31 gibt eine Rangordnung aller Strategietechnologien der verschiedenen betrachteten Strategien entsprechend dieser Ölpreiskennzahl. Die Rangordnung gilt für den unterstellten Basisfall (inländische Kohle: 1% reale jährliche Preissteigerung; Importkohle: 2% reale jährliche Preissteigerung; Einsatzverhältnis inländische Kohle/Importkohle 1 : 2).

Aus der Rangfolge im Basisfall zeigt sich ein eindeutiger Vorteil für die Strategietechnologien der Verheizungsstrategie; die Strategietechnologien der Verstromungsstrategie nehmen – bis auf einige relativ günstige Technologien und einige sehr ungünstige Technologien (z. B. Elektrodampfkessel) mit jeweils geringen Substitutionsbeiträgen – mittlere Positionen ein, während sich die Veredlungstechnologien alle im unteren Bereich der Rangordnung befinden.

Die Tabelle B-31 erlaubt auch eine *Sensitivitätsbetrachtung bezüglich unterschiedlicher Ölpreisentwicklungsannahmen* anhand der Klassifizierung der Strategietechnologien nach erforderlichen jährlichen Ölpreissteigerungsraten zur Erreichung von Kostenvorteilen bzw. Kostengleichheit mit den entsprechenden Öltechnologien (Spalte 1). Sie zeigt, daß wesentliche Substitutionsbeiträge der Verheizungsstrategie auch bei real konstanten Ölpreisen bei einem 20-jährigen Betrachtungszeitraum günstigere bzw. gleiche Nutzenergiekosten wie die Ölvergleichstechnologien haben und daß alle Technologien der Verheizungsstrategie bei der Basisannahme für die Ölpreisentwicklung von 2%/a real Kostenvorteile aufweisen, bei 1%/a real ebenfalls bis auf das kleinste Heizkraftwerk. Letzteres gilt nicht mehr, wenn man für die kleinen Kohlefeuerungen (Kohledampfkessel und kleinstes HKW) zur Verbesserung des Emissionsverhaltens die Wirbelschichtfeuerung vorsieht. Dies läßt sich an den deutlich höheren eingeklammerten Ölpreiskennzahlen in der Spalte 4 ablesen.

Bei einer Ölpreissteigerung von 2%/a errechnen sich auch für wesentliche Substitutionsbeiträge der Verstromungsstrategie Kostenvorteile. Substitutionsbeiträge der Veredlungsstrategie kommen erst ab einem jährlichen Wachstum der realen Ölpreise von 2% und mehr in den Bereich der Kostengleichheit mit entsprechenden Ölvergleichstechnologien, wobei die Strategietechnologien der Variante B relativ günstiger als die der Variante A abschneiden, da bei letzterer insbesondere die Hydrierprodukte Ölpreissteigerungen von mehr als 3% real pro Jahr zur Erreichung der Kostengleichheit erforderlich machen.

Sieht man einmal von der Strategiezuordnung der Strategietechnologien ab, so läßt sich aus der Kumulierung der Substitutionsbeiträge in der 3. Spalte der Tabelle B-31 ablesen, daß sich für ein Substitutionsvolumen von fast 12 Mio t SKE Endenergie bzw. fast 19 Mio t SKE Endenergie Kostenvorteile bei realen jährlichen Preissteigerungsraten für Öl von 0 und 1% real ergeben, für die Basisannahmen von 2%/a real sogar für ein Substitutionsvolumen von 38 Mio t SKE.

Die in der Tabelle B-31 wiedergegebenen Zusammenhänge sind auch in Abb. B-3 veranschaulicht. Die Strategietechnologien sind hier, wie in Tabelle B-31, nach den Ölpreiskennziffern für den Basisfall angeordnet; die Balkenbreite gibt jeweils das für die Strategietechnologien veranschlagte Substitutionsvolumen an (Industriegas- und Elektrodampfkessel sind nicht aufgeführt, da für sie das gleiche – relativ begrenzte – Ölsubstitutionspotential wie für die kostengünstigeren Kohledampfkessel in Frage kommt). Die den langfristigen realen jährlichen Ölpreissteigerungsraten von 0; 1; 2 und 3% entsprechenden Ölpreiskennzahlen 1,0; 1,20; 1,43 und 1,72 sind als Parallelen zur Abszisse eingezeichnet. Darüber hinaus erlaubt die Abbildung

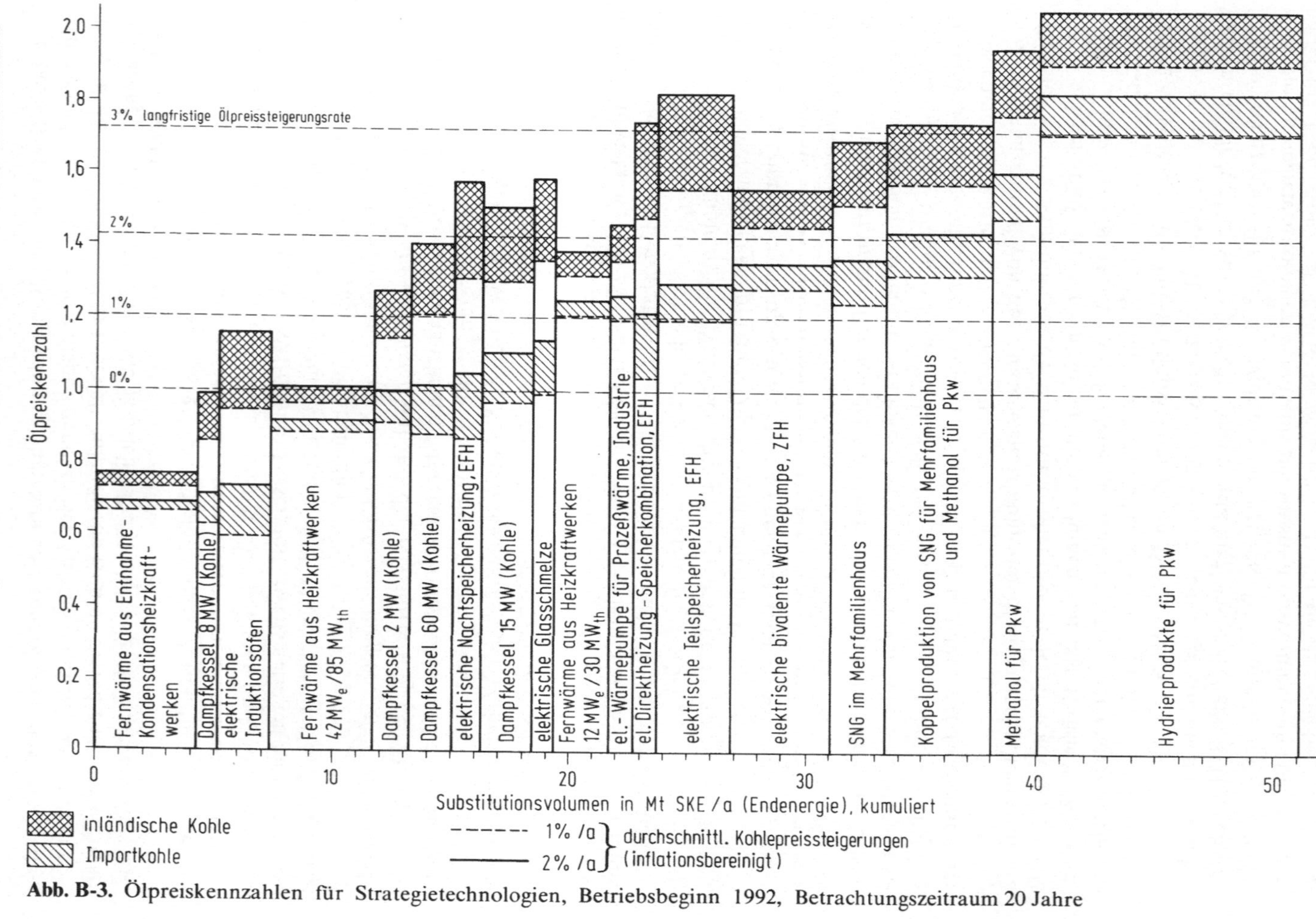

Abb. B-3. Ölpreiskennzahlen für Strategietechnologien, Betriebsbeginn 1992, Betrachtungszeitraum 20 Jahre

auch noch *Sensitivitätsbetrachtungen bezüglich des Einsatzverhältnisses inländische Kohle/Importkohle* sowie bezüglich der *Preisentwicklung der Kohle.* Die oberen und unteren schraffierten Bereiche innerhalb der Balken gelten bei ausschließlichem Einsatz von inländischer bzw. Importkohle jeweils für Preissteigerungen zwischen 1 und 2% real. Zwischen den schraffierten Bereichen liegen „Mischungen von inländischer Kohle und Importkohle" und damit auch der Basisfall „Einsatzverhältnis 1 : 2" (im unteren Teil des unschraffierten Teils).

Obwohl die Präferenzordnung in großen Zügen weitgehend stabil bleibt, ergeben sich bei höheren Kohlepreisen oder höheren Anteilen bzw. ausschließlichem Einsatz von inländischer Kohle doch zahlreiche Verschiebungen in der Rangfolge. Die Position energieeffizienter Strategietechnologien verbessert sich tendenziell, weil sie gegenüber Kohlekostenvariationen relativ stabil sind: So verstärkt sich die günstige Position der Fernwärme; elektrische Wärmepumpen gewinnen gegenüber Widerstandsheizungen. Für Strategietechnologien mit hohem Energiekostenanteil (Kohlekessel, Widerstandsheizungen, Veredlungstechnologien) sind die Spannen zwischen den Ölpreiskennzahlen für ausschließlichen Einsatz von inländischer Kohle (2% reale Preissteigerung pro Jahr) und ausschließlichem Einsatz von Importkohle (1% reale Preissteigerung pro Jahr) beträchtlich; bei der Elektro-Teilspeicherheizung reicht die Spanne z. B. von 1,18 bis 1,82, d. h. unter günstigen Bedingungen „Einsatz von mäßig teurer werdender Importkohle" ergibt sich Kostengleichheit bei 1%iger jährlicher Ölpreissteigerung, bei ungünstigen Bedingungen „Einsatz sich stark verteuernder inländischer Kohle" erst bei über 3% Ölpreiswachstum. Für Methanol aus mäßig teurer werdender Importkohle errechnet sich fast Konkurrenzfähigkeit bei 2% Ölpreiswachstum.

Aus der Abbildung läßt sich außerdem ablesen, daß sich auch bei realen Ölpreissteigerungsraten pro Jahr von 2% noch Kostenvorteile bei ausschließlichem Einsatz inländischer Kohle (unter der Voraussetzung mäßiger steigender Preise für diese) für ein Substitutionsvolumen von fast 23 Mio t SKE Endenergie ergeben, bei 1% Ölpreissteigerung liegt dieses bei ca. 13 Mio t SKE, bei real konstanten Ölpreisen bei knapp 12 Mio t SKE.

Abbildung B-4 zeigt die Ergebnisse der *Sensitivitätsbetrachtungen für den Betrachtungszeitraum 1982 bis 2001.* Die Strategietechnologien sind auch hier nach den Ölpreiskennziffern für den Basisfall geordnet. Grundlegende Verschiebungen in der Rangordnung der Strategietechnologien gegenüber dem Betrachtungszeitraum 1992 bis 2011 sind nicht zu erkennen: weiterhin ergeben sich die günstigsten Positionen für die Strategietechnologien der Verheizungsstrategie, mittlere für die der Verstromungsstrategie, ungünstige Positionen für die Veredlungsprodukte (vgl. auch eingeklammerte Rangziffern in Tabelle B-31). Insgesamt ist für den Betrachtungszeitraum 1982 bis 2001 die Position der Kohletechnologien schlechter, da sich die angenommenen unterschiedlichen Preisentwicklungsverläufe für Kohle und Öl noch nicht so stark auswirken. Besonders deutlich wird das bei den Veredlungstechnologien. Die Unterschiede beim Einsatz von inländischer Kohle und Importkohle sind deutlich größer, weil sich hier der große gegenwärtige Preisabstand zwischen inländischer und Importkohle noch stark auswirkt. Zu berücksichtigen ist bei der Interpretation dieser Abbildung auch, daß sich die Ölpreiskennziffer auf mittlere reale Preise für Öl für den Zeitraum 1982 bis 2001 bezieht bzw. etwas unschärfer auf

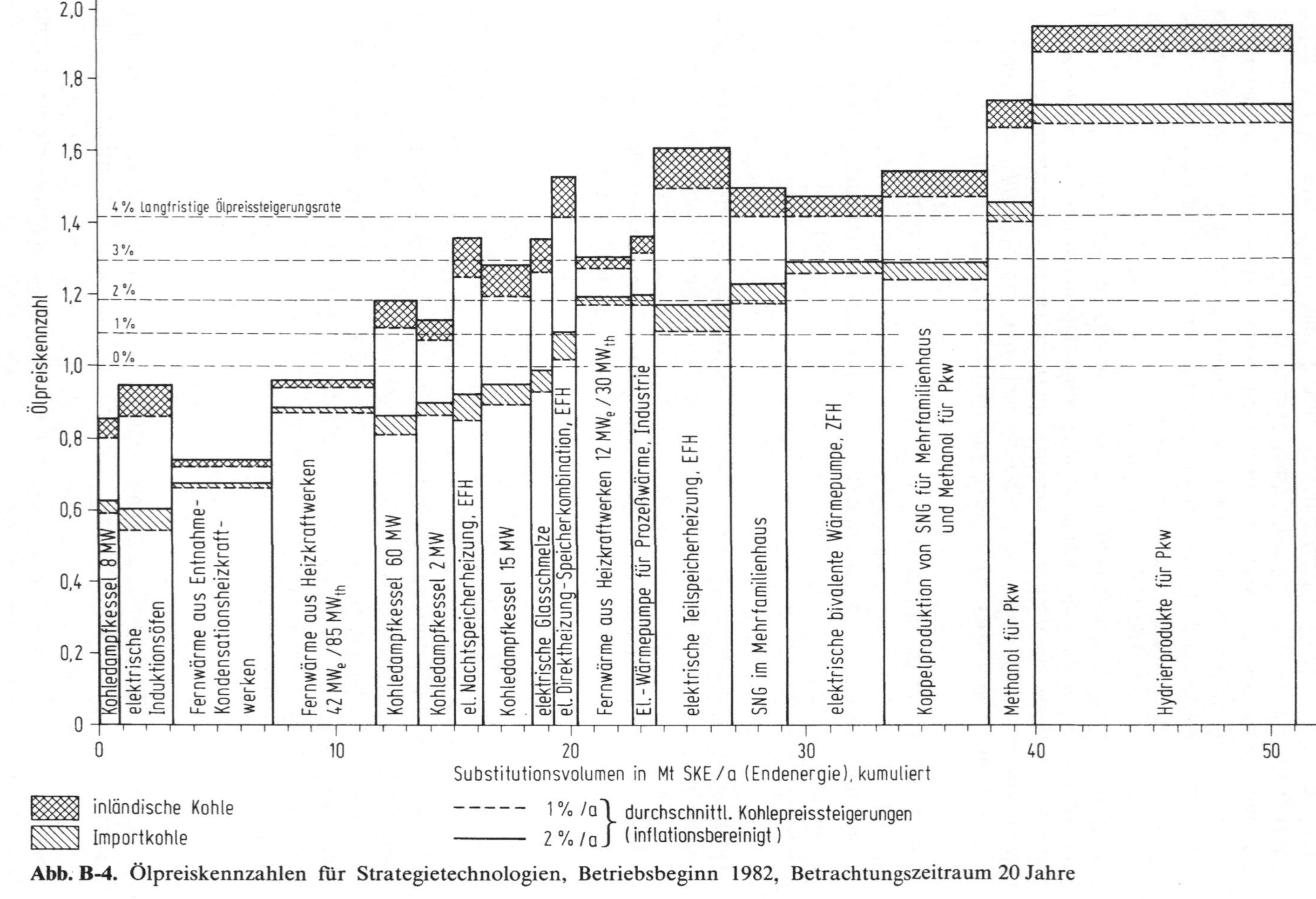

Abb. B-4. Ölpreiskennzahlen für Strategietechnologien, Betriebsbeginn 1982, Betrachtungszeitraum 20 Jahre

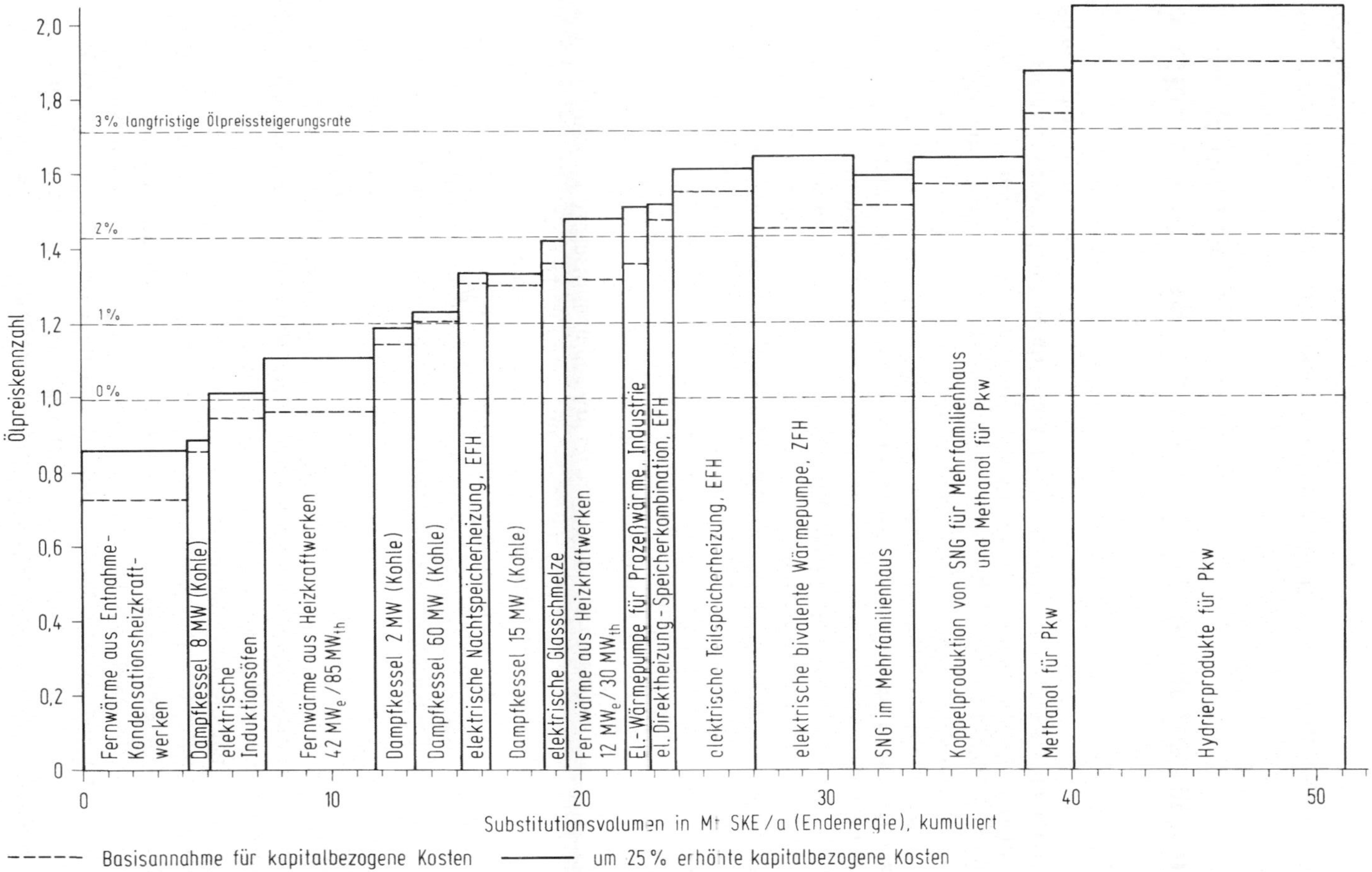

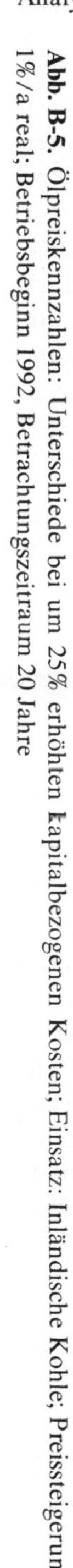

Abb. B-5. Ölpreiskennzahlen: Unterschiede bei um 25% erhöhten kapitalbezogenen Kosten; Einsatz: Inländische Kohle; Preissteigerung: 1%/a real; Betriebsbeginn 1992, Betrachtungszeitraum 20 Jahre

das Ölpreisniveau von 1990; d.h. z.B. die Ölpreiskennziffer von 1,2 bedeutet, daß die realen Ölpreise 1990 um 20% über den von 1982 liegen müssen.

Neben den Energiekosten stellen die kapitalbezogenen Kosten den wichtigsten Kostenfaktor dar, der die Ergebnisse von Nutzenergiekostenvergleichen zwischen Kohle- und Öltechnologien und zwischen den Kohletechnologien beeinflussen kann. Es wurden deshalb für Sensitivitätsbetrachtungen Rechnungen mit pauschal um 25% erhöhten kapitalbezogenen Kosten bei allen Technologien durchgeführt. Dadurch sollen indirekt und in pauschaler Form Sensitivitäten in bezug auf wichtige Eingangsdaten für die kapitalbezogenen Kosten aufgezeigt werden, z.B. *Sensitivitäten in bezug auf den kalkulatorischen Zinssatz, die Investitionskosten und die Auslastung der Anlagen.*

Höhere Kapitalkosten ergäben sich

- bei einem höheren kalkulatorischen Zinssatz, wie er vielfach bei betriebswirtschaftlichen Betrachtungen angenommen wird;
- bei Thesaurierung von Gewinnen aufgrund höherer steuerlicher Belastung;
- bei einer Unterschätzung von Investitionskosten, die insbesondere bei noch nicht großtechnisch demonstrierten Technologien möglich ist;
- bei geringeren Auslastungen der Anlagen als hier angenommen.

Abbildung B-5 zeigt für den Inbetriebnahmezeitpunkt 1992, in welchem Maße sich die Ölpreiskennzahlen für die Strategietechnologien erhöhen, wenn die kapitalbezogenen Kosten um 25% erhöht werden.

Erwartungsgemäß ergeben sich die stärksten Änderungen der Ölpreiskennzahlen für die kapitalintensiven Strategietechnologien, die in der Regel wenig energieintensiv sind. Die höchste Empfindlichkeit der Ölpreiskennzahlen gegenüber Variationen der kapitalbezogenen Kosten ergibt sich für die bivalenten elektrischen Wärmepumpen im Haushaltsbereich, gefolgt von Heizkraftwerken, Industrie-Wärmepumpen und Hydrieranlagen mit etwa gleichen Sensitivitäten. Für die bivalenten elektrischen Wärmepumpen würde das bedeuten, daß eine Senkung der Investitionskosten für Wärmepumpen ihre wirtschaftliche Attraktivität in überdurchschnittlichem Maße verbessern würde. Man erkennt aus der Abbildung aber auch, daß eine gleichmäßige Erhöhung aller kapitalbezogenen Kosten nichts wesentliches – sieht man von kleinen Verschiebungen ab – am Präferenzrang aus monetär-ökonomischer Sicht ändern würde.

3 Ökonomische Indikatoren als Basis zur Bewertung der Kohleeinsatzstrategien

Zur globalen ökonomischen Folgenbewertung der Kohleeinsatzstrategien werden im folgenden vier Indikatoren vorgestellt:

- der Investitionsbedarf,
- der Arbeitskräftebedarf,
- der Devisenbedarf,
- der monetäre Substitutionsaufwand (Substitutionskosten).

Mit dem Indikator *Investitionsbedarf* wird die Beanspruchung des volkswirtschaftlichen Kapitalmarktes durch die drei Kohleeinsatzstrategien aufgezeigt. Gleichzeitig können anhand dieses Indikators die strategiespezifischen Finanzierungsprobleme beleuchtet werden.

Der Indikator *Arbeitskräftebedarf* soll eine arbeitsmarktpolitische Bewertung der Strategien erlauben. Vor dem Hintergrund einer Arbeitsmarktsituation, die auf längere Sicht durch eine demographisch bedingte Steigerung des Arbeitskräfteangebots und durch eine durch technischen Fortschritt verursachte Stagnation bzw. Reduzierung der Arbeitskräftenachfrage angespannt sein dürfte, sind die Arbeitsmarkteffekte konkurrierender energiepolitischer Optionen ein bedeutsamer Bewertungsaspekt.

Anhand des Indikators *Devisenbedarf* wird die Be- bzw. Entlastung der Devisenbilanz aufgezeigt; zugleich kann der Indikator zur Beurteilung der Strategien unter dem Gesichtspunkt der Energieversorgungssicherheit herangezogen werden.

Der Indikator *monetärer Substitutionsaufwand* zeigt den volkswirtschaftlichen Mehr- bzw. Minderaufwand auf, der je nach Strategie mit der Substitution von 20 Mio t SKE Rohöl durch Steinkohle verbunden ist. Er ist zugleich ein Indikator für den mit den Strategien verbundenen Subventionsbedarf, obwohl eine Gleichsetzung von Substitutionsaufwand und Subventionsbedarf aus später noch ausgeführten Gründen nicht unmittelbar möglich ist.

3.1 Investitionsbedarf

Bevor im folgenden ein Vergleich der Strategien bezüglich des Investitionsbedarfs durchgeführt wird (Abschnitt 3.1.1) und Finanzierungsprobleme der Strategien anhand dieses Indikators beleuchtet werden (Abschnitt 3.1.2), sollen einige kurze Hinweise zur Berechnungsweise des Indikators gegeben werden.

Zur Berechnung des Indikators werden prinzipiell alle Ausgaben erfaßt, die zur Erstellung der strategiebedingt erforderlichen Umwandlungs-, Verteilungs- und Endenergienutzungsanlagen sowie zu deren Installation erforderlich sind. Bei längerer Bauzeit werden Preissteigerungen auf noch nicht getätigte Ausgabenteile und Zinsen auf bereits getätigte Ausgabenteile berücksichtigt. In die Rechnungen geht somit der Investitionsausgabenbarwert ein.

Abweichend von der üblichen wirtschaftstheoretischen und -statistischen Einteilung werden hier auch die Ausgaben der Haushalte für die Anschaffung von über mehrere Jahre nutzbaren Endenergienutzungsanlagen als Investitionen bezeichnet und im Indikator berücksichtigt.

Die ermittelten Investitionsausgaben umfassen alle Beträge, die Voraussetzung für die Erreichung des strategischen Mineralölsubstitutionsziels sind, unabhängig davon, wann sie getätigt werden. Die Beträge, ausgedrückt im Wert einer zu Beginn des Jahres 1982 in Betrieb gehenden Anlage, erhöhen sich bei späterer Verausgabung in der Regel lediglich um die Wirkung der Inflationsrate (4,5%), die annahmegemäß mit der Steigerungsrate der Investitionsgüterpreise identisch ist.

Bei jährlicher Umlegung des Gesamtinvestitionsbetrages wird von einem Strategieaufbau innerhalb von 20 Jahren ausgegangen. Ersatzinvestitionen werden dann berücksichtigt, wenn die Anlagen eine geringere Nutzungsdauer als 20 Jahre aufweisen. Bei Anlagen mit einer längeren Nutzungsdauer als 20 Jahre wird keine Korrektur des Investitionsausgabenbarwerts durchgeführt. Sie wäre unangebracht gewesen, da der zu deckende Finanzierungsaufwand in Höhe der Investitionsausgaben von der Nutzungsdauer unbeeinflußt bleibt.

Der strategiebedingte Investitionsaufwand kann sowohl als Brutto- als auch als Nettogröße ausgewiesen werden. Unter Bruttogröße ist das Finanzierungsvolumen zu verstehen, das bei den an der Implementation der jeweiligen Strategie beteiligten Unternehmen und Haushalten effektiv anfällt. Eine Nettogröße stellt demgegenüber die Bruttogröße vermindert um das bei denselben oder anderen Investoren eingesparte Investitionsvolumen für die Ölvergleichstechnologien dar. Bruttozahlen dürfen somit nicht als das zusätzliche gesamtwirtschaftliche Investitions- bzw. Finanzierungsvolumen interpretiert werden.

Im folgenden Abschnitt 3.1.1, in dem die gesamtwirtschaftliche Relevanz des Investitionsbedarfs aufgezeigt werden soll, werden deshalb Nettozahlen ausgewiesen. Für die Diskussion der Finanzierungsproblematik in Abschnitt 3.1.2 wird die Frage in den Vordergrund gestellt, welches zusätzliche Finanzierungsvolumen die an der Realisierung einer Kohleeinsatzstrategie mitwirkenden Haushalte und Unternehmen aufzubringen haben. Deshalb wurde hier in der Regel so vorgegangen: Bruttozahlen werden in den Fällen ausgewiesen, in denen die Investitionen im Kohle- und Ölfall auf unterschiedliche Entscheidungsträger entfallen. Dies trifft zumeist auf Investitionen im Umwandlungs-/Verteilungsbereich zu. Nettozahlen werden in den Fällen ausgewiesen, in denen die Entscheidungsträger im Kohle- und Ölfall identisch sind. Dies trifft generell auf die Investitionsentscheidungen für die Endenergienutzungsanlagen zu.

3.1.1 Vergleich des Investitionsbedarfs der Kohleeinsatzstrategien

Bei der Ermittlung des gesamten Investitionsbedarfs der verschiedenen Strategien werden die Investitionen im Umwandlungs-, Verteilungs- und Endenergienutzungsbereich berücksichtigt. Ergänzend werden Angaben zum Investitionsbedarf im Bergbau und für den Kohletransport gemacht; erstere werden stark durch die Annahmen zum Einsatzverhältnis inländische Kohle/Importkohle beeinflußt.

Tabelle B-32 gibt einen Überblick über die entsprechenden Werte; die Tabellen B-33 bis B-36 enthalten nach Strategietechnologien aufgeschlüsselte Zahlen für die einzelnen Strategien. Die erforderlichen Investitionen für Kohleförderung und den Kohletransport sowie für die Kohleumwandlung und für die Verteilung und Endnutzung der Kohleumwandlungsprodukte bei einer Realisierung des vollen Substitutionsumfangs liegen für die Strategien zwischen 40 und 100 Mrd DM. Den höchsten Investitionsbedarf weist deutlich die Verstromungsstrategie mit 102 Mrd DM auf; Schwerpunkte sind die Investitionen im Umwandlungsbereich für neue Kohlekraftwerke und die Investitionen im Endenergienutzungsbereich für die strategiegemäß vorgesehenen Wärmepumpen (vgl. im einzelnen hierzu Tabelle B-33), für die wegen einer kürzeren Lebensdauer als 20 Jahre auch noch Ersatzinvestitionen zu berücksichtigen waren.

Die beiden Varianten der Veredlungsstrategie nehmen mit 71 Mrd DM (Variante A) und 57 Mrd DM (Variante B) mittlere Positionen ein. Im Umwandlungs- und Verteilungsbereich erreichen die Investitionen dieser beiden Strategievarianten in etwa das Niveau der Verstromungsstrategie. Die Variante A hat den deutlichen

Tabelle B-32. Investitionsbedarf (insgesamt) zur Realisierung der Kohleeinsatzstrategien in Mrd DM_{82}

Strategien	Umwandlungs-anlagen (brutto)[a]	Verteilung von Umwandlungs-produkten (netto)[b]	Endenergie-nutzung (netto)[b,d]	Investitionsbedarf für Umwandlung, Verteilung und Endenergie-nutzung (Summe Spalten 1, 2, 3)	Investitions-bedarf für Förderung von Steinkohle[c]	Investitions-bedarf für Kohletrans-port	Investitions-bedarf insgesamt (Summe Spalten 4, 5, 6)
	(1)	(2)	(3)	(4)	(5)	(6)	(7)
Verstromungsstrategie	31,3	8,2	48,3	87,7	10,2	4,4	102,3
Verheizungsstrategie	12,9	26,4	7,6	31,6	4,7	2,7	39,0
Veredlungsstrategie (Variante A)	36,9	4,6	14,3	55,8	11,6	3,3	70,7
Veredlungsstrategie (Variante B)	23,9	13,4	5,2	42,5	11,0	3,7	57,2

[a] Brutto = nur Investitionen für die Kohletechnologien
[b] Netto = Saldierung von Investitionen im Kohle- und Ölfall
[c] Einsatzverhältnis inländische Kohle/Importkohle 1 : 2, d. h. Investitionsbedarf für Förderung von ⅓ des strategiebedingten Steinkohlemehrbedarfs
[d] Für Haushalte einschließlich MWSt

Schwerpunkt bei den Umwandlungsinvestitionen (hohe Investitionen bei Hydrieranlagen); bei der Variante B haben die Investitionen im Verteilungsbereich wegen der Verteilungskosten für SNG und Industriegas eine relativ starke Bedeutung. Im Vergleich zur Verstromungsstrategie ergibt sich aber bei beiden Strategievarianten im Endenergienutzungsbereich ein deutlich niedrigerer Investitionsmehraufwand gegenüber dem Ölfall. Die Mehraufwendungen resultieren hier im wesentlichen aus den höheren Anschaffungskosten von Methanol- und Flüssiggas-Pkw gegenüber Benzin-Pkw.

Die Verheizungsstrategie hat den niedrigsten Investitionsbedarf (39 Mrd DM), weil sich im Endenergienutzungsbereich sogar ein Minderaufwand ergibt, der auf die geringeren Aufwendungen der Endverbraucher bei der Fernwärme gegenüber der als Vergleichstechnologie betrachteten Ölzentralheizung zurückzuführen ist. Im Umwandlungs- und Verteilungsbereich sind die Investitionsanforderungen dagegen ähnlich wie bei den anderen Strategien mit deutlichem Schwerpunkt im Verteilungsbereich.

Die in Tabelle B-32 angegebenen Werte für den Investitionsbedarf für Umwandlung, Verteilung und Endenergienutzung sind, wie eingangs erörtert, nicht ohne weiteres als das mit der Realisierung der jeweiligen Kohleeinsatzstrategie verbundene zusätzliche Investitionsvolumen zu interpretieren, da für den Umwandlungsbereich nur Bruttogrößen ausgewiesen sind. Die bei einer Substitution im Ölfall eingesparten Investitionen im Raffineriebereich dürften aber nicht annähernd die Höhe der Umwandlungsinvestitionen im Kohlefall erreichen; strategiespezifische Unterschiede können sich zwar wegen der je nach Strategie unterschiedlichen Substitutionsprozesse ergeben, dürften aber bei gleichem Rohöl-Substitutionsumfang (20 Mio t SKE Rohöl) der Strategien zu vernachlässigen sein.

Der Investitionsbedarf für die Abbaukapazitäten zur Förderung der strategiegemäß erforderlichen Steinkohlemengen ist natürlich im Fall der Verheizungsstrategie wegen des geringeren Steinkohleeinsatzes niedriger als bei den anderen Strategien. Die Zahlen gelten für ein Einsatzverhältnis inländische Steinkohle/Importkohle von 1 : 2 und entsprechen den Investitionsanforderungen einer mittelfristigen Aufstockung der Förderkapazitäten in dem jeweils strategiegemäß benötigten Umfang: Knapp 4 Mio t SKE bei der Verheizungsstrategie, 8,5 Mio t SKE bei der Verstromungsstrategie, 9 bis 10 Mio t SKE bei den beiden Varianten der Veredlungsstrategie. In den Investitionsbeträgen (60 Mio DM pro Jahr pro 1 Mio t SKE zusätzlicher Förderung) ist berücksichtigt, daß wegen der aus geologischen Gründen zunehmend schwierigeren Arbeitsbedingungen und wegen des Vordringens in noch nicht erschlossene Abbaugebiete mit einem erhöhten spezifischen Investitionsaufwand pro t Förderkapazität zu rechnen ist. Wenn der strategisch bedingte Mehrbedarf allerdings teilweise durch bessere Auslastung vorhandener Kapazitäten gedeckt werden kann, stellen die hier angegebenen Zahlen einen oberen Wert dar.

Legt man die Gesamtwerte für den Investitionsbedarf für Umwandlung, Verteilung und Endenergienutzung auf einen Zeitraum von 20 Jahren (als Aufbauzeitraum für die Strategien) um, so ergeben sich je nach Strategie jährliche Investitionsbeträge zwischen 2 und 5 Mrd DM pro Jahr als zusätzliche gesamtwirtschaftliche Investitionen. Diese jährlichen Investitionsvolumina sind im Hinblick auf die Gesamtinvestitionstätigkeit in der Bundesrepublik Deutschland – sie würden rund 1% des Bruttoanlageninvestitionsvolumens im Jahre 1982 ohne Ausgaben von Haushalten für langlebige Güter, die im Rahmen der Studie unter die Investitionen subsumiert wurden, entsprechen – fast zu vernachlässigen; eine spürbare Beeinflussung des volkswirtschaftlichen Kapitalmarktes, z. B. Behinderung der Finanzierung anderer Investitionen oder Auswirkungen auf den Kapitalmarktzins, ist praktisch auszuschließen.

Damit ist aber nichts über die Finanzierbarkeit der erforderlichen Investitionen durch die jeweilige Investorengruppe gesagt; hierzu ist eine Diskussion anhand der nach Investorengruppen aufgeschlüsselten Investitionsanforderungen erforderlich.

3.1.2 Investitionsbedarf nach Investorengruppen und Finanzierungsprobleme

3.1.2.1 Verstromungsstrategie

Tabelle B-33 gibt eine detaillierte Aufschlüsselung des Investitionsbedarfs der Verstromungsstrategie. Der auf den *Umwandlungs- und Verteilungsbereich* entfallende Investitionsbedarf von rund 43,5 Mrd DM (Bruttogröße) wäre von der öffentlichen Elektrizitätswirtschaft aufzubringen. Er umfaßt Investitionen für den strategiegemäß benötigten Zubau von 16,5 GWe Kohlekraftwerksleistung in Großkraftwerken sowie für die Erweiterung von Stromverteilungsnetzen. Als Träger der Umwandlungsinvestitionen kommen entsprechend der bisherigen Aufgabenteilung in der öffentlichen Elektrizitätswirtschaft vor allem die Elektrizitätsversorgungsunternehmen (EVU) der Verbundstufe in Frage. Die Verteilungsinvestitionen wären in erster Linie von den regionalen und kommunalen EVU durchzuführen.

Geht man davon aus, daß sich der hier berechnete Investitionsbetrag in etwa gleichmäßig auf 20 Jahre verteilt, sind jährlich rund 2,2 Mrd DM zu finanzieren. Anfang der 80er Jahre betrug der jährliche Zugang zum Bruttoanlagevermögen der öffentlichen Elektrizitätswirtschaft rund 10 Mrd DM. Planzahlen vom Frühjahr 1982 weisen für die erste Hälfte der 80er Jahre ein durchschnittliches jährliches Investitionsvolumen von rund 18 Mrd DM aus [Kroll 1982]. Hieraus kann generell geschlossen werden, daß es der öffentlichen Elektrizitätswirtschaft insgesamt keine größeren Schwierigkeiten machen dürfte, das hier diskutierte zusätzliche Investitionsvolumen zu finanzieren. Selbst wenn für die zusätzlichen 16,5 GWe Kohlekraftwerkskapazität zusätzliche Reservekapazitäten von gut 3 GWe – entsprechend etwa 3 Mrd DM – bereitgestellt werden müßten, würde sich an der positiven Einschätzung der zukünftigen Finanzierungsbelastung nichts ändern.

Auf der *Endenergienutzungsstufe* hätten die betroffenen Investoren (Haushalte und Unternehmen außerhalb des Energiesektors) im Falle der Realisierung der Verstromungsstrategie zwar ein gegenüber der Umwandlungs- und Verteilungsstufe relativ hohes Investitionsvolumen zu realisieren (158 Mrd gegenüber 43,5 Mrd DM). Gegenüber dem Ölvergleichsfall jedoch wäre lediglich ein Mehraufwand von 48,5 Mrd DM zu finanzieren.

Die Haushalte insgesamt hätten rund 33% mehr Investitionsausgaben zu finanzieren (141 Mrd DM anstatt 106 Mrd DM). Dieser Mehraufwand kommt ausschließlich durch die bivalent-alternativen Wärmepumpen zustande, während mit den Widerstandsheizungen sogar ein Minderaufwand verbunden ist. Hierin ist ein erhebliches Hindernis für die Realisierung von rund 7 Mio t SKF Rohölsubstitution zu sehen. Es

Tabelle B-33. Verstromungsstrategie: Investitionsbedarf, insgesamt und nach Strategietechnologien, in Mrd DM_{82}

Strategietechnologien	Beitrag zur Rohölsubstitution Mio t SKE	Umwandlung in Sekundärenergie (nur Kohletechnologien) (brutto)	Verteilung von Kohleumwandlungsprodukten (brutto)	Endenergienutzung[f]			Summe[c]
				Kohletechnologien	Mineralöltechnologien	Saldo[a] (netto)	
		(1)	(2)	(3.1)	(3.2)	(3.3)	(4)
Haushaltssektor							
E-Nachtspeicherheizung, EFH	1,5	–	1,9	9,2	10,7	– 1,5	0,4
E-Teilspeicherheizung, EFH	3,7	8,1	4,7	15,7	25,9	–10,1	2,6
E-Direktheizung-Nachtspeicher-kombination, EFH	1,1	3,4	1,4	2,7	7,7	– 5,0	–0,2
Bivalent-alternative E-Wärmepumpe, EFH	2,2	2,9	1,1	49,3	26,4	22,9	26,9
Bivalent-alternative E-Wärmepumpe, ZFH	4,7	6,3	2,4	64,0	35,3	28,7	37,4
Haushaltssektor, insgesamt[h]	13,2	20,7	11,5	140,9	106,0	34,9	67,1
Industrieller Sektor							
Monovalente Wärmepumpe für industrielle Raumwärme	1,1	1,8	0,1	11,2	1,8	9,4	11,3
E-Wärmepumpe für industrielle Prozeßwärme	1,1	1,7	0,2	4,1	0,3	3,8	5,6
E-Kessel[b]	1,1	4,4	0,4	0,3	0,4	– 0,1	4,8
Induktionsöfen	2,6	2,2	0,1	1,4	1,2	0,2	2,5
Vollelektrische Glasschmelzwanne	0,8	0,5	~[f]	0,2	0,2	~[f]	0,5
Industrieller Sektor, insgesamt[h]	6,8	10,5	0,8	17,2	3,8	13,4	24,7
Summe Verstromungsstrategie, insgesamt[h]	20,0	31,3	12,3 (8.2)[d]	158,1	109,8	48,3	91,8 (87,7)[e]

[a] Ohne Vorzeichen = Mehrbedarf; – = Minderbedarf im Vergleich zum Ölfall
[b] 50% der strategischen Rohölsubstitution entfallen auf Kessel mit 2 MW Nutzungswärmehöchstlast und 50% auf Kessel mit 8 MW Nutzwärmehöchstlast
[c] Summe der Spalten (1), (2) und (3.3), d. h. Bruttogrößen im Umwandlungs- und Verteilungsbereich, Nettogröße im Endenergiebereich
[d] Netto, d. h. unter Abzug des Investitionsbedarfs im Ölfall
[e] Summe unter Berücksichtigung von Nettowerten für Verteilung und Endenergienutzung
[f] Für Haushaltssektor einschließlich MWSt
~ = zu vernachlässigen
[h] Abweichungen bedingt durch Rundungen

Nachrichtlich: Anzahl der zusätzlichen Investitions- bzw. Umstellungsfälle:
Umwandlungssektor: 24 Kohlekraftwerke in der Größenordnung von 700 MWe bzw. Zubau von 16,5 GWe in Großkraftwerken
Endenergienutzungssektor: – Heizungsanlagen in Ein- und Zweifamilienhäusern: 5,55 Mio
– Anlagen im industriellen Sektor: 0,08 Mio

ist allerdings zu beachten, daß sich die Mehrinvestitionsausgaben auf zwei Investitionszeitpunkte verteilen; denn die Wärmepumpe hat lediglich eine Nutzungsdauer von 15 Jahren. Es kann nicht ohne weiteres unterstellt werden, daß Hauseigentümer generell bereit sind, für ein Zusatzgerät wie die Wärmepumpe mit bivalent-alternativer Betriebsweise zusätzliche Mittel aufzubringen, die sich, wenn überhaupt, erst nach einer längeren Betriebszeit durch eingesparte laufende Ausgaben amortisieren.

Unternehmen des industriellen Sektors hätten das rund 4,5fache des Investitionsvolumens des Ölvergleichsfalls zu finanzieren. Der Mehraufwand von 13,3 Mrd DM ist auch hier fast ausschließlich auf Wärmepumpen – in diesem Fall monovalente – zurückzuführen und beträfe etwa 1/3 des veranschlagten Substitutionsumfangs im industriellen Bereich. Die Frage, ob hier Finanzierungsprobleme entstehen, kann bei der Heterogenität der Anwendungsbereiche von Wärmepumpen in der Industrie nicht generell beantwortet werden. Amortisationszeiten, Kapitalstärke des jeweiligen Unternehmens etc. spielen hier eine Rolle. Im allgemeinen dürften sich industrielle Unternehmen bei ihren Investitionsentscheidungen stärker als Haushalte an der umfassenden Vorteilhaftigkeit eines Projekts unter Einschluß aller Betriebsausgaben während einer mehrjährigen Nutzungsdauer der Anlage orientieren.

3.1.2.2 Verheizungsstrategie

Die Verheizungsstrategie weist mit 36 Mrd DM (Bruttogröße) zwar insgesamt den geringsten Investitionsbedarf auf; das bedeutet aber nicht, daß auch die Finanzierung am unproblematischsten wäre. Der relativ geringe Investitionsbedarf der Verheizungsstrategie ergibt sich nämlich als Saldo aus einem Investitionsbedarf im Umwandlungs- und Verteilungsbereich, der ähnlich hoch ist wie bei der Verstromungsstrategie (43 Mrd DM), und einem Minderbedarf im Endenergienutzungsbereich gegenüber dem Ölfall von knapp 8 Mrd DM (vgl. Tabelle B-34).

Als Träger der Fernwärmeerzeugungs- und -verteilungsinvestitionen (rund 43 Mrd DM) kommen vor allem kommunale und regionale Energieversorgungsunternehmen in Frage. Bei der Diskussion der Finanzierungsproblematik ist einerseits zu berücksichtigen, daß sich die in Tabelle B-33 ausgewiesenen Investitionsausgaben für die Fernwärmeerzeugungsanlagen nur auf den Anteil der Fernwärmeerzeugung beziehen. Auf den elektrischen Leistungsanteil (Bewertung entsprechend dem Investitionsbedarf je Leistungseinheit eines 700 MWe-Kohlekraftwerks) entfällt zusätzlich ein Volumen von rund 18 Mrd DM (siehe Fußnote c von Tabelle B-34), die im Falle ausschließlicher Trägerschaft auch durch das Fernwärmeversorgungsunternehmen zu tragen bzw. vorzufinanzieren wären. Andererseits ist bei den Investitionen für die Fernwärmeverteilung eine Entlastung möglich, da schon während oder unmittelbar nach Abschluß der Bauzeit bis zu 70% der Investitionsausgaben für örtliche Verteilungsnetze und bis zu 100% der Investitionsausgaben für Stichleitungen und Hausanschlüsse in Form eines einmalig zu entrichtenden Betrags an die Fernwärmeanschlußnehmer weitergewälzt werden können. Die Belastung der Fernwärmeversorgungsunternehmen würde sich damit von rund 43 auf rund 30 Mrd DM verringern. Ob jedoch bei einem solchen Vorgehen die Finanzierungsprobleme gelöst werden können, ist höchst fraglich, da eine Überwälzung von Verteilungskosten in diesem Umfang nicht ohne Auswirkungen auf die Anschlußbereitschaft bleiben würde; Investitonsvorteile für den Verbraucher bestünden dann nicht mehr für die Fernwärme.

Tabelle B-34. Verheizungsstrategie: Investitionsbedarf, insgesamt und nach Strategietechnologien, in Mrd DM_{82}[a]

Strategietechnologien	Beitrag zur Rohölsubstitution Mio t SKE	Umwandlung in Sekundärenergie (nur Kohletechnologien)[c] (brutto)	Verteilung von Kohleumwandlungsprodukten (brutto)	Endenergienutzung[g]			Summe[d]
				Kohletechnologien	Mineralöltechnologien	Saldo[b] (netto)	
		(1)	(2)	(3.1)	(3.2)	(3.3)	(4)
Haushaltssektor							
HKW ohne REA, (12 MWe/30 MWth)	2,8	3,9	7,4	1,7	4,2	– 2,5	8,8
HKW mit REA, (42 MWe/85 MWth)	4,9	5,2	11,5	2,9	7,3	– 4,4	12,3
HKW mit REA, (120 MWe/200 MWth)	3,6	2,7	8,6	2,1	5,2	– 3,2	8,1
HKW mit REA, (500 MWe/375 MWth)	1,3	1,0	2,9	0,8	1,9	– 1,2	2,8
Haushaltssektor, insgesamt[h]	12,6	12,9	30,4	7,4	18,6	–11,2	32,0
Industrieller Sektor							
2 MWth-Kessel	1,8	–	–	2,4	0,9	1,5	1,5
8 MWth-Kessel	0,9	–	–	0,8	0,3	0,5	0,5
15 MWth-Kessel	2,6	–	–	2,1	1,1	1,0	1,0
60 MWth-Kessel	2,1	–	–	1,1	0,5	0,6	0,6
Industrieller Sektor, insgesamt[h]	7,4	–	–	6,3	2,7	3,6	3,6
Summe Verheizungsstrategie, insgesamt[h]	20,0	12,9	30,4 (26,4)[e]	13,7	21,4	– 7,6	35,6 (31,6)[f]

[a] Im Geldwert des Jahres 1982
[b] – = Minderbedarf gegenüber Ölfall; ohne Vorzeichen = Mehrbedarf gegenüber Ölfall
[c] Investitionsbedarf ohne elektrische Leistungsanteile der Heizkraftwerke; die entsprechenden Bedarfszahlen einschließlich elektrischem Anteil für die verschiedenen HKW betragen in Mrd DM: 6,35; 10,37; 8,32; 5,84; insgesamt: 30,88
[d] Summe der Spalten (1), (2) und (3.3), d.h. Bruttogrößen im Umwandlungs- und Verteilungsbereich, Nettogröße im Endenergienutzungsbereich
[e] Netto, d.h. unter Abzug des Investitionsbedarfs im Ölfall
[f] Summe unter Berücksichtigung von Nettowerten für Verteilung und Endenergienutzung
[g] Für Haushaltssektor einschließlich MWSt
[h] Abweichungen bedingt durch Rundungen

Nachrichtlich: Anzahl der zusätzlichen Investitions- bzw. Umstellungsfälle:
Umwandlungssektor: 121 HKW-Doppelanlagen – 12/30, 43/85, 120/200, 500/375
Endenergienutzungssektor:
- Heizungsanlagen in Mehrfamilienhäusern: 890 000 (50 kW Nutzenergiehöchstlast bzw. 55,5 kW Fernwärme-Anschlußleistung und 1900 Vollaststunden pro Jahr)
- Kesselanlagen im industriellen Sektor: 3250 (2 MW-, 8 MW-, 15 MW-, 60 MW-Kessel)

Ohnehin beruhen die günstigen Realisierungsbedingungen auf der Endenergienutzungsebene nicht zuletzt auf der Annahme, daß im Ölfall zu Beginn oder während des betrachteten 20-jährigen Betriebs der Ölzentralheizungen eine Ersatzinvestitionsausgabe für einen neuen Ölkessel in Höhe von rund 10 000 DM getätigt werden muß.

Um die investiven Realisierungsprobleme der strategiegemäß vorgesehenen Fernwärmebeiträge zu verdeutlichen, sollen einige Angaben zum bisherigen Investitionsvolumen der als Träger in Frage kommenden kommunalen und regionalen Energieversorgungsunternehmen gemacht werden.

Die *kommunalen* Versorgungsunternehmen werden in der Regel als Querverbundunternehmen betrieben und weisen für alle Versorgungssparten zusammen ein durchschnittliches Investitionsvolumen von rund 5,5 Mrd DM pro Jahr (zwischen 1980 und 1984) aus. Von den 654 kommunalen Energieversorgungsunternehmen waren 1983 108 in der Fernwärmeversorgung tätig [Verband kommunaler Unternehmen e.V. 1983]. Kennzeichen der kommunalen Versorgungsunternehmen ist zwar eine weitgehende wirtschaftliche Selbständigkeit; es bestehen jedoch einige wichtige Wechselbeziehungen zwischen ihnen und den Gemeinden bzw. Gemeindehaushalten. Sie betreffen vor allem die Aufbringung des Eigenkapitals der Unternehmen und die Preisaufsicht durch die Gemeinden einerseits (letzteres nur, insoweit nicht Länderbefugnisse Vorrang haben) und die Konzessionsabgaben und Gewinnabführungen durch die Unternehmen andererseits.

Die *regionalen* Versorgungsunternehmen sind vor allem in der Stromverteilung tätig. Sie tragen mit 2 Mrd DM pro Jahr rund 40% des verteilungsbedingten Investitionsvolumens der öffentlichen Elektrizitätswirtschaft. Entsprechend ihren weiteren Betätigungen in der Gas und Fernwärmeversorgung fallen noch weitere Investitionsbeträge an. Sie dürften sich, grob geschätzt, auf rund 1 Mrd DM pro Jahr zu Beginn der 80er Jahre belaufen. Die regionalen Energieversorgungsunternehmen haben damit in der jüngsten Vergangenheit ein Investitionsvolumen von rund 3 Mrd DM erreicht. An den regionalen Energieversorgungsunternehmen (insgesamt 41) sind die Gemeinden direkt und indirekt zu rund 45% beteiligt [ARE 1981]. Damit dürfte auch zwischen diesen Unternehmen und den Gemeinden bzw. Gemeindehaushalten eine nicht unwesentliche ökonomische Wechselbeziehung bestehen.

Die *kommunalen und regionalen Energieversorgungsunternehmen* zusammen dürften damit derzeit über ein jährliches Investitionsvolumen von durchschnittlich rund 8,5 Mrd DM verfügen, darunter rund 1 Mrd DM für die Fernwärmeversorgung [IFO-Institut 1982] und rund 4 Mrd DM für die Stromversorgung; mehr als die Hälfte der 4 Mrd DM dürfte auf Stromverteilungsanlagen entfallen.

Für das strategische Investitionsvolumen würde sich bei Umlegung auf 20 Jahre ein durchschnittliches jährliches Investitionsvolumen von 2,2 Mrd DM (nur für Fernwärmeanteil) bzw. von 3,1 Mrd DM (einschließlich Investitionen für elektrischen Leistungsanteil) ergeben.

Angesichts der oben genannten Investitionszahlen der kommunalen und regionalen Versorgungsunternehmen für Fernwärme- und Stromversorgungszwecke in Höhe von rund 1 bzw. rund 4 Mrd DM pro Jahr erscheint das strategische Investitionsvolumen als nur unter erschwerten Bedingungen realisierbar. Diese an den quantitativen Zahlenrelationen orientierte Einschätzung beruht zugleich auf der Annahme, daß die kommunalen und regionalen Versorgungsunternehmen nicht bereit sein dürften, ihre sonstigen wirtschaftlichen Aktivitäten ohne weiteres zugunsten der Fernwärme einzuschränken. Andererseits dürften auch die Gemeinden als wichtigste Eigenkapitalgeber dieses Unternehmenskreises nicht willens sein, mit massiven Aufstockungen ihrer Eigenkapitalanteile an diesen Versorgungsunternehmen ihre anderen wahrgenommenen öffentlichen Aufgaben finanziell zu gefährden.

Damit scheint die Realisierung derart umfangreicher Fernwärmeinvestitionsausgaben – selbst wenn man von den in Abschnitt 2.2.1.2.3 aufgezeigten Zwischenfinanzierungsproblemen von Kostenunterdeckungen während der Anlaufphase absieht – letztlich weiterhin von staatlichen Förderungsmaßnahmen abhängig zu sein. Erleichterungen des Problems könnte man sich bei anderen institutionellen Lösungen vorstellen, z. B. bei einer Beteiligung von Elektrizitätsversorgungsunternehmen der Verbundstufe und damit von prinzipiell finanzkräftigeren Unternehmen.

Die Realisierung der *fernwärmebedingten Investitionen auf der Endenergienutzungsstufe* dürfte weitgehend unproblematisch sein, wenn, wie in der Studie angenommen, der Ölkessel und evtl. auch der Öltank im Ölvergleichsfall ersetzt werden müssen. Wenn dies nicht zutrifft, sind aber Bedenken anzumelden, insbesondere weil eventuelle Ersparnisse beim Betrieb der Hausanlage den Bewohnern der Mehrfamilienhäuser zugute kommen, die nicht oder nur teilweise mit den Eigentümern und Investoren der Endenergienutzungsanlagen identisch sein dürften.

Generell dürfte die zeitliche Abstimmung von Anschlußentwicklung und Zubau von Fernwärmeerzeugungs- und -verteilungskapazitäten Realisierungsprobleme für den Fernwärmeanteil der Verheizungsstrategie mit sich bringen.

Die Träger der *Investitionen für die Endenergienutzung im industriellen Sektor* (Kohlekessel) haben im Strategiefall durchweg einen mindestens doppelt so hohen Investitionsbetrag zu finanzieren wie im Ölfall (insgesamt 6,3 anstelle von 2,7 Mrd DM). Zweifel an der Realisierbarkeit dieses Teils der Verheizungsstrategie sind hier unter dem Gesichtspunkt der Amortisationszeiten für die Mehrinvestitionen im Kohlefall anzubringen. Wie in Abschnitt 2.2.2.3 dargestellt, errechnen sich in verschiedenen Fällen für Kohlekessel Amortisationszeiten, die deutlich über üblicherweise in der Industrie „geforderten" Amortisationszeiten liegen. Auch die Höhe des Investitionsvolumens für den Kohlekessel im Verhältnis zum gesamten jährlichen Investitionsbudget des betroffenen industriellen Unternehmens dürfte mit eine ausschlaggebende Rolle spielen.

3.1.2.3 Veredlungsstrategie (Variante A)

Bei der Veredlungsstrategie (Variante A) wären im Umwandlungs- und Verteilungsbereich Investitionen im Umfang von ca. 41,5 Mrd DM zu finanzieren (vgl. Tabelle B-35). Fast 37 Mrd DM würden auf die Umwandlung, insbesondere Hydrieranlagen entfallen; Investitionen in Höhe von zusätzlich 4,5 Mrd DM gegenüber dem Ölfall ergäben sich im Verteilungsbereich.

An Pilot- und Demonstrationsanlagen sowie an Planungen für großtechnische Anlagen zur Kohleveredlung haben sich bisher vornehmlich Unternehmen des Steinkohlenbergbaus, der Mineralölwirtschaft und der Gaswirtschaft beteiligt. Es ist anzunehmen, daß diese als Träger der Umwandlungs- und Verteilungsinvestitionen bei einer breiten kommerziellen Einführung der Kohleveredlung in erster Linie in Frage kämen. Diese Branchen hatten 1982 Investitionsvolumina von 3,8 bzw. 2,0 bzw. 2,5 Mrd DM.

Tabelle B-35. Veredlungsstrategie – Variante A: Investitionsbedarf, insgesamt und nach Strategietechnologien, in Mrd DM_{82}[a]

Strategietechnologien	Beitrag zur Rohölsubstitution Mio t SKE	Umwandlung in Sekundärenergie (nur Kohletechnologien) (brutto)	Verteilung (netto)	Endenergienutzung[c]			Summe
				Kohletechnologien	Mineralöltechnologien	Saldo[b] (netto)	
		(1)	(2)	(3.1)	(3.2)	(3.3)	(4)
Kohlehydrierung – Flüssigprodukte (Benzin, Diesel, Flüssiggas)	12,7	27,8	0,5	Benzin: (215,2)[c] Diesel: (291,3)[c] Flüssiggas: (86,0) insgesamt: 592,5	(215,2)[c] (291,3)[c] (78,2) 584,7	– – (7,8) 7,8	36,1
Kohle-Festbettvergasung – SNG und Methanol	5,2	6,4	SNG: (2,8) Methanol: (0,7) insgesamt: 3,5	SNG: (0,2) Methanol: (114,8) insgesamt: 115,0	(1,6) (110,4) 112,0	(–1,4) (4,4) 3,0	12,9
Kohle-Staubvergasung (Texaco-Verfahren) – Methanol	2,1	2,7	0,6	89,9	86,4	3,5	6,8
Summe Veredlungsstrategie – Variante A	20,0	36,9	4,6	797,4	783,1	14,3	55,8

[a] Im Geldwert des Jahres 1982

[b] – = Minderbedarf gegenüber Ölfall; ohne Vorzeichen = Mehrbedarf gegenüber Ölfall

[c] Für Pkw und SNG-Heizung einschließlich MWSt

Nachrichtlich: Anzahl der zusätzlichen Investitions- bzw. Umstellungsfälle:
- Umwandlungssektor: 8;
- Verkehrssektor: 6,89 Mio (1,96 Mio Flüssiggas-Pkw; 4,93 Mio Methanol-Pkw); außerdem müßten rein rechnerisch 6,68 Mio Diesel-Pkw und 5,38 Mio Benzin-Pkw mit kohlestämmigen Kraftstoffen betrieben werden
- Zentralheizungen in Mehrfamilienhäusern: 140 000 (50 kW Nutzenergiehöchstlast bzw. 64,1 kW Anschlußleistung und 1900 Vollaststunden pro Jahr)

Geht man davon aus, daß sich der für die Veredlungsstrategie Variante A berechnete zusätzliche Investitionsbetrag von 41,5 Mrd DM gleichmäßig auf 20 Jahre verteilt, wären jährlich rund 2 Mrd DM zu finanzieren. Somit entspräche der erforderliche jährliche Investitionsbedarf etwa 25% des summierten Investitionsvolumens der drei genannten Industriezweige. Hinsichtlich der Bereitschaft dieser Branchen, Investitionen dieses Umfangs zu tätigen, sind Zweifel anzumelden. Der Steinkohlenbergbau ist bereits heute bei seinem Investitionsprogramm auf Finanzhilfen des Staates angewiesen. Bei den anderen Branchen sind in bezug auf die Finanzkraft keine Bedenken anzumelden; die Investitionsbereitschaft dürfte aber aufgrund noch fehlender großtechnischer Demonstration der meisten Kohleveredlungstechnologien gedämpft sein. Bei bisher nicht angebotenen Kraftstoffen – Methanol – dürfte die Bereitschaft zur Investition in Umwandlungsanlagen zur Herstellung dieses Kraftstoffes erst gegeben sein, wenn Absatzmöglichkeiten garantiert werden: das heißt, wenn ein ausreichend dichtes und weites Verteilungsnetz besteht.

Im *Endenergienutzungsbereich* stehen bei der Variante A der Veredlungsstrategie Investitionsmehrkosten von 14,3 Mrd DM an, die sich aus einem Minderbedarf für SNG-Heizung (gegenüber dem Ölfall) von 1,4 Mrd DM und einem Mehrbedarf von 15,7 Mrd DM bei der Anschaffung von Methanol- und LPG-Pkw zusammensetzen. Die Realisierung der Variante A im Endenergienutzungsbereich hängt damit ganz entscheidend von der Bereitschaft ab, Mehrkosten bei der Anschaffung von Pkw in nicht unbeträchtlicher Höhe in Kauf zu nehmen.

Bei einem unterstellten Neuanschaffungswert pro Pkw von durchschnittlich 20 000 DM geht es um einen Mehraufwand von 800 DM für einen Methanol-Pkw und 2000 DM für einen LPG-Pkw. Letztlich dürfte sich ein Pkw-Käufer nur dann freiwillig für ein bei gegebener Leistung relativ teureres Fahrzeug entscheiden, wenn sich der Anschaffungsmehraufwand bereits innerhalb weniger Betriebsjahre durch verringerte laufende Ausgaben amortisiert. Als erforderliche Amortisationszeit wären in der Regel maximal vier Jahre, d.h. die durchschnittliche Nutzungsdauer eines Pkw durch den Erstbesitzer anzusetzen.

Für Methanol (Mehraufwand pro Pkw: 800 DM) dürfte die Entscheidung aus finanziellen Gründen leichter fallen als für Flüssiggas (Mehraufwand pro Pkw: 2000 DM). Dies setzt allerdings voraus, daß der Methanol-Pkw-Besitzer keine gravierenden Nachteile bezüglich des Tankstellennetzes in Kauf nehmen muß.

3.1.2.4 Veredlungsstrategie (Variante B)

Rund 37 Mrd DM werden bei dieser Strategie für Investitionen im Umwandlungs- und Verteilungsbereich benötigt (unter Berücksichtigung von Nettogrößen im Verteilungsbereich) (vgl. Tabelle B-36). Als Träger kommen – wie bei der Variante A – Unternehmen des Steinkohlenbergbaus, der Mineralölwirtschaft und der Gaswirtschaft in Frage. Folglich sind die zur Strategievariante A formulierten Einschätzungen im wesentlichen auch für die Strategievariante B gültig. Die Realisierungschancen der Variante B sind jedoch als etwas günstiger anzusehen, weil das Investitionsvolumen für die Umwandlungsanlagen (24 Mrd DM) in der Variante B um rund ein Drittel niedriger ist als in der Variante A und weil auch der Investitionsumfang der Einzelprojekte in der Regel geringer ist als bei der Variante A.

Tabelle B-36. Veredlungsstrategie – Variante B: Investitionsbedarf, insgesamt und nach Strategietechnologien, in Mrd DM_{82}

Strategietechnologien	Beitrag zur Rohölsubstitution Mio t SKE	Umwandlung in Sekundärenergie (nur Kohletechnologien) (brutto)	Verteilung (netto)	Endenergienutzung[c] Kohletechnologien	Endenergienutzung[c] Mineralöltechnologien	Endenergienutzung[c] Saldo[b] (netto)	Summe
		(1)	(2)	(3.1)	(3.2)	(3.3)	(4)
Kohlehydrierung – Flüssigprodukte (Benzin, Diesel, Flüssiggas)	2,5	5,6	0.1	Benzin: (43,0)[c] Diesel: (58,3)[c] Flüssiggas: (17,2) insgesamt: 118,5	(43,0)[c] (58,3)[c] (15,6) 116,9	– – (1,6) 1,6	7.3
Kohle-Festbettvergasung – SNG	5,2	5,9	6.1	0,5	3,4	–2,9	9,1
Kohle-Festbettvergasung SNG und Methanol	5,2	6,4	SNG: (2.8) Methanol: (0.7) insgesamt: 3.5	SNG: (0,2) Methanol: (114,8) insgesamt: 115,0	(1,6) (110,4) 112,0	(–1,4) (4,4) 3,3	12,9
Kohle-Staubvergasung (Texaco-Verfahren) – Methanol	2,1	2,8	0.6	89,8	86,4	3,4	6.8
Kohle-Flugstromvergasung (Koppers-Totzek-Verfahren) – mittelkaloriges Industriegas	5,0	3,2	3.1	1,9	1,8	0,1	6,4
Summe Veredlungsstrategie – Varainte B	20,0	23,9	13.4	325,7	320,5	5,2	42,5

[a] Im Geldwert des Jahres 1982

[b] – = Minderbedarf gegenüber Ölfall; ohne Vorzeichen = Mehrbedarf gegenüber Ölfall

[c] Für Pkw und SNG-Heizung einschließlich MWSt

Nachrichtlich: Anzahl der zusätzlichen Investitions- bzw. Umstellungsfälle:
- Umwandlungssektor: 13;
- Endenergienutzungssektor:
  - Personenkraftwagen: 5,32 Mio (0,39 Mio Flüssiggas-Pkw; 493 Mio Methanol-Pkw); außerdem müßten rein rechnerisch 1,34 Mio Diesel-Pkw und 1,08 Mio Benzin-Pkw mit kohlenstämmigen Kraftstoffen betrieben werden
  - Zentralheizungen in Mehrfamilienhäusern: 443 000 (50 kW Nutzenergiehöchstlast bzw. 64,1 kW Anschlußleistung und 1900 Vollaststunden pro Jahr)
  - Industriekessel: 2163 (2 MW-, 8 MW-, 15 MW- und 60 MW-Kessel)

Die beträchtlichen Investitionsanforderungen im Verteilungsbereich sind einerseits verursacht durch Erweiterungen des Erdgasnetzes zur Einspeisung von SNG, andererseits durch den Aufbau von Verteilungsnetzen für Industriegas.

Die Investitionsanforderungen für die Erweiterung von Erdgasnetzen stellen eine Obergrenze dar, da möglicherweise auch noch mit freien Verteilungskapazitäten bei der Erdgasverteilung zu rechnen ist. Realisierungsprobleme sind eher bei der Industriegasverteilung zu erwarten; diese dürften in der Regel von dem Betreiber der Industriegasanlage durchgeführt werden, was bedeuten würde, daß das Gesamtinvestitionsvolumen eines Industriegasprojekts erheblich erhöht würde. Außerdem könnten sich für den jeweiligen Investor auch Probleme durch mangelnde Anschlußbereitschaft bzw. nicht termingerechte Anschlußentwicklung ergeben.

Auf der *Endenergienutzungsebene* sind für die SNG-Beiträge keine Finanzierungsprobleme zu erwarten, solange davon ausgegangen werden kann, daß zum Entscheidungszeitpunkt auch Ersatzinvestitionen für die Ölanlage erforderlich sind (Kessel und/oder Tank).

Für die Gas-Dampfkessel für den Einsatz von mittelkalorigem Industriegas sind nur rund 5% mehr aufzuwenden als bei Ölkesseln. Sofern sich aber die anzuschließenden Industriegasabnehmer in einem nennenswerten Umfang direkt an den relativ hohen Transport- und Verteilungsinvestitionen beteiligen müßten (3,6 Mrd DM Bruttowert), könnten sich hieraus deutliche Realisierungshemmnisse ergeben.

Im Vergleich zur Variante A ist die Zahl der erforderlichen Umstellungen im Verkehrsbereich auf Methanol- und LPG-Pkw deutlich niedriger und damit das Realisierungsproblem auch etwas kleiner. Ansonsten gelten die bei der Erörterung der Variante A zu den Pkw gemachten Ausführungen.

3.1.2.5 Finanzierungsprobleme im Steinkohlenbergbau bei einem verstärkten Steinkohleeinsatz

Der strategische Investitionsmehrbedarf im Steinkohlenbergbau würde bei einem angenommenen Einsatzverhältnis inländische Steinkohle/Importkohle von 1:2 zwischen 4,8 Mrd DM bei der Verheizungsstrategie und 11,6 Mrd DM bei der Variante A der Veredlungsstrategie bzw. bei Umlegung auf 20 Jahre zwischen 0,25 Mrd DM bzw. 0,58 Mrd DM pro Jahr liegen. Diese Zahlen wurden bestimmt unter der Annahme, daß der strategische Kohlemehrbedarf durch Ausbau zusätzlicher Kapazitäten gedeckt werden muß. Bezieht man das zusätzliche Investitionsvolumen pro Jahr auf das Investitionsvolumen des Steinkohlenbergbaus im Jahre 1982 in Höhe von DM 3,8 Mrd DM (Bruttoanlageinvestitionen und Vorleistungen), so ergeben sich Erhöhungen des Investitionsvolumens durch den strategischen Mehreinsatz von 7 bis 15%. Unterstellt man eine weitgehend harmonische Absatz- und Förderentwicklung ohne größere Schwankungen, so läßt sich aus den angeführten Zahlen keine nennenswerte strategiebedingte Erschwernis der Investitionsfinanzierung im deutschen Steinkohlenbergbau ableiten. Jedoch ist zu berücksichtigen, daß der Steinkohlenbergbau bereits jetzt auf Finanzhilfen des Staates bei seinem Investitionsprogramm angewiesen ist und voraussichtlich auf eine entsprechende Unterstützung auch bei den strategisch bedingten Mehrinvestitionen angewiesen wäre.

Geht man davon aus, daß der strategische Kohlemehreinsatz zu einem großen Teil aus derzeit vorhandenen unterausgelasteten Kapazitäten erbracht werden kann, wären die erforderlichen Investitionen durch das bisherige Investitionsvolumen von 3,8 Mrd DM (1982) pro Jahr weitgehend abgedeckt, da ein Investitionsvolumen in dieser Größenordnung als mittelfristig ausreichend zur Aufrechterhaltung von Kapazitäten im Umfang von 90 Mio t SKE angesehen wurde [Ott 1982].

3.2 Arbeitskräftebedarf

Die Arbeitsmarktsituation Mitte der achtziger Jahre und die zukünftige Arbeitsmarktsituation bis in die neunziger Jahre hinein sind im wesentlichen durch die beiden folgenden Aspekte gekennzeichnet: eine vor allem durch die demographische Entwicklung verursachte ständige Ausweitung des Arbeitskräfteangebots und eine durch die technisch-ökonomische Entwicklung bedingte Stagnation der Arbeitskräftenachfrage mit eher rückläufigen Tendenzen. Vor diesem Hintergrund sind die Arbeitsmarkteffekte konkurrierender ökonomischer Aktivitäten als Bewertungsaspekt von Bedeutung.

3.2.1 Erläuterungen zur Vorgehensweise und zur Interpretation des Indikators

Durch die Implementation der Kohleeinsatzstrategien entsteht auf zweierlei Weise ein Bedarf an Arbeitskräften. Einerseits werden Arbeitskräfte zur Erstellung der Strategietechnologien im Umwandlungs-, Verteilungs- und Endnutzungsbereich benötigt; hieraus resultiert der im folgenden als *investitionsbedingt* bezeichnete Arbeitskräftebedarf. Andererseits sind Arbeitskräfte zum Betrieb und zur Wartung der Energieanlagen im Umwandlungs-, Verteilungs- und Endenergienutzungsbereich erforderlich. Dieser Arbeitskräftebedarf wird im folgenden als *betriebsbedingt* bezeichnet. Zum betriebsbedingten Arbeitskräftebedarf wird auch der Arbeitskräftebedarf zur Förderung der benötigten Steinkohlemengen gezählt (*förderungsbedingter* Arbeitskräftebedarf). Da dieser entscheidend vom Einsatzverhältnis inländische Kohle/Importkohle abhängig ist, wird er separat ausgewiesen.

Der so definierte betriebs- und investitionsbedingte Arbeitskräftebedarf zur Implementation der Kohleeinsatzstrategien ist eine Bruttogröße, d. h. er stellt nicht den zusätzlichen gesamtwirtschaftlichen Arbeitskräftebedarf dar; denn durch die Implementation der Kohleeinsatzstrategien würde auch Arbeitskräftebedarf für den Ölvergleichsfall entfallen, und zwar sowohl investitionsbedingter für Ölverarbeitungs-, -verteilungs- und Ölnutzungsanlagen als auch betriebsbedingter.

Schließlich ist in einer volkswirtschaftlichen Gesamtbilanz zu beachten, daß ein Substitutionsmehraufwand für eine Strategie – sofern er nicht über Verschuldung oder Entsparen finanziert werden kann – zu Lasten der Nachfrage nach anderen Gütern und Leistungen geht mit der Folge, daß dadurch Beschäftigungsrückgänge in anderen Wirtschaftsbereichen verursacht werden. Ein Substitutionsgewinn, d. h. ein Substitutionsminderaufwand, würde dagegen zusätzliche Nachfrage in anderen Bereichen und entsprechenden Arbeitskräftebedarf auslösen, sofern der Gewinn nicht der Vermögensbildung zugeführt wird.

Selbst wenn sich unter Berücksichtigung solcher kompensierender Effekte ein zusätzlicher Arbeitskräftebedarf ergibt, heißt das nicht, daß dieser in voller Höhe arbeitsmarktwirksam wird. Insbesondere wenn er zeitlich oder regional breit gestreut auftritt, ist nicht auszuschließen, daß er teilweise durch Höherauslastung bereits Beschäftigter gedeckt wird. Dies könnte z. B. für den Arbeitskräftebedarf für die Wartung von Anlagen oder die Erweiterung von Verteilungsnetzen zutreffen, weniger für den investitions- und betriebsbedingten Arbeitskräftebedarf großer Umwandlungsanlagen sowie den Arbeitskräftebedarf für die Produktion großer Serien von Endenergienutzungsanlagen und die Förderung von Kohle.

Der *investitionsbedingte Arbeitskräftebedarf* konnte wegen der sehr hohen Anzahl unterschiedlicher Technologien nur sehr pauschal abgeschätzt werden. Die Abschätzung beschränkt sich auf den produktionsbedingten Arbeitskräftebedarf unter Berücksichtigung der Effekte auf den verschiedenen Vorleistungsstufen der Produktion. Indirekte, d. h. multiplikatorbedingte Effekte werden nicht berücksichtigt, weil sie nur unter bestimmten – hier nicht unbedingt zutreffenden – Voraussetzungen (u. a. autonome Nachfrageänderung) angenommen werden können.

Als pauschaler Wert für alle Investitionen wird unabhängig von der Art der Produkte folgende Annahme getroffen: Eine Investitionsausgabe in Höhe von 100 000 DM führt zu einem Mannjahr Beschäftigung. Bei dieser Festlegung sind Importanteile in Höhe von 20 bis 30% am Bruttoproduktionswert angenommen.

Wie bereits erwähnt, gehen alle Investitionen, die zur Implementation der Strategien bis zum Vollausbau erforderlich sind – bis auf die Investition im Bergbau (siehe unten) –, in die Berechnung des investitionsbedingten Arbeitskräftebedarfs ein. In Abzug gebracht werden die wegfallenden Investitionen in der Ölverteilung und für Öltechnologien im Endenergienutzungsbereich. Wegfallende Investitionen in der Rohölverarbeitung (Raffineriebereich) werden vernachlässigt, u. a. weil ein nicht unbeträchtlicher Teil des Ölbedarfs durch Einfuhr von Mineralölprodukten gedeckt wird.

Der *betriebsbedingte Arbeitskräftebedarf* wird teils direkt, teils indirekt erfaßt. Die Schätzungen für den Betrieb der Anlagen beruhen auf direkten Schätzungen der Zahl der benötigten Beschäftigten; die Arbeitskräftebedarfszahlen für Wartung und Instandhaltung werden indirekt aus den für diese Zwecke jährlich zu tätigenden Ausgaben abgedeckt. Der Wartungs- und Instandhaltungsaufwand wird als zu 75% durch Personalaufwand verursacht angesehen. Ein Mannjahr wird mit 70 000 DM (Preisstand 1982) bewertet.

Ebenso wie beim investitionsbedingten Arbeitskräftebedarf werden Nettogrößen für den Verteilungs- und Endenergienutzungsbereich ermittelt, d. h. wegfallender Arbeitskräftebedarf in der Mineralölverteilung und für den Betrieb und die Wartung der zu substituierenden Endenergienutzungsanlagen auf Ölbasis wird in Abzug gebracht. Der entfallende betriebsbedingte Arbeitskräftebedarf in der Mineralölverarbeitung wird vernachlässigt, weil einerseits ein großer Teil der Mineralölprodukte importiert wird und andererseits die Mineralölverarbeitung nicht sehr arbeitsintensiv ist.

Der *förderungsbedingte Arbeitskräftebedarf* im deutschen Steinkohlebergbau wird pauschal abgeschätzt. Ausgehend von dem derzeitigen Förder- und Beschäftigungsvolumen wird von einem förderungsbedingten Arbeitskräftebedarf von 2000 Mannjahren pro 1 Mio t geförderter Kohle ausgegangen. Ein Teil dieses Arbeitskräftebedarfs ist auch auf die Erbringung der Vorleistungen unter Tage zurückzuführen, die einen beträchtlichen Teil des Investitionsvolumens im Bergbau ausmachen. Die genannte Zahl ist deshalb als ein Wert zu betrachten, der neben den betriebsbedingten auch den größten Teil des investitionsbedingten Arbeitskräftebedarfs im Steinkohlebergbau widerspiegelt. Aus diesem Grunde wird beim investitionsbedingten Arbeitskräftebedarf kein Ansatz für Investitionen im Bergbau gemacht. Die Investitionen für Ausrüstungen, die nur einen Anteil von ca. 30% am Investitionsvolumen des Bergbaus haben, bleiben damit unberücksichtigt.

Bei einem zeitlich gleichmäßigen Aufbau der Strategien würde der auf 20 Jahre umgelegte investitionsbedingte Arbeitskräftebedarf einen repräsentativen Wert für den jährlichen Arbeitskräftebedarf während der Aufbauphase der Strategien darstellen. Der betriebs- und förderungsbedingte Arbeitskräftebedarf würde während der 20jährigen Aufbauphase auf die hier ermittelten Jahreswerte bei Vollausbau der Strategien anwachsen. Nach Erreichung des Vollausbaus der Strategien nach 20 Jahren würde sich rechnerisch der jährliche Arbeitskräftebedarf als Summe der hier ermittelten Jahreswerte für investitions- und betriebsbedingten Arbeitskräftebedarf ergeben, da die durchschnittliche Nutzungsdauer der betrachteten Anlagen etwa 20 Jahre beträgt und somit bereits im ersten Jahr nach Vollausbau der Strategien Ersatzinvestitionen anfallen würden. Angesichts der in dieser Zeitspanne zu erwartenden Produktivitätsfortschritte sind diese Werte allerdings als Absolutwerte mit Vorbehalt zu interpretieren; für Vergleiche der Strategien hinsichtlich ihrer Beschäftigungswirkungen dürften sie aber trotzdem ein geeigneter Indikator sein.

3.2.2 Vergleiche des Arbeitskräftebedarfs der verschiedenen Kohleeinsatzstrategien

Tabelle B-37 gibt einen Überblick über den Arbeitskräftebedarf der Strategien.

Der *förderungsbedingte Arbeitskräftebedarf* ist unmittelbar korreliert mit den angenommenen Einsatzmengen inländischer Kohle. Dementsprechend weisen bei dem als Basisfall angenommenen Einsatzverhältnis inländische Kohle/Importkohle von 1 : 2 die beiden Varianten der Veredlungsstrategie mit fast 20 000 Mannjahren pro Jahr den höchsten Bedarf auf und die Verheizungsstrategie mit knapp 8000 Mannjahren pro Jahr den geringsten.

Den deutlich höchsten *investitionsbedingten Arbeitskräftebedarf* weist die Verstromungsstrategie (ca. 43 000 Mannjahre pro Jahr) auf; er wird verursacht durch hohe Investitionen im Umwandlungsbereich (Kohlekraftwerke) und im Endenergienutzungsbereich (elektrische Wärmepumpen). Bei den anderen Strategien ist der investitionsbedingte Arbeitskräftebedarf im wesentlichen durch die Investitionen im Umwandlungs- und Verteilungsbereich bestimmt; bei der Veredlungsstrategie weist die Variante A den höheren investitionsbedingten Arbeitskräftebedarf aus, und zwar wegen des höheren Investitionsbedarfs der Hydrieranlagen im Vergleich zu den Vergasungsanlagen. Die Verheizungsstrategie hat mit knapp 18 000 Mannjahren pro Jahr den geringsten investitionsbedingten Arbeitskräftebedarf, der ausschließlich umwandlungs- und verteilungsbedingt ist; im Endenergienutzungsbereich ergibt sich für diese Strategie ein negativer Nettoeffekt.

Beim *betriebsbedingten Arbeitskräftebedarf* ergibt sich ein eindeutiger Vorteil für die Variante A der Veredlungsstrategie, verursacht durch den hohen Bedarf im Umwandlungsbereich. Die Verstromungsstrategie weist den geringsten betriebsbedingten Arbeitskräftebedarf auf, einerseits wegen der im wesentlichen wartungsfreien

Tabelle B-37. Arbeitskräftebedarf der Kohleeinsatzstrategien (Mannjahre/pro Jahr)[a]

	Förderungsbedingter Arbeitskräftebedarf	Investitionsbedingter Arbeitskräftebedarf				Betriebsbedingter Arbeitskräftebedarf				Arbeitskräftebedarf insgesamt
		Umwandlung (brutto)	Verteilung (netto)	Endenergienutzung (netto)[b]	insgesamt	Umwandlung (brutto)	Verteilung (netto)	Endenergienutzung (netto)[b]	insgesamt	
Verstromungsstrategie	17 000	15 600	6 300	21 200	43 100	8 600	4 200	−1 500	11 400	71 500
Verheizungsstrategie	7 800	6 400	14 500	−3 300	17 600	11 700	5 500	200	17 400	41 500
Veredlungsstrategie Variante A	19 300	18 500	3 900	6 300	28 700	31 900	4 800	300	36 400	83 500
Veredlungsstrategie Variante B	18 300	12 000	8 600	2 300	22 900	18 400	5 600	−1 300	22 700	57 500

[a] Abweichungen bei Summierungen sind durch Rundungen bedingt
[b] – = Minderung; ohne Vorzeichen = Mehrbedarf im Vergleich zum Ölfall
brutto = Arbeitskräftebedarf nur für Kohlefall
netto = Arbeitskräftebedarf nach Abzug von entfallendem Arbeitskräftebedarf im Ölfall

Stromanwendungstechnologien und andererseits wegen einer schon technisch und ökonomisch optimierten Umwandlungstechnik. Die Verheizungsstrategie und die Variante B der Veredlungsstrategie nehmen mittlere Positionen ein.

Summiert man förderungs-, investitions- und betriebsbedingten Arbeitskräftebedarf, so weist die Veredlungsstrategie Variante A mit ca. 83 500 Mannjahren pro Jahr den höchsten *Gesamt-Arbeitskräftebedarf* auf und die Verheizungsstrategie mit ca. 41 500 Mannjahren pro Jahr den geringsten.

Bei derzeit ca. 2,3 Mio Arbeitslosen und einem Beschäftigungsvolumen von ca. 25,5 Mio Beschäftigten sind die Unterschiede zwischen den Strategien von maximal ca. 40 000 Mannjahren/pro Jahr aber aus gesamtwirtschaftlicher Sicht nicht als sehr wesentlich zu erachten. Der Unterschied entspricht ca. 2% der derzeitigen Arbeitslosenzahl bzw. knapp 2‰ des derzeitigen Beschäftigungsvolumens. Berücksichtigt man noch, daß die Strategie mit dem höchsten Arbeitskräftebedarf den höchsten Substitutionsmehraufwand aufweist (vgl. Abschnitt 3.4), so werden die Unterschiede noch geringer bzw. vernachlässigbar, da die Aufbringung dieses Mehraufwands an anderer Stelle zu einem Nachfragerückgang mit negativen Auswirkungen auf die Beschäftigung führen kann.

Als Fazit kann man jedoch feststellen, daß sich bei allen Strategien rein rechnerisch ein höherer Arbeitskräftebedarf als im Ölvergleichsfall ergibt. Wenn man eine vergleichende Bewertung der Strategien unter arbeitsmarktpolitischen Aspekten vornehmen will, so sollte man angesichts der unter gesamtwirtschaftlichen Aspekten geringen Unterschiede zwischen den Strategien regionale Aspekte in den Vordergrund stellen. In diesem Fall spricht die starke regionale Konzentration des Arbeitskräftebedarfs in erster Linie für die Veredlungsstrategie Variante A. Dieser stark konzentrierte Arbeitskräftebedarf würde in Gebieten (Kohlefördergebiete und Küstengebiete) auftreten, wo derzeit große strukturelle Probleme verbunden mit hoher Arbeitslosigkeit bestehen.

3.3 Devisenbedarf

Die Verringerung des Rohölimports um 20 Mio t SKE bedeutet bei den Kohleeinsatzstrategien um das Jahr 2000 eine jährliche Devisenersparnis von 10 bis 12 Mrd DM (im Geldwert von 1982), wenn man von realen Ölpreissteigerungen zwischen 1 und 2% jährlich ausgeht. Davon in Abzug zu bringen ist der Devisenmehrbedarf für den Import von Steinkohle, der wegen des unterschiedlichen Kohlebedarfs der Strategien zwischen 1,8 und 4,4 Mrd DM jährlich liegt, wenn 2/3 der strategiespezifischen Kohlemengen importiert werden. Saldiert ergeben sich bei 2% jährlicher Preissteigerungsrate für Importkohle und Rohöl Devisenersparnisse gemäß Tabelle B-38. In der Tabelle sind auch die Zahlen für den Fall angegeben, daß nur 1/3 der strategiespezifischen Kohlemengen importiert wird.

Bei jährlichen Ölpreissteigerungen von 1% wären die Devisenersparnisse für alle Strategien um etwa 2 Mrd DM geringer. Man erkennt aus Tabelle B-38, daß die Unterschiede zwischen den Strategien nicht drastisch sind (ca. 25% zwischen Verheizungsstrategie und Veredlungsstrategie Variante A).

Ergänzend sei erwähnt, daß die Devisenersparnisse eine ähnliche Höhe (7 bis 10 Mrd DM jährlich) erreichen würden, wenn nicht die Rohölimporte um 20 Mio t

Tabelle B-38. Deviseneinsparungen durch die Kohleeinsatzstrategien im Jahr 2000. Angaben in Mrd DM_{82}

	Verstromungsstrategie	Verheizungsstrategie	Veredlungsstrategie (Variante A)	Veredlungsstrategie (Variante B)
Minderaufwand für Rohölimporte[a]	11,9	11,9	11,9	11,9
Mehraufwand für Kohleimporte[a, b]	3,8 (1,9)	1,8 (0,9)	4,4 (2,2)	4,1 (2,1)
Saldo[b]	8,1 (10,0)	10,1 (11,0)	7,5 (9,7)	7,8 (9,8)

[a] Bei einer jährlichen realen Preissteigerungsrate von 2% für Rohöl und Importkohle
[b] Bei Import von ⅔ bzw. ⅓ (eingeklammerte Zahl) der für die Strategien erforderlichen Kohlemengen

SKE, sondern die Ölproduktimporte (HEL, HS, Benzin) um 17,6 Mio t SKE reduziert würden.

Es ist zu erwarten, daß mit einer Deviseneinsparung im beschriebenen Umfang auch eine Minderung von Deviseneinnahmen gegenüber dem Vergleichsfall ohne Kohleeinsatzstrategie einhergehen würde, möglicherweise in vergleichbarem Umfang. Dafür spricht z. B., daß sich der Export aus der Bundesrepublik Deutschland in die OPEC-Länder nach beiden Ölpreiskrisen (wenn auch mit Verzögerung) weitgehend entsprechend dem Geldwert der Ölimporte aus dieser Ländergruppe ausweiten konnte.

Deshalb ist es nicht angebracht, die genannten Deviseneinsparungen als Verbesserung des Saldos der Handelsbilanz gegenüber dem Vergleichsfall zu interpretieren. Für eine Bewertung der Devisenersparnisse sind eher Gesichtspunkte geeignet, die sich auf die *Struktur* der Devisenströme beziehen. Die Devisenausgaben für Erdöl, Erdölprodukte und Erdgas betrugen 1982 etwa 85 Mrd DM (davon 69 Mrd DM für Erdöl und Erdölprodukte) und machen den überwiegenden Anteil aller Devisenausgaben für Rohstoffimporte aus.

Trotz bis zum Jahr 2000 mengenmäßig vermutlich sinkender Ölimporte (ca. 20% gemäß Referenzschätzung dieser Studie) ist bei einer durchschnittlichen realen Preissteigerungsrate von 2% für Erdöl mit einem zusätzlichen Devisenbedarf (von rund 10 Mrd DM) für Ölimporte zu rechnen. Bei Erdgas sind nicht nur Preiserhöhungen bis zum Jahr 2000, sondern auch mengenmäßig wachsende Importe (die inländische Förderung wird weiter zurückgehen) zu erwarten, die zusätzlich (gegenüber 1982) mehr als 10 Mrd DM erfordern können.

Gegenüber einer solchen Entwicklung können die errechneten Deviseneinsparungen als Beitrag zur Eingrenzung des Wachstums von Devisenausgaben für ressourcenmäßig begrenzte Energieträger bewertet werden, die teilweise aus politisch spannungsgefährdeten Ländern oder Gebieten importiert werden müssen.

3.4 Monetärer Substitutionsaufwand

3.4.1 Erläuterungen zur Berechnung und zur Interpretation

Der Indikator „monetärer Substitutionsaufwand" soll für die verschiedenen Kohleeinsatzstrategien den jährlichen Mehr- oder Minderaufwand für die Ölsubstitution nach Erreichen des vollen Substitutionsumfangs von 20 Mio t SKE Rohöl widerspiegeln. Der Indikator stellt für jede Strategie die Differenz zwischen den jährlichen Kosten für die Anschaffung und den Betrieb aller strategiegemäß vorgesehenen Kohletechnologien und den entsprechenden Kosten für die zu substituierenden Öltechnologien dar. Er basiert auf den Nutzenergiekostenvergleichen des Kapitels 2; es gelten somit die entsprechenden methodischen Anmerkungen und die Preisentwicklungs- und sonstigen Annahmen des Basisfalls.

Der Indikator wird errechnet, indem für jede Strategietechnologie einer Strategie die ermittelte Nutzenergiekostendifferenz je Nutzenergieeinheit zur Ölvergleichstechnologie auf die substituierte Rohöleinheit umgerechnet, dieser Wert mit dem jeweiligen Substitutionsbeitrag der Strategietechnologie multipliziert und die Summe dieser Werte über alle Strategietechnologien einer Strategie gebildet wird.

Im Falle eines Substitutionsmehraufwands spiegelt dieser Indikator den Aufwand wider, der von der Volkswirtschaft bzw. den Bürgern – sei es indirekt durch steuerfinanzierte Subventionen oder direkt durch Mehrausgaben der betroffenen Endenergieverbraucher – zu erbringen ist, um auf diesem Wege eine Verbesserung der Energieversorgungssicherheit zu erreichen. Ein Mehraufwand bedeutet damit gleichzeitig, wenn man eine Kreditfinanzierung oder eine Verringerung der volkswirtschaftlichen Sparquote ausschließt, daß andere Bedürfnisse in entsprechendem Umfang nicht befriedigt werden können.

Ein Substitutionsmehraufwand darf aber nicht ohne weiteres als ein Subventionsbedarf in entsprechender Höhe interpretiert werden. Erstens ist darauf zu verweisen, daß der Indikator im Sinne eines Mindestmehraufwands zu interpretieren ist und insofern ein günstiges Bild für die Kohletechnologien zeichnet, als bei den Rechnungen für die Kohletechnologien nur eine Mindestverzinsung des eingesetzten Kapitals unterstellt wird und in betriebswirtschaftlichen Rechnungen übliche Risiko- und Gewinnzuschläge bzw. Rücklagenbildungen nicht berücksichtigt werden. In diesem Sinne stellt ein ausgewiesener Substitutionsmehraufwand den Mindestbedarf an Subventionen dar; bei Verzicht auf dirigistische Maßnahmen müßten den betroffenen Unternehmen und Haushalten noch darüber hinausgehende finanzielle Anreize geboten werden, damit sie von Öl- auf Kohletechnologien umstellen. Zweitens ist darauf hinzuweisen, daß der Subventionsbedarf als Mehraufwand gegenüber dem günstigsten Anbieter auf einem Markt zu ermitteln wäre; auf den hier betrachteten Energiemärkten sind aber teilweise andere Energieträger (z. B. Erdgas) günstiger als die hier als Vergleichsfall betrachteten Mineralölprodukte, so daß sich in solchen Fällen höhere Subventionsbeträge ergäben.

3.4.2 Vergleich des Substitutionsaufwands der Kohleeinsatzstrategien

Beim monetären Substitutionsaufwand zeigt sich die bereits aufgrund der Kostenvergleichsanalysen zu erwartende deutliche Rangordnung der Strategien: Verhei-

Tabelle B-39. Jährlicher Substitutionsaufwand für die Kohleeinsatzstrategien in Mrd DM_{82} (einschließlich MWSt)

	Betrachtungszeitraum 1982–2001	Betrachtungszeitraum 1992–2011
Verstromungsstrategie	+ 1,7	+ 0,3
Verheizungsstrategie	− 2,5	− 3,8
Veredlungsstrategie Variante A	+ 4,4	+ 3,4
Veredlungsstrategie Variante B	+ 2,2	+ 1,3

+ = Mehraufwand gegenüber Ölfall; − = Minderaufwand gegenüber Ölfall

Tabelle B-40. Jährlicher Substitutionsaufwand für die Verheizungsstrategie, in Mio DM_{82} [a]

Strategietechnologien	Beitrag zur Rohöl-substitution [b] Mio t SKE	Betrachtungszeitraum 1982–2001 Jährlicher Mehr- oder Minderaufwand für die Kohletechnologien gegenüber dem Ölvergleichsfall [c]		Betrachtungszeitraum 1992–2011 Jährlicher Mehr- oder Minderaufwand für die Kohletechnologien gegenüber dem Ölvergleichsfall [c]	
		absolut	in %	absolut	in %
Haushaltssektor					
HKW ohne REA, 2× (12 MWe/30 MWth)	2,8	− 21	− 0,9	− 206	− 7,7
HKW mit REA, 2× (42 MWe/85 MWth)	4,7	− 682	−17,0	−1065	−23,0
HKW mit REA, 2× (120 MWe/200 MWth)	3,6	− 797	−27,4	−1097	−32,8
HKW mit REA, 2× (500 MWe/375 MWth)	1,3	− 303	−28,3	− 417	−33,8
Summe Haushaltssektor	12,6	−1803	−17,5	−2785	−23,5
Industrieller Sektor					
2 MW-Kessel	1,8	− 209	−16,1	− 324	−21,3
8 MW-Kessel	0,9	− 223	−37,1	− 290	−41,0
15 MW-Kessel	2,6	− 110	− 9,7	− 192	−14,5
60 MW-Kessel	2,1	− 137	−16,3	− 203	−20,6
Summe industieller Sektor	7,4	− 679	−17,5	−1009	−22,2
Summe Verheizungsstrategie insgesamt	20,0	−2482	−17,5	−3794	−23,1

[a] Einschließlich Mehrwertsteuer von 14%

[b] Nettosubstitutionsumfang, d.h. unter Berücksichtigung des Rohölmehrbedarfs für die Spitzenheizkessel der Heizkraftwerke

[c] + = Mehraufwand; − = Minderaufwand; für die Kohletechnologien gegenüber den jeweils konkurrierenden Öltechnologien

Tabelle B-41. Jährlicher Substitutionsaufwand für die Verstromungsstrategie, in Mio DM_{82}[a]

Strategietechnologien	Beitrag zur Rohölsubstitution Mio t SKE	Betrachtungszeitraum 1982–2001 Jährlicher Mehr- oder Minderaufwand für die Kohletechnologien gegenüber dem Ölvergleichsfall[b]		Betrachtungszeitraum 1992–2011 Jährlicher Mehr- oder Minderaufwand für die Kohletechnologien gegenüber dem Ölvergleichsfall[b]	
		absolut	in %	absolut	in %
Haushaltssektor					
E-Nachtspeicherheizung, EFH	1,5	− 102	− 5,3	−204	− 9,3
E-Teilspeicherheizung, EFH	3,7	+ 185	+ 4,0	− 62	− 1,2
E-Direktheizung-Nachtspeicherkombination, EFH	1,1	+ 12	+ 0,9	− 61	− 3,9
Bivalent-alternative E-Wärmepumpe, EFH	2,2	+ 686	+24,6	+490	+15,5
Bivalent-alternative E-Wärmepumpe, ZFH	4,7	+ 368	+ 7,6	− 79	− 1,4
Summe Haushaltssektor	13,2	+1149	+ 7,3	+ 84	+ 0,5
Industrieller Sektor					
Monovalente Wärmepumpe für industrielle Raumwärme	1,1	+ 357	+37,8	+262	+23,8
E-Wärmepumpe für industrielle Prozeßwärme	1,1	+ 33	+ 4,6	− 73	− 8,5
E-Kessel[c]	1,1	+ 538	+69,3	+500	+53,9
Induktionsöfen	2,6	− 357	−23,9	−453	−26,6
Vollelektrische Glasschmelzwanne	0,8	− 22	− 5,1	− 51	−10,7
Summe industrieller Sektor	6,8	+ 549	+12,6	+185	+ 3,6
Summe Verstromungsstrategie insgesamt	20,0	+1698	+ 8,5	+269	+ 1,2

[a] Einschließlich Mehrwertsteuer von 14%

[b] + = Mehraufwand; − = Minderaufwand; für die Kohletechnologien gegenüber den jeweils konkurrierenden Öltechnologien

[c] 50% der strategischen Rohölsubstitution entfallen auf Kessel mit 2 MW Nutzwärmehöchstlast und 50% auf Kessel mit 8 MW Nutzwärmehöchstlast

Tabelle B-42. Jährlicher Substitutionsaufwand für die Veredlungsstrategie – Variante A, in Mio DM_{82}[a]

Strategietechnologien	Beitrag zur Rohöl-substi-tution in 2000 Mio t SKE	Betrachtungszeitraum 1982–2001 Jährlicher Mehr- oder Minderaufwand für die Kohletechnologien[b,c] absolut	Betrachtungszeitraum 1992–2011 Jährlicher Mehr- oder Minderaufwand für die Kohletechnologien[b,c] absolut
Kohlehydrierung – Flüssigprodukte (Diesel, Benzin, Flüssiggas)	12,6	+3612	+3009
Kohle-Festbettvergasung – SNG und Methanol	5,2	+ 426	+ 142
Kohle-Staubvergasung (Texaco-Verfahren) – Methanol	2,2	+ 377	+ 250
Summe	20,0	+4415	+3401

[a] Einschließlich Mehrwertsteuer von 14%
[b] Einschließlich mineralölsteueräquivalenter Belastung auf flüssige Kohleveredlungsprodukte
[c] + = Mehraufwand; – = Minderaufwand für die Kohletechnologien gegenüber den jeweils konkurrierenden Öltechnologien

zungsstrategie – Verstromungsstrategie – Veredlungsstrategie Variante B – Veredlungsstrategie Variante A (vgl. Tabelle B-39). Die Spanne reicht im Fall des Betrachtungszeitraums 1982 bis 2001 von einem Substitutionsgewinn bzw. -minderaufwand von 2,5 Mrd DM pro Jahr (bei Vollausbau der Strategien) im Fall der Verheizungsstrategie bis zu einem Substitutionsverlust bzw. -mehraufwand von 4,4 Mrd DM im Fall der Veredlungsstrategie Variante A.

Insgesamt günstigere Werte ergeben sich erwartungsgemäß beim Betrachtungszeitraum 1992 bis 2011, da sich dann annahmegemäß die Preisschere bei den Öl- und Kohlepreisen zugunsten letzterer öffnet. Für die Verheizungsstrategie ergibt sich ein Substitutionsminderaufwand von 3,8 Mrd DM; bei den anderen Strategien verringert sich der Substitutionsmehraufwand, auf 0,3 Mrd DM im Fall der Verstromungsstrategie, auf 1,3 Mrd DM im Fall der Variante B der Veredlungsstrategie und auf 3,4 Mrd DM im Fall der Variante A. Die günstigeren Positionen der Verheizungs- und Verstromungsstrategie verstärken sich beim Übergang auf den späteren Betrachtungszeitraum noch dadurch, daß bei beiden Strategien erhebliche Substitutionsbeiträge durch Technologien mit einem günstigen energetischen Substitutionswirkungsgrad (Heizkraftwerke und Wärmepumpen) erbracht werden, d.h. durch Technologien, die relativ große Mengen Öl durch relativ wenig Kohle substituieren.

Die günstigste Position für die *Verheizungsstrategie* erklärt sich daraus, daß sich für alle Strategietechnologien ein Minderaufwand gegenüber den jeweiligen Ölvergleichstechnologien sowohl beim früheren als auch beim späteren Inbetriebnahmezeitpunkt (vgl. Tabelle B-40) ergibt. Der Minderaufwand gegenüber dem Ölfall be-

Tabelle B-43. Jährlicher Substitutionsaufwand für die Veredlungsstrategie – Variante B, in Mio DM_{82}[a]

Strategietechnologien	Beitrag zur Rohöl-substitution Mio t SKE	Betrachtungszeitraum 1982–2001 Jährlicher Mehr- oder Minderaufwand für die Kohletechnologien[b,c] absolut	Betrachtungszeitraum 1992–2011 Jährlicher Mehr- oder Minderaufwand für die Kohletechnologien[b,c] absolut
Kohlehydrierung – Flüssigprodukte (Diesel, Benzin, Flüssiggas)	2,8	+ 722	+ 602
Kohle-Festbettvergasung – SNG	5,2	+ 267	– 30
Kohle-Festbettvergasung (Texaco-Verfahren) – Methanol	5,2	+ 426	+ 142
Kohle-Staubvergasung (Texaco-Verfahren) – Methanol	2,1	+ 377	+ 250
Kohle-Flugstromvergasung (Koppers-Totzek-Verfahren) – mittelkaloriges Industriegas[d]	4,7	+ 434	+ 304
Summe	20,0	+2226	+1268

[a] Einschließlich Mehrwertsteuer von 14%
[b] Einschließlich mineralölsteueräquivalenter Belastung auf flüssige Kohleveredlungsprodukte
[c] + = Mehraufwand; – = Minderaufwand für die Kohletechnologien gegenüber den jeweils konkurrierenden Öltechnologien
[d] Bei den Anwendungstechnologien unter Berücksichtigung von vier Kesselleistungen, jeweils mit einer höheren und einer niedrigeren Vollaststundenzahl

trägt 17,5% (Betrachtungszeitraum 1982 bis 2001) bzw. 23% (Betrachtungszeitraum 1992 bis 2011).

Die *Verstromungsstrategie*, die die zweite Position in bezug auf diesen Indikator einnimmt, weist beim späteren Betrachtungszeitraum nur einen relativ geringen Mehraufwand von 0,3 Mrd DM auf; der Mehraufwand ist aber wesentlich größer beim früheren Inbetriebnahmezeitpunkt 1982: 1,7 Mrd DM (vgl. Tabelle B-41).

Bei der Verstromungsstrategie gibt es einerseits Substitutionsbeiträge, bei denen sich nur geringe Unterschiede beim Substitutionsaufwand gegenüber dem Ölfall ergeben, andererseits solche Substitutionsbeiträge, bei denen erhebliche Differenzen zum Ölfall in positiver oder negativer Richtung bestehen. Die strategiegemäß vorgesehenen Wärmepumpen führen insbesondere beim Betrachtungszeitraum 1982 bis 2001 zu erheblichen Substitutionskosten wegen der hier noch geringen Preisunterschiede zwischen Kohle und Öl; für den späteren Betrachtungszeitraum wird die Situation insofern etwas günstiger, weil Wärmepumpen in Zweifamilienhäusern, für die ein großer Substitutionsbeitrag vorgesehen ist, leichte Kostenvorteile gegenüber der Ölzentralheizung gewinnen. Beim Übergang zum späteren Betrachtungszeitraum wirkt sich aus, daß mit Wärmepumpen relativ viel – dann deutlich teureres – Heizöl durch relativ wenig Kohle substituiert wird, deren relativ geringe Preiserhöhung sich in den Gesamtkosten der Wärmepumpe kaum niederschlägt. Generell ungünstig sind Elektrodampfkessel, die wegen ihrer großen Kostennachteile gegenüber Öldampfkesseln trotz geringer Substitutionsbeiträge einen großen Beitrag zum Gesamtsubstitutionsaufwand dieser Strategie liefern.

Die beiden Varianten der Veredlungsstrategie weisen jeweils höhere Substitutionskosten als die Verstromungsstrategie auf. Die hohen Substitutionskosten der Veredlungsstrategie Variante A im Vergleich zu Variante B ergeben sich insbesondere durch die höheren Substitutionsbeiträge der relativ kostenungünstigsten Veredlungstechnologie, der Kohlehydrierung, die auch trotz eines geringen Substitutionsbeitrages bei der Variante B den höchsten Beitrag zum Substitutionsmehraufwand dieser Variante liefert (vgl. Tabellen B-42 und B-43).

4 Zusammenfassung

Die gesamtwirtschaftlich orientierten *Kostenvergleichsanalysen zwischen Strategietechnologien und den jeweiligen Ölvergleichstechnologien* in Kapitel 2 zeigen für den Basisfall (reale jährliche Preissteigerungen für Mineralölprodukte 2%, für Importkohle 2%, für inländische Kohle 1%; Einsatzverhältnis inländische Kohle/Importkohle 1 : 2) für beide Betrachtungszeiträume 1982 bis 2001 und 1992 bis 2011 – zum Teil relativ deutliche – Kostenvorteile für die Strategietechnologien der Verheizungsstrategie; dies gilt auch noch bei Ölpreissteigerungsraten von 1% real pro Jahr. Bei der Verstromungsstrategie gibt es beim Betrachtungszeitraum 1992 bis 2011 Kostenvorteile für einige Strategietechnologien, für andere Kostennachteile. Die Kostenvorteile sind allerdings zumeist so gering, daß sie sich in Kostennachteile umwandeln, wenn man von realen Preissteigerungen von 1% pro Jahr oder vom früheren Betrachtungszeitraum 1982 bis 2001 ausgeht, in dem die Preisdifferenz zwischen Kohle und Öl annahmegemäß noch geringer ist. Für die beiden Varianten der Veredlungsstrategie ergeben sich fast durchweg (Ausnahme: SNG für Zentralheizungen im Vergleich zu Ölzentralheizungen beim Betrachtungszeitraum 1992 bis 2011) deutliche Kostennachteile. Dies gilt insbesondere für Hydrierprodukte für den Verkehr; aber auch Methanol und Industriegas weisen deutliche Kostennachteile auf.

Sensitivitätsbetrachtungen bezüglich der Ölpreisentwicklung, der Kohlepreisentwicklung, des Einsatzverhältnisses inländische Kohle/Importkohle und der Kapitalkosten bringen keine wesentlichen Änderungen der Präferenzordnungen; die Kostenvorteile der Strategietechnologien der Verheizungsstrategie gegenüber den Ölvergleichstechnologien sind relativ stabil; die ökonomische Präferenz für den Wärmemarkt gegenüber dem Kraftstoffbereich wird nicht verändert.

Die Analyse von *Realisierungsproblemen* legt die Vermutung nahe, daß solche Probleme bei der Verheizungsstrategie am größten sein werden. Sie betreffen im wesentlichen die Fernwärme, die erstens einer harten Konkurrenz durch das Erdgas ausgesetzt ist, die zweitens Veränderungen elektrizitätswirtschaftlicher Planungen und Strukturen erfordern würde und die drittens auch mit erheblichen Finanzierungsproblemen zu rechnen hätte. Für die im Rahmen dieser Strategie zur Ölsubstitution im industriellen Sektor vorgesehenen Kohledampfkessel könnten in einigen Fällen zu lange Amortisationszeiten die Investitionsbereitschaft beeinträchtigen. Ungünstig sehen auch die Realisierungsbedingungen für die Vergasungsvariante der Veredlungsstrategie aus, solange ausreichende Mengen an Erdgas zu günstigen Preisen verfügbar sind. Außerdem gibt es Kohlewege zur Ölsubstitution in den vorgesehenen Einsatzbereichen von SNG und Industriegas, nämlich Fernwärme aus Kohle-HKW und Kohledampfkessel, die günstiger sind. Die Verstromungsstrategie weist in dieser Hinsicht die relativ günstigsten Bedingungen auf; Probleme wären bei gegebener Wirtschaftlichkeit nur bei den Wärmepumpen zu sehen, für die ein großer Substitutionsbeitrag vorgesehen ist. Hier sind wegen der für Haushalte relativ hohen Investitionsbeträge Zweifel bezüglich der Finanzierbarkeit und Finanzierungsbereitschaft anzumelden. Die Verflüssigungsvariante der Veredlungsstrategie hätte prinzipiell günstige Realisierungsbedingungen, da flüssige Kohleveredlungsprodukte praktisch als einzige Alternative für die Ölsubstitution im Verkehrssektor in Frage kommen; ihrer Realisierung stehen aber gravierende Kostennachteile entgegen.

Bei den *gesamtwirtschaftlichen* Indikatoren zeigt sich beim Indikator „*Monetärer Substitutionsaufwand*" die bereits aufgrund der Kostenvergleichsanalysen zu erwartende deutliche Rangordnung der Strategien: Verheizungsstrategie – Verstromungsstrategie – Veredlungsstrategie Variante B – Veredlungsstrategie Variante A. Nur für die Verheizungsstrategie ergibt sich ein Substitutionsgewinn, d.h. ein Minderaufwand im Vergleich zum Ölfall. Die anderen Strategien weisen mehr oder weniger deutliche Substitutionsverluste auf.

Beim *Arbeitskräftebedarf* ergibt sich der höchste Bedarf bei der Variante A der Veredlungsstrategie; mittlere Werte weisen die Verstromungsstrategie und die Variante B der Veredlungsstrategie auf; den geringsten Arbeitskräftebedarf hat die Verheizungsstrategie. Bei Berücksichtigung der Substitutionskosten würde sich diese Rangordnung möglicherweise umkehren, da ein Substitutionsmehraufwand durch Nachfrageeinschränkungen in anderen Bereichen negative Beschäftigungsentwicklungen auslösen könnte; ein Substitutionsminderaufwand könnte dagegen zusätzliche Nachfrage in anderen Bereichen mit entsprechend positiven Beschäftigungsauswirkungen hervorrufen. Die Unterschiede zwischen den Strategien im Arbeitskräftebedarf sind jedoch auf jeden Fall nicht so groß, daß sie bei gesamtwirtschaftlicher Sichtweise als sehr erheblich eingestuft werden könnten. Dagegen dürfte der Arbeitskräftebedarf der Veredlungsstrategie wegen seiner stark regionalen Konzentration für regionale Arbeitsmärkte von erheblicher Bedeutung sein, zumal er Gebiete beträfe (Kohleförder- und Küstengebiete), die derzeit aufgrund schwerer struktureller Probleme mit hoher Arbeitslosigkeit zu kämpfen haben.

Die festgestellten Unterschiede beim *Investitionsbedarf* der Strategien sind aus gesamtwirtschaftlicher Sichtweise als nicht bedeutend einzustufen; Auswirkungen auf den volkswirtschaftlichen Kapitalmarkt, z.B. Behinderung der Finanzierung anderer Vorhaben oder Auswirkungen auf den Kapitalmarktzins, sind praktisch auszuschließen.

Analysen zur zukünftigen Entwicklung der inländischen Förderung sowie zur Entwicklung des Weltkohlehandels, die aus Platzgründen nicht in dieses Buch aufgenommen werden konnten, zeigen, daß die *Beschaffung der strategiegemäß benötigten Steinkohlemengen* – auch für die Veredlungsstrategie mit ihrem hohen Kohlebedarf – keine Schwierigkeiten bereiten dürfte, sofern die notwendigen Entscheidungen bezüglich der Kapazitätsplanung wegen der langen Vorlaufzeiten rechtzeitig getroffen werden.

Teil C
Analysen zu den Umweltfolgen eines verstärkten Kohleeinsatzes

Bearbeiter:

K. R. Bräutigam	E. Leßmann
D. Brune (Hauptbearbeiter)	M. Mäule
F. Fluck	H. Paschen (Hauptbearbeiter)
B. Fürniß	G. Sardemann
G. Halbritter (Hauptbearbeiter)	G. Schufmann (Hauptbearbeiter)
H. Katzer	H. Stehfest
Ch. Kupsch	M. Tampe-Oloff

Vorbemerkungen

Im Rahmen der Umweltfolgenanalysen wurde untersucht, ob bei einem verstärkten Einsatz von Steinkohle mit zusätzlichen Beeinträchtigungen der Umwelt

- durch Emissionen luftverunreinigender Stoffe,
- durch Abwasseremissionen sowie durch Anfall fester Rückstände

gerechnet werden muß. Auch das mit einem verstärkten Kohleeinsatz verbundene Unfallrisiko wurde analysiert.

Nicht analysiert wurden Beeinträchtigungen durch Lärm, Landschaftsverbrauch und Veränderungen des Landschaftsbildes, obwohl solche Umweltfolgen insbesondere bei Betrachtung konkreter Standorte für Kohleumwandlungsanlagen durchaus von Relevanz sein können. Untersuchungen, die sich – wie die Kohlestudie – auf das gesamte Gebiet der Bundesrepublik Deutschland beziehen, können im allgemeinen nicht den regionalen Auflösungsgrad anstreben, der z. B. für Immissionsprognosen im Rahmen von Genehmigungsverfahren erforderlich ist. Die gewählten Modellannahmen müssen allerdings so realistisch sein, daß die Ergebnisse der Analysen vor dem Hintergrund der tatsächlich vorzufindenden regionalen und lokalen Vorbelastung eine globale Bewertung der Umweltfolgen eines verstärkten Kohleeinsatzes erlauben.

Im Gegensatz zu den ökonomischen Analysen, die sich weitgehend auf die Bedingungen und Folgen des *strategiebedingten* Kohlemehreinsatzes beschränken, erstrecken sich die Umweltfolgenanalysen auf die Auswirkungen des *gesamten* Kohlemehreinsatzes gegenüber 1980.

Die Analysen zu den Abwasseremissionen, zu den festen Rückständen und zu den Unfallrisiken eines verstärkten Kohleeinsatzes werden in ausführlicher Form separat als Berichte des Kernforschungszentrums Karlsruhe veröffentlicht (KfK-Berichte 3525 und 3526). Dieses Buch enthält hierzu nur Zusammenfassungen der wichtigsten Ergebnisse (siehe Kapitel 2 und 3 dieses Berichtsteils).

1 Umweltfolgenanalysen für Emissionen luftverunreinigender Stoffe

Folgende Stoffe wurden in die Untersuchung einbezogen: Schwefeldioxid (SO_2), Stickoxid (NO_x), Schwebstaub und ausgewählte Staubinhaltsstoffe (Spurenelemente), polyzyklische aromatische Kohlenwasserstoffe (PAH) und Kohlendioxid[1] (CO_2).

Die Umweltfolgenanalysen für Emissionen luftverunreinigender Stoffe bestehen aus einer Folge von Analyseschritten. Erstens ist zu klären, welche Stoffe in welchen

1 Die Analysen zum Kohlendioxid werden aus Platzgründen separat als Bericht des Kernforschungszentrums Karlsruhe veröffentlicht (KfK 3527); Abschnitt 1.2.5 dieses Berichtsteils enthält nur eine Zusammenfassung der wichtigsten Ergebnisse.

Mengen aus den verschiedenen zu betrachtenden Anlagen emittiert werden und welche Gesamtemissionen sich für verschiedene Energieversorgungsfälle – Istzustand 1980, Referenzschätzung 2000, Kohleeinsatzstrategien 2000 – ergeben *(Emissionsanalyse).* Im zweiten Schritt sind die räumliche Ausbreitung, Umwandlung und Ablagerung der verschiedenen Stoffe und ihrer Reaktionsprodukte zu analysieren, und es sind die Konzentrationen dieser Stoffe zu bestimmen, mit denen Ökosysteme und Organismen abhängig von Ort und Zeit belastet werden *(Immissionsanalyse).* Drittens ist zu klären, bei welchen Konzentrationen dieser Stoffe Schädigungen bei Ökosystemen und Lebewesen auftreten *(Wirkungsanalyse).* Ein vierter „logischer" Schritt bestände darin, die Sekundärfolgen solcher Schädigungen zu analysieren, z. B. ökonomische Folgen, die aus Schädigungen von Ökosystemen resultieren, die ökonomischen Kosten von Gesundheitsschädigungen etc. *(Sekundärfolgenanalyse).*

Um eine zuverlässige quantitative Beziehung zwischen Emissionen und Wirkungen als ideale Grundlage für Bewertungen herstellen zu können, müßte diese logische Folge von Analyseschritten durchgängig quantitativ durchgeführt werden. Die Verwirklichung dieser Idealvorstellung scheitert aber einmal an den vielen Wissenslücken über grundlegende Zusammenhänge in der Kette „Emission-Immission-Wirkung-Sekundärfolgen". Sie scheitert zum andern an der praktischen Unmöglichkeit, das Zusammenwirken einer Vielzahl anthropogener und nichtanthropogener Einflußfaktoren in mathematischen Modellen abzubilden und alle Randbedingungen zu kontrollieren. Wird die quantitative Betrachtung aus Gründen der praktischen Durchführbarkeit auf die Emissions- oder die Immissionsebene beschränkt, so können Bewertungen von Umweltbelastungen bzw. der sie auslösenden Maßnahmen oder Technologien z. B. durch einen Vergleich geschätzter zukünftiger Werte mit dem Istzustand oder – auf der Immissionsebene – durch einen Vergleich errechneter Immissionswerte mit administrativ festgelegten oder von Experten vorgeschlagenen Konzentrationsgrenzwerten in verschiedenen Umweltmedien vorgenommen werden; gemessen an der oben skizzierten Idealvorstellung sind solche Bewertungen natürlich von begrenzter Aussagekraft.

Bereits die *Ermittlung der Emissionen* bestimmter Anlagen als Ausgangspunkt aller Überlegungen in der logischen Kette von Arbeitsschritten bei Umweltfolgenanalysen bereitet erhebliche Schwierigkeiten. Im Idealfall – aus wissenschaftlicher Sicht – müßten Art und Konzentration, Aggregatzustand, Oxidationsstufen, Korngrößenverteilung und Adsorptionsverhalten der emittierten Stoffe bekannt sein, wenn deren Ausbreitung und Umwandlung in der Umwelt exakt ermittelt werden sollen. Für einige Emissionen bestimmter Anlagen (so für CO, CO_2, SO_2 und NO_x) sind diese Werte weitgehend bekannt. Bei anderen emittierten Stoffen, wie z. B. bei den organischen Verbindungen, sind hingegen sogar die Meß- und Analysemethoden noch umstritten.

Bei den *Immissionsanalysen* treten weitere erhebliche Wissenslücken auf. Die zeitlich und räumlich durch Emissionen verursachten Immissionen der einzelnen Stoffe sind in komplexer Weise abhängig von der Freisetzungshöhe, den meteorologischen Bedingungen, den chemischen Reaktionen während des Transports, dem Ablagerungsverhalten und einer Reihe weiterer Bedingungen. Hierzu können die Wissenslücken oft nur durch vereinfachende Annahmen überbrückt werden.

Am größten sind die Wissenslücken und Unsicherheiten, wenn es um die Zusammenhänge zwischen bestimmten Konzentrationen von Schadstoffen und deren Auswirkungen auf Ökosysteme bzw. deren Elemente geht, d.h. bei den *Wirkungsanalysen.* Bei Pflanzen haben z.B. der Boden, das Klima oder das Zusammenwirken mit anderen Mitgliedern des lokalen Ökosystems einen Einfluß darauf, ob und bei welcher Konzentration ein Stoff belastend wirkt. Noch komplizierter werden die Verhältnisse, wenn die emittierten Stoffe nicht nur direkt über die Luft, sondern zum Beispiel noch über eine mehrstufige Nahrungskette – wie beim Menschen – auf den Organismus einwirken können oder wenn synergistische Effekte nicht auszuschließen sind.

In gewissen Grenzen lassen sich solche Wissenslücken durch konservative Annahmen überbrücken; solche Annahmen müssen aber vor dem Hintergrund des vorhandenen Wissens vertretbar, d.h. unter Experten als Hypothesen konsensfähig sein. Bei der Durchführung der Kohlestudie hat sich gezeigt, daß selbst für ein solches Vorgehen in vielen Fällen das vorhandene Wissen noch nicht tragfähig genug ist.

Aus diesen Gründen konnten die Umweltfolgenanalysen für die Emissionen luftverunreinigender Stoffe aus dem Mehreinsatz von Steinkohle zum Teil nur qualitativ oder in sehr begrenztem Maße quantitativ durchgeführt werden. Bei allen untersuchten Schadstoffen wurde der Analyseschritt „Auswirkungen auf Mensch und Umwelt" nur qualitativ in Form von „Kenntnisstandsdarstellungen" abgehandelt; die Entscheidung, für keinen Schadstoff quantitative Wirkungsanalysen durchzuführen, wurde getroffen, weil wissenschaftlich vertretbare Dosis Wirkungs-Beziehungen im Bereich der zu diskutierenden Konzentrationen nicht herleitbar waren. Die Ergebnisse der Kenntnisstandsanalysen erlauben aber eine Einordnung bzw. qualitative Bewertung der Ergebnisse der Emissions- und Immissionsanalysen.

Aufgrund der angesprochenen Unsicherheiten und mangelnden Quantifizierungsmöglichkeiten schon auf der Ebene der primären Schäden an Ökosystemen und Lebewesen wurde auf eine weitergehende Schadensanalyse, d.h. auf eine Analyse von Sekundärfolgen, generell verzichtet.

Auf der Immissionsebene war nur für Schwefeldioxid eine vertiefte quantitative Analyse mit umfangreichen Untersuchungen zur lokalen und weiträumigen Ausbreitung und Deposition möglich; allerdings ist das Schwefeldioxid – zumindest in quantitativer Hinsicht – der wohl bedeutsamste aller durch den Einsatz von Steinkohle freigesetzten Schadstoffe, und die Steinkohle liefert zur Zeit auch den größten Beitrag zur Gesamtemission dieses Schadstoffes.

1.1 Anlagenspezifische Emissionsanalysen und Rückhaltetechniken

Erster Schritt zur Berechnung der Gesamtemissionen ist die Bestimmung der spezifischen Emissionen für die zu berücksichtigenden Energieumwandlungs- und -nutzungsanlagen. Dabei ist zu beachten, daß die spezifischen Emissionen einer Anlage wesentlich von den einzuhaltenden immissionsschutzrechtlichen Vorschriften abhängen. Ohne den Ergebnissen im einzelnen vorgreifen zu wollen, ist festzustellen, daß z.B. die zukünftige Emissionsentwicklung beim SO_2 stärker durch kürzlich erlassene immissionsschutzrechtliche Vorschriften beeinflußt wird als durch die Änderung des Umfangs und der Struktur des Energieträgereinsatzes.

Den Emissionsberechnungen für SO_2, NO_x und Staub liegen deshalb zwei unterschiedliche Emissionsdatensätze zugrunde. Der Emissionsdatensatz I stellt einen für das Jahr 1980 repräsentativen Datensatz dar und wird den Berechnungen der Emissionen für den Istzustand 1980 zugrundegelegt. Der Emissionsdatensatz II berücksichtigt die inzwischen in Kraft getretenen gesetzlichen Regelungen, insbesondere die Vorschriften der Großfeuerungsanlagenverordnung (13. BImSchV) vom 14. Juni 1983. Er wurde den Berechnungen der Gesamtemissionen für die Referenzschätzung 2000 und die drei Kohleeinsatzstrategien zugrundegelegt.

Um die Veränderungen der Umweltbedingungen durch den verstärkten Kohleeinsatz im Zusammenhang mit der Entwicklung der Gesamtsituation der Belastung durch die wichtigsten Schadstoffe interpretieren zu können, wurden bei der Analyse der Emissionsentwicklung für SO_2, NO_x und Staub im Rahmen dieser Studie nicht nur die Emissionen aus Steinkohleumwandlungs- und -nutzungsanlagen erfaßt, sondern auch diejenigen aus anderen Anlagen, die maßgeblich an den Emissionen dieser Stoffe beteiligt sind. In den Tabellen C-1 bis C-4 sind daher die Emissionsdatensätze sowohl für Steinkohlefeuerungen als auch für Braunkohle-, Öl- und Gasfeuerungen (jeweils für SO_2, NO_x und Staub) dargestellt. Die Emissionsdatensätze für Veredlungsanlagen werden in Abschnitt 1.1.4 behandelt.

1.1.1 Emissionsdaten für das Jahr 1980 – Datensatz I

Im Datensatz I sind die für das Jahr 1980 als repräsentativ anzusehenden Emissionsdaten für die verschiedenen Brennstoffe zusammengestellt. Die Emissionsdaten beruhen teils auf einer detaillierten Literaturanalyse, teils handelt es sich um eigene Abschätzungen aufgrund von Annahmen über die Brennstoffspezifikation. Bei den spezifischen Emissionen von Großfeuerungen wurden mehrere Leistungsklassen unterschieden. Die Einteilung entspricht weitgehend den Leistungsklassen der Großfeuerungsanlagenverordnung (GFAVO).

Die Emissionsfaktoren für Kleinfeuerungen (< 1 MWth), d.h. für Feuerungen für den Hausbrand und im Kleingewerbe, wurden für SO_2, NO_x und Staub gemäß den Richtlinien der 5. BImSchVwV festgelegt.

Die spezifischen Emissionen von Kraftfahrzeugen wurden mit Hilfe von Emissionsfaktoren des Umweltbundesamtes [UBA 1981] errechnet, wobei für Dieselkraftstoff ein Schwefelgehalt von 0,3 Gew.-% berücksichtigt wurde.

Im folgenden werden die Annahmen zu den spezifischen Emissionen verschiedener Feuerungsanlagen beim Datensatz I erläutert.

1.1.1.1 Staub und Spurenelemente

Der bei der Verbrennung frei werdende Staub besteht einerseits aus anorganischen Feststoffteilchen, die aus mineralischen Bestandteilen der Brennstoffe stammen – bei Verfeuerung fester Brennstoffe überwiegen diese. Andererseits enthält der Staub auch organische Feststoffteilchen, die sich bei unvollständiger Verbrennung aus den organischen Bestandteilen des Brennstoffes bilden – Stäube aus Schwerölfeuerungen bestehen hauptsächlich daraus (Flugkoks). Staub ist gleichzeitig der Hauptträger für viele Spurenelemente, von denen aber einige auch gasförmig freigesetzt werden.

Tabelle C-1. Emissionsdatensätze für Steinkohlefeuerungen

Feuerungswärmeleistung der Anlagen in MW	Staub		Schwefeldioxid[a]		Stickoxide (als NO_2)	
	mg/m³	kg/t SKE	mg/m³	kg/t SKE	mg/m³	kg/t SKE
Emissionsdatensatz I						
> 1000	100	1,0	850 850	8,7 8,7	1400	14
300–1100	250	2,6	2000 3200	21 34	2000	21
50– 300	350	3,6	2000 3200	21 34	1400	14
1– 50	350	3,6	2000 3200	21 34	710	7,3
< 1[d,e]	430 (710)	4,4 (7,3)	1420 (1420)	15 (15)	140 (140)	1,5 (1,5)
Emissionsdatensatz II						
> 300	50	0,51	300 400	3,1 4,1	800[b]	8,2[b]
100–300	50	0,51	800[c] 1300	8,2[c] 13	800[b]	8,2[b]
50–100	50	0,51	2000[c] 2000	21[c] 21	800[b]	8,2[b]
1– 50	150	1,5	2000 2000	21 21	710	7,3
< 1[d,e]	430 (710)	4,4 (7,3)	1420 (1420)	15 (15)	140 (140)	1,5 (1,5)

[a] Obere Werte gelten für Anlagen außerhalb der Abbaugebiete; untere Werte für Anlagen innerhalb der Abbaugebiete
[b] Bei Schmelzfeuerungen sind die Werte um das 2,3fache höher
[c] Bei Wirbelschichtfeuerungen gilt für SO_2 :500 mg/m³ bzw. 5,1 kg/t SKE außerhalb der Abbaugebiete und 800 mg/m³ bzw. 8,2 kg/t SKE innerhalb der Abbaugebiete
[d] Werte in Klammern gelten für Steinkohlebriketts
[e] Emissionsfaktoren entsprechend 5. BImSchVwV

Die in den Tabellen C-1 bis C-4 aufgeführten Emissionsfaktoren für Staub orientieren sich an den Angaben des Umweltbundesamtes [UBA 1981]. Für Steinkohlefeuerungen wurden allerdings niedrigere Werte angenommen; diese stützen sich auf ein im Rahmen dieser Studie vom Rheinisch-Westfälischen Technischen Überwachungsverein erstelltes Gutachten, in dem Messungen aus Feuerungen im Ruhrgebiet ausgewertet wurden [RWTÜV 1982].

Emittierte Stäube (Reingasstäube) wurden bisher verhältnismäßig selten auf ihren Gehalt an Spurenelementen untersucht. Die Rechnungen dieser Studie für ausgewählte Spurenelemente stützen sich für Reingasstäube aus Steinkohlekraftwerken auf Messungen von Kautz u. a.; für die Rechnungen wurden die Mittelwerte dieser

Tabelle C-2. Emissionsdatensätze für Braunkohlefeuerungen

	Staub		SO_2		NO_x (als NO_2)	
	mg/m³	kg/t SKE	mg/m³	kg/t SKE	mg/m³	kg/t SKE
Emissionsdatensatz I						
Kraftwerke > 300 MWth:						
Rheinland	120	1,5	1100	14	1000	13
Helmstedt/Hessen	120	1,5	7700	97	1000	13
Bayern	120	1,5	5100	65	1000	13
Industriefeuerungen 1–300 MWth:	180	2,3	1200	15	560	7,0
Feuerungen in Haushalt und Kleingewerbe < 1 MWth[a]:	190	2,3	300	3,8	30	0,35
Emissionsdatensatz II						
Kraftwerke > 300 MWth:						
Standortunabhängig	50	0,63	400	5,0	800	10
Industriefeuerungen 1–300 MWth:	80	1,0	1200	15	560	7,0
Feuerungen in Haushalt und Kleingewerbe < 1 MWth[a]:	190	2,3	300	3,8	30	0,35

[a] Emissionsfaktoren entsprechend 5. BImSchVwV

Tabelle C-3. Emissionsdatensätze für Ölfeuerungen

Feuerungswärmeleistung	Staub		SO_2		NO_x (als NO_2)	
MW	mg/m³	kg/t SKE	mg/m³	kg/t SKE	mg/m³	kg/t SKE
Emissionsdatensatz I						
> 100 Heizöl S	100	0,88	3300[a]	29[a]	800	7,0
1–100 Heizöl S	100	0,88	3300[a]	29[a]	570	5,0
1– 50 Heizöl EL	17	0,15	470[b]	4,1[b]	270	2,3
< 1[d] Heizöl EL	17	0,15	470[b]	4,1[b]	170	1,5
Emissionsdatensatz II						
> 300 Heizöl S	50	0,44	400	3,5	450	4,0
100–300 Heizöl S	50	0,44	1300	11	450	4,0
1–100 Heizöl S	50	0,44	1700[c]	15[c]	450	4,0
1– 50 Heizöl EL	17	0,15	470[b]	4,1[b]	270	2,3
< 1[d] Heizöl EL	17	0,15	470[b]	4,1[b]	170	1,5

[a] 2 Gew.-% Schwefel im Heizöl S (das gilt nicht für Ölfeuerungen in Raffinerien)
[b] 0,3 Gew.-% Schwefel im Heizöl EL
[c] 50 bis 100 MW entsprechend der 13. BImSchV
1 bis 50 MW entsprechend 1 Gew.-% Schwefel im Heizöl S
[d] Emissionsfaktoren entsprechend 5. BImSchVwV

Tabelle C-4. Emissionsdatensätze für Gasfeuerungen

Feuerungswärmeleistung MW	Staub		SO_2[e]		NO_x (als NO_2)	
	mg/m³	kg/t SKE	mg/m³	kg/t SKE	mg/m³	kg/t SKE
Emissionsdatensatz I						
> 100[a]	0,32	$2{,}9 \cdot 10^{-3}$	32	0,29	610	5,6
1–100[b]	0,97	$8{,}8 \cdot 10^{-3}$	32	0,29	320	2,9
< 1[c]	0,64	$6 \cdot 10^{-3}$	0,64	$6 \cdot 10^{-3}$	110	1,0
Emissionsdatensatz II						
> 100[d]	0,32	$2{,}9 \cdot 10^{-3}$	32	0,29	350	3,2
1–100[b]	0,97	$8{,}8 \cdot 10^{-3}$	32	0,29	320	2,9
< 1[c]	0,64	$6 \cdot 10^{-3}$	0,64	$6 \cdot 10^{-3}$	110	1,0

[a] Emissionsfaktoren entsprechend [UBA 1981] für Kraftwerke/Fernheizwerke
[b] Emissionsfaktoren entsprechend [UBA 1981] für Industriefeuerungen
[c] Emissionsfaktoren entsprechend 5. BImSchVwV
[d] Emissionsfaktoren entsprechend [UBA 1981], bei NO_x entsprechend GFAVO
[e] Bei Kleinfeuerungen <1 MWth gibt es in relativer Hinsicht (Faktor 10) deutliche Unterschiede zwischen den SO_2-Werten der 5. BImSchVwV und Werten des UBA (6,4 mg/m³) [UBA 1981]; da die SO_2-Emissionen beim Erdgaseinsatz aber absolut sehr gering sind und sich kaum in der Gesamt-SO_2-Bilanz niederschlagen, wurde aus Konsistenzgründen, wie bei den anderen Kleinfeuerungen, mit den Werten der 5. BImSchVwV gerechnet

Tabelle C-5. Gehalte ausgewählter Spurenelemente in Reingasstäuben aus Steinkohlekraftwerken (Trocken- und Schmelzfeuerungen) nach [Kautz u. a. 1975]

Elemente	Spurenelementgehalt in µg/g		
	Minimum	Maximum	Mittel
Arsen	30	2000	500
Cadmium	4	113	34
Quecksilber	<5	50	5
Blei	400	6600	2300

Messungen verwendet, die der Tabelle C-5 zu entnehmen sind [Kautz u.a. 1975]. Nach Untersuchungen von Kolb und Täuber dürften einige Spurenelemente – nachgewiesen wurde dies für Blei, Cadmium und Zink – in Reingasstäuben aus flüssig entaschten Staubfeuerungen in höheren Konzentrationen auftreten als in Reingasstäuben aus trocken entaschten [Kolb, Täuber 1981].

Über die Art der chemischen Verbindungen, in denen die an Reingasstäube gebundenen Spurenelemente vorliegen, und über deren physikalisches Verhalten ist bisher wenig bekannt. Nicht sehr viel bekannt ist auch über gasförmig emittierte

Spurenelemente, denn die Analysetechnik zum Nachweis dieser Stoffe im Rauchgas ist äußerst aufwendig [Kirsch 1981].

1.1.1.2 Schwefeldioxid

Im Jahre 1980 waren erst die vier größten Steinkohlekraftwerke in der Bundesrepublik Deutschland mit Rauchgasentschwefelungsanlagen ausgestattet. Für diese wurde bei den Rechnungen eine Schwefeldioxidkonzentration im Rauchgas von 850 mg SO_2/m^3 angenommen. Bei Feuerungen ohne Entschwefelungsanlage lassen sich im allgemeinen aus dem Schwefelgehalt der Brennstoffe die Emissionen von Schwefeldioxid unmittelbar errechnen; denn der im Brennstoff enthaltene Schwefel wird bei der Verbrennung vollständig in Schwefeldioxid umgewandelt, und dieses wird ohne nennenswerte Einbindung in die Asche als solches emittiert.

Bei den Rechnungen für Steinkohlefeuerungen ohne Schwefeldioxidrückhaltung wurde angenommen, daß außerhalb der Steinkohleabbaugebiete nur Vollwertkohle mit einem durchschnittlichen Schwefelgehalt von 1 Gew.-% verfeuert wird (entspricht 2000 mg SO_2/m^3). In den Abbaugebieten wird daneben aber auch Ballastkohle mit höherem Schwefelgehalt eingesetzt. Die entsprechenden Emissionsdaten für Steinkohlefeuerungen in den Abbaugebieten wurden auf Basis von Daten des Energieberichts '82 des Landes Nordrhein-Westfalen errechnet [Minister für Wirtschaft, Mittelstand und Verkehr, NRW 1982].

Bei leichtem Heizöl (Heizöl EL) wurde mit einem durchschnittlichen Schwefelgehalt von 0,3 Gew.-% gerechnet, bei schwerem Heizöl (Heizöl S) mit durchschnittlich 2 Gew.-%, da schwefelärmeres Schweröl kaum hergestellt wird [Kirchner, Weber 1979].

Heizgase werden aus technischen Gründen weitgehend entschwefelt und erzeugen bei der Verbrennung deshalb die niedrigsten spezifischen Emissionen an Schwefeldioxid [DVGW 1978].

Bei der Verfeuerung von Braunkohle (Rohbraunkohle) in Kraftwerken reagiert ein nicht unerheblicher Teil des Schwefeldioxids (bis zu 50%) noch innerhalb des Kraftwerks mit den Stäuben und wird dann zusammen mit diesen zurückgehalten. Deshalb ist man bei der Ermittlung der Emissionen von Schwefeldioxid aus Braunkohlekraftwerken auf Messungen angewiesen. Die Rechnungen stützen sich für das Rheinische Braunkohlerevier auf Werte aus dem Energiebericht '82 des Landes NRW und für die Reviere Helmstedt, Hessen und Bayern auf Angaben des Umweltbundesamtes [Minister für Wirtschaft, Mittelstand und Verkehr, NRW 1982; UBA 1981]. Der Emissionsfaktor für industrielle Braunkohlefeuerungen wurde geschätzt (15 kg/t SKE). Es wurde dabei unterstellt, daß in kleineren Industriefeuerungen nur höherwertige Trockenbraunkohle und Braunkohlenbriketts verfeuert werden.

1.1.1.3 Stickoxide

Überwiegend bestehen die aus Feuerungen emittierten Stickoxide aus Stickstoffmonoxid; man rechnet mit etwa 95%. Der Rest besteht aus Stickstoffdioxid. Stickoxide bilden sich während der Verbrennung durch Reaktionen zwischen dem Stickstoff und dem Sauerstoff der Verbrennungsluft, insbesondere bei hohen Feuerraumtemperaturen. Daneben wandelt sich der im Brennstoff gebundene Stickstoff teilweise in Stickoxide um.

Einen großen Einfluß auf die Höhe der spezifischen Stickoxidemissionen besitzt die Feuerungsbauart, z. B. wegen unterschiedlicher Feuerraumtemperaturen. So zeichnen sich Steinkohle-Staubfeuerungen mit flüssigem Ascheabzug (Schmelzfeuerungen) durch besonders hohe spezifische Stickoxidemissionen aus im Vergleich zu Staubfeuerungen mit trockenem Ascheabzug (Trockenfeuerungen). Die neuen und im Bau befindlichen Steinkohlekraftwerke in der Bundesrepublik Deutschland werden aber fast ausschließlich als Trockenfeuerung ausgelegt. Wirbelschichtfeuerungen (WSF) emittieren unter allen zur Verheizung von Steinkohle geeigneten Feuerungsbauarten die wenigsten Stickoxide, wobei die unter Druck betriebene und die zirkulierende, atmosphärische WSF die stationäre, atmosphärische (klassische) WSF noch unterbieten dürften [Bonn, Schilling 1983]. So ergaben sich bei einer zirkulierenden Wirbelschichtfeuerung (84 MWth) Stickoxidkonzentrationen im Rauchgas von deutlich weniger als 250 mg/m^3 [Energie 1982].

Auch die Feuerungswärmeleistung spielt eine wichtige Rolle. Bei gleichem Feuerungstyp und Einsatzbrennstoff besitzen leistungsschwächere Anlagen im allgemeinen auch niedrigere spezifische Stickoxidemissionen; allerdings kann das zu Lasten erhöhter spezifischer Kohlenmonoxidemissionen gehen. Schließlich sind die spezifischen Stickoxidemissionen auch lastabhängig; sie sinken mit fallender Last. Die erwähnten Faktoren verdeutlichen die Unsicherheiten beim Abschätzen der Daten für die Stickoxidemissionen [vgl. Kremer 1979].

Bis auf Stein- und Braunkohlefeuerungen stammen die den Berechnungen zugrundeliegenden Emissionsfaktoren für Stickoxide (bei Großfeuerungen) aus einem Bericht des Umweltbundesamtes [UBA 1981]. Die in diesem Bericht für Stein- und Braunkohlefeuerungen angenommenen Werte erscheinen im allgemeinen als zu niedrig. Darauf deuten die Untersuchungen des Rheinisch-Westfälischen Technischen Überwachungs-Vereins (RWTÜV) an den in der Bundesrepublik Deutschland noch dominierenden Schmelzfeuerungen für Steinkohle und die Angaben von Jacobs und von Schuster u. a. hin [RWTÜV 1982; Jacobs 1981; Schuster u. a. 1980].

Die großen Steinkohlekraftwerke mit Leistungen über 1100 MWth, die im Jahre 1980 arbeiteten, sind alle mit Trockenfeuerungen ausgerüstet; hier wird daher mit dem Emissionswert für Trockenfeuerungen nach Schuster u. a. gerechnet, der 20% unter dem von Jacobs angegebenen Durchschnitt für alle Steinkohlekraftwerke liegt [Schuster u. a. 1980; Jacobs 1981]. In der darunterliegenden Leistungsklasse (300 bis 1100 MWth) sind vorwiegend Schmelzfeuerungen vertreten. Es wird deshalb in diesem Fall angenommen, daß die spezifischen Stickoxidemissionen noch um 10% höher liegen als der von Jacobs angegebene Durchschnittswert für Steinkohlekraftwerke [Jacobs 1981]. In der Leistungsklasse von 50 bis 300 MWth wird im Schnitt mit dem gleichen Emissionsfaktor gerechnet wie bei Trockenfeuerungen, da in dieser Klasse neben Schmelz- und Trockenfeuerungen auch viele, vergleichsweise emissionsarme Rostfeuerungen eingesetzt sind. In der untersten Leistungsklasse (1 bis 50 MWth) schließlich wird vom Einsatz von Rostfeuerungen ausgegangen; hier wird deshalb mit spezifischen Stickoxidemissionen gerechnet, die etwa in der Mitte zwischen denen aus Trockenfeuerungen und Kohle-Kleinfeuerungen (< 1 MWth) liegen, für die die Emissionsfaktoren der fünften BImSchVwV entnommen wurden.

Die Angaben zu den NO_x-Emissionen für Braunkohlekraftwerke stammen von Schuster u. a. [Schuster u. a. 1980].

1.1.2 Emissionsdaten für das Jahr 2000 – Emissionsdatensatz II

Der Emissionsdatensatz II unterscheidet sich vom Emissionsdatensatz I hauptsächlich durch die Berücksichtigung der Regelungen der Großfeuerungsanlagenverordnung (13. BImSchV) vom 14. Juni 1983. Auch bei den NO_x-Emissionen wird von den Grenzwerten der GFAVO ausgegangen; zusätzlich werden aber auch die Emissionsreduktionen ermittelt, die sich bei Anwendung der aufgrund des Beschlusses der Umweltministerkonferenz (UMK) vom April 1984 gegenüber der GFAVO verschärften Grenzwerte, die auch Altanlagen betreffen, ergeben würden. Bei Feuerungen, die nicht unter die Großfeuerungsanlagenverordnung fallen (Feuerungen unter 50 MWth), wurden gegenüber dem Datensatz I nur geringfügige Änderungen vorgenommen: für Staubemissionen wird ein geringerer Wert angesetzt, und zwar ein Wert, der heute bereits teilweise erreicht wird; außerdem wird davon ausgegangen, daß in dieser Leistungsklasse, wie gemäß TA Luft vorgeschrieben, nur Steinkohle und schweres Heizöl mit einem durchschnittlichen Schwefelgehalt von 1 Gew.-% eingesetzt werden, d. h. daß die bisher vielfach praktizierten Ausnahmeregelungen bis zum Jahr 2000 entfallen.

Bei den Emissionen aus Kraftfahrzeugen werden keine Änderungen gegenüber dem Datensatz I vorgenommen.

Ergänzt wurde der Datensatz II durch Emissionsdaten für Kohlevergasungs- und -verflüssigungsanlagen, die zur Berechnung der Gesamtemissionen für die Referenzschätzung und die beiden Varianten der Veredlungsstrategie benötigt wurden (s. Abschnitt 1.1.4). Teilweise mußten auch für die Veredlungsprodukte Emissionsfaktoren festgelegt werden, so bei Methanol, bei dem von geringeren Stickoxidemissionen als bei Benzin auszugehen ist.

1.1.3 Stand der Rückhaltetechniken für Staub, Schwefeldioxid und Stickoxide bei Kohlefeuerungen

Der Stand der Rückhaltetechniken für Emissionen von Staub, SO_2 und NO_x stellt sich zur Zeit wie folgt dar:

1.1.3.1 Staub

Die Rauchgase braun- und steinkohlegefeuerter Anlagen, z. B. von Kraftwerken, werden in der Bundesrepublik Deutschland schon seit vielen Jahren durch spezielle Einrichtungen entstaubt. Öl- und Gasfeuerungen besitzen dagegen normalerweise keine Staubabscheider.

Bei den vergleichsweise groben Stäuben aus Rostfeuerungen reichen in vielen Fällen schon die technisch einfachen Massenkraftabscheider aus, die den Grobstaub bereits so gut abscheiden, daß die Staubemissionen auf die vorgeschriebenen Grenzwerte gesenkt werden können.

Erheblich bessere Rückhaltegrade, auch für Feinstaub, besitzen elektrostatische Staubabscheider, kurz Elektrofilter genannt. Alle Anlagen in der Bundesrepublik Deutschland, in denen Kohle in Staubfeuerungen verbrannt wird, besitzen Elektrofilter zur Staubrückhaltung; denn die Stäube aus diesen Feuerungen sind wesentlich feinkörniger als die aus Rostfeuerungen. Bei entsprechender Auslegung werden mit Elektrofiltern Rückhaltegrade von 99,5% und darüber erreicht, so daß der heute geforderte Grenzwert für die Staubemissionen von Kraftwerken (50 mg/m^3) sicher einzuhalten ist [Weber 1980]. Dies zeigen die Erfahrungen bei den neuen großen Kohlekraftwerken.

Die Anwendung von filternden Abscheidern (Schlauch-, Gewebefilter) im Bereich der Rauchgasreinigung aus Feuerungen ist im Gegensatz zu elektrostatischen Abscheidern eine neuere Entwicklung und wird bisher vor allem in den USA praktiziert [Löffler 1980].

1.1.3.2 Schwefeldioxid

Es gibt mehrere Möglichkeiten, den Ausstoß von Schwefeldioxid aus Feuerungen zu senken:

- durch Entschwefelung des Brennstoffs (Brennstoffentschwefelung);
- durch Zugabe basischer Additive zum Brennstoff vor oder während des Verbrennungsvorganges, mit denen das gasförmige Schwefeldioxid zu Feststoffen reagiert, die dann zusammen mit den Stäuben rückgehalten werden (Additivverfahren);
- durch Entschwefelung der Abgase (Rauchgasentschwefelung).

Brennstoffentschwefelung. Von den festen Brennstoffen wird in der Bundesrepublik Deutschland nur der Steinkohle im Rahmen der Aufbereitung der Rohförderkohle ein Teil ihres pyritischen Schwefels entzogen. Verfahren, bei denen die Steinkohle noch stärker als bei der heute üblichen Aufbereitung entschwefelt wird, sind zur Zeit im Vergleich zur Rauchgasentschwefelung noch nicht wirtschaftlich. Dies gilt auch für die Entschwefelung schweren Heizöls [Concawe 1982].

Eine Brennstoffentschwefelung wird bei leichtem Heizöl und Brenngasen durchgeführt. Beim leichten Heizöl ist der höchstzulässige Schwefelgehalt auf 0,3 Gew.-% gesetzlich festgelegt (3. BImSchV von 1975). Der Schwefelgehalt von Brenngasen wird im Anschluß an ihre Gewinnung aus technischen Gründen zur Vermeidung von Korrosionsproblemen in Verteilungs- und Verbrauchsanlagen auf äußerst niedrige Werte gesenkt [DVGW 1978].

Additivverfahren. Unter Additivverfahren werden hier jene Verfahren subsumiert, bei denen vor oder während der Verbrennung dem Brennstoff ein Sorbens, i.a. Kalkstein, zugemischt wird, das das entstehende Schwefeldioxid chemisch bindet und dann zusammen mit den festen Verbrennungsrückständen rückgehalten wird. Der Aufwand ist bei dieser Art der Entschwefelung vergleichsweise gering. Von Nachteil ist jedoch, daß höhere Rückhaltegrade einen zur Menge an eingebundenem Schwefeldioxid überproportional ansteigenden Einsatz an Sorbensmaterial erfordern, während gleichzeitig in den festen Rückständen der Anteil an unreagiertem Sorbens entsprechend zunimmt. Auch ist nicht ohne weiteres gesichert, daß sich die Veränderung der Rückstandszusammensetzung nicht negativ auf ihre Weiterverwertungsmöglichkeiten auswirkt. Außerdem läßt sich das Additivverfahren nur unter bestimmten Voraussetzungen einsetzen, beispielsweise versagt es bei zu hohen Feuerungstemperaturen.

Erprobt wurde das Additivverfahren bisher an staubgefeuerten Braunkohlekraftwerken des Rheinlandes. Hierbei wird dem Braunkohlestaub vor dem Einblasen in den Feuerraum gemahlener Kalkstein zugemischt, der dann bei der Verbrennung das in ihm enthaltene Kohlendioxid gegen Schwefeldioxid austauscht. Die scharfen Anforderungen der GFAVO lassen sich jedoch mit dem Trockenadditivverfahren nicht mehr mit vertretbarem Aufwand einhalten [Hlubek 1983]. Es ist nun vorgesehen, die neuen Braunkohlenblöcke und all jene Altanlagen, die 1993 noch in Betrieb sein werden, mit Naßverfahren auszurüsten. Bei einigen Altanlagen soll zwischenzeitlich das Trockenadditivverfahren in vereinfachter Fahrweise eingerichtet werden [Scholz 1984].

Bei der Verbrennung von Steinkohle hat die Wirbelschichtfeuerung gegenüber den anderen Feuerungsarten den Vorteil, daß sie sich für das Additivverfahren besonders gut eignet. Der notwendige Kalkstein wird dabei dem Wirbelbettmaterial beigemischt. Rückhaltegrade von 80% und darüber sind je nach Menge des zudosierten Sorbens erreichbar. Allerdings erfordern hohe Rückhaltegrade, wie erwähnt, unverhältnismäßig hohe Additivzugaben und erhöhen die Rückstandsmengen.

Staubfeuerungen für Steinkohle eignen sich dagegen bisher nicht für den Einsatz dieses Verfahrens, u. a. wegen zu hoher Feuerungstemperaturen. Allerdings wird zur Zeit geprüft, ob im Rahmen von Maßnahmen, die zum Senken von Stickoxidemissionen durchgeführt werden, das Additivverfahren nicht doch auch für Staubfeuerungen mit Steinkohle eingesetzt werden kann [Chughtai, Michelfelder 1983].

Rauchgasentschwefelung. Bei der Rauchgasentschwefelung wird das bei der Verbrennung entstandene Schwefeldioxid dem Rauchgas erst nach Verlassen des Kessels entzogen. Rauchgasentschwefelungsanlagen wurden in der Bundesrepublik Deutschland erst in den letzten Jahren hinter großen Steinkohlekraftwerksblöcken errichtet. Diese Anlagen sind ebenso wie die im Bau befindlichen und geplanten fast ausnahmslos als Wäschen ausgelegt, in denen die bereits von Staub befreiten Rauchgase mit einer basischen Waschflüssigkeit, die das Schwefeldioxid bindet, gewaschen werden.

Bei den meisten Waschverfahren wird als Waschflüssigkeit eine Kalksteinsuspension oder eine Lösung aus gelöschtem Kalk verwendet. Um ein verwertbares Endprodukt zu erhalten, wird das Verfahren normalerweise so ergänzt, daß ein trockenes Produkt, sogenannter Kraftwerksgips, anfällt, der zu Baugips weiterverarbeitet werden kann.

Ein anderes Waschverfahren arbeitet anstelle von Kalkstein oder Kalk mit Ammoniak als Sorbens. Als Endprodukt entsteht hierbei das Düngemittel Ammoniumsulfat. Die Rauchgase des neuesten Kessels im Großkraftwerk Mannheim (475 MWe) werden nach diesem Verfahren entschwefelt.

Im Gegensatz zu den Additivverfahren wird bei Wäschen das Sorbensmaterial nahezu vollständig ausgenutzt.

Alle Waschverfahren besitzen jedoch den großen Nachteil, daß die Rauchgase nach der Wäsche stark abgekühlt und mit Wasser gesättigt sind. Um Korrosionen in den Rauchgaskanälen zu vermeiden und um eine Überhöhung der Abgasfahne durch thermischen Auftrieb zu erreichen, müssen die Rauchgase nach Verlassen der Wäscher wieder aufgeheizt werden. Liegen die einzuhaltenden Grenzwerte relativ hoch, genügt die Entschwefelung eines Rauchgasteilstroms, der dann nach der Wäsche mit dem heißen, ungereinigten Teilstrom gemischt wird. Bei niedrigeren Grenzwerten, wie sie von der Großfeuerungsanlagenverordnung für Anlagen einer thermischen Leistung von mehr als 300 MW gefordert werden, muß der gesamte Rauchgasstrom erfaßt werden. Zum Wiederaufheizen wurde früher in solchen Fällen schwefelarmes Heizöl direkt dem gereinigten Rauchgas zugefeuert; nach dem Hochschnellen der Heizölpreise dürfte diese Methode aber der Vergangenheit angehören. Inzwischen wurde eine Reihe von Alternativen zum Wiederaufheizen entwickelt. Welches Verfahren am wirtschaftlichsten ist, hängt dabei wesentlich von Größe und Auslastungsgrad der Feuerung ab [Fuchs u.a. 1982]. Bei Großkraftwerksblöcken mit hoher Auslastung sind Wärmetauscher, die dem heißen Rauchgas vor der Wäsche die Wärme entziehen und sie an das gewaschene Reingas wieder abgeben, am günstigsten. Da sich die Temperaturen in diesen Aggregaten immer in der Nähe des Säure- oder Wassertaupunktes bewegen, müssen allerdings besondere Vorkehrungen getroffen werden, um Korrosionen und Anbackungen zu verhindern. (Bei Rauchgaswäschen mit Ammoniak als Sorbens tritt das Problem nicht in dem Maße auf wie bei Kalkwäschen). Inzwischen bekommt man diese Probleme offensichtlich in den Griff, wie der bisher erfolgreiche Einsatz eines Regenerativwärmetauschers in der zweiten Stufe der Rauchgaswaschanlage im Kraftwerk Wilhelmshaven (720 MWe) zeigt [Stellbrink 1983].

Erwähnenswert ist neben den Wäschen ein halbtrockenes Verfahren, das in einigen amerikanischen Kohlekraftwerken eingesetzt wird. Hierbei wird Kalkmilch in das nicht entstaubte Rohgas eingesprüht und das Schwefeldioxid damit gebunden. Nach dem vollständigen Verdampfen des Wassers entsteht daraus ein feinkörniges Pulver, das zusammen mit dem Flugstaub als sogenanntes Stabilisat in den Entstaubungseinrichtungen abgeschieden wird. Die Temperatur im Abgas sinkt dabei nur schwach ab, so daß ein Wiederaufheizen nicht erforderlich ist [Andreasen 1980; Forck 1981].

Ferner ist in einem deutschen Kraftwerk eine Entschwefelungsanlage geplant, die die Vorteile von Wäsche und trockenem Verfahren kombiniert:

Das bereits entstaubte Abgas wird auf die beiden parallel arbeitenden Teilanlagen aufgeteilt. Der kalte Reingasteilstrom aus der Wäsche wird mit dem noch warmen aus der trocken arbeitenden Anlage gemischt, wodurch die notwendige Temperatur im Reingas erreicht wird. Wie bei den Kalkwäschen entsteht ein Kraftwerksgips [VGB 1981].

Die Rückhaltegrade der beschriebenen Rauchgasentschwefelungsverfahren werden heute mit etwa 90%, teilweise sogar noch darüber angegeben, so daß damit die geforderten Grenzwerte einzuhalten sind [Rentz 1983].

1.1.3.3 Stickoxide

Unterschiedliche Feuerungsbauarten für ein und denselben Brennstoff unterscheiden sich z.T. erheblich in der Höhe ihrer spezifischen Stickoxidemissionen; dies gilt insbesondere für Steinkohlenfeuerungen. Hierdurch bietet sich die Möglichkeit, beim Zubau von Neuanlagen stickoxidemissionsarme Bauarten zu bevorzugen. Die Verfahren zur Senkung der Stickoxidemissionen lassen sich in feuerungstechnische Maßnahmen (Primärmaßnahmen), die gezielt gegen die Entstehung von Stickoxiden bereits während des Verbrennungsvorganges gerichtet sind, und in Abgasreinigungsverfahren (Sekundärmaßnahmen), die die im Rauchgas nach dem Verlassen des Feuerraums enthaltenen Stickoxide vermindern, einteilen.

Da Japan wie im Falle der Rauchgasentschwefelung auch bei der Minderung von Stickoxidemissionen weltweit führend ist, wird nachfolgend zunächst auf die japanische Entwicklung eingegangen, bevor der Stand der deutschen Minderungstechnologie für Stickoxide dargestellt wird.

In Japan spielt heute die Kohle im Vergleich zu Öl und Gas als Brennstoff für Industrie- und Kraftwerksfeuerungen anders als in der Bundesrepublik Deutschland noch eine untergeordnete Rolle. Steinkohlekraftwerke werden in Japan in nennenswertem Umfang erst seit etwa 1975 als Antwort auf die erste Ölkrise gebaut und werden überwiegend mit Importkohle befeuert; sie alle sind mit trocken entaschten Staubfeuerungen (Trockenfeuerungen) ausgerüstet [Minister für Arbeit, Gesundheit und Sozialordnung des Landes Baden-Württemberg 1983].

Durch feuerungstechnische Minderungsmaßnahmen konnten in Japan ohne Berücksichtigung anderer Grenzbedingungen bei Steinkohlefeuerungen im günstigsten Fall Stickoxidkonzentrationen im Rauchgas von etwa 310 mg/m^3 (gerechnet als NO_2), im ungünstigsten Fall (Nachrüstung einer bestehenden Anlage) allerdings nur von etwa 820 mg/m^3 erreicht werden. Für Öl- und Gasfeuerungen, bei denen Primärmaßnahmen bereits in mehreren tausend Fällen durchgeführt wurden, liegen die Werte zwischen 160 und 290 mg/m^3 bzw. zwischen 80 und 160 mg/m^3 [Ando 1982].

Mit Rauchgasreinigungsverfahren zur Senkung der Stickoxidemissionen (Sekundärmaßnahmen) wurden in Japan bis heute schon etwa 15 Steinkohlekraftwerksblöcke mit einer Leistung von insgesamt 3500 MWe ausgestattet.

Unter den verschiedenen Rauchgasreinigungsverfahren ist in Japan die selektive katalytische Reduktion (selective catalytic reduction = SCR) als einziges Verfahren für Kohlekraftwerke kommerziell eingeführt. Bei diesem Verfahren wird dem Rauchgas Ammoniak beigemischt, das in Anwesenheit von Katalysatoren mit den Stickoxiden zu molekularem Stickstoff und Wasserdampf reagiert; Abwasser und feste Rückstände fallen nicht an. Rückhaltegrade von 80% sind dabei möglich, wobei die Leckrate von Ammoniak kleiner als 5 vpm gehalten werden kann. Höhere Rückhaltegrade sind zwar erreichbar, führen aber wegen höherer Leckraten von Ammoniak zu technischen Problemen.

Der Arbeitsbereich der heute benutzten Katalysatoren liegt bei Temperaturen zwischen etwa 300 und 400 °C. Bei Kraftwerken werden sie deshalb vor dem Luftvorwärmer installiert, wo die entsprechenden Temperaturen herrschen. Zu den Katalysatorlebensdauern bei Kohlefeuerungen findet man Angaben von zwei bis zu vier Jahren und mehr; die älteste der in Steinkohlekraftwerken eingebauten SCR-Anlagen arbeitet seit 1980 [Ando 1982], so daß solche Angaben auf einer niedrigen Erfahrungsbasis beruhen.

Die alten Steinkohlekraftwerksblöcke in der Bundesrepublik Deutschland sind überwiegend mit flüssig entaschten Staubfeuerungen (Schmelzfeuerungen) ausgerüstet, die durch besonders hohe spezifische Stickoxidemissionen gekennzeichnet sind. Beim Bau von Neuanlagen dagegen werden heute und in der Zukunft die emissionsärmeren Trockenfeuerungen bevorzugt. Schmelzfeuerungen werden nur noch dann gebaut, wenn bestimmte Kohlesorten, z. B. ballastreiche und niederflüchtige, verfeuert werden sollen, die sich nicht für den Einsatz in Trockenfeuerungen eignen. Schon aufgrund des altersbedingten Ausscheidens von Kraftwerksblöcken mit Schmelzfeuerungen ist in Zukunft eine Minderung der Stickoxidemissionen zu erwarten.

Feuerungstechnische Maßnahmen zur Senkung der Stickoxidemissionen wurden in der Bundesrepublik Deutschland bei den neueren großen Steinkohlekraftwerksblöcken, die in den letzten zehn Jahren gebaut wurden, angewandt; Abgasreinigungsverfahren (Sekundärmaßnahmen) wurden erst im Labormaßstab erprobt. Bei Versuchen an staubgefeuerten Steinkohlekraftwerken mit trockener und flüssiger Entaschung (Trocken- bzw. Schmelzfeuerung) in der Bundesrepublik Deutschland konnten die Stickoxidemissionen durch feuerungstechnische Maßnahmen z.T. auf weniger als die Hälfte der ursprünglichen Werte gesenkt werden. Die Stickoxidkonzentrationen im Rauchgas lagen dann im Falle trockener Entaschung bei etwa 700 mg/m³ bzw. zwischen 1000 und 1300 mg/m³ im Falle flüssiger Entaschung [Michelfelder, Leikert 1980; Schuster, Stebel 1981]. Diese Werte dürften insbesondere bei Neuanlagen noch deutlich unterschritten werden können. Werte von 400 mg/m³ für Trockenfeuerungen werden als durchaus möglich erachtet.

Als Folge der Großfeuerungsanlagenverordnung, die eine Absenkung der Stickoxidemissionen dem Stand der Technik entsprechend vorschreibt, wurden in der Bundesrepublik Deutschland die Bemühungen um die Entwicklung eigener Abgasreinigungsverfahren intensiviert. Es handelt sich dabei um Verfahren, die sowohl NO_x als auch SO_2 abscheiden, wie z.B. die Simultanabscheidung nach dem Walther- Verfahren oder das Kombi-Verfahren der Bergbauforschung (in Zusammenarbeit mit Uhde). Inzwischen werden von deutschen Firmen aber auch auf Basis japanischer Lizenzen mehrere Abgasreinigungsverfahren nach dem SCR-Verfahren angeboten.

Nachfolgend werden einige Probleme aufgezeigt, die bei der Durchführung feuerungstechnischer Maßnahmen und bei der Übertragung der SCR-Verfahren aus Japan auf deutsche Verhältnisse auftreten können:

- Beim Einsatz feuerungstechnischer Maßnahmen kann es u.U. zu einer Erhöhung von Unverbranntem in der Flugasche kommen. Da aber Flugasche in der Bundesrepublik Deutschland anders als in Japan in den meisten Fällen nicht deponiert, sondern weiterverwertet werden muß und da die meisten Abnehmer von Flugasche nur einen geringen Gehalt an Unverbranntem tolerieren (5%), kann dadurch der Erfolg von Primärmaßnahmen begrenzt [Schönbucher 1983] und ein Deponieproblem hervorgerufen werden.
- Bei der Übertragung der japanischen SCR-Verfahren auf deutsche Verhältnisse werden Probleme erwartet, die sich dadurch ergeben, daß deutsche Steinkohlekraftwerke anders als die japanischen vorwiegend nicht im Grundlast-, sondern im Mittellastbetrieb mit häufigen Lastwechseln arbeiten [Minister für Arbeit, Gesundheit und Sozialordnung des Landes Baden-Württemberg 1983].
- Bei dem SCR-Verfahren finden sich im Rauchgas hinter dem Katalysator noch Anteile von unreagiertem Ammoniak ($\approx$5 vpm). Ein Teil davon wird mit der Flugasche in den Entstaubungseinrichtungen in Form von Ammoniumsalzen abgeschieden und kann die Weiterverwertung der Flugasche gefährden. Ein weiterer Teil des im Rauchgas verbliebenen Ammoniaks wird in der Rauchgasentschwefelungsanlage rückgehalten und ist dann bei nicht abwasserfreien Verfahren in Form von Ammonium-Ionen im Abwasser wiederzufinden, was möglicherweise eine spezielle Aufbereitung des Abwassers erforderlich macht [Necker 1984].
- Es läßt sich nicht ausschließen, daß auch die andersartige Beschaffenheit der deutschen Steinkohle gegenüber den in Japan verfeuerten Kohlen Schwierigkei-

ten bei der Übernahme der SCR-Technologie bereitet, wie sie z. B. bei Versuchen in den Vereinigten Staaten mit amerikanischer Kohle aufgetreten waren [Schuster 1983].

- Außerdem wird in der Bundesrepublik Deutschland heute noch der größte Teil der Steinkohle in Schmelzfeuerungen, einer in Japan nicht üblichen Feuerungsart, verbrannt, wodurch spezielle Übertragungsprobleme auftauchen können [Minister für Arbeit, Gesundheit und Sozialordnung des Landes Baden-Württemberg 1983].
- Das Nachrüsten von Altanlagen mit dem SCR-Verfahren kann je nach den Gegebenheiten (z.B. beengte Platzverhältnisse, konstruktive Auslegung) aufwendig und kostspielig werden, denn anders als die dem Kraftwerksprozeß nachgeschaltete Rauchgasentschwefelung wird die SCR-Anlage im allgemeinen vor den Luftvorwärmern eingebaut werden [Schönbucher 1983]. Generell ist beim Nachrüsten von Altanlagen mit einer Reihe erschwerender Randbedingungen zu rechnen.

Vor dem Hintergrund der aufgeführten Probleme ist man in der Bundesrepublik Deutschland überwiegend der Meinung, nicht unmittelbar mit dem Einsatz von Großanlagen zur Minderung der Stickoxidemissionen beginnen zu sollen. Statt dessen werden in der nächsten Zukunft mehrere Demonstrations- und Pilotanlagen gebaut werden [Minister für Arbeit, Gesundheit und Sozialordnung des Landes Baden-Württemberg 1983] mit dem Ziel, einerseits das in Japan entwickelte SCR-Verfahren den deutschen Gegebenheiten anzupassen und andererseits die deutschen Verfahren zur großtechnischen Reife weiterzuentwickeln. Von nicht geringer Bedeutung wird dabei auch die Frage nach der Eignung der Verfahren für die Nachrüstung von Altanlagen sein.

Als *Resümee* läßt sich folgendes festhalten: Da die Übernahme der japanischen Technik von deutschen Experten als grundsätzlich möglich und die Demonstration der Übertragbarkeit – zumindest für Trockenfeuerungen – als relativ kurzfristig durchführbar (nach einjährigem Betrieb einer Demonstrationsanlage) angesehen wird [Minister für Arbeit, Gesundheit und Sozialordnung des Landes Baden-Württemberg 1983], ist zu erwarten, daß noch in den 80er Jahren die NO_x-Rauchgasreinigung in größerem Umfang eingeführt wird. Aufgrund des Konkurrenzdrucks der japanischen Technologie dürfte auch die großtechnische Demonstration der deutschen Verfahren nicht lange auf sich warten lassen.

1.1.4 Emissionen von Kohlevergasungs- und -verflüssigungsanlagen

Die Emissionen an Staub, Schwefeldioxid und Stickoxiden aus Kohleveredlungsanlagen wurden für die folgenden sieben Kohleveredlungs-Modellanlagen abgeschätzt:

- Direkte Kohlehydrierung zur Erzeugung von Flüssigprodukten nach dem modifizierten IG-Farben-Verfahren,
- Kohle-Festbettvergasung zur Erzeugung von SNG nach dem Lurgi-Verfahren,
- Kohle-Festbettvergasung zur Erzeugung von SNG und Methanol nach dem Lurgi-Verfahren,

- Kohle-Staubvergasung zur Erzeugung von Methanol nach dem Texaco-Verfahren,
- Kohle-Staubvergasung zur Erzeugung von mittelkalorigem Industriegas nach dem Koppers-Totzek-Verfahren,
- Kohle-Staubvergasung zur Erzeugung von mittelkalorigem Industriegas nach dem Shell-Vergasungsprozeß,
- Kohle-Staubvergasung zur Erzeugung von mittelkalorigem Industriegas nach dem Texaco-Verfahren.

Da gemäß Strategieannahmen Steinkohlen aus verschiedenen Revieren (Ruhrgebiet, Saargebiet) und auch Importkohlen in den Veredlungsstrategien eingesetzt werden, werden sechs verschiedene Einsatzkohlen betrachtet.

Die Eigenschaften dieser Kohlen sowie die Verfahren, bei denen diese jeweils eingesetzt werden, sind Tabelle C-6 zu entnehmen. Die Zuordnung von Kohlen zu den Veredlungsverfahren erfolgte aufgrund von Qualitätsanforderungen, die die Verfahren an die Einsatzkohlen stellen. Für die direkte Hydrierung werden hochwertige Kohlen mit geringem Ascheanteil benötigt. Die Vergasungsverfahren stellen in qualitativer Hinsicht geringere Anforderungen an die Einsatzkohlen; allerdings sind für die Festbettvergasung stückige Kohlen erforderlich.

Der Kohleeinsatz bei den betrachteten Modellanlagen beträgt jeweils ca. 3,6 Mio t SKE/a mit Ausnahme der Anlagen zur Industriegaserzeugung, bei denen der Kohleeinsatz ca. 1 Mio t SKE/a beträgt. Die Anlagen sind energieautark konzipiert, d. h. Wärme, Strom und Prozeßdampf werden in einem zur Anlage gehörenden Kraftwerk erzeugt. Hierfür werden 14 bis 22% der Einsatzkohle verwendet.

Tabelle C-6. Eigenschaften der Einsatzkohlen für Modell-Kohleveredlungsanlagen sowie Zuordnung der Einsatzkohlen zu Verfahren

Eigenschaften der Einsatzkohlen	Importkohle		Ruhrkohle			Saarkohle
	1	2	1	2	3	1
Flüchtige Bestandteile Gew.-%	36–37	34	35–40	25	24,5	38
Asche Gew.-%	5,3	9	5	25	15	8
Wasser Gew.-%	2,3	15	10	8	8,5	8
Schwefel Gew.-%	0,8	4	1	1,2	1	1,3
Heizwert Hu GJ/t	33	23,6	28,7	22,4	24,9	27,5
Zuordnung der Einsatzkohlen zu den Verfahren						
Direkte Hydrierung	×		×			×
Festbettvergasung		×		×		
Staubvergasung		×			×	
Kraftwerke[a]	×				×	×

[a] Es kann sich aus ökonomischen Gründen als sinnvoll erweisen, in der Veredlungsanlage andere Kohlen einzusetzen als im zugehörigen Kraftwerk

Tabelle C-7. Emissionen aus Modell-Kohleveredlungsanlagen

	Kohlevergasung			Direkte Kohlehydrierung		
	Einsatzkohle Heizwert Hu: 25 GJ/t Schwefelgehalt: 1 Gew.-%			Einsatzkohle Heizwert Hu: 28 GJ/t Schwefelgehalt: 1,3 Gew.-%		
	Vergasung	Kraftwerk	Gesamtanlage	Hydrierung	Kraftwerk	Gesamtanlage
Einsatzkohle pro Anlage Mio t/a	3,65	0,6	4,25[d]	3,2	0,65	3,85[d]
Gesamtemissionen pro Anlage t/a						
Staub	550[a]	255	805	480[a]	300	780
SO_2	1460	1770	3230	1660	2450	4110
NO_x[b]	–	4080[c]	4080	–	4890[c]	4890

[a] Staub aus Kohleanlieferung, -aufbereitung und Rückstandslagerung
[b] Angegeben als NO_2
[c] Bei Trockenfeuerung
[d] Entspr. 3,6 Mio t SKE unter Berücksichtigung des Heizwertes

Bei der Abschätzung der Gesamtemissionen aus Kohleveredlungsanlagen wurden jeweils die Emissionen aus dem Veredlungsteil wie auch die aus dem zur Anlage gehörenden Kraftwerk erfaßt. Die spezifischen Staub-, Schwefeldioxid- und Stickoxidemissionen aus den zugehörigen Kraftwerken wurden gemäß den Vorschriften der Großfeuerungsanlagenverordnung bestimmt.

Tabelle C-7 zeigt beispielhaft für jeweils eine Vergasungs- und Hydrieranlage mit einem Gesamtkohleeinsatz von 3,6 Mio t SKE die Gesamtemissionen sowie die Aufteilung der Emissionen auf das Kraftwerk und den eigentlichen Veredlungsteil. Daraus ist zu entnehmen, daß die Emissionen aus den Kraftwerken zur Prozeßenergieerzeugung jeweils deutlich höher sind als die Emissionen aus dem Veredlungsteil der Anlage.

Im folgenden werden die Annahmen zu den Emissionen aus dem Veredlungsteil der betrachteten Anlagen kurz erläutert. Eine ausführliche Diskussion hierzu befindet sich in einem Materialienband zu dieser Studie [Jüntgen et al. 1983].

1.1.4.1 Staub

Hauptquellen für Staubemissionen bei Veredlungsanlagen sind neben dem zur Anlage gehörigen Kraftwerk die Kohleaufbereitung und der Umschlag und die Lagerung fester Rückstände; von untergeordneter Bedeutung sind Leckagen der Veredlungsanlage. Die Staubemissionen sind somit kein spezifisches Problem der Kohleveredlung. Ausgereifte Technologien aus anderen Bereichen liegen vor, die die Einhaltung gesetzlicher Verordnungen ermöglichen.

Die in der Literatur vorzufindenden Angaben zu den spezifischen Staubemissionen von Vergasungs- und Hydrierungsanlagen weisen eine Spanne zwischen 100 bis 200 g Staub pro t Einsatzkohle ohne Berücksichtigung der Emissionen eines Kraftwerks aus; es handelt sich hierbei um Angaben für großtechnische Anlagen in den USA sowie für projektierte Anlagen in der Bundesrepublik Deutschland.

Für die Modell-Kohleveredlungsanlagen wurden Staubemissionen aus dem Veredlungsteil mit 150 g Staub/t Einsatzkohle (in die Veredlung) angenommen. Es handelt sich dabei um einen mittleren Wert vor dem Hintergrund der in der Literatur vorzufindenden Werte, der im wesentlichen die Staubemissionen aus dem Rückstandsumschlag und der Rückstandslagerung repräsentiert. Für eine Differenzierung der Staubemissionen für die verschiedenen Verfahren lagen keine hinreichenden Informationen vor.

1.1.4.2 Spurenelemente

Quellen für staubgetragene und gasförmige Spurenelementemissionen aus der Veredlung können Leckagen sein. Eine Quantifizierung bzw. Messung von Emissionen aus Leckagen ist prinzipiell schwierig. Es dürfte sich aber nur um geringe Mengen handeln, da die in der Einsatzkohle enthaltenen Spurenelemente ganz überwiegend in der Asche verbleiben; nur geringe Mengen gelangen in die Produktströme und dann im Rahmen der Produktaufbereitung überwiegend ins Abwasser. Spurenelementemissionen in die Atmosphäre werden deshalb vernachlässigt. Bezüglich der beim Kraftwerk zur Dampf- und Energiebereitstellung entstehenden staubgetragenen Spurenelementemissionen wird auf den vorangehenden Abschnitt verwiesen.

1.1.4.3 Schwefelverbindungen

Bei der Kohlevergasung wird der mit der Kohle eingebrachte Schwefel nahezu vollständig in die Gasphase überführt und liegt dort als Schwefelwasserstoff (H_2S) und in geringerer Konzentration auch als Kohlenoxidsulfid (COS) vor.

Bei der Kohlehydrierung wird außer dem Kohleschwefel noch Schwefel mit den Katalysatoren (Eisensulfat, Natriumsulfid) in den Prozeß eingebracht. Der Schwefel geht größtenteils als H_2S und in Spuren als COS in die Gasphase über. Ein Teil befindet sich in den Flüssigprodukten organisch gebunden.

Bei der Gasreinigung werden die in der Gasphase befindlichen Schwefelverbindungen H_2S und COS zusammen mit CO_2 mit hocheffektiven Gasreinigungsverfahren abgetrennt. Die Reinigung kann durch Absorption (physikalische und chemische Wäschen), aber auch durch Adsorption (z. B. an Aktivkohle oder Molekularsieben) erfolgen. Das Rectisol-Verfahren, das Sulfinol-Verfahren und das Selexol-Verfahren sind Beispiele für die Gasreinigung durch Absorption. Die ausgewaschenen sauren Bestandteile werden aufbereitet. CO_2 wird entweder entspannt und in die Atmosphäre entlassen oder in einer CO_2-Gewinnung aufbereitet. Schwefelwasserstoff wird vorwiegend zu elementarem Schwefel umgesetzt (Claus-Prozeß, Stredford-Verfahren). Gelegentlich wird Schwefelwasserstoff für die Schwefelsäureherstellung zu SO_2 oxidiert.

Der Umsatz von H_2S im Claus-Prozeß kann bei Steigerung der H_2S-Konzentration im Sauergasstrom durch eine Gaswäsche (z. B. Rectisol) auf 98% erhöht werden, d. h. 2% des H_2S werden in einer Nachverbrennung zu SO_2 oxidiert und in die Atmosphäre emittiert. Durch Kombination des Claus-Prozesses mit weiteren Prozeßschritten (Sulfren-Prozeß, Scot-Prozeß, Mitsubishi-Prozeß, Wellmann-Lord-Prozeß) lassen sich Schwefel-Abscheidegrade (bezogen auf die im Einsatzgas enthaltene Gesamtschwefelmenge) bis 99,8% erreichen [Goethel 1982].

Bei der Berechnung der SO_2-Emissionen aus dem Veredlungsteil der Anlagen wurde angenommen, daß 2 Gew.-% des mit der Veredlungskohle eingebrachten Schwefels als SO_2 emittiert werden. Die Anwendung der oben genannten Maßnahmen würde eine Verminderung der SO_2-Emissionen auf weit weniger als die Hälfte ermöglichen.

1.1.4.4 Stickstoffverbindungen

Bei der Vergasung von Kohle wird der mit der Kohle eingebrachte Stickstoff freigesetzt und gelangt in Form seiner Wasserstoffverbindungen (NH_3, HCN) in das Rohgas. Ebenso verbleibt bei der Kohlehydrierung der Stickstoff hauptsächlich als Ammoniak (NH_3) im gasförmigen Produkt; in geringer Konzentration auch als Cyanwasserstoff (HCN).

Die bei der Vergasung und Hydrierung gebildeten Stickstoffverbindungen NH_3 und HCN gelangen aufgrund ihrer guten Wasserlöslichkeit von der Gasphase in das Prozeßwasser. Von da können sie abgetrennt und aufbereitet werden. Ammoniak, das als Nebenprodukt gewonnen wird, kann bei seiner Aufarbeitung in geringen Mengen über Leckagen und Restgase in die Umwelt gelangen. In Flüssigprodukten kann ein Teil des Stickstoffs in Form von niedrig- bis mittelsiedenden Stickstoffverbindungen enthalten sein, die bei Leckagen und beim Umschlag der Produkte entweichen und insbesondere zu Geruchsproblemen führen können.

Stickoxid-Emissionen (NO_x) aus der Veredlungsanlage sind vernachlässigbar. Sie können bei der Nachverbrennung von Abgasen und aus den Öfen der Verfahrensanlagen anfallen, sind aber sehr gering, insbesondere wenn man davon ausgeht, daß die Feuerungsanlagen durch besondere Konstruktion der Brenner und der Feuerräume für eine geringe NO_x-Entwicklung ausgelegt sind. Des weiteren kann durch ein Minimum an Luftüberschuß die NO_x-Emission in die Atmosphäre gering gehalten werden. Die NO_x-Emissionen aus dem Veredlungsteil werden deshalb nicht berücksichtigt; nur die NO_x-Emissionen aus dem zugehörigen Kraftwerk werden den weiteren Berechnungen zugrundegelegt.

1.2 Emissions- und Immissionsanalysen für ausgewählte luftverunreinigende Stoffe

1.2.1 Schwefeldioxid und seine Umwandlungsprodukte

In diesem Kapitel wird ein Überblick über die Auswirkungen eines verstärkten Kohleeinsatzes auf die Emissionen und Immissionen von Schwefeldioxid (SO_2) und seiner Umwandlungsprodukte gegeben. Sowohl für die Emissionen als auch für die Immissionen werden quantitative Abschätzungen für den Istzustand im Bezugsjahr 1980, die Referenzschätzung 2000 und die Kohleeinsatzstrategien durchgeführt. Da die zukünftige Entwicklung der SO_2-Emissionen sehr wesentlich durch die 1983 in Kraft getretene Großfeuerungsanlagenverordnung (GFAVO) bestimmt wird, interessiert auch der hypothetische Fall, daß schon im Bezugsjahr 1980 die SO_2-Emissionen entsprechend der GFAVO begrenzt worden wären; auf diese Weise läßt sich nämlich das „Emissionsreduktionspotential" bzw. das „Immissionsreduktionspotential" dieser Verordnung bestimmen.

Abschätzungen der Gesamtemissionen von SO_2 für die betrachteten Fälle – berechnet auf Basis der in Abschnitt 1.1 diskutierten Datensätze – enthält Abschnitt 1.2.1.1. Bei den Immissionsanalysen wird unterschieden zwischen

- Analysen zu den Immissionsbelastungen durch SO_2 in *Ballungsgebieten* als Indikatoren für potentielle *Gesundheitsgefährdungen* (Abschnitt 1.2.1.2) und
- Analysen zu den durch *weiträumigen Transport* von Schwefelemissionen verursachten Immissionen als Indikatoren für potentielle *Auswirkungen auf Ökosysteme* (Abschnitt 1.2.1.3).

Während im ersten Fall (Ballungsgebiete) nur die SO_2-Konzentrationen in der bodennahen Atmosphäre bestimmt werden, werden im zweiten Fall (weiträumige Ausbreitung) neben den SO_2-Konzentrationen in der bodennahen Atmosphäre auch die Gesamtschwefelablagerungen am Boden durch trockene und nasse Ablagerungsprozesse diskutiert, da Schwefelablagerungen Indikatorfunktion für die Versauerung des Bodens und die damit verbundenen Folgewirkungen haben.

1.2.1.1 Entwicklung der Gesamtemissionen von Schwefeldioxid in der Bundesrepublik Deutschland

Die SO_2-Emissionen aus dem Einsatz fossiler Energieträger im Jahre 1980 und Abschätzungen der SO_2-Emissionen für die Referenzschätzung 2000 und die Kohleeinsatzstrategien sind in Tabelle C-8 und Abb. C-1 dargestellt.

1980 beliefen sich die SO_2-Emissionen aus dem Einsatz fossiler Energieträger auf ca. 3,2 Mio t. Nicht berücksichtigt sind dabei die SO_2-Emissionen aus dem Einsatz fossiler Energieträger in Prozeßfeuerungen der Eisen- und Stahlindustrie und der Steine-und-Erden-Industrie – weil die Emissionen hier nicht eindeutig zuzuordnen sind, sondern auch durch andere Einsatzstoffe und durch Prozeßbedingungen bestimmt werden – sowie die SO_2-Emissionen aus anderen industriellen Produktionsprozessen. Nach Abschätzungen des UBA beliefen sich diese SO_2-Emissionen 1978 auf ca. 280 000 t und dürften 1980 ähnlich hoch gewesen sein, so daß sich die Gesamtemissionen von SO_2 im Jahre 1980 auf ca. 3,5 Mio t SO_2 summieren [UBA 1981]. Die Prozeßemissionen von SO_2 (8% der Gesamtemissionen) werden in den folgenden Betrachtungen nicht mehr berücksichtigt.

Hauptemittent waren die Kraftwerke mit gut 2 Mio t SO_2, d.h. mit einem Anteil von ca. 65% (bezogen auf 3,2 Mio t SO_2); davon entfiel fast genau die Hälfte auf Steinkohlekraftwerke. Beträchtliche Mengen an SO_2 kommen auch aus Industriefeuerungen und aus dem Sektor Haushalte und Kleinverbraucher, wobei jeweils Mineralölprodukte die größten Beiträge liefern.

Wie die Abschätzung für die Referenzschätzung 2000 zeigt, werden sich bis zum Jahre 2000 die SO_2-Emissionen erheblich verringern, und zwar um fast 2,1 Mio t auf ca. 35% der Emissionen des Jahres 1980. Besonders deutlich wird der Rückgang im Bereich der Kraft- und Fernheizwerke sein, in dem eine Verringerung auf ein Fünftel der Emissionen des Jahres 1980 bei etwa gleichem Primärenergieeinsatz zu erwarten ist. Diese Reduzierung der SO_2-Emissionen ist zu einem ganz beträchtlichen Teil auf die Entschwefelungsvorschriften der GFAVO vom Juni 1983 zurückzuführen, die insbesondere bei den Emissionen der Kraft- und Fernheizwerke und den Feuerungen der Raffinerien wirksam werden. Wendet man die Bestimmungen der

Tabelle C-8. SO_2-Emissionen[a] aus dem Einsatz fossiler Brennstoffe in tsd t für 1980, Emissionsreduktionspotential GFAVO, Referenzschätzung 2000 und Kohleeinsatzstrategien 2000 (für Kohleeinsatzstrategien nur Differenzen zur Referenzschätzung)

Brennstoffeinsatz SO_2-Emissionen	1980			Referenzschätzung 2000	
	Einsatz[e] Mio t SKE/a	SO_2 tsd t/a	Emissionsreduktionspotential GFAVO SO_2 tsd t/a	Einsatz[e] Mio t SKE/a	SO_2 tsd t/a
Kraftwerke und Fernheizwerke	105,0	2035,1	438,0	103,3	409,7
davon					
– Steinkohle	39,3	1018,2	205,6	53,1	205,3
– Heizöl S und EL	8,5	239	63,7	5,2	53,8
Raffinerien	11,0	212,8	55,0	7,6	37,5
Kohleveredlungsanlagen[b]	–	–	–	9,5	14,8
Industriefeuerungen	49,0	533,5	533,5	51,8	400,4
davon					
– Steinkohle	3,3	90,5	90,5	9,4	197,4
– Heizöl S und EL	19,7	420,7	420,7	14,0	149,2
– Kohleöl/Kohlegas	–	–	–	–	–
Haushalte und Kleinverbraucher	82,4	307,9	307,9	64,5	168,6
davon					
– Steinkohle	5,4	81,0	81,0	2,2	33,1
– Heizöl S und EL	53,0	217,3	217,3	31,6	129,6
– SNG	–	–	–	–	–
Verkehr[c]	59,2	107,5	107,5	45,5	100,7
davon					
– Benzin aus Kohle	–	–	–	0,5	0,2
– Benzin aus Öl	36,3	12,8	12,8	20,9	7,3
– Diesel aus Öl	22,9	94,7	94,7	22,7	93,1
– Methanol und Flüssiggas aus Kohle	–	–	–	1,4	0,1
Summe		3196,8	1441,9		1131,7

[a] Ohne SO_2-Emissionen aus industriellen Prozessen
[b] SO_2-Emissionen aus Kohleveredlung und Energiebereitstellung
[c] Einschließlich Luftverkehr, Fahrzeuge von militärischen Dienststellen und Kleinverbrauchern
[d] Einsatz der Wirbelschichtfeuerung bei Feuerungen <300 MWth Feuerungswärmeleistung
[e] Teilweise Primärenergie, teilweise Endenergie
[f] Industriegas 4,2 Mio t SKE, Kohleöl 0,9 Mio t SKE
[g] Kohleöl

Verstromungs-strategie		Verheizungsstrategie			Veredlungs-strategie A		Veredlungs-strategie B	
				Wirbel-schicht-feuerung[d]				
Einsatz[e] Mio t SKE/a	SO_2 tsd t/a	Einsatz[e] Mio t SKE/a	SO_2 tsd t/a	SO_2 tsd t/a	Einsatz[e] Mio t SKE/a	SO_2 tsd t/a	Einsatz[e] Mio t SKE/a	SO_2 tsd t/a
+25,5	+87,6	+ 7,1	+151,1	+63,3	–	–	–	–
+25,5	+87,6	+ 4,9	+126,9	+39,4	–	–	–	–
	–	+ 2,2	+ 24,2	+24,2	–	–	–	–
– 1,6	– 8,0	– 1,6	– 8,0	– 8,0	– 1,6	– 8,0	– 1,6	– 8,0
–	–	–	–	–	+29,0	+29,6	+27,5	+42,1
– 6,0	–57,3	– 1,0	+ 59,1	–45,5	–	–16,0	–	–43,3
–	–	+ 6,9	+144,9	+40,3	–	–	–	–
– 6,0	– 57,3	7,9	85,8	85,8	– 4,7	– 19,3	– 5,1	–44,0
–	–	–			+ 4,7[g]	+ 3,3	+ 5,1[f]	+ 0,7
–11,6	–47,6	–12,3	– 50,4	–50,4	–	– 8,9	–	–28,0
–	–	–	–	–	–	–	–	–
–11,6	–47,6	–12,3	– 50,4	–50,4	– 2,2	– 8,9	– 6,8	–28,0
–	–	–	–	–	+ 2,2	–	+ 6,8	–
–	–	–	–	–	– 0,6	+16,0	– 0,6	+ 2,0
–	–	–	–	–	+ 4,7	+ 1,6	+ 0,9	+ 0,3
–	–	–	–	–	–13,4	– 5,4	– 6,6	– 2,3
–	–	–	–	–	+ 4,7	+19,3	+ 0,9	+ 3,9
–	–	–	–	–	+ 5,4	+ 0,5	+ 4,2	+ 0,1
	–25,3		+151,8	–40,6		+12,7		–35,2

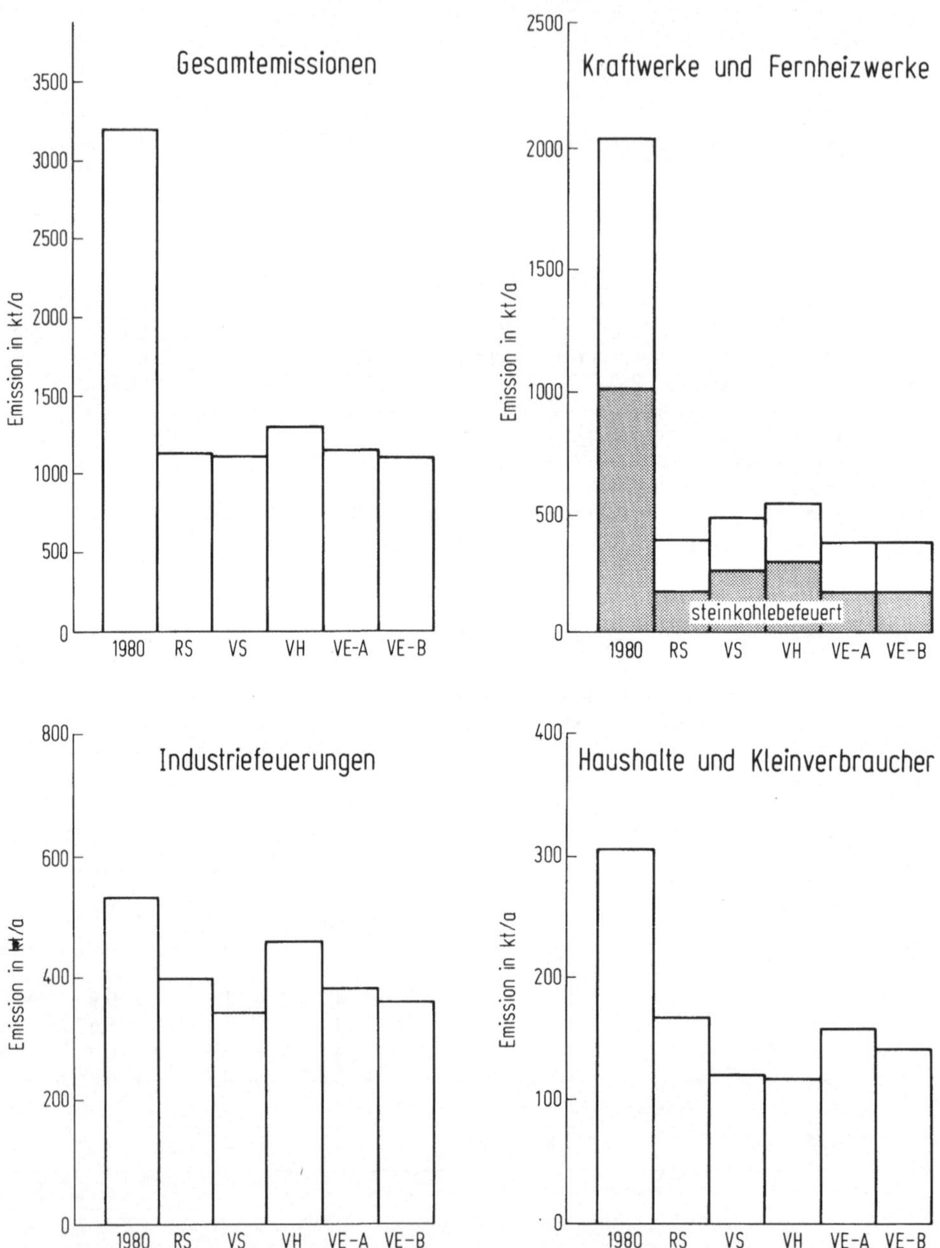

Abb. C-1. Schwefeldioxidemissionen in kt/a für 1980, Referenzschätzung 2000 (RS) und die Kohleeinsatzstrategien (Verstromungsstrategie (VS), Verheizungsstrategie (VH), Veredlungsstrategie (VE) Variante A und B)

GFAVO auf den Energieeinsatz im Jahre 1980 an, so errechnet sich ein „Emissionsreduktionspotential" der Verordnung von ca. 1,75 Mio t SO_2. Der über dieses Potential hinausgehende Rückgang der Emissionen zwischen 1980 und 2000 (Referenzschätzung) ist das Resultat

- eines geringfügigen Rückgangs des Energieeinsatzes in den Kraftwerken und Raffinerien,
- von Energieeinsparungen in den Sektoren „Industrie" und „Haushalte und Kleinverbraucher",
- des Einsatzes schwefelärmeren schweren Heizöls und der Substitution von schwerem Heizöl in der Industrie durch Gas, Strom und schwefelärmere Kohle,
- der Substitution von leichtem Heizöl und Festbrennstoffen im Sektor „Haushalte und Kleinverbraucher" durch die leitungsgebundenen Sekundärenergieträger Gas, Fernwärme und Strom.

Beim Vergleich der Strategien mit der Referenzschätzung fällt auf, daß die SO_2-Emissionen der Verstromungsstrategie und der Variante B der Kohleveredlungsstrategie sogar etwas geringer sind als die der Referenzschätzung. Dies bedeutet, daß die Emissionsminderungen durch Mindereinsatz von Mineralölprodukten die zusätzlichen Emissionen durch den Kohlemehreinsatz übertreffen.

Bei der Verstromungsstrategie resultiert dies daraus, daß der Kohlemehreinsatz ausschließlich in Großkraftwerken mit gemäß GFAVO hoher Schwefeldioxid-Rückhaltung erfolgt, während mit dem erzeugten „emissionsfreien" Strom hauptsächlich schweres Heizöl in der Industrie und leichtes Heizöl im Haushalt substituiert werden und somit die Emissionen aus diesen Sektoren entsprechend sinken. Bei der Variante B der Veredlungsstrategie ergeben sich die im Vergleich zur Referenzschätzung etwas niedrigeren SO_2-Emissionen dadurch, daß in der Industrie Heizöl, vor allem schweres mit relativ hohen Schwefelemissionen und im Sektor „Haushalte und Kleinverbraucher" leichtes Heizöl durch schwefelfreies, mittelkaloriges Industriegas bzw. SNG ersetzt werden, deren Produktion in Kohlevergasungsanlagen mit nur geringen SO_2-Emissionen erfolgt. Die Variante A der Veredlungsstrategie weist geringfügig höhere SO_2-Emissionen als die Referenzschätzung auf, da hier nur wenig Heizöl EL und gar kein Heizöl S substituiert wird, sondern die Substitution sich auf den Sektor „Verkehr" konzentriert.

Bei der Verheizungsstrategie ist der Kohleeinsatz in Kraft- und Fernheizwerken zwar geringer als im Falle der Verstromungsstrategie, aber dadurch, daß der Kohlemehreinsatz zu einem nicht unbeträchtlichen Teil in Heizkraftwerken kleiner Leistung erfolgt, die gemäß Großfeuerungsanlagenverordnung weniger strengen Emissionsbestimmungen unterliegen bzw. gar nicht entschwefeln müssen, liegen die Schwefeldioxidemissionen aus diesem Sektor bei der Verheizungsstrategie höher. Außerdem läßt der erhöhte Einsatz von Steinkohle in Industriefeuerungen, die auch nicht entschwefeln müssen, die Emissionen in diesem Sektor wachsen. Die verringerten Emissionen im Sektor „Haushalte und Kleinverbraucher", wo leichtes Heizöl durch den Einsatz von Fernwärme zurückgedrängt wird, kompensieren die erhöhten Emissionen aus den erwähnten Sektoren nicht vollständig. Die Mehremissionen im Vergleich zur Referenzschätzung betragen immerhin 13%.

Dieses Ergebnis würde sich ändern, wenn im Rahmen der Verheizungsstrategie auch Wirbelschichtfeuerungen (mit Kalksteinzugabe) für Heizkraftwerke kleiner

Leistung und für Industriefeuerungen eingesetzt würden. Unter der Annahme, daß alle Steinkohlefeuerungen im Leistungsbereich unter 300 MWth Feuerungswärmeleistung, die im Rahmen der Verheizungsstrategie implementiert werden sollen, mit Wirbelschichtfeuerungen ausgerüstet würden, ergäbe sich für die Verheizungsstrategie die günstigste SO_2-Emissionsbilanz aller Strategien.

1.2.1.2 Analysen zur Immissionsbelastung durch Schwefeldioxid in Ballungsgebieten (lokale Immissionsanalysen)

Ziel der lokalen Immissionsanalysen ist es, Aufschluß darüber zu geben, wie sich ein verstärkter Steinkohleeinsatz auf die Schwefeldioxid-Konzentrationen in der bodennahen Atmosphäre in bereits stark vorbelasteten Gebieten der Bundesrepublik Deutschland auswirken würde. Bei diesen Gebieten handelt es sich ganz überwiegend um große Ballungsgebiete mit hoher Bevölkerungs- und Industriedichte. Die errechneten Immissionswerte sind Grundlage für die Beurteilung möglicher Auswirkungen auf die Gesundheit der Bevölkerung in diesen Gebieten.

Im Rahmen der lokalen Immissionsanalysen werden die atmosphärischen Konzentrationen von Schwefeldioxid aus dem Einsatz fossiler Energieträger für den Istzustand im Bezugsjahr 1980, für die Referenzschätzung 2000 und für die Verstromungs- und Verheizungsstrategie untersucht. Außerdem wird der fiktive Fall analysiert, daß im Bezugsjahr 1980 bereits die GFAVO gegolten hätte und daß in kleineren Feuerungen nur schweres Heizöl und Kohle mit einem Schwefelgehalt von maximal 1% eingesetzt worden wären, also keine Ausnahmeregelungen von der TA Luft 1974 zugelassen worden wären. Da der emissionsreduzierende Effekt der GFAVO bei diesem Fall deutlich überwiegt, wird auch dieser Fall im folgenden verkürzt „Emissionsreduktionspotential GFAVO“ genannt.

Auf eine Betrachtung der Veredlungsstrategie wurde in diesem Zusammenhang verzichtet. Eine den anderen Strategien entsprechende modellhafte Abbildung dieser Strategie erschien nicht sinnvoll, weil bei einer Implementation der Veredlungsstrategie die Standorte der Veredlungsanlagen auf bestimmte Regionen (Kohleförder- und Küstengebiete) konzentriert und nicht alle Ballungsgebiete gleichermaßen betroffen würden. Für das Ballungsgebiet „Ruhr“, wo solche Anlagen implementiert würden, läßt sich überschlägig abschätzen, daß sich zwischen der Referenzschätzung und der Veredlungsstrategie keine wesentlichen Unterschiede ergeben dürften.

Bei der Verheizungsstrategie wird als „Version B“ auch der Fall betrachtet, daß bei den strategiegemäß vorgesehenen Kohlefeuerungsanlagen kleiner 300 MWth Feuerungswärmeleistung (Industriefeuerungen und kleinere Heizkraftwerke), die gemäß GFAVO nicht oder nur zu 60% entschwefeln müssen, Wirbelschichtfeuerungen anstelle von konventionellen Feuerungen eingesetzt werden.

1.2.1.2.1 Definition von Modellballungsräumen

Da nicht alle großen Ballungsgebiete der Bundesrepublik Deutschland wegen des damit verbundenen Aufwandes untersucht werden konnten, wurden die Analysen anhand von zwei Typen von Modellballungsräumen durchgeführt. Einer dieser Räume repräsentiert die Verhältnisse in den Ballungsregionen in Nordrhein-Westfalen mit einem überdurchschnittlich großen Anteil energieintensiver Grundstoffindustrien (Eisen und Stahl etc.), mit großer Stromerzeugungskapazität und hoher Bevölkerungsdichte *(MBR-Ruhr);* der andere repräsentiert revierferne Ballungsräume mit durchschnittlicher Industriestruktur und mit im Vergleich zum MBR-Ruhr geringerer Bevölkerungsdichte *(MBR-revierfern).* Bei der Bestimmung repräsentativer Werte für die Modellballungsräume wurde auf Arbeiten von Nitsch und Schott zurückgegriffen [Nitsch, Schott 1981].

Für beide MBR-Typen wurde die gleiche Bezugsfläche von etwa 1200 km^2 gewählt. Die Besiedlungsstruktur des „MBR-revierfern" wurde in Anlehnung an süddeutsche Ballungsräume (Rhein/Main, Mannheim/Ludwigshafen, Stuttgart) festgelegt mit einer Gesamtbevölkerung von etwa 1 Mio Einwohner. Für den „MBR-Ruhr" wurde weitgehend die von Nitsch und Schott entwickelte Struktur mit fünf Kernstädten und einer Vielzahl von Randgemeinden, in denen insgesamt etwa 2 Mio Einwohner leben, übernommen [Nitsch, Schott 1981]. Das Rhein-Ruhr-Ballungsgebiet besteht flächen- und bevölkerungsmäßig aus etwa fünf Ballungsräumen dieses Typs.

1.2.1.2.2 Emissionsanalysen für Ballungsräume

Die Emissionen wurden aufgrund der Energieversorgungsstrukturen in den jeweiligen Modellballungsräumen und auf Basis der in Abschnitt 1.1 angegebenen Emissionsdatensätze berechnet. Die Energieversorgungsstruktur 1980, aufgeschlüsselt nach Energieträgern und Wirtschaftssektoren, wurde für den „Modellballungsraum-Ruhr" anhand der Energiebilanz 1980 für Nordrhein Westfalen [Minister für Wirtschaft, Mittelstand und Verkehr des Landes Nordrhein-Westfalen 1982] sowie unter Berücksichtigung der regionalen Verteilung der Kraftwerke in Nordrhein-Westfalen [VDEW 1981] bestimmt. Beim „Modellballungsraum-revierfern" erfolgte eine starke Orientierung an den Gegebenheiten der Ballungsräume in Baden-Württemberg, insbesondere des Ballungsraums „Mittlerer Neckar"; Grundlage für die Datenerhebung zur Energieversorgungsstruktur war in diesem Fall die Energiebilanz 1980 für Baden-Württemberg [Minister für Wirtschaft, Mittelstand und Verkehr des Landes Baden-Württemberg 1981].

Emissionen aus dem Verkehr – als Flächenquelle – konnten nicht berücksichtigt werden. Emissionen aus dem Erdgaseinsatz wurden wegen Geringfügigkeit vernachlässigt.

Die Abbildung der Referenzschätzung und der Kohleeinsatzstrategien auf die Energieversorgungsstrukturen der Modellballungsräume erfolgte entsprechend den wesentlichen Annahmen dieser Fälle bezüglich der Entwicklung von Energieverbrauch und Energieverbrauchsdeckungsstruktur.

Tabelle C-9 gibt eine sektorspezifische Zusammenstellung der SO_2-Emissionen in den beiden MBR-Typen für die Fälle Istzustand 1980, „Emissionsreduktionspotential GFAVO", Referenzschätzung 2000, Verstromungsstrategie, Verheizungsstrategie Version A und B.

Hauptemittent im „MBR-revierfern" im *Bezugsjahr 1980* sind die Kraftwerke mit knapp 50% der Gesamtemissionen von etwa 41 000 t SO_2/a, gefolgt von der Industrie mit einem Anteil von knapp 30% und dem Sektor Haushalte und Kleinverbraucher (HuK), der etwa 13% zu den Gesamtemissionen beiträgt. Etwa achtmal so hohe SO_2-Emissionen werden im Bezugsjahr 1980 für den „MBR-Ruhr" ermittelt. Der Kraftwerkssektor hat hier wegen der starken Konzentration von Kohlekraftwerken in diesem Gebiet einen noch höheren Anteil; er verursacht etwa 2/3 der Ge-

Tabelle C-9. Sektorspezifische Zusammenstellung der SO_2-Emissionen in den beiden Modellballungsräumen für Ist-Zustand 1980, Emissionsreduktionspotential GFAVO, Referenzschätzung 2000, Verstromungsstrategie und Verheizungsstrategie (Version A und B)

Sektor	SO_2-Emission (kt/a)											
	MBR (revierfern)						MBR (Ruhr)					
	1980	Emissionsreduktionspotential GFAVO	Referenzschätzung	Verstromungsstrategie	Verheizungsstrategie (Version A)	Verheizungsstrategie (Version B)	1980	Emissionsreduktionspotential GFAVO	Referenzschätzung	Verstromungsstrategie	Verheizungsstrategie (Version A)	Verheizungsstrategie (Version B)
Haushalte und Kleinverbraucher	5,4	5,4	2,3	1,7	1,7	1,7	16,7	16,7	6,8	6,1	5,5	5,5
Industrie	12,0	7,6	6,4	5,6	7,8	3,5	73,0	40,0	39,9	36,1	44,9	36,0
Heizkraftwerke	4,1	1,6	3,2	3,2	8,8	4,9	24,2	9,4	27,6	27,6	30,4	18,6
Kraftwerke	19,7	2,9	8,0	11,7	6,7	6,7	227,6	31,2	42,0	45,7	35,8	35,8
Gesamtemission	41,2	17,5	19,9	22,2	25,0	16,8	341,5	97,3	116,3	115,5	116,6	95,9

samtemissionen von etwa 342 000 t SO_2/a. Der Industrieanteil beträgt in diesem Fall etwa 20% und der Anteil des Sektors HuK etwa 5%.

Beim Fall *„Emissionsreduktionspotential GFAVO“* ergeben sich sowohl für den „MBR-revierfern“ als auch für den „MBR-Ruhr“ beträchtliche Emissionsminderungen: im ersten Fall um fast 60% und im zweiten um mehr als 70% gegenüber dem Istzustand 1980. Diese Emissionsminderungen werden hauptsächlich durch die unter die GFAVO fallenden Kraftwerke und Heizkraftwerke und zu einem geringen Teil auch durch Industriefeuerungen erbracht, in denen annahmegemäß nur noch schwefelarme Brennstoffe eingesetzt werden dürfen. Für den „MBR-Ruhr“ ergibt sich eine absolut und relativ stärkere Verringerung als im „MBR-revierfern“, da im „MBR-Ruhr“ im Jahr 1980 annahmegemäß in großem Umfang Ballastkohle mit Schwefelgehalten um etwa 2% eingesetzt wurde.

Die Emissionsberechnungen für die *Referenzschätzung 2000,* denen der Emissionsdatensatz II zugrundeliegt, ergeben ebenfalls eine erhebliche Verminderung der Emissionen im Vergleich zum Istzustand 1980. Diese Verminderung ist auch zu einem großen Teil auf die GFAVO zurückzuführen; sie ist aber nicht so ausgeprägt wie im Fall „Emissionsreduktionspotential GFAVO“, da gegenüber 1980 der Kohleeinsatz in Kraft- und Heizkraftwerken zunimmt. Die Emissionsreduzierungen bei der Referenzschätzung im Vergleich zum Stand von 1980 in den Sektoren „Haushalte und Kleinverbraucher“ und „Industrie“ sind auf verschiedene Entwicklungen zurückzuführen: im Sektor „Haushalte und Kleinverbraucher“ auf Einsparungen und das Vordringen der leitungsgebundenen Endenergieträger Gas, Fernwärme und Strom zu Lasten von Heizöl und festen Brennstoffen, im Sektor „Industrie“ auf rationelleren Energieeinsatz, auf Schwerölsubstitution durch Gas und Kohle sowie auf den Einsatz von schwefelärmerem schwerem Heizöl (Schwefelgehalt = 1%).

Nur sehr geringe Emissionsveränderungen im Vergleich zur Referenzschätzung bringt die *Verstromungsstrategie* mit sich. Sowohl im „MBR-revierfern“ als auch im „MBR-Ruhr“ stehen einer geringfügigen Emissionssteigerung für Kraftwerke geringfügige Emissionsminderungen im Industriesektor und im Sektor „HuK“ gegenüber. Die *Verheizungsstrategie* (Version A) weist für den „MBR-revierfern“ etwa 20% höhere Emissionen im Vergleich zur Referenzschätzung auf. Dies wird durch die Zunahme des Kohleeinsatzes in Heizkraftwerken verursacht. Die daraus resultierenden zusätzlichen Emissionen werden nur teilweise durch entsprechende Emissionssenkungen in den Sektoren „HuK“ und „Kraftwerke“ kompensiert. Im „MBR-Ruhr“ ergeben sich kaum Unterschiede zwischen Referenzschätzung und Verheizungsstrategie (Version A). Der Einsatz der Wirbelschichtfeuerung in kleinen Kohlefeuerungen (Version B) würde jedoch für beide MBR zu einer deutlichen Verminderung der Emissionen im Vergleich zur Referenzschätzung (16 bis 18%) führen.

1.2.1.2.3 Immissionsanalysen für Ballungsräume

Die in Tabelle C-9 dargestellten Emissionen bilden die Grundlage für Ausbreitungsrechnungen, die mit dem Modellansatz und den Parameterwerten aus den Regelungen der TA Luft 1983 durchgeführt wurden. Für die Rechnungen wurden drei verschiedene meteorologische Ausbreitungsbedingungen gewählt: für den „MBR-revierfern“ typisch norddeutsche (Wetterdaten der Flughafenstation Hannover-Langenhagen) und typisch süddeutsche (Wetterdaten der Flughafenstation Stuttgart-

Echterdingen) und für den „MBR-Ruhr“ diejenigen des Ruhrgebiets (Daten der Wetterstation Essen).

Für vergleichende Aussagen über die Auswirkungen verschiedener Emissionsstrukturen auf die Immissionen über der Fläche der Modellballungsräume wurden Häufigkeitsverteilungen der lokalen Einzelwerte der Immissionen für alle besiedelten Flächen der MBR bestimmt und daraus sogenannte komplementäre Häufigkeitsverteilungen der lokalen Immissionswerte ermittelt. Diese Häufigkeitsverteilungen geben den Anteil der Personen an, die Immissionswerten X ausgesetzt sind, die gleich einem bestimmten Immissionswert X^+ oder größer sind. Anhand dieser Häufigkeitsverteilungen der Immissionen bzw. anhand von daraus abgeleiteten statistischen Kenngrößen (Fraktilwerten) werden

(1) die Unterschiede zwischen den verschiedenen Typen von MBR bezüglich der Immissionssituation (im Jahr 1980),
(2) die Unterschiede zwischen den Werten für die Heizperiode und das Gesamtjahr in den verschiedenen MBR,
(3) die Unterschiede zwischen den Werten für das Bezugsjahr 1980 und den hypothetischen Fall „Emissionsreduktionspotential GFAVO“
(4) und die Unterschiede zwischen den Werten für den Istzustand 1980, die Referenzschätzung 2000 und die Verstromungs- und Verheizungsstrategie

beschrieben.

Dabei wurde auch dem Einfluß der Untergrundbelastung auf pauschale Weise Rechnung getragen: beim „MBR-revierfern“ wurde die Untergrundbelastung mit 10 µg SO_2/m^3, beim „MBR-Ruhr“ mit 20 µg SO_2/m^3 für das Gesamtjahr und mit 30 µg SO_2/m^3 für das Winterhalbjahr veranschlagt. Der für die revierfernen Ballungsräume angesetzte Untergrundbelastungswert entspricht in etwa der SO_2-Konzentration in Reinluftgebieten (vgl. Tabelle C-16). Beim „MBR-Ruhr“ wurden die an den Grenzen dieses Ballungsraums errechneten SO_2-Konzentrationen als zusätzliche Untergrundbelastung angesetzt; damit soll die Beeinflussung durch die benachbarten Industriegebiete berücksichtigt werden.

Die *Unterschiede zwischen den verschiedenen Typen von MBR* und *zwischen den Werten für die Heizperiode und das Gesamtjahr* sind in Tabelle C-10 dargestellt. Neben den für den Bereich der jeweiligen Kernstadt angegebenen Maximal- und Mittelwerten der SO_2-Immissionen enthält Tabelle C-10 Angaben über die Bevölkerungsanteile, die von Immissionswerten größer oder gleich 60 µg SO_2/m^3 betroffen sind. Dieser Wert wird von der Weltgesundheitsorganisation (WHO) als Richtwert für die Vermeidung von Gesundheitsgefahren empfohlen; er bezieht sich auf die Jahresmittelwerte der SO_2-Konzentration.

Auffallend sind die großen Immissionsunterschiede zwischen dem „MBR-revierfern-Nord“ und dem „MBR-revierfern-Süd“ – bei identischer Emissionsstruktur. Die höheren Werte für die süddeutschen Ausbreitungsbedingungen im Vergleich zu den norddeutschen werden durch die im Süden vergleichsweise geringeren Windgeschwindigkeiten und das häufigere Auftreten von sogenannten stabilen und damit austauschärmeren Wetterlagen verursacht. Für den „MBR-Ruhr“ errechnen sich trotz seiner sehr hohen Emissionen im Vergleich zum „MBR-revierfern“ wegen der günstigen Ausbreitungsbedingungen, die den norddeutschen sehr ähnlich sind, so-

Tabelle C-10. Vergleich der Immissionssituation in den verschiedenen MBR-Typen anhand von typischen Kennzahlen der SO_2-Immissionen (Ist-Zustand 1980)

MBR-Typ	Immissionswerte µg SO_2/m^3		
	Maximalwert Kernstadt	Mittelwert Kernstadt	Anteil der Bevölkerung (in %), der von Immissionswerten ≧60 µg SO_2/m^3 betroffen ist
MBR-revierfern-Nord			
– Jahresmittel	46	35	0
– Heizperiode	61	44	1
MBR-revierfern-Süd			
– Jahresmittel	75	61	45
– Heizperiode	108	87	66
MBR-Ruhr			
– Jahresmittel	98	71	70
Heizperiode	126	90	92

Annahmen für Untergrundbelastung durch Quellen außerhalb der MBR:
„MBR-revierfern" während des gesamten Jahres: 10 µg SO_2/m^3
„MBR-Ruhr": – für Jahresmittel: 20 µg SO_2/m^3
– für Heizperiode: 30 µg SO_2/m^3

wohl für das Gesamtjahr als auch für die Heizperiode Werte, die denjenigen des „MBR-revierfern-Süd" nahekommen.

Auffallend sind auch die Unterschiede bei den Anteilen der Bevölkerung, die von Immissionswerten oberhalb von 60 µg SO_2/m^3 betroffen sind. Während eine Überschreitung dieses Wertes für den „MBR-revierfern-Nord" praktisch auszuschließen ist, wird dieser Wert im „MBR-revierfern-Süd" und im „MBR-Ruhr" für ganz erhebliche Bevölkerungsanteile überschritten. Der Langzeitwert der TA Luft (IW1-Wert = 140 µg/m³) wird jedoch in keinem der hier betrachteten Fälle überschritten.

Die mittleren Immissionswerte für den Zeitraum der Heizperiode liegen erheblich über denen für das Gesamtjahr: im „MBR-revierfern-Süd" um über 40%, im „MBR-revierfern-Nord" um etwa 30% und im „MBR-Ruhr" um knapp 30%. Der Unterschied zwischen dem „MBR-revierfern-Nord" und dem „MBR-revierfern-Süd" ist auf die bereits erwähnten Unterschiede in den Ausbreitungsbedingungen zurückzuführen; beim „MBR-Ruhr" spielt daneben auch die im Vergleich zu den revierfernen Ballungsräumen anders geartete Energieversorgungsstruktur im Raumwärmemarkt (höhere Anteile emissionsarmer Fernwärme- und Erdgasversorgung) eine Rolle.

In Abb. C-2 werden für den „MBR-Ruhr" die Unterschiede zwischen den SO_2-Immissionen im Jahresmittel einerseits und während der Heizperiode andererseits anhand der komplementären Häufigkeitsverteilungen veranschaulicht. Abbildung C-3 weist – wiederum für den „MBR-Ruhr" – anhand der komplementären Häufigkeitsverteilungen der Immissionsbelastung der Bevölkerung während der Heizperiode den Sektor HuK, trotz vergleichsweise geringer Emissionen, als Hauptverursacher der SO_2-Immissionen aus. Die SO_2-Emissionen der Leichtindustrie und die zu-

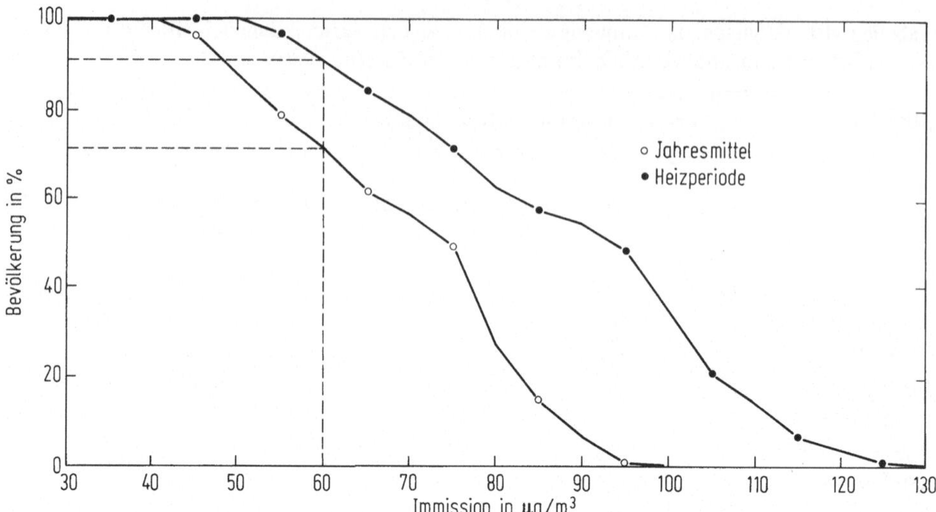

Abb. C-2. Komplementäre Häufigkeitsverteilung der Immissionsbelastung der betroffenen Bevölkerung durch Emissionen von SO_2 im *MBR-Ruhr*. Vergleich der Immissionen im Jahresmittel und während der Heizperiode für das Bezugsjahr *1980*

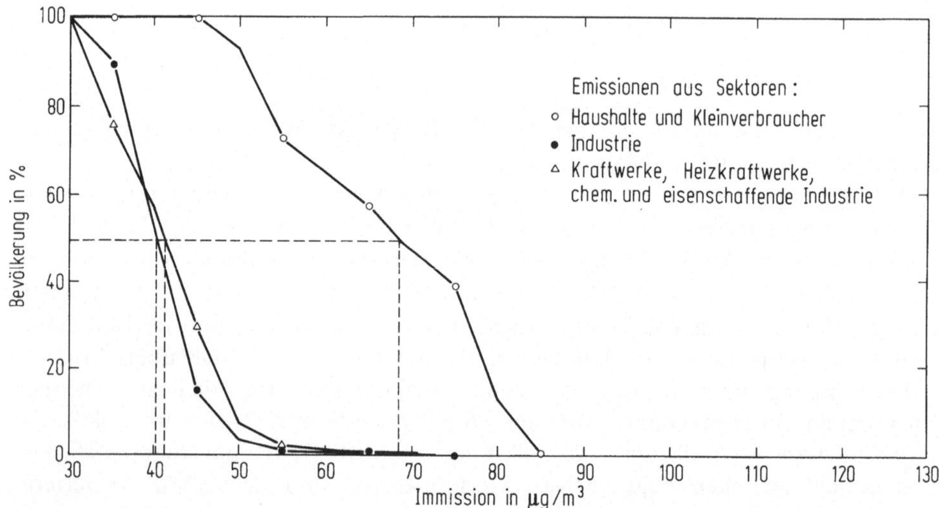

Abb. C-3. Komplementäre Häufigkeitsverteilung der Immissionsbelastung der betroffenen Bevölkerung durch Emmissionen von SO_2 im *MBR-Ruhr* während der Heizperiode. Vergleich der Auswirkungen der Emissionen aus verschiedenen Sektoren für das Bezugsjahr *1980*

sammengefaßten Emissionen der Kraftwerke, Heizkraftwerke und der Anlagen der chemischen und eisenschaffenden Industrie bringen jeweils deutlich geringere, etwa gleich hohe Immissionsbeiträge.

Ein Vergleich der für die verschiedenen MBR-Typen für 1980 errechneten Immissionswerte mit denjenigen von konkreten Standorten zeigt eine für Modellanalysen recht befriedigende Übereinstimmung (siehe Tabelle C-11). Sehr gute Übereinstimmung zeigen die Ergebnisse des „MBR-revierfern-Süd" sowohl im Jahresmittel als auch während der Heizperiode mit den Meßwerten des Ballungsraums Mannheim/Ludwigshafen. Die für den „MBR-revierfern-Nord" errechneten Werte liegen unterhalb der Meßdaten, die für Hamburg vorliegen. Es ist dabei zu beachten, daß Hamburg der Struktur des gewählten „MBR-revierfern" nur sehr bedingt entspricht. Auch für den „MBR-Ruhr" werden im Vergleich zu den tatsächlichen Meßwerten niedrigere Immissionswerte errechnet. Insgesamt zeigt sich eine gewisse Tendenz zur Unterschätzung der Immissionen.

Die Rechnungen für das „Emissionsreduktionspotential GFAVO", für die Referenzschätzung 2000 und die Verstromungs- und Verheizungsstrategie wurden nur für den Fall *„MBR-Ruhr/Heizperiode"* durchgeführt, der die vergleichsweise höchsten SO_2-Immissionswerte für 1980 aufweist.

Die beträchtlichen Emissionsminderungen im Fall *„Emissionsreduktionspotential GFAVO"* im „MBR-Ruhr" auf etwa 30% der Emissionen des Bezugsjahres 1980

Tabelle C-11. Vergleich von errechneten und gemessenen Immissionswerten für Ballungsgebiete

Station bzw. Gebiet	Wintermittel (Heizperiode) µg/m³	Jahresmittel µg/m³
1) *Ruhrgebiet*		
Ruhrgebiet-West (*Meßwerte* 1980)		
– Mittelwert über 11 Stationen	~ 110	~ 90
– Mittelwert über Rasterflächen		70
Ruhrgebiet-Mitte (*Meßwerte* 1980)		
– Mittelwert über 6 Stationen	~ 115	~ 90
– Mittelwert über Rasterflächen		80
Ruhrgebiet-Ost (*Meßwerte* 1980)		
– Mittelwert über 3 Stationen	~ 110	~ 90
MBR-Ruhr (*errechnete* Mittelwerte, Kernstadt, 1980)	90	71
2) *Norddeutsche Ballungsgebiete*		
Hamburg (*Meßwerte* 1978/1979)		
– Flächenmittel		~ 75
MBR-revierfern-Nord (*errechnete* Mittelwerte, Kernstadt, 1980)	44	35
3) *Süddeutsche Ballungsgebiete*		
Ballungsgebiet Rhein-Main (*Meßwerte*)		
– Flächenmittel 1976		~ 95
– Station Wiesbaden-Mitte (Mittelwert für 1975–1979)	~ 130	~ 90
Ballungsgebiet Rhein-Neckar (*Meßwerte* 1980)		
– Mannheim/Ludwigshafen (Mittelwert über 3 Stationen)	~ 80	~ 60
Ballungsgebiet Stuttgart (*Meßwerte* 1980)		
– Mittelwert über 2 Stationen	~ 60	~ 45
MBR-revierfern-Süd (*errechnete* Mittelwerte, Kernstadt, 1980)	87	61

Tabelle C-12. Vergleich der SO_2-Immissionen für Ist-Zustand 1980, Emissionsreduktionspotential GFAVO, Referenzschätzung 2000 und Kohleeinsatzstrategien für den MBR-Ruhr/ Heizperiode. Annahme für die Untergrundbelastung durch Quellen außerhalb des „MBR-Ruhr“ während der Heizperiode: 30 µg SO_2/m^3

	Immissionswerte µg SO_2/m^3		
	Maximalwert Kernstadt	Mittelwert Kernstadt	Anteil der Bevölkerung (in %), der von Immissionswerten $\geqq 60$ µg SO_2/m^3 betroffen ist
Ist-Zustand 1980	126	90	92
Emissionsreduktions-potential GFAVO	98	72	68
Referenzschätzung 2000	81	58	39
Verstromung 2000	76	54	25
Verheizung 2000			
Version A	83	59	43
Version B[a]	72	49	5

[a] Einsatz der Wirbelschichtfeuerung bei Feuerungen < 300 MWth Feuerungswärmeleistung

(Tabelle C-9) wirken sich nur in begrenztem Umfang auf die Immissionen dieses Modellballungsraums aus. Tabelle C-12 zeigt für diesen hypothetischen Fall nur eine etwa 20%ige Verringerung der Immissionen für die Maximal- und Mittelwerte im Kernstadtbereich. Dieses Ergebnis unterstreicht wiederum den relativ geringen Einfluß der Emissionen von Großanlagen auf die Immissionssituation ihrer unmittelbaren Umgebung im Vergleich zu den Emissionen aus den Sektoren HuK und Industrie mit niedrigen Kaminhöhen.

Für die *Referenzschätzung* wie auch für die *Verstromungs- und die Verheizungsstrategie* ergibt sich dagegen eine deutliche Verringerung der Immissionsbelastung gegenüber dem Istzustand 1980. Die Emissionsreduktionen, die für die Referenzschätzung 2000 und für die betrachteten Kohleeinsatzstrategien ermittelt wurden, wirken sich somit erheblich stärker auf die entsprechenden Immissionen aus als die (gegenüber allen anderen Fällen mit Ausnahme der Verheizungsstrategie (Version B) *größere* Emissionsreduktion im hypothetischen Fall „Emissionsreduktionspotential GFAVO“. Diese Verbesserung der Immissionsituation zeigt sich sowohl bei den Maximal- und Mittelwerten im Kernstadtbereich als auch (und besonders deutlich) bei den Bevölkerungsanteilen, die von Immissionswerten von über 60 µg SO_2/m^3 betroffen sind, wobei zu beachten ist, daß der Richtwert der WHO für die Jahresmittelwerte der SO_2-Konzentrationen gilt. Besonders auffallend ist hier der sehr günstige Wert für die Verheizungsstrategie mit Wirbelschichtfeuerung. Hauptgrund für die ausgeprägte Immissionsreduktion bei Referenzschätzung und Kohleeinsatzstrategien ist die Verringerung der Emissionen im Sektor „Haushalte und Kleinverbraucher“ durch Substitution von Heizöl durch leitungsgebundene Endenergieträger.

Für den „MBR-Ruhr“ und den Zeitraum der Heizperiode werden in den Abb. C-4 und C-5 die komplementären Häufigkeitsverteilungen für den Ist-Zustand 1980, die Referenzschätzung 2000 und die Kohleeinsatzstrategien dargestellt. Aus Abb.

C-4 ist die Verbesserung der Immissionssituation für alle Bewohner des MBR in den Fällen Referenzschätzung 2000, Verstromungsstrategie und Verheizungsstrategie gegenüber dem Istzustand 1980 sehr deutlich erkennbar. Aus Abb. C-5 ist zu ersehen, daß der wesentliche Anteil dieser Immissionsreduktion den geringeren Emissionen des Sektors HuK zuzurechnen ist. Die immissionseitigen Unterschiede zwischen Referenzschätzung, Verstromungsstrategie und Verheizungsstrategie sind jedoch sehr gering.

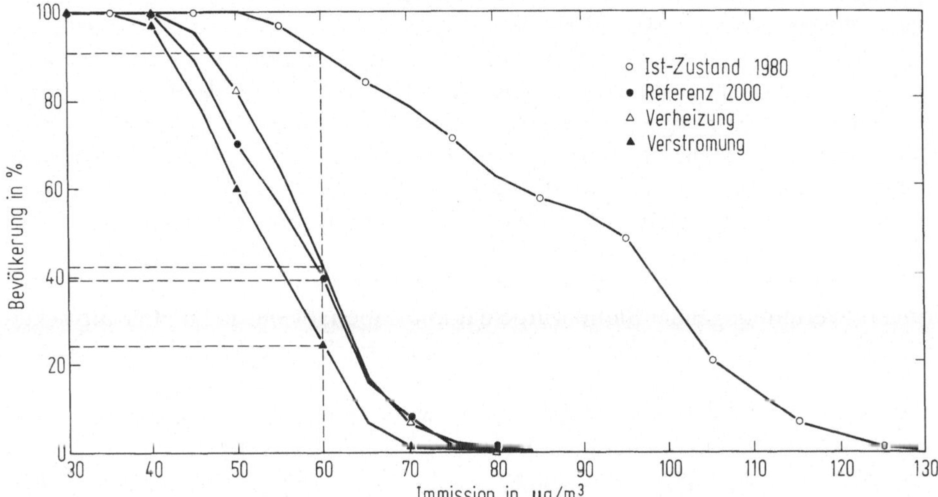

Abb. C-4. Komplementäre Häufigkeitsverteilung der Immissionsbelastung der betroffenen Bevölkerung durch Emissionen von SO_2 im *MBR-Ruhr* während der Heizperiode. Vergleich von Referenzschätzung, Kohleeinsatzstrategien und Ist-Zustand 1980

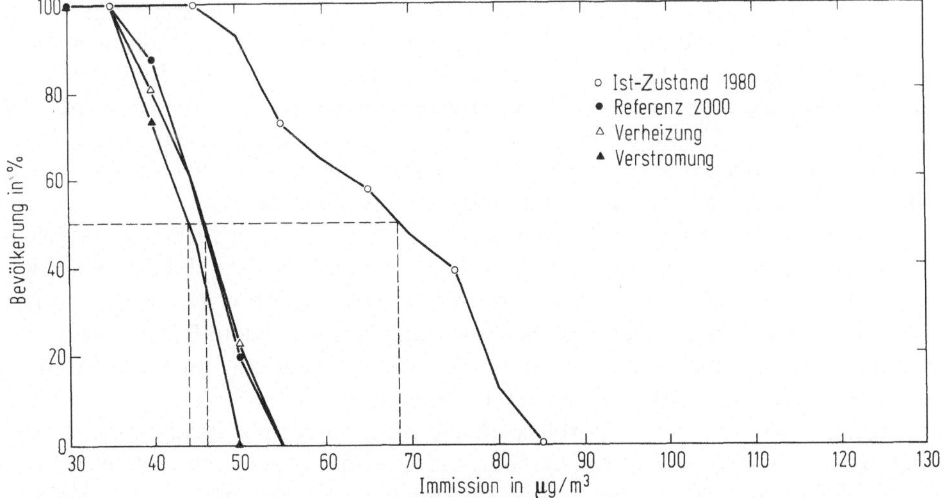

Abb. C-5. Komplementäre Häufigkeitsverteilung der Immissionsbelastung der betroffenen Bevölkerung durch Emissionen von SO_2 im *MBR-Ruhr* während der Heizperiode. Vergleich der durch den *Sektor HuK* verursachten Immissionen für die Referenzschätzung, die Kohleeinsatzstrategien und den Ist-Zustand 1980

1.2.1.3 Analysen zur weiträumigen Ausbreitung von Schwefelemissionen

Ziel der Immissionsanalysen im weiträumigen Bereich ist die Ermittlung von atmosphärischen Konzentrationen und Bodenablagerungen von Schwefel in den chemischen Formen Schwefeldioxid (S-SO_2) und Sulfat (S-SO_4^{2-}); die Rechnungen wurden wiederum für den Istzustand im Bezugsjahr 1980, für den Fall „Emissionsreduktionspotential GFAVO", für die Referenzschätzung 2000 und für die Kohleeinsatzstrategien durchgeführt. Die Ergebnisse solcher Analysen bilden eine wichtige Grundlage für die Beurteilung der möglichen Auswirkungen eines verstärkten Steinkohleeinsatzes auf ökologische Systeme, z. B. Wälder. Allerdings sind beim jetzigen Stand der Modellentwicklung und der verfügbaren Datenbasis die Analyseergebnisse eher geeignet für *vergleichende* Aussagen (z. B. über die Belastung durch die Verstromungsstrategie im Vergleich zur Referenzschätzung) als für Aussagen über die absolute Höhe der Schwefelimmissionen in einem gegebenen Fall. Weiterhin ist festzuhalten, daß sich die Aussagen der Analysen in erster Linie auf die weiträumige (> 100 km) Ausbreitung beziehen; der Einfluß der Emissionen in Quellnähe wird nur näherungsweise abgeschätzt.

Als Modell für die weiträumige Ausbreitung und die Umwandlung und Ablagerung luftverunreinigender Stoffe wurde das am Imperial College London entwickelte und im Rahmen dieser Studie erweiterte Puff-Trajektorien-Modell MESOS angewandt. Der Vergleich der einzelnen Kohleeinsatzstrategien miteinander und mit dem Istzustand und der Referenzschätzung wird, ähnlich wie bei den lokalen Immissionsanalysen, anhand der komplementären Häufigkeitsverteilungen der Immissionswerte durchgeführt. Bezugsfläche ist die Gesamtfläche der Bundesrepublik Deutschland.

1.2.1.3.1 Vorgehensweise

Transport, chemische Umwandlung und Ablagerung von Schwefelverbindungen. Die emittierten Schwefelverbindungen werden in der Atmosphäre in Abhängigkeit von der herrschenden Wetterlage mit der Umgebungsluft vermengt und mit dem Wind in zum Teil große Entfernungen verfrachtet. Hauptsächlich wird Schwefeldioxid emittiert; die darüber hinaus noch vorhandenen Schwefelverbindungen werden in unmittelbarer Quellnähe ebenfalls zu SO_2 umgewandelt. Schwefeldioxid kann durch trockene Deposition aus der Atmosphäre entfernt, aber auch in geringerem Maße durch Regen aus der Atmosphäre ausgewaschen werden.

Während seiner Ausbreitung unterliegt das SO_2 unterschiedlichen chemischen Umwandlungsprozessen, wobei im wesentlichen durch Oxidation des SO_2 Schwefelsäure, Hydrogensulfate oder Sulfate entstehen. Den beiden ersten Verbindungen kommt dabei wegen ihrer direkten Säurewirkung eine besondere Bedeutung zu. Im folgenden werden die Reaktionsprodukte der SO_2-Umwandlung unter der Sammelbezeichnung Sulfate (SO_4^{2-}) gemeinsam behandelt.

Tabelle C-13 gibt einen Überblick über die verschiedenen Reaktionsmechanismen bei der SO_2-Umwandlung. Besonders in Quellnähe, bei hohen relativen Luftfeuchtigkeiten und dann, wenn sich Abluftfahnen mit Kühlturmfahnen und Wolken vermischen, finden sogenannte *heterogene* Reaktionen statt. Das sind Reaktionen auf der Oberfläche von Aerosolteilchen oder in Tropfen, wobei häufig Katalysatoren (wie zum Beispiel Ruß und Stäube) die Oxidation des SO_2 beschleunigen. In

Tabelle C-13. Einfluß verschiedener Parameter auf die Oxidation von SO_2 in der Atmosphäre und Vergleich der Wirksamkeit der jeweiligen Oxidationsmechanismen bei einer SO_2-Konzentration von 1 ppm [Dlugi 1984]

	Reaktionspartner R von SO_2	Bildungsmechanismus von R	Umsatz von SO_2 nach 1 Stunde in %	Abhängigkeit der Produktmenge (Sulfate) in der Atmosphäre
Heterogene Oxidation	H_2O_2	durch photochemische Reaktionen	0,2...20	– von der UV-Einstrahlung – vom Kohlenwasserstoffgehalt, d. h. von der insgesamt in der Gasphase gebildeten H_2O_2-Masse; damit unabhängig von der SO_2-Konzentration – vom Flüssigwassergehalt
Heterogene Oxidation – Katalytische Reaktionen	Kohlekraftwerksstaub, Industriestäube	Emission	0,09...22	– von der Staubmasse – von den chemischen Staubeigenschaften – von der relativen Feuchte (Flüssigwassergehalt der Stäube) – nur unwesentlich von der SO_2-Konzentration
Heterogene Oxidation – Katalytische Reaktionen	Ruß	Emission	0,05... 5	– von der Rußmasse – von den chemischen Rußeigenschaften – nur geringfügig von der SO_2-Konzentration – vom Flüssigwassergehalt der Ruße
Homogene Oxidation	OH, HO_2, RO_2	durch photochemische Reaktionen	1,7	– von der UV-Einstrahlung – von verschiedenen Kohlenwasserstoffen – von OH-Senken (wie z. B. CO, NO_2) – von der absoluten Feuchte – nur geringfügig von der SO_2-Konzentration

Tropfen tragen außer den hierin gelösten Katalysatoren auch gelöste Oxidantien wie Ozon (O_3) und vor allem Wasserstoffperoxid (H_2O_2) zur heterogenen Oxidation von SO_2 bei. Da Ozon und Wasserstoffperoxid hauptsächlich im Zuge photochemischer Prozesse gebildet werden, sind diese Reaktionen vor allem tagsüber bei starker Sonneneinstrahlung von Wichtigkeit.

Die heterogenen Reaktionsmechanismen des SO_2 sind – vor allem in quantitativer Hinsicht – noch nicht ausreichend erforscht worden, so daß ihre Berücksichtigung in Ausbreitungsmodellen zur Zeit nur unter Vorbehalten möglich wäre. Anders ist dies mit den sogenannten *homogenen* Reaktionen des Schwefeldioxids, die bislang hauptsächlich untersucht wurden. Es handelt sich hierbei um die Oxidation des SO_2 in der Gasphase mit den freien Radikalen OH, HO_2 und RO_2. Die Bildung der für diese Reaktionen benötigten Radikale hängt wesentlich von der UV-Einstrahlung und der Anwesenheit anderer Gase, wie Ozon, Stickstoffoxide, Kohlenwasserstoffe und Chlorverbindungen, ab. Dabei ist die Photolyse des Ozons ein sehr wichtiger Prozeß.

Die bei den homogenen SO_2-Reaktionen entstehenden Sulfataerosole können trocken abgelagert werden; hauptsächlich werden sie jedoch durch nasse Deposition aus der Atmosphäre entfernt.

Das Ausbreitungsmodell MESOS. Zur Berechnung der weiträumigen Ausbreitung, Umwandlung und Ablagerung von Schwefelverbindungen im mittel- und westeuropäischen Bereich zwischen dem 44. und 62. Breitengrad und zwischen 10° westlicher und 20° östlicher Länge wurde, wie schon erwähnt, das am Imperial College in London entwickelte Ausbreitungsmodell MESOS ausgewählt [ApSimon et al. 1980]. Das Modell wurde um die Möglichkeit erweitert, die Umwandlung von Schwefeldioxid zu Sulfat während des Transports in der Atmosphäre zu berücksichtigen.

In MESOS wird die kontinuierliche Freisetzung luftfremder Beimengungen aus einer Punktquelle („Schornsteinverfahren") als Folge diskreter, in dreistündigem Abstand gestarteter „puffs" oder Pakete dargestellt, die dann auf ihren Bahnen verfolgt werden (Puff-Trajektorien-Modell). Diese Pakete enthalten zu Beginn die gesamte von der betrachteten Quelle innerhalb von drei Stunden freigesetzte Stoffmenge – in diesem Fall zu 95% Schwefeldioxid und der Rest als Sulfat (SO_4^{2-}). In weiterer Entfernung von der Quelle hat sich dann die Zusammensetzung und Menge der in den Schadstoff-Paketen enthaltenen Stoffe durch chemische Umwandlung und Ablagerungsprozesse verändert. Die entlang der Puff-Trajektorien über ein Jahr hinweg trocken und naß abgelagerten SO_2- und Sulfatmengen sowie die in den betrachteten Paketen jeweils noch zu beobachtenden Luftkonzentrationen bilden die Grundlage für die Erstellung von Karten der SO_2- bzw. SO_4^{2-}-Immissionsverteilungen auf dem Gebiet der Bundesrepublik Deutschland.

Die meteorologische Datenbasis von MESOS beruht auf synoptischen Daten des Zeitraums März 1973 bis März 1974. Als Grundlage der Berechnung der Puff-Trajektorien dienen die im dreistündigen Abstand von den synoptischen Stationen der Wetterdienste gemessenen Bodenluftdruckwerte, deren Verteilung charakteristisch für das Windfeld oberhalb der durch die Beschaffenheit des Erdbodens beeinflußten „Grenzschicht" ist. Die vertikale Erstreckung der betrachteten Schadstoff-Pakete hängt von der Höhe dieser Grenzschicht ab, die im allgemeinen auch „Mischungsschicht" genannt wird, weil sich darin die emittierten Luftbeimengungen relativ rasch mit der Umgebungsluft vermischen und die Mischungsschicht über die gesamte Höhe mit einer konstanten Konzentration ausfüllen. Eine Besonderheit von MESOS ist die Möglichkeit, einen Tagesgang der Mischungsschichthöhe zu berücksichtigen. Dies ist in Abb. C-6 dargestellt. Steigt die Obergrenze der Mischungsschicht im Laufe des Tages an, so verringert sich die Konzentration der Luftbeimengung durch die Vergrößerung des Volumens der Schadstoffpakete. Bei einem Schrumpfen der Mischungsschicht verbleiben Luftbeimengungen oberhalb der Mischungsschichtobergrenze und können nicht mehr trocken abgelagert werden; jedoch besteht die Möglichkeit der feuchten Deposition. Zur Berechnung der Mischungsschichthöhen der jeweiligen Pakete stehen in der Datenbasis Lufttemperatur- und Bedeckungsgradwerte zur Verfügung.

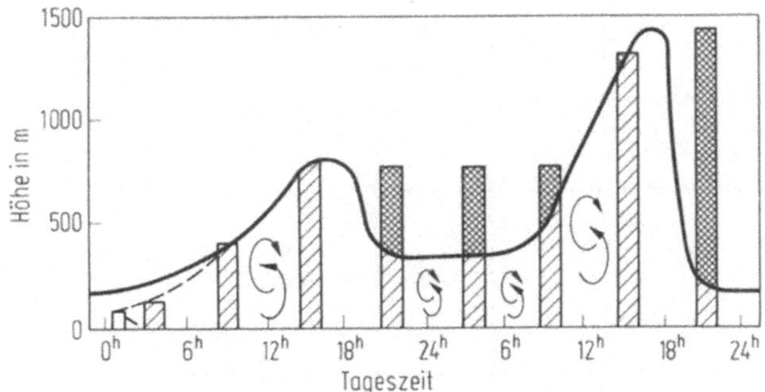

Abb. C-6. Modellierung der Schadstoffausbreitung mit MESOS während des weiträumigen Transports

Die Bestimmung der Stoffhaushalte der Schadstoffpakete, d.h. der Veränderung der Zusammensetzung durch chemische Reaktionen und der Änderung der Schadstoffmenge durch Ablagerungsprozesse, geschieht auf die folgende Weise: Die trokken abgelagerte SO_2- und Sulfatmenge ist proportional den jeweiligen Konzentrationen in der Mischungsschicht, während die naß abgelagerten Mengen darüber hinaus noch von der Niederschlagsrate abhängig sind. Die Niederschlagsrate ist Bestandteil der Datenbasis von MESOS und wurde aus den Angaben in den synoptischen Meldungen über Intensität, Dauer und Art von eventuellen Niederschlägen abgeschätzt. Für die Umwandlung des SO_2 zu Sulfaten wurde ein sehr einfacher Ansatz gewählt, bei dem die produzierte Sulfatmenge allein von der vorhandenen SO_2-Menge innerhalb eines Schadstoffpaketes abhängt.

Regionale freisetzungshöhenabhängige Emissionsverteilungen. Anhand verschiedener wirtschafts-, energie- und bevölkerungsstatistischer Quellen und unter Berücksichtigung der Annahmen der Referenzschätzung 2000 und der Kohleeinsatzstrategien wurden zunächst für die Bundesrepublik Deutschland die regionalen sektor- und energieträgerspezifischen Verteilungen des Energieeinsatzes für den Ist-Zustand 1980, die Referenzschätzung 2000 und die verschiedenen Kohleeinsatzstrategien bestimmt, und zwar für Rasterflächen von etwa 70×50 km² (1 Längengrad $\times$ 0,5 Breitengrad). Daraus wurden unter Verwendung der in Abschnitt 1.1 aufgeführten Datensätze für die spezifischen Emissionen die regionalen Verteilungen der SO_2-Emissionen für die verschiedenen Fälle ermittelt. Abb. C-7 zeigt die so errechnete regionale SO_2-Emissionsverteilung für das Bezugsjahr 1980.

Für die Rechnungen wurden den regionalen sektorspezifischen Emissionswerten bestimmte Freisetzungshöhenklassen zugeordnet. Zur Reduzierung des Rechenaufwands wurden aus den in Tabelle C-14 aufgeführten Freisetzungshöhenklassen vier Klassen ausgewählt: 20 m, 50 m mit thermischem Auftrieb, 100 m mit thermischem Auftrieb und 250 m mit thermischem Auftrieb. Den Emissionen der Sektoren Verkehr und HuK wurde die Kaminhöhe 20 m, den Emissionen des Sektors Industrie jeweils zur Hälfte die Höhe 20 bzw. 50 m (mit thermischem Auftrieb), den Emissionen der Altanlagen des Kraftwerkbestands die Höhe 100 m (mit thermischem Auftrieb) und denen der neuen Großkraftwerke der 700 MWe-Klasse sowie der Raffinerien die Höhe 250 m (mit thermischem Auftrieb) zugeordnet.

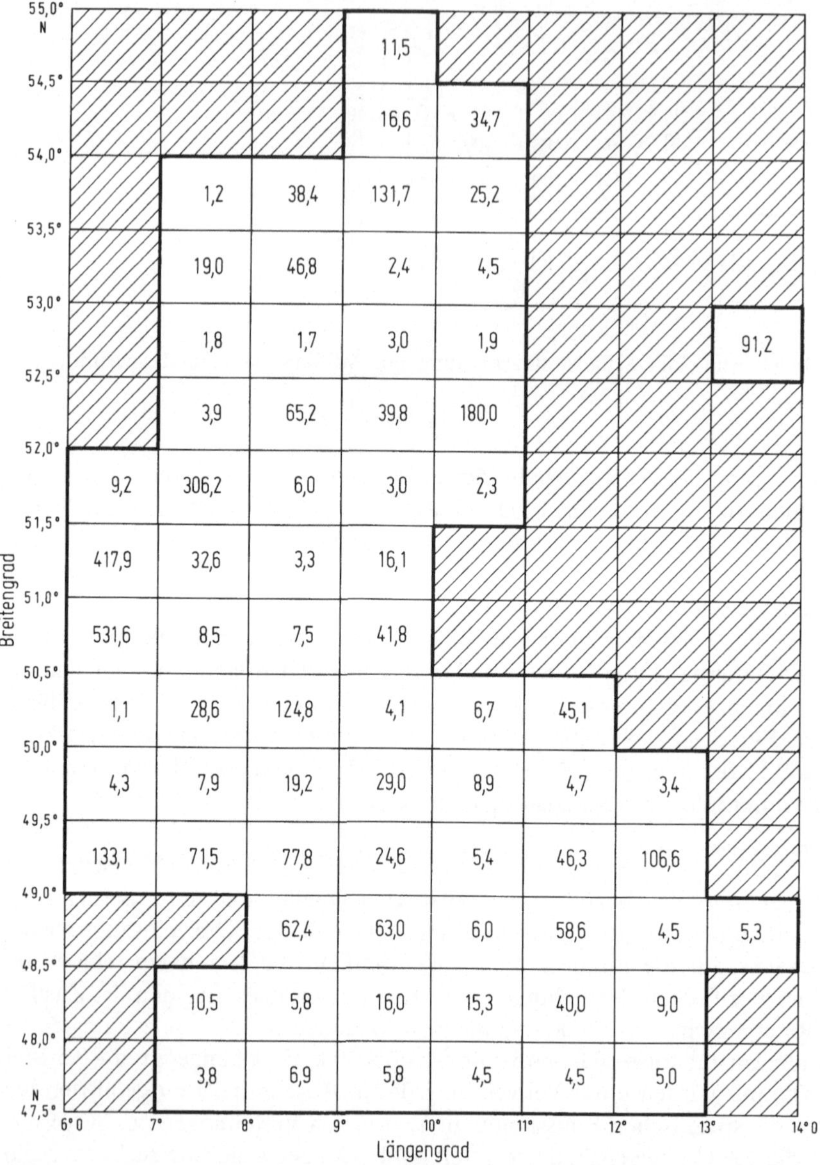

Abb. C-7. Regionale Verteilung der SO_2-Emissionen (kt/a) über der Fläche der Bundesrepublik Deutschland für das Bezugsjahr 1980

In Tabelle C-14 ist für die verschiedenen Freisetzungshöhenklassen jeweils die in 100 bzw. 700 km Entfernung noch in der Atmosphäre verbliebene Menge an SO_2 bzw. SO_4^{2-} angegeben.

Die ausländischen Quellen in unmittelbarer Nähe der Bundesrepublik Deutschland wurden in ähnlicher Weise erfaßt wie diejenigen innerhalb der Bundesrepublik Deutschland. Bezugsfläche war wiederum das aus Elementen von einem Längen- und einem halben Breitengrad gebildete Raster. Als Bezugsjahr für die Emissionen

Tabelle C-14. Bilanzierung der emittierten Schwefelmengen in verschiedenen Entfernungen von Emissionsquellen unterschiedlicher Höhe

Kaminhöhe m	Thermischer Auftrieb	In der Atmosphäre verbliebene Schwefelmenge in % der emittierten Menge			
		$S\text{-}SO_2$		$S\text{-}SO_4^{2-}$	
		100 km	700 km	100 km	700 km
20	–	60	22	7	11
50	–	64	24	7	11
50	2 MWth	70	27	8	13
100	–	69	26	8	13
100	20 MWth	78	30	8	14
250	–	77	30	8	14
250	100 MWth	84	38	8	17

wurde auch hier, soweit möglich, das Jahr 1980 gewählt. Berücksichtigt wurden die Länder Schweiz, Frankreich, Österreich, England, Benelux, Schweden, DDR, Polen, CSSR. Für die Quellen in der DDR wurde im Rahmen dieser Studie vom Deutschen Institut für Wirtschaftsforschung (DIW), Berlin, eine differenzierte Analyse durchgeführt [DIW 1983]. Das DIW ermittelte eine Gesamtemission aus DDR-Quellen von 4,9 Mio t SO_2/a, von der mehr als die Hälfte aus sehr hohen Freisetzungshöhen abgegeben wird. Diese neue Abschätzung liegt um etwa 20% über den bisher veröffentlichten Werten [SRI 1982]. Auch für die CSSR wurde vom Deutschen Institut für Wirtschaftsforschung eine Abschätzung durchgeführt, die den Gesamtemissionswert von 3,3 Mio t SO_2/a ergab, ein Wert, der um etwa 10% höher ist als die bisherigen Angaben. Die Emissionsdaten für Frankreich und Großbritannien wurden neueren Veröffentlichungen entnommen [Houllier 1983a, b; Clarke 1983]. Für die anderen europäischen Länder waren keine Daten für das Bezugsjahr 1980 verfügbar, es wurden daher die Werte aus der EMEP-Erhebung für 1978 verwendet [SRI 1982]. Mit Ausnahme der DDR konnte für die genannten Länder nur eine pauschale Differenzierung der Kaminhöhen in niedrige (20 m) und hohe (100 m) vorgenommen werden.

Die regionale Verteilung der Emissionen im Rasternetz wurde analog zu der im Programm „Long-Range Transport of Air Pollutants" (LRTAP) der OECD vorgenommen [OECD 1977], abgesehen von den Werten für Frankreich, für das neuere Daten zur räumlichen Verteilung vorlagen, und für die DDR sowie die CSSR, für die vom DIW der neueste Stand der regionalen Verteilung berücksichtigt wurde.

Die Jahreszeitabhängigkeit der Emissionsstärke wurde in den Rechnungen auf pauschale Weise berücksichtigt: für den Sektor Haushalte und Kleinverbraucher wurde ein Emissionsverhältnis Sommer zu Winter von 20 zu 80%, für die anderen Sektoren von 40 zu 60% gewählt.

Abgrenzung von Standortregionen ähnlicher Ausbreitungsbedingungen. Eine weitere Maßnahme zur Reduzierung des Rechenaufwandes bestand in der Bestimmung von Regionen mit ähnlichen Ausbreitungsbedingungen. Dadurch wurde es möglich, die

Ausbreitungsbedingungen eines bestimmten Standorts in guter Näherung als für die ganze Region gültig anzusehen. Die Bestimmung solcher „Standortregionen“ erfolgte – in erster Linie – auf der Basis der klimatischen Gliederung der Bundesrepublik Deutschland unter besonderer Berücksichtigung der von Norden nach Süden und von Westen nach Osten abnehmenden maritimen Züge im Wettergeschehen, von orographischen Besonderheiten und der geographischen Lage der Emissionszentren. Als „repräsentative“ Standortbedingungen innerhalb der Bundesrepublik Deutschland wurden die Bedingungen der Standorte Hamburg, Hannover, Kassel, Ruhrgebiet, Saargebiet, Rhein-Main-Neckar, Nürnberg und München ausgewählt (siehe Abb. C-8).

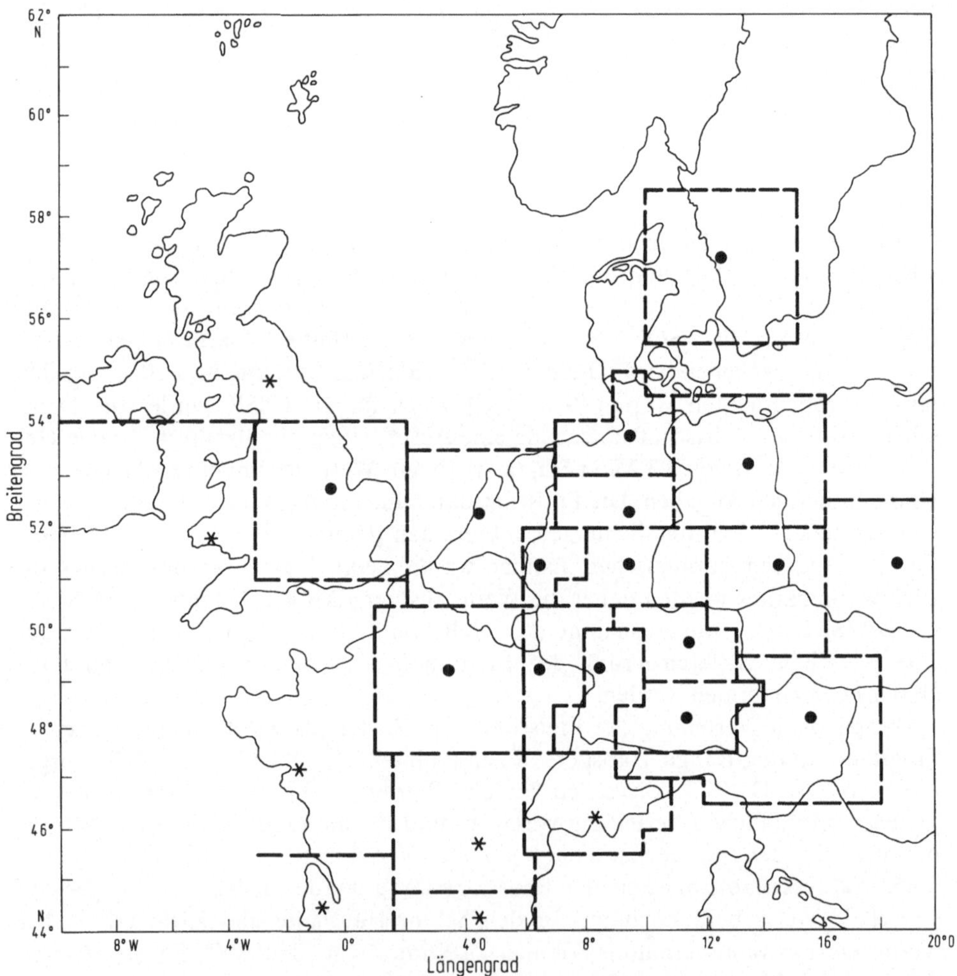

Abb. C-8. „Standortregionen“ für die Berechnung der weiträumigen Ausbreitung von Luftverunreinigungen in der Bundesrepublik Deutschland und im benachbarten Ausland

- • „Standortregion“ mit Verschiebung der repräsentativen Ausbreitungsbedingungen auf die einzelnen Rasterflächen
- * „Standortregion“ mit nur einem (fiktiven) Emissionszentrum

Rechnerisch wurde so vorgegangen, daß mit MESOS für den jeweils ausgewählten Standort innerhalb einer „Standortregion“ bezüglich der Quellstärke normierte Immissionswerte für das gesamte europäische Aufpunktraster ermittelt wurden. Diese normierten Ergebnisraster wurden innerhalb jeder „Standortregion“ auf die Emissionen der verschiedenen, der jeweiligen „Standortregion“ zugeordneten Rasterflächen angewandt; anschließend erfolgte eine Überlagerung der Beiträge aller Rasterflächen zum europäischen Aufpunktraster.

Die Emissionsquellen im unmittelbar benachbarten Ausland sowie, falls es sich um Gebiete mit hohen Emissionen handelt, auch im Entfernungsbereich darüber hinaus wurden in derselben Weise behandelt wie die inländischen Quellen. Gebiete mit verhältnismäßig geringer Emissionsquellstärke in nicht unmittelbarer Nachbarschaft der Bundesrepublik Deutschland wurden auf pauschale Weise berücksichtigt, indem alle Emissionen dieser Gebiete auf Emissionszentren zusammengezogen wurden.

1.2.1.3.2 Regionale Immissionsverteilungen für Schwefeldioxid und Gesamtschwefel für das Bezugsjahr 1980

Ergebnisse der durchgeführten Abschätzungen. Die durch weiträumigen Transport verursachten Immissionen wurden in dem bereits für die Darstellung der Emissionen gewählten Raster über der Fläche der Bundesrepublik Deutschland berechnet. Als Immissionen wurden bestimmt.

- Die Konzentrationen von Schwefeldioxid (SO_2) in der bodennahen Atmosphäre als Indikatoren für potentielle direkte Einwirkungen auf Ökosysteme und
- die Gesamtschwefelablagerungen am Boden als Indikatoren für den Eintrag säurebildender Substanzen in Boden und Pflanze.

Die für den Ist-Zustand 1980 errechneten Immissionsverteilungen über der Bundesrepublik Deutschland werden in Form von Linien gleicher Konzentration bzw. gleicher Ablagerung (Isolinien) in dem gewählten Raster dargestellt (Abb. C-10 bis C-13). In Abb. C-9 werden in sehr pauschaler Weise die Waldschadensgebiete angegeben und diejenigen Gebiete, für die eine „Verursacheranalyse“ der Immissionen durchgeführt wird.

Die Ergebnisse für die SO_2-Konzentrationen in der bodennahen Atmosphäre durch Emissionen *inländischer* Quellen zeigen ein Maximum im Bereich des Hauptemissionsgebietes der Bundesrepublik Deutschland, dem Industriegebiet Rhein-Ruhr, wo Werte von über 30 $\mu g\ SO_2/m^3$ errechnet werden (Abb. C-10). Mit zunehmender Entfernung von diesem Gebiet werden die Werte niedriger. Berücksichtigt man auch die *ausländischen* Quellen, so wird die in Abb. C-10 gezeigte Struktur durch eine West-Ost-Struktur überlagert, hauptsächlich verursacht durch die Emittenten in Großbritannien und den Beneluxländern im Westen und durch die Emittenten in der DDR und der CSSR im Osten. Die Berücksichtigung ausländischer Quellen führt, wie Abb. C-11 zeigt, zu Maximalwerten von über 40 $\mu g\ SO_2/m^3$ im Rhein-Ruhr-Gebiet, von über 60 $\mu g\ SO_2/m^3$ in Gebieten innerhalb der DDR und von über 40 $\mu g\ SO_2/m^3$ in Gebieten innerhalb der CSSR.

Die Gesamtschwefelablagerung (SO_2 und SO_4^{2-}) am Boden ergibt Verteilungen über der Fläche der Bundesrepublik Deutschland, die denen der SO_2-Konzentrationen sehr ähnlich sind (Abb. C-12 und C-13). Bei Betrachtung nur der durch *inländi-*

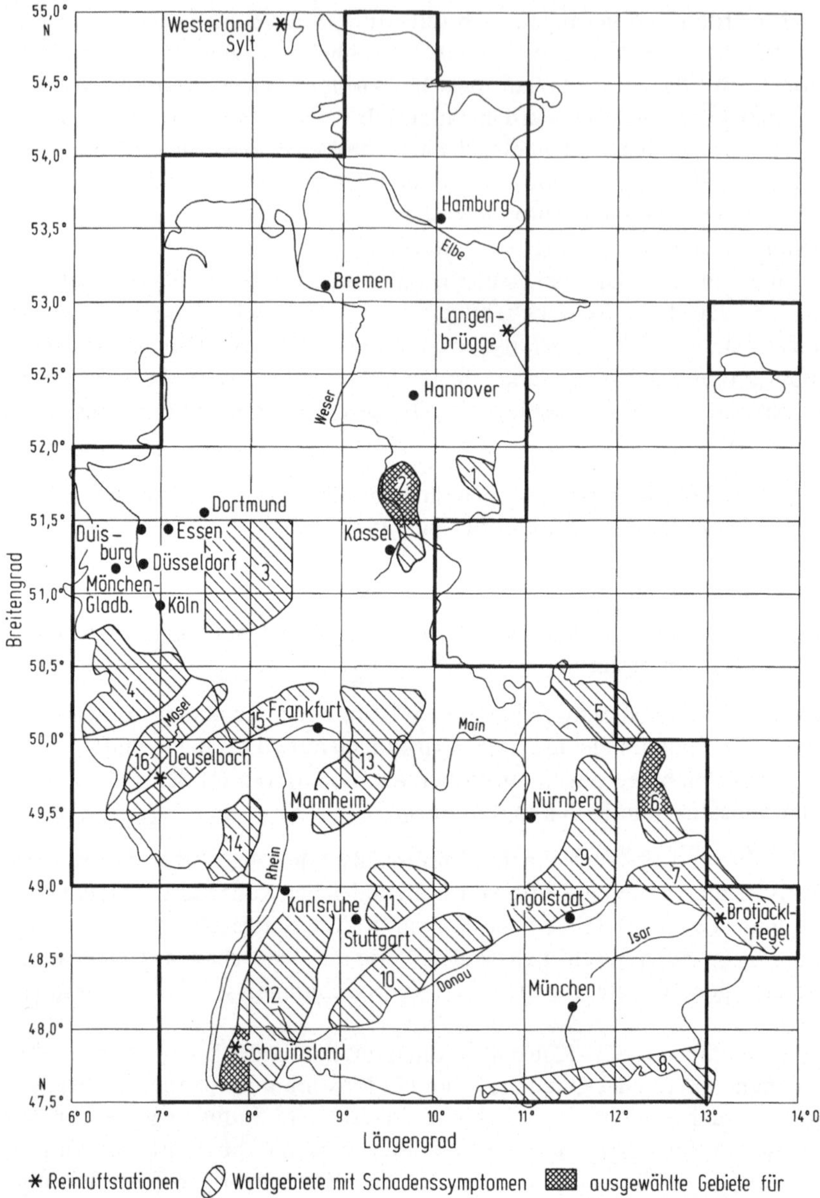

Abb. C-9. Rasterflächenaufteilung über der Bundesrepublik Deutschland

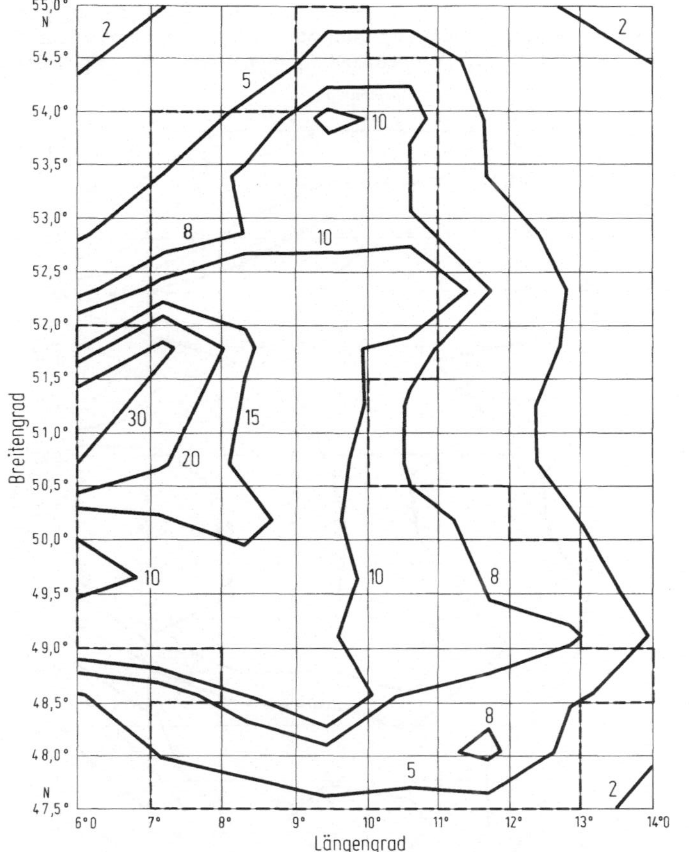

Abb. C-10. SO_2-Konzentrationen in der bodennahen Atmosphäre ($\mu g\ SO_2/m^3$) aus Emissionen innerhalb der Bundesrepublik Deutschland für das Bezugsjahr 1980

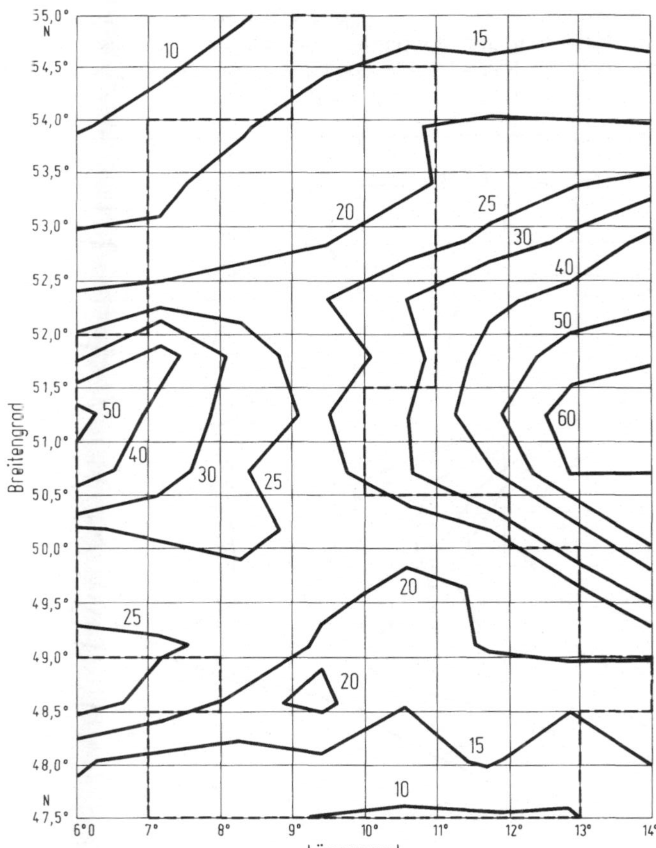

Abb. C-11. SO_2-Konzentrationen in der bodennahen Atmosphäre ($\mu g\ SO_2/m^3$) aus Emissionen innerhalb und außerhalb der Bundesrepublik Deutschland für das Bezugsjahr 1980

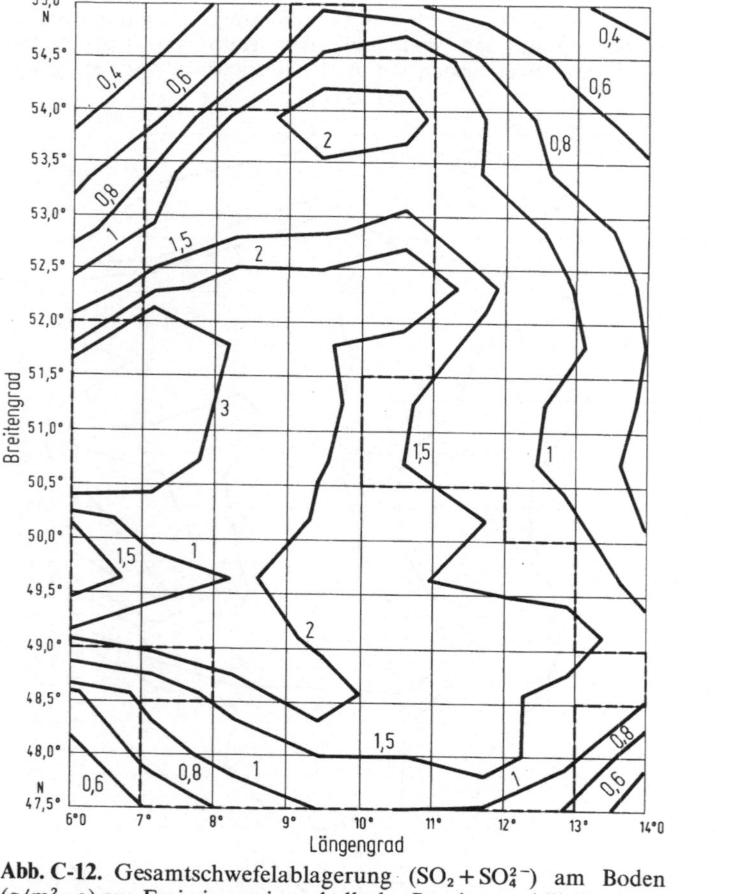

Abb. C-12. Gesamtschwefelablagerung ($SO_2 + SO_4^{2-}$) am Boden ($g/m^2 \cdot a$) aus Emissionen innerhalb der Bundesrepublik Deutschland für das Bezugsjahr 1980

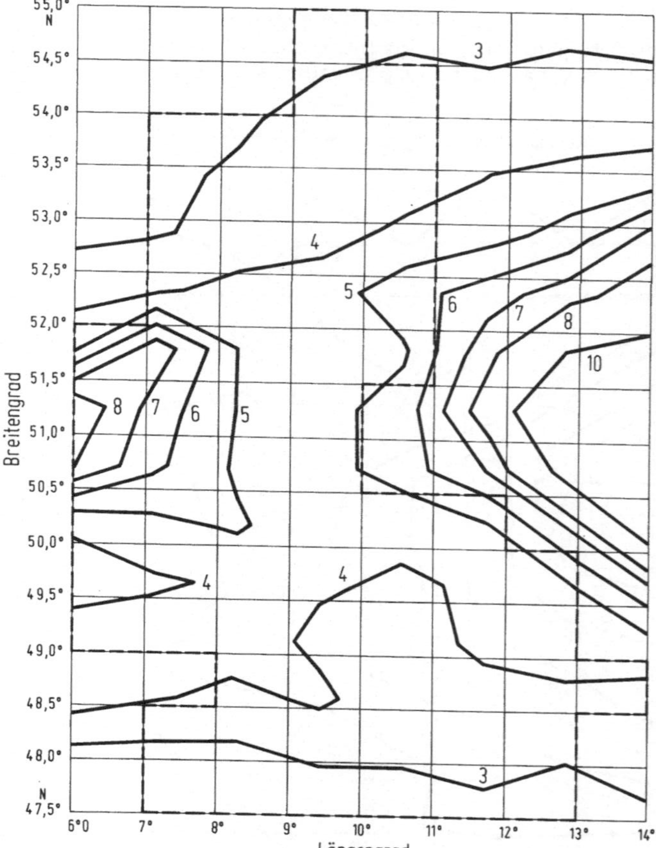

Abb. C-13. Gesamtschwefelablagerung ($SO_2 + SO_4^{2-}$) am Boden aus Emissionen innerhalb und außerhalb der Bundesrepublik Deutschland für das Bezugsjahr 1980

sche Emissionen verursachten Ablagerungen erhält man eine Struktur ähnlich der für die SO_2-Konzentrationen aus inländischen Quellen mit Maximalwerten von über 3 g S/($m^2 \cdot$ a) im Bereich des Industriegebietes Rhein-Ruhr (Abb. C-12). Diese Werte werden hauptsächlich von der sogenannten trockenen Ablagerung von S-SO_2 bestimmt, während für die Rasterflächen in größerer Entfernung von den Hauptemissionsgebieten die nasse Ablagerung von S-SO_4^{2-} an Bedeutung gewinnt. Werden *in- und ausländische* Emittenten berücksichtigt, so ergibt sich wiederum eine West-Ost-Struktur mit Maximalwerten von über 8 g S/($m^2 \cdot$ a) im Rhein-Ruhr-Gebiet und von etwa 5 g S/($m^2 \cdot$ a) im gesamten „Mittelbereich" der Bundesrepublik Deutschland (Abb. C-13). In den nördlichen und südlichen Randgebieten der Bundesrepublik Deutschland fällt dieser Wert auf weniger als 3 g S/($m^2 \cdot$ a) ab. Diesen Schwefeleinträgen lassen sich äquivalente H^+-Ionen-Einträge zuordnen, die zur Versauerung der betroffenen Ökosysteme beitragen.

Für ausgewählte Gebiete mit erheblichen Schädigungen der Ökosysteme wurde eine *„Verursacheranalyse"* durchgeführt. Bezugsflächen sind geschädigte Waldgebiete im Solling, im Oberpfälzer Wald und im Schwarzwald (in Abb. C-9 doppelt schraffiert eingezeichnet). Die für diese Bezugsflächen errechneten Schwefeldepositionen von 4,4 g S/($m^2 \cdot$ a) im Solling, von 4,8 g S/($m^2 \cdot$ a) im Oberpfälzer Wald und von 2,0 g S/($m^2 \cdot$ a) im Schwarzwald wurden bezüglich der diese Depositionen verursachenden Emissionsgebiete untersucht (Tabelle C-15). Für alle drei Bezugsflächen wurde ein dominanter Auslandsanteil an der errechneten Schwefeldeposition ermittelt. Dieser Auslandsanteil ist besonders ausgeprägt im Falle des Oberpfälzer Waldes, wo nach diesen Rechnungen die Schwefeldeposition zu etwa 75% von ausländischen und nur zu 25% von inländischen Quellen bestimmt wird. Den größten Anteil haben dabei die Emissionen der CSSR mit etwa 36%. Ähnlich hoch ist der Auslandsanteil der Bezugsfläche Schwarzwald mit etwa 70%. Hier wurde für Frankreich mit etwa 30% der höchste Einzelbeitrag zur Schwefeldeposition berechnet.

Tabelle C-15. „Verursacheranalyse" für die Schwefeldepositionen in ausgewählten Bezugsgebieten im Jahr 1980

	Bezugsgebiet					
	Solling		Oberpfälzer Wald		Schwarzwald	
S-Deposition g/($m^2 \cdot$ a)	4,4		4,8		2,0	
Anteile %						
BR Deutschland-Nord (nördlich des Breitengrades 50,5)	40	46	8	25	7	30
BR Deutschland-Süd	6		17		23	
Großbritannien	8	54	3	75	8	70
Benelux	10		3		6	
Frankreich	5		3		30	
DDR	19		21		8	
CSSR	7		36		8	
Sonstige	5		9		10	

Tabelle C-16. SO_2-Luftkonzentration an den Reinluftstationen (+) und Probenahmestellen des Umweltbundesamtes. Vergleich von Messung und Rechnung

Station	SO_2-Luftkonzentration (μg/m³)		
	Meßwert	Rechenwert	Rechenwert für Beitrag aus Ferntransport
Westerland (+)	6,4[a]	9,7	9,7
Hohenwestedt	12,0	14,4	13,3
Bassum	14,2	17,8	17,5
Langenbrügge (+)	20,5[a]	22,7	22,4
Rodenberg	18,0	24,8	20,7
Meinerzhagen	19,0	36,5	32,8
Usingen	18,4	28,0	19,6
Hof	21,0	25,0	22,7
Deuselbach (+)	17,4[a]	21,5	20,2
Weinsheim	18,0	21,5	20,2
Ansbach	10,4	17,3	16,4
Brotjacklriegel (+)	11,9[b]	15,9	14,9
Rottenburg	9,6	12,9	11,9
Starnberg	7,4	15,6	10,2
Schauinsland (+)	6,2[a]	10,2	9,6

[a] Mittelwert 1973 bis 1981
[b] Mittelwert 1975 bis 1981
(ohne Kennzeichnung: Mittelwert 1980 bis 1981)

Die Rechnungen für die Bezugsfläche Solling ergeben mit etwa 54% ebenfalls einen hohen Auslandsbeitrag. Hauptverursacher sind hier die norddeutschen Emissionen mit etwa 40%, gefolgt von den Emissionen der DDR mit etwa 19%.

Zur Aussagekraft der errechneten regionalen Immissionsverteilungen. Die Aussagekraft der errechneten Ergebnisse wird anhand der folgenden Vergleiche und Untersuchungen überprüft:

- Vergleich von errechneten Immissionsverteilungen für die SO_2- und die SO_4^{2-}-Konzentrationen in der Atmosphäre mit Immissionsmessungen;
- Vergleich der errechneten Immissionsverteilungen mit den Ergebnissen anderer Untersuchungen;
- Analyse der Sensitivität ausgewählter Parameter zur Identifikation einflußreicher Größen.

Ein *Vergleich der errechneten Werte mit Immissionsmeßwerten* wird im Falle der bodennahen Luftkonzentration von SO_2 und von SO_4^{2-} anhand von Meßwerten an Reinluftstationen und Probenahmestellen des Umweltbundesamtes durchgeführt (Tabelle C-16). Die dort gemessenen Immissionswerte werden im wesentlichen durch den Ferntransport von Schadstoffen bestimmt. Emissionsquellen sind in der näheren Umgebung entweder nicht vorhanden oder liegen so, daß sie die Stationen nicht oder nur unwesentlich beeinflussen. Die *errechneten* Immissionswerte stellen

Tabelle C-17. SO_4^{2-}-Luftkonzentration an den Reinluftstationen (+) und Probenahmestellen des Umweltbundesamtes. Vergleich von Messung und Rechnung

Station	SO_4^{2-}-Luftkonzentration (µg/m³)		
	Meßwert[c]	Rechenwert	Rechenwert für Beitrag aus Ferntransport
Westerland (+)	5,7[a]	5,8	5,8
Hohenwestedt	6,9	6,8	6,8
Bassum	6,6	7,8	7,8
Langenbrügge (+)	6,0[a]	9,1	9,1
Rodenberg	8,4	9,2	8,6
Meinerzhagen	7,2	10,6	10,3
Usingen	8,1	9,2	8,3
Hof	6,3[b]	9,5	9,2
Deuselbach (+)	6,0	8,3	8,0
Weinsheim	6,6	8,3	8,0
Ansbach	7,5	7,6	7,6
Brotjacklriegel (+)	4,8[a]	7,0	7,0
Rottenburg	6,9	6,3	6,3
Starnberg	5,4	6,4	5,8
Schauinsland (+)	3,9[a]	5,6	5,6

[a] Mittelwert 1974 bis 1981
[b] Mittelwert 1980 bis 1981
(ohne Kennzeichnung: Mittelwert 1975 bis 1981)
[c] Schwebstaubgebundener Schwefel

demgegenüber repräsentative Werte für Rasterelemente von rund 70×50 km² dar, die sich aus Beiträgen durch den Ferntransport und aus Emissionen im jeweiligen Rasterelement (Nahtransport) zusammensetzen. Da die Meßwerte an den Stationen des UBA von diesem Nahtransport im allgemeinen nicht beeinflußt werden, wurde zum Vergleich von Messung und Rechnung bei den Rechnungen auch der Beitrag aus dem Ferntransport für das jeweilige Rasterelement separat ausgewiesen.

Wie aus Tabelle C-16 zu ersehen ist, liegen die errechneten Werte durchweg über den gemessenen Werten. Dabei ist an den Stationen Hohenwestedt, Langenbrügge, Rodenberg, Usingen, Hof, Deuselbach und Weinsheim die Übereinstimmung relativ gut, an den Stationen Westerland, Meinerzhagen, Ansbach und Schauinsland liegen die errechneten Werte um mehr als 50% über den gemessenen Werten. An allen übrigen Stationen liegen die Abweichungen im Bereich von 20 bis 40%.

Tabelle C-17 zeigt den entsprechenden Vergleich für die Sulfatkonzentration in der Atmosphäre. Auch im Falle des Sulfats liegen die errechneten Werte an der überwiegenden Anzahl der Stationen über den gemessenen Werten.

Messungen zur Gesamtschwefeldeposition liegen nicht in ausreichendem Umfang vor, so daß für diese Größe kein unmittelbarer Vergleich von Messung und Rechnung durchgeführt werden kann. In [Perseke 1980] wird jedoch, ausgehend von Messungen der SO_2-Luftkonzentration und der Sulfat-Konzentration im Regen an zahlreichen Stationen in der Bundesrepublik Deutschland, die trockene und nasse Schwefeldeposition abgeschätzt. Die in der vorliegenden Studie errechneten Depositionswerte liegen im allgemeinen innerhalb der von Perseke angegebenen Bandbreite für die Deposition, überwiegend jedoch in der Nähe der unteren Werte.

Der für die Bundesrepublik Deutschland errechnete Maximalwert für die SO_2-Luftkonzentration beträgt 54 $\mu g/m^3$ und liegt im Industriegebiet Rhein-Ruhr. Die gemessenen Werte in diesem Gebiet liegen, als Mittel über eine größere Fläche, bei 70 $\mu g/m^3$, d.h. die Rechnungen unterschätzen dort die tatsächlichen Werte. Dies ist darauf zurückzuführen, daß sich die Emissionen dieses Ballungsgebietes durch die gewählte Lage des MESOS-Rasternetzes auf mehrere Rasterflächen verteilen, die in ihrer Gesamtheit eine beträchtlich größere Fläche darstellen als der eigentliche Kern des Industriegebietes Rhein-Ruhr. Daher konnte eine zutreffende Simulation der im Industriegebiet Rhein-Ruhr tatsächlich gemessenen relativ hohen Immissionswerte nicht erreicht werden.

Vergleiche der mit MESOS errechneten Ergebnisse mit den Ergebnissen anderer Untersuchungen zum weiträumigen Schadstofftransport, z.B. dem Programm „Long-Range Transport of Air Pollutants" (LRTAP) der OECD [OECD 1977] und dem Programm EURMAP, das vom Stanford Research Institut (SRI) im Auftrag des Umweltbundesamtes durchgeführt wurde [SRI 1979], zeigen deutliche Unterschiede bei der Gesamtschwefelablagerung. Die genannten Untersuchungen weisen um 30 bis 50% höhere Schwefelablagerungen im Vergleich zur hier durchgeführten Abschätzung aus. Bei den Anteilen in- und ausländischer Emittenten an der Schwefelablagerung sind diese Unterschiede nicht so ausgeprägt. So ergeben die MESOS-Rechnungen, daß nur 30% der inländischen Schwefelemissionen im Inland abgelagert werden; die OECD-Analyse errechnet dagegen 35% und das SRI 42%. Der inländische Anteil an der inländischen Gesamtablagerung beträgt bei den MESOS-Ergebnissen etwa 47%, während die SRI-Analyse etwa 50% und die OECD-Analyse etwa 54% angeben (vgl. Tabelle C-18).

Zur Klärung dieser Differenzen wurden Rechnungen durchgeführt, die von den Emissionen der SRI-Analyse ausgehen. Dabei wurde die Freisetzungshöhenverteilung beibehalten, der Gesamtemissionswert des jeweiligen Landes wurde jedoch entsprechend SRI-Angabe modifiziert. Diese Rechnungen ergeben nur eine geringfügige Steigerung der Schwefelablagerung. Der Anteil der in- und ausländischen Quellen an der Gesamtschwefelablagerung in der Bundesrepublik Deutschland ergibt für diese Rechnung mit jeweils 50% Inlands- und Auslandsanteil die gleichen Werte wie die SRI-Analyse, bei insgesamt um etwa 30% geringerer Ablagerungsmenge im Vergleich wiederum zur SRI-Analyse (Tabelle C-18). Die Diskrepanz zwischen einerseits zu hohen Rechenwerten für die SO_2-Konzentration im Vergleich zu Meßwerten und andererseits niedrigerer Gesamtschwefelablagerung im Vergleich zu den Rechenergebnissen anderer Studien macht deutlich, daß weitere Untersuchungen zur Anpassung von Modellrechnungen und Beobachtungsergebnissen notwendig sind.

Eine Bewertung der vorliegenden unterschiedlichen Rechenergebnisse zur Gesamtschwefelablagerung ist bisher nicht möglich, da verläßliche Meßergebnisse fehlen. Besonders bei der Behandlung der Ablagerung durch Niederschlag zeigen sich noch große Unterschiede in den angewandten Modellansätzen. *Sensitivitätsrechnungen* zeigen, daß, wenn man – wie in der SRI-Studie – höhere Werte für den sogenannten Ablagerungsfaktor für nasse SO_2-Ablagerung wählt als im Referenzfall, sich eine Reduktion der SO_2-Konzentrationswerte in der Atmosphäre ergibt. Auf

Tabelle C-18. Ergebnisse verschiedener Untersuchungen zur Gesamtschwefelablagerung innerhalb der Bundesrepublik Deutschland [SRI 1979; OECD 1977]

Untersuchung	KfK/AFAS				SRI		OECD	
Bezugsjahr	1980		1978		1978		1973	
	kt S/a	% bezogen auf Gesamt-ablage-rung	kt S/a	% bezogen auf Gesamt-ablage-rung	kt S/a	% bezogen auf Gesamt-ablage-rung	kt S/a	% bezogen auf Gesamt-ablage-rung
S-Emissionen								
– BR Deutschland	1593		1815		1815		1964	
– CSSR	1655		1500		1500		[a]	
– DDR	2455		2000		2000		[a]	
– Frankreich	1418		1800		1800		1616	
– Großbritannien	2000		2650		2650		2803	
Gesamt-S-Ablagerung innerhalb der BR Deutschland	1008		1083		1530		1300	
– Anteil inländischer Quellen	471	47	537	50	760	50	700	54
– Anteil ausländischer Quellen	537	53	546	50	770	50	600	46

[a] Keine Angaben

die Gesamtschwefelablagerung wirkt sich die erhöhte Ablagerung durch nasse SO_2-Deposition nur in geringem Umfange aus, da die verringerte SO_2-Konzentration in der Atmosphäre auch eine verringerte trockene SO_2-Ablagerung nach sich zieht. Als weitere sensitive Größen wurden die Umwandlungsraten von SO_2 zu SO_4^{2-} und die Freisetzungshöhe identifiziert.

Relativ geringen Einfluß hat dagegen die Annahme einer konstanten Mischungsschichthöhe im Vergleich zu der von dem Verlauf der synoptischen Daten abhängigen Mischungsschichthöhe in MESOS. Somit bieten sich Ablagerungs- und Umwandlungsparameter sowie eine differenzierte Erhebung der Freisetzungshöhen der Emittenten als geeignete Größen zur Verbesserung der Anpassung des Modells an. Trotzdem kann der jetzt erreichte Stand der Modellentwicklung als hinreichend angesehen werden, um mögliche Unterschiede zwischen dem Istzustand 1980 und den im Rahmen dieser Studie zu untersuchenden Kohleeinsatzstrategien zu identifizieren.

1.2.1.3.3 Regionale Immissionsverteilungen für Schwefeldioxid und Gesamtschwefel für die Referenzschätzung 2000, die Kohleeinsatzstrategien und weitere ausgewählte Fälle

Ergebnisse für die Referenzschätzung 2000 und die Kohleeinsatzstrategien. Die Rechnungen für die Referenzschätzung 2000 und die Kohleeinsatzstrategien wurden mit

Tabelle C-19. Vergleich verschiedener Immissionskenngrößen für die SO_2-Konzentration in der bodennahen Atmosphäre und die Gesamtschwefelablagerung für den Ist-Zustand 1980, die Referenzschätzung 2000 und die Kohleeinsatzstrategien

Immissionskenngrößen	SO_2-Konzentration (µg SO_2/m^3)			Gesamtschwefelablagerung (g $S/(m^2 \cdot a)$)		
	Flächenmittel[a]	Relative Schwankungsbreite[b]	Flächenanteil, auf dem der IUFRO-Grenzwert (25 µg SO_2/m^3) überschritten wird	Flächenmittel[a]	Relative Schwankungsbreite[b]	Flächenanteil, auf dem eine Schwefelablagerung von 5 g $S/(m^2 \cdot a)$ überschritten wird
(1)	(2)	(3)	(4)	(5)	(6)	(7)
Ist-Zustand 1980	21,0	0,39	20	4,1	0,32	11
Referenzschätzung 2000	14,6	0,30	2,8	2,9	0,24	2,8
Verstromung 2000	14,2	0,30	2,8	2,8	0,24	0
Verheizung 2000	15,1	0,30	2,8	3,0	0,24	3,0
Verheizung 2000 (Version Wirbelschicht)[c]	14,4	0,30	2,8	2,8	0,24	1,9
Veredlungsstrategie 2000						
– Variante A	14,7	0,30	2,8	2,9	0,24	2,8
– Variante B	14,5	0,30	2,8	2,9	0,24	1,9

[a] Mittel der Werte für die verschiedenen Rasterflächen
[b] Auf den Flächenmittelwert bezogene Schwankungsbreite der Werte für die verschiedenen Rasterflächen
[c] Einsatz der Wirbelschichtfeuerung bei Feuerungen < 300 MWth Feuerungswärmeleistung

gleichbleibenden Auslandsemissionen durchgeführt. Die Ergebnisse sind in Tabelle C-19 zusammengestellt.

Die erhebliche Abnahme der Schwefelemissionen (um etwa zwei Drittel) für die Referenzschätzung 2000 im Vergleich zum Istzustand 1980 wirkt sich bei Annahme gleichbleibender Emissionen im benachbarten Ausland keineswegs im gleichen Umfang auf die Immissionssituation aus; vielmehr erhält man im Mittel über der Fläche der Bundesrepublik Deutschland sowohl für die SO_2-Konzentrationen als auch für die Gesamtschwefelablagerung nur eine Immissionsreduktion um etwa ein Drittel (Tabelle C-19, Spalten 2 und 5). Wie auf Grund der geringen emissionsseitigen Unterschiede zwischen den Kohleeinsatzstrategien und der Referenzschätzung zu erwarten ist, ergeben sich auch immissionsseitig nur geringfügige Unterschiede sowohl zwischen den Strategien untereinander als auch zwischen den einzelnen Strategien und der Referenzschätzung. Die in Tabelle C-19 ebenfalls angegebene relative Schwankungsbreite, d.h. die auf den Flächenmittelwert bezogene Schwankungsbreite der Immissionswerte der Einzelrasterflächen, sinkt gegenüber 1980; demnach wird die Verteilung der Immissionswerte über der Fläche der Bundesrepublik Deutschland tendenziell gleichmäßiger.

Ein ganz erheblicher immissionsseitiger Unterschied zwischen dem Istzustand 1980 und der Referenzschätzung 2000 sowie den Kohleeinsatzstrategien zeigt sich jedoch bei einem Vergleich der Flächenanteile, auf denen der Wert von 25 $\mu g\ SO_2/m^3$ überschritten wird. Dieser Wert wird von der International Union of Forest Research Organisations (IUFRO) als kritischer Grenzwert für extreme Standorte und empfindliche Pflanzen angegeben. Während dieser Flächenanteil 1980 noch 20% betrug, sinkt er für die Referenzschätzung 2000 und die Kohleeinsatzstrategien auf Werte unter 3% ab. Damit dürften nur noch die eigentlichen Ballungsgebiete von SO_2-Konzentrationen oberhalb des IUFRO-Wertes betroffen sein.

In Ermangelung eines offiziellen Richtwertes für als kritisch einzuschätzende Schwefelablagerungen wurde aufgrund eigener Überlegungen in dieser Studie ein Orientierungswert von 5 g $S/(m^2 \cdot a)$ gewählt. Dieser Wert würde für Böden mit geringer Kationenaustauschkapazität (S-Wert 5 mval/100 g Boden) nach etwa 75 Jahren zur vollen Erschöpfung der Sorption basisch wirksamer Kationen führen. 1980 wurde dieser Wert auf etwa 11% der Fläche der Bundesrepublik Deutschland überschritten; für die Referenzschätzung 2000 und die Kohleeinsatzstrategien sinkt er auf 3% und weniger.

Sehr anschaulich lassen sich die oben diskutierten Ergebnisse anhand der komplementären Häufigkeitsverteilungen der Immissionswerte über der Gesamtfläche der Bundesrepublik Deutschland darstellen. Diese Häufigkeitsverteilungen geben den Anteil der Flächen an, die Immissionswerten X ausgesetzt sind, welche gleich einem bestimmten Immissionswert X^+ oder größer sind.

Bei Betrachtung nur der durch *inländische* Emissionen verursachten Immissionen ergeben sich – auf Grund der SO_2-Emissionsverringerungen bei der Referenzschätzung und den Kohleeinsatzstrategien um etwa 60 bis 70% gegenüber 1980 – Immissionsverringerungen für die atmosphärischen SO_2-Konzentrationen um etwa den gleichen Prozentsatz (Abb. C-14). So zeigt ein Vergleich der 50%-Fraktilwerte für die SO_2-Konzentrationen in der bodennahen Atmosphäre eine Verringerung des 1980er Wertes von etwa 9 $\mu g\ SO_2/m^3$ auf etwa 4 $\mu g\ SO_2/m^3$ für die Referenzschätzung 2000, die Verstromungs- und die Verheizungsstrategie. Für die Referenzschätzung und die Strategien ergeben sich dabei fast identische Werte. Dies gilt auch für die in Abb. C-14 nicht dargestellte Veredlungsstrategie.

Werden jedoch die *ausländischen* Emissionsanteile mit berücksichtigt, so ergeben sich für die Referenzschätzung und die Strategien lediglich Immissionsverringerungen von etwa 30% im Vergleich zum Ist-Zustand 1980 (Abb. C-15). Die 50%-Fraktilwerte für die SO_2-Konzentrationen in der bodennahen Atmosphäre betragen in die-

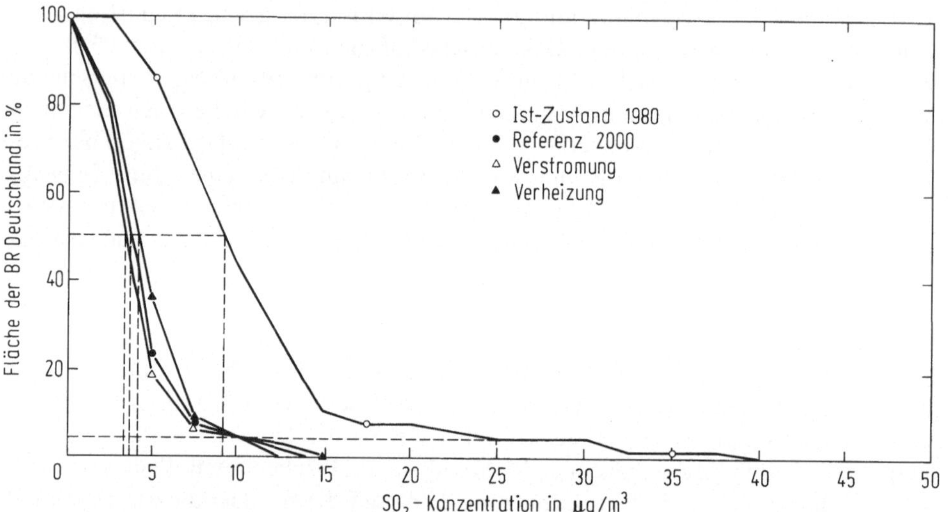

Abb. C-14. Komplementäre Häufigkeitsverteilungen der SO_2-Konzentrationen in der bodennahen Atmosphäre über der Fläche der Bundesrepublik Deutschland aus *inländischen* Emissionen

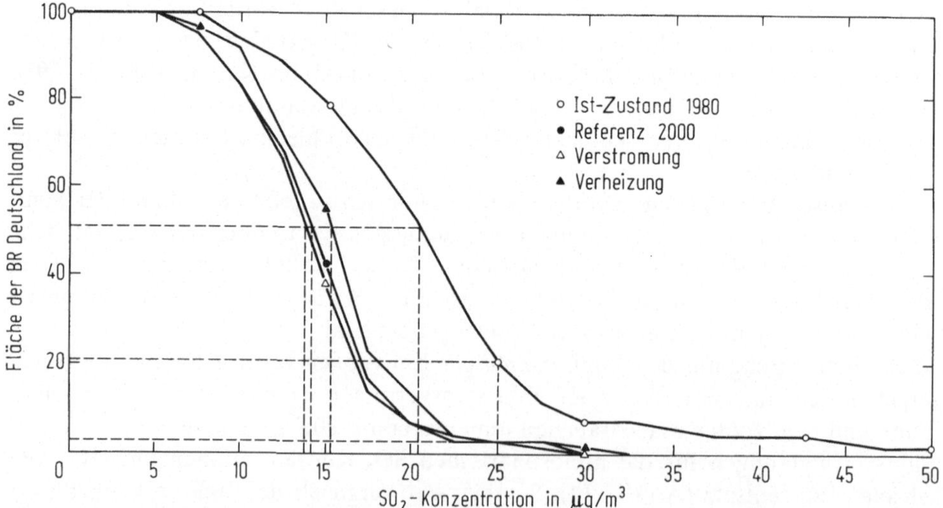

Abb. C-15. Komplementäre Häufigkeitsverteilungen der SO_2-Konzentrationen in der bodennahen Atmosphäre über der Fläche der Bundesrepublik Deutschland aus *in- und ausländischen* Emissionen

sem Fall etwa 20 μg SO_2/m^3 für den Ist-Zustand 1980, etwa 15 μg SO_2/m^3 für die Referenzschätzung 2000 und etwa 14 μg SO_2/m^3 für die betrachteten Kohleeinsatzstrategien.

Ein Vergleich der Gesamtschwefelablagerung über der Fläche der Bundesrepublik Deutschland (Abb. C-16 und C-17) bringt ähnliche Ergebnisse. Betrachtet man nur die durch *inländische* Emissionen verursachten Ablagerungen, so verringern

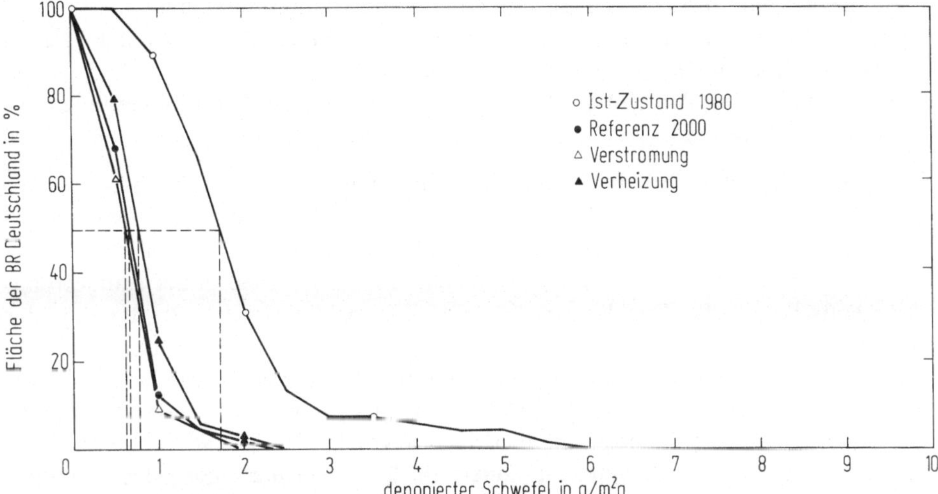

Abb. C-16. Komplementäre Häufigkeitsverteilungen der Schwefeldepositionen auf dem Gebiet der Bundesrepublik Deutschland aus *inländischen* Emissionen

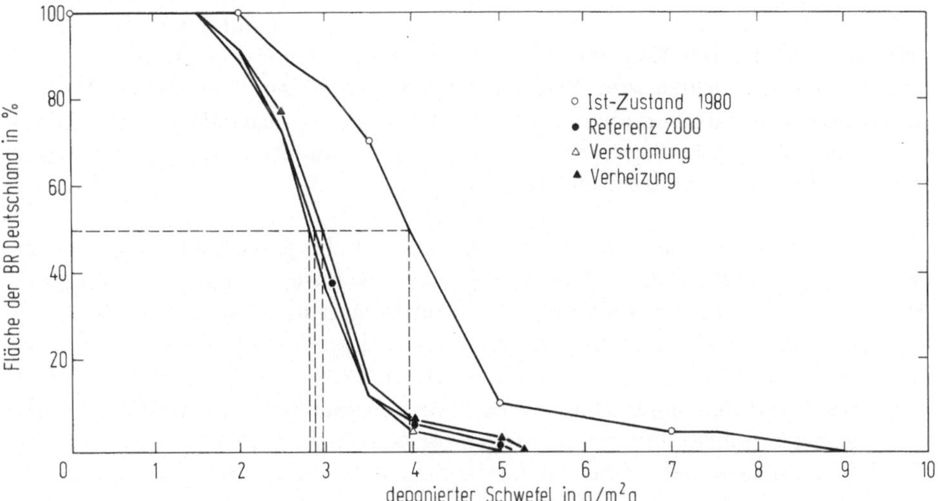

Abb. C-17. Komplementäre Häufigkeitsverteilungen der Schwefeldepositionen auf dem Gebiet der Bundesrepublik Deutschland aus Emissionen *inländischer und ausländischer* Quellen

sich im Falle der Referenzschätzung und der Strategien die abgelagerten Mengen um etwa den gleichen Prozentsatz wie die Emissionen; bei Berücksichtigung *in- und ausländischer* Emissionen verringern sie sich dagegen nur um 20 bis 30%

Ergebnisse für weitere ausgewählte Fälle. Zur Untersuchung der Beeinflussung der Immissionen durch spezifische Emissionsreduktionen wurden die folgenden Fälle durchgerechnet:

(1) (fiktive) Emissionsbegrenzung im Jahr 1980 gemäß GFAVO („Emissionsreduktionspotential GFAVO") bei gleichbleibenden Auslandsemissionen,
(2) wie Fall (1), aber Annahme einer 30%igen SO_2-Emissionsreduktion in westlichen Nachbarländern,
(3) wie Fall (1), aber Annahme einer 30%igen Emissionsreduktion im gesamten benachbarten Ausland.

Die Ergebnisse sind in Tabelle C-20 zusammengestellt.

Ein Vergleich der drei Fälle mit dem Ist-Zustand 1980 verdeutlicht den Einfluß von „flankierenden" Emissionsreduktionsmaßnahmen im Ausland auf die Immissionssituation in der Bundesrepublik Deutschland. Wären 1980 in der Bundesrepublik Deutschland die Regelungen der GFAVO bezüglich der Begrenzung der Schwefelemissionen bereits in vollem Umfang angewandt worden, ohne daß die SO_2-Emissionen aus ausländischen Quellen reduziert worden wären, so wären die SO_2-Konzentrationen in der bodennahen Atmosphäre und die Gesamtschwefelablagerungen im Mittel um etwa 25% niedriger gewesen, als dies 1980 tatsächlich der Fall war (während die Schwefelemissionen um über 50% niedriger gelegen hätten) (Tabelle C-20, Spalten 2 und 5). Sie wären aber um rund 30% niedriger gewesen, wenn gleichzeitig die Schwefelemissionen in den westlichen Nachbarländern schon 1980 um 30% reduziert worden wären, und um 40% niedriger, wenn dies im gesamten benachbarten Ausland geschehen wäre.

Beträchtlich niedrigere Werte gegenüber dem Ist-Zustand 1980 ergeben sich dagegen in allen betrachteten Fällen bei den Flächenanteilen, auf denen der IUFRO-Grenzwert für die SO_2-Konzentration bzw. der Orientierungswert für die Schwefelablagerung überschritten wird. Betrug der Flächenanteil, auf dem der IUFRO-Wert für die SO_2-Konzentration überschritten wird, für den Ist-Zustand 1980 20%, so liegt er in den zusätzlich betrachteten Fällen unter 5%. Ähnliches gilt für den Orientierungswert für die Gesamtschwefelablagerung.

„Verursacheranalyse" für Schwefeldepositionen. Für die geschädigten Waldgebiete des Sollings, des Oberpfälzer Waldes und des Schwarzwaldes wurde, wie schon für den Ist-Zustand 1980, auch für die Fälle „Emissionsreduktionspotential 1980", Referenzschätzung 2000, Verstromungs- und Verheizungsstrategie eine „Verursacheranalyse" für die Schwefeldepositionen in diesen Gebieten durchgeführt (Tabelle C-21). Insgesamt stehen den inländischen Emissionsreduktionen von 60 bis 70% nur relativ geringe Immissionsverminderungen (im Vergleich zu 1980) in den betrachteten Gebieten gegenüber, wobei für den Solling die stärkste, für den Schwarzwald die niedrigste Reduktion der Schwefelablagerungen errechnet wurde. Der Auslandsanteil liegt in den betrachteten Fällen natürlich noch höher als 1980, weil gleichbleibende Emissionen aus ausländischen Quellen angenommen wurden.

Tabelle C-20. Vergleich verschiedener Immissionskenngrößen für die SO_2-Konzentration in der bodennahen Atmosphäre und die Gesamtschwefelablagerung für den Ist-Zustand 1980 und den Fall „Emissionsreduktionspotential GFAVO" (mit unterschiedlichen Annahmen über die Entwicklung der Auslandsemissionen)

	SO_2-Konzentration ($\mu g\ SO_2/m^3$)			Gesamtschwefelablagerung ($g\ S/(m^2 \cdot a)$)		
	Flächenmittel [a]	Relative Schwankungsbreite [b]	Flächenanteil, auf dem der IUFRO-Grenzwert (25 $\mu g\ SO_2/m^3$) überschritten wird	Flächenmittel [a]	Relative Schwankungsbreite [b]	Flächenanteil, auf dem eine Schwefelablagerung von 5 $g\ S/(m^2 \cdot a)$ überschritten wird
(1)	(2)	(3)	(4)	(5)	(6)	(7)
Ist-Zustand 1980	21,0	0,39	20	4,1	0,32	11
– Fiktive Emissionsbegrenzung entsprechend GFAVO („Emissionsreduktionspotential GFAVO") ohne Emissionsreduktion im Ausland	16,3	0,32	4,4	3,1	0,26	3,1
– Emissionsbegrenzung entsprechend GFAVO („Emissionsreduktionspotential GFAVO") und Emissionsreduktion westliches Ausland um 30%	14,9	0,32	3,4	2,8	0,26	1,3
– Emissionsbegrenzung entsprechend GFAVO („Emissionsreduktionspotential GFAVO") und Emissionsreduktion gesamtes benachbartes Ausland um 30%	13,2	0,35	3,4	2,5	0,28	1,3

[a] Mittel der Werte für die verschiedenen Rasterflächen

[b] Auf den Flächenmittelwert bezogene Schwankungsbreite der Werte für die verschiedenen Rasterflächen

Tabelle C-21. „Verursacheranalyse" für die Schwefeldeposition in ausgewählten Gebieten für die Fälle Ist-Zustand 1980, „Emissionsreduktionspotential GFAVO", Referenzschätzung 2000, Verstromungsstrategie, Verheizungsstrategie

	Bezugsfläche Solling				
	Ist-Zustand 1980	Emissions-reduktions-potential GFAVO	Referenz 2000	Verstro-mung	Verhei-zung
Schwefeldeposition g/(m² · a)	4,4	3,3	3,1	3,1	3,2
Anteile %					
Inland	46	27	23	23	25
Ausland	54	73	77	77	75
	Bezugsfläche Oberpfälzer Wald				
	Ist-Zustand 1980	Emissions-reduktions-potential GFAVO	Referenz 2000	Verstro-mung	Verhei-zung
Schwefeldeposition g/(m² · a)	4,8	4,2	4,0	4,0	4,0
Anteile %					
Inland	25	13	10	9	11
Ausland	75	87	90	91	89
	Bezugsfläche Schwarzwald				
	Ist-Zustand 1980	Emissions-reduktions-potential GFAVO	Referenz 2000	Verstro-mung	Verhei-zung
Schwefeldeposition g/(m² · a)	2,0	1,8	1,7	1,7	1,7
Anteile %					
Inland	30	20	15	13	16
Ausland	70	80	85	87	84

1.2.1.4 Zusammenfassung und Schlußfolgerungen

(1) Die Emissionen von SO_2 aus dem Gesamteinsatz fossiler Energieträger werden sich gegenüber heute um ca. 65% verringern – in erster Linie auf Grund der Entschwefelungsvorschriften der GFAVO, in zweiter Linie durch Energieeinsparungen, Einsatz schwefelärmerer Brennstoffe und zunehmenden Einsatz leitungsgebundener Endenergieträger.

Die SO_2-Emissionen aus dem Steinkohleeinsatz (ohne Einsatz in den Industriezweigen „Steine und Erden" und „Stahlindustrie") verringern sich bis zum Jahr 2000 ebenfalls um über 60%, obwohl schon in der Referenzschätzung 2000 ein erheblicher Mehreinsatz aus Steinkohle in Kraft- und Fernheizwerken sowie in der Industrie angenommen wird. Der über diesen referenzmäßigen Steinkohlemehreinsatz hinausgehende strategiebedingte Steinkohlemehreinsatz zur Ölsubstitution bringt emissionsseitig nur bei der Verheizungsstrategie zusätzliche Belastungen, da bei den anderen Strategien die Mehremissionen aus dem Steinkohleeinsatz durch die Minderemissionen aufgrund der Ölsubstitution kompensiert werden. Letzteres gilt auch für die Verheizungsstrategie, wenn man dort den Einsatz von Wirbelschichtfeuerungen für kleine Kohlefeuerungen vorsieht.

(2) In den Modellballungsräumen „Ruhr" und „revierfern" ergeben sich für die Referenzschätzung 2000 und die Strategien erhebliche Verminderungen der SO_2-Emissionen im Vergleich zu 1980; diese Verminderungen sind zu einem großen Teil auf den Vollzug der GFAVO zurückzuführen. Im Falle der Verheizungsstrategie liegen die SO_2-Emissionen im „MBR-revierfern" um 25% über den für die Referenzschätzung errechneten. Dies ist in erster Linie das Resultat eines verstärkten Kohleeinsatzes in Heizkraftwerken kleiner Leistung, die gemäß GFAVO nicht oder nur in geringem Umfang entschwefeln müssen; würde in kleinen Kohlefeuerungen die Wirbelschichtfeuerung eingesetzt, so ergäbe sich dagegen für die Verheizungsstrategie eine deutliche Verminderung der SO_2-Emissionen im Vergleich zur Referenzschätzung, und zwar in beiden Typen von Modellballungsräumen.

(3) Bei einem verstärkten Steinkohleeinsatz entsprechend den betrachteten Kohleeinsatzstrategien würden sich sowohl im „MBR-Ruhr" als auch im „MBR-revierfern" Immissionswerte für SO_2 ergeben, die deutlich unterhalb des vorgeschriebenen Immissionsgrenzwertes für Langzeitwirkung (IW1) der TA Luft '83 liegen. Dies gilt selbst für den Vergleich der Halbjahreswerte der Immissionen für den Zeitraum der Heizperiode mit dem jahresbezogenen IW1-Wert. Wird der von der Weltgesundheitsorganisation (WHO) empfohlene obere Richtwert von 60 $\mu g\ SO_2/m^3$ als Vergleichsmaßstab herangezogen, so ergeben sich allerdings vor allem für den „MBR-Ruhr" während der Heizperiode sowohl für den Ist-Zustand 1980 als auch für die Fälle „Emissionsreduktionspotential GFAVO", Referenzschätzung 2000 und Kohleeinsatzstrategien für erhebliche Bevölkerungsanteile Überschreitungen dieses Wertes, wobei natürlich zu beachten ist, daß die Richtwerte der WHO für die *Jahresmittelwerte* der SO_2-Konzentrationen gelten. Nur die Version B der Verheizungsstrategie, die den Einsatz von Wirbelschichtfeuerungen vorsieht, führt auch im „MBR Ruhr" während der Heizperiode zu sehr geringen Werten für den Bevölkerungsanteil, der von SO_2-Immissionswerten oberhalb des WHO-Wertes betroffen ist.

(4) Die Reduktion der SO_2-Emissionen im „MBR-Ruhr" auf etwa ein Drittel des Volumens von 1980 für den Fall „Emissionsreduktionspotential GFAVO" bewirkt nur eine Verminderung der Immissionen auf ca. 80%. Ursache hierfür ist der Tatbestand, daß die GFAVO hauptsächlich Kraftwerke betrifft, die ihre Emissionen bereits heute aus großen Freisetzungshöhen abgeben.

Für die Referenzschätzung wie auch für die Verstromungs- und die Verheizungsstrategie wird dagegen für den „MBR-Ruhr" eine deutliche Verringerung der Immissionsbelastung gegenüber dem Istzustand 1980 errechnet. Hauptgrund hierfür ist die Verringerung der Emissionen des Sektors „Haushalte und Kleinverbraucher".

Die Immissionen in den Modellballungsräumen sind wesentlich bestimmt durch die Emissionen aus niedrigen Freisetzungshöhen. Hauptverursacher der Immissionen sind somit die Emissionen des Sektors HuK, obwohl diese im Falle des „MBR-revierfern" nur etwa 10% und im Falle des „MBR-Ruhr" nur etwa 5% der Gesamtemissionen des jeweiligen MBR betragen.

(5) Auffallend sind die erheblichen standortbedingten Immissionsunterschiede bei identischen Emissionstrukturen. So werden für den „MBR-revierfern-Süd" im Vergleich zum „MBR-revierfern-Nord" bei identischer Emissionsstruktur um den Faktor 2 höhere Immissionswerte ermittelt. Verursacht werden diese Unterschiede durch die andersartigen Ausbreitungsbedingungen im „MBR-revierfern-Süd", wie geringere Windgeschwindigkeiten und häufigeres Auftreten von sogenannten stabilen und damit austauschärmeren Wetterlagen, die sich insbesondere auf die Emissionen aus niedrigen Freisetzungshöhen auswirken.

(6) Der Kenntnisstand zum weiträumigen Schadstofftransport ist noch sehr mangelhaft. Die Rechenmodelle stellen bisher meist nur pauschale Bilanzierungsansätze dar; für verbesserte Abschätzungen wird es notwendig sein, einige Prozesse, wie die Schadstoffumwandlung und die Schadstoffablagerung, differenzierter zu behandeln. Bei den Immissionsmeßdaten ist besonders der Mangel an Daten zur Schadstoffablagerung durch trockene und nasse Prozesse, hier insbesondere auch durch Nebel, hervorzuheben. Trotz der ge-

schilderten Mängel lassen sich mit dem heute verfügbaren Instrumentarium bereits größenordnungsmäßige Beeinflussungen der Immissionssituation durch weiträumig transportierte Luftschadstoffe simulieren.

(7) Die Rechnungen zeigen einen ausgeprägten Zusammenhang zwischen weiträumig transportierter Schwefelmenge und Freisetzungshöhe. So befinden sich bei 20 m Freisetzungshöhe in 700 km Quellentfernung nur noch etwa 30% der ursprünglichen Emissionsmenge in der Atmosphäre, während bei 250 m Freisetzungshöhe und Berücksichtigung des thermischen Auftriebs der Rauchgase dieser Wert etwa 60% beträgt. Es zeigt sich aber auch, daß das Problem des weiträumigen Schadstofftransports nicht nur ein Problem der großen Freisetzungshöhen ist, sondern daß auch niedrige Freisetzungshöhen in gewissem Umfang zum weiträumigen Transport beitragen.

(8) Die hier durchgeführten Berechnungen zur Schwefelablagerung über der Bundesrepublik Deutschland ergeben insgesamt etwas niedrigere Ablagerungsanteile aus inländischen Emissionsquellen als frühere Untersuchungen. Es ist zu vermuten, daß diese Unterschiede u.a. das Ergebnis der freisetzungshöhenabhängigen Differenzierung der Emissionen in der vorliegenden Arbeit sind.

(9) Die „Verursacheranalyse" für die Schwefeldepositionen in ausgewählten Waldschadensgebieten ergibt eine dominante Beeinflussung durch ausländische Quellen. So wurde der Schwefeleintrag des Oberpfälzer Waldes nach diesen Rechnungen im Jahr 1980 zu 75% von ausländischen und nur zu 25% von inländischen Quellen bestimmt.

(10) Die vor allem aufgrund des Vollzugs der GFAVO zu erwartende erhebliche Reduktion der SO_2-Emissionen im Vergleich zu 1980 wirkt sich *im Falle gleichbleibender Emissionen im benachbarten Ausland* keineswegs im gleichen Umfang auf die Immissionssituation im Inland aus; vielmehr ergibt sich im Mittel über der Fläche der Bundesrepublik Deutschland nur eine Immissionsreduktion um etwa 30% im Vergleich zu 1980. Ein beträchtlicher immissionsseitiger Unterschied zwischen dem Ist-Zustand 1980 und der Referenzschätzung 2000 sowie den Kohleeinsatzstrategien zeigt sich jedoch beim Vergleich der Flächenanteile, auf denen der IUFRO-Grenzwert für SO_2-Konzentrationen (25 $\mu g/SO_2/m^3$) überschritten wird. Während dieser Flächenanteil für 1980 noch mit 20% berechnet wurde, ergeben sich für alle anderen betrachteten Fälle Werte von unter 5%.

1.2.2 Stickoxide

Nachdem die Diskussion um die luftverunreinigenden Stoffe lange vor allem im Zeichen des Schwefeldioxids stand, wird neuerdings auch den Stickoxid (NO_X)-Emissionen zunehmende Beachtung geschenkt. Die Bedeutung des NO_x ergibt sich aus den potentiellen Auswirkungen dieser Gase auf die menschliche Gesundheit und auf Ökosysteme. Bei den Auswirkungen auf Ökosysteme sind zwei Aspekte zu nennen: die Beiträge von NO_x als Säurebildner und als Reaktionspartner für die Bildung von sogenannten Oxidantien, die als Mitverursacher der Schäden in Ökosystemen diskutiert werden.

1.2.2.1 Entwicklung der Gesamtemissionen von Stickoxiden in der Bundesrepublik Deutschland

Bei den Stickoxiden ist die Abschätzung der Gesamtemissionen mit erheblich größeren Unsicherheiten verbunden als beim Schwefeldioxid. Während beim SO_2 die Emissionen im wesentlichen durch den Schwefelgehalt des Brennstoffs bestimmt werden, hängen die Stickoxidemissionen in erster Linie von den Verbrennungsbedingungen ab. Stickoxide entstehen nämlich hauptsächlich während der Verbrennung durch Reaktion zwischen dem Stickstoff und dem Sauerstoff der Verbrennungsluft, wobei hohe Temperaturen die Stickoxidbildung begünstigen. Daneben trägt auch der im Brennstoff gebundene Stickstoff zu den Emissionen bei. Bei den

Stickoxidemissionen des Verkehrs ergeben sich weitere Unsicherheiten durch die Abhängigkeit der Emissionen vom Fahrzyklus. Dieser Unsicherheiten sollte man sich bei der Interpretation der nachstehenden Abschätzungen bewußt sein.

Die Gesamtemissionen an NO_x (gerechnet als NO_2) aus dem Einsatz fossiler Energieträger in der Bundesrepublik Deutschland im Jahre 1980 wurden in dieser Studie auf ca. 3,3 Mio t geschätzt (vgl. Tabelle C-22 und Abb. C-18); sie waren da-

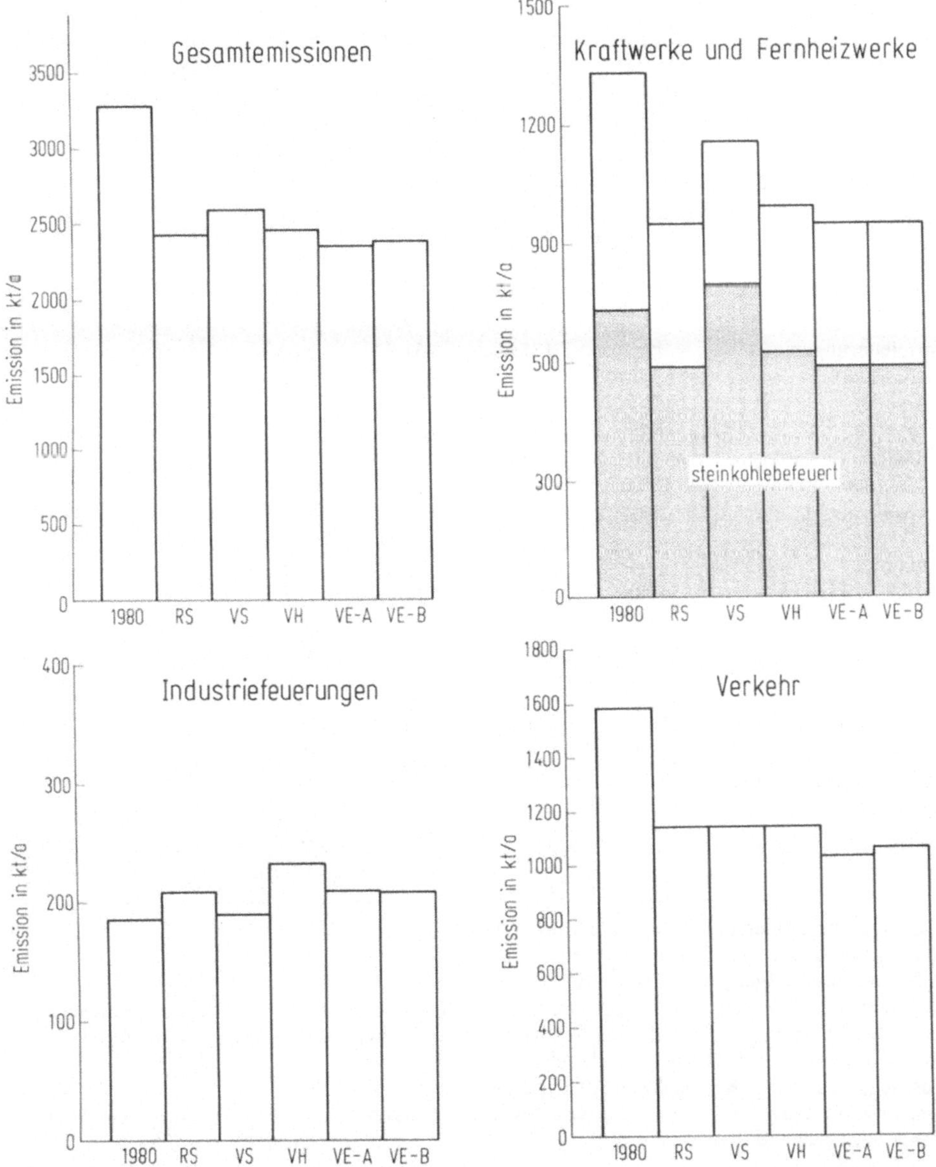

Abb. C-18. Stickoxidemissionen in kt/a für 1980, Referenzschätzung 2000 (RS) und die Kohleeinsatzstrategien (Verstromungsstrategie (VS), Verheizungsstrategie (VH), Veredlungsstrategie (VE) Variante A und B)

Tabelle C-22. NO_x-Emissionen[a] (angegeben als NO_2) aus dem Einsatz fossiler Brennstoffe in tsd t für 1980, Referenzschätzung 2000 und Kohleeinsatzstrategien 2000 (für Kohleeinsatzstrategien nur Differenzen zur Referenzschätzung)

Brennstoffeinsatz NO_x-Emissionen	1980		Referenz-schätzung 2000		Verstromungs-strategie	
	Einsatz[f] Mio t SKE/a	NO_x tsd t/a	Einsatz[f] Mio t SKE/a	NO_x tsd t/a	Einsatz[f] Mio t SKE/a	NO_x tsd t/a
Kraftwerke und Fernheizwerke	105,0	1331,7	103,3	949,6	+25,5	+209,1
davon						
– Steinkohle	39,3	732,4[b]	53,1	587,0[c]	+25,5	+209,1
– Heizöl S und EL	8,5	49,9	5,2	20,0	–	–
Raffinerien	11,0	67,9	7,6	27,0	– 1,6	– 5,7
Kohleveredlungsanlagen	–	–	9,5	14,4	–	–
Industriefeuerungen	49,0	185,8	51,8	210,2	– 6,0	– 18,9
davon						
– Steinkohle	3,3	24,2	9,4	68,6	–	–
– Heizöl S und EL	19,7	82,1	14,0	46,5	– 6,0	– 18,9
– Kohleöl/Kohlegas	–	–	–	–	–	–
Haushalte und Kleinverbraucher	82,4	110,0	64,5	80,4	– 11,6	– 17,4
davon						
– Steinkohle	5,4	8,1	2,2	3,3	–	–
– Heizöl S und EL	53,0	79,5	31,6	47,4	– 11,6	– 17,4
– SNG	–	–	–	–	–	–
Verkehr[d]	59,2	1588,9	45,5	1186,3	–	–
davon						
– Benzin aus Kohle	–	–	0,5	14,0	–	–
– Benzin aus Öl	36,3	1016,4	20,9	585,2	–	–
– Diesel aus Öl	22,9	572,5	22,7	567,5	–	–
– Methanol und Flüssiggas aus Kohle	–	–	1,4	19,6	–	–
Summe[h]		3284,3		2467,9 (1722,6)		+167,1 (+ 12,5)

[a] Ohne NO_x-Emissionen aus industriellen Prozessen
[b] Anteile Schmelz- und Trockenfeuerungen
[c] 30% Schmelzfeuerungen, 70% Trockenfeuerungen
[d] Einschließlich Luftverkehr, Fahrzeuge von militärischen Dienststellen und Kleinverbrauchern
[e] Einsatz der Wirbelschichtfeuerung bei Feuerungen < 300 Mwth mit 500 mg NO_x/m^3 Abgas
[f] Teilweise Primärenergie, teilweise Endenergie
[g] Industriegas 4,2 Mio t SKE, Kohleöl 0,9 Mio t SKE
[h] Werte in Klammern bei Anwendung von Minderungsmaßnahmen für NO_x nach dem Stand der Technik entsprechend dem Beschluß der Umweltministerkonferenz vom 05. 04. 1984

Verheizungsstrategie			Veredlungs-strategie A		Veredlungs-strategie B	
		Wirbel-schicht-feuerung				
Einsatz[f] Mio t SKE/a	NO_x tsd t/a	NO_x[e] tsd t/a	Einsatz[f] Mio t SKE/a	NO_x tsd t/a	Einsatz[f] Mio t SKE/a	NO_x tsd t/a
+ 7,1	+45,6	− 7,2	–	–	–	–
+ 4,9	+36,8	−16,0	–	–	–	–
+ 2,2	+ 8,8	+ 8,8	–	–	–	–
− 1,6	− 5,7	− 5,7	− 1,6	− 5,7	− 1,6	5,7
–	–	–	+29,0	+ 41,9	+27,5	+ 35,1
− 1,0	+23,9	+ 8,9	–	–	–	− 1,0
+ 6,9	+ 50,4	+35,4	–	–	–	–
− 7,9	−26,5	−26,5	4,7	− 10,8	− 5,1	− 15,3
–	–	–	+ 4,7	+ 10,8	+ 5,1[g]	+ 14,3
−12,3	−18,5	−18,5	–	− 5,1	–	3,5
–	–	–	–	–	–	–
−12,3	−18,5	−18,5	− 2,2	− 7,3	− 6,8	− 10,3
–	–	–	+ 2,2	+ 2,2	+ 6,8	+ 6,8
–	–	–	− 0,6	−106,5	− 0,6	− 78,3
–	–	–	+ 4,7	+131,6	+ 0,9	+ 25,2
–	–	–	−15,4	−431,2	− 6,6	−184,8
–	–	–	+ 4,7	+117,5	+ 0,9	+ 22,5
–	–	–	+ 5,4	+ 75,6	+ 4,2	+ 58,8
	+45,3 (+54,8)	−22,6 (+30,8)		− 75,4 (−104,6)		− 53,4 (− 76,7)

mit nicht wesentlich höher als die SO_2-Emissionen aus dem Einsatz fossiler Energieträger. Nicht enthalten in dieser Zahl sind die NO_x-Emissionen aus industriellen Prozessen (NO_x-Emissionen aus dem Einsatz fossiler Energieträger in Prozeßfeuerungen der Eisen- und Stahlindustrie und der Steine- und -Erden-Industrie sowie aus anderen industriellen Prozessen), die nach Abschätzung des UBA im Jahre 1978 ca. 260 000 t [UBA 1981] betrugen und für 1980 in ähnlicher Höhe zu veranschlagen sind, so daß sich die Gesamtemissionen an NO_x auf ca. 3,6 Mio t im Jahre 1980 summieren. Die Prozeßemissionen von NO_x werden bei den folgenden Analysen nicht mehr berücksichtigt.

Von den NO_x-Emissionen im Jahr 1980 in Höhe von 3,3 Mio t stammen fast 50% aus dem Verkehr; der Anteil der Steinkohlenkraftwerke und der Steinkohlenfeuerungen in der Industrie und im Sektor HuK betrug insgesamt rund 23%, wie Tabelle C-22 zeigt, in der die NO_x-Emissionen für die verschiedenen betrachteten Fälle dargestellt sind.

Beim Vergleich zwischen dem Ist-Zustand 1980 und der Referenzschätzung 2000 fällt auf, daß die NO_x-Emissionen im Gegensatz zu den in Zukunft stark verminderten Schwefeldioxidemissionen nur vergleichsweise geringfügig zurückgehen werden, wenn – wie hier – mit den Grenzwerten der GFAVO und gleichbleibenden Emissionsfaktoren im Verkehr gerechnet wird. Der Rückgang um ca. 820 000 t beim Vergleich der Werte für 1980 und für die Referenzschätzung verteilt sich zu etwa gleichen Teilen auf Feuerungsanlagen (insbesondere Kraftwerke) und auf den Verkehr. Die Senkung der Emissionen im Kraftwerkssektor geht einerseits auf die Grenzwerte der GFAVO zurück, andererseits auf den Rückgang der Anteile von Schmelzfeuerungen bei den Steinkohlefeuerungen. Die Verringerung der Emissionen aus dem Verkehr ist eine Folge von zwei Annahmen: beträchtliche Verbesserungen des spezifischen Endenergieverbrauchs und gleichzeitige Erhöhung des Anteils von Diesel-Pkw am Gesamt-Pkw Bestand, was dazu führt, daß sich der Rückgang des Kraftstoffverbrauchs ausschließlich auf den Verbrauch von Benzin auswirkt, bei dessen Verbrennung höhere Stickoxidemissionen als bei Dieselkraftstoffen auftreten.

Der Vergleich der Strategien mit der Referenzschätzung zeigt, daß die Verstromungsstrategie die höchsten Stickoxidemissionen aufweist; sie liegen um knapp 7% über denen der Referenzschätzung und sind auf den höheren Steinkohleeinsatz in Steinkohlekraftwerken großer Leistung zurückzuführen; die daraus resultierenden Mehremissionen von NO_x werden kaum durch einen Emissionsrückgang beim Mindereinsatz von Öl kompensiert.

Die Verheizungsstrategie weist ebenfalls – allerdings nur geringfügig – höhere NO_x-Emissionen auf als die Referenzschätzung. Bei Einsatz der Wirbelschichtfeuerung für die kleinen Heizkraftwerke und Industriefeuerungen ergäben sich aber für die Verheizungsstrategie NO_x-Emissionen, die etwas geringer wären als im Falle der Referenzschätzung. Am günstigsten schneiden die beiden Varianten der Veredlungsstrategie ab, die beide weniger NO_x-Emissionen aufweisen als die Referenzschätzung. Dies ist im wesentlichen darauf zurückzuführen, daß gegenüber der Referenzschätzung noch mehr mineralölstämmiges Benzin durch Diesel und auch durch Methanol mit geringeren spezifischen Stickoxidemissionen substituiert wird und bei der Kohlevergasung und -verflüssigung Stichoxidemissionen im wesentlichen nur bei der Prozeßenergieerzeugung für die Kohleveredlung auftreten.

Wie bereits in Abschnitt 1.1.3 dieses Berichtsteils ausgeführt, sind jedoch bei der Stickoxidrückhaltung bei Großfeuerungsanlagen weitere technische Fortschritte zu erwarten, so daß die Regelung der GFAVO, nach der die Stickoxidemissionen „entsprechend dem Stand der Technik" zu reduzieren sind, bis zum Jahr 2000 voraussichtlich zu einem wesentlich stärkeren Rückgang der NO_x-Emissionen führen wird, als soeben dargestellt wurde. Ein weiterer Rückgang ist auch im Verkehrssektor zu erwarten, da dort ab 1986 emissionsmindernde Maßnahmen vorgeschrieben werden sollen.

Die Umweltministerkonferenz (UMK) hat in einem Beschluß vom 5. April 1984 den Stand der Technik, der gemäß GFAVO bei der NO_x-Rückhaltung anzuwenden ist, durch erheblich reduzierte Grenzwerte, die auch Altanlagen betreffen, bereits neu festgelegt. Wendet man diese Grenzwerte an (siehe eingeklammerte Werte in der letzten Zeile von Tabelle C-22), ergibt sich für das Jahr 2000 ein NO_x-Emissionsvolumen von ca. 1,7 Mio t. Dies entspricht einem Rückgang auf etwa die Hälfte des Emissionsvolumens von 1980. Es zeigt sich auch, daß die relativ ungünstige Position der Verstromungsstrategie keinen Bestand mehr hat, wenn man die Grenzwerte des UMK-Beschlusses zugrundelegt. Die relativ günstigsten Werte weisen auch in diesem Fall die beiden Varianten der Veredlungsstrategie auf.

In Kombination mit den geplanten Maßnahmen zur Verminderung der Verkehrsemissionen dürften sich somit für NO_x bis zum Jahr 2000 zumindest ähnlich hohe Emissionsreduzierungen wie beim SO_2 ergeben.

1.2.2.2 Immissionsanalysen für Stickoxide

Um von den Verhältnissen auf der Emissionsseite auf die jeweiligen Immissionen schließen zu können, bedarf es eingehender Kenntnisse über die Ausbreitung der emittierten Stoffe in der Atmosphäre, über deren chemische Umwandlung und über die Abreicherung der primär und sekundär gebildeten Stoffe durch trockene sowie nasse Deposition. Leider bestehen bezüglich dieser Vorgänge gerade bei den Stickoxiden große Wissenslücken.

Bei der Modellierung der lokalen und weiträumigen NO_x-Ausbreitung stößt man auf eine ganze Reihe von Schwierigkeiten. So muß beispielsweise der Verkehr als Hauptemittent von Stickoxiden eine besondere Berücksichtigung erfahren; hier fehlt es bislang weitgehend an einer zuverlässigen Datenbasis. Außerdem befindet sich der Verkehr in den Ballungsräumen als bodennahe Quelle noch unmittelbarer im Einflußbereich der durch die Bebauung beeinflußten Strömung als die Schornsteinöffnungen beispielsweise im Sektor Haushalte und Kleinverbraucher.

Ein weiteres Problem ist das luftchemische Verhalten von Stickstoffverbindungen. Darüber ist heute weniger bekannt als über das Verhalten von Schwefeldioxid. Vor allem fehlt noch eine quantitative Beschreibung der relevanten Prozesse. Es lassen sich zwar Reaktionen mit ihren Reaktionsgleichungen angeben, und von der Stöchiometrie her liegen Reaktionskonstanten dafür vor; jedoch wird der Ablauf dieser Reaktionen in der Atmosphäre auch von dem Maß bestimmt, in dem die jeweiligen Reagenzien miteinander vermischt werden. Damit werden die beobachtbaren Reaktionsraten in der Atmosphäre von der (turbulenten) Durchmischung der Reagenzien abhängig. Inwieweit heterogene Mechanismen, d.h. Reaktionen in Tröpfchen oder auf Stäuben, bei der NO_x-Chemie eine Rolle spielen, ist noch nicht geklärt.

Angesichts dieser und anderer Schwierigkeiten wurde in dieser Studie auf Modellrechnungen zur atmosphärischen NO_x-Ausbreitung verzichtet. In den folgenden

Abschnitten werden die Immissionsverhältnisse bei den Stickoxiden und den durch Oxidation entstehenden Sekundärprodukten (Salpetersäure, Nitrate) anhand von vorliegenden Meßwerten untersucht. Zuvor soll jedoch ein kurzer Abriß über bekannte Aspekte des luftchemischen Verhaltens von Stickoxiden gegeben werden – auch um zu zeigen, inwieweit die Stickoxide bei der Produktion von sekundären Schadstoffen wie Ozon oder Peroxyacethylnitrat (PAN) beteiligt sind.

1.2.2.2.1 Luftchemisches Verhalten von Stickstoffverbindungen

Die Grundzüge der Chemie von Stickstoffverbindungen in der Atmosphäre sind in Abb. C-19 dargestellt. Das hauptsächlich emittierte Stickstoffmonoxid (NO) wird als solches kaum durch trockene oder nasse Deposition aus der Atmosphäre entfernt. Beim Austritt aus der Quelle und damit hohen Konzentrationen wird das NO jedoch durch den Luftsauerstoff (O_2) zu Stickstoffdioxid (NO_2) oxidiert. Messungen in Abgasfahnen von Kraftwerken zeigen, daß 50% des NO innerhalb von 12 bis 60 Minuten zu NO_2 oxidiert werden. Es wird außerdem vermutet, daß zusätzlich im Anfang der Abgasfahne eine durch emittierte Stäube verursachte heterogene katalytische Oxidation des NO zu Nitrit bzw. Nitrat stattfindet.

Nach Verdünnung des NO auf Konzentrationen von 5 ppm (6250 $\mu g/m^3$) wird die direkte NO-Oxidation zu langsam und immer mehr von einer schnellen Reaktion mit dem in der Troposphäre vorhandenen Ozon (O_3) abgelöst. Die Umwandlungsrate wird jedoch von der Geschwindigkeit der Durchmischung mit ozonreicher Umgebungsluft bestimmt. Bei Tageslicht und Abklingen der direkten NO-Oxidation mit dem Luftsauerstoff steht das NO mit NO_2 und Ozon in einem photochemischen Gleichgewicht. Durch die Einwirkung des Sonnenlichts (in Abb. C-2 durch h dargestellt) entsteht aus NO_2 wieder NO und darüber hinaus Ozon, welches das NO wieder zu NO_2 oxidiert.

Im Photosmog vorhandene Peroxiradikale (RO_2) können bei Tageslicht eine sehr schnelle NO-Oxidation vollziehen. Da bei der Photolyse des NO_2 durch die Anwe-

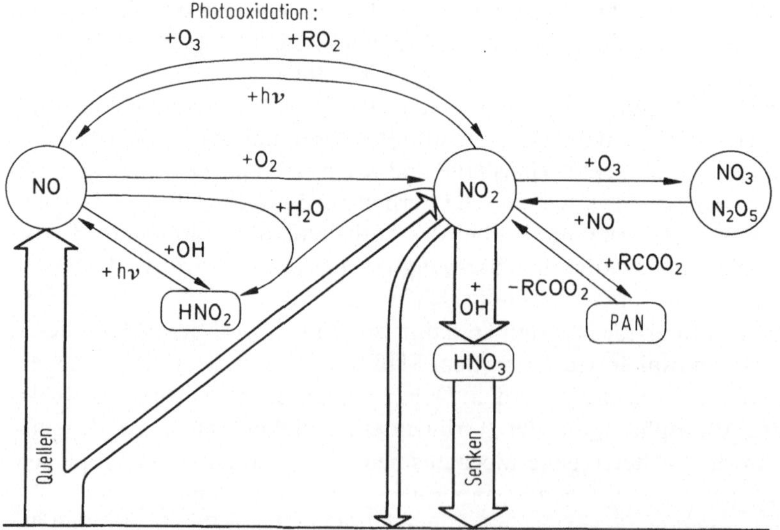

Abb. C-19. Schematische Darstellung des NO_x-Kreislaufes nach [Schurath 1980]

senheit von organischen Verbindungen Peroxiradikate gebildet werden, wird das genannte photochemische Gleichgewicht empfindlich gestört, da nun Peroxiradikale anstelle des Ozons zur Oxidation des NO beitragen. In der verschmutzten Atmosphäre von Ballungsgebieten werden auf diese Weise täglich einige hundert Tonnen Ozon produziert.

Weiterhin entstehen bei der Reaktion von Peroxiradikalen mit NO_2 Peroxiacethylnitrate (PAN). Diese typische Gruppe sekundärer atmosphärischer Schadstoffe ist ein Indikator für photochemischen Smog. Trotz niedriger Konzentrationen im untersten ppb-Bereich haben die PAN-Verbindungen einen stark toxischen Effekt auf Pflanzen.

NO_2 kann durch trockene Deposition aus der Atmosphäre entfernt werden, wobei die gemessene Depositionsgeschwindigkeit in der gleichen Größenordnung liegt wie die des SO_2. Als Hauptsenke für das NO_2 wird heute jedoch die schnelle Reaktion mit den OH-Radikalen der Troposphäre angesehen. Dabei entsteht Salpetersäure (HNO_3), die sowohl durch nasse als auch trockene Deposition, vermutlich auch an der Oberfläche von atmosphärischen Aerosolen, rasch aus der Atmosphäre entfernt wird. Die schnelle Reaktion des NO_2 mit den OH-Radikalen ist dafür verantwortlich, daß bei Emissionen von NO_x zusammen mit SO_2 zuerst das NO_2 zu Salpetersäure umgewandelt wird. Beim weiträumigen Transport dieser Schadstoffe wird daher zuerst mehr Salpetersäure und später mehr Schwefelsäure gebildet.

1.2.2.2.2 Überblick über Messungen zur NO- und NO_2-Luftkonzentration in der Bundesrepublik Deutschland

Messungen der Stickstoffmonoxid-(NO-) und der Stickstoffdioxid-(NO_2-)Luftkonzentration werden von den einzelnen Bundesländern im Rahmen der Überwachung der Luftqualität insbesondere in den Ballungsgebieten sowie vom Umweltbundesamt an Reinluftstationen in ländlichen Gebieten durchgeführt [UBA 1982]. Einen Überblick über die Messungen einiger Bundesländer gibt Tabelle C-23, die Meßergebnisse für die Reinluftstationen sind in Tabelle C-24 wiedergegeben.

Die Werte in Tabelle C-23 stellen Jahresmittelwerte über eine unterschiedliche Anzahl von Stationen dar. So wurden z. B. für das rund 800 km^2 große Gebiet der Rheinschiene-Süd (Gebiet um Köln) die Jahresmittelwerte (für 1980) der NO- und NO_2-Konzentrationen auf Rasterflächen von 1×1 km^2 bestimmt. Die Jahresmittelwerte für die einzelnen Rasterflächen lagen für NO im Bereich von 10 bis 150 $\mu g/m^3$, für NO_2 im Bereich von 30 bis 70 $\mu g/m^3$. Der über die gesamte Fläche von rund 800 km^2 errechnete Jahresmittelwert betrug 1980 sowohl für NO als auch für NO_2 rund 40 $\mu g/m^3$.

Die für NO_2 angegebenen Meßwerte liegen zum Teil in der Nähe des in der TA Luft festgelegten Langzeitgrenzwertes von 80 μg NO_2/m^3.

Da die Emissionen von Stickstoff zum größten Teil in Form von NO erfolgen und sich erst während der Ausbreitung ein Gleichgewicht zwischen NO- und NO_2-Konzentrationen einstellt, zeigen die Meßstellen, die in unmittelbarer Nähe von Emittenten liegen (das sind z. B. Meßstellen in der Nähe von vielbefahrenen Straßen), im allgemeinen NO-Konzentrationswerte, die über den NO_2-Konzentrationswerten liegen. In ländlichen Gebieten hat sich demgegenüber schon der Gleichgewichtswert eingestellt, wobei, wie Messungen des Umweltbundesamtes zeigen [UBA 1982], der Anteil von NO_2 an der Summe von NO und NO_2 (bezogen auf N) etwa 80% beträgt,

Tabelle C-23. Ergebnisse von Messungen der NO- und NO_2-Luftkonzentrationen in der Bundesrepublik Deutschland (Mittelwerte über den angegebenen Zeitraum)

Gebiet	Luftkonzentration (μg/m³)		Zeitraum
	NO	NO_2	
Schleswig-Holstein	5	19	1980
Osnabrück	20	30	Nov. 78–Okt. 79
Delmenhorst	20	50	April 79–Dez. 79
Oberharz	20	20	Jan–März u. Juni–Aug. 80
Hannover	20	45	1979
Braunschweig	15	35	1979
Nordenham	15	30	1979
Ludwigshafen	45	35	Aug. 78–Juli 79
Wiesbaden	60	45	1976
Karlsruhe	70	50	1980
Mannheim	40	40	1980
Ulm	45	45	1980
Rheinschiene-Süd	40	40	1980

Tabelle C-24. Ergebnisse von Messungen der NO_2-Luftkonzentrationen an den Reinluftstationen des UBA

Station	NO_2-Luftkonzentration (μg/m³)			Zeitraum
	Mittelwert	kleinster Jahresmittelwert	größter Jahresmittelwert	
Schauinsland	4,1	3,2	4,8	1968–1978
Brotjacklriegel	5,7	4,6	6,2	1968–1978
Westerland	8,1	6,8	9,8	1968–1978
Deuselbach	10,9	7,5	13,3	1968–1978
Langenbrügge	11,7	7,3	13,7	1970–1978

d.h. die Werte für die NO_2-Konzentration liegen über den Werten für die NO-Konzentration.

Wie Tabelle C-24 zeigt, liegen an den Reinluftstationen des UBA die längerfristigen Mittelwerte der NO_2-Konzentration (Mittelwerte über den Zeitraum von 1968 bzw. 1970 bis 1978) je nach Station zwischen 4 und 12 μg/m³. Zusätzlich sind in Tabelle C-24 für die einzelnen Reinluftstationen die kleinsten und größten Jahresmittelwerte für den Zeitraum 1968 bzw. 1970 bis 1978 angegeben.

An den Reinluftstationen werden beim NO_2, wie beim SO_2, im Winter höhere Werte als im Sommer gemessen. Untersucht man die zeitliche Entwicklung der NO_2-Belastung an diesen Stationen, so läßt sich feststellen, daß die NO_2-Pegel langfristig ansteigen. Das gleiche gilt für die SO_2-Pegel, wobei die Tendenz beim NO_2 wesentlich gleichmäßiger ist [UBA 1982].

1.2.2.2.3 Abschätzung der Deposition von Stickstoffverbindungen auf dem Gebiet der Bundesrepublik Deutschland

Die in der Atmosphäre vorhandenen Stickstoffverbindungen gelangen über verschiedene Ablagerungsprozesse zum Erdboden. Dabei wird der weit überwiegende Anteil durch trockene Ablagerung von NO_2, durch trockene Ablagerung von Nitrataerosolen (freie Säure zusammen mit den Salzen der HNO_3) und durch nasse Ablagerung von Nitrat aus der Atmosphäre entfernt. Im folgenden soll, ausgehend von Meßwerten der Stickstoffdeposition, die relative Bedeutung der einzelnen Depositionspfade diskutiert und daraus eine Abschätzung der Gesamtstickstoffdeposition auf dem Gebiet der Bundesrepublik Deutschland hergeleitet werden [UBA 1982; Georgii 1982; Perseke 1982].

Die Messungen lassen folgende Aussagen zu:

- In verunreinigten Gebieten liegt die trockene NO_2-Deposition deutlich über der trockenen Deposition von Nitrataerosolen.
- Auch in Reinluftgebieten liegt die trockene NO_2-Deposition über der trockenen Nitratdeposition, die Unterschiede sind jedoch nicht so ausgeprägt wie in verunreinigten Gebieten.
- Die feuchte Nitratdeposition ist in Reinluftgebieten von gleicher Bedeutung wie die gesamte trockene Deposition von NO_2 und Nitrataerosolen.
- In verunreinigten Gebieten liegt die gesamte trockene Deposition von NO_2 und Nitrataerosolen über der feuchten Nitratdeposition.

Die Nitratdepositionsraten in der Bundesrepublik Deutschland liegen zwischen 1,3 und 2,9 mg N/m^2d. Damit werden in der Bundesrepublik Deutschland im Jahr zwischen 120 000 und 265 000 t Stickstoff in Form von Nitratverbindungen deponiert. Dabei liegt der Anteil der trockenen Deposition von Nitrataerosolen bei 8 bis 23%. Die trockene NO_2-Deposition in verunreinigten Gebieten beträgt 2,6 bis 7,9 mg N/m^2d, in ländlichen Gebieten 0,5 bis 1,6 mg N/m^2d.

Nimmt man nun an, daß auf der Hälfte der Fläche der Bundesrepublik Deutschland die trockene NO_2-Deposition im Bereich von 2,6 bis 7,9 mg N/m^2d, auf der anderen Hälfte im Bereich zwischen 0,5 und 1,6 mg N/m^2d liegt, so erhält man für das ganze Bundesgebiet eine jährliche Stickstoffdeposition in Form von NO_2 zwischen 140 000 und 430 000 t. Damit liegt die jährliche Stickstoffdeposition in der Bundesrepublik Deutschland (Deposition in Form von NO_2 und Nitrat) im Bereich von 260 000 bis 700 000 t. Dabei ist jedoch zu beachten, daß dieser Wert sowohl aus NO_x-Emissionen im Inland (ca. 1 Mio t N/a) als auch aus NO_x-Emissionen im Ausland resultiert, während gleichzeitig ein Teil der NO_x-Emissionen der Bundesrepublik Deutschland in benachbarte Länder transportiert wird.

1.2.2.3 Zusammenfassung und Schlußfolgerungen

(1) Die NO_x-Emissionen dürften bis zum Jahre 2000 zumindest ebenso stark zurückgehen wie die SO_2-Emissionen, wenn einerseits die im Verkehrsbereich geplanten gesetzlichen Regelungen zur Emissionsreduzierung und andererseits zu erwartende technische Fortschritte der NO_x-Rückhaltetechnik im Kraftwerkssektor wirksam werden. Die Unterschiede zwischen der Referenzschätzung und den Kohleeinsatzstrategien sind nicht sehr bedeutsam; die relativ ungünstige Position der Verstromungsstrategie hat keinen Bestand mehr, wenn man die durch den Beschluß der Umweltministerkonferenz vom Juni 1984 gegenüber der GFAVO vom Juni 1983 verschärften Grenzwerte bereits berücksichtigt. Die relativ günstigsten Werte weisen in jedem Fall die beiden Varianten der Veredlungsstrategie auf.

(2) Die Kenntnisse bezüglich der Ausbreitung, chemischen Umwandlung und Ablagerung von Stickoxiden und der sekundär gebildeten Stoffe sind noch nicht ausreichend, um definitive Aussagen über Immissionsstrukturen in Abhängigkeit von eventuellen Änderungen auf der Emissionsseite machen zu können. Forschungsaufgaben für die nächste Zukunft liegen insbesondere auf dem Gebiet der Chemie der Stickoxide in der Atmosphäre; eine wichtige Aufgabe ist auch die geeignete Berücksichtigung des Verkehrs in den Ausbreitungsmodellen entsprechend seinem Gewicht als Hauptemittent von Stickoxiden.

(3) Nach dem heutigen Wissensstand werden Stickoxide zum allergrößten Teil als Stickstoffmonoxid (NO) emittiert, welches in der Atmosphäre zu NO_2 oxidiert wird. Im Zuge der dabei auftretenden Reaktionen werden – vor allem in der Atmosphäre von Ballungsgebieten – sekundäre Schadstoffe wie Ozon oder PAN gebildet, die als Indikatoren des Photosmog gelten. NO_2 kann durch trockene Deposition aus der Atmosphäre entfernt werden. Bei Reaktionen des NO_2 mit OH-Radikalen entsteht Salpetersäure, die über trockene und nasse Deposition zum Boden bzw. in die Biosphäre gelangt.

(4) Die Jahresmittelwerte der Luftkonzentrationen von NO in Ballungsgebieten lagen 1980 zwischen 10 und 150 $\mu g/m^3$. Beim NO_2 wurden Konzentrationen zwischen 30 und 70 $\mu g/m^3$ ermittelt. Die NO_2-Meßwerte liegen teilweise nur wenig unter dem NO_2-Langzeitgrenzwert der TA Luft (80 μg NO_2/m^3). Hohe NO-Werte wurden vor allem in der Nähe von Emittenten gemessen, während in weiterer Entfernung die NO_2-Konzentrationen höher als die des NO waren.
An Reinluftstationen wurden NO_2-Konzentrationen zwischen 4 und 12 $\mu g/m^3$gemessen (Mittelwerte über den Zeitraum von 1968 bzw. 1970 bis 1978); jedoch zeigen die Konzentrationswerte der Reinluftstationen langfristig eine steigende Tendenz.

(5) Die Depositionswerte sind dadurch gekennzeichnet, daß in Quellnähe bedeutend mehr trocken abgelagert wird, als durch nasse Deposition den Boden erreicht. In Reinluftgebieten hat die nasse Nitrat-Deposition mindestens die gleiche Bedeutung wie die gesamte trockene Deposition von NO_2 und Nitrat. Eine grobe Abschätzung der Gesamtablagerung ergibt für die Bundesrepublik Deutschland etwa 260 000 bis 700 000 t N/a in Form von Nitratverbindungen und in Form von NO_2.

1.2.3 Schwebstaub und die Staubinhaltsstoffe

Die Durchführung umfassender Analysen zum Schwebstaub wird erschwert durch die Heterogenität dieses Stoffes, der aus einer Vielzahl natürlicher und anthropogener Emissionsquellen freigesetzt wird und daher in ganz unterschiedlichen Formen mit unterschiedlichem chemischen und physikalischen Aufbau auftritt. Im folgenden wird ein Überblick über die Emissionen von Schwebstaub bei einem verstärkten Steinkohleeinsatz und über deren Auswirkungen auf die Immissionen von Schwebstaub und seiner Inhaltsstoffe gegeben.

Bei den Staubemissionen ist in den letzten Jahren ein erheblicher Rückgang zu verzeichnen; seit Anfang der sechziger Jahre sind sie auf weniger als ein Drittel des damaligen Wertes gesunken. Dieser Rückgang bezieht sich allerdings vor allem auf Grobstaub ($> 2\ \mu m$) und nur in geringem Umfang auf Feinstaub ($< 2\ \mu m$). Da eine Reihe von Untersuchungen auf die höhere Anreicherung von Staubinhaltsstoffen (Spurenelementen) in Feinstaub im Vergleich zum Grobstaub hinweisen, muß angenommen werden, daß der Rückgang der Gesamtstaubemissionen sich nicht in gleichem Umfang auf die Staubinhaltsstoffe ausgewirkt hat. Überdies ist auf die erhöhte Lungengängigkeit des Feinstaubs zu verweisen.

Die besondere Problematik der Staubemissionen aus der Verbrennung fossiler Energieträger besteht in den Staubinhaltsstoffen und der bereits erwähnten erhöhten Anreicherung dieser Stoffe auf Feinstaubpartikeln. Von einigen dieser Stoffe ist bekannt, daß sie toxische Wirkungen sowohl für den Menschen als auch für Pflanzen haben. Der Stand der Kenntnisse ist bei den Staubinhaltsstoffen erheblich schlechter als bei den Schwefelemissionen. Schon die Abschätzung der Emissionen von Staubinhaltsstoffen ist mit großen Unsicherheiten behaftet, da es für diese in den Brennstoffen enthaltenen Stoffe bisher keine befriedigende Bilanzierung der Mengenflüsse während des Verbrennungsvorgangs gibt. Aus diesen Gründen wurde auf umfassende quantitative Analysen in der Form, wie sie für Schwefel durchgeführt wurden, verzichtet. Nur für die Gesamtstaubemissionen aus der Verbrennung fossiler Energieträger wurden Abschätzungen sowohl für den Ist-Zustand 1980 als auch für die Referenzschätzung 2000 und die Kohleeinsatzstrategien durchgeführt (Abschnitt 1.2.3.1). Bei den Staubinhaltsstoffen – untersucht wurden Arsen, Cadmium, Quecksilber und Blei – wurde die Analyse auf den durch den Steinkohleeinsatz in Energieumwandlungsanlagen verursachten Anteil und auf das Bezugsjahr 1980 beschränkt. Die vier genannten Elemente wurden ausgewählt, weil sie zu den im Hinblick auf die Schädlichkeit für Mensch und Umwelt am intensivsten diskutierten Stoffen gehören und weil für sie einigermaßen hinreichende Kenntnisse hinsichtlich der aktuellen Luft- und Bodenkonzentrationen und hinsichtlich ihrer Wirkungen auf den Menschen vorliegen.

Außer Emissionsanalysen (Abschnitt 1.2.3.2) wurden pauschale Immissionsanalysen in Ballungsräumen (Abschnitt 1.2.3.3) und im regionalen Bereich (Abschnitt 1.2.3.4) durchgeführt. Die Abschätzungen in Ballungsräumen umfassen sowohl die Luftkonzentrationen von Staubinhaltsstoffen als Indikatoren für eine Aufnahme durch den Menschen mittels Atmung (Inhalation) als auch die Ablagerungen von Staubinhaltsstoffen auf dem Boden und Anreicherungen im Boden als Indikatoren einer Aufnahme durch den Menschen über die Nahrung (Ingestion). Rechnungen zur Spurenelementaufnahme durch Einatmen von Atmosphärenluft, die mit der gemessenen mittleren Spurenelementkonzentration belastet ist, und zur Aufnahme durch Nahrungsmittel, die ebenfalls mit der mittleren gemessenen Spurenelementkonzentration kontaminiert sind, ergeben eine vergleichsweise erheblich höhere Spurenelementaufnahme über die Nahrung. Deshalb ist die Betrachtung der Spurenelementablagerung am Boden und der Spurenelementanreicherung im Boden und in den Pflanzen von besonderer Bedeutung.

Bei den Abschätzungen zum Schadstofftransport in Abschnitt 1.2.1.3 wurde gezeigt, daß nur ein geringer Anteil der Emissionsmenge im quellnahen Bereich (< 50 km) verbleibt und sich dort ablagert; der weitaus größte Teil unterliegt dem weiträumigen Transport und lagert sich in quellfernen Gebieten ab. Die langfristige Anreicherung von Staubinhaltsstoffen aus dem Steinkohleeinsatz auf dem Gebiet der Bundesrepublik Deutschland wird unter der Annahme ungünstiger Bedingungen abgeschätzt. Sowohl bei den Analysen in Ballungsräumen als auch bei denen im weiträumigen Bereich (Gebiet der Bundesrepublik Deutschland) wird das Problem der radioaktiven Emissionen aus Kohlekraftwerken diskutiert.

1.2.3.1 Entwicklung der Gesamtstaubemissionen in der Bundesrepublik Deutschland

Mit den in den Tabellen C-1 bis C-4 angegebenen Emissionsfaktoren und dem in Tabelle C-25 angegebenen Einsatz fossiler Brennstoffe wurden die Staubemissionen aus der Verbrennung fossiler Brennstoffe für 1980, für die Referenzschätzung 2000 und für die Kohleeinsatzstrategien abgeschätzt. Die Werte sind in Tabelle C-25 auf-

Tabelle C-25. Staubemissionen[a, b] aus dem Einsatz fossiler Brennstoffe in tsd t für 1980, Referenzschätzung 2000 und Kohleeinsatzstrategien 2000 (für Kohleeinsatzstrategien nur Differenzen zur Referenzschätzung)

Brennstoffeinsatz Staub-Emissionen	1980			Referenzschätzung 2000	
	Einsatz[c] Mio t SKE/a	Staub tsd t/a	GFAVO (fiktiv) Staub tsd t/a	Einsatz[c] Mio t SKE/a	Staub tsd t/a
Kraftwerke und Fernheizwerke	105,0	162,6	45,0	103,3	47,7
davon					
– Steinkohle	39,3	104,6	20,0	53,1	27,1
– Heizöl S und EL	8,5	7,3	3,7	5,2	2,2
Raffinerien	11,0	4,2	2,1	7,6	1,5
Kohleveredlungsanlagen	–	–	–	9,5	0,9
Industriefeuerungen	49,0	27,3	13,1	51,8	21,9
davon					
– Steinkohle	3,3	11,9	5,0	9,4	14,1
– Heizöl S und EL	19,7	12,9	6,9	14,0	4,5
– Kohleöl/Kohlegas	–	–	–	–	–
Haushalte und Kleinverbraucher	82,4	37,7	37,7	64,5	18,1
davon					
– Steinkohle	5,4	23,8	23,8	2,2	9,7
– Heizöl EL	53,0	8,0	8,0	31,6	4,7
– SNG	–	–	–	–	–
Verkehr[d]	59,2	77,5	77,5	45,5	63,7
davon					
– Benzin aus Kohle	–	–	–	0,5	0,5
– Benzin aus Öl	36,3	36,3	36,3	20,9	20,9
– Diesel aus Öl	22,9	41,2	41,2	22,7	40,9
– Methanol und Flüssiggas aus Kohle	–	–	–	1,4	1,4
Summe		309,3	175,4		153,8

[a] Ohne Emissionen aus industriellen Prozessen
[b] Nur Rauchgasstäube
[c] Teilweise Primärenergie, teilweise Endenergie
[d] Einschließlich Luftverkehr, Fahrzeuge von militärischen Dienststellen und von Kleinverbrauchern
[e] Kohleöl
[f] Industriegas 4,2 Mio t SKE, Kohleöl 0,9 Mio t SKE

Verstromungs-strategie		Verheizungs-strategie		Veredlungs-strategie A		Veredlungs-strategie B	
Einsatz[c] Mio t SKE/a	Staub tsd t/a	Einsatz[c] Mio t SKE/a	Staub tsd t/a	Einsatz[c] Mio t SKE/a	Staub tsd t/a	Einsatz[c] Mio t SKE/a	Staub tsd t/a
+ 25,5	+ 13,0	+ 7,1	+ 10,3	–	–	–	–
+ 25,5	+ 13,0	+ 4,9	+ 9,3	–	–	–	–
–	–	+ 2,2	+ 1,0	–	–	–	–
– 1,6	– 0,3	– 1,6	– 0,3	– 1,6	– 0,3	– 1,6	– 0,3
–	–	–	–	+ 29,0	+ 2,6	+ 27,5	+ 2,2
– 6,0	– 1,8	– 1,0	+ 7,7	–	–	–	– 1,3
–	–	+ 6,9	+ 10,4	–	–	–	–
– 6,0	1,8	– 7,9	– 2,7	– 4,7	– 0,7	– 5,1	– 1,4
–	–	–	–	+ 4,7[e]	+ 0,7	+ 5,1[f]	+ 0,1
– 11,6	– 1,7	– 12,3	– 1,9	–	– 0,3	–	– 1,0
–	–	–	–	–	–	–	–
– 11,6	– 1,7	– 12,3	– 1,9	– 2,2	– 0,3	– 6,8	– 1,0
–	–	–	–	+ 2,2	–	+ 6,8	–
–	–	–	–	– 0,6	+ 3,2	– 0,6	+ 0,1
–	–	–	–	+ 4,7	+ 4,7	+ 0,9	+ 0,9
–	–	–	–	– 15,4	– 15,4	– 6,6	– 6,6
–	–	–	–	+ 4,7	+ 8,5	+ 0,9	+ 1,6
–	–	–	–	+ 5,4	+ 5,4	+ 4,2	+ 4,2
	+ 9,2		+ 15,8		+ 5,2		– 0,3

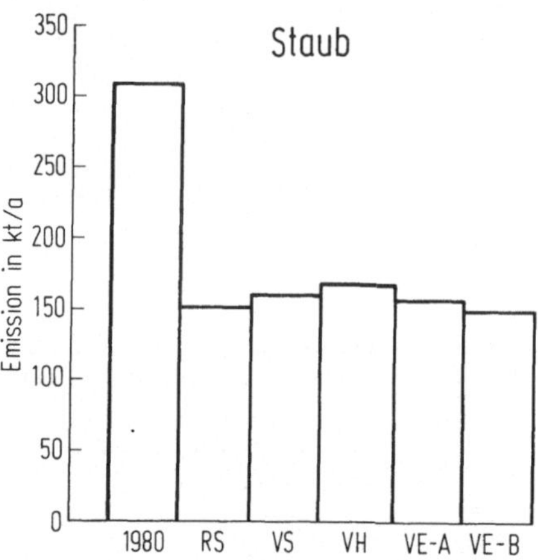

Abb. C-20. Gesamtemissionen an Staub in kt/a für 1980, Referenzschätzung 2000 (RS) und die Kohleeinsatzstrategien (Verstromungsstrategie (VS), Verheizungsstrategie (VH), Veredlungsstrategie (VE) Variante A und B)

geführt und in Abb. C-20 grafisch dargestellt. Nach Abschätzungen des Umweltbundesamtes lagen die Staubemissionen aus allen erfaßten anthropogenen Quellen in der Bundesrepublik Deutschland im Jahr 1978 bei rund 720 000 t [UBA 1982]. Geht man davon aus, daß dieser Wert auch für 1980 gültig war, so lag 1980 der Anteil der Staubemissionen aus dem Einsatz fossiler Energieträger an den gesamten anthropogenen Staubemissionen bei rund 40%. 45% der Staubemissionen aus dem Einsatz fossiler Brennstoffe im Jahre 1980 stammten aus dem Einsatz von Steinkohle, 20% aus dem Einsatz von Braunkohle und 25% aus dem Verkehrssektor (Benzin und Dieselkraftstoff). Der Rest wurde beim Einsatz von schwerem und leichtem Heizöl freigesetzt.

Während die Referenzschätzung 2000 und die verschiedenen Strategien sich hinsichtlich des Staubauswurfs aus Feuerungen und Verkehr wenig voneinander unterscheiden, fällt der starke Rückgang im Vergleich zu den Emissionen des Jahres 1980 auf. Dieser Rückgang ist im wesentlichen Folge der verschärften Regelungen der Großfeuerungsanlagenverordnung für die Staubemissionen der Kraftwerke und weniger das Ergebnis eines Mindereinsatzes von fossilen Brennstoffen gegenüber 1980.

Die in der Tabelle C-25 angegebenen Staubemissionen aus Kohleveredlungsanlagen werden aus den Kraftwerken freigesetzt, die diesen Anlagen zugeordnet sind. Darüber hinaus fallen bei der Kohleveredlung Emissionen im wesentlichen nur bei der Kohlenaufbereitung und bei der Aschedeponie an; diese Emissionen wurden hier – wie auch bei den anderen Strategien – jedoch nicht berücksichtigt. Für Wirbelschichtfeuerungen gelten die gleichen Grenzwerte für die Staubfreisetzung wie für konventionelle Feuerungen, so daß die Werte für die Staubemissionen bei der Verheizungsstrategie unabhängig davon sind, ob in dieser Strategie nur konventionelle Feuerungen oder auch Wirbelschichtfeuerungen eingesetzt werden.

Die erhebliche Reduktion der Gesamtstaubemissionen infolge der verschärften Regelungen der GFAVO wirkt sich auch auf das Emissionsvolumen der Staubinhaltsstoffe aus. Es kann jedoch, wie einleitend erwähnt, nicht davon ausgegangen werden, daß sich die Emissionen der Staubinhaltsstoffe proportional zu den Gesamtstaubemissionen verringern, da sich die Verringerung der Gesamtstaubemissionen nur unterproportional auf die Feinstaubemissionen auswirkt und von letzteren angenommen wird, daß sie in erhöhtem Maßte Träger der Staubinhaltsstoffe sind.

Die Stäube von Wirbelschichtanlagen unterscheiden sich von denen konventioneller Feuerungen sowohl hinsichtlich ihrer Zusammensetzung als auch hinsichtlich des morphologischen Aufbaus. Inwieweit sich diese Eigenschaften günstig oder ungünstig auf das Umweltverhalten der Stäube auswirken, ist noch nicht geklärt.

Trotz dieser Einschränkungen kann die für das Jahr 1980 auf Basis der Staubemissionen ermittelte Staubinhaltsstoffemission als konservative (ungünstige) Abschätzung für die zukünftige Emissionssituation angesehen werden. Entsprechende Abschätzungen für die Referenzschätzung 2000 und die Kohleeinsatzstrategien, auf die hier verzichtet wurde, würden nach den oben angeführten Überlegungen zu deutlich niedrigeren Werten führen. Die folgenden Emissions- und Immissionsanalysen beschränken sich daher auf das Bezugsjahr 1980.

1.2.3.2 Emissionen von Staubinhaltsstoffen aus dem Steinkohleeinsatz in der Bundesrepublik Deutschland im Jahr 1980

Bei der Verbrennung von Steinkohle werden, wie bereits erwähnt, mit dem Staub zahlreiche Spurenelemente emittiert. Tabelle C-26 zeigt Abschätzungen für die Emissionen der vier ausgewählten Staubinhaltsstoffe aus einem Modell-Steinkohlekraftwerk (Spalte 1) und aus dem gesamten Steinkohleeinsatz in Anlagen der Energieumwandlung in der Bundesrepublik Deutschland im Jahr 1980 (Spalte 2). Das Modell-Steinkohlekraftwerk entspricht den Anforderungen der GFAVO für die Leistungsklasse > 300 MWth; die Ergebnisse wurden auf die Stromerzeugung von 1 GWe · a normiert.

Die Werte für die Staubinhaltsstoffemissionen wurden anhand gemessener Spurenelementkonzentrationen der Reingasstäube aus Steinkohlekraftwerken ([Kautz u. a. 1975]; siehe Tabelle C-5, Mittelwerte) und anhand der Gesamtstaubemissionen einmal des Modellkraftwerks, zum anderen des gesamten Steinkohleeinsatzes in Energieumwandlungsanlagen in der Bundesrepublik Deutschland be-

Tabelle C-26. Emissionen von Staubinhaltsstoffen

Element	Emissionen (t/a)		
	Modell-Steinkohlekraftwerk [a] (1 GWe · a)	aus dem Steinkohleeinsatz in der BR Deutschland für 1980	BR Deutschland insgesamt für 1980 [c]
	(1)	(2)	(3)
Arsen	0,69	69	782
Cadmium	0,05	5	328
Quecksilber	0,007 (1,2) [b]	0,7 (22) [b]	4,7
Blei	3,2	320	9 308
Gesamtstaub	1 400	140 000	720 000 [d]

[a] Staubkonzentration im Rauchgas 50 mg/m³

[b] Die in Klammern angegebene Menge wird zusätzlich gasförmig freigesetzt

[c] Nach [Pacyna 1982]

[d] Nach [UBA 1982]

stimmt. Für das Modellkraftwerk dürften die so erechneten Ergebnisse insofern eine Unterschätzung der Staubinhaltsstoffemissionen darstellen, als moderne Kraftwerke im Vergleich zu älteren Anlagen einen höheren Anteil an Feinstäuben freisetzen, die ihrerseits stärker mit Staubinhaltsstoffen angereichert sind als Grobstäube. Zutreffender dürfte unter diesem Aspekt die Abschätzung der Staubinhaltsstoffemissionen aus dem gesamten Steinkohleeinsatz in Energieumwandlungsanlagen sein, da einerseits die aus den oben angeführten Messungen übernommenen Spurenelementkonzentrationen der Stäube für den Großteil der im Bezugsjahr 1980 betriebenen Anlagen gültig sein dürften und andererseits die hier vorgenommene Anwendung dieser Konzentrationsverteilung auch auf die Hausbrandemissionen von Staub sogar eine leichte Überschätzung bedeutet. In jedem Fall stellen die hier errechneten Werte schon deswegen nur grobe Abschätzungen dar, weil, wie Tabelle C-5 zeigt, die Spurenelementgehalte der Reingasstäube über einen großen Bereich streuen.

Aus Tabelle C-26 geht auch hervor, daß Quecksilber zu einem großen Teil *gasförmig* freigesetzt wird, was bei einer Abschätzung der Gesamtemissionen dieses Stoffes aus dem Steinkohleeinsatz berücksichtigt werden muß. Auch andere Spurenelemente werden gasförmig freigesetzt, zum Beispiel Selen und Cadmium. Über die gasförmige Freisetzung von Spurenelementen liegen allerdings bisher nicht in allen Fällen verläßliche Angaben vor; dies gilt z.B. für Cadmium. Zur Klärung dieser Fragen werden gegenwärtig intensive Forschungsarbeiten im Auftrag des UBA durchgeführt.

Für Cadmium wird von Schladot und Nürnberg ein deutlich höherer Gesamtwert für die Emissionen aus dem Steinkohleeinsatz angegeben – 25 t/a – [Schladot, Nürnberg 1982], als in der vorliegenden Studie abgeschätzt wurde (5 t/a). Diese Diskrepanz läßt sich unter anderem damit erklären, daß von Schladot und Nürnberg für den Hausbrand angenommen wurde, daß nahezu das gesamte Cadmium in der Kohle freigesetzt wird [Schladot, Nürnberg 1982], was nach Bröker und Gliwa nicht der Fall ist [Bröker, Gliwa 1980]. In einer Veröffentlichung des BMI wird für die Cadmium-Emissionen aus dem Steinkohleeinsatz ein Wert angegeben, der ebenfalls auf der Basis der von Kautz u.a. gemessenen Spurenelementverteilung in Reingasstäuben aus Kraftwerken gewonnen wurde und daher dem hier errechneten Wert entspricht [BMI 1982; Kautz u.a. 1975].

Tabelle C-26 zeigt in Spalte 3 für das Jahr 1980 Abschätzungen der Gesamtemissionen aus allen anthropogenen Emissionsquellen in der Bundesrepublik Deutschland für die hier betrachteten Staubinhaltsstoffe, die einer Veröffentlichung von Pacyna entnommen wurden [Pacyna 1982]. Diese Werte sind allerdings mit erheblichen Unsicherheiten behaftet. So ergibt eine andere Abschätzung der gesamten Cadmiumemissionen der Bundesrepublik Deutschland, die zum Teil auf Basis der oben angeführten Messungen von Kautz u.a. [Kautz u.a. 1975] durchgeführt wurde, einen Wert von 23 t/a [BMI 1982]. Zuverlässige Aussagen über die Anteile der Staubinhaltsstoffemissionen aus dem Steinkohleeinsatz an den Gesamtemissionen dieser Stoffe sind zur Zeit nicht möglich.

1.2.3.3 Immissionsanalysen für Staub und Staubinhaltsstoffe in Ballungsgebieten für 1980

In diesem Abschnitt wird abgeschätzt, welchen Beitrag die Emissionen von Staub und Staubinhaltsstoffen aus dem Steinkohleeinsatz in Anlagen zur Energieumwandlung in Ballungsgebieten zur bestehenden Belastung von Luft und Boden in diesen Gebieten liefern. Die Immissionsanalysen wurden am Beispiel des in Abschnitt 1.2.1.2 näher beschriebenen Modellballungsraums Ruhr durchgeführt. Die Rechnungen ergeben für die Staubemissionen aus dem Steinkohleeinsatz in Anlagen der Energieumwandlung im MBR-Ruhr einen maximalen Beitrag zur Luftkonzentration in diesem Raum von rund 10 $\mu g/m^3$ als Mittelwert über das Winterhalbjahr. Die im Rhein-Ruhr-Gebiet für 1980 gemessenen Jahresmittelwerte für die Staubkonzentration liegen im Bereich von 70 bis 130 $\mu g/m^3$ [Ixfeld 1982]. Da die gemessenen Werte aus einer Überlagerung aller Immissionen durch anthroprogene und natürliche Emissionsquellen von Staub innerhalb und außerhalb des Ruhrgebietes resultieren, liegen sie deutlich über dem auf der Basis der Staubemissionen allein aus dem Steinkohleeinsatz in Anlagen der Energieumwandlung im MBR-Ruhr errechneten Immissionswert von 10 $\mu g/m^3$. Die Staubimmissionen, die aus dem Einsatz von Steinkohle in Anlagen der Energieumwandlung resultieren, haben damit an der Gesamtimmission von Staub nur einen relativ geringen Anteil.

Ausgehend von dem errechneten Immissionswert für Staub von 10 $\mu g/m^3$ (Maximalwert) werden im folgenden die aus diesem Beitrag zur Staub-Luftkonzentration resultierenden Luftkonzentrationen der vier ausgewählten Staubinhaltsstoffe im MBR-Ruhr berechnet. Da im MBR-Ruhr der überwiegende Teil des Staubes, der im Zusammenhang mit dem Einsatz von Steinkohle emittiert wird, aus Kraftwerken stammt (rd. 90%), wird wiederum für alle aus dem Steinkohleeinsatz in Anlagen der Energieumwandlung im MBR-Ruhr emittierten Stäube von Spurenelementkonzentrationen ausgegangen, die den Messungen von Kautz u.a. [Kautz u.a. 1975] entsprechen (Tabelle C-5, Mittelwerte).

Es ergeben sich die in Tabelle C-27 (Spalte 2) angegebenen *Luftkonzentrationen.* Zum Vergleich mit den für den MBR-Ruhr errechneten Luftkonzentrationen sind die errechneten Luftkonzentrationen in der Umgebung des Modellsteinkohlekraftwerks (Spalte 1), gemessene Werte der Luftkonzentration in ländlichen Gebieten (Spalte 3) und in Ballungsgebieten (Spalte 4) sowie die Grenzwerte der TA Luft bzw. sonstige empfohlene Richtwerte oder Orientierungswerte (Spalte 5) angegeben.

Die für den MBR-Ruhr errechneten Luftkonzentrationen, die aus dem Einsatz von Steinkohle in Energieumwandlungsanlagen resultieren, liegen mit Ausnahme der Arsen-Luftkonzentration deutlich unter den gemessenen Werten – auch in ländlichen Gebieten – und den Grenz- bzw. Richtwerten. Beim Arsen ergibt sich ein Rechenwert, der doppelt so hoch ist wie die in ländlichen Gebieten gemessenen Werte. Beim Quecksilber führt eine pauschale Abschätzung unter Berücksichtigung des *gasförmig* emittierten Quecksilber-Anteils ebenfalls nicht zu Werten für die Luftkonzentration, die in bezug auf den angegebenen „Orientierungswert" kritisch sind.

Der zweite bereits erwähnte Auswirkungsaspekt der Spurenelementemissionen besteht in der Ablagerung am Boden, der *Anreicherung im Boden* und damit der Transfermöglichkeit über Nahrungsmittel zum Menschen. Im folgenden werden daher wiederum für die Bedingungen des MBR-Ruhr die Ablagerungen der aus dem Steinkohleeinsatz in Anlagen der Energieumwandlung im MBR-Ruhr emittierten Staubinhaltsstoffe auf dem Boden und die daraus resultierenden Bodenkonzentrationen bestimmt.

Schadstoffe, die auf dem Boden abgelagert werden, wandern im allgemeinen sehr langsam in tiefere Bodenschichten und verbleiben folglich über lange Zeit in der

Tabelle C-27. Konzentrationen von Staub und Staubinhaltsstoffen in der bodennahen Luftschicht

Emittierter Stoff	Luftkonzentration (ng/m³)				Grenzwerte TA Luft 1983 und sonstige empfohlene Richtwerte oder Orientierungswerte
	errechnet für		gemessen in		
	die Umgebung des Modell-Steinkohlekraftwerks[a]	den MBR-Ruhr für Steinkohleeinsatz 1980	ländlichen Gebieten	Ballungsgebieten	
	(1)	(2)	(3)	(4)	(5)
Arsen	0,1	5	~ 2	~ 15	25[b]
Cadmium	0,008	0,34	~ 3	5– 15	40
Quecksilber	0,001	0,05	~ 10	~ 40	2000[c]
Blei	0,5	23	~ 50	~ 1000	2000
Gesamtstaub	200	10 000	~ 50 000	~ 100 000	150 000

[a] Modell-Steinkohlekraftwerk mit einer Staubkonzentration von 50 mg/m³ Rauchgas, normiert auf 1 GWe/a Stromerzeugung

[b] Von Prof. Schlipköter auf der Sachverständigenanhörung des BMI 1978 empfohlener Vorbeugewert [UBA 1978]

[c] Für Quecksilber existiert kein Grenzwert für die allgemeine Bevölkerung. Zur Begründung des hier angegebenen „Orientierungswertes" siehe Abschnitt 1.3.2.4.5

oberen Bodenschicht. Durch Anreicherungseffekte ergeben sich daher möglicherweise kritische Konzentrationen. Um diese Anreicherungseffekte zu berücksichtigen, wird angenommen, daß die Emissionen aus dem Steinkohleeinsatz in Anlagen der Energieumwandlung im Jahre 1980 in den folgenden 50 Jahren unverändert fortbestehen. (Geht man davon aus, daß für das Jahr 2000 die Emissionen der Referenzschätzung bzw. der Kohleeinsatzstrategien gelten, so überschätzt diese Annahme die tatsächlichen Verhältnisse erheblich.) Es wird ferner angenommen, daß sich die Spurenelemente in der obersten Bodenschicht (15 cm), also in der Pflugschartiefe, gleichmäßig verteilen; eine Abreicherung durch Auswaschen oder Wanderung in tiefere Bodenschichten wird nicht berücksichtigt.

Man erhält die in Tabelle C-28 (Spalte 5) angegebenen Bodenkonzentrationen der ausgewählten Spurenelemente für den MBR-Ruhr. Die gleiche Tabelle zeigt in Spalte 4 die Bodenkonzentrationen, die sich in der Umgebung des Modell-Steinkohlekraftwerks nach 50-jährigem Betrieb dieser Anlage aufgrund der Emissionen von Staubinhaltsstoffen ergeben würden. Außerdem werden in Tabelle C-28 die natürliche Belastung von Böden (Spalte 1), die Grundbelastung am Beispiel von Ackerböden aus Baden-Württemberg (Spalte 2), Extremwerte der Belastung, wie sie an einzelnen Stellen im Ruhrgebiet gemessen werden (Spalte 3), und die nach Kloke „tolerierbaren" Werte (Spalte 6) angegeben [Kloke 1980]. Die „tolerierbaren" Werte für Cadmium und Blei werden, wie die Tabelle zeigt, an einigen wenigen Stellen im Ruhrgebiet deutlich überschritten. Grund für diese hohen Werte sind einerseits inzwischen stillgelegte Industriebetriebe, die in früheren Jahren aufgrund schlechter

Staubrückhaltung hohe Spurenelementemissionen aufwiesen, andererseits aber auch noch in Betrieb befindliche Anlagen mit hohen Spurenelementemissionen. Darüber hinaus führten Ablagerungen von Flußsedimenten in den Überschwemmungsgebieten des Rheins und die in früherer Zeit verbreitete und besonders im Ruhrgebiet stark konzentrierte Kohlefeuerung im Haushaltsbereich, die einen höheren Staub- und damit Spurenelementauswurf hatte als die heute überwiegend gebräuchlichen Öl- bzw. Gasfeuerungen, zu den gemessenen Extremwerten [Minister für Arbeit, Gesundheit und Soziales des Landes Nordrhein-Westfalen 1980].

Die für den MBR-Ruhr errechneten Werte für die Spurenelementbodenkonzentration, die auf Emissionen von Staubinhaltsstoffen aus dem Einsatz von Steinkohle in Anlagen der Energieumwandlung zurückzuführen sind, liegen um mehr als eine Größenordnung unter den Werten für die natürliche Belastung bzw. die Grundbelastung und um mehr als zwei Größenordnungen unter den als tolerierbar angesehenen Werten. Die Werte für die Umgebung des Modell-Steinkohlekraftwerks liegen nochmals um mehr als eine Größenordnung unter den Werten für den Modellballungsraum, in dem sich die Depositionen aus den Emissionen zahlreicher Anlagen überlagern. Die Emissionen der betrachteten Staubinhaltsstoffe aus dem Steinkohleeinsatz sind also im Vergleich zur bereits vorliegenden Grundbelastung – selbst wenn die Emissionen über Jahrzehnte stattfinden – von untergeordneter Bedeutung; eine Erhöhung der Konzentration in Nahrungsmitteln aufgrund dieser Emissionen dürfte nur schwer nachweisbar sein.

Tabelle C-28. Spurenelementkonzentrationen im Boden

Element	Bodenkonzentration (µg/g)					
	gemessene Werte			errechnete Werte[c]		tolerierbare Werte[e]
	natürliche Belastung[a] (Mittelwert)	Grundbelastung[b] (Mittelwert)	Extremwerte im Ruhrgebiet (1980)	für die Umgebung eines Modell-Steinkohlekraftwerks von 1 GWe/a[d]	für den MBR-Ruhr für Steinkohleeinsatz 1980	
	(1)	(2)	(3)	(4)	(5)	(6)
Arsen	6	–[f]	–[g]	0,0014	0,067	20
Cadmium	0,06	0,8	20	0,0001	0,004	3
Quecksilber	0,03	–[f]	–[g]	0,00001	0,0007	2
Blei	10	40	500	0,0067	0,31	100

[a] Werte für unbelastete Böden nach [Bowen 1966]

[b] Werte für Ackerböden in Baden-Württemberg nach [Hoffmann 1981]

[c] Um Anreicherungseffekte zu erfassen, wird davon ausgegangen, daß über einen Zeitraum von 50 Jahren emittiert wird

[d] Staubkonzentration von 50 mg/m³ Rauchgas

[e] Nach [Kloke 1980]

[f] Keine Angaben in [Hoffmann 1981]

[g] Keine Messungen bekannt

Zusätzlich zu den soeben behandelten Spurenelementen werden mit dem Staub unter anderem auch die in der Kohle enthaltenen natürlichen radioaktiven Elemente Uran-235, Uran-238 und Thorium-232 sowie die bei ihrem Zerfall entstehenden Tochterprodukte und das Kalium-40 freigesetzt.

Im folgenden sollen die aus diesen Emissionen resultierende *Strahlenexposition* (effektive Folgeäquivalentdosis) als unter ungünstigen Bedingungen abgeschätzte Ortsdosis im MBR-Ruhr und die kollektive effektive Folgeäquivalentdosis (Kollektivdosis) bestimmt werden. Dabei gibt die Kollektivdosis die gesamte Strahlenexposition der Bevölkerung im MBR-Ruhr an, die aus der Verteilung der im MBR-Ruhr aus dem Steinkohleeinsatz in Anlagen der Energieumwandlung emittierten radioaktiven Elemente in diesem Raum resultiert.

Bestimmt man Ausbreitung und Deposition der im MBR-Ruhr aus dem Steinkohleeinsatz in Anlagen der Energieumwandlung emittierten radioaktiven Elemente unter den gleichen Annahmen wie bei den nicht-radioaktiven Spurenelementen, so erhält man mit den Rechenmodellen zur Strahlenexposition entsprechend BMI [BMI 1979], mit Transferfaktoren für den Boden-Pflanzen-Pfad nach Biesold [Biesold 1983] und mit Dosisfaktoren nach ICRP [ICRP 1979a, b, 1980, 1981] eine effektive Folgeäquivalentdosis als konservativ abgeschätzte Ortsdosis im MBR-Ruhr von 0,01 mSv pro Jahr (das entspricht 1 mrem/a) für die Aufnahme der radioaktiven Elemente mit der Atmung (Inhalation) und von 0,008 mSv pro Jahr (das entspricht 0,8 mrem/a) für die Aufnahme der radioaktiven Elemente mit der Nahrung (Ingestion). Nimmt man an, daß alle 2 Mio Einwohner des MBR-Ruhr diesem Maximalwert ausgesetzt sind, so erhält man eine Kollektivdosis über den Inhalations- und den Ingestionspfad von rund 36-Personen-Sv pro Jahr. Da man davon ausgehen kann, daß der überwiegende Teil der Nahrungsmittel für die Bewohner des MBR-Ruhr nicht im MBR-Ruhr produziert wird und folglich nicht durch die im MBR-Ruhr deponierten Elemente verunreinigt ist, ist diese Berechnung, die eine Eigenversorgung des MBR-Ruhr mit Nahrungsmitteln annimmt, als sehr konservativ anzusehen.

Die berechnete Strahlenexposition als konservativ abgeschätzte Ortsdosis im MBR-Ruhr von 0,018 mSv pro Jahr (1,8 mrem/a) kann mit der Grundbelastung der Strahlenexposition verglichen werden. Diese beträgt im Mittel rund 3 mSv (300 mrem) pro Jahr und Person und setzt sich zusammen aus der natürlichen Strahlenexposition (rund 1/3), aus der Erhöhung der natürlichen Exposition durch Radioaktivität in Häusern (rund 1/3) und aus der medizinischen Exposition (rund 1/3) [Jacobi u.a. 1981]; die Strahlenexposition durch die radioaktiven Emissionen aus dem Steinkohleeinsatz in Anlagen der Energieumwandlung im MBR-Ruhr ist somit extrem klein.

1.2.3.4 Immissionen von Staubinhaltsstoffen auf dem Gebiet der Bundesrepublik Deutschland

In den Analysen zum weiträumigen Schadstofftransport im Rahmen der SO_2-Analyse (Abschnitt 1.2.1.3) wurde abgeschätzt, daß nur ein geringer Anteil der emittierten Schadstoffmenge im Nahbereich des Emittenten verbleibt. Der weitaus größte Anteil der Emissionen unterliegt dem weiträumigen Transport. In diesem Abschnitt wird der Beitrag der weiträumig transportierten Emissionen von Staubinhaltsstoffen zur Konzentration von *Spurenelementen in Böden* der Bundesrepublik Deutschland abgeschätzt. Es wurde von der vereinfachten Modellannahme ausgegangen, daß sich die aus dem Steinkohleeinsatz emittierten Staubinhaltsstoffe (s. Tabelle C-26) vollständig und gleichmäßig verteilt auf dem Gebiet der Bundesrepublik Deutschland ablagern und in den oberen 15 cm Bodenschicht (Pflugschartiefe) verbleiben. Um Anreicherungseffekte zu berücksichtigen, wird weiterhin angenommen, daß die Emissionen des Jahres 1980 in den folgenden 50 Jahren andauern. Die resultierende Abschätzung kann für die Bundesrepublik Deutschland als konservativ angesehen werden, da aufgrund des weiträumigen Transports eine nicht unerhebliche Staubmenge in benachbarte Länder exportiert wird.

Die errechneten Bodenkonzentrationen der ausgewählten Spurenelemente sind in Tabelle C-29 (Spalte 1) angegeben. Diese Rechenwerte werden wiederum, wie bei den Immissionsanalysen für die Ballungsgebiete, mit der natürlichen Belastung (Spalte 2) [Bowen 1966], mit der Grundbelastung (Spalte 3) [Hoffmann 1980] und mit tolerierbaren Gehalten (Spalte 4) [Kloke 1980] verglichen. Die errechneten Werte liegen deutlich unter den Werten für die natürliche und die Grundbelastung und weit unter den tolerierbaren Gehalten. Die Emissionen der ausgewählten Spurenelemente aus dem Steinkohleeinsatz in der Bundesrepublik Deutschland führen selbst bei der hier durchgeführten konservativen Abschätzung nur zu einer geringen Änderung der Belastung der Böden und damit auch nur zu einer sehr geringen Änderung der Spurenelementgehalte in Nahrungsmitteln.

Für die mit dem Staub emittierten radioaktiven Spurenelemente wird im folgenden die kollektive *Strahlenexposition* (kollektive effektive Folgeäquivalentdosis), die sich aus der Aufnahme der radioaktiven Stoffe mit der Atemluft und der Nahrung ergibt, bestimmt. Für diese Abschätzungen gelten die gleichen Modellannahmen

Tabelle C-29. Spurenelementkonzentrationen im Boden (Bundesrepublik Deutschland)

Element	Bodenkonzentration (µg/g)			
	durch Emissionen aus dem Steinkohleeinsatz in Anlagen der Energieumwandlung[a]	natürliche Belastung[b]	Grundbelastung[c]	tolerierbare Werte[d]
	(1)	(2)	(3)	(4)
Arsen	0,06	6	–[e]	20
Cadmium	0,004	0,06	0,8	3
Quecksilber	0,0006	0,03	–[e]	2
Blei	0,27	10	40	100

[a] Um Anreicherungseffekte zu erfassen, wurde davon ausgegangen, daß die Staubemissionen aus dem Steinkohleeinsatz in Anlagen der Energieumwandlung in der Bundesrepublik Deutschland im Jahre 1980 (140 000 t Staub pro Jahr) in den folgenden 50 Jahren unverändert fortbestehen

[b] Werte für unbelastete Böden nach [Bowen 1966]

[c] Werte für Ackerböden in Baden-Würtemberg nach [Hoffmann 1981]

[d] Nach [Kloke 1980]

[e] Keine Angaben in [Hoffmann 1981]

wie für die Rechnungen für nicht radioaktive Spurenelemente. Bei gleichmäßiger Verteilung und Deposition der emittierten Elemente über das Gebiet der Bundesrepublik Deutschland erhält man – unter Berücksichtigung einer Anreicherungszeit im Boden von 50 Jahren – über die Aufnahme der radioaktiven Stoffe mit Nahrungsmitteln eine Kollektivdosis von rund 430 Personen-Sievert pro Jahr und über die Aufnahme der radioaktiven Stoffe mit der Atemluft eine Kollektivdosis von rund 530 Personen-Sievert pro Jahr. Bei der Bestimmung der Kollektivdosis über die Aufnahme der radioaktiven Elemente mit der Nahrung wurde davon ausgegangen, daß der Nahrungsmittelverzehr pro Einwohner, unabhängig vom Alter, den vom BMI angegebenen Werten für den Normalverzehr entspricht [BMI 1979] und daß der gesamte Nahrungsmittelbedarf der Bevölkerung der Bundesrepublik Deutschland aus eigener Produktion gedeckt wird.

Die berechnete Kollektivdosis von insgesamt rund 960 Personen-Sievert pro Jahr (das sind im Mittel pro Einwohner der Bundesrepublik Deutschland 0,016 mSv pro Jahr = 1,6 mrem pro Jahr) kann wiederum mit der Grundbelastung von $1{,}8 \cdot 10^5$ Personen-Sievert pro Jahr für die Bevölkerung der Bundesrepublik Deutschland (das sind im Mittel pro Einwohner der Bundesrepublik Deutschland 3 mSv pro Jahr = 300 mrem pro Jahr) verglichen werden. Die durch die Staubemissionen aus dem Steinkohleeinsatz zur Energieumwandlung bewirkte Kollektivdosis beträgt selbst unter konservativer Abschätzung (es wurde angenommen, daß sich die gesamten Emissionen auf dem Gebiet der Bundesrepublik Deutschland ablagern) weniger als 1% der Grundbelastung.

1.2.3.5 Zusammenfassung und Schlußfolgerungen

Aus den durchgeführten Abschätzungen ergeben sich die folgenden Schlußfolgerungen:

(1) Insgesamt ist bei Spurenelementen – jedenfalls bei den hier untersuchten – die Belastungssituation in Ballungsgebieten keineswegs unproblematisch. Dies gilt sowohl für die Luftkonzentrationen als auch für die Bodenkonzentrationen, da die gemessenen Werte – mit Ausnahme der Quecksilber-Luftkonzentration – im Größenordnungsbereich von Grenzwerten bzw. von empfohlenen Richtwerten oder „tolerierbaren" Werten liegen. Eine Strategie zur Verringerung dieser Werte muß zuerst an den Hauptquellen ansetzen und dort Emissionsreduktionen durchsetzen. Nach den Abschätzungen dieser Studie dürfte dabei Energieumwandlungsanlagen, die Steinkohle einsetzen, im allgemeinen keine größere Bedeutung zukommen.

(2) Nennenswerte Beiträge der Emissionen von Staubinhaltsstoffen aus dem Steinkohleeinsatz zur Luftkonzentration wurden nur für Arsen errechnet.

(3) Abschätzungen zur langfristigen Anreicherung der hier betrachteten Spurenelemente im Boden innerhalb von Ballungsgebieten oder größeren Regionen ergaben nur sehr geringe Beiträge durch Emissionen dieser Staubinhaltsstoffe aus dem Steinkohleeinsatz in Anlagen der Energieumwandlung. Dies gilt auch für Arsen.

(4) Den Anforderungen der GFAVO genügende Steinkohlekraftwerke tragen durch Emissionen von Staubinhaltsstoffen nur geringfügig zur Spurenelementkonzentration und -deposition in ihrer unmittelbaren Umgebung bei.

(5) Es muß bei der Beurteilung dieser Ergebnisse beachtet werden, daß verschiedene Spurenelemente, z. B. Quecksilber, zu großen Teilen auch gasförmig freigesetzt werden. Bei einigen Elementen, z. B. dem Cadmium, besteht noch Unklarheit bezüglich der Höhe des gasförmig emittierten Anteils; hier muß der Kenntnisstand durch entsprechende Meßprogramme verbessert werden. Beim Quecksilber ergaben pauschale Abschätzungen, bei denen der gasförmig emittierte Anteil berücksichtigt wurde, ebenfalls keine kritischen Werte für die Luftkonzentration.

1.2.4 Polyzyklische aromatische Kohlenwasserstoffe

1.2.4.1 Emissionen von polyzyklischen aromatischen Kohlenwasserstoffen

Polyzyklische aromatische Kohlenwasserstoffe (PAH), von denen einige als krebsverursachend gelten, entstehen in Feuerungen hauptsächlich durch unvollständige Verbrennung. Die Menge der bei Verbrennung kohlenwasserstoffhaltiger Materialien entstehenden PAH ist ist also um so geringer, je vollständiger das Material zu Kohlendioxid und Wasser verbrannt wird. Bei bisher durchgeführten Messungen der Emissionen aus *kohlebefeuerten Großfeuerungsanlagen* wurden übereinstimmend sehr niedrige Konzentrationen emittierter PAH *bei ungestörtem Betrieb* gefunden. Ahland und Mertens geben als vorläufiges Ergebnis ihrer Messungen an mehreren Kraftwerksblöcken Emissionen im Bereich von 3,5 μg bis 225 μg Benzo(a)pyren (BaP) je Tonne Einsatzkohle an [Ahland, Mertens 1980]. Die Proben wurden dem Reingasstrom nach den Elektrofiltern entnommen. Dem entsprechen – nach diesen Autoren – 0,2 ng/m³ bis 15 ng/m³ Benzo(a)pyren im Reingas. Auch Guggenberger u.a. kommen, wie Tabelle C-30 zeigt [Guggenberger u.a. 1981], zu Meßergebnissen im Bereich höchstens einiger Nanogramm.

Die wenigen Messungen der PAH-Emissionen von Kraftwerken lassen jedoch die Frage offen, welche Emissionen im Falle von *Betriebsstörungen* entstehen. Es ist zu vermuten, daß nur bei Betriebsstörungen größere Mengen von PAH emittiert werden.

Anzumerken ist auch, daß bei den Messungen an Kraftwerken das bisher erfaßte Spektrum der PAH unvollständig ist. So geben Ahland und Mertens nur den Benzo(a)pyren-Gehalt an, obwohl Benzo(a)pyren nur einer der in Emissionen von Kohleverbrennungsanlagen nachgewiesenen polyzyklischen aromatischen Kohlenwasserstoffe ist. Auch Guggenberger mißt nur eine begrenzte Zahl von acht polyzyklischen Kohlenwasserstoffen. Heterozyklische Aromaten oder Verbindungen mit Seitenketten sind in beiden Arbeiten nicht gemessen worden. Es ist jedoch bei dem Grad der Verbrennung in Kraftwerken sehr unwahrscheinlich, daß bisher nicht erfaßte Verbindungen dieser Stoffgruppe in höheren Konzentrationen emittiert werden als die in Tabelle C-30 angegebenen PAH. Nach vorsichtiger Schätzung liegt bei Kraftwerken die insgesamt pro Kubikmeter Abgas emittierte Gesamtmenge aller PAH unter einem Mikrogramm.

Über emittierte PAH aus *Wirbelschichtanlagen* liegen bisher nur wenige, ausschließlich an amerikanischen Versuchsanlagen durchgeführte Messungen vor. Diesen Messungen läßt sich entnehmen, daß die Emissionen von PAH aus Wirbelschichtanlagen höchstens von der Größenordnung der PAH-Emissionen großer Kohlenstaubfeuerungen – also kleiner als 1 μg PAH/m³ Rauchgas – sind (vgl. hierzu im einzelnen Materialienband II dieser Studie [Bonn, Schilling 1983].

Sieht man von Betriebsstörungen in Kraftwerken ab, für die keine Informationen bezüglich der Emissionen vorliegen, so kann man aufgrund der vorliegenden Messungen feststellen, daß die aus großen kohlebefeuerten Kraftwerken emittierten Mengen polyzklischer Aromaten sehr gering sind.

Erheblich höhere Belastungen durch PAH-Emissionen verursacht dagegen der Kohleeinsatz in den Sektoren „Haushalte und Kleinverbraucher" und „Kokereien". So liegen die BaP-Emissionen aus der Verbrennung von Steinkohlenbriketts in Haushalten zwischen 1 und 4,5 mg/kg Brennstoff (je nach Ofentyp); wichtet man

Tabelle C-30. Ergebnisse von Meßreihen für die Massenkonzentration ausgewählter polyzyklischer aromatischer Kohlenwasserstoffe in Abgasen kohlebefeuerter Großfeuerungen nach [Guggenberger u. a. 1981]

Brennstoff		Steinkohle (Ruhrkohle)				Steinkohle (Saarkohle)				Braunkohle (Rheinland)		
Feuerung		6 Kohlenstaub-Wirbelbrenner Schmelzkammer				4 Kohlenstaub-Brenner als Deckenbrenner, Doppelschmelzkammer				Kohlenstaub-Brenner Tangentialfeuerung Ascheabzug trocken		
Abgasvolumenstrom	m^3/h	328 000				472 200				1 122 000		
Sauerstoffgehalt	Vol.-%	5,2				5,0				7,0		
Benzo(a)pyren	ng/m^3	<0,1	0,5	0,6	0,7	<0,5	<0,5	<0,5	<0,5	<0,5	<0,5	<0,5
Benzo(b)fluoranthen + Benzo(e)pyren	ng/m^3	1	2	3	3	<0,1	<0,1	<0,1	<0,1	0,4	<0,1	<0,1
Benzo(k)fluoranthen	ng/m^3	<0,5	0,7	0,8	2	1,8	<0,1	<0,1	<0,1	1,3	<0,1	<0,1
Perylen	ng/m^3	0,1	0,2	0,2	0,2	0,1	<0,1	<0,1	<0,1	<0,1	<0,1	<0,1
Benzo(ghi)perylen	ng/m^3	<0,5	2	2	3	<0,5	<0,5	<0,5	<0,5	<0,5	<0,5	<0,5
Dibenz(ah)anthracen	ng/m^3	<0,5	0,5	2	2	<0,5	<0,5	<0,5	<0,5	<0,5	<0,5	<0,5
Coronen	ng/m^3	3	1	<2	<2	<2	<2	<2	<2	<2	<2	<2

diese Werte mit den Anteilen der geschätzten Einsatzmengen an Steinkohlenbriketts in den unterschiedlichen Ofentypen, so erhält man für die spezifischen BaP-Emissionen durch den Einsatz von Steinkohlenbriketts in Haushalten einen Wert von etwa 3 mg/kg Brennstoff. Bei der Verbrennung von Gas- und Gasflammkohle in Universaldauerbrennern im Bereich der Haushalte und Kleinverbraucher wurden 17,4 mg BaP/kg Brennstoff im Rauchgas nachgewiesen. Für den Steinkohlenkokseinsatz im Hausbrand und bei Kleinverbrauchern ergaben Messungen spezifische BaP-Emissionen von 0,01 bis 0,3 mg/kg Brennstoff [UBA 1984].

Allein für den Einsatz von Steinkohlenbriketts in Haushalten – 1980 waren dies rund 1,2 Mio t – errechnen sich für 1980 auf der Basis des oben angeführten spezifischen Emissionswertes BaP-Emissionen in Höhe von insgesamt etwa 3600 kg. (Die hier nicht betrachteten BaP-Emissionen aus dem Einsatz von Braunkohlenbriketts im Hausbrand dürften 1980 etwa doppelt so hoch gewesen sein.)

Kokereien emittieren PAH vor allem durch Leckagen sowie beim Füllen und bei anderen Betriebsprozeduren. Diese Emissionen können daher nur grob geschätzt werden. In dieser Studie wird von einem BaP-Emissionswert von 0,2 mg/kg eingesetzter Steinkohle ausgegangen.

Tabelle C-31 zeigt für verschiedene Sektoren die mit den diskutierten spezifischen Emissionswerten errechneten BaP-Emissionen für das Bezugsjahr 1980 und die Referenzschätzung 2000. Neben den Kohleverbrennungsanlagen gilt auch der Kraftfahrzeugverkehr mit geschätzten BaP-Emissionen von rund 2 t/Jahr als bedeutende Quelle von PAH [Grimmer u. a. 1975].

In jedem der Sektoren „Haushalte und Kleinverbraucher", „Kokereien" und „Verkehr" wurde 1980 um mindestens das 100fache mehr an BaP aus dem Einsatz von Steinkohle emittiert als aus den Großfeuerungen der Kraft- und Fernheizwerke auf Steinkohlebasis. Verglichen mit der Situation des Jahres 1980 ergeben sich für die Referenzschätzung 2000 im Kraft- und Fernheizwerkssektor aufgrund der größeren Menge eingesetzter Steinkohle geringfügig höhere BaP-Emissionen.

In den Sektoren „Haushalte und Kleinverbraucher" und „Kokereien" gehen die BaP-Emissionen dagegen wegen der erheblichen Verminderung des Steinkohleeinsatzes in diesen Bereichen von 1980 bis 2000 (Referenzschätzung) um mehr als die

Tabelle C-31. Benzo(a)pyren-Emissionen aus dem Einsatz von Steinkohle in verschiedenen Sektoren für 1980 und die Referenzschätzung 2000

Steinkohleeinsatz im Sektor:	Jahr	Brennstoffeinsatz (Steinkohle) in Mio t SKE pro Jahr	BaP-Emissionen pro t SKE	BaP-Emissionen pro Jahr
Kraftwerke und	1980	39	3,5–225 μg	0,14– 9 kg
Fernheizwerke	2000	53	3,5–225 μg	0,19–12 kg
Haushalte und				
Kleinverbraucher (nur	1980	1,2	3,0 g	3600 kg
Steinkohlenbriketts)	2000	0,5	3,0 g	1500 kg
Kokereien und	1980	37,5	0,2 g	7500 kg
Ortsgaswerke	2000	28	0,2 g	5600 kg

Hälfte bzw. um etwa ein Viertel zurück. Demnach werden auch im Jahre 2000 die BaP-Emissionen dieser Sektoren noch weit über denen des Sektors „Kraftwerke und Fernheizwerke" liegen.

Durch den *strategiebedingten* Steinkohlemehreinsatz gegenüber der Referenzschätzung werden die Hauptquellen für BaP-Emissionen aus dem Steinkohleeinsatz, die Haushalte und Kokereien, nicht betroffen, so daß die Unterschiede zwischen der Referenzschätzung 2000 und den Kohleeinsatzstrategien hinsichtlich der BaP-Emissionen gering sein dürften. Eine Tendenz zur Verminderung der PAH-Emissionen im Verkehr kann die Veredlungsstrategie durch den vermehrten Einsatz von Methanol und Flüssiggas als Treibstoff mit sich bringen.

1.2.4.2 Immissionen von polyzyklischen aromatischen Kohlenwasserstoffen

Messungen in den großen Städten der Bundesrepublik Deutschland ergaben bis etwa 1970 allein für Benzo(a)pyren häufig Kurzzeitwerte von weit mehr als 100 ng BaP/m^3 Luft. Auch heute treten in besonders hoch belasteten Gebieten – etwa in der Nähe von Kokereien in Essen – noch kurzzeitig Werte von mehr als 200 ng BaP/m^3 auf. Allgemein kann jedoch in den letzten 10 bis 15 Jahren eine Abnahme der PAH-Immissionen auch in hoch belasteten Gebieten festgestellt werden. So sanken z. B. in Duisburg die Jahresmittelwerte für BaP von etwa 90 ng BaP/m^3 im Jahre 1969 auf etwa 10 ng BaP/m^3 Luft im Jahre 1978 [Tomingas 1980].

Ursachen für diese deutliche Immissionsentlastung sieht Tomingas

- in der abnehmenden Verwendung von Kohlehaushaltsöfen und Öleinzelöfen,
- im Angebot raucharmer Briketts und in der Verbesserung der Verbrennungstechnik,
- sowie in einer Reihe von weiteren Maßnahmen wie etwa einer häufigeren Kontrolle und Wartung von Heizanlagen.

Ein Indiz für die Richtigkeit dieser Vermutungen ist darin zu sehen, daß neben der Abnahme der BaP-Konzentration in der Luft auch die pro Milligramm Schwebstaub adsorbierte Menge BaP deutlich gesunken ist.

Ähnliche Schlüsse legen auch Beobachtungen in den Niederlanden nahe. Hier sanken parallel mit der Umstellung der Haushaltsheizungen von Kohle auf Gas in den Jahren von 1965 bis 1977 (der Kohleverbrauch in Haushalten sank um 99%) die an vielen Stationen gemessenen BaP-Konzentrationen auf nicht mehr sicher nachweisbare Pegel unter einem Nanogramm [Brasser 1980].

Die TA Luft enthält keinen Immissionsgrenzwert für polyzyklische Aromaten. Auf der Anhörung von Sachverständigen des BMI zur Vorbereitung der Novellierung der TA Luft wurde 1978 von Pott [UBA 1978] zwar ein Orientierungswert von 10 ng BaP/m^3 als Obergrenze der Benzo(a)pyren-Belastung der Luft vorgeschlagen, der jedoch nicht in die Änderung der TA Luft vom Februar 1983 aufgenommen wurde. Werte von 10 ng BaP/m^3 werden langzeitig in verschiedenen Ballungsgebieten deutlich überschritten; kurzfristige Überschreitungen um das 30fache sind in hoch belasteten Gebieten auch in jüngster Zeit häufiger gemessen worden.

Benzo(a)pyren und Dibenz(a,h)anthracen sind inzwischen in die Liste karzinogener Stoffe der Klasse I der TA Luft einbezogen worden. Von diesen Stoffen dürfen im Abgas genehmigungsbedürftiger Anlagen insgesamt nicht mehr als 0,1 mg/m^3 emittiert werden. Wie dem vorangegangenen Abschnitt über die PAH-Emissionen zu entnehmen ist, wird ein sehr großer Teil der umweltbelastenden PAH jedoch aus Quellen emittiert, die nicht unter die Regelungen dieser Verordnung fallen.

1.2.4.3 Zusammenfassung und Schlußfolgerungen

(1) Die aus großen kohlebefeuerten Kraft- und Fernheizwerken emittierten Mengen an PAH sind sehr gering. Erheblich höher sind die PAH-Emissionen aus dem Kohleeinsatz in den Sektoren „Haushalte und Kleinverbraucher“ und „Kokereien“. In jedem dieser Sektoren wurde 1980 um weit über das 100fache mehr an BaP aus dem Einsatz von Steinkohle emittiert als aus den Großfeuerungen der Kraft- und Fernheizwerke auf Steinkohlebasis. Auch der Kraftfahrzeugverkehr ist eine bedeutende Quelle von PAH-Emissionen.

(2) Für die Referenzschätzung 2000 ergeben sich im Sektor Kraft- und Fernheizwerke auf Grund des zunehmenden Steinkohleeinsatzes geringfügig höhere BaP-Emissionen, während in den Sektoren „Haushalte und Kleinverbraucher“ und „Kokereien“ die BaP-Emissionen wegen der erheblichen Reduktion des Steinkohleeinsatzes in diesen Bereichen stark absinken werden. Die zuletzt genannten Sektoren werden aber auch im Jahr 2000 noch mit Abstand größere PAH-Emittenten sein als die Kraft- und Fernheizwerke.

(3) Die Unterschiede zwischen der Referenzschätzung 2000 und den Kohleeinsatzstrategien hinsichtlich der BaP-Emissionen dürften gering sein.

(4) Die PAH-Immissionen sind in den letzten Jahren auch in hoch belasteten Gebieten zurückgegangen, unter anderem wegen der abnehmenden Verwendung von Kohlehaushaltsöfen und Öleinzelöfen. Dennoch wird auch heute noch der Wert von 10 ng BaP/m^3, der als Obergrenze für die BaP-Belastung der Luft vorgeschlagen, aber nicht in die TA Luft aufgenommen wurde, kurz- und auch langfristig nicht selten deutlich überschritten.

(5) Zwar hat man inzwischen Benzo(a)pyren und Dibenz(a,h)anthracen in die Liste karzinogener Stoffe der Klasse I der TA Luft aufgenommen, von denen im Abgas genehmigungsbedürftiger Anlagen insgesamt nicht mehr als 0,1 mg/m^3 emittiert werden dürfen. Doch wird ein sehr großer Teil der umweltbelastenden PAH aus Anlagen emittiert, die nicht in den Geltungsbereich der TA Luft fallen.

1.2.5 Kohlendioxid

Zusammenfassung der Ergebnisse. [1] Die zunehmenden Kohlendioxidemissionen aus dem Einsatz fossiler Energieträger werden in einer Reihe neuerer Untersuchungen als Ursache potentieller globaler und regionaler Temperaturerhöhungen genannt. Als kritisch wird dabei eine Verdopplung der CO_2-Konzentration auf den Wert von 600 ppm angesehen; für diese Konzentration wird eine mittlere globale Temperaturerhöhung zwischen 1,5 und 4,5 K abgeschätzt. Im Rahmen der vorliegenden Studie wird die Aussagekraft von Rechnungen zum Eintrittszeitpunkt einer Verdopplung der CO_2-Konzentrationen und zur Steigerung der Temperaturen untersucht.

Die im Rahmen der Studie durchgeführten Modellrechnungen zum Kohlenstoffkreislauf zeigen, daß bei einem weiteren Wachstum der Biosphäre (Pflanzen und Tierwelt des Festlandes) mit einem Wachstumsfaktor $\beta = 0,1$ – einem Wert, der eine gute Anpassung zwischen Modellrechnungen und beobachteter historischer CO_2-Konzentrationsentwicklung ergibt – selbst bei einer hohen Zuwachsrate der Kohlenstoffemissionen aus dem Einsatz fossiler Energieträger von 2,5%/a keine Verdopplung der CO_2-Konzentration in der Atmosphäre bis Mitte des nächsten Jahrhunderts zu erwarten ist. Bei Annahme eines geringeren, tendenziell auf Null absin-

1 Eine ausführliche Darstellung der im Rahmen der Studie durchgeführten Analysen zum CO_2-Problem enthält der Bericht des Kernforschungszentrums Karlsruhe (KfK 3527).

kenden Wachstums der Biosphäre und eines Wachstums der Kohlenstoffemissionen aus dem Einsatz fossiler Brennstoffe von 2,5%/a ergeben die Modellrechnungen eine Verdopplung der CO_2-Konzentration für den Zeitpunkt Mitte des nächsten Jahrhunderts. Bei Annahme mittlerer und niedriger Zuwachsraten für den Einsatz fossiler Energieträger bzw. der daraus resultierenden Kohlenstoffemissionen wird eine Verdopplung der CO_2-Konzentration für den Zeitraum bis Mitte des nächsten Jahrhunderts auch bei geringem Wachstum der Biosphäre nicht erreicht. Dies zeigt die Bedeutung des biologischen Wachstumsfaktors für das Ergebnis der Rechnungen und weist auf die Notwendigkeit hin, den Kohlenstoffkreislauf besser zu untersuchen. Erst aufgrund einer verbesserten Wissensbasis werden belastbare Aussagen möglich sein.

Die bisher für die Prognose von Klimaänderungen eingesetzten Klimamodelle sind mit einer Reihe von Mängeln behaftet. Diese Mängel betreffen insbesondere die ungenügende Behandlung von Wolken, Niederschlägen, orographischen Effekten und des Systems Ozean-Atmosphäre. Ein weiterer Mangel der Klimamodellrechnungen besteht darin, daß die zeitliche Entwicklung der Klimaänderungen nur sehr unzureichend prognostiziert werden kann, da die Vernachlässigung bzw. die stark vereinfachte Berücksichtigung der Wechselwirkungen zwischen verschiedenen klimatischen Faktoren von großem Einfluß auf den zeitlichen Verlauf der prognostizierten Temperaturänderungen sind. Rechnungen mit verschiedenen Modellvarianten ergeben große Unterschiede in den zeitlichen Verzögerungen zwischen erhöhten CO_2-Konzentrationen in der Atmosphäre und Klimaauswirkungen.

Zusammenfassend ist aus den dargestellten Sachverhalten zu schließen, daß im Augenblick sowohl die Aussagen über die Entwicklung der atmosphärischen CO_2-Konzentration aufgrund des Einsatzes fossiler Energieträger als auch die Aussagen über die Auswirkungen erhöhter CO_2-Konzentrationen auf das Klima mit großen Unsicherheiten behaftet sind und daß politische Schlußfolgerungen, wie sie in neueren Studien der Environmental Protection Agency [EPA 1983] und der Kernforschungsanlage Jülich [KFA 1983] gezogen werden, wegen der noch erheblichen Wissenslücken nur schwer begründet werden können. Diese Einschätzung entspricht in etwa den Schlußfolgerungen einer neuen Studie der amerikanischen Akademie der Wissenschaften [NAS 1983]. Da die potentiellen langfristigen Auswirkungen von Klimaveränderungen jedoch erheblich sein können, stellt eine Intensivierung der Forschung sowohl zum Kohlenstoffkreislauf als auch zu den Klimamodellen eine vordringliche Aufgabe dar.

1.3 Kenntnisstandsdarstellungen zu den Auswirkungen von Emissionen luftverunreinigender Stoffe auf Menschen, Ökosysteme und Materialien

1.3.1 Allgemeine Probleme der Umwelttoxikologie

Bevor im folgenden über toxische und materialschädigende Wirkungen einiger chemischer Elemente und Verbindungen wie Schwefeldioxid, Stickoxide, Schwermetalle oder polyzyklische Aromaten berichtet wird – über Stoffe also, die heute im Zusammenhang mit der Gefahr einer schleichenden Umweltvergiftung vorrangig diskutiert werden, sei an eine alte Erfahrung der Toxikologen erinnert: „Alle Dinge sind Gift und nichts ist ohne Gift; allein die Dosis macht, daß ein Ding kein Gift ist". Bereits 1537 sprach Paracelsus diesen nach wie vor gültigen Grundsatz der Toxikologie aus. Die häufig anzutreffende, dem Kontext vieler fachfremder Publikationen zu entnehmende Ansicht, es gebe chemische Elemente und Verbindungen, denen grundsätzlich giftige und umweltschädigende oder grundsätzlich unschädliche Wirkungen innewohnen, kann zu folgenschweren Fehleinschätzungen führen. Allein die Dosis macht, daß ein Ding *kein Gift ist!* Kobalt, ein Schwermetall, ist zum Beispiel als Bestandteil des Vitamins B_{12} lebenswichtig. In anderen Verbindungen oder in einer Überdosis jedoch ist dieses Element Gift. So führte die Verwendung von Kobalt als Schaumstabilisator in einem kanadischen Bier zu teils tödlichen Vergiftungen bei Personen mit hohem Bierkonsum. Chrom, ebenfalls ein Schwermetall, steht im Verdacht, als chemisch sechswertiges Ion krebserzeugend zu wirken. In seiner dreiwertigen Form ist es jedoch lebenswichtig. Mangel an Chrom kann z. B. diabetesähnliche Zustände erzeugen, Linsentrübungen des Auges verursachen oder zu Wachstumsstörungen führen.

Welche Dosis eines Stoffes ist jedoch noch ungiftig, und oberhalb welcher Dosis treten welche Schäden auf? Niemand, der mit der Problematik der Umwelttoxikologie vertraut ist, wird hierauf eine einfache Antwort oder eine abschließende Beurteilung erwarten. Das Wissen um Wirkungen chemischer Stoffe auf Organismen und deren Lebenssysteme sowie auf bestimmte Materialien ist zwar in den letzten Jahren beträchtlich gewachsen, doch zeigt sich bei einem Blick auf die aktuelle wissenschaftliche Diskussion vieler Probleme dieses Forschungsgebietes auch, wie unsicher und lückenhaft die Kenntnisse vielfach noch sind.

Die großen Schwierigkeiten bei der Erforschung und Beurteilung möglicher Zusammenhänge zwischen Umweltbelastungen und Schädigungen von Lebewesen, Ökosystemen und Materialien ergeben sich hauptsächlich aus folgenden Fakten:

- Die belastenden Dosen sind meist so gering, daß *unmittelbar* keine Schäden beobachtet werden können. Erst die wiederholte oder ständige (chronische) Belastung mit kleinen Dosen über lange Zeit erzeugt Schäden.
  Eindeutig und sofort erkennbar schädliche Dosen für die menschliche Gesundheit treten in der Regel nur bei Unfällen wie in Seveso oder in bestimmten arbeitsplatzbedingten Situationen auf.
  Waldökosysteme sind von direkt wirkenden, sichtlich toxischen Dosen zumeist nur in Emittentennähe (Rauchgasschäden) und bei bestimmten meteorologischen Konstellationen, die zu hohen Schadstoffanreicherungen in den bodennahen Schichten der Atmosphäre oder zur Bildung sehr toxischer Umwandlungsprodukte führen (z. B. Ozon), betroffen.
- Der kausale Beweis, daß ein spezieller Stoff in Umweltverunreinigungen für einen bestimmten beobachteten Effekt verantwortlich ist, gelingt wegen der vielen gleichzeitig vorhandenen Einwirkungen anderer Stoffe oder Umwelteinflüsse, die zu gleichen Effekten führen können, meist nicht.
- Die Schäden durch Umweltbelastungen zeigen sich oft nur bei besonders sensiblen oder vorgeschädigten Organismen. Reaktionen und Reaktionsschwellen können von einem Individuum zum anderen stark schwanken. Ob ein Individuum geschädigt wird oder nicht, kann z. B. beim Menschen von der Form der Ein-

wirkung, vom Ernährungs- und allgemeinen Gesundheitszustand, von Eß- und Trinkgewohnheiten, von individuellen Eigenheiten in den biochemischen Regelkreisen und ähnlichem mehr abhängen.

- Tierexperimente oder Experimente mit Pflanzen in synthetischer Umgebung liefern zwar wichtige Informationen und Aufschlüsse über die Plausibilität von Thesen. Sie können jedoch selten als Beweis eines kausalen Zusammenhanges zwischen bestimmten Erkrankungen und Umweltverunreinigungen dienen, da sich die realistischen Umweltbedingungen bei diesen Experimenten zumeist nicht nachbilden lassen oder die Übertragung von Ergebnissen, etwa der von Tierexperimenten auf den Menschen, aufgrund anderer biochemischer oder physiologischer Voraussetzungen unzulässig wäre.
- Die biochemischen und physiologischen Kenntnisse über Aufnahme eines Stoffes in den menschlichen, tierischen oder pflanzlichen Organismus, über Resorption, Umwandlung, Speicherung, Abbau, Ausscheidung und Einwirkungen auf lebenswichtige Prozesse, sind meist nur so unzulänglich, daß die Ableitung einer Dosis-Wirkungsbeziehung aus diesen Kenntnissen nicht möglich ist.

In Anbetracht dieser Probleme ist es verständlich, daß heute beim Verdacht einer Umweltschädigung durch einen bestimmten Stoff nur ein mehr oder weniger umstrittenes Urteil anhand mehr oder weniger erdrückender Indizien gefällt werden kann. Lückenlose kausale Beweise sind in absehbarer Zeit meist nicht zu erwarten.

Gilt das für einzelne Substanzen, so erst recht für die täglich mit der Atemluft inhalierten und mit der Nahrung aufgenommenen bzw. auf die Pflanzen und Materialien einwirkenden Stoffgemische, deren Zusammensetzung nicht einmal hinlänglich bekannt ist. Es ist nämlich sehr unwahrscheinlich, daß die einzelnen Substanzen eines Gemisches völlig unabhängig voneinander, so als seien die übrigen Stoffe nicht vorhanden, auf die komplizierten chemischen und physiologischen Abläufe in biologischen Systemen einwirken. Kombinationswirkungen sind auch bei Begasungsversuchen von Pflanzen aus verschiedenen Gründen bisher nicht oder nur unzureichend berücksichtigt worden; sie können eine Erklärung dafür sein, daß im Experiment meist wesentlich höhere Dosen erforderlich sind, um die gleichen Symptome zu erzeugen wie in der komplexen Umwelt.

Es muß also angenommen werden, daß viele Faktoren, die in ihren Eigenschaften und ihrer Zusammensetzung nur teilweise bekannt sind, irritierend auf den Organismus einwirken, ihn ständig zu Abwehr- und Ausgleichsreaktionen veranlassen und so den biologischen Haushalt belasten, ohne daß zunächst Krankheitssymptome auftreten müssen. Durch lange Wirkungsdauer, Intensitätssteigerung oder Hinzukommen neuer Belastungen können die Abwehr- und Anpassungsmechanismen nach mehr oder weniger langer Zeit unbemerkter Überbeanspruchung plötzlich versagen. Es kommt zum „Umkippen“ des biologischen Systems, was sich dann oft überraschend in Form einer *Komplexkrankheit* manifestiert.

Komplexkrankheiten weisen häufig folgende Eigenschaften auf:

- Wegen der Komplexität des biologischen Systems und des gleichzeitigen Zusammenwirkens vieler Belastungen kann beim gegenwärtigen Stand des Wissens kein eindeutiger Kausalzusammenhang hergestellt werden. Allerdings bieten statistische Korrelationen Hinweise für mögliche Zusammenhänge.

- Während einer latenten Anfangsphase kann eine unspezifische Beeinträchtigung von Entwicklung und Vitalität stattfinden, ohne daß eindeutige Krankheitssymptome erscheinen müssen.
- Der Ausbruch der Krankheit kann ausgelöst werden durch die Dauer und Akkumulierung der Streßwirkung, die Erhöhung der Intensität von Belastungen oder durch Hinzukommen neuer Stressoren.
- Die Krankheit verläuft meist progressiv, und eine Erholung ist auch bei Ausschluß wichtiger Stressoren wegen der Erschöpfung des gesamten biologischen Systems, schon während der submorbiden Phase, schwierig.

In Anbetracht dieser für fast alle „Umweltkrankheiten" geltenden Eigenschaften ist es sehr problematisch, von „nicht-toxischen" Belastungen etwa der Luft zu sprechen. Selbst kleine Dosen können für einen ohnehin schon hoch belasteten Organismus zu viel werden.

Dieser kurze Problemaufriß sollte zeigen, daß Aussagen über die Folgen von Umweltverunreinigungen mit großen Unsicherheiten behaftet sind. Das darf bei der Dringlichkeit der Probleme jedoch nicht zu der Handlungsdirektive „Im Zweifelsfall für den Angeklagten" führen. In vielen Fällen ist nämlich auch ohne genaue Kenntnis der vielschichtigen, oft unspezifischen Zusammenhänge unbestreitbar, daß eine Verbesserung der Qualität von Luft, Wasser und Boden Schäden an den Ökosystemen und Materialien mindern oder gar verhindern kann.

1.3.2 Auswirkungen ausgewählter luftverunreinigender Stoffe auf die menschliche Gesundheit

Die Zahl der chemischen Stoffe, die teils, wie etwa SO_2, in großen Mengen, teils, wie etwa das Uran, in kaum noch nachweisbaren Spuren in den Emissionen von Kohleumwandlungsanlagen vorkommen, ist unüberschaubar groß. Selbst wenn zu jedem dieser Stoffe detaillierte Kenntnisse über seine toxischen Wirkungen vorliegen würden, ließe sich aus den oben erläuterten Gründen nur begrenzt herleiten, ob und welche Beeinträchtigungen der menschlichen Gesundheit diese Emissionen insgesamt als Stoffgemisch erzeugen können. Dies ist zu berücksichtigen, wenn im folgenden die gesundheitlichen Auswirkungen der in den vorhergehenden Abschnitten emissions- und immissionsseitig analysierten Schadstoffe diskutiert werden:

- Schwefeldioxid,
- Stickoxide,
- Blei,
- Quecksilber,
- Cadmium,
- chemische Kanzerogene (hauptsächlich polyzyklische Aromaten).

Für diese Stoffe wird der Stand der Diskussion über Zusammenhänge zwischen umweltbelastenden Konzentrationen und der Beeinträchtigung der menschlichen Gesundheit anhand von vorliegenden epidemiologischen Studien, arbeitsmedizinischen Untersuchungen, Laborexperimenten und biochemischen Forschungsergebnissen aufgezeigt werden. Wo dies möglich ist, soll versucht werden, die in den vorangegangenen Abschnitten errechneten oder geschätzten Belastungen des Menschen durch Stoffemissionen aus Kohleumwandlungsanlagen in die diskutierten Wirkungsbeziehungen einzuordnen und gewisse Relationen aufzuzeigen.

1.3.2.1 Auswirkungen von Schwefeldioxid und Schwebstoffen auf die menschliche Gesundheit

1.3.2.1.1 Eigenschaften und allgemeiner Wirkungscharakter von Schwefeldioxid

Schwefeldioxid (SO_2) ist ein farbloses, in hohen Konzentrationen stechend riechendes Gas. Die Schwelle der Geruchswahrnehmung von SO_2 liegt, je nach Empfindlichkeit und Gewöhnung, im Bereich zwischen 800 $\mu g/m^3$ und 7000 $\mu g/m^3$. Konzentrationen dieser Höhe werden in der Umwelt selten erreicht. SO_2 ist also mit dem Geruchssinn auch in Belastungsgebieten meist nicht wahrzunehmen.

In der Atmosphäre kann SO_2 durch Oxidations- oder Reduktionsprozesse zum Beispiel in Sulfate oder Schwefelsäure umgewandelt werden. Welche Prozesse vorrangig ablaufen und welche Produkte entstehen, hängt wesentlich von den meteorologischen Bedingungen ab (s. Abschnitt 1.2.1.3 dieses Berichtsteils). Einige Autoren sehen weniger im SO_2 als vielmehr in seinen Folgeprodukten Ursachen für Schädigungen der Umwelt.

Eingeatmetes SO_2 wird zum größten Teil durch die Schleimhäute der oberen Atemwege des Menschen aufgenommen (etwa 85% des SO_2). Bei vertiefter Atmung, hohen Außenluftkonzentrationen oder adsorbiert an Partikeln kann SO_2 auch in die tieferen Atemwege gelangen. Die Entstehung entzündlicher Prozesse im Nasen- und Rachenraum, in den Bronchien und in den Lungen nach SO_2-Belastungen ist auf die damit verbundenen morphologischen Veränderungen, wahrscheinlich durch das von der gebildeten schwefeligen Säure (H_2SO_3) denaturierte Eiweiß, zurückzuführen.

Die Stoffwechselprodukte des SO_2 können mit dem Intermediärstoffwechsel über alle Gewebe des Organismus verteilt werden. Bei Tierexperimenten ließ sich mit radioaktiv markiertem SO_2 zeigen, daß bereits nach fünf Minuten ein Teil des inhalierten SO_2 im Blut resorbiert war.

Akute Vergiftungen mit SO_2 führen

- zur Steigerung der Schleimsekretion,
- zur Verlangsamung oder Aufhebung des Schleimtransports durch Schädigung des Flimmerepithels,
- zur Kontraktion der glatten Bronchialmuskulatur.

Diese Effekte machen sich in einer Zunahme des Atemwegwiderstandes bemerkbar. Bei länger dauernden Expositionen ist der Organismus begrenzt adaptionsfähig. Es ist sogar über ein vermindertes Auftreten spontaner Atemwegserkrankungen bei einer Gruppe von berufsbedingt langjährig hoch Exponierten (bis zu 25 000 $\mu g\ SO_2/m^3$) berichtet worden [Ferris et al. 1967]. Auch bei Experimenten an Meerschweinchen ließ sich eine verringerte Häufigkeit spontaner Lungenerkrankungen bei längeren Expositionen mit hohen Dosen (15 000 $\mu g\ SO_2/m^3$) nachweisen. Andere Tierarten reagierten hingegen mit einer gesteigerten Empfindlichkeit gegenüber Staphylokokken. Diese Bakterien erzeugen Eiterungen wie zum Beispiel Bronchopneumonie.

Es wird vermutet, daß eine Stimulierung von Rezeptoren im Nasen-Rachenraum durch SO_2 über einen Reflexmechanismus Bronchospasmen auslösen kann. Der Nachweis ist jedoch bisher nicht eindeutig gelungen.

1.3.2.1.2 Korrelationen von SO_2- und Schwebstoffkonzentrationen mit Sterbeziffern und gesundheitlichen Beeinträchtigungen

Daß derzeit über toxische Wirkungen von SO_2 und Schwebstoffen intensiv geforscht wird, liegt vor allem an der nachweisbar auffälligen Assoziation von SO_2- und Schwebstoffkonzentrationen in der Umwelt und erhöhter Sterblichkeit (Mortalität) und Gesundheitsbeeinträchtigung (Morbidität).

Dieser Zusammenhang soll im folgenden Abschnitt für kurzfristig bei bestimmten Wetterlagen auftretende Belastungen mit hohen Konzentrationen und danach für langdauernde Belastungen in Höhe der jährlichen Mittelwerte diskutiert werden.

1.3.2.1.2.1 Diskussion von Untersuchungen zu gesundheitlichen Beeinträchtigungen bei kurzfristigen Erhöhungen der SO_2- und Schwebstoffkonzentrationen in der Atmosphäre

Im Dezember 1952 stellte sich in London eine Wetterkonstellation mit Kaltluftmassen am Boden und darüberliegender Warmluft bei geringen horizontalen Luftbewegungen ein. Während dieser fünf Tage andauernden Situation stieg der SO_2-Gehalt der Luft bis auf einen Tagesmittelwert von 4000 $\mu g/m^3$. Der Partikelgehalt erreichte Werte von etwa 4500 $\mu g/m^3$. Innerhalb dieser Woche starben 4000 Personen mehr, als nach der durchschnittlichen Mortalitätsrate zu erwarten war. Die Zunahme der Todesrate um 20% betraf fast ausschließlich respiratorisch oder kardiovaskulär erkrankte ältere Menschen.

In der Zeit nach der Smog-Katastrophe von 1952 traten in London wiederholt ähnliche Situationen auf, die jedoch nicht mehr die dramatischen Ausmaße von 1952 erreichten. Dieses wird unter anderem als ein Erfolg des 1956 in England erlassenen „Clean Air Act" angesehen.

Im Dezember 1962 erstreckte sich eine austauscharme Wetterlage von Mittelengland bis über das Ruhrgebiet hinaus. Sowohl in London als auch im Ruhrgebiet konnte wiederum ein Anstieg der Sterberate beobachtet werden. Über ähnliche Erfahrungen mit Smogwetterlagen wird auch aus den USA und Japan berichtet. Tabelle C-32 zeigt einige vom Verein Deutscher Ingenieure [VDI-Richtlinien 1982] zusammengestellte Episoden und deren Wirkung.

Zahlreiche epidemiologische Untersuchungen haben sich inzwischen mit den Zusammenhängen erhöhter Luftverschmutzungen und steigender Sterblichkeit bzw. Gesundheitsbeeinträchtigung befaßt. Verständlicherweise benützten viele Autoren die Schwefeldioxidkonzentrationen in der Luft als Maß der Luftverunreinigungen, denn SO_2 hat einen erheblichen Anteil an den Verunreinigungen und ist – dieser Aspekt dürfte ebenso wichtig sein – relativ einfach zu messen oder aus dem Energieverbrauch abzuschätzen. Da vor der Zeit einschneidender Maßnahmen zur Luftreinhaltung mit hohen SO_2-Konzentrationen stets auch hohe Schwebstoffkonzentrationen (in der englischen Literatur als „total suspended particulates" oder „smoke" bezeichnet) einhergingen und diese weitgehend aus den gleichen Quellen stammten wie das SO_2, hat dieses Vorgehen durchaus seine Berechtigung.

Tatsächlich wiesen viele epidemiologische Studien statistisch eine Korrelation zwischen SO_2-Konzentrationen und Mortalität sowie Beeinträchtigungen der Atem- und Lungenfunktionen nach. Immer korrelierten die Effekte jedoch auch mit den Schwebstoffkonzentrationen. Schwebstoffe ihrerseits sind Gemische von Ruß, Sulfa-

Tabelle C-32. Mortalität im Zusammenhang mit kurzfristig erhöhten SO_2- sowie Schwebstoffkonzentrationen [VDI 2310, Blatt 11]

Exponierte	SO_2		Partikeln	Expositions-dauer	Wirkungen
	µg/m³	ppm	µg/m³	Tage	
Bevölkerung von Berlin	> 350 (d)	> 0,1 (d)		mehrere	Zunahme der Todesfälle
Bevölkerung von Groß-London	≦ 4000 (d)	≦ 1,5 (d)	4460	5	Zunahme der Todesfälle von älteren respiratorisch oder kardiovaskulär Erkrankten um 20%
	≧ 1145 (d)	> 0,4 (d)	2000	jeweils mehrere	Zunahme der Todesfälle, vor allem bei älteren Bronchitikern
	715 (d)	0,3 (d)	1000	mehrere	Zunahme der Todesfälle
	715 (d)	0,3 (d)	750	mehrere	Grenzkonzentration zunehmender Todesfälle
	400–500	0,15–0,2	hohe Ruß-Konzentration	3–4	Zunahme der Todeshäufigkeit
	800 (d)	0,3 (d)	1200	1	Zunahme der Todesfälle um 10%
	500 (m)	0,2 (m)			Grenzkonzentration der Zunahme der Todesfälle
Bevölkerung von New York	570 (d)	0,2 (d)	hohe Smog-Konzentration (5 coh)	9	Zunahme der Todesfälle in allen Altersgruppen
	< 2460 (e)	< 0,9 (e)			
	2600 (d)	1 (d)	smoke (6 coh)	1	Zunahme der Todesfälle bei Personen über 45 Jahren
	1460	0,5	smoke (> 5 coh)	1	Anstieg der Todeshäufigkeit
	1344 und	0,5 und		2	
	1175 (d)	0,4 (d)		folgende	
	2915 (e)	1,1 (e)			
Bevölkerung von Detroit	2860 (e)	1,1 (e)	200	3	vermehrte Todesfälle bei Kindern und Krebskranken
Bevölkerung von Osaka	285 (d)	0,1 (d)	> 1000		Zunahme der Todesfälle
Bevölkerung im Ruhrgebiet	2700 (e)	1 (e)	2400 (e)	4	Zunahme der Todesfälle
	5000 (d)	1,9 (d)			

(d) Tagesmittelwert
(e) maximaler ½-h-Wert
(m) maximaler 24-h-Wert
coh Dunst-Koeffizient

ten, Schwefelsäure, Schwermetallen, polyzyklischen Aromaten und vielen chemisch oft noch unbestimmten Substanzen. Neben SO_2 und Schwebstoffen kommen in Luftverunreinigungen weitere gasförmige Stoffe wie zum Beispiel Stickstoffoxide, Ozon oder Aldehyde vor, von denen ebenfalls ein Teil mit SO_2-Konzentrationen korreliert. So prüften Lave und Seskin mit Hilfe eines Verfahrens der multiplen Regression den Zusammenhang der Sterberaten mit den Sulfat- und Schwebstoffkonzentrationen sowie einigen sozioökonomischen Faktoren wie Einkommen, Alter, Hautfarbe [Lave, Seskin 1973, 1977]. Sie fanden eine sehr gute Korrelation zwischen Sulfaten, Schwebstoffen und Mortalität. Einen deutlichen Zusammenhang zwischen Sulfatkonzentrationen und gesundheitlicher Beeinträchtigung ergaben auch Untersuchungen von Leaderer et al. [Leaderer et al. 1977]. Bemerkenswert ist, daß die letztgenannten Autoren keinen Zusammenhang zwischen SO_2, Schwebstaubkonzentrationen und negativen Folgen für die Gesundheit fanden. Andere Autoren (u. a. [Wever 1978]) erhielten gute Korrelationen für Stickstoffoxid, Ozon und Aldehyde mit Symptomen einer negativen Beeinflussung der Atemwege – weniger gute Korrelationen dagegen für Schwefeldioxid mit Gesundheitsbeeinträchtigungen.

Die hier aufgeführten Beispiele für und gegen einen Zusammenhang von SO_2 und gesundheitlichen Beeinträchtigungen ließen sich um etliche erweitern. Aus dem breiten Spektrum divergierender Ergebnisse und Meinungen kann allerdings ein kaum strittiger Schluß gezogen werden: Akute hohe Luftverschmutzungen können den Tod von kranken und empfindlichen Menschen verursachen, Krankheiten auslösen oder zur Verschlechterung des Gesundheitszustandes der Bevölkerung beitragen. Welche Rolle SO_2, Schwebstoffe und andere Substanzen dabei spielen, ist noch weitgehend unbekannt. Wenn im folgenden quantitative Beobachtungen derjenigen Arbeiten vorgestellt werden, die Zusammenhänge zwischen kurzfristigen Erhöhungen von SO_2-Konzentrationen und zunehmender Sterblichkeit fanden, so sollte nach dem vorangegangenen deutlich sein, daß diese Korrelationen keinesfalls als Beweise für Ursache und Wirkung gelten dürfen. Hinsichtlich der Verläßlichkeit der quantitativen Angaben muß zudem beachtet werden:

- Die quantitativen Werte der Konzentrationen sind sowohl für SO_2 als auch für Schwebstoffe mit sehr unterschiedlichen Methoden bestimmt worden.
- Die Zusammensetzung der Luftverunreinigungen ist von Ort zu Ort und von Land zu Land oft sehr unterschiedlich. So ist zum Beispiel der Londoner Smog (Reduktionstyp) deutlich vom Los Angeles-Smog (Oxidationstyp) zu unterscheiden.

Betrachtet man die Angaben über Mortalität im Zusammenhang mit kurzfristig erhöhten SO_2- sowie Schwebstoffkonzentrationen (Tabelle C-32), so fällt auf, daß erhöhte Sterblichkeit dann beobachtet wurde, wenn entweder die SO_2-Konzentration oder die Schwebstoffkonzentration oder beide mindestens einen Tag deutlich über 500 $\mu g/m^3$ lagen. Den niedrigsten SO_2-Wert für erhöhte Mortalität gibt Watanaba mit 285 μg SO_2/m^3 (Tagesmittelwert) nach Beobachtungen in Osaka an [Watanaba 1965]. Zur selben Zeit war die Partikelkonzentration in der Luft jedoch größer als 1000 $\mu g/m^3$ (Tagesmittel). Umgekehrt wurden in Detroit vermehrte Todesfälle von Kindern und Krebskranken bei Schwebstoffkonzentrationen von 200 $\mu g/m^3$ (maximaler 1/2-h-Wert) registriert. Hier lagen die SO_2-Konzentrationen jedoch bei Spitzenwerten von 2860 $\mu g/m^3$.

Tabelle C-33. Gesundheitsbeeinträchtigungen im Zusammenhang mit kurzfristig erhöhten SO_2- und Schwebstoffkonzentrationen [VDI 2310, Blatt 11]

Exponierte	SO_2		Partikeln	Expositions-dauer	Wirkungen
	µg/m³	ppm	µg/m³		
Patienten mit Lungenerkrankungen	500 (d)	0,2 (d)	250 (d)		Hinweis auf Verschlechterung des Zustandes
Bronchitis-Patienten	500	0,2	250		nach Tagebuchdaten zwischen 1954 und 1968 Minimalkonzentrationen, bei denen Wirkungen festgestellt wurden
Bevölkerung von New York	> 293	> 0,1	> 145	3 d	Telephonbefragung: Zunahme von Reizsymptomen
Patienten (chronisch obstruktive Lungenerkrankungen)	193 (max. 722)	0,07 (max. 0,3)	44 (max. 241)		bei wöchentlicher Messung von $FEV_{1,0}$ und MEFR während 12 bis 82 Wochen keine Wirkung festgestellt
20 Asthmatiker	190	0,07	1,0 coh		Zunahme der Anfallshäufigkeit
1670 Erwachsene	200	0,08	100 µg/m³ „smoke" + 75 µg/m³ NO_2	5 d	Beeinflussung der Lungenfunktion (VK und $FEV_{1,0}$ gegenüber Messung während Episode mit geringerer Luftverunreinigung (70 µg/m₃ SO_2 + 20 µg/m³ smoke + 30 µg/m³ NO_2)
561 Patienten (chronisch bronchopulmonale Erkrankungen)	> 663	> 0,2	keine Angaben		Morbidität 50% höher als bei 104 µg/m³ SO_2 (Jahresdurchschnitt)
13 Asthmatiker	140–230 (w) 740 (w)	0,05–0,09 (w) 0,3 (w)	keine Angaben		Asthma-Attaken nahmen von 1 auf 4 zu 12 Asthma-Attacken/Woche
1780 Kinder und Erwachsene aus Hamilton (Ontario, Canada)	bis etwa 200 (w)	bis etwa 0,8 (w)	(SO_2 und Staub als air pollution index berechnet)	> 7 d	signifikante Zunahme der Krankenhauszuweisungen wegen akuter Atemwegserkrankungen

(d) Tagesmittelwert
(w) Wochenmittelwert
$FEV_{1,0}$ forciertes exspiratorisches 1 s-Volumen
MEFR maximale exspiratorische Strömungsrate
VK Vitalkapazität

Die überzeugendsten Arbeiten über Zusammenhänge von Gesundheitsbeeinträchtigungen und Luftverunreinigungen haben bisher wohl Lawther et al. durchgeführt [Lawther et al. 1970]. Anhand von Tagebucheintragungen der Verschlechterung des Befindens von mehr als 1000 weiblichen und männlichen Bronchitispatienten versuchten sie, einen Zusammenhang mit den täglichen mittleren Konzentrationen der Luftverschmutzung zu finden. Sie konnten einen statistisch gesicherten Zusammenhang aufzeigen, wenn die Konzentrationen Werte von 500 μg SO_2/m^3 und gleichzeitig 250 μg Schwebstoff/m^3 erreichten oder überstiegen. Wie der Tabelle C-33 zu entnehmen ist, geben andere Autoren zum Teil deutlich niedrigere Werte an. So wird zum Beispiel über eine Zunahme der Asthma-Attacken um das vierfache innerhalb eines Patientenkollektivs von 13 Asthmatikern berichtet, nachdem dieses einer SO_2-Konzentration von 140 bis 230 μg SO_2/m^3 ausgesetzt war [Joshida et al. 1966]. Leider enthält diese Arbeit keine Angaben zu den Schwebstoffkonzentrationen.

Die Einflüsse von SO_2 auf die Lungenfunktionen sind mehrfach mit Expositionsversuchen an gesunden und kranken Probanden untersucht worden. Um Effekte zu erzielen, mußten jedoch alle Experimente mit höheren Konzentrationen durchgeführt werden als mit den auf Grund von epidemiologischen Untersuchungen naheliegender Konzentration von 500 μg SO_2/m^3. Exemplarisch sollen hier nur zwei Arbeiten erwähnt werden.

Ulmer et al. prüften bei gesunden Probanden und bei Patienten mit chronischer obstruktiver Bronchitis atemphysiologische Parameter nach fünfminütiger Exposition mit hohen Konzentrationen [Islam, Ulmer 1979a]. Es stellten sich folgende Reaktionen ein:

- Bei Inhalation von 18 640 μg SO_2/m^3 reagierten 13 Bronchitis-Patienten von insgesamt 30 mit zum Teil bedrohlichem Anstieg des Atemwegwiderstandes. Von 38 Gesunden reagierte etwa die Hälfte mit einer höchstens mäßigen Erhöhung des Atemwegwiderstandes.
- 2550 μg SO_2/m^3 riefen unter 21 Patienten in einem Fall eine sehr starke und in zwei Fällen eine mittelstarke Reaktion hervor. Bei Gesunden waren nur schwache Reaktionen festzustellen.
- Bei 1330 μg/m^3 reagierten sowohl Gesunde als auch Patienten auf das SO_2 in gleicher Weise wie auf eine Inhalation mit 0,9%igem NaCl-Aerosol (physiologische Kochsalzlösung).

Weir und Bromberg belasteten zwölf gesunde Männer und acht chronische Bronchitiker mit 800, 2600 und 8100 μg SO_2/m^3 über 120 und 96 Stunden:

- Bei Gesunden fanden sie oberhalb von 2600 μg SO_2/m^3 bei 120-h-Expositionen eine geringe, aber signifikante Abnahme der Lungendehnfähigkeit (Compliance) bei hoher Atemfrequenz. 48 Stunden nach Beendigung der Exposition hatten sich die Normalwerte wieder eingestellt.
- Bei Kranken (96-h-Exposition) stellten sich ab 2600 μg SO_2/m^3 subjektive und objektive Befunde ein, die aber keine sichere Korrelation zur Konzentration zeigten [Weir, Bromberg 1974].

Die heute vorliegenden akuten Expositionsversuche beim Menschen bestätigen, daß der menschliche Organismus tatsächlich auf hohe kurzzeitige Schwefeldioxidbelastungen mit Veränderungen der Atem- und Lungenfunktionen reagiert. Bei Belastungen im Bereich von Schwefeldioxidkonzentrationen (2600 µg SO_2/m^3), die in London und im Ruhrgebiet bereits mit erhöhter Mortalität verbunden waren, reagierte im Experiment bei Ulmer ein Patient von 21 mit bedrohlichen Symptomen. Bei gesunden Probanden konnten andere Autoren bei Konzentrationen, die um ein Vielfaches höher lagen als Konzentrationen der Londoner Smog-Katastrophe von 1952, im Experiment keine oder nur schwache Reaktionen nachweisen. Die experimentellen Laboruntersuchungen geben also keine eindeutigen Anhaltspunkte für die Abhängigkeit von Dosis und Wirkung in Bereichen der heute relevanten kurzfristig auftretenden hohen Konzentrationswerte von SO_2 in der Umwelt. Vielmehr stärken die experimentellen Untersuchungen bei Vergleich mit epidemiologisch beobachteten Assoziationen von SO_2-Belastung und Gesundheitsbeeinträchtigungen die Vermutung, daß die negativen Auswirkungen der Luftverunreinigungen nicht dem Schwefeldioxid allein angelastet werden können.

Diese Vermutung hat die Überlegungen zur Festlegung von Immissionsgrenzwerten weitgehend beeinflußt. Zum Beispiel wurde in der vom BMI durchgeführten Anhörung von Sachverständigen [UBA 1978] der Vorschlag für einen SO_2-Kurzzeitwert folgendermaßen begründet: „Als Kurzzeitwert für SO_2 werden 300 µg für unbedenklich gehalten. Der Kurzzeitwert wurde rund zehnfach niedriger angesetzt als der Wert der Konzentration, die bei 3 von 21 Bronchitispatienten noch zu einer gegenüber Gesunden verstärkten Reaktion geführt hatte. Außerdem wird durch diesen Abstand der Tatsache Rechnung getragen, daß andere, gleichzeitig einwirkende Luftverunreinigungen, insbesondere atembare Partikel, gleichgerichtete Schädigungsfaktoren darstellen können".

Derzeit ist der Kurzzeitwert auf 400 µg SO_2/m^3 festgelegt. Ähnlich lautet die Begründung des Kurzzeitwertes für Schwebstoffe: „Die genannten epidemiologischen Studien und die daraus abgeleiteten Grenzwerte enthalten und berücksichtigen bereits mögliche kombinierte Wirkungen der in der Atmosphäre unserer Städte vorkommenden Schadstoffe". Vorgeschlagen wurde ein Kurzzeitwert für Schwebstoffe von 250 µg im Mittel über 24 h, festgesetzt wurde der Wert auf 300 µg Schwebstoff/m^3.

Die World Health Organisation (WHO) ging bei Überlegungen zu Richtwertempfehlungen ebenfalls von einer möglichen Kombinationswirkung aus. Zur Ableitung der Immissionsgrenzwerte, die auch kurzzeitig nicht überschritten werden sollten, versuchte die WHO, aus den vorliegenden Arbeiten über die Korrelationen von Mortalität und Morbidität mit SO_2- und Schwebstoffkonzentrationen eine Art Dosis-Wirkungsbeziehung in Tabellenform aufzustellen (siehe Tabelle C-34). Aus dieser Zusammenstellung wurden die in Tabelle C-35 aufgeführten Richtwerte abgeleitet [WHO 1979]. Gemessen an der Beurteilung der WHO, sind die in der Bundesrepublik Deutschland geltenden Kurzzeitwerte von 400 µg SO_2/m^3 und 300 µg Schwebstaub/m^3 mit deutlich geringerem Sicherheitsabstand zu den mit Gesundheitsbeeinträchtigungen korrelierten Expositionen festgesetzt.

1.3.2.1.2.2 Diskussion von Untersuchungen zu gesundheitlichen Beeinträchtigungen durch ständige Belastungen mit SO_2 und Schwebstoffen

Schwefeldioxid und Schwebstoffe sind in der bodennahen Atmosphäre an jedem Ort der Erde zu jeder Zeit in mehr oder weniger großen Mengen vorhanden. Schä-

Tabelle C-34. Kurzzeitige Expositionen von SO_2, Rauch und deren Effekte nach [WHO 1979]. Konzentrationen als 24-h-Mittelwerte

SO_2 (µg/m³)	Rauch (µg/m³)	Effekte
> 1000	> 1000	London 1952. Sehr große Steigerung der Sterberate auf etwa das Dreifache normaler Zeiten während eines 5-Tage andauernden Nebels. Die Daten repräsentieren Mittelwerte für alle Gebiete. Maximalwerte im Stadtzentrum erreichten 3700 µg/m³ SO_2 und 4500 µg/m³ Smoke
710	750	London 1958–59. Steigerung der Sterberate auf das etwa 1,25-fache der normal erwarteten Rate
500	500	London 1958–60. Steigerung der Sterberate (wie oben) und erhöhte Krankenhauseinweisungen, sobald die angegebenen Werte überschritten wurden (die Einweisungszahlen stiegen stetig mit den Konzentrationen)
500	–	New York 1962–66. Sterberate korrelierte mit der Höhe der Verschmutzung. 2% mehr Tote bei 500 µg/m³
500	250	London 1954–68. Steigerung der Krankheitssymptome bei Bronchitispatienten, die den aufgeführten Konzentrationen ausgesetzt waren (Mittelwerte des gesamten Gebietes). Auswertung von Tagebucheintragungen
300	140	Vlaardingen, Niederlande, 1969–72. Zeitweilige Senkung der Ventilationsfunktionen
200[a]	150[b]	Cumberland, WV, USA. Steigerung von Asthma-Anfällen bei einer kleinen Gruppe von Patienten, wenn die aufgeführten Werte überschritten wurden

[a] Meßmethode nach West-Gaeke
[b] High volume sampling-Methode
Alle anderen Messungen wurden nach OECD oder der British daily smoke/sulfur dioxide-Methode durchgeführt

Tabelle C-35. Erwartete Effekte und Richtlinien für SO_2 und Schwebstoffe nach [WHO 1979]

24-h-Mittelwert (µg/m³)		Erwartete Effekte
SO_2	Schwebstoffe	
500	500	Zusätzliche Tote unter Älteren und chronisch Kranken
250	250	Verschlechterung des Zustands von Patienten mit respiratorischen Krankheiten
100–150	100–150	Richtwerte für die Exposition

digende Wirkungen können sowohl von kurzzeitig hohen Belastungen wie von ständigen, im Mittel sehr viel niedrigeren Konzentrationen ausgehen. In verschiedenen Studien wurde daher versucht, Korrelationen zwischen Krankheitshäufigkeiten und den langzeitig gemittelten Expositionen (meist Jahresmittelwerte) aufzuzeigen.

Epidemiologische Studien zu Langzeiteinwirkungen sind im allgemeinen sehr viel schwieriger zu interpretieren als Studien zu Kurzzeiteinwirkungen. In den Beobachtungen über lange Zeiten sind nämlich zwangsläufig immer auch die Wirkungen der in diesen Zeiträumen aufgetretenen Spitzenbelastungen enthalten. Eine Zuordnung der Effekte nach Kurzzeit- oder Langzeitexpositionen ist bisher nicht gelungen. Anders als bei Kurzzeitexpositionen lassen sich zum Nachweis von schädigenden Wirkungen lang andauernder Expositionen wegen der in Betracht zu ziehenden Zeiträume keine adäquaten Laborexperimente durchführen – abgesehen davon, daß die komplexe Umweltsituation weder bei Kurzzeit- noch bei Langzeitexperimenten annähernd realistisch reproduziert werden kann. So bleiben trotz aller Schwierigkeiten für die Erforschung chronischer Erkrankungen, die möglicherweise durch monate- oder jahrelange Belastungen mit bestimmten Substanzen ausgelöst werden, kaum andere Untersuchungsmethoden als die epidemiologischen Studien. Aus Europa, Amerika und Japan liegen umfangreiche Studien vor. Jeder Studie konnten bisher jedoch unvermeidbare oder vermeidbare Mängel nachgewiesen werden, so daß ihre Aussagekraft nur sehr begrenzt ist.

Die geltenden Immissionsgrenzwerte in der Bundesrepublik Deutschland für Langzeitbelastungen mit SO_2 und Schwebstaub stützen sich vor allem auf Untersuchungen in Großbritannien [Douglas und Waller 1966; Lunn et al. 1970; Martin 1960; Martin et al. 1960; Lawther et al. 1970; Lambert et al. 1970] sowie auf Untersuchungen von Ulmer et al. in Duisburg [Ulmer et al. 1970]. Amerikanische Arbeiten wurden zur Begründung der Immissionsgrenzwerte nicht herangezogen. Die Einschränkung auf europäische Arbeiten wurde in der Sachverständigenanhörung zu diesem Problem [UBA 1978] damit gerechtfertigt, daß hinsichtlich der Zusammensetzung von Luftverunreinigungen, die in Kombination mit SO_2 eine wesentliche toxikologische Rolle spielen können, beträchtliche Unterschiede zwischen der Situation in den USA und in Europa bestünden.

Tabelle C-36 zeigt die Ergebnisse von Arbeiten, mit denen Antweiler als Beauftragter für den Vorschlag eines SO_2-Langzeitgrenzwertes in der Sachverständigenanhörung des Bundesministers des Innern zur Bewertung schädlicher Luftverunreinigungen seinen empfohlenen Wert im wesentlichen begründete. Antweiler schlug einen Langzeit-Immissionsgrenzwert von 120 µg SO_2/m^3 vor – also einen Wert unterhalb des derzeit gültigen Grenzwertes von 140 µg SO_2/m^3 [Antweiler 1977].

Brockhaus, beauftragt mit der Erarbeitung eines Vorschlags für Schwebstaub-Immissionsgrenzwerte, stützte seine Empfehlung eines Langzeitwertes von 100 µg Schwebstaub/m^3 unter anderem auch auf die in Tabelle C-36 zusammengestellten Studien [Brockhaus 1977]. Bei der auffälligen Korrelation von SO_2 und Schwebstaub mit den Atemwegserkrankungen ist der Verweis auf die gleichen Studien durchaus plausibel. Der Langzeitwert für die Schwebstaubemissionen ist in der Bundesrepublik Deutschland derzeit mit 150 µg Schwebstaub/m^3 oberhalb der Empfehlung von Brockhaus festgelegt.

Wie der Tabelle C-36 zu entnehmen ist, fanden Douglas und Waller eine Zunahme der Häufigkeit und der Schwere von Erkrankungen der tiefen Atemwege bei

Tabelle C-36. Ergebnisse von Untersuchungen zu pathophysiologischen Wirkungen längerdauernder SO_2- und Schwebstoff-Konzentrationen bei Kindern und Erwachsenen (zusammengestellt nach [Antweiler 1977])

Exponierte	Konzentration (μg/m³) SO₂	Konzentration (μg/m³) Partikeln (smoke)	Expositionsdauer	Beobachtungsdauer (Jahre)	Korrekturfaktoren	Wirkungen	Autoren
3866 Kinder (bis zum 15. Lebensjahr)	90 140 190 260	70 130 210 280	kontinuierlich	13	Rauchen soziale Faktoren	Ab 140 μg SO_2/m^3 plus 130 μg Part./m³ Zunahme von Häufigkeit und Schweregrad von Erkrankungen der tieferen Luftwege, nicht aber der höheren	Douglas u. Waller 1966
558 Kinder (9 J.)	110	70	kontinuierlich	6	Körpergröße	Ab 170 μg SO_2/m^3 plus 180 μg Part./m³ deutlich vermehrte Häufigkeit von Erkrankungen der tieferen Luftwege bei 9jährigen, weniger ausgesprochen bei 11jährigen Kindern	Lunn et al. 1967, 1970
1049 Kinder (11 J.)	170 200 270	180 190 250		2 2 2			
Frauen u. Männer (40–59 J.)	60 110 200	60 120 170	kontinuierlich			Bronchitishäufigkeit: ♀ 1,1%, ♂ 5,5% ♀ 3,9%, ♂ 6,7%	Suzuki et al. 1969

Kindern, wenn die langzeitigen Luftverunreinigungen Werte von 140 μg SO_2/m^3 und gleichzeitig 130 μg Schwebstoff/m^3 überschritten [Douglas, Waller 1966].

Die Arbeiten von Lunn et al. bestätigen die Ergebnisse von Douglas und Waller. Lunn et al. finden ebenfalls deutlich erhöhte Häufigkeiten der Erkrankungen tieferer Atemwege bei Kindern bis zu neun Jahren, wenn in den Untersuchungsgebieten Konzentrationen von 170 μg SO_2/m^3 und gleichzeitig 180 μg Schwebstoff/m^3 überschritten werden [Lunn et al. 1970].

Es muß auch erwähnt werden, daß einige Autoren keinen Zusammenhang von SO_2- und Schwebstoffkonzentrationen mit gesundheitlichen Beeinträchtigungen fanden. So führten Ulmer et al. in Duisburg und im Vergleich dazu in Borken und Bocholt eine größere epidemiologische Studie über die Häufigkeit von Bronchitissymptomen durch. Ulmer fand keine Unterschiede in den Häufigkeiten – weder unter Personen aus den verschiedenen Stadtgebieten von Duisburg, noch bei den Häufigkeiten von Bronchitisfällen in Duisburg im Vergleich zu denen von Borken und Bocholt [Ulmer et al. 1970].

Die Studien von Douglas und Waller wie auch die von Ulmer eignen sich allerdings nur begrenzt für quantitative Aussagen, da die Immissionen in diesen Arbeiten nur unzureichend erfaßt wurden.

Eine aufschlußreiche epidemiologische Studie wurde 1965 in den Niederlanden begonnen [van der Lende et al. 1981, 1984]. Anders als die oben besprochenen epidemiologischen Untersuchungen eines bestimmten Bevölkerungsquerschnittes ist diese Studie als Längsschnittstudie angelegt. Untersucht wird die Beeinträchtigung von Lungenfunktionen in einem umfangreichen Bevölkerungskollektiv jeweils einer Industriestadt (Vlaardingen) und eines ländlichen Gebietes (Vlagtwedde) in Abständen von etwa drei Jahren. Obwohl seit 1972 – auch in der Industriestadt – die gemessenen Jahresmittelwerte stets deutlich unterhalb von 140 μg SO_2/m^3 und 50 μg/m^3 für „black smoke" erreicht wurden, zeichnet sich bei der Bevölkerung von Vlaardingen im Vergleich zu Vlagtwedde eine stärkere Beeinträchtigung gewisser Lungenfunktionen (Vitalkapazität VC und forciertes expiratorisches Einsekundenvolumen FEV_1) mit zunehmendem Alter der untersuchten Personen ab [van der Lende et al. 1981, 1984].

Epidemiologische Studien zur Langzeitwirkung von Schwefeldioxid sind unter anderem von einer Sachverständigengruppen der WHO intensiv diskutiert und beurteilt worden. Sie kommt zu dem Schluß, daß die bisherigen Studien keine hinreichende Basis für die Ableitung einer Dosis-Wirkungs-Beziehung bieten. In den Richtlinien der WHO wird dennoch angenommen, daß bei Konzentrationen von mehr als 100 μg SO_2/m^3 und gleichzeitig 100 μg Schwebstoff/m^3 mit einer Erhöhung von respiratorischen Symptomen bei Erwachsenen und Kindern und mit höheren respiratorischen Erkrankungen bei Kindern gerechnet werden muß [WHO 1979]. Die WHO empfiehlt daher Grenzwerte für lang andauernde Expositionen (als Jahresmittelwerte) von 40 bis 60 μg SO_2/m^3 und 40 bis 60 μg Schwebstoff/m^3. In der Bundesrepublik Deutschland sind, wie bereits erwähnt, die Langzeit-Immissionswerte auf 140 μg SO_2/m^3 und 150 μg Schwebstaub/m^3 festgelegt worden.

1.3.2.1.3 Auswirkungen der Schwefeldioxidemissionen auf die Gesundheit der Bevölkerung bei verstärktem Einsatz von Kohle zur Energiebedarfsdeckung

Die Diskussion der Auswirkungen von Schwefeldioxidimmissionen wird auf die Wirkungen der Langzeitexposition beschränkt, da lokale Kurzfristbelastungen in den Immissionsanalysen dieser Studie nicht berechnet worden sind.

Die in den Abschnitten 1.2.1 und 1.2.3 dieses Berichtsteils vorgestellten Immissionsanalysen für SO_2 und Schwebstoffe bei verstärktem Kohleeinsatz haben unter anderem folgende wesentliche Fakten ergeben:

- Gegenüber dem Ist-Zustand 1980 liegen die Belastungen durch SO_2 und Schwebstoffe sowohl im Falle der Referenzschätzung 2000 als auch bei den unterschiedlichen Einsatzstrategien deutlich niedriger.
- Die Unterschiede in der Belastungssituation zwischen Referenzschätzung 2000 und den verschiedenen Einsatzstrategien für das Jahr 2000 sind in Anbetracht der Unsicherheitsbandbreite in den Modellrechnungen vernachlässigbar gering.
- Die höchsten langfristigen SO_2-Belastungen in der Bundesrepublik Deutschland im Jahr 2000 ergeben sich für den „Modellballungsraum Ruhr" für den Fall der Verheizungsstrategie (ohne Einsatz der Wirbelschichtfeuerung): für die Heizperiode werden Immissionswerte bis etwa 85 μg SO_2/m^3 errechnet; 10% der Bevölkerung dieses Modellballungsraums werden während der Heizperiode mit mehr als 68 μg SO_2/m^3 belastet, 40% mit mehr als 61 μg SO_2/m^3 und etwa 95% mit mehr als 45 μg SO_2/m^3 (vgl. Abb. C-4 und Tabelle C-12).

Vergleicht man die Rechenergebnisse dieser Studie zur SO_2- und Schwebstaubbelastung mit den Immissionsgrenzwerten der TA Luft, den Empfehlungen der WHO und den bisherigen Ergebnissen der erwähnten niederländischen Längsschnittstudie, so läßt sich zusammenfassend feststellen:

- Der Immissionsgrenzwert der TA Luft für Langzeitbelastungen mit SO_2 (140 μg SO_2/m^3) und Schwebstaub (150 μg Schwebstaub/m^3) wird bei keiner Strategie überschritten.
- Was die Empfehlungen der WHO betrifft, so überschreiten nach den Aussagen dieser Studie die Belastungen im „Modellballungsraum Ruhr" *während der Heizperiode* den oberen Richtwert von 60 μg SO_2/m^3 bei etwa 40% der Bevölkerung im Falle der Referenzschätzung 2000 und der Verheizungsstrategie, bei etwa 25% der Bevölkerung im Falle der Verstromungsstrategie und bei etwa 5% im Falle der Verheizungsstrategie mit Einsatz der Wirbelschichtfeuerung (vgl. Tabelle C-12). Es sollte beim Vergleich mit diesen Richtwerten aber berücksichtigt werden, daß die Sachverständigen der WHO in Übereinstimmung mit den Sachverständigengutachten zur TA Luft im Konzentrationsbereich der oben aufgeführten Belastungen im „Modellballungsraum Ruhr" keine gesicherten Hinweise auf eine gesundheitsbeeinträchtigende Wirkung von SO_2 gefunden haben. Es wurde bei der WHO lediglich ein größerer Sicherheitsfaktor als in der TA Luft berücksichtigt. Im übrigen gelten die Richtwerte der WHO *für die Jahresmittelwerte* der SO_2-Konzentrationen.
- Die niederländische Längsschnittstudie [van der Lende et al. 1981, 1984] hat nach ihren bisherigen Ergebnissen im Gegensatz zu den für die Grenzwertfestlegungen herangezogenen Querschnittstudien Hinweise ergeben, daß auch in Gebieten mit

Luftverunreinigungen deutlich unterhalb von 150 μg SO_2/m^3 und 50 μg/m^3 „black smoke" im Jahresmittel durchaus Beeinträchtigungen gewisser Lungenfunktionen zu erwarten sind. Die Herabsetzung der untersuchten Lungenfunktionen allein kann jedoch noch nicht als Beeinträchtigung der Gesundheit im Sinne einer Krankheit aufgefaßt werden.

1.3.2.2 Auswirkungen nitroser Gase auf die menschliche Gesundheit

1.3.2.2.1 Allgemeiner Wirkungscharakter von nitrosen Gasen

Stickstoffdioxid (NO_2) und andere nitrose Gase dringen bei Inhalation, anders als Schwefeldioxid, aufgrund ihrer geringen Wasserlöslichkeit leicht bis in die Lungenbläschen (Alveolen) vor. Nitrose Gase sind in hohem Maße fettlöslich. Sie können daher auf

- die Eiweißstoffe (Proteine) der Bronchialschleimhaut,
- die Lecithin- und Phospholipidverbindungen des Surfactant (Antiatelektasefaktor) der Lungenbläschen (Alveolen),
- die Kollagen- und Elastinstrukturen

einwirken.

Bei Vergiftungen mit nitrosen Gasen sind meist die vom Stickstoffdioxid verursachten Wirkungen entscheidend. Untersuchungen toxischer Wirkungen konzentrieren sich daher vorwiegend auf diese Verbindung. Die Schwelle der Geruchswahrnehmung liegt bei etwa 150 μg NO_2/m^3.

NO_2-Konzentrationen in Städten bewegen sich außerhalb von Gebäuden um Jahresmittelwerte im Bereich von 20 bis 90 μg NO_2/m^3. Stündliche Mittelwerte erreichen Konzentrationen von 240 bis 900 μg NO_2/m^3 [WHO 1977]. Anders als beim SO_2 sind die NO_2-Konzentrationen in Gebäuden vielfach höher als in der Außenluft, da durch Gasherde, Gasöfen, Rauchen u.ä. bei dem begrenzten Volumen der Innenräume merkliche zusätzliche Belastungen auftreten können. Nach Eaton betragen die NO_2-Konzentrationen, die während des Kochens in engen Räumen mit Erdgas erreicht werden, bis zu 1800 μg NO_2/m^3 [Eaton et al. 1973].

Über den Zusammenhang von Belastungen mit niedrigen Stickstoffdioxid-Konzentrationen, wie sie gewöhnlich in der Umwelt anzutreffen sind (unter 1000 μg NO_2/m^3), und biochemischen, morphologischen, pathologischen Veränderungen oder Krankheiten der Atemorgane des Menschen liegen bis heute nur sehr wenige epidemiologische Studien vor. Die Aussagekraft der vorliegenden Studien ist aus verschiedenen Gründen umstritten. Anders als beim Schwefeldioxid muß man sich daher bei der Findung von Grenzwerten mehr auf Tierexperimente und wenige Versuche mit Freiwilligen stützen. Wegen des Gewichtes der Tierexperimente in der Diskussion um die Auswirkungen niedriger chronischer NO_2-Belastungen werden einige Ergebnisse dieser Versuche kurz dargestellt.

1.3.2.2.2 Wirkungen von NO_2 im Tierversuch

Experimente sind mit unterschiedlichen Tierarten in einem weiten Dosisbereich von etwa 100 μg NO_2/m^3 bis etwa 30 000 μg NO_2/m^3 durchgeführt worden. Die Ergebnisse dieser Versuche werden hier nur grob umrissen.

Salamberidze belastete Ratten über 90 Tage mit 100 μg NO_2/m^3. Er konnte weder pathologische noch histologische Veränderungen an den zehn Tieren nachweisen

[Salamberidze 1971]. Belastungen mit einer Dosis von 150 μg NO_2/m^3 und einer Expositionszeit von 90 Tagen blieben bei Ratten ebenfalls wirkungslos [Jakimcuk u. Celikanov 1968]. Bei Erhöhung der Dosis auf 600 μg NO_2/m^3 zeigten sich jedoch nach 90tägiger Expositionszeit morphologische, bronchitis- und peribronchitisähnliche Veränderungen.

Bei Expositionen mit höheren Dosen nahmen die Schäden zu. Empfindlich scheinen Mäuse auf NO_2 zu reagieren. Im Bereich von 940 μg NO_2/m^3 stellte Blair bei Mäusen innerhalb von 90 bis 360 Expositionstagen folgende Symptome fest [Blair 1969]:

- Dehnung der Alveolen,
- Emphysem,
- Entzündungen der Bronchiolen,
- Erosion der Oberflächen des Epithels,
- Blockierung von Verbindungen zwischen Bronchiolen und Alveolen.

Bei höheren Dosen konnten diese Symptome von mehreren Autoren auch an anderen, weniger empfindlichen Tierarten beobachtet werden.

1.3.2.2.3 Experimentelle Studien zur Wirkung von NO_2 auf die Lungenfunktion von Menschen

Tabelle C-37 zeigt Arbeiten über Wirkungen von NO_2 auf die Lungenfunktion von Menschen. Experimentiert wurde mit Konzentrationen von 100 bis 9400 μg NO_2/m^3 sowohl mit NO_2 allein als auch in Kombination mit SO_2 und O_3.

Bei gesunden Menschen scheinen Reaktionen auf NO_2 erst oberhalb von 1000 μg NO_2/m^3 aufzutreten. Mit einer Zunahme des spezifischen Atemwegwiderstandes und einer Steigerung der Reaktionsbereitschaft des Bronchialbaumes bei Reizung durch Carbachol reagierten hingegen in 13 von 20 Fällen Asthmapatienten auf eine einstündige Exposition von 190 μg NO_2/m^3 [Orehek et al. 1976].

Zur Untersuchung möglicher Ko- oder Synergismen belasteten Nieding et al. gesunde Probanden mit 100 μg NO_2/m^3 in Kombination mit 50 μg O_3/m^3 und 260 μg SO_2/m^3 über zwei Stunden [Nieding et al. 1977]. Die Kombination wurde gewählt, weil NO_2, SO_2 und O_3 in der Luft stets gemeinsam auftreten. Die Autoren stellten eine im Vergleich zum Zeitpunkt vor der Exposition gesteigerte Reizbarkeit der Bronchien auf Acetylcholin fest. Der Atemwegswiderstand und die Differenz zwischen alveolarem und arteriellem Sauerstoffpartialdruck blieben unverändert.

Islam und Ulmer experimentierten ebenfalls mit einer Kombination von $NO_2 + SO_2 + O_3$ [Islam und Ulmer 1979b]. Sie belasteten 15 gesunde Probanden mit Konzentrationen, die für jede der drei Gaskomponenten etwa dreimal so hoch war wie der 24-h-MIK-Wert (MIK = Maximale Immissionskonzentration), d.h. mit

- 300 μg NO_2/m^3 (MIK:90 μg NO_2/m^3),
- 900 μg SO_2/m^3 (MIK:365 μg SO_2/m^3),
- 150 μg O_3/m^3 (MIK:53,5 μg O_3/m^3).

Die Versuchspersonen wurden an vier Tagen jeweils 8 h/Tag belastet. Obwohl die Konzentrationen ungefähr dreimal so hoch waren wie bei den Experimenten von Nieding, fanden Islam und Ulmer keine erkennbaren Wirkungen des Gasgemisches auf die gesunden Probanden. Die Mittelwerte der untersuchten Lungenfunktions-

Tabelle C-37. Effekte von NO_2 auf die Lungenfunktionen des Menschen nach [WHO 1977]

NO_2-Konzentration ($\mu g/m^3$)	Expositionszeit		Effekt	Personen
	Zahl der Tage	Zeit/ Tag		
9400	1	2 h	Signifikanter Anstieg des Raw[a] Abfall des $AaDO_2$[b] bei leichter Belastung	11 Gesunde
9400	1	15 min	PAO_2[c] unverändert aber PaO_2[d] signifikant gesenkt	14 chronische Bronchitispat.
9400	1	15 min	DLco[e] signifikant gesenkt	11 Gesunde
7500–9400	1	10 min	Erniedrigung der Lungencompliance bei gesteigertem Einatem- wie Ausatemwiderstand	5 Gesunde
3000–3800	1	15 min	Raw-Steigerung	15 chronische Bronchitispat.
1300–3800	1	10 min	Erhöhter Widerstand bei Ein- wie Ausatmen	10 Gesunde
190	1	1 h	Leichter aber signifikanter Anstieg des anfängl. SRaw[f] Reaktion auf Carbachol (Bronchoconstriktion)	20 Asthmapat.
100 in Kombination mit 50 O_3 und 260 SO_2	1	2 h	Kein Effekt auf RaW und $AaDO_2$. Sensitivität der Bronchien auf Acetylcholin gesteigert	11 Gesunde

[a] Raw = Atemwegwiderstand
[b] $AaDO_2$ = O_2-Druckdifferenz zwischen Alveolen und Arterien
[c] PAO_2 = Partieller alveolarer O_2-Druck
[d] PaO_2 = Partieller arterieller O_2-Druck
[e] DLco = Difussionskapazität der Lunge für CO
[f] SRaw = Spezifischer Atemwegwiderstand

Parameter, gemessen wurden zwölf Parameter, wiesen keine der Veränderungen auf, die bei der Einwirkung irritanter Gase zu erwarten wären. Es ließen sich auch keine Anhaltspunkte finden, die auf eine Überempfindlichkeit des Bronchialsystems bei Provokation durch Acetylcholin hinwiesen. Dieser Befund steht also im Widerspruch zu den Betrachtungen Niedings.

Versuche liegen inzwischen auch für Belastungen im Bereich der MAK-Werte (MAK = Maximale Arbeitsplatzkonzentration) vor [Wagner, Nieding, Beuthan, Antweiler 1982] (MAK-Werte liegen wesentlich über den MIK-Werten). Die Autoren belasteten elf Probanden über zwei Stunden in einer Expositionskammer mit einem Gasgemisch von $NO_2 + SO_2 + O_3$, wobei die Konzentration jeder Komponente dem zugehörigen MAK-Wert entsprach, d. h.

- 9 000 μg NO_2/m^3,
- 13 000 μg SO_2/m^3,
- 200 μg O_3/m^3.

Die Exposition der 11 Probanden führte zu einem signifikanten Anstieg der Strömungswiderstände in den Atemwegen und einer Abnahme des arteriellen Sauerstoffpartialdruckes. Nach einer Erholungszeit von einer Stunde in Reinluft normalisierte sich der Partialdruck, aber der Widerstand der Atemwege nahm noch geringfügig zu. Bis auf den Plasma-Histaminspiegel, der bei einigen Probanden anstieg, zeigten die übrigen untersuchten biochemischen Parameter keine signifikanten Veränderungen. Vergleicht man bei entsprechenden Konzentrationen die Wirkung von NO_2 in Gaskombinationen mit denen von NO_2 allein, so scheinen SO_2 und O_3 nach den bisher durchgeführten Experimenten keine eindeutig verstärkenden Effekte auszuüben.

1.3.2.2.4 Epidemiologische Studien über Wirkungen von NO_2 auf den Menschen

Bisher liegen nur wenige epidemiologische Studien über die Wirkungen von NO_2 vor, und diese Studien sind wegen ihrer Mängel oft kritisiert und als nur begrenzt aussagefähig eingestuft worden. In Tabelle C-38 sind diese Studien zusammengestellt.

Am häufigsten zitiert und diskutiert worden ist wohl die amerikanische „Chattanooga Studie“. Diese Studie ist hauptsächlich Grundlage der Ambient Air Quality Standards für Stickstoffdioxid in den USA. Sie besteht eigentlich aus zwei Untersuchungen. Die erste wurde 1969, die zweite 1970 durchgeführt.

Chattanooga ist ein Ort in der Nähe einer Trinitrotoluol-Fabrik mit hohen NO_2-Emissionen. Shy et al. unterteilten das belastete Gebiet um die Fabrik nach den Mittelwerten der Immissionen in drei unterschiedlich hoch belastete Areale auf und untersuchten Schulkinder sowie deren Eltern und Geschwister in jeweils einer Schule jedes Gebietes. Die Ergebnisse wurden mit Untersuchungen einer weniger expo-

Tabelle C-38. Ergebnisse epidemiologischer Studien über Wirkungen von NO_2 nach [WHO 1977]

Konzentrationen		Mittlere Expositionszeit	Effekte
Exponierte Gruppe	Kontrollgruppe		
150–282 µg NO_2/m^3, 4– 7 µg Nitrate/m^3, 10– 13 µg Sulfate/m^3, < 26 µg SO_2/m^3	56–113 µg NO_2/m^3, 2– 3 µg Nitrate/m^3, 10 µg Sulfate/m^3, < 26 µg SO_2/m^3	1 Jahr	Gesteigerte Häufigkeit akuter Atemwegserkrankungen bei Schulkindern und deren Eltern in Chattanooga
63– 96 µg Part./m^3, außerdem waren schwefelige Säure und Säuren von Stickstoff vorhanden	62– 72 µg Part./m^3		Gesteigerte Häufigkeit unterer Atemwegserkrankungen bei Kindern in Chattanooga
> 940 µg NO_2/m^3 in 1-h-Spitzenwerten in Wohnungen	< 940 µg NO_2/m^3	1 h	Keine Unterschiede bei Hausfrauen, die mit Gasherden kochten, zu denen, die mit elektrischen Geräten kochten

Tabelle C-39. Mittlere Konzentrationen in µg/m³ in der Chattanooga-Studie nach [Shy et al. 1970a, b]

Luftverunreinigende Stoffe	Konzentrationen in µg/m³				
	drei Schulen in dem hochbelasteten Gebiet			Kontrollpopulation	
	1	2	3	1	2
NO_2	282	150	150	113	56
SO_2	<26	<26	<26	<26	<26
Sulfate	13,2	11,4	10,0	9,8	10,0
Nitrate	7,2	6,3	3,8	2,6	1,6
Schwebstoffe insgesamt	96	83	63	72	62

nierten Kontrollpopulation verglichen. Tabelle C-39 zeigt die Immissionswerte der als hoch belastet eingestuften Areale (Schule 1 bis 3) und die Immissionswerte, denen die Kontrollpopulation ausgesetzt war. Zusammenfassend kam die Studie zu folgenden Aussagen:

- Die Atemwegserkrankungen lagen bei jedem Familienmitglied in der hoch belasteten Umgebung signifikant höher als bei denen in der Kontrollpopulation.
- Die Krankheitsquoten der hoch belasteten Gebiete waren nicht durchweg mit dem NO_X-Konzentrationsgefälle zwischen den drei Schulen in diesen Gebieten schlüssig korrelierbar.
- Nur das Auftreten von Erkrankungen bei Zweitklässlern und ihren Müttern folgte ziemlich genau dem NO_2-Belastungsgefälle innerhalb der stark belasteten Gebiete.
- Es ergaben sich Hinweise auf einen Zusammenhang zwischen NO_X-Belastung und Abnahme der Resistenz gegen Erreger von Atemwegserkrankungen.

Ob kurzzeitige hohe Belastungen oder die Langzeitbelastungen die größeren Auswirkungen auf die Gesundheit haben, läßt die Studie offen.

Im Jahre 1970 wurde eine zweite Untersuchung durchgeführt [Pearlman et al. 1971]. Bestimmt wurde die Häufigkeit akuter Erkrankungen der unteren Atemwege. Die Autoren schlossen aus diesen Untersuchungen:

- Die Bronchitishäufigkeit korreliert mit der NO_2-Belastung beim größeren Teil der Schulkinder, die drei oder mehrere Jahre an ihrem derzeitigen Wohnsitz lebten.
- Bei denjenigen Schulkindern, die am jetzigen Wohnort nur zwei Jahre lebten, folgte die Bronchitis-Häufigkeit nicht dem Belastungsgradienten, wenngleich auch in diesem Kollektiv die Bronchitishäufigkeit in den niedrig belasteten Gebieten geringer war als in den höher belasteten.
- In der Gruppe der erst seit einem Jahr Ansässigen und bei allen Kleinkindern waren die Gebietsunterschiede in den Häufigkeiten der Erkrankungen der unteren Atemwege statistisch nicht signifikant, obwohl sich eine allgemeine Tendenz zu mehr Atemwegserkrankungen in den hoch belasteten Gebieten im Vergleich zu den schwach belasteten abzeichnete.

Eine andere epidemiologische Studie ist in sechs unterschiedlich von Luftverunreinigungen betroffenen Gebieten Japans durchgeführt worden [Environment Agency, Japan 1977]. Anhand von Fragebögen ermittelte dort die Environment Agency in den Jahren 1970 bis 1974 bei größeren Kollektiven von Männern und Frauen die Häufigkeit von anhaltendem Husten und Auswurf. Die Auswertung ergab:

- In den Jahren 1972, 1973 und 1974 korrelierte die Häufigkeit der erfragten Symptome bei Männern von 60 Jahren und mehr signifikant mit den NO_2-Konzentrationen.
- 1974 korrelierten NO_2-Konzentrationen und Häufigkeit von Husten und Auswurf auch bei Frauen von 30 Jahren und älter signifikant.

Bemerkenswert wären nach dieser Studie die niedrigen Konzentrationen von 10 bis 100 $\mu g\ NO_2/m^3$, mit denen die Symptome korrelierten. Die Studie wird allerdings in der Fachwelt wegen vieler Unzulänglichkeiten nur mit großem Vorbehalt zur Beurteilung des NO_2-Problems herangezogen.

Die Tatsache, daß beim Verbrennen von Erdgas Stickstoffdioxid entsteht, veranlaßte Eaton et al., die Häufigkeit akuter Atmungserkrankungen von Familien zu untersuchen, in deren Haushalt mit Erdgas gekocht wurde [Eaton et al. 1973]. Eaton fand tatsächlich signifikant höhere Atemwegserkrankungen in Familien mit Erdgaskochstellen als in Familien ohne Erdgaskocher. Während des Kochens mit Erdgas traten nach Angaben der Autoren in den Wohnungen NO_2-Konzentrationen von 400 bis 900 $\mu g\ NO_2/m^3$ auf.

Zu anderen Feststellungen gelangten Mitchell et al. in einer ähnlichen Studie [Mitchell et al. 1974]. Sie stellten in Familien mit Gaskochern keine signifikanten Erhöhungen der Atemwegerkrankungen fest. Die Autoren hatten allerdings im Vergleich zu Eaton wesentlich niedrigere NO_2-Konzentrationen (10 bis 200 $\mu g\ NO_2/m^3$) gemessen.

Ein klares Bild über Wirkungen von NO_2 läßt sich also aus epidemiologischen Studien bisher nicht gewinnen.

1.3.2.2.5 Ansichten deutscher Sachverständiger zu den Studien über Wirkungen von NO_2 auf die menschliche Gesundheit

Während der Sachverständigenanhörung des Bundesministeriums des Innern zum Thema: „Medizinische, biologische und ökologische Grundlagen zur Bewertung schädlicher Luftverunreinigungen" diskutierten die geladenen Sachverständigen auch Vorschläge zu Änderungen von Immissionsgrenzwerten der TA Luft für Stickstoffdioxid. Da inzwischen keine Arbeiten bekannt wurden, die das damalige Wissen um die Wirkung von NO_2 wesentlich verändert oder erweitert hätten, erscheint es sinnvoll, die Ansichten der dort vertretenen Sachverständigen in einer Zusammenfassung des Wortprotokolls [UBA 1978] zu skizzieren. Zum Zeitpunkt der Diskussion waren die Immissionsgrenzwerte für Stickstoffdioxid auf 300 $\mu g\ NO_2/m^3$ als Kurzzeitwert und 100 $\mu g\ NO_2/m^3$ als Langzeitwert festgesetzt. Der Langzeitwert ist inzwischen auf 80 $\mu g\ NO_2/m^3$ gesenkt worden.

Rogge und Bruch, beauftragt mit der Erarbeitung von Vorschlägen für Kurz- und Langzeit-Immissionsgrenzwerte, hielten einen Grenzwert von 300 $\mu g\ NO_2/m^3$ bei kurzzeitigen Expositionen für einen ausreichenden Schutz der Bevölkerung. Dieser Wert liegt deutlich unterhalb von Konzentrationen, bei denen im Experiment an ge-

Tabelle C-40. Von Bruch und Rogge für die Empfehlung eines NO_2-Kurzzeitwertes zugrunde gelegte Untersuchungsergebnisse nach [Bruch, Rogge 1977]

NO_2-Konzentration mg/m³	Expositionsdauer min	Versuchspersonen	Beobachtete Effekte	Autoren
1,26–3,6		Gesunde Probanden	Anstieg der inspiratorischen und exspiratorischen Atemwegswiderstände; Abnahme der Lungencompliance	Suzuki u. Ishika
> 2,7	15	Gesunde Probanden	Signifikante Zunahme der Atemwegswiderstände	Nieding u. Wagner; Nieding et al.
≧ 4,5	30–120	Gesunde Probanden	Signifikanter Anstieg der mittleren Bronchialwiderstände	Beil u. Ulmer

sunden Probanden Wirkungen auf die Lungenfunktionen beobachtet wurden (s. Tabelle C-40). Allerdings verwiesen die Autoren ausdrücklich auf die in Tabelle C-37 aufgeführten Arbeiten von Orehek et al., die schon bei 190 µg NO_2/m^3 geringe Wirkungen auf die bronchiale Reaktionsbereitschaft von Asthmakranken beobachteten.

Den zum Zeitpunkt der Sachverständigenanhörung geltenden Langzeitwert von 100 µg NO_2/m^3 hielten Rogge und Bruch für zu hoch [UBA 1978]. Stattdessen empfahlen sie einen Wert von 50 µg NO_2/m^3. Diese Empfehlung stützte sich allerdings nur auf Tierexperimente an Mäusen. Nach Ansicht Rogges rechtfertigt jedoch auch die japanische epidemiologische Studie einen Wert von 50 µg NO_2/m^3.

In einer kontroversen Diskussion wurden während der Sachverständigenanhörung Argumente für und wider eine Senkung sowohl des Kurzzeit- als auch des Langzeitwertes vorgetragen. Für eine Senkung spräche, so argumentierten einige der Sachverständigen,

- daß nach Experimenten an Freiwilligen schon bei 10 bis 15minütiger Inhalation von 2000 µg NO_2/m^3 mit Störungen der Lungenfunktion gerechnet werden müsse. Sowohl bei morphologischen als auch bei Infektionsversuchen deute sich eine „Konzentration x Zeit-Beziehung“ an. Die nach dem Vorsorgeprinzip wahrzunehmenden Sicherheitsabstände zu Konzentrationen, bei denen Wirkungen beobachtet werden, seien sowohl im Hinblick auf die Tierexperimente als auch im Hinblick auf die mit Einschränkung zu erwähnenden epidemiologischen Studien bedenklich niedrig.
- daß Freeman bei Expositionsversuchen im Bereich von 470 bis 1900 µg NO_2/m^3 morphologische Veränderungen beobachtet habe, die denen bei chronischer Bronchitis und Bronchopneumonie entsprechen. Betroffen gewesen seien vor allem die strukturtragenden Elemente des Alveolarraumes. Außerdem habe Freeman gezeigt, daß schon nach kurzer Exposition Schädigungen des Bronchialepithels aufträten. Dadurch werde der Reinigungsmechanismus beeinträchtigt, was wiederum zu vermehrten Infekten führen könne.

Sachverständige, die eine Senkung des Kurzzeitwertes von 300 µg NO_2/m^3 und des seinerzeit geltenden Langzeitwertes von 100 µg NO_2/m^3 „nicht" für notwendig hielten, führten an,

- daß der Vorschlag Rogges für einen Langzeit-Immissionsgrenzwert von 50 µg NO_2/m^3 aus Experimenten an Mäusen abgeleitet sei. Die Nagetiere hätten jedoch eine vielfach höhere Atemintensität als der Mensch. Das bedeute: die Lunge der Mäuse wird pro Zeiteinheit und Lungenoberfläche im Verhältnis zum Menschen um ein Mehrfaches belastet. Der Sicherheitsabstand zu schädigenden NO_2-Konzentrationen sei für den Menschen daher schon bei 400 µg NO_2/m^3 als Kurzzeitgrenzwert ausreichend.
- Die bisherigen epidemiologischen Studien seien nicht geeignet, um daraus Grenzwerte abzuleiten. So sei der japanischen Studie mangelnde Meßgenauigkeit, unzureichende Meßhäufigkeit und statistische Mängel vorzuhalten. Auch die Chattanooga-Studie sei problematisch. So hätten sich einheitliche Effekte nur in der Befragung, nicht jedoch in den Ergebnissen der Lungenfunktionstests ergeben. Shy, Autor der Chattanooga-Studie, habe selbst die Ansicht geäußert, 270 µg NO_2/m^3 als Jahresmittelwert seien zum Schutz der Bevölkerung ausreichend.
- Zorn bemerkte auf der Anhörung, er habe, wie einige amerikanische Wissenschaftler, zwar elektronenmikroskopisch histologische Veränderungen bei Ratten nach vierwöchiger Exposition bei hohen Konzentrationen (2900 bis 5700 µg/m^3) beobachtet; unterhalb von 2900 µg NO_2/m^3 seien jedoch keine signifikanten Erhöhungen von Hydroxyprolinausscheidung (also kein Hinweis auf erhöhten „Kollagen-turnover-Stoffwechsel"), unter 1800 µg NO_2/m^3 keine signifikanten Veränderungen biologischer Parameter und unter 5000 µg NO_2/m^3 keine erhöhte Infektionsanfälligkeit festzustellen gewesen.

1.3.2.2.6 Abschließende Betrachtung zum NO_2-Problem

Die Jahresmittelwerte der Stickstoffdioxidkonzentrationen in der Bundesrepublik Deutschland liegen in Reinluftgebieten zwischen etwa 3 und 14 µg NO_2/m^3, in belasteten Gebieten zwischen 30 und 70 µg NO_2/m^3. Verursacher der Luftverunreinigungen durch Stickstoffoxide sind vor allem der Kraftfahrzeugverkehr mit etwa 1,6 Mio t und die Kraftwerke mit etwa 1,3 Mio t emittierten Stickstoffoxiden (vgl. Tabelle C-22). Welchen Anteil die einzelnen Emittenten an den regional sehr unterschiedlichen Immissionen haben, läßt sich aus den in Abschnitt 1.2.2 dieses Berichtsteils genannten Gründen derzeit nicht abschätzen.

In den hoch belasteten Gebieten der Bundesrepublik Deutschland liegen die Jahresmittelwerte teilweise nur wenig unter dem in der TA Luft festgelegten Langzeitgrenzwert von 80 µg NO_2/m^3. Stickstoffdioxidkonzentrationen in dieser Höhe werden von den meisten Sachverständigen aber als nicht schädlich für die menschliche Gesundheit eingestuft. Es darf allerdings nicht übersehen werden, daß sich die Grenzwerte der TA Luft und die gemessenen NO_2-Immissionen auf Konzentrationen in der Außenluft beziehen. In Gebäuden können jedoch durch Rauchen oder Benutzung von Gasherden und -heizungen weitere wesentliche Belastungen zu dem schon in der Atmosphäre außerhalb der Gebäude vorhandenen NO_2 hinzukommen. Allein wegen dieses Sachverhaltes sollte dem Problem gesundheitlicher Beeinträchtigungen durch Belastung mit Stickstoffoxiden weiterhin Aufmerksamkeit gewidmet werden.

1.3.2.3 Auswirkungen von Blei auf die menschliche Gesundheit

1.3.2.3.1 Wirkungsmechanismen von Blei im Organismus

Akute Vergiftungen mit anorganischen Bleiverbindungen treten nur bei sehr hohen Dosen auf. Die letale Dosis für Erwachsene liegt bei ungefähr 20 bis 50 g. Durch Umweltbelastungen wird pro Tag nur etwa ein Millionstel der als letal angesehenen Menge aufgenommen. Akute Bleivergiftungen sind in der Bundesrepublik Deutschland nur noch selten zu beobachten.

Nach den klinischen und arbeitsmedizinischen Erfahrungen sind besonders bleiempfindlich

- das blutbildende (hämatopoetische) System,
- das Nervensystem.

Soweit bekannt ist, greift Blei in das blutbildende System vor allem durch seine Wirkung auf die zur Hämoglobinsynthese notwendigen Enzyme ein. Durch die Blockierung eines spezifischen Enzyms werden in der mehrstufigen Kette des Aufbaus von Hämoglobin gewisse Bausteine, die mit Hilfe des Enzyms zusammengesetzt werden sollen, nicht mehr eingefügt. Die überzähligen, nicht zusammengesetzten Bausteine sind nicht weiter verwendbar und werden daher ausgeschieden. Die Mengen der mit dem Urin oder den Faeces ausgeschiedenen Bausteine, wie z. B. der 5-Aminolävulinsäure (ALA) oder des Koproporphyrins, geben Hinweise auf den Grad der Schädigung des blutbildenden Systems.

Wahrscheinlich wirkt Blei auch auf Enzyme des Organismus ein, mit deren Hemmung möglicherweise die Beeinflussung des Nervensystems und der glatten Muskulatur in Zusammenhang steht.

In Untersuchungen über Bleibelastungen wird vorrangig – zumeist wegen der relativ einfachen Bestimmung – der Blutbleispiegel oder die ALA-Ausscheidung als Parameter benutzt. In Tabelle C-41 sind einige grobe Orientierungswerte für Normalwerte, Gefährdungsbereiche und Intoxikationen zusammengestellt. Dabei ist jedoch zu beachten, daß die Belastbarkeit des Organismus von vielen Faktoren abhängt und daß erhebliche individuelle Unterschiede möglich sind.

1.3.2.3.2 Innere Belastung und deren Auswirkung

Abbildung C-21 zeigt Ergebnisse von Untersuchungen des Blut-Bleispiegels, stellt Bereiche dar, in denen Wirkungen beobachtet bzw. noch nicht nachgewiesen wur-

Tabelle C-41. Indikatoren für normale und erhöhte Bleibelastungen nach [Wirth, Gloxhuber 1981]

	Normalwert	Gefährdungsgrenze	Intoxikationen klinische Symptome
Bleigehalt im Blut (μg/dl)	10–20	40	70
Ausscheidung von Blei im Harn (μg/l)	10–70	100	200–400
Koproporphyrinausscheidung (μg)	80/d	200/l	600/l
ALA-Ausscheidung (mg/d)	2–3	5–10	10–20

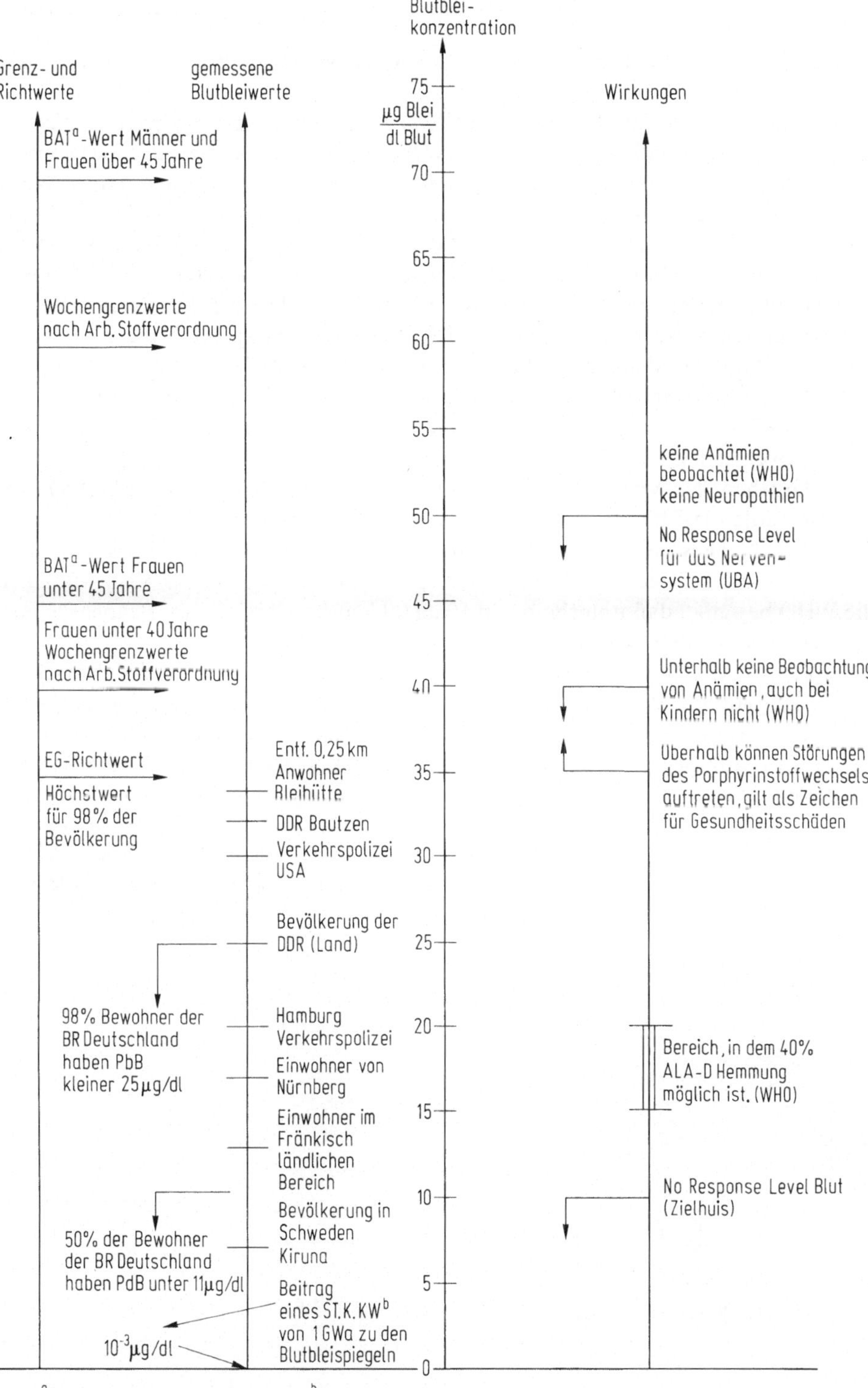

[a] BAT biologische Arbeitsstofftoleranzwerte [b] ST.K.KW. Steinkohlekraftwerk

Abb. C-21. Grenz- und Richtwerte, gemessene Blutbleiwerte unterschiedlicher Bevölkerungsgruppen und Wirkungen von Bleibelastungen im Blut

den, und zeigt die Lage einiger Richt- und Grenzwerte für die Blut-Bleibelastung auf.

Sehr niedrig liegt der Blut-Bleiwert (PbB) bei Einwohnern von Kiruna (Schweden) mit 7 μg/dl. Fünfzig Prozent der Bevölkerung in der Bundesrepublik Deutschland haben Blut-Bleiwerte unter 11 μg/dl, und 98% der Bewohner haben Werte kleiner als 25 μg/dl. Deutlich erhöht waren nach Messungen von Einbrodt mit 35 μg/dl die PbB-Werte von Personen, die im Umkreis von 0,25 km Radius zu einer Bleihütte wohnten [Einbrodt et al. 1975]. Die Werte normalisierten sich jedoch sehr schnell mit zunehmender Entfernung vom Emittenten. Die geringe Reichweite von Bleiemissionen bestätigt auch Thron bei Untersuchungen in der Nähe eines Emittenten im Raum Nordenham (s. Abb. C-22) [Thron et al. 1978].

Nach Zielhuis liegt der „no-response level" für Blei im Blut bei 10 μg Blei/dl Blut [Zielhuis 1975]. „No-response level" ist hier der Blutbleispiegel, bei dem bisher keine negativen Effekte beobachtet wurden. Von 15 μg/dl bis etwa 20 μg/dl können nach Angaben der WHO 40% der Aminolävulinsäure-Dehydratase (ALA-D) gehemmt werden [WHO 1977]. Ab 35 μg/dl sind Störungen des Porphyrinstoffwechsels möglich. Diese Störungen sind Hinweise auf Gesundheitsgefährdungen. Der „no-response level" des Nervensystems liegt bei Werten kleiner als 50 μg/dl. Auch die WHO bestätigt, daß unterhalb von 50 μg/dl keine Anämien oder Beanspruchungen des Nervensystems beobachtet wurden.

Wirkungen von Blei auf das periphere Nervensystem wurden erstmals von Sessa als Verlangsamung der Reizleitung in schnelleitenden motorischen Nervenfasern bei Patienten mit beruflicher Bleibelastung beschrieben [Sessa u.a. 1965]. In einer Bleistudie [Landesgewerbeanstalt Bayern 1981] diskutierten Lehnert und Szadkowski die einschlägigen Arbeiten – besonders die Aussagen von Seppäläinen zur Beeinflussung der schnelleitenden und langsamleitenden sowie der sensiblen Nerven. Abgesehen davon, daß alle von anderen Autoren beschriebenen Effekte bei sehr hohen Blutbleispiegeln – teilweise bei Werten um 90 bis 100 μg/dl Blut – auftraten,

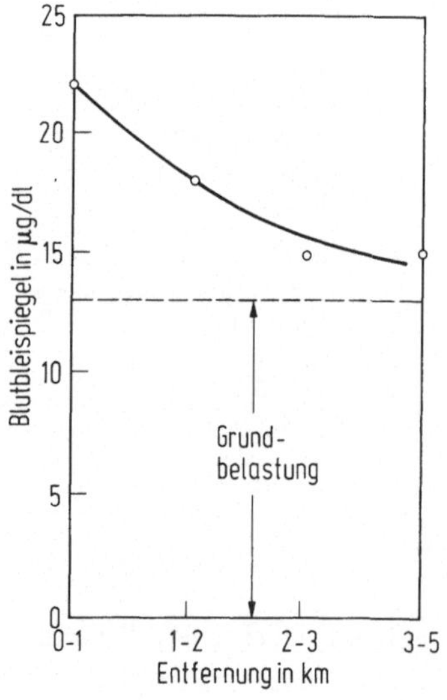

Abb. C-22. Annäherung des Blutbleispiegels bei industrieller Zusatzbelastung an die Grundbelastung nach [Thron et al. 1978]

kommen Lehnert und Szadkowski zu dem Schluß, es gebe keine überzeugenden Belege dafür, daß selbst so hohe Blutbleispiegel, wie sie in der Bundesrepublik Deutschland äußerst selten und nur bei berufsbedingten Expositionen erreicht werden, die Nervenleitgeschwindigkeit eindeutig beeinträchtigten. Die gelegentlich festgestellten leichten Verlangsamungen der Nervenleitgeschwindigkeit entsprächen histologisch nach den Untersuchungen von Buchtahl und Behse nicht dem Bild der bleibedingten subklinischen Neuropathie [Buchtahl, Behse 1979). Funktionsstörungen im Bereich des peripheren Nervensystems, wie sie bei klinisch manifesten Bleiintoxikationen beobachtet werden können, seien unter einer Dekorporationstherapie mit Komplexbildnern offenbar rückbildungsfähig [Araki et al. 1980].

Ähnlich kritisch äußern sich Lehnert und Szadkowski zu Wirkungen von Bleibelastungen aus der Umwelt auf das zentrale und vegetative Nervensystem [Landesgewerbeanstalt Bayern 1981]. Sie bestätigen, daß Blei unzweifelhaft neurotoxische Potenzen besitzt. Allerdings stehe bei üblichen Umweltbelastungen nicht das bei langdauernder hoher Bleiexposition früher gelegentlich beobachtete Krankheitsbild der Encephalopathia saturnina zur Diskussion, sondern die Frage, ob Blei in subtoxischen Dosen zentralnervöse Funktionen beeinträchtigen kann. Nach ihrer Auffassung ließen Unzulänglichkeiten im Design psychomentaler Testverfahren und Unzulänglichkeiten bei epidemiologischen Ansätzen die bisherigen Ergebnisse solcher Studien fragwürdig erscheinen. In ihrer Gesamtwertung kommen die Autoren zu dem Schluß, daß heute – bezogen auf Blei – die Umweltbelastung soweit abgesenkt sei, daß Gesundheitsschäden nach dem besten Stand des medizinischen Wissens vermieden würden.

Diese Auffassung wird keinesfalls von allen Sachverständigen geteilt. So vertrat z. B. Pott während der Sachverständigenanhörung des BMI [UBA 1978] die Ansicht, daß der seit 10 Jahren diskutierte Langzeit-Immissionsgrenzwert von 2 µg Blei/m³ Luft nicht in allen Fällen völlig harmlos sei, wie von verschiedenen Seiten behauptet werde. Es sei erwiesen, daß – aus welchen Gründen auch immer – in der Bundesrepublik Deutschland ein kleiner Teil der Bevölkerung Blutbleiwerte habe, die nach den EG-Richtlinien als gesundheitsschädlich eingestuft werden (mehr als 25 µg Blei/dl Blut).

Für diesen Teil der Bevölkerung stellt der in der Bundesrepublik Deutschland geltende Langzeit-Immissionswert von 2 µg Blei/m³ wahrscheinlich keinen hinreichenden Schutz dar. Ein Kurzzeitwert für Bleiemissionen ist in der Technischen Anleitung zur Reinhaltung der Luft nicht festgelegt.

1.3.2.3.3 Auswirkungen der Blei-Emissionen eines Modell-Steinkohlekraftwerkes auf die innere Bleibelastung der Bevölkerung

Wie bereits bei der Erörterung der Belastungen mit Staubinhaltsstoffen durch Kohlekraftwerke (siehe Abschnitt 1.2.3 dieses Berichtsteils) dargelegt, erzeugt das dort behandelte Modellsteinkohlekraftwerk, bezogen auf die mittlere jährliche Stromproduktion von 1 GWe · a, in der näheren Umgebung eine Bleibelastung der Luft von etwa 1 ng/m³. Bei Vollastbetrieb über 50 Jahre würde am ungünstigsten Aufpunkt die Bodenkonzentration um 0,0067 µg/g Boden steigen. Im Mittel erhöht sich dadurch die Bleikonzentration in Nutzpflanzen um rund 0,0007 µg/g Pflanzensubstanz (Naßgewicht). Die Abschätzungen beziehen sich auf die gesamte Pflanze ohne

Rücksicht darauf, daß die eßbaren Teile oft wesentlich geringere Konzentrationen aufweisen. Nach Messungen von Konzentrationen in allen Pflanzenteilen wurden Werte um 0,4 µg/g Naßgewicht der Pflanzensubstanz ermittelt.

Die Bleikonzentration in den Pflanzen erhöht sich also nach 50-jährigem Vollastbetrieb des Modellsteinkohlekraftwerks um 1/600-stel der heute gemessenen Durchschnittskonzentration. Nach heutigem Kenntnisstand werden von dem im Magen-Darmtrakt aufgenommenen Blei eines Erwachsenen etwa 10% der Bleimenge resorbiert. Im kindlichen Organismus wird bis zu 50% des Bleis resorbiert. Die zusätzlich im ungünstigsten Aufpunkt des Kraftwerkes geringfügig erhöhten Konzentrationen – so wie sie nach den groben Annahmen in Abschnitt 1.2.3 errechnet wurden – stellen keine klinisch relevante Belastung dar.

Noch bedeutender wäre der Anteil des Steinkohlekraftwerkes an der inhalativen äußeren Belastung. Es wird derzeit angenommen, daß eine Erhöhung der Luft-Bleikonzentrationen von 1 $\mu g/m^3$ Luft zu einer Erhöhung des Blut-Bleiwertes von 2 bis 4 µg/dl führt. Die zusätzliche Belastung durch das Steinkohlekraftwerk von 10^{-3} $\mu g/m^3$ Luft würde also zu einer Erhöhung des Blutbleispiegels von wenigen Nanogramm pro Deziliter Blut führen; gemessen an dem als „no response level" geltenden Wert von 10 µg/dl ist die zusätzliche innere Belastung von einem Tausendstel bis Zehntausendstel dieses Wertes durch ein Kohlekraftwerk sehr klein.

1.3.2.4 Auswirkungen von Quecksilber und seinen Verbindungen auf die menschliche Gesundheit

Quecksilber findet wegen seiner ungewöhnlichen chemisch-physikalischen Eigenschaften weit verbreitete Anwendung. Besondere ökologische Bedeutung haben die organischen Quecksilberverbindungen wie Methylquecksilber und Dimethylquecksilber. Elementares, organisch gebundenes wie auch anorganisch gebundenes Quecksilber können schwere Gesundheitsschäden bei Mensch, Tier und Pflanze bewirken.

1.3.2.4.1 Akute und chronische Quecksilbervergiftungen

Nach Einatmen von elementarem Quecksilberdampf in hohen Konzentrationen können wenig später Übelkeit, Erbrechen, blutige Durchfälle, intensiver Metallgeschmack, Husten, Tachypnoe und Atemstillstand auftreten. Die Betroffenen wechseln ständig zwischen Lethargie und Ruhelosigkeit. Im Verlauf der Vergiftung treten Nierenschäden und Schäden des Zentralnervensystems auf.

Bei Vergiftungen mit organischen Hg-Verbindungen zeigen sich andere Symptome, die mit dem leichteren Vordringen der organischen Verbindungen in das Zentralnervensystem erklärt werden können. Beobachtet werden: Mattigkeit, Appetitlosigkeit, Brechreiz, Stomatitis, Seh-, Sprech-, Hör- und Gehstörungen, Sopor und Schreibkrämpfe.

Sowohl Vergiftungen mit elementarem, als auch mit organisch oder anorganisch gebundenem Quecksilber können zum Tod führen.

Symptome einer chronischen Quecksilbervergiftung sind Stirnkopfschmerzen, Schwindelanfälle, hartnäckiger Schnupfen, Vereiterungen der Nasen-, Stirn- und Kieferhöhlen, Gingivitis und Stomatitis, Nierenschädigung mit vorausgehender Albuminurie, Schädigung des Blutes, Schädigung des Zentralnervensystems. Die

Schäden des Zentralnervensystems zeigen sich

- in einem charakteristischen, peripher an Fingern, Augenlidern und Lippen beginnenden feinschlägigen Intentionstremor, der bis zu chronischen Spasmen gesteigert werden kann (merkurieller Tremor);
- in einem typischen Syndrom von Veränderungen der Persönlichkeitsstruktur wie nervöser Reizbarkeit, Schreckhaftigkeit, Befangenheit, Nachlassen der Merkfähigkeit, Schlafstörungen und Depressionen (Erethismus mercurialis).

1.3.2.4.2 Wirkungsmechanismen von Quecksilber im Organismus

Als Schwermetall kann Quecksilber mit Proteinen reagieren. Die Denaturierung von Eiweiß ist wahrscheinlich Ursache der lokalen Wirkung. Quecksilber hat zudem eine hohe Affinität zu Enzymen mit Schwefelwasserstoffgruppen. Deren Hemmung durch das Schwermetall bewirkt möglicherweise die bei Intoxikationen häufiger beobachtete Niereninsuffizienz und andere Symptome fern vom Applikationsort.

Eingeatmeter elementarer Quecksilberdampf wird wegen der guten Fettlöslichkeit und hoher Diffusionsgeschwindigkeit zu etwa 80% (bei Berücksichtigung des toten Atemraumes) in der Lunge zurückgehalten [Teisinger, Fierowa-Bergerova 1965]. Im Blut kann nach In-vitro-Experimenten mehr Quecksilber aufgenommen werden als physikalisch in elementarer Form löslich wäre. Erklärt wird dieses Phänomen durch die schnelle Oxidation des elementaren Hg in zweiwertige Hg-Ionen, die wohl im wesentlichen für die toxische Wirkung verantwortlich sind [Nordberg 1972].

Besonders empfindlich reagiert das Zentralnervensystem auf Quecksilbereinwirkungen. Aus Tierexperimenten ist bekannt, daß elementares Quecksilber in wesentlich höheren Mengen (etwa um das 10fache) durch die Blut-Liquorschranke in das Gehirn eindringen kann als Hg-Salze. Diese Beobachtung, zusammen mit dem Phänomen der schnellen Oxidation des elementaren Hg im Blut, könnte eine wesentliche umwelttoxikologische Bedeutung haben. Es ist durchaus denkbar, daß bei niedrigen Expositionen der größte Teil des elementaren Quecksilbers während des Transportes im Blut oxidiert, bevor es die empfindlichen Organe erreicht. Bei hohen Expositionen kann möglicherweise nur ein Teil oxidiert werden; das verbleibende elementare Quecksilber würde dann zu Belastungen des Gehirns führen. Zieht man die großen biologischen Halbwertszeiten des Quecksilbers von etwa 50 bis 100 Tagen in Betracht, so könnten kurzzeitig wiederholte hohe Expositionen möglicherweise kritischer sein als niedrige langzeitige Belastungen. Für die Nieren, in denen nach Tierexperimenten der größte Teil des resorbierten Quecksilbers gespeichert wird (bis zu 90% und mehr) [Trojanowska 1966], gelten gleiche Überlegungen.

Die gute Lipidlöslichkeit organischer Hg-Verbindungen wie z.B. die des Methylquecksilbers, läßt diese Stoffe einfacher in das Zentralnervensystem vordringen. Entsprechend stehen bei Belastungen mit organischen Hg-Verbindungen meist cerebrale Symptome im Vordergrund.

1.3.2.4.3 Parameter der inneren Belastung des Körpers

Als Indikatoren und Parameter von Quecksilberbelastungen werden verwandt:

- Quecksilbergehalt im Blut,
- Quecksilbergehalt in den Haaren,
- Quecksilberausscheidung mit dem Urin oder den Faeces.

Als durchschnittlicher normaler Blutgehalt werden im Vollblut Werte um 0,5 μg Hg/100 ml, in den roten Blutkörperchen 1 μg Hg/100 ml angesehen. Vergiftungserscheinungen treten meist bei mehr als 10 μg Hg/100 ml auf. Blut-Hg-Werte und Schwere einer Intoxikation korrelieren miteinander.

Mit der Nahrung werden täglich etwa 5 bis 20 μg Hg aufgenommen. Tritt keine weitere Exposition auf, so kann davon ausgegangen werden, daß etwa 0,5 μg Hg/d mit dem Harn und etwa 10 μg Hg/d mit den Faeces ausgeschieden werden. Eine Ausscheidung von 20 μg Hg/d mit dem Urin wird zwar als kritisch angesehen, eindeutige Hinweise auf Symptome lassen sich daraus jedoch nicht ableiten. Nach Arbeiten von Smith et al. scheint zwischen den Hg-Konzentrationen in der Atemluft und den Urin-Quecksilberkonzentrationen ein linearer Zusammenhang zu bestehen [Smith et al. 1970], der jedoch von Individuum zu Individuum verschiedene Steigerungen aufweisen kann.

Es kann daher umgekehrt nicht aus den Hg-Konzentrationen im Urin bei Vorliegen von Vergiftungssymptomen auf die Höhe der Exposition zurückgeschlossen werden.

1.3.2.4.4 Quecksilberbelastungen und Wirkungen

Dosis-Wirkungsbeziehungen im Bereich durchschnittlicher Belastungen durch Quecksilber in der Umwelt sind für anorganische wie organische Hg-Verbindungen nicht bekannt. Als Immissionswerte werden für ländlich unbelastete Gebiete Quecksilberkonzentrationen von wenigen Nanogramm pro m³ Luft angegeben. In Emittentennähe erreichen die Belastungen Werte von 10 bis 15 μg Hg/m³ Luft.

Gewisse Kenntnisse über Wirkungen von niedrigen Quecksilberexpositionen wurden aus arbeitsmedizinischen Untersuchungen und Studien über die spektakulären Massenvergiftungen in Japan und dem Irak gewonnen.

Aus den bisher vorliegenden Beobachtungen über Wirkungen elementarer Quecksilberdämpfe auf den Menschen zieht die Kommission zur Festlegung von „Maximalen Arbeitsplatzkonzentrationen" (MAK) in der Bundesrepublik Deutschland den Schluß, daß es derzeit unter Einbeziehung der Kenntnisse über die Kinetik des Quecksilber-Dampfes bei Aufnahme über die Lunge schwierig sei, eine gesundheitsunschädliche Konzentration anzugeben. Es sei jedenfalls davon auszugehen, daß bei Hg-Durchschnittskonzentrationen in der Luft, die größer als 100 μg/m³ sind, Gesundheitsschädigungen möglich sind. Unterhalb von 100 μg Hg/m³ seien nur subjektive Beschwerden sowie biologische Veränderungen ohne nachgewiesenen Krankheitswert beobachtet worden. Der MAK-Wert ist derzeit für elementares oder anorganisch gebundenes Quecksilber auf 100 μg Hg/m³ Luft, für organische Verbindungen (als Hg gerechnet) auf 10 μg Hg/m³ festgelegt. MAK-Werte gelten für Bedingungen am Arbeitsplatz und können nicht als Schutzwerte für Kinder, Schwangere und andere Risikogruppen angesehen werden. Die TA Luft enthält keine Immissionswerte für Quecksilber.

Wie nachstehender Tabelle C-42 zu entnehmen ist, gelangt die WHO hinsichtlich des elementaren Quecksilbers zu einer ähnlichen Bewertung [WHO 1976].

Die Tabelle enthält die den Luftkonzentrationen entsprechenden Blut- und Urinkonzentrationen. Letztere sind als zeitliche Mittelwerte großer Stichprobenumfänge mit erheblichen individuellen Variationen aufzufassen.

Tabelle C-42. Assoziation des zeitlichen Mittelwertes von elementaren Quecksilberdampf-Konzentrationen in der Luft mit frühen Effekten bei sehr sensitiven Erwachsenen nach Langzeitbelastungen nach [WHO 1976]

Luft ($\mu g/m^3$)	Blut ($\mu g/dl$)	Urin ($\mu g/l$)	Symptome
50	3,5	150	keine spezifischen Symptome
100–200	30	600	Tremor

In ihren „Recommended Health Based Limits in Occupational Exposure to Heavy Metals" [WHO 1980], Empfehlungen also, die den MAK-Werten entsprechen und nicht den Immissionswerten zum Schutz der Gesamtbevölkerung, schlägt die WHO einen Grenzwert für elementaren Quecksilberdampf von 25 $\mu g/m^3$ Luft bei Langzeitbelastungen, 500 $\mu g/m^3$ Luft bei Kurzzeitbelastungen vor. Für anorganische Hg-Verbindungen empfiehlt die WHO einen Grenzwert von 50 $\mu g/m^3$ Luft.

Katastrophale Massenvergiftungen mit Quecksilber traten in Japan an der Minimata-Bucht [Katsuna 1968], in Niigata [Niigata Report 1967] und in einem Gebiet des Iraks auf. Diese Vergiftungen sind in Japan auf den Verzehr quecksilberkontaminierten Fisches zurückzuführen und im Irak auf die Verwendung von Getreide, das mit quecksilberhaltigen Fungiziden behandelt war. Sowohl in Japan als auch im Irak handelte es sich um Vergiftungen mit organischen Quecksilberverbindungen wie Methyl-, Ethyl- oder anderen Alkylverbindungen.

Der abnorm hohe Hg-Gehalt der Fische in der Minimatabucht wurde durch die eingeleiteten Abwässer eines Kunststoffwerkes verursacht. Angereichert über die Nahrungskette ergaben sich in den Fischen Konzentrationen von etwa 11 mg/kg Frischgewicht. Im Irak wird geschätzt, daß Bewohner einiger Dörfer mit Brot aus dem kontaminierten Getreide bis zu 600 mg Hg/d enteral aufgenommen haben [Mufti et al. 1976]. In Minimata wurden bis 1974 über 700 Vergiftungsfälle, davon 46 mit tödlichem Ausgang, im Irak über 6000 Fälle, davon über 500 mit tödlichem Ausgang [Bakir et al. 1973], registriert.

1.3.2.4.5 Auswirkungen der Quecksilber-Emissionen eines Modell-Steinkohlekraftwerkes auf die Quecksilberbelastung der Bevölkerung

Nach Abschnitt 1.2.3 dieses Berichtsteils erzeugt das dort behandelte Modellsteinkohlekraftwerk, bezogen auf die mittlere jährliche Stromproduktion von 1 GWe · a, in seiner näheren Umgebung eine Belastung von etwa 0,2 ng Hg/m^3 Luft. Es wird davon ausgegangen, daß 90% des Hg-Gehalts der Kohle gasförmig und etwa 0,5% an Staub gebunden emittiert werden. Im Vergleich zu den derzeit diskutierten gesundheitsschädigenden Dosen für Quecksilber, die im Mikrogrammbereich liegen, ist die vom Kraftwerk insgesamt erzeugte Quecksilberbelastung klein.

Nimmt man an, daß die aus dem Kraftwerk innerhalb von 50 Jahren ununterbrochenen Betriebs insgesamt emittierte Menge Quecksilber, also auch das gasförmig emittierte, mit dem Staub auf den Böden abgelagert wird, so ergäbe sich nach den Schätzungen der vorliegenden Studie in der näheren Umgebung des Kraftwerkes eine Erhöhung der Quecksilberkonzentration in den Pflanzen im ungünstigsten Fall von 0,5 ng Hg/g Pflanzengewicht. Verglichen mit den durchschnittlich gemessenen

Konzentrationen von 9 bis 10 ng Hg/g Pflanzengewicht ist dieser Beitrag eines einzigen Kraftwerkes immerhin in der ersten Dezimalstelle sichtbar. In Ballungsgebieten kann eine merkliche Erhöhung der Konzentrationen auftreten. Bei den derzeitigen Kenntnissen über Aufnahme, Resorption, Metabolismus, Ausscheidung und Wirkung von Quecksilber ist es nicht möglich, die gesundheitliche Relevanz dieser langfristigen Erhöhung in den Pflanzen und damit auch in weiteren Nahrungsketten zu beurteilen.

1.3.2.5 Auswirkungen von Cadmium auf die menschliche Gesundheit

Cadmium gelangt sowohl aus natürlichen als auch aus anthropogenen Quellen in das Wasser, den Boden und die Luft. Größere Mengen dieses Metalls werden zum Schutz anderer Metalle vor Korrosion, im Akkumulatorenbau, in Legierungen von Lagermetallen oder als Lot verwendet. Cadmium reagiert gut mit Sulfhydrylgruppen. Durch diese Eigenschaft lassen sich einige Wirkungen von Cadmium in Organismen, wie z. B. die Wirkung als Enzymgift, und der Antagonismus von Cadmium und Zink erklären.

Luftverunreinigungen mit Cadmium erhöhen Konzentrationen dieses Elements im menschlichen Körper direkt durch Resorption in der Lunge und andererseits nach Sedimentation über die Nahrungsketten. Korrelationen zwischen Luft- und Bodenkonzentrationen von Cadmium und den inneren Belastungsparametern, wie dem Cadmiumgehalt der Niere, dem Cadmium-Blutspiegel oder dem Cadmium-Urinspiegel, sind mehrfach nachgewiesen. Cadmium ist, wenn es einmal in den ökologischen Kreislauf gelangt ist, kaum wieder zu entfernen.

Wegen einer sehr geringen Ausscheidungsrate kann Cadmium im menschlichen Körper stark angereichert werden. Von einer einmal in die bevorzugten Speicherorgane Niere und Leber aufgenommenen Menge dieses Elements ist erst nach mehr als zwanzig Jahren die Hälfte wieder ausgeschieden.

1.3.2.5.1 Akute Cadmiumvergiftungen

Akute Cadmiumvergiftungen sind durch Inhalation von Cadmiumdämpfen beim Schweißen und Löten vorgekommen. Initialsymptome sind Reizungen der Atemwege, Erbrechen und Lungenödem. In einigen Fällen traten Leberschäden und tödlich verlaufende Nierenrinden-Nekrosen auf.

1.3.2.5.2 Wirkungen chronischer Cadmiumbelastungen

Das klinische Bild chronischer Cadmiumvergiftungen unterscheidet sich von dem der akuten deutlich. Chronische Vergiftungen mit hohen Dosen können zu anhaltendem Husten und Schnupfen, zu Nierenfunktionsstörungen, zu Magenbeschwerden und Schlaflosigkeit führen.

Wahrscheinlich besteht zwischen der sogenannten Itai-Itai-Krankheit und hohen Belastungen mit Cadmium ein Zusammenhang. Die Itai-Itai-Krankheit trat unter der Bevölkerung eines Gebietes Japans auf, die an einem stark mit Cadmium verseuchten Fluß lebt. Diese – vornehmlich ältere Frauen betreffende Krankheit – manifestierte sich in einer Knochenentkalkung und -erweichung mit schwerwiegendsten, schmerzhaften Folgen. Allerdings ist nicht geklärt, ob die Krankheit auf die Cadmiumbelastung allein zurückzuführen ist. Ein wesentlicher auslösender oder mitwirkender Faktor kann der schlechte Ernährungszustand, insbesondere der Eiweiß- und Vitaminmangel der betroffenen Bevölkerung, sein. Dafür spricht zum Beispiel die große Ähnlichkeit der Itai-Itai-Krankheit mit der Hungerosteomalazie, wie sie nach dem ersten Weltkrieg in Europa beobachtet wurde. Auch das Fehlen von Itai-Itai-Symptomen bei ähnlich hoch belasteten Menschen anderer Regionen weist in die Richtung, daß Cadmium im Zusammenspiel mit anderen ungünstigen Einwirkungen zur Entstehung der schweren Osteomalaziefälle in Japan führte.

Vermutungen, Cadmium könne möglicherweise an der Entstehung von Prostatakrebs oder Arteriosklerose beteiligt sein, konnten bisher nicht schlüssig bestätigt werden. Die Diskussion ist jedoch noch nicht abgeschlossen.

1.3.2.5.3 Ansichten von Sachverständigen zur Frage der Wirkung von Cadmiumbelastungen aus der Umwelt bei der Allgemeinbevölkerung und zu Fragen von Grenzwerten

Cadmium als potentieller Schadstoff in der Umwelt wurde ausführlich auf zwei Anhörungen von Sachverständigen durch den Bundesminister des Innern diskutiert. Die Anhörung 1978 sollte der Weiterentwicklung der Gesetzgebung zur Reinhaltung der Luft dienen. Diskussionsgegenstand waren Grenzwertvorschläge für luftverunreinigende Stoffe [UBA 1978]. Die zweite Anhörung fand 1981 speziell zur Information über das Problem des Cadmiums in der Umwelt statt [UBA 1981]. An dieser Stelle sollen die wesentlichen Aussagen der Sachverständigen kurz zusammengefaßt werden.

Einig sind sich die Sachverständigen über folgende Zusammenhänge:

- Durch Cadmiumbelastungen wird vorrangig die Niere gefährdet. Dieses Organ speichert einen großen Teil der aufgenommenen Menge.
- Durch die biologische Halbwertszeit von mehr als zwanzig Jahren nimmt die Cadmiumkonzentration in der Niere mit dem Alter ständig zu. In Anbetracht der ohnehin im Alter abnehmenden Leistungsfähigkeit der Nieren stellen alte Menschen eine Risikogruppe dar.
- Die Resorptionsfähigkeit der Lunge für Cadmium ist sehr viel höher als die des Magen-Darm-Kanals. Bei der Inhalation werden etwa 35 bis 40%, bei der Ingestion 5 bis 10%, aus dem Trinkwasser bis zu 20% resorbiert [Schlipköter in UBA 1981].
- Obwohl die Resorptionsrate in der Lunge größer ist, wird die Allgemeinbevölkerung hauptsächlich durch Cadmium in den Nahrungsmitteln belastet. Bei starken Rauchern kann jedoch auch die inhalativ zugeführte Cadmiummenge in ähnlichen Größenordnungen liegen wie die aus den Nahrungsmitteln resorbierte Menge.
- Raucher weisen unter vergleichbaren Voraussetzungen um das Doppelte höhere Cadmiumspiegel im Blut und in der Nierenrinde auf als Nichtraucher.

Nach der WHO ist eine Cadmiumkonzentration von 200 Mikrogramm pro Gramm Nierenrinde (Frischgewicht) als kritischer Wert zu betrachten. Oberhalb dieses Wertes sind durch Cadmium induzierte Nierenschäden möglich, die sich zunächst in einer vermehrten Eiweißausscheidung im Urin bemerkbar machen und die mit zunehmender Belastung und zunehmendem Alter zur Niereninsuffizienz führen können. Bei nichtrauchenden, beruflich nicht belasteten Personen werden Werte weit unter 200 Mikrogramm gemessen. Untersuchungen der Nieren von 183 Verstorbenen ohne vorausgegangene berufliche Schwermetallexposition mit Wohnsitz in einem ökologisch als nicht belastet geltenden Gebiet ergaben einen Medianwert von 8 µg Cadmium/g Nierenrinde; der Extremwert lag bei 115 µg Cadmium/g Nierenrinde [Schaller in UBA 1981].

Für die Sachverständigenanhörung 1978 erarbeitete Krause-Fabricius auf der Basis eines von Kjellström [Kjellström 1977] entwickelten Modells einen Vorschlag für einen Immissionsgrenzwert (Langzeitwert) von 20 ng Cadmium/m³ Luft [UBA 1978]. In der derzeit geltenden TA Luft (Stand: 1983) ist für Cadmium und anorganische Cadmiumverbindungen als Bestandteile des Schwebstaubs ein Immissionsgrenzwert von 40 ng Cadmium/m³ und als Bestandteile des Staubniederschlags ein Wert von 5000 ng/(m² · d) festgelegt.

Während der Wert von 40 ng Cadmium/m³ heute auch in der Nähe von Hauptemittenten eingehalten wird, kommen lokal hohe Überschreitungen im Staubniederschlag vor. Ohnesorge wies in seinem Vortrag auf der Anhörung 1981 darauf hin, daß in hoch belasteten Gebieten bei Zugrundelegung der Kjellström-Modelle mit einer möglicherweise epidemiologisch erfaßbaren Zunahme von Nierenstörungen bei der Allgemeinbevölkerung von 0,1 bis 1% zu rechnen sei. In unbelasteten Gebieten gebe es seiner Kenntnis nach keine Hinweise auf Nierenschädigungen durch Cadmium innerhalb der beruflich nicht exponierten Bevölkerung.

Cadmium ist derzeit, wie alle Sachverständigen bestätigen, ein lokal auf hoch belastete Gebiete konzentriertes und kein „flächendeckendes“ Problem. Wegen seiner Neigung, sich in biologischen Kreisläufen zu akkumulieren, und wegen seiner Nephrotoxizität sollte Cadmium jedoch so wenig wie möglich in die Umwelt emittiert werden.

1.3.2.5.4 Auswirkungen der Cadmium-Emissionen eines Modell-Steinkohlekraftwerks auf die Cadmiumbelastung der Bevölkerung

Nach Abschnitt 1.2.3 dieses Berichtsteils erzeugt das dort behandelte Modellsteinkohlekraftwerk, bezogen auf die mittlere jährliche Stromproduktion von 1 GWe/a, in seiner näheren Umgebung eine Belastung von 0,008 ng Cadmium/m³ Luft (ohne Berücksichtigung des *gasförmig* freigesetzten Teils). Für den „Modellballungsraum Ruhr“ ergaben die Abschätzungen der Cadmiumbelastungen aus dem Steinkohleneinsatz im Jahr 1980 etwa 0,34 ng Cadmium/m³ Luft. Das entspricht im Modellballungsraum weniger als dem hundertsten Teil des Immissionswertes der TA Luft. Durch die Cadmiumbelastungen aus dem Steinkohleeinsatz zur Energiegewinnung allein sind gegenwärtig keine Gesundheitsschäden zu erwarten.

1.3.2.6 Auswirkungen polyzyklischer aromatischer Kohlenwasserstoffe und anderer Kanzerogene

Im Brennpunkt der Diskussion um chemische Kanzerogene in Emissionen aus der Kohleverbrennung stehen Verbindungen der Strukturgruppe polyzyklischer Aromaten. Chemische Ringverbindungen aus der Gruppe polyzyklischer aromatischer Kohlenwasserstoffe (PAH) haben sich im Experiment für viele Tierarten bei epikutaner oder subkutaner Applikation sowie bei Implantation in die Lunge als krebserzeugende Substanzen erwiesen. Sie stehen in starkem Verdacht, daß ihre Anwesenheit in Luftverunreinigungen eine der Ursachen für wachsende Häufigkeiten von Krebserkrankungen, vor allem der Atemwege, sein könnte.

Da polyzyklische Aromaten bei jeder unvollständigen Verbrennung kohlenwasserstoffhaltigen Materials in einer Vielzahl unterschiedlicher Verbindungen entstehen, gibt es entsprechend zahlreiche Quellen, die zu einer Belastung des Menschen mit diesen potentiellen Kanzerogenen führen können. So sind PAH zum Beispiel im Zigarettenrauch, in Kohle-, Holz-, Öl- und Benzin-Verbrennungsabgasen, in Teer, Pech oder in Müllverbrennungsprodukten nachzuweisen. Die krebserzeugende Wirkung dieser nicht nur aus PAH bestehenden Verbrennungsrückstände unterschiedlichster Prozesse ist durch verschiedene Tierversuche belegt. Aufgetrennt in PAH-haltige und PAH-freie Fraktionen, erweist sich bei Kohleabgas-Kondensaten im Krebstest an der Mäusehaut nach den bisherigen Experimenten nur die Fraktion als tumorerzeugend, in der polyzyklische Aromaten mit mehr als drei Ringen vorhanden sind. Bei ähnlichen Versuchen mit Kondensat von Zigarettenrauch ist nur ein Teil der kanzerogenen Potenz mit der Wirkung der PAH-haltigen Fraktion zu erklären. Der Tabakrauch scheint also weitere tumorerzeugende Substanzen neben den polyzyklischen Aromaten zu enthalten.

In den Emissionen von Kohleverbrennungsanlagen befinden sich neben polyzyklischen Aromaten auch andere kanzerogenverdächtige Substanzen. Zu diesen zählen Arsenverbindungen, sechswertiges Chrom, Nickel, Kobalt und Beryllium. Beryllium wird, gemessen an den von Arsen, Chrom und Nickel emittierten Mengen, durch Steinkohlenverbrennung nur in geringem Maße in die Atmosphäre abgegeben. Sowohl Chrom als auch Nickel und Kobalt sind in Spuren essentielle Elemente. Sie können daher nicht generell schädigend wirken, sondern nur bei einem Überangebot oder in bestimmten Verbindungen. Kanzerogene Wirkungen der genannten Elemente sind bisher auch nur bei berufsbedingten hohen Expositionen belegt. Arsenverbindungen, vornehmlich Arsentrioxid und Arsenpentoxid, können wahrscheinlich beim Menschen Hautkrebs erzeugen. Durch Tierexperimente ist die kanzerogene Wirkung jedoch bisher nicht nachgewiesen. Der größte Teil der Tierexperimente scheint jedoch von der Anlage der Experimente her nicht adäquat zu sein [Preußmann in UBA 1978]. Daß die kanzerogenen Eigenschaften der Arsenverbindungen, der Chrom (VI)-Verbindungen, des Kobalts und des Nickels gegenüber etwa dem Benzo(a)pyren als geringer eingestuft werden, zeigt ihre Einordnung in die Klasse II der kanzerogenen Stoffe, von denen nach der TA Luft im Abgas nicht mehr als 1 mg/m^3 bei einem Massenstrom von 5 g/h und mehr emittiert werden dürfen. Benzo(a)pyren ist ein Stoff der Klasse I, für die wesentlich schärfere Bestimmungen gelten. In der nachfolgenden Abhandlung werden daher neben allgemeinen Eigenschaften chemischer Kanzerogene vor allem die Wirkungen polyzyklischer Aromaten erörtert.

1.3.2.6.1 Wirkungsmechanismen polyzyklischer aromatischer Kohlenwasserstoffe

Die chemischen Kanzerogene unter den polyzyklischen Aromaten, wie zum Beispiel das Benzo(a)pyren oder das Dibenz(a,h)anthracen, wirken nach bisherigen Kenntnissen weitgehend dort, wo sie mit den Geweben direkt in Kontakt kommen. Bis heute ist nicht genau bekannt, über welche molekularen Mechanismen chemische Kanzerogene gesunde Zellen in Krebszellen verwandeln und welche molekularbiologischen Gegebenheiten eine Tumorzelle von einer normalen Zelle unterscheiden. Da die allgemeine charakteristische Eigenschaft eines Tumors eine vererbbare Störung der Zellteilung und Zelldifferenzierung ist, muß die tumorerzeugende Substanz direkt oder indirekt auf die genetische Information von Zellen oder den Prozeß der Umsetzung des genetischen Codes in den Phänotyp der Tochterzelle einwirken. Dabei zeigen chemische Kanzerogene einige formale Besonderheiten, die für Bewertungen ihrer Umweltschädlichkeit von Bedeutung sein können [Dehnen 1977]:

- Das Tumorwachstum tritt nach einer gewissen dosisabhängigen Latenzzeit auf. Das Kanzerogen muß nicht mehr vorhanden sein, wenn der Tumor sichtbar wird.
- Nach der Zweistufenhypothese der Krebsentwicklung wird durch das Kanzerogen eine dosisabhängige Primärschädigung der Zelle erzeugt (Initiierung einer Zelle). Ist die einwirkende Dosis zu niedrig, entstehen innerhalb einer bestimmten Zeitspanne keine Tumore. Nach Initiierung einer Zelle erfolgt durch das Kanzerogen, seine Metabolite oder Kokanzerogene die eigentliche Umwandlung der geschädigten normalen Zelle in eine Krebszelle.
- Die Vererbbarkeit der malignen Eigenschaften einer Krebszelle hat zur Folge, daß die Umwandlung nur einer einzigen Zelle durch eine ausreichende Dosis zu einem Tumor führen kann.

Inzwischen ist bekannt, daß viele polyzyklische aromatische Kohlenwasserstoffe wie das Benzo(a)pyren nur Vorstufen der eigentlich wirksamen (ultimaten) Verbindungen sind. Um kanzerogene Eigenschaften zu entfalten, müssen diese Präkanzerogene also erst einen Stoffwechselprozeß im Organismus der Zelle durchlaufen. Der Stoffwechselprozeß wird von teils spezifischen, teils multifunktional wirkenden Enzymsystemen geleistet, deren Aufgabe es ist, Fremdsubstanzen in unschädliche und ausscheidbare Formen zu überführen. In einigen Fällen kann jedoch gerade dieses Enzymsystem primär unwirksame Substanzen wie das Benzo(a)pyren in die nach bisherigen Kenntnissen kanzerogene Form zum Beispiel seines 7,8-Dihydrodiol-9, 10-Epoxids überführen. Im weiteren Verlauf des Metabolismusprozesses besteht mehrfach die Möglichkeit, die gebildeten Epoxide zum Beispiel in Chinone zu verwandeln und somit wieder zu „entgiften".

Ob präkanzerogene PAH aktiviert oder aktivierte ultimate Kanzerogene inaktiviert werden, hängt vom Verhältnis der Dosis zu den verfügbaren Enzymen ab [Oesch 1980]. Präsenz und Eigenschaften der Enzyme sind von einem Gewebe zum anderen und von einer Art zur anderen oft sehr verschieden. Sie können abhängen von Alter, Geschlecht, Gesundheitszustand sowie spezifischen Ausprägungen bei einzelnen Individuen. Die unterschiedliche Verfügbarkeit metabolisierender Enzyme ist einer der Gründe für die mehr oder weniger große Neigung von Arten, Individuen und Organgeweben, auf die Applikation eines bestimmten Kanzerogens mit der Bildung eines Tumors zu reagieren.

Wenn ein chemisches ultimates Kanzerogen eine Nukleinsäure durch Eingehen einer kovalenten Bindung verändert hat, muß noch nicht unbedingt eine maligne Reaktion erfolgen. Es ist noch nicht endgültig sicher, jedoch sehr wahrscheinlich, daß die Zellen über Enzyme verfügen, die veränderte DNA-Bausteine entfernen und durch intakte ersetzen. Nach bisher vorliegenden Experimenten ist auch dieses Reparatursystem nicht in allen Zellen gleich aktiv und – dieser Punkt dürfte für Überlegungen zum Schutz der Umwelt vor chemischen Kanzerogenen wichtig sein – es ist erschöpfbar [Kleihues et al. 1976].

Neben den zelleigenen Abwehrenzymen gegen Fremdstoffe verfügen mehrzellige Organismen über globale Immunsysteme, die fremde oder kranke Zellen aus einem Verband ausschließen und aus dem Organismus entfernen können. Wieweit dieses Immunsystem in die Kanzerogenese eingreift, ist derzeit noch unklar.

1.3.2.6.2 Wirkungen von PAH im Tierexperiment

Die Wirkungen einer Reihe polyzyklischer aromatischer Verbindungen werden in unterschiedlichen Experimenten an mehreren Tierarten erforscht. Hinsichtlich der Applikation werden angewandt:

- Implantation oder Instillation von PAH-haltigen Suspensionen, Wachspellets u. ä. Bevorzugte Versuchstiere sind Ratten und Goldhamster.
- Tropfen oder Auftragen auf die Haut (Epikutantest). Bevorzugtes Versuchstier ist die Maus.
- Subkutane Injektion. Bevorzugtes Versuchstier ist die Maus.
- Inhalation PAH-haltiger Luft. Diese Methode ist wegen methodischer und apparativer Schwierigkeiten erst in letzter Zeit an Goldhamstern angewandt worden.

Neben diesen Tierversuchen sind einige Kurzzeittests, wie zum Beispiel der Ames-Test oder der Talgdrüsenschwundtest, entwickelt worden. Diese Verfahren erlauben ein nicht immer sicheres „Prescreening" kanzerogener und mutagener Eigenschaften. Auf Ergebnisse dieser Tests soll hier nicht näher eingegangen werden.

Von den sehr umfangreichen Tierversuchen sollen hier nur die wesentlichen Fakten aufgezeigt werden.

Die Dosis-Wirkungs-Kurven verschiedener PAH wie zum Beispiel die des Benzo(a)pyren und des Benzo(j)fluoranthen zeigen meist keinen parallelen Verlauf. Daraus läßt sich schließen, daß einige Substanzen stärker bei niedrigen und schwächer bei höheren Dosen wirken als andere. Die Zunahme der kanzerogenen Potenz des Benzo(a)pyrens steigt z. B. steil mit zunehmender Dosis an. Bei sehr kleinen Dosen ist es hingegen weniger wirksam als einige andere PAH-Verbindungen. Häufigkeit und Latenzzeit der Tumorbildung erwiesen sich ebenfalls weitgehend als dosisabhängig.

Polyzyklische Aromaten treten in Schwebstoffen in einer Vielzahl von Verbindungen – über hundert sind nachgewiesen – nebeneinander auf. So stellt sich die Frage, wie sich die Wirkungen verschiedener PAH gegenseitig beeinflussen. Experimente zur Beantwortung dieser Frage wurden mit synthetischen PAH-Gemischen, mit Kondensaten PAH-haltiger Abgase, mit Immissionsextrakten sowie mit einzelnen Fraktionen dieser Kondensate und Extrakte durchgeführt.

Bei Kombinationen mehrerer PAH traten alle denkbaren Möglichkeiten von der Wirkungsverstärkung bis zur Wirkungsabschwächung auf [Pott 1979 a].

Untersuchungen der kanzerogenen Wirkung eines Schwebstoffextraktes im Vergleich zu reinem Benzo(a)pyren im Subkutantest zeigt die Abb. C-23. Die Dosierung des Schwebstaubes wurde nach dem Gehalt an BaP vorgenommen.

Nach diesen Ergebnissen entfaltet der Schwebstoff bei niedrigen Dosen eine höhere kanzerogene Wirkung als das in ihm enthaltene BaP allein. Bei hohen Dosen gilt das nicht.

Abbildung C-24 stellt die ebenfalls im Subkutantest erhaltene Dosis-Häufigkeitsbeziehung eines Kondensats von Rauchgasen dar, die bei Verbrennung von Anthra-

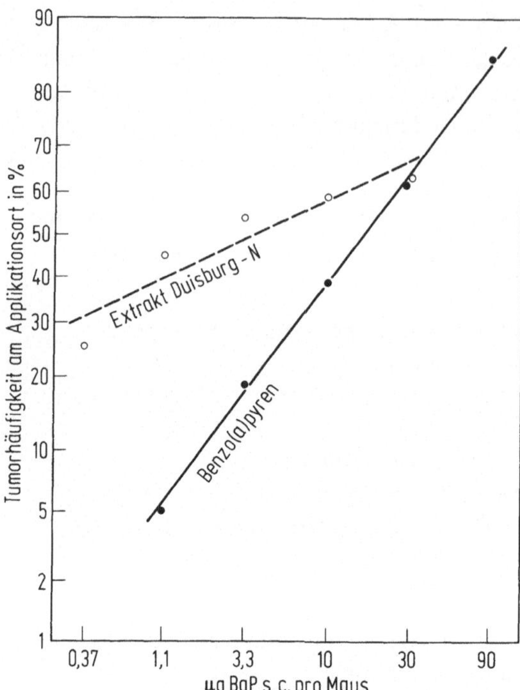

Abb. C-23. Dosis-Häufigkeits-Beziehungen eines Schwebstoffextrakts (Duisburg-Neuenkamp, Sammelperiode Winter 1974/75) im Vergleich zu Benzo(a)pyren-Reinsubstanz; die Dosierung des Schwebstoffextrakts erfolgte nach dem Gehalt an Benzo(a)pyren nach [Pott et al. 1979b]

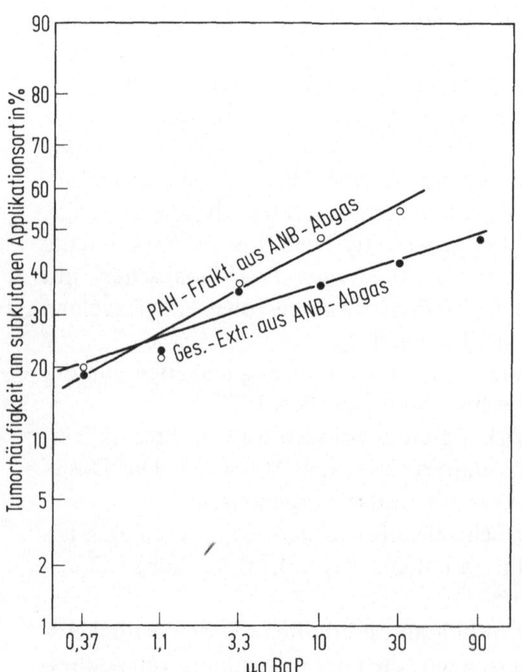

Abb. C-24. Regressionsgeraden für die Dosis-Häufigkeits-Beziehungen nach subkutaner Injektion des Gesamtextraktes und der isolierten PAH-Fraktion von Partikeln, die bei der Verbrennung von Anthrazit-Nußbriketts (ANB) aus dem Abgas gefiltert wurden nach [Pott, Tomingas 1980]

zit-Nußkohle-Briketts entstehen, sowie die Wirkung der daraus gewonnenen PAH-Fraktion. Die höhere Kanzerogenität des Gesamtextraktes bei niedrigen Dosen weist auf weitere Kanzerogene neben den PAH hin.

Inzwischen liegen auch Ergebnisse von Untersuchungen der kanzerogenen Wirkung von Kohlerauchgaskondensaten im Epikutantest an Mäusen vor [Brune et al. 1982]. Rauchgas-Kondensate sowohl der Steinkohle als auch der Braunkohle wiesen hohe Kanzerogenität auf. Eine Jahresdosis von 45 µg des Kondensats aus Steinkohlebrikett-Heizungen erzeugte 54 makroskopisch zu identifizierende Tumore. Um mit Benzo(a)pyren eine gleich hohe Tumorrate zu induzieren, mußte eine Jahresdosis von 700 µg BaP appliziert werden. Kondensat aus der Braunkohleverbrennung erzeugte geringfügig niedrigere Tumorraten als das Steinkohlekondensat. Bei 45 µg Kondensat zum Beispiel wurden hier 49 makroskopisch identifizierbare Tumore erzeugt. Histologische Untersuchungen standen bei Abfassung dieses Berichtes noch aus, so daß über die Signifikanz des makroskopisch beobachteten Unterschiedes in der Tumorinzidenz von Stein- und Braunkohle-Rauchgaskondensat keine Aussage gemacht werden kann. Durch Auftrennung des Kondensats in PAH-haltige und PAH-freie Fraktionen konnte nachgewiesen werden, daß nahezu die gesamte kanzerogene Wirkung von der PAH-haltigen Fraktion ausgeht.

Der menschlichen Expositionssituation am nächsten kämen sicherlich Inhalationsversuche. Wegen großer experimenteller Schwierigkeiten sind erst in letzter Zeit Versuche durchgeführt worden. Bei Exposition von syrischen Goldhamstern mit allerdings im Vergleich zu anderen Applikationsformen sehr hohen Dosen – die Konzentrationen betrugen 2,2; 9,5 und 46,5 mg BaP/m^3 Luft – entwickelten sich bei den beiden hohen Konzentrationen Tumore vorrangig im Mund- und Rachenraum. Lungentumore wurden nicht gefunden [Thyssen et al. 1980]. Ergebnislos verliefen hingegen bisher Inhalationsversuche mit Dieselabgasen. Weitreichende Schlüsse lassen sich aus diesen Versuchen nicht ziehen. Derzeit im Fraunhofer-Institut für Toxikologie und Aerosolforschung laufende Experimente zur Wirkung von Langzeitinhalation von Diesel- und Kohleofenabgasen werden bessere Informationen liefern.

1.3.2.6.3 Epidemiologische Studien

Seitdem ab Anfang dieses Jahrhunderts ein stetiges Ansteigen der Lungenkrebsrate beobachtet und dieses mit zunehmender Luftverschmutzung und dem Zigarettenkonsum in Verbindung gebracht wurde, haben sich viele Studien bemüht, die Zusammenhänge nachzuweisen. Die Kenntnis der kanzerogenen Wirkung von polyzyklischen aromatischen Kohlenwasserstoffen in Produkten der unvollständigen Verbrennung wie dem Teer oder dem Ruß in Schornsteinen richtete die Aufmerksamkeit auf diese Stoffklasse. Folgerichtig wurden Studien durchgeführt, die Korrelationen zwischen der Höhe der Belastungen durch PAH-haltige Immissionen und der Lungenkrebsrate aufzeigen sollten. Es war naheliegend, folgende unterschiedliche Expositionssituationen zu nutzen:

- unterschiedliche Rauchgewohnheiten,
- Immissionsunterschiede Stadt zu Land,
- hohe Arbeitsplatzbelastungen,
- Einwanderer zu Einwohnern, wenn Belastungen von Ursprungsland zu Einwanderungsland differieren.

Die bisher vorliegenden epidemiologischen Studien sind von Misfeld im Bericht des Umweltbundesamtes über „Luftqualitätskriterien für ausgewählte polyzyklische aromatische Kohlenwasserstoffe" zusammengestellt und kritisch gewürdigt worden. Misfelds Analysen führten zu nachfolgend aus oben genanntem Bericht zitierten Ergebnissen:

- „Die Lungenkrebssterblichkeit korreliert mit dem Rauchverhalten. Neuere Ergebnisse deuten auf eine Erniedrigung der Lungenkrebsrate aufgrund des beobachteten Trends zu „leichteren" Zigaretten hin.
- Eine Vielzahl von Studien deutet auf einen Zusammenhang zwischen der Lungenkrebsrate und dem Grad der Luftverunreinigung hin. Es gibt keine überzeugende Studie, in der ein solcher Zusammenhang bestritten oder widerlegt wird. Inwieweit andere mögliche Faktoren mit wirksam sind, läßt sich nicht sicher beurteilen.
- Dosis-Wirkungsbeziehungen lassen sich aus epidemiologischen Studien nur für Raucher abschätzen. Demnach scheint die tägliche, über Jahrzehnte praktizierte Rauchinhalation von nur wenigen Zigaretten im Hinblick auf die Lungenkrebshäufigkeit nicht ohne Risiko zu sein.
- Die besprochenen epidemiologischen Studien geben nur Hinweise auf Substanzgemische, nicht aber auf Einzelsubstanzen, die für eine Krebsentstehung verantwortlich gemacht werden könnten. Erst beim Vergleich der tierexperimentellen Befunde aus verschiedenen Fraktionen von Teer, Luftstaubextrakt, Kraftfahrzeugabgaskondensat und Zigarettenrauchkondensat sowie bei Betrachtung der Versuchsergebnisse mit reinen PAH erweisen sich die PAH – und davon wiederum nur ein Teil dieser Verbindungen – bisher als die weitaus wirkungsvollste kanzerogene Gruppe in diesen Substanzgemischen. Die zusammenfassende Bewertung der epidemiologischen und tierexperimentellen Ergebnisse erlaubt die bisher nicht quantifizierbare Aussage, daß Lungenkrebs beim Menschen durch PAH induziert werden kann". [Misfeld in UBA 1978, S. 238]

Aus Tierexperimenten mit der PAH-haltigen Fraktion von Zigarettenrauch ist bekannt, daß diese Fraktion nur etwa 50% der kanzerogenen Wirkung im Epikutantest an der Mäusehaut erklärt. Im Zusammenhang mit der anderen Hälfte der Kanzerogenität könnte der kürzlich im Inhalationsversuch mit Ratten gelungene Nachweis der Tumorerzeugung durch Cadmiumchlorid wichtig sein [Takenaka et al. 1983]. Raucher von 10 Zigaretten pro Tag werden immerhin etwa viermal so hoch mit Cadmium belastet wie Nichtraucher [Pott, Heinrich 1983]. Die Cadmiumbelastung könnte also eine wichtige Komponente in der Erklärung epidemiologischer Ergebnisse von „Raucherstudien" sein.

1.3.2.6.4 Auswirkungen der PAH-Emissionen von Steinkohlekraftwerken

Wie in Abschnitt 1.2.4 dieses Berichtsteils dargelegt, spricht vor allem der schon allein aus ökonomischen Gründen angestrebte möglichst vollständige Verbrennungsprozeß dafür, daß aus Kraftwerken wesentlich weniger PAH emittiert werden als aus den unkontrollierter ablaufenden Verbrennungsprozessen in Haushaltsöfen. Es wurde gezeigt, daß – gemessen an den Beiträgen von Kokereien, Hausbrand und Verkehr zu den Immissionen – die Belastungen durch Steinkohlekraftwerke sehr klein sind. Zum weiteren Vergleich sei hier eine Untersuchung von Grimmer et al.

über die Belastung von Nichtrauchern durch Zigarettenkonsum von Rauchern angeführt [Grimmer et al. 1977]. Als Mittelwert aus vier Versuchstagen, an denen jeweils acht Stunden lang von zwei Rauchern fünf Zigaretten pro Stunde in einem 36 m^2 großen Raum geraucht wurden, ergaben die Messungen 22 ng BaP/m^3 Luft. Grimmer betrachtet diese Versuchsbedingungen allerdings als sehr extrem, weil selbst den Rauchern bei den sich einstellenden Rauchkonzentrationen die Augen tränten. Doch selbst wenn unter weniger extremen Bedingungen nur einige Nanogramm pro m^3 Luft vorzufinden wären, lägen diese Werte um das fast Millionenfache höher als die Belastungen durch ein Kraftwerk.

Es kann grundsätzlich nicht behauptet werden, daß kleine Beiträge zur BaP-Belastung, wie die eines Kraftwerks, bei keinem Menschen der gesamten Bevölkerung einen Tumor erzeugen könnten. Selbst wenn – dafür gibt es eine Reihe experimenteller Hinweise – normalerweise eine Schwellendosis zur Initiierung einer Zelle notwendig ist, und selbst wenn eine initiierte Zelle noch keinen Krebs zur Folge haben muß, können diese Schwellenwerte bei einzelnen Individuen aufgrund abnormer Bedingungen extrem klein sein.

Bei der Beurteilung des Risikos solcher Individuen sollte aber berücksichtigt werden, daß Menschen beim Rauchen oder auch nur beim Aufenthalt in Räumen, in denen andere rauchen, unvergleichlich höheren Belastungen ausgesetzt sind.

1.3.2.7 Zusammenfassung und Schlußfolgerungen

(1) SO_2 und Staub sind Hauptbestandteile der Luftverunreinigungen. Negative Einflüsse von SO_2 auf die Lungenfunktionen sind bei hohen Dosen im Experiment nachgewiesen. Syn- und koergistische Wirkungen von SO_2 und Staub sind wahrscheinlich. Nach einigen epidemiologischen Studien trat erhöhte Mortalität auf, wenn die Luftkonzentrationen Werte von 500 µg SO_2/m^3 und gleichzeitig 250 µg Schwebstaub/m^3 über mehrere Tage erreicht oder überstiegen hatten; andere Studien fanden keine Korrelationen zwischen SO_2- und Schwebstaub-Konzentrationen in der Luft und der Morbidität bzw. Mortalität. Zum Schutze der Bevölkerung vor gesundheitlichen Gefahren gilt in der Bundesrepublik Deutschland ein Kurzzeitwert für Immissionen von 400 µg SO_2/m^3 und 300 µg Schwebstaub/m^3. Die Richtwerte der WHO liegen mit 100 bis 150 µg/m^3 als 24 h-Mittelwert sowohl für SO_2 als auch für Staub deutlich unter diesen Werten. Nach der WHO ist ab 250 µg SO_2/m^3 und 250 µg Schwebstaub/m^3 über 24 h mit einer Verschlechterung des Zustandes von Patienten mit respiratorischen Krankheiten zu rechnen, ab 500 µg/m^3 mit erhöhter Mortalität.

(2) Als Langzeitwerte sind in der TA Luft Immissionswerte von 140 µg/SO_2/m^3 und 150 µg Schwebstaub/m^3 festgelegt. Die WHO empfiehlt als Jahresmittelwert nicht mehr als 60 µg/m^3 sowohl für SO_2 als auch für Schwebstaub. Nach einer 1965 begonnenen und noch nicht beendeten Längsschnittstudie in den Niederlanden zeichnet sich ab, daß Luftkonzentrationen deutlich unterhalb der Immissionswerte der TA Luft gewisse Lungenfunktionen negativ beeinflussen können.

(3) Nach den Rechnungen dieser Studie werden die Immissionsgrenzwerte der TA Luft für SO_2 und Schwebstaub auch bei einem Mehreinsatz von Kohle entsprechend Referenzschätzung 2000 oder Kohleeinsatzstrategien in keinem Fall überschritten. Die Belastungen mit SO_2 liegen jedoch z. B. im Falle der Referenzschätzung 2000 *während der Heizperiode* für etwa 40% der Bevölkerung des „Modellballungsraums Ruhr" oberhalb des oberen empfohlenen Richtwerts der WHO (60 µg/m^3), der allerdings für *Jahresmittelwerte* der SO_2-Konzentrationen gilt. Berücksichtigt man die Ergebnisse der in Holland durchgeführten epidemiologischen Studie, so ist die Beeinträchtigung des Gesundheitszustandes eines Teiles der Bevölkerung in hoch belasteten Gebieten durch Luftverunreinigungen, für die SO_2 und Schwebstaub möglicherweise nur Indikatoren sind, nicht auszuschließen. Zu beachten ist in diesem Zusammenhang allerdings, daß nur ein Teil der Belastungen auf den Kohleeinsatz zurückzuführen ist.

(4) Luftverunreinigungen durch Stickstoffoxide werden in der Bundesrepublik Deutschland vorrangig durch den Kraftfahrzeugverkehr (etwa 1,6 Mio Tonnen NO_2 pro Jahr) und durch Kraftwerke (etwa 1,3 Mio Tonnen NO_2 pro Jahr) verursacht. In belasteten Gebieten werden Luftkonzentrationen zwischen 30 und 70 μg NO_2/m^3 gemessen. In den hoch belasteten Gebieten der Bundesrepublik Deutschland liegen die Jahresmittelwerte zum Teil nur wenig unter dem in der TA Luft festgelegten Langzeitgrenzwert von 80 μg NO_2/m^3. Stickstoffdioxidkonzentrationen in dieser Höhe werden aber von den meisten Sachverständigen als für die menschliche Gesundheit unschädlich beurteilt. Allerdings beziehen sich die Grenzwerte der TA Luft und die gemessenen NO_2-Immissionen auf Konzentrationen in der Außenluft; in Gebäuden können weitere wesentliche Belastungen aus verschiedenen Quellen, z. B. aus Gasherden und -heizungen, hinzukommen.

(5) Derzeit sind Belastungen durch Schwermetallemissionen hinsichtlich gesundheitlicher Gefährdungen weniger ein „flächendeckendes" Problem als vielmehr ein Problem lokal hoher Emissionen und entsprechender Immissionen in der Nähe von z. B. Hütten und Metallschmelzen. Die Beiträge der Kohleverbrennung zu den Belastungen mit Metallen sind mit Ausnahme des Arsens nur gering. So werden z. B. in hoch belasteten Gebieten der Bundesrepublik Deutschland Jahresmittelwerte von 1 μg Blei/m^3 Luft gemessen (Immissionswert der TA Luft: 2 μg Blei/m^3); die Verbrennung von Steinkohle ist daran z. B. im „Modellballungsraum Ruhr" nur mit etwa 0,02 μg Blei/m^3 beteiligt. Durch die Belastung aus dem Steinkohleeinsatz allein würde sich der Blutbleispiegel der Bevölkerung in hoch belasteten Gebieten etwa um 0,04 bis 0,08 μg/dl Blut erhöhen. Gemessen an dem als „no response level" geltenden Wert von 10 μg Blei/dl Blut ist diese zusätzliche Belastung gering. Über Ingestion durch Nahrung aus kontaminierten Böden ist bei alleiniger Belastung des Bodens mit Blei aus Steinkohlenverbrennungsrückständen ebenfalls kein Beitrag zu erwarten.

(6) Für Quecksilber, Cadmium und Arsen ergeben sich ähnliche Relationen zwischen Belastungen aus der Kohleverbrennung und den zur Diskussion stehenden Dosen, die gesundheitliche Gefahren mit sich bringen. Diese Folgerungen gelten auch für eine Reihe anderer Quellen von Schadstoffen. Aus der Sicht der Exponierten ist jedoch primär nicht die Einzelbelastung spezifischer Emittenten wichtig, sondern die aus allen Einzelbelastungen zusammengesetzte Gesamtbelastung. Außerdem ist zu bedenken, daß Metalle, die einmal in die Kreisläufe biologischer Systeme gelangt sind, nur sehr schwer wieder zu entfernen sind. So ist es oft nur eine Frage der Zeit, bis auch stetige kleine Belastungen zu Problemen führen können. Ein Beispiel dafür ist die große Akkumulationsfähigkeit von Cadmium in der Nierenrinde.

(7) Im Brennpunkt der Diskussion um kanzerogene Verbindungen in Emissionen aus der Kohleverbrennung stehen die polyzyklischen aromatischen Kohlenwasserstoffe. Die kanzerogene Wirkung einer Reihe dieser Verbindungen ist in unterschiedlichen Experimenten an mehreren Tierarten nachgewiesen worden. Kohlerauchgas-Kondensate zeigten nach neueren Versuchen im Epikutantest an Mäusen starke kanzerogene Eigenschaften. Um mit Benzo(a)pyren eine gleich hohe Tumorrate zu erzeugen wie mit dem Kondensat, mußte eine rund 15-fach höhere Jahresdosis appliziert werden.

(8) PAH-Immissionen sind in den letzten Jahren auch in hoch belasteten Gebieten der Bundesrepublik Deutschland stark zurückgegangen, unter anderem wegen der abnehmenden Verwendung von Kohlehaushaltsöfen. Dennoch wird auch heute noch der Wert von 10 ng BaP/m^3, der als Obergrenze für die BaP-Belastung der Luft vorgeschlagen wurde, kurz- und auch langfristig nicht selten deutlich überschritten. Der Anteil großer kohlebefeuerter Kraft- und Fernheizkraftwerke an den PAH-Emissionen ist nach den bisherigen Messungen jedoch als sehr gering einzustufen.
Es kann allerdings grundsätzlich nicht behauptet werden, daß kleine Beiträge zur BaP-Belastung wie die eines Kraftwerks bei keinem Menschen der gesamten Bevölkerung einen Tumor erzeugen könnten.

(9) Wenn der Gehalt an PAH in der Zukunft weiter gesenkt werden soll, so muß darauf geachtet werden, daß kohlenwasserstoffhaltige Materialien nur in Anlagen mit weitgehend vollständiger Verbrennung eingesetzt werden. Unkontrollierte Verbrennung mit Schwel- und Pyrolysezonen, schlecht eingestellte Brenner und Öfen senken den Wirkungsgrad und erhöhen den Ausstoß von Polyzyklen mit den Abgasen.

1.3.3 Auswirkungen von Immissionen auf Waldökosysteme in der Bundesrepublik Deutschland

1.3.3.1 Einleitung

Grundsätzlich sind von Luftschadstoffen alle Ökosysteme in spezifischer Weise betroffen. Wegen der dominierenden Problematik der gegenwärtigen Waldschäden in der Bundesrepublik Deutschland sollen hier vorwiegend die Auswirkungen auf Waldökosysteme dargestellt werden. Beispiele und Besonderheiten für landwirtschaftliche Ökosysteme werden an entsprechenden Stellen angeführt und erläutert.

Die Erkrankung von Waldökosystemen wird in den letzten Jahren zunehmend und übereinstimmend von Wissenschaft, Forstwirtschaft und von der Bevölkerung als ernste Umweltgefahr erkannt. Die zum Teil neuartigen Schadensmerkmale und Krankheitsverläufe weisen in den verschiedenen Waldgebieten und bei den einzelnen Baumarten trotz vieler Gemeinsamkeiten so deutliche Unterschiede auf, daß eine geschlossene Darstellung bisher nicht gelungen ist. Eine kontinuierliche Anknüpfung an bekannte krankheitsverursachende Faktoren (naturbedingt: Klima, Standort, tierische und pflanzliche Schädlinge; anthropogen: Waldbaumaßnahmen, Standortveränderungen, Rauchschäden) scheint nicht möglich zu sein. Es herrscht jedoch weitgehend Einigkeit darüber, daß den luftgetragenen Immissionen ein entscheidender Anteil der Schadensverursachung zukommt, wenn auch eine eindeutige Zuordnung bestimmter Schadstoffe zu Krankheitssymptomen und -verlauf im Freiland bisher nicht getroffen werden kann.

Im folgenden zweiten Abschnitt werden die bislang bekannten neu aufgetretenen Schadbilder beschrieben und der Umfang der Schäden nach der neuesten Waldzustandserfassung dargestellt.

Der dritte Abschnitt enthält eine Beschreibung der bekannten Wirkungen von Luftverunreinigungen auf die Pflanzen und ihr Biotop sowie ihrer gegenseitigen Kombination in Abhängigkeit von anderen Umweltfaktoren.

Im vierten Abschnitt wird eine Beurteilung der multifaktoriellen Belastungssituation des biologischen Systems und eine Bewertung der verschiedenen Faktoren versucht.

1.3.3.2 Schadbilder und Waldzustandserfassung

Bei den gegenwärtig auftretenden Waldschäden werden einerseits Krankheitsbilder beobachtet, deren Pathogenese bekannt ist und auf bestimmte Ursachenfaktoren zurückverweist. Darunter sind einerseits Rauchschäden zu verstehen, die seit Jahrhunderten in der Nähe von Schadstoffemittenten (z. B. Hüttenwerke, Gießereien) beobachtet werden und bei denen vor allem durch die Ätzwirkung hochkonzentrierter Immissionen Schäden hervorgerufen werden, deren Wirkungsmechanismen weitgehend bekannt sind. Andererseits fallen hierunter Waldschäden, denen natürliche oder waldbauliche Ursachen zugrundeliegen. In ganz erheblichem Umfang treten aber auch Symptome und Symptomkomplexe auf, die bisher nicht beobachtet wurden und die sich in vielen Fällen einer eindeutigen ursächlichen Zuordnung entziehen.

Diese äußerst wichtige Differenzierung enthebt jedoch nicht von der Aufgabe, die verschärfende kombinatorische Wirkung verschiedener Stressoren zu untersuchen und, insbesondere bei biotisch bedingten Krankheiten, nach den krankheitsdispo-

Tabelle C-43. Größere Sturmschäden seit 1945 nach [Schwerdtfeger 1981]

Zeitpunkt	Gebiet	Schadholzanfall Mio Fm
22./23. 12. 1954 und 16./17. 01. 1955	ganz Mitteleuropa	6
12. und 16./17. 02. 1962	Schleswig-Holstein, Niedersachsen	3
21. und 28. 02. 1967, 13. 03. und 25. 05. 1967	Baden-Württemberg, Bayern, Schleswig-Holstein	11
12. 11. 1972	Niedersachsen, Nordrhein-Westfalen, Nordhessen, Nordteil DDR	24,8

Tabelle C-44. Insektenkalamitäten in Mitteleuropa nach [Schwerdtfeger 1981]

Insekt	Jahre	Schadensgebiete	Schadholzanfall
Nonne	1845/67	Ost- und Westpreußen, Weißrußland	Fläche: 403 000 km², 184 Mio Fm
	1917/27	Böhmen, Mähren, Schlesien	Fläche: 106 000 km², 14 Mio Fm
	1933/36	Rominter Heide	Fläche: über 100 000 ha
Kiefernspinner	1791/92	Mark Brandenburg	Fläche: 166 000 ha
	1862/72	Provinz Sachsen, Brandenburg, Pommern, Westpreußen, Posen	Fläche: 1,75 Mio ha 2 Mio Fm
Forleule	1922/24	Nordostdeutschland	Fläche: 500 000 ha, 20 Mio Fm
Borkenkäfer	1940/41	Ostpreußen	Anfall: 1 Mio Fm
	1955/51	ganz Mitteleuropa	Anfall: 30 Mio Fm
	1964/65	Sachsen/Thüringen	
	1967	Süddeutschland	Anfall: 3 Mio Fm

nierenden Faktoren zu forschen, die solchen Störungen des Gleichgewichts in der Lebensgemeinschaft eines Biotops (Biozönose) zugrunde liegen.

Zur Einschätzung der Größenordnung der aktuellen Waldschäden wird in Tabellen C-43 und C-44 der Schadensumfang großer früherer Forstkalamitäten zusammengestellt, die durch Sturm bzw. im Zuge einer Massenvermehrung eines Schadinsekts entstanden sind. Daraus geht hervor, daß die gegenwärtigen Schäden bereits an das Ausmaß der kontinentalen Katastrophen durch die Massenvermehrung der Nonne in Osteuropa heranreichen. Damals wurde Wald in einem Ausmaß von 184 Mio Festmetern vernichtet, während derzeit bereits etwa 500 Mio Festmeter erkrankt sind.

1.3.3.2.1 Schadbilder

Die gegenwärtigen Waldschäden sind durch folgende Symptome gekennzeichnet, die nicht immer vollständig oder in einer bestimmten Reihenfolge auftreten, sondern stark variieren können:

- Tanne
  - uneinheitliche Nadelverfärbungen (gelb, grau),
  - Nadelverluste vom Kroneninneren zur Peripherie, von der Kronenbasis zur Spitze,
  - Ausbildung eines „Storchennestes" (reduziertes Wachstum des Terminaltriebs bei unvermindertem Wachstum der obersten Seitenzweige verleihen der Baumspitze ein nestartiges Aussehen) ab dem 10. Lebensjahr,
  - Auswachsen von Adventivknospen zu einem sekundären Astmantel um den Stamm („Wasserreiser", „Klebäste"),
  - Rindennekrosen am Kronenansatz,
  - Naßkernbildung im Wurzel- und unteren Stammbereich,
  - Erkrankung des Feinwurzelsystems (Absterben von Wurzelteilen, Herabsetzung des Regenerationsvermögens, Reduktion und Anomalien der Mykorrhiza).
- Fichte
  - Nadelverluste mit vorheriger gelber oder brauner Verfärbung (Vergilbung durch Lichteinwirkung begünstigt),
  - Kronenverlichtung von innen und außen,
  - Absterben des Wipfels („Zopftrocknis") insbesondere bei Bäumen, die über das Kronendach des Bestandes hinausragen,
  - Wachstumsstörungen (proliferative Astverzweigungen: „Hexenbesen"; Triebverkrümmungen),
  - schlaffes Herabhängen der Zweige („Lamettaeffekt"),
  - Aufplatzen der Rinde und Harzaustritt am Stamm im Kronenbereich und an der Unterseite der Äste,
  - Feinwurzelverluste, Wurzeldeformationen, Mykorrhizastörungen.
- Kiefer
  - Verlichtung der Kronen durch den Verlust älterer Nadeljahrgänge nach Vergilbung oder Bräunung,
  - Triebverkrümmungen und fahnenartige Kronendeformationen,
  - Rückgang des Feinwurzelsystems.
- Buche
  - Vergilbung und Nekrosen an Blättern der Kronenperipherie, sommerlicher Abwurf verfärbter und grüner Blätter,
  - vorzeitiges herbstliches Verfärben, Blattabfall von der Kronenspitze zur Kronenbasis fortschreitend,
  - erkrankte Blätter oft lederartig und mit gezähntem Rand,
  - Absterben von Kronenteilen,
  - Absterben von Rindenbezirken zuerst im Kronenbereich, später auch an der Stammbasis,
  - Rückgang des Feinwurzelsystems, Mykorrhizastörungen.
- Douglasie
  - ähnliche Symptome wie bei Fichte.
- Eiche, Ahorn, Esche
  - ähnliche Symptome wie bei Buche.

1.3.3.2.2 Schadensumfang

Für die Darstellung des Schadensumfangs stehen die Erhebungen des Bundesministeriums für Ernährung, Landwirtschaft und Forsten von 1982 und 1983 zur Verfügung [BMELF 1982, 1983]. Daraus geht ein unerwartet hoher Anstieg der Schäden hervor. Wenn auch ein gewisser Teil dieses Anstiegs durch exaktere Erfassung und eine verstärkte Sensibilisierung des Inventurpersonals bei der zweiten Erhebung bedingt sein könnte, ist die Dimension der Krankheitsentwicklung erschreckend.

Neben der Zunahme der gesamten Erkrankungsfläche und der Flächen von erheblich und stark geschädigten Beständen ist auch eine zunehmende Erkrankung junger Bäume festzustellen. Damit verschlechtert sich die Prognose für die weitere Entwicklung erheblich. Beim Baumartenvergleich fällt vor allem die massive Erhöhung des Anteils erkrankter Fichten und Kiefern auf nahezu die Hälfte des jeweiligen Gesamtbestandes ins Auge. Der Anstieg bei der Tanne auf drei Viertel macht die existentielle Gefährdung dieser Baumart deutlich. Aber auch der Anteil erkrankter Buchen von einem Viertel ist erschreckend, da diese Baumart für wesentlich resistenter gehalten wird als die genannten Nadelbaumarten (Tabelle C-45).

Die Aufteilung nach Schadensstufen, die in den beiden Erhebungen '82 und '83 nahezu identisch definiert wurden, zeigt, daß sich die Anteile der verschiedenen Schadensstufen nicht wesentlich verschoben haben; die Gesamtschadensfläche hat sich aber beträchtlich erhöht, insbesondere in den Schadensstufen 1 (schwach geschädigt) und 2 (geschädigt), in denen eine Schadenserhöhung um das vier- bis sechsfache zu verzeichnen ist (Tabelle C-46).

In Tabelle C-47 sind die Schadensverhältnisse in den einzelnen Bundesländern dargestellt.

1.3.3.2.3 Räumliche Verteilung der Schäden

Nach der Inventur von 1982 lagen die Hauptschadensgebiete in den Mittelgebirgswäldern des Schwarzwaldes, des Schwäbisch-Fränkischen Waldes, der ostbayrischen Gebirge (Frankenwald, Fichtelgebirge, Oberpfälzer und Bayrischer Wald) und des Harzes. In den damals noch weitgehend verschonten Waldgebieten des Pfälzer Waldes und der Schwäbischen und Fränkischen Alb sind nach der neuesten Entwicklung nun ebenfalls erhebliche Schäden aufgetreten. Diese hängen teilweise damit zusammen, daß nunmehr auch Laubbäume, die in der Regel weniger empfindlich auf Luftschadstoffe reagieren, in erheblichem Umfang erkrankt sind. Die Bedeutung von kalkhaltigem geologischem Untergrund (z. B. auf der Schwäbischen und Fränkischen Alb) für eine Verzögerung der Schadstoffwirkung durch die relativ hohe Pufferkapazität des Bodens ist noch nicht geklärt. Bisher sind nur deutliche Zusammenhänge der Waldschäden mit meteorologischen Parametern (Licht, Wind) und mit der Meereshöhe festgestellt worden. So geht aus Untersuchungen im kristallinen Bereich des Südschwarzwaldes hervor, daß die Schäden bei Tannen vorwiegend zwischen 800 und 1000 m Meereshöhe und in Südwestexpositionen auftreten [Zöttl et al. 1983].

1.3.3.3 Wirkungszusammenhänge für die verschiedenen Luftverunreinigungen

Als Luftverunreinigungen sollen Inhaltsstoffe der Luft verstanden werden, die aus der Tätigkeit des Menschen oder aus ungewöhnlichen Naturereignissen (z. B. Vul-

Tabelle C-45. Schadensflächen und Schädigungsprozente nach Baumgarten

Baumart	Baumartenfläche insg. Mio ha	Schadensfläche Mio ha		Schädigungsanteil %	
		1982	1983	1982	1983
Fichte	2,93	0,27	1,20	9	41
Tanne	0,16	0,10	0,12	60	76
Kiefer	1,90	0,09	0,82	5	43
Buche	1,30	0,05	0,34	4	26
sonstige	1,00	0,05	0,16	4	16

Tabelle C-46. Schadensstufen nach Flächenanteil

Schadensstufe	Fläche 1000 ha		Anteil an der gesamten Schadensfläche %	
	1982	1983	1982	1983
1 (schwach geschädigt)[a]	419,0	1842,6	75	72
2 (geschädigt)[b]	107,4	636,3	19	25
3 (stark geschädigt)[c]	35,4	66,2	6	3

[a] Bäume mit Nadel- oder Blattverlusten zwischen 10 bis 25%; die Kronen sind verlichtet

[b] Bäume mit Nadel- oder Blattverlusten zwischen 25 bis 50% (Erhebung 1982) bzw. 25 bis 60% (Erhebung 1983); die Kronen sind stark verlichtet

[c] Bäume mit Nadel- oder Blattverlusten über 50% (Erhebung 1982) bzw. 60% (Erhebung 1983); die Kronen teilweise absterbend

Tabelle C-47. Schadensflächen nach Bundesländern

Bundesland	Gesamt-Waldfläche in 1000 ha	Erkrankte Waldfläche in 1000 ha		Anteil der erkrankten Waldfläche in %	
		1982	1983	1982	1983
Schleswig-Holstein	137	11[a]	16	8	12
Niedersachsen	977	124	165	13	17
Nordrhein-Westfalen	855	72	295	9	35
Hessen	834	41	120	5	14
Rheinland-Pfalz	771	6	180	1	23
Baden-Württemberg	1303	130	645	10	49
Bayern	2444	160	1115	7	46
Saarland	85	3	9	4	11
Bundesrepublik Deutschland	7406	562	2454	7,7	34

[a] Neue Daten nach Angaben der Landesregierung Schleswig-Holstein

kanausbrüche) stammen. Die Zusammensetzung „reiner“ Luft wird bei Smith und Urone beschrieben [Smith 1981; Urone 1976].

Der Eintrag von Luftverunreinigungen kann stattfinden durch

- nasse Deposition von gelösten Stoffen und festen oder flüssigen Teilchen in Wasserpartikeln (Regeln, Schnee, Hagel usw.),
- Impaktion von Aerosolen (Nebel, Rauch),
- trockene Sedimentation von Teilchen,
- Adsorption und Lösung von Gasen an feuchten Oberflächen und innerhalb der Spaltöffnungen von Blättern und Nadeln (Stomata).

Die Deposition von Inhaltsstoffen der Luft auf oberirdische Pflanzenorgane hängt im wesentlichen ab von der

- Luftkontaktfläche (Gesamtoberfläche von Blättern, Nadeln, Ästen, Stamm und Fortpflanzungskörpern und innere Oberfläche der Spaltöffnungen und Gasaustauschräume),
- Oberflächenbeschaffenheit der pflanzlichen Organe, der Gesamtpflanze und des Bestandes,
- Stoffwechselaktivität der Pflanze (abhängig von Jahreszeit, Luftfeuchtigkeit, Windgeschwindigkeit, Sonneneinstrahlung),
- Beschaffenheit der Depositionsstoffe (Reaktionsfreudigkeit, Wasserlöslichkeit, Größe und Form),
- Windgeschwindigkeit,
- Luftfeuchtigkeit.

Bei Akkumulierung von Schadstoffen aus trockener Deposition in längeren Trokkenperioden können bei nachfolgendem Regen mit Lösung der Stoffe extrem hohe Konzentrationen auftreten. Ein ähnlicher Effekt tritt zu Beginn der Schneeschmelze ein, wenn die mit und auf dem Schnee deponierten Schadstoffe in Lösung gehen [Overrein et al. 1981].

Die große Gesamtoberfläche der Blätter bzw. Nadeln von Bäumen, die häufig durch Haare oder Absonderungen aufgerauhte Oberflächenbeschaffenheit der Organe und die Durchlässigkeit der Krone für Luftmassen bewirken eine hohe Filterwirkung der Bäume. Die Gesamtoberfläche der Blätter einer Buche ist bei gleicher Baumgröße zwar etwa ebenso groß wie die Gesamtoberfläche der Nadeln einer Fichte; durch die wesentlich höhere Zahl der Fichtennadeln (das 50 bis 100fache der Buchenblätter) und deren Anordnung ergibt sich jedoch eine bessere aerodynamische Filterwirkung dieser Nadelbaumart (siehe Abb. C-25).

Der gravierendste Unterschied besteht jedoch darin, daß die immergrünen Nadelbäume auch im Winter ihre volle Filterwirkung entfalten, wenn während der Heizperiode die SO_2-Emissionen am höchsten sind. Zu diesen erheblichen Unterschieden zwischen Nadel- und Laubbäumen in der Filterwirkung kommt noch ein weiterer gewichtiger Unterschied in der tatsächlichen Schadstoffbelastung der einzelnen Pflanze:

Während die meisten Nadelbäume sieben bis zehn Nadeljahrgänge besitzen, in denen sich Schadstoffe anreichern können, haben die meisten mitteleuropäischen Laubbäume durch den alljährlichen Blattabwurf die Möglichkeit, einen Teil der eingetragenen Stoffe wieder abzustoßen. Stark belastete Nadelbäume bedienen sich zwar auch der Möglichkeit des Abwurfs älterer Nadeljahrgänge; dies ist aber für sie mit einer Minderung der normalen Assimilationsfläche und damit des Energiepotentials verbunden. Bei Nadel- und Laubbäumen wird der entlastende Effekt des Abwurfs der Assimilationsorgane dadurch relativiert, daß die darin enthaltenen Stoffe anschließend in unmittelbarer Umgebung der Pflanze in den Boden gelangen und dort ihre schädigende Wirkung entfalten.

Bei landwirtschaftlichen Kulturen ist die Wirkungsmöglichkeit von Schadstoffen durch die kürzere Lebensdauer der Pflanzen (in der Regel nur wenige Monate) und durch die wesentlich geringere Filterwirkung und damit Deposition erheblich eingeschränkt. Hinzu kommt, daß in den hauptsächlich betroffenen Höhenlagen Landwirtschaft in geringerem Umfang und meist als Grünlandwirtschaft betrieben wird.

Nach heutigem Wissensstand wirken besonders folgende Luftverunreinigungen oberhalb der in Tabelle C-50 aufgeführten empfohlenen Grenzwerte – bzw. in niedrigeren Dosen bei additiver und synergistischer Wirkung – schädigend auf Ökosysteme:

- Schwefeldioxid (SO_2) und die durch Lösung in Wasser und Oxidation entstehenden Säuren (Schweflige Säure: H_2SO_3; Schwefelsäure: H_2SO_4),
- Stickoxide (NO_x) und deren Säure (Salpetrige Säure: HNO_2; Salpetersäure: HNO_3),
- Photooxidantien: vor allem Ozon (O_3) und Peroxiacetylnitrat (PAN: H_3C-CO-O-O-NO_2),
- Fluorwasserstoff (HF) und Fluoride,
- Chlorwasserstoff (HCl),
- Schwermetalle,
- Organische Verbindungen (z. B. Ethylen, Formaldehyd).

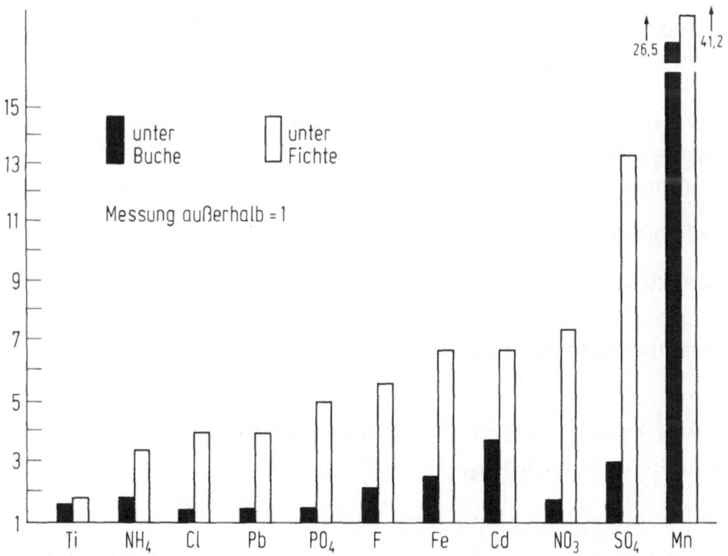

Abb. C-25. Stoffkonzentrationen im Niederschlag innerhalb eines Buchen- bzw. Fichtenwaldes als Vielfaches der außerhalb gemessenen (Solling; Februar bis Oktober 1980) nach [Höfken et al. 1981]

Eine frühzeitige Erkennung von Störungen, die sich noch nicht auf makroskopischer Ebene sichtbar machen, ist durch die physiologisch-ökologische Bioindikation möglich. Untersuchungen der physiologischen Aktivität (Enzymaktivität, Chlorophyllgehalt, CO_2-Gaswechsel, Chloroplastenfluoreszenz) sind hochspezifisch, lassen jedoch keine globale Aussage (z. B. im Hinblick auf das Substanzwachstum) zu. Veränderungen des Wachstums und der Biozönose können andererseits nur mittel- und langfristige Effekte aufzeigen. Wegen der Vielfalt von Einflüssen im Freiland können von Bioindikatoren also nur Aufschlüsse über die Gesamtbelastungssituation erwartet werden. Eindeutige Dosis-Wirkungsbeziehungen und kausale Einzelverknüpfungen ergeben sich nur unter Laborbedingungen. Erkenntnisse über die Wirkung einzelner Faktoren sind jedoch auch für das Verständnis komplexer Belastungssituationen von Bedeutung [Kreeb et al. 1976].

Im folgenden werden als direkte Wirkungen von Luftverunreinigungen solche Schäden bezeichnet, die vom Immissionsstoff unmittelbar an den Organen oder der Physiologie der Pflanzen hervorgerufen werden. Indirekte Wirkungen dagegen beeinflussen die Pflanzen über Veränderungen des Biotops (insbesondere des Bodens) und der Biozönose (Pflanzengesellschaft, Bodenleben, Schadorganismen). Meist wirken Schadstoffe allerdings sowohl auf die Pflanze als auch auf das Biotop.

In Tabelle C-49 sind die bekannten Schadstoffwirkungen zusammenfassend dargestellt.

1.3.3.3.1 Direkte Wirkungen von Luftverunreinigungen auf Organe und Physiologie der Pflanzen

Die direkte Wirkung von Schadstoffen hängt ab von

- der spezifischen Wirkung des Schadfaktors auf die Pflanze,
- der Menge und Dauer der Deposition (Dosis),
- den Schädigungs- und Eindringmöglichkeiten, aktiven (Harz, Wundholzbildung, Abstoßung befallener Pflanzenteile) und passiven (Borke, Wachsschicht) Abwehrmechanismen,
- der Disposition des Organismus (Entwicklungsstadium, Bilanz sonstiger Stressoren, Gesundheitszustand, Energiesituation),
- dem spezifischen Zusammenwirken mit anderen Schadstoffen und Stressoren.

Der Angriff von Schadstoffen kann

- durch Zerstörung von Schutzschichten,
- nach Eindringen durch Luftaustauschöffnungen (Stomata, Lentizellen) oder im Rahmen der Wasser- und Nährstoffaufnahme

erfolgen.

Die Schädigung kann unmittelbar an Zellen und Geweben der Pflanze oder durch ein Eingreifen in die Lebensvorgänge stattfinden.

1.3.3.3.1.1 Unmittelbare Schädigung pflanzlicher Organe

Schäden an Blättern und Nadeln

- Verätzungen: Gewebezerstörungen bei hohen Schadstoffkonzentrationen durch direkten Kontakt. Die Folge ist ein Absterben des Organs, ausgehend von den zerstörten Geweben. Verätzungen treten vor allem als Rauchgasschäden in unmittelbarer Emittentennähe auf und werden meist durch die Säurewirkung von Schwefel-, Salpeter- und Flußsäure hervorgerufen [Dässler 1981; Prinz 1982; Smith 1981]. Allerdings muß auch bei einem raschen weiträumigen Transport von Abgaswolken und bei Anreicherung von Aerosolen in Inversionsschichten mit solchen Schäden gerechnet werden [Smith 1983].

- Absterben von Organen, Geweben, Zellen oder Zellteilen (Nekrosen) bei längerer Einwirkungsdauer mittlerer Schadstoffkonzentrationen oder bei Immission hochkonzentrierter Schadstoffe ohne Verätzungswirkung:
  - primär im Bereich der atmungsaktiven Gewebe, z.B. des Schwammparenchyms an der Unterseite von Blättern, mit Störung der Regulationsfähigkeit der Spaltöffnungen:
    Bei den Blättern bilden sich am Rand oder zwischen den Blattnerven dunkelgrüne, graugrüne oder braune Flecken, die zunächst wässrig sind und später austrocknen. Oft gehen sie von Spaltöffnungen aus, in denen die Schadstoffe zuerst angreifen können. Nadeln werden von der Spitze her gelb und später rotbraun. Beide Organe sind direkt nach Abschluß des Größenwachstums am empfindlichsten. Ältere Blätter sind weniger empfindlich, während bei Nadelbäumen unter entsprechender Schadstoffbelastung ein vorzeitiges Altern und Absterben der Nadeln beobachtet wird.
    Die Schäden werden hauptsächlich durch die Wirkung von
    - SO_2 ab etwa 470 μg/m³, 8 Stunden, oder ab etwa 20 μg/m³, gesamte Vegetationsperiode [Linzon 1978],
    - NO_2 ab etwa 500 μg/m³, Langzeitbelastung [NAS 1977 b],
    - Fluoriden ab etwa 100 μg Fluorid/g Trockengewicht [Weinstein 1977]

    hervorgerufen.
  - primär im Bereich des chlorophyllreichen, assimilationsaktiven Palisadengewebes:
    Durch Zerstörung des Chlorophylls tritt eine Vergilbung ein. Später bilden sich fleckige Nekrosen bei den Blättern und braune Spitzen an den Nadeln. Aus den Untersuchungen vergilbender und gesunder Nadeln geht hervor, daß die gut sichtbare Vergilbung auf eine photooxidative Schädigung zurückzuführen ist [Elstner et al. 1983 b]. Hauptschadstoffe hierbei sind:
    - O_3 ab etwa 390 μg/m³, 2 Stunden, oder 150 μg/m³, 12 Stunden [NAS 1977 c]
    - PAN ab etwa 990 μg/m³, 8 Stunden [NAS 1977 c].

Schäden an der Rinde von Stamm und Ästen

Hier werden Nekrosen, Aufplatzen der Rinde und schlechte Wundheilung beobachtet. Dies wird durch eine Zerstörung des Kambiums bewirkt, das für Wachstum und Versorgung der Rinde zuständig ist. Nach Ulrich muß vor allem die Wirkung von Säuren und Schwermetallen als Ursache hierfür angesehen werden [Ulrich 1982 b]. Oft hängt aber eine sichtbare Schädigung der Rinde mit einem Befall von Mikroorganismen und Parasiten zusammen, wenn sie aufgrund einer Vorschädigung ihre Schutz- und Abschlußfunktion nicht mehr voll wahrnehmen kann.

Schäden am Wurzelsystem

Durch die Wirkung von Säuren und Schwermetallen sterben die für die Wasser- und Nährstoffaufnahme äußerst wichtigen und sehr empfindlichen Feinwurzeln ab. An der Rinde dickerer Wurzeln bilden sich Nekrosen, die wiederum Eintrittspforten für schädliche Organismen bilden können.

Da die eingetragenen Schadstoffe im Boden mehr oder weniger großen Veränderungen unterliegen und ihre Wirkungen auf die Bodenelemente erheblichen Einfluß auf das Wurzelsystem haben, wird im Abschnitt 1.3.3.3.2.1 nochmals darauf einzugehen sein.

1.3.3.3.1.2 Einschränkung der Photosynthese und des Wachstums

Die Photosynthese hängt sehr eng mit den Möglichkeiten des Gasaustausches und der Wasser- und Nährstoffversorgung zusammen und kann an der Menge von aufgenommenem CO_2 gemessen werden. Sie wirkt sich als wichtigste Quelle der Energiegewinnung direkt auf die Wuchsleistung der Pflanzen aus.

Nach Freiland- und Begasungsversuchen zeigt sich eine deutliche Korrelation zwischen der Photosyntheseleistung und der Immission von

- SO_2 ab etwa 60 µg/m³ Langzeitbelastung [Keller 1977a, 1977b, 1978a, 1978b, 1983; Guderian et al. 1968; Stratmann 1963; Prinz et al. 1982],
- O_3 ab etwa 300 µg/m³, 1 Monat [Smith 1981; Barnes 1971; Miller et al. 1969; NAS 1977c; Prinz et al. 1982],
- HF ab etwa 30 µg/g Nadeltrockengewicht [Keller 1977c; Thompson et al. 1969],
- NO_x [Taylor et al. 1975],
- Schwermetallen [Carlson et al. 1977].

Bei SO_2-Konzentrationen von 30 µg/m³ konnten auf schwefelarmen Standorten sogar kleine Zuwachssteigerungen beobachtet werden [Overrein 1980]. Ebenso kann von NO_x-Immissionen zunächst eine Düngewirkung ausgehen. Allerdings kommt es in der Folge oft zu Mangelerscheinungen an anderen Nährstoffen, da diese immer in einem bestimmten Verhältnis aufgenommen werden.

Einschränkungen der Photosynthese bzw. Zuwachsrückgänge sind je nach Baumart seit Jahren bis Jahrzehnten beschrieben worden. Sie sind erste Anzeichen einer Verminderung der Vitalität und einer latenten Streßsituation.

1.3.3.3.1.3 Störung des Wasser-, Nährstoff- und Spurenelementhaushalts

Der Wasserhaushalt kann durch eine Schädigung der Organe für die Wasseraufnahme (vor allem der Feinwurzeln) oder der Verdunstungsregulierung (durch die Spaltöffnungen) gestört werden. Ein Verschluß der Stomata wird als Folge photodynamischer Reaktionen des Ozons mit Kohlenwasserstoffen der Pflanze durch das dabei entstehende Xanthoxin angenommen [Elstner et al. 1983b]. Ein Fehlen der normalerweise die Transpiration reduzierenden Wachspfropfen in den Stomatahöhlungen von Fichtennadeln wurde bei sonst intakter Kutikula beobachtet und mit Auswaschungsmechanismen in Zusammenhang gebracht [Rehfuess 1983]. Als Wirkung von SO_2 wird eine Beeinträchtigung der Regulationsfähigkeit der Spaltöffnungen beschrieben [Schönborn et al. 1981]. Schäden an Wurzeln ziehen immer eine Beeinträchtigung der Aufnahmefähigkeit für Wasser und Nährelemente nach sich. Sie werden sowohl durch die direkte Wirkung eingetragener Säuren und Schadstoffe als auch indirekt nach der Mobilisierung toxischer Metallionen des Bodens verursacht.

In der Auswaschung von Substanzen aus pflanzlichen Zellen und Geweben wird eine weitere schädliche Wirkung von Luftverunreinigungen gesehen. Davon sind sowohl Makro- und Mikronährstoffe wie K, Ca, Mg, Mn als auch organische Verbindungen wie Zucker, Aminosäuren, Hormone und Vitamine betroffen [Tukey 1970]. Vor allem der Verlust von Magnesium, das bei der Photosynthese von zentraler Bedeutung ist, und der Verlust von Kalzium infolge von Ozon- und Säurewirkung auf diesem Wege werden neben der Auswaschung dieser Substanzen aus dem Boden als wichtige Faktoren des Waldsterbens gesehen [Prinz et al. 1982; Zöttl 1983; Rehfuess 1983].

1.3.3.3.1.4 Beeinträchtigung von Entwicklung und Fortpflanzung

Die Keimfähigkeit der Pollen und das Wachstum des Pollenschlauches können durch Luftverunreinigungen gehemmt werden. In einer Untersuchung mit Kiefernpollen aus Gebieten mit geringer und hoher Schadstoffbelastung der Luft zeigte sich, daß die aus Reinluftgebieten stammenden Pollen besser keimten und teilweise auch längere Pollenschläuche entwickelten [Houston et al. 1977]. In Begasungsexperimenten mit SO_2 wurde die Pollenkeimung bei einer dadurch entstehenden Absenkung des pH-Wertes (siehe Abschnitt 1.3.3.3.2.1) der Narbe auf 5 gehemmt oder verhindert [Karnosky et al. 1974]. Von Tabakpflanzen ist bekannt, daß Pollenkeimung und Pollenschlauchentwicklung sehr empfindlich auf erhöhte Ozonkonzentrationen reagieren [Feder 1975; Flückiger et al. 1978].

Bei Untersuchungen über den Einfluß von SO_2 auf das Wachstum von Kiefernzapfen wurde festgestellt, daß Zapfen in Gebieten mit erhöhtem SO_2-Gehalt der Luft bis zu 20% kürzer und bis zu 50% leichter waren und daß das Gewicht der Samen um bis zu 15% geringer war [Mamajev et al. 1972].

Während der Keimung und der Entwicklung des Sämlings sind Waldbäume besonders empfindlich gegen Streß und damit auch gegen Luftverunreinigungen. In diesem Stadium zeigen sie ein starkes Wachstum, hohe Stoffwechselintensität und geringe Abwehrmechanismen und können demzufolge luftgetragene Schadstoffe schnell absorbieren. Ein Begasungsversuch mit zwei Wochen alten Kiefernsämlingen zeigte, daß bei kontinuierlicher Exposition über längere Zeiträume selbst bei geringen Konzentrationen von SO_2 die Sämlingsentwicklung behindert und die Naturverjüngung von Kiefernwäldern eingeschränkt wird [Constantinidou et al. 1976]. Bei Begasungsversuchen mit Ozon wurde bei Kirschsämlingen eine hohe Empfindlichkeit, besonders in der vierten bis achten Entwicklungswoche, gefunden [Davis et al. 1977].

Mißbildungen (Hexenbesen, Wurzel- und Triebverkrümmungen, vorzeitige Storchennestbildung der Tanne, Deformierung und Kleinbleiben von Blättern und Nadeln) werden mit Störungen der hormonellen und enzymatischen Steuerung durch Schadstoffe in Verbindung gebracht. Hier ist jedoch genau von solchen Schäden durch biotische Schädlinge zu unterscheiden [Schwerdtfeger 1981].

1.3.3.3.2 Indirekte Wirkungen von Luftverunreinigungen über Standortfaktoren des Ökosystems

Die Standortfaktoren des Ökosystems bilden den Lebensraum, an den sich die Organismen im Laufe ihrer Entwicklung in optimaler Weise angepaßt haben. Veränderungen ziehen meist eine Verschiebung der biozönotischen Zusammensetzung nach sich, solange das Biotop überhaupt noch für heute existierende Organismen Lebensmöglichkeiten bietet. Neben der Luft sind in diesem Zusammenhang vor allem der Boden (mineralische und organische Bestandteile, Struktur, Wasserhaushalt, Schadstoffgehalt, pH-Wert) und die Biozönose (Lebensgemeinschaft in einem Ökosystem) von Bedeutung.

In Waldökosystemen wird in der Regel davon ausgegangen, daß bei der Verarbeitung des im Wald verbleibenden organischen Materials durch die Bodenorganismen und durch die kontinuierlich fortschreitende Verwitterung des geologischen Untergrundes ein ausreichender Ersatz für die bei der Holzernte entnommenen Stoffe und damit eine ausreichende Nährstoffzufuhr gewährleistet ist. Deshalb ist ein Funktionieren dieser Kreisläufe für das Waldwachstum von ausschlaggebender Bedeutung.

Bei landwirtschaftlicher Bodennutzung wird der Biomasseentzug in der Regel durch Zufuhr von organischen, mineralischen oder industriellen Düngemitteln ausgeglichen. Damit können etwaige Bodenveränderungen (z. B. Versauerung) ausgeglichen und die bekannten Nährstoffansprüche der Kulturpflanzen optimal befriedigt werden. Die zwangsläufige Vernachlässigung weniger oder nicht bekannter Faktoren des Pflanzenwachstums (z. B. Pflanzengesellschaften, spezifische Bedeutung der Bodenfauna) führt in diesen Ökosystemen andererseits zu besonderen Risiken (z. B. Schädlingsbefall).

Einflüsse von Luftverunreinigungen auf den Wärme- und Strahlungshaushalt (Veränderungen der Durchlässigkeit der Atmosphäre für kosmische Strahlung bzw. Umformung der Strahlung und Rückstrahlung) und damit auch auf das Klima als wichtigen Standortfaktor werden vor allem im Zusammenhang mit der CO_2-Emission kontrovers diskutiert (s. Abschnitt 1.2.5). Für die aktuellen Waldschäden wird ihnen keine Bedeutung beigemessen.

1.3.3.3.2.1 Bodenveränderungen

Bodenveränderungen durch Luftverunreinigungen können in Form einer

- Versauerung,
- Verschlechterung der Ernährungssituation der Pflanzen,
- Erhöhung der Schadstoffmenge (Eintrag, Mobilisierung)

Schäden verursachen. Indirekt bewirken sie eine

- mechanische Bodenveränderung (Verdichtung, dadurch Beeinträchtigung des Luft- und Wasserhaushalts),
- Veränderung der Biozönose.

pH-Wert des Bodens

Der pH-Wert ist die Maßeinheit für die Konzentration freier Wasserstoffionen und damit für die saure, neutrale oder alkalische Reaktion des Trägermediums (Abb. C-26). Auf der logarithmischen Skala bedeutet eine Einheit die zehnfache Vermehrung bzw. Verminderung der Konzentration.

Neben der direkt versauernden Wirkung von Säureeinträgen können Luftschadstoffe im Boden chemisch verändert werden, wodurch der pH-Wert ebenfalls u. U.

erheblich beeinflußt wird. Die wichtigsten Reaktionen sind

- Oxidation von trocken deponiertem SO_2 oder NO_2,
- Oxidation von NH_4^+, zu NO_3^- (bakterielle Nitrifikation unter aeroben Bedingungen),
- Reduktion von NO_3^- zu N_2 (bakterielle Denitrifikation unter anaeroben Bedingungen).

Während die ersten beiden Reaktionen versauernd wirken, erhöht die Denitrifikation den pH-Wert.

Der Säuregehalt des Bodens ist neben der Zusammensetzung des Ausgangssubstrats für das Vorhandensein und die Verfügbarkeit wichtiger Nährstoffe von Bedeutung (Abb. C-27).

Mittelbar beeinträchtigt ein hoher Säuregehalt des Bodens durch Hemmung der biotischen Aktivitäten die Nährstoffbildung (durch Verhinderung der Humifizierung organischen Materials) durch den Luft- und Wasserhaushalt (durch Verdichtung wegen mangelnder Krümelung und Auflockerung). Die entstehende Rohhumusauflage und die Bodenverdichtung hindern das Niederschlagswasser am Eindringen.

Auch natürliche Vorgänge beeinflussen den pH-Wert im Boden. Bei der Bodenatmung (Humifizierung und Mineralisierung organischen Materials durch Mikroorganismen), die ihr Optimum im warm-feuchten Milieu erreicht („Versauerungsschübe" im Frühjahr nach der Bodenerwärmung und im Herbst nach der Wiederbefeuchtung), werden ebenso wie bei der Wurzelatmung und bei der Nährstoffaufnahme H^+-Ionen freigesetzt und Säuren gebildet [Ulrich 1980, 1981 b, 1982 b]. Diese Versauerung wird jedoch normalerweise vom Boden aufgefangen.

Die Empfindlichkeit des Bodens gegenüber versauernden Einflüssen hängt von seiner Pufferkapazität ab. Darunter wird die Fähigkeit verstanden, den pH-Wert trotz einer Zufuhr von Wasserstoffionen konstant zu halten. Sie hängt eng mit der Kationenaustauschkapazität des Bodens zusammen, die durch die vorhandenen Austauscher (Bodenpartikel mit einseitiger peripherer Ladung) und die dort adsorbierten Ionen gebildet wird. Beim Pufferungsvorgang werden Wasserstoffionen im

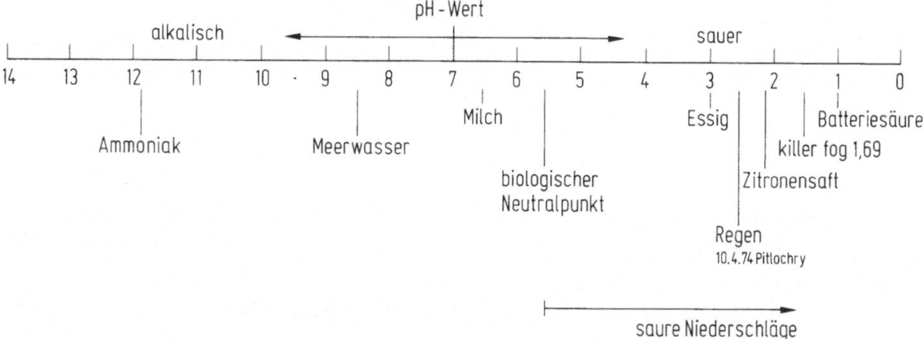

Abb. C-26. pH-Wert einiger Stoffe und Niederschläge (Reines Wasser hat im chemischen Gleichgewicht mit dem Kohlendioxid in der Luft einen pH-Wert von 5,6; „saure Niederschläge" haben einen geringeren pH-Wert, d.h. höhere Konzentrationen an freien Wasserstoffionen.)

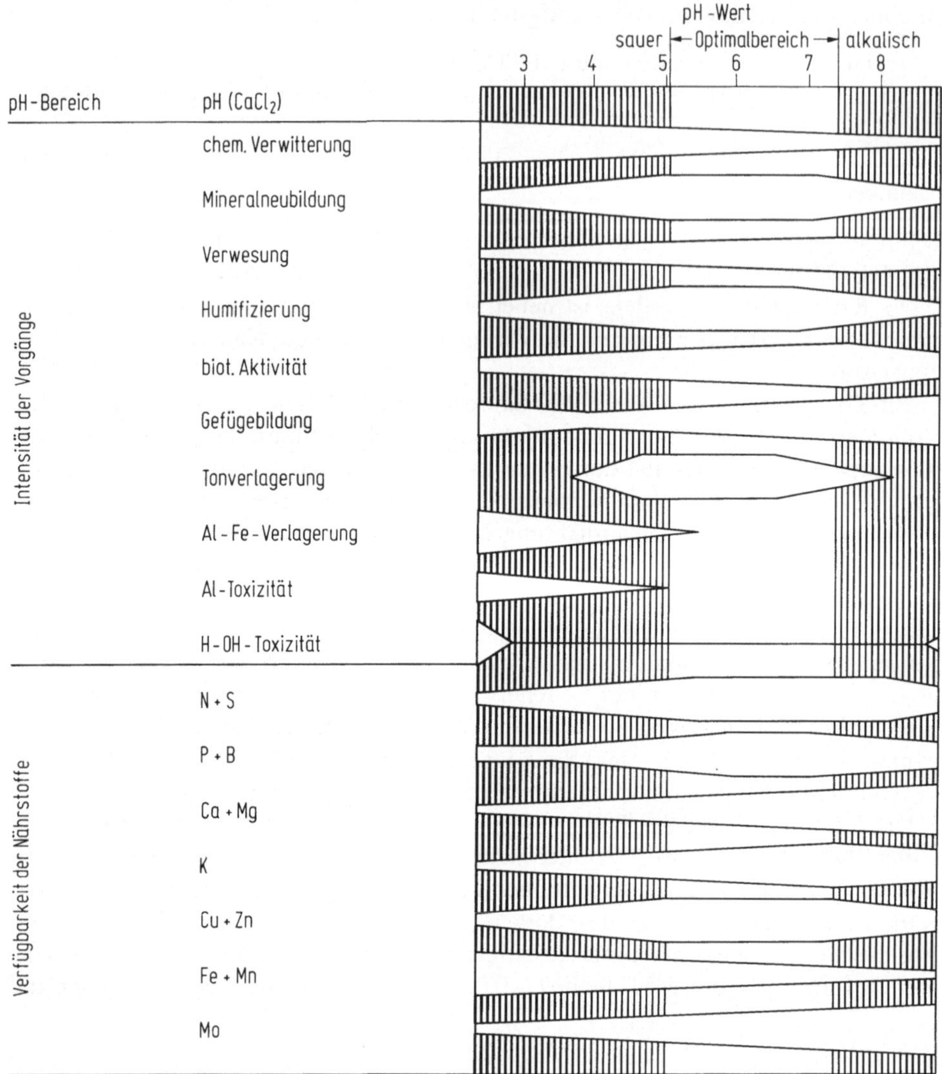

Abb. C-27. Schema der Beziehungen zwischen pH und pedogenetischen und ökologischen Faktoren (Breite gibt Intensität der Vorgänge bzw. Verfügbarkeit der Nährstoffe an) nach [Schroeder 1978]

Austausch gegen andere Kationen (z. B. Ca^{2+}, Mg^{2+}, K^{+}, Na^{+}, Al^{3+}) gebunden und damit eine Veränderung des pH-Werts verhindert. Ulrich unterscheidet je nach pH-Bereich des Bodens verschiedene Pufferbereiche [Ulrich 1981 a] (Tabelle C-48).

Wenn die H^{+}-Belastung die Pufferkapazität übersteigt, geht der Boden in den nächsten Pufferbereich über. Dabei wird die Verwitterung des Gesteins durch Mobilisierung von Austauschionen beschleunigt. Die reagierenden Bodenbestandteile eines Pufferbereiches sind durch ihre Beweglichkeit einerseits besonders gut pflanzenverfügbar, andererseits können sie auch leicht ausgewaschen werden. Im neutralen bis schwach sauren Milieu führt eine Versauerung zur Verbesserung der Nährstoffverfügbarkeit. Im stark sauren Milieu lösen sich die sonst fest gebundenen Ionen der in höheren Konzentrationen toxischen Metalle Aluminium und Mangan, im extrem sauren Bereich auch Eisen (vgl. Abb. C-27). Auf diesen Vorgang hat Ulrich die Theorie aufgebaut, daß das Waldsterben in erster Linie auf die toxische Wirkung hoher Al- und Mn-Konzentrationen infolge anthropogener Bodenversauerung zurückzuführen sei. Die durch die Giftwirkung der Metalle geschädigten Wurzeln können den Wasserbedarf der erkrankten Bäume nicht mehr befriedigen, wodurch es zu Kronentrocknis, Schädlingsbefall und schließlich zum Absterben der Bäume kommt [Ulrich 1982a].

Die Zeit, innerhalb der sich bei geänderter Regenzusammensetzung ein neues Gleichgewicht zwischen Austauschkapazität des Bodens und dem Regenwasser einstellt, wird von Overrein für die flachgründigen Böden Skandinaviens mit 10 bis 100 Jahren angegeben [Overrein et al. 1981].

Auch Anionen werden im Boden teils unspezifisch aufgrund ihrer negativen Ladung, teils in spezifischen Verbindungen adsorbiert. Sie spielen als Nährstoffe (Nitrat, Phosphat u.a.) und als Schadstoffe (Fluorid, Arsenat u.a.) eine wichtige Rolle. Darüber hinaus können sie austauschbare Kationen (z.B. K^+, Ca^{2+}) binden und so die Pufferkapazität und das Nährstoffangebot verändern. Für den pH-Wert des Bodens sind sie jedoch von untergeordneter Bedeutung.

Tabelle C-48. Pufferbereiche, reagierende Bodenbestandteile und Bodeneigenschaften nach [Ulrich 1981]

pH-Bereich	Pufferbereich	Reagierende Bodenbestandteile	Bodeneigenschaften
6,2–8,6 neutral	Kohlensäure/ Carbonat – Pufferbereich	Carbonate (häufig Calcit/Kalkstein)	Stabiles Bodengefüge, optimale Bedingungen für Bodenorganismen, Entkalkung.
5,0–6,2 schwach sauer	Silikat – Pufferbereich	Primäre Silikate (Feldspäte, Glimmer, Hornblenden usw.)	Wenig stabiles Bodengefüge; Tonverlagerung. Geringe Nährstoffauswaschung bei guter Nährstoffverfügbarkeit (ökologisches Optimum).
4,2–5,0 mäßig sauer	Austauscher – Pufferbereich	Austauscherkomplex, Al-Oxide, Silikate	Auswaschung von Ca^{2+}, Mg^{2+}; zunehmende Stabilisierung des Bodengefüges bei Al-Belegung des Austauscherkomplexes.
3,0–4,2 stark sauer	Aluminium – Pufferbereich	Al-Oxide und Silikate	Stabiles Bodengefüge; sehr geringe austauschbare Ca^{2+} und Mg^{2+}-Vorräte. Auswaschung von Al^{3+} und Mn^{2+}. Beeinträchtigung der Vegetation durch Al-Toxizität und Säuregrad.
unter 3,0 extrem sauer	Eisen – Pufferbereich	Silikate und Fe-Oxide	Hohe Konzentration an H^+, Al^{3+}, Fe^{3+} im Boden; Podsolierung. Starke Schädigung aller im Mineralboden wurzelnden Pflanzen.

Schwierigkeiten der Eichung von pH-Wert-Meßmethoden und die Verwendung verschiedener Methoden bei den einzelnen Untersuchungen erschweren den Vergleich absoluter pH-Werte [Tyree 1980]. Hinzu kommt der oft große Unterschied des Säuregrades verschiedener Bodenhorizonte. Deshalb ist eine genaue Bestimmung der pH-Situation nur durch die Erstellung einer Ionenbilanz gegeben, in der auch die Pufferkapazität berücksichtigt wird [Ulrich et al. 1983].

Von Overrein wurde in einem Ökosystem Südnorwegens die gegenseitige Beeinflussung von saurem Regen und Vorgängen im Boden mit Hilfe einer Ionenbilanz dargestellt [Overrein et al. 1981] (Abb. C-28). Sie besteht im wesentlichen darin, daß

- die SO_4^{2-} induzierte Azidität je nach Boden mehr oder weniger stark durch Ca^{2+} (und Mg^{2+}) neutralisiert wird,
- die anorganischen N-Verbindungen weitgehend durch pflanzliche Aktivitäten eliminiert werden,
- Aluminium und organische schwache Säuren in Lösung gehen.

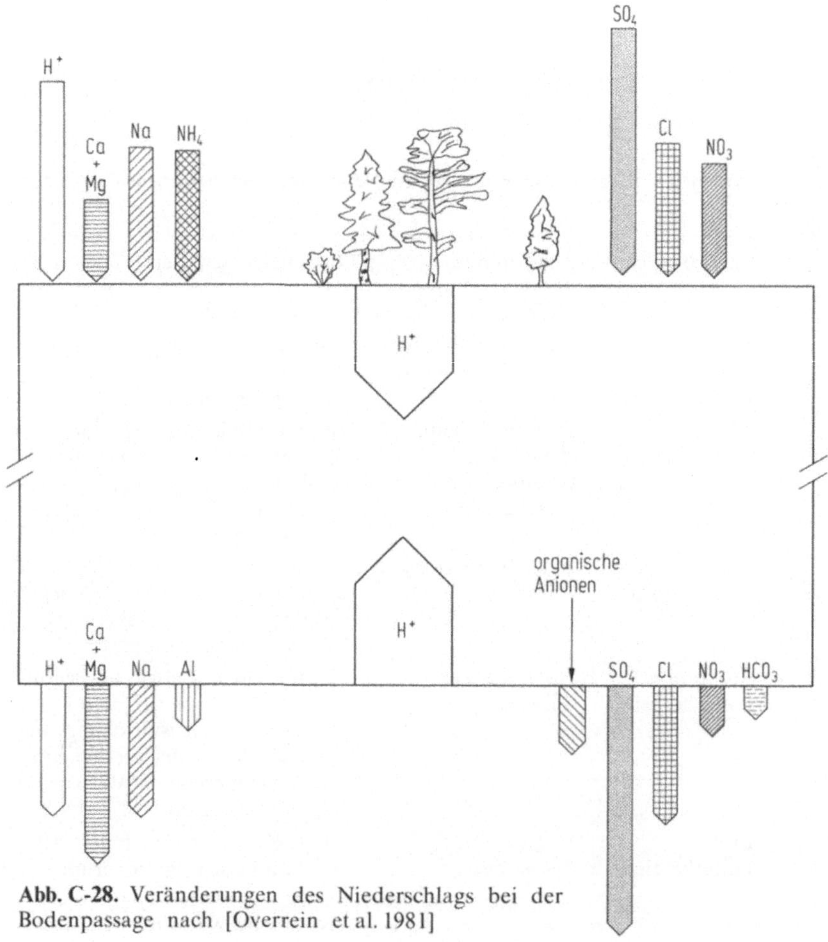

Abb. C-28. Veränderungen des Niederschlags bei der Bodenpassage nach [Overrein et al. 1981]

Der H^+-Umsatz im Boden (symbolisiert durch die zwei breiten Pfeile im Innern) ist danach wesentlich größer als H^+-Aufnahme oder -Abgabe (siehe Abb. C-28). Im Gegensatz dazu zeigt eine Protonenbilanz aus dem Solling eine externe H^+-Belastung, die das 2,5fache der internen H^+-Produktion beträgt [Ulrich et al. 1983].

Nährstoffhaushalt

Eine Verschlechterung der Nährstoffversorgung durch die Auswirkungen von Luftverunreinigungen tritt hauptsächlich über die Versauerung des Bodens ein. Dabei erhöht sich die Auswaschung, die Nachbildung von Nährstoffen aus der Zersetzung organischen Materials wird gehemmt, und ihre Verfügbarkeit für die Pflanzen nimmt ab.

Die anorganischen Stickstoffverbindungen werden zum größten Teil von den Wurzeln aufgenommen, was die mitunter beobachtete wachstumsfördernde Wirkung von saurem Regen erklärt [Abrahamsen 1980]. Die Aufnahme von SO_4^{2-} durch die Wurzeln ist im allgemeinen unbedeutend. Die Erschwerung der Nährstoffaufnahme durch die Wurzeln ist auf die Funktion der pflanzlichen Zellwand als Ionenaustauscher zurückzuführen. Durch eine Besetzung mit H^+-Ionen nach vorhergehender Versauerung wird die Möglichkeit der Aufnahme anderer Kationen eingeschränkt [Bauch 1983; Bauch et al. 1982].

Im Solling wurden Inhaltsanalysen verschiedener Pflanzenteile von gesunden und kranken Bäumen durchgeführt [Bauch et al. 1982; Bauch 1983]. Dabei zeigte sich, daß bei kranken Bäumen ein signifikanter Kalzium- und Magnesiummangel herrschte und der Aluminium-Anteil in zentralen Organen gegenüber gesunden Bäumen wesentlich erhöht war. Bei der Nährstoffaufnahme über die Wurzeln wird eine Konkurrenz von Aluminium und Kalzium beobachtet [Hüttermann 1982].

Neben einem Nährstoffmangel im Boden ist für die Pflanzenverfügbarkeit die Verschiebung der Mengenverhältnisse der Nährstoffe von Nachteil [Runge, zitiert in: Rat von Sachverständigen für Umweltfragen 1983]. Ein Kationenmangel im Boden und in pflanzlichen Organen muß sich also wegen der Störungsmöglichkeiten der Nährstoffaufnahme und einer eventuellen Auswaschung aus Blättern und Nadeln nicht unbedingt entsprechen.

Nährstoffmangel führt zu folgenden Symptomen [Schwerdtfeger 1981]:

Stickstoff:	kleine, gelbgrüne Blätter und Nadeln; stark entwickeltes Wurzelwerk,
Phosphor:	blaugrüne oder violettbraune Nadeln, insbesondere an den Spitzen und im Herbst, dunkelgrüne, rotfleckige Blätter,
Kalium:	Vergilbung der Nadeln von der Spitze her, vor allem ältere Jahrgänge und im Herbst und Winter; scharf abgesetzte Bräunung der Blattränder,
Kalzium:	rotbraune Fleckung zwischen den Blattrippen; bei Nadelbäumen selten,
Magnesium:	orange Verfärbung der Nadelspitzen bei Kiefer (Goldspitzigkeit) mit scharfer Begrenzung; unregelmäßige gelbliche Flecken auf Blättern,
Eisen:	Ausbleichung der Blätter und Nadeln wegen Störung der Chlorophyllbildung (Chlorose),
Mangan:	Chlorose ähnlich wie bei Eisen,
Kupfer:	Fleckenbildung an Nadeln und Blättern, bei Lärche und Douglasie Herabhängen der Triebe.

Erhöhung der Schadstoffmenge

Neben der Versauerungswirkung besitzen viele der eingetragenen Stoffe direkt schädigende Eigenschaften. In diesem Zusammenhang werden hauptsächlich die deponierten und mobilisierten Schwermetalle diskutiert, aber auch giftige organische Verbindungen gewinnen zunehmend an Bedeutung. Bei Untersuchungen über die Deposition von Schwermetallen wurden teils relativ geringe [Zöttl 1979], teils unerwartet hohe Konzentrationen gefunden [Ulrich et al. 1979; Mayer 1981; Höfken et al. 1981]. Leider ist ihre genaue Wirkungsweise und die Toxizitätsschwelle gegenüber Waldbäumen nur ungenügend bekannt. Schädigende Wirkungen sind in Form einer Störung der enzymatischen und hormonellen Steuerung und von Wachstumseinschränkungen beobachtet worden [UBA 1978; Carlson et al. 1977].

Im Boden findet eine Anreicherung von Schwermetallen in der Streuschicht statt. In der Regel werden Schwermetalle erst durch chemische Umsetzungsprozesse löslich und damit pflanzenverfügbar und toxisch. Bei einem weiträumigen Transport feinkörniger Partikel in der Luft können allerdings dort schon Reaktionen stattfinden, die eine unmittelbare schädigende Wirkung beim Eintrag ermöglichen. Eine Hemmung der Streuzersetzung durch Schwermetallwirkungen kann auf die Schädigung der Bodenfauna oder auf die Bindung organischen Materials durch Schwermetallionen zurückgeführt werden [Tyler 1972; Jensen 1976; Babich et al. 1978].

1.3.3.3.2.2 Veränderungen der Biozönose

Durch Luftverunreinigungen können einzelne Individuen, bestimmte Arten oder das biozönotische Gleichgewicht geschädigt werden. Folgende Bereiche sind für Waldökosysteme von besonderer Bedeutung:

Pflanzengesellschaften

Ökosysteme werden entsprechend den standörtlichen Verhältnissen (Geologie, Pedologie, Klima, Relief, Vegetation) in geobotanische Einheiten gegliedert. Diese Einheiten sind botanisch durch ein bestimmtes Spektrum von „Charakterpflanzen" gekennzeichnet. Ändern sich einzelne oder mehrere dieser Standortfaktoren (z. B. pH-Wert des Bodens, Wasserhaushalt, Nährstoffversorgung), so verschiebt sich auch das Artenspektrum der jeweiligen Standorteinheit. Dies kann beispielsweise beim Verschwinden von Arten (schützende oder nährstoffliefernde Pflanzen, Symbionten) oder beim Auftauchen neuer Arten (z. B. Konkurrenten) für Waldökosysteme von Bedeutung sein.

Edaphon

Das abgestorbene organische Material wird von bodenbewohnenden Tieren, Pflanzen und Mikroorganismen (Edaphon) ab- oder umgebaut. Größere Tiere wie Würmer, Tausendfüßler, Schnecken, Mäuse oder Amphibien sind für die mechanische Zerkleinerung und Einarbeitung von Bedeutung, während hauptsächlich Bakterien (teils frei, teils im Verdauungstrakt von Bodentieren) und Pilze die chemischen Umsetzungsprozesse beeinflussen. Die Zusammensetzung und Aktivität der Bodenorganismen hängt maßgeblich von pH-Wert, Temperatur, Wasserhaushalt und Durchlüftung des Bodens und von der Art und Menge des anfallenden organischen Materials ab.

Im neutralen bis schwach sauren Bereich, bei Wärme, Feuchtigkeit und guter Durchlüftung überwiegen Organismen, die zum Aufbau von Dauerhumus in der Lage sind und damit den Wasserhaushalt, die Nährstoffsituation und die Pufferkapazität verbessern (Huminstoffe fungieren neben den Tonmineralien als wichtige Austauscher). Im sauren Milieu und bei Sauerstoffmangel bleibt das organische Material zum großen Teil als schwer verwertbarer Rohhumus unvermischt an der Oberfläche, da wichtige „Bodenwühler", wie etwa der Regenwurm, fehlen und die Tätigkeit der Mikroorganismen gehemmt ist.

Neben ihrer Bedeutung als Humusbildner sind viele Bodentiere, z.B. Ameisen, Käfer und Ohrwürmer, auch als natürliche Feinde wichtiger Forstschädlinge von Bedeutung.

Symbiosen

Die Mykorrhiza stellt eine für die meisten Waldbäume wichtige Symbiose mit Pilzen dar. Die Feinwurzeln sind vom Pilzmyzel umsponnen, das ihnen die Nährstoff- und Wasseraufnahme ermöglicht oder erleichtert [Blaschke 1980; Schwerdtfeger 1981]. Die Pilze erhalten vom Baum Assimilationsprodukte.

Auch ein Austausch wachstumsfördernder Wirkstoffe wird vermutet. Diese symbiotische Funktion kann auch von Knöllchenbakterien (bei Leguminosen) übernommen werden.

Neben der Ernährungsfunktion wurde eine Schutzfunktion der Symbionten gegen pathogene Pilze angenommen. Andererseits wird durch die Mykorrhiza die Aufnahme von Schadstoffen verstärkt [Bowen 1973]. Schädigungen der Mykorrhiza wurden als Folge hoher Schwermetallionenkonzentrationen festgestellt [McIlveen et al. 1975; Ulrich 1982a]. Eine Beeinträchtigung durch Bodenversauerung muß ebenfalls angenommen werden, da die Pilze nur eine beschränkte pH-Wert-Toleranz besitzen.

Parasitierung

Auf die Bedeutung von Luftverunreinigungen für die Situation tierischer, pflanzlicher und mikrobieller Schadorganismen wird in Abschnitt 1.3.3.3.4.2 näher eingegangen.

1.3.3.3.3 Synergismen

Synergistische Wirkungen von Faktorenkombinationen sind quantitativ oder qualitativ größer als die addierten Wirkungen der einzelnen Komponenten. Bestehen bereits über die Wirkungsweise der einzelnen Schadstoffe auf Waldökosysteme nur unzureichende, oft ungenügend abgesicherte Erkenntnisse, so liegen über Synergismen nur punktuelle Daten eines weit vernetzten Wirkungsgefüges vor. Gerade von der Kenntnis solcher multiplikatorischer Wirkungen wird aber maßgeblich eine Aufklärung der Mechanismen des gegenwärtigen Waldsterbens abhängen.

Die Bildung größerer Mengen Ozon wird mit der Wirkung kurzwelliger Sonnenstrahlung auf NO_2 erklärt. Dabei entsteht NO und O, der sich mit dem O_2 der Luft zu O_3 verbindet. Durch die Einwirkung reaktiver Kohlenwasserstoffe wird dieser Ozonbildungsprozeß weiter verstärkt. Ozon und andere Peroxide setzen sich mit organischen Luftverunreinigungen zu einer Reihe von Luftschadstoffen wie Aldehyden, Ketonen, Alkylnitraten und -nitriten, PAN und anderen organischen Säuren

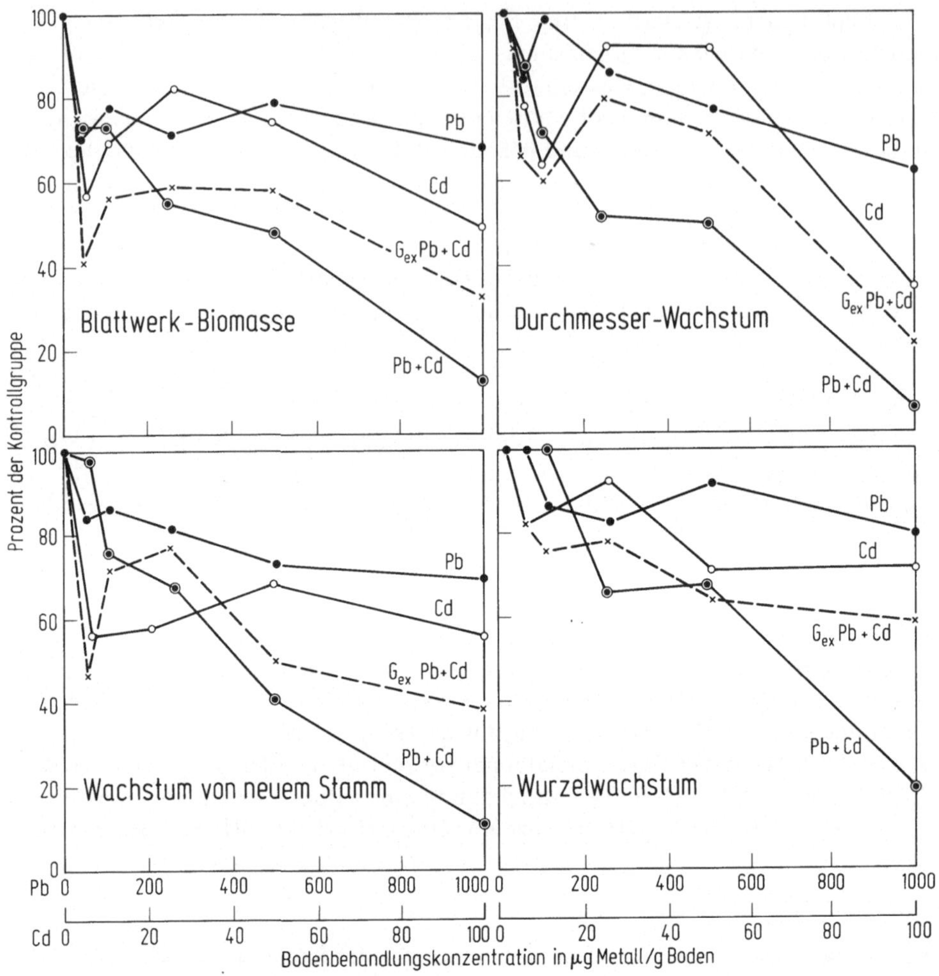

Abb. C-29. Synergistischer Effekt der Blei- und Cadmiumwirkung nach [Griesshammer 1983; zitiert nach Carlson et al. 1977]

um. Reaktionen mit NO_x führen zur Bildung von salpetriger Säure und Salpetersäure [Pitts et al. 1975].

Eine synergistische Wirkung von SO_2 und NO_2 auf oberirdische Pflanzenteile wird von Prinz beschrieben [Prinz 1982]. Auch wird von ihm eine Wechselwirkung zwischen einer die Oberfläche angreifenden Ozonwirkung und dem Einfluß säurehaltiger Nebeltropfen und Niederschläge, vor allem in Form einer Nährstoffauswaschung, angenommen [Prinz et al. 1982]. Eine starke Verringerung der Produktion von ATP (Adenosintriphosphat) – als wichtigem Energieträger im biochemischen

Geschehen – durch die synergistische Wirkung von SO_2 und NO_x wurde bei einem Versuch mit Hefezellen gefunden [Hinze et al. 1983]. Bei der wachstumshemmenden Wirkung der Schwermetalle Cadmium und Blei wurde ebenfalls eine synergistische Verstärkung festgestellt [Carlson et al. 1977] (s. Abb. C-29).

Wegen der bekannten und vermuteten synergistischen Wirkungen von Schadstoffkombinationen müssen die derzeit rechtswirksamen zulässigen Höchstkonzentrationen in Frage gestellt werden. Bei ihnen ist jeweils nur die – meist gutachtlich festgelegte – Höchstmenge unschädlicher Konzentration einzelner Schadstoffe berücksichtigt (s. Tabelle C-50, Spalte 7).

1.3.3.3.4 Kombination von Luftverunreinigungen mit anderen Faktoren

Die einzelnen Elemente eines Ökosystems sind durch vielfache gegenseitige Abhängigkeiten und Beeinflussungen miteinander verbunden. Prinzipiell können alle diese Elemente bei entsprechend ungünstiger Entwicklung zu Stressoren biologischer Systeme werden. Abb. C-30 gibt einen Überblick über Möglichkeiten primärer und sekundärer Schädigung von Waldökosystemen durch natürliche und anthropogene Streßfaktoren. Von ihnen gehen direkte Wirkungen auf die Pflanze und indirekte Wirkungen auf das Ökosystem aus, wobei von letzterem ebenfalls die Pflanze beeinflußt wird. Diese Wirkungen (z. B. durch Schadstoffbelastung) können als primäre Krankheitssymptome sofort sichtbar werden (z. B. Rauchschäden) oder als latenter Streß eine erhöhte Krankheitsdisposition hervorrufen (Abwehrschwäche, Zuwachsverringerungen). Kommen weitere Streßfaktoren hinzu (z. B. Trockenheit), kann ei-

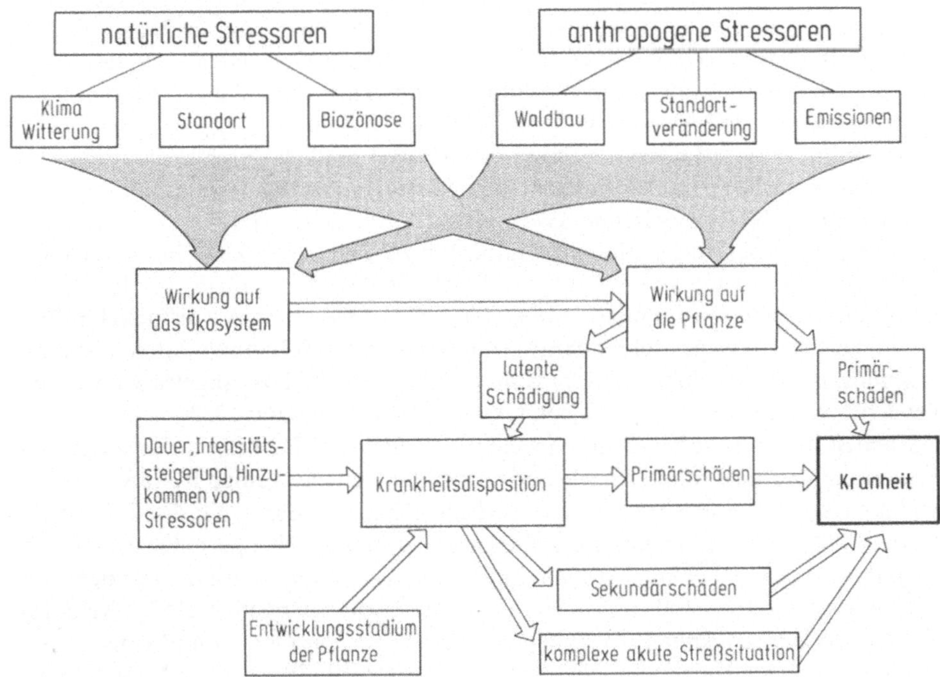

Abb. C-30. Ursachen und Mechanismen primärer und sekundärer Schädigung von Pflanzen durch natürliche und anthropogene Stressoren

ne Krankheit als Manifestation der primären Einflüsse (z. B. Nekrosen), sekundärer Belastungen (Vertrocknung) oder einer komplexen akuten Streßsituation (z. B. untypische Wachstums- und Stoffwechselstörungen) auftreten. Zur Vereinfachung wurde in Abb. C-30 auf die Darstellung der zahlreichen gegenseitigen Beeinflussungen und Rückkopplungen der Faktoren und Krankheitsphasen verzichtet.

1.3.3.3.4.1 Klima und Witterung

Klimatische Veränderungen vollziehen sich meist in relativ langfristigen Verschiebungen der Temperatur- und Niederschlagsverhältnisse und ihrer jahreszeitlichen Periodik (Vegetationszeiten). Witterungseinflüsse stellen dagegen punktuelle Ereignisse dar, die im Rahmen des aktuellen Klimas als Streßfaktoren auftreten können.

Ab 1967 häufen sich Jahre mit unterdurchschnittlichen Niederschlägen; die Jahre 1969, 1971, 1973, 1976 [Wagner 1981; Seitschek 1981; Rehfuess 1981a], sowie 1982 und 1983 werden als ausgesprochene Trockenjahre bezeichnet. Auf dieser Basis wird derzeit eine klimatische Veränderung in Richtung tendenzieller Erwärmung und Niederschlagsminderung diskutiert. Mögliche Folgen wären je nach Standort unterschiedlich schnell und intensiv auftretender Wassermangel sowie eine Verschlechterung der Nährstoffsituation durch Immobilisierung von Ionen und durch eine Hemmung der Bodenorganismen. Trockenperioden können bei Bäumen mit geschädigten Regulationsorganen des Wasserhaushalts schneller und intensiver zu einem gefährlichen Wassermangel und zu Trockenschäden (Reduktion der Transpirationsfläche durch Blatt- oder Nadelabwurf, Absterben von Kronenteilen, Wuchsstörungen, Absterben) führen als bei gesunden Bäumen. Eine maßgebliche Beteiligung am Ursachengefüge des gegenwärtigen Waldsterbens wird ihnen jedoch nicht zugesprochen, zumal die auftretenden Schäden unabhängig von der Wasserversorgung des Bodens zu sein scheinen [Schütt 1977]. Neben einer Niederschlagsminderung wird bei Schönwetterlagen die Bildung von Ozon unter dem Einfluß von erhöhter Sonneneinstrahlung verstärkt [Prinz et al. 1982].

Der Transport von Luftverunreinigungen wird wesentlich durch die Luftmassenbewegungen im Rahmen der globalen Windgürtel (in der Bundesrepublik Deutschland Übergangsbereich zwischen SW- und NO-Wind-Zone) und die hier entstehenden Hoch- und Tiefdruckgebiete bestimmt. Ein zusätzlicher Faktor sind Inversionswetterlagen, bei denen keine die Stauschicht passierende vertikale Luftbewegung erfolgt und in einer bestimmten Höhe (600–900 m Meereshöhe) Hochnebel auftreten, in denen sich (wegen fehlenden Abtransports und Verdünnung durch eine Auswaschung in Niederschlägen) Schadstoffe anreichern. In Los Angeles wurden im Nebel pH-Werte bis zu 1,69 gemessen („killer fogs") [Hoffmann 1983].

Schäden durch extreme Kälte entstehen vor allem im Herbst vor Einsetzen der Winterruhe und im Frühjahr nach Beginn des Austreibens. Einige frühere Forstkalamitäten werden auf Kälteeinflüsse zurückgeführt [Mülder 1934; Ruzicka 1937; Wagner 1981]. Die Kälteempfindlichkeit kann durch Trockenperioden wesentlich verstärkt werden. Aber auch durch Luftverunreinigungen werden Störungen im physiologischen Prozeß des Frosthärteaufbaus berichtet [Keller 1981]. Rehfuess stellte einen Zusammenhang zwischen der Frosthärte von Fichten und einem Magnesium- und/oder Kalziummangel fest [Rehfuess et al. 1982]. Eine Verschiebung des Raffinose/Stärke-Verhältnisses führt ebenso zu einer Verringerung der Frostresistenz.

Durch Sturm oder Niederschlagsauflagen (Schnee, Rauhreif, Eis) können Bäume entwurzelt oder abgebrochen werden. Ihre Resistenz hängt von der Haltefähigkeit des Wurzelwerks und von der Festigkeit des Holzes ab. Wurzelschäden und Wachstumsstörungen als Folgen von Luftverunreinigungen begünstigen daher die Disposition der Bäume für solche Gefahren. Besonders betroffen sind Bäume, die über das Kronendach des Bestandes hinausragen. Sie filtern einerseits besonders stark Schadstoffe aus, andererseits bieten sie dem Sturm eine exponierte Angriffsfläche. Es ist allerdings umstritten, inwieweit diese Gefährdung durch die größere Vitalität vorherrschender Bäume abgeschwächt wird.

Hagelschäden wirken sich besonders schädigend aus, wenn die Wundheilungsfähigkeit beeinträchtigt ist. Dies wird als Folge von Schadstoffwirkungen angenommen (siehe Abschnitt 1.3.3.3.1.1).

1.3.3.3.4.2 Schadorganismen

Dem Zusammenwirken von Luftverunreinigungen und tierischen, pflanzlichen oder mikrobiellen Schädlingen wird im Krankheitsverlauf des Waldsterbens große Bedeutung beigemessen.

Forstschädlinge treten als letztes Glied einer Reihe von Schadfaktoren bei Bäumen und Beständen teilweise massiv in den Vordergrund. Vor allem sind hier zu nennen:

Insekten: Schmetterlingsarten, deren Larven Triebe, Nadeln und Blätter abfressen;
Käferarten, die im Larven- oder Erwachsenenstadium in Rinde oder Holz fressen.

Pilze: Schüttepilze, die zum massiven Nadelabsterben (vor allem der älteren Nadeljahrgänge) mit charakteristischer Verfärbung führen;
Fäulepilze, die ausgehend von Infektionsstellen an den Wurzeln oder im unteren Stammbereich zu lokalen Faulstellen führen, die sich in der Regel den Stamm aufwärts ausbreiten.

Bakterien: Sie sind hauptsächlich an der Wurzel-, Stock- und Rindenfäule beteiligt.

Viren und Mycoplasmen: Ihre Bedeutung für Waldbäume wurde bisher für gering gehalten. Im synergistischen Zusammenwirken mit Luftverunreinigungen wird in letzter Zeit eine erhebliche Steigerung ihrer Wirkung diskutiert [Prinz et al. 1982]. Derzeit werden Forschungsarbeiten in Angriff genommen, um diese Zusammenhänge zu klären.

Über eine Beeinträchtigung von Schadorganismen ihrerseits durch Luftschadstoffe ist noch wenig bekannt. In den Körpern von Borkenkäfern wurden allerdings schon relativ hohe Konzentrationen von Fluorid und Cadmium nachgewiesen [Smith 1981].

Bei den aktuellen Waldschäden wird lokal ein vermehrter Befall mit Schüttepilzen und Wurzelfäuleerregern beobachtet. Nach dem Trockenjahr 1983 bahnt sich eine noch kaum absehbare Borkenkäferkalamität an.

Alle diese Hinweise auf eine erhebliche Beteiligung von Schadorganismen am Waldsterben dürfen jedoch nicht darüber hinwegtäuschen, daß ein über den „eisernen Bestand" hinausgehender Schädlingsbefall nur auf der Grundlage vorschädigender Stressoren eintreten kann, durch welche Abwehrmechanismen gestört, Eintrittspforten geöffnet oder die allgemeine Vitalität geschwächt werden.

Das Fehlen typischer Schadensausbreitungsmuster, das vom Rat von Sachverständigen für Umweltfragen als Hauptargument gegen die Möglichkeit primärer Schädlingsbeteiligung angeführt wird, mag auf die Komplexität, lokale Unterschiedlichkeit und Neuheit der aktuellen primären Streßsituation und die sich daraus ergebende Unüberschaubarkeit der Entstehung einer Disposition für Schädlingsbefall zurückzuführen sein [Rat von Sachverständigen für Umweltfragen 1983].

Vor allem wegen der zahlreichen Mechanismen gegenseitiger Beeinflussung und Rückkopplung, die im Laufe der Evolution zu einer Stabilität der Biozönose geführt haben, kann nur in Sonderfällen (Einschleppen neuer Schadorganismen, mutagene Veränderungen, exotische Baumartenverwendung) mit einer Beteiligung von Schadorganismen am Ursachengefüge von Waldschäden gerechnet werden. Dies gilt für das gegenwärtige Waldsterben ebenso wie für jede vorangegangene Schädlingskalamität. Allerdings kann eine solche Störung des biozönotischen Gleichgewichts dann infolge der erhöhten Schädlingspopulation und des dadurch gesteigerten Befallsdrucks kurzfristig auch zu einer Schädigung vitaler Bäume oder Bestände führen, bis Regelmechanismen wieder ein neues Gleichgewicht herstellen.

1.3.3.3.4.3 Kulturmaßnahmen

Waldbauliche Maßnahmen wurden in der Forstgeschichte oft für Kalamitäten und Baumsterben verantwortlich gemacht [Scheidter 1919; Meyer 1957; Leibundgut 1974; Hitschhold 1934; Rehfuess 1981 b]. Dabei spielen einerseits nachteilige Einflüsse der Forstkulturen auf den Boden, andererseits die Krankheitsanfälligkeit von Waldbäumen bei ungeeignetem Standort oder falscher waldbaulicher Behandlung eine Rolle. Dem Übergang vom altersgemischten Plenter- und Femelwald zum gleichaltrigen Altersklassenwald und der Anlage von Nadelholzmonokulturen wird in diesem Zusammenhang besondere Bedeutung beigemessen.

Dem Nadelholzanbau wird häufig eine bodenversauernde Wirkung zugeschrieben. Tatsächlich werden unter Nadelholzbeständen in der Regel niedrigere pH-Werte angetroffen als unter Laubholzbeständen. Allerdings ist bislang nicht eindeutig geklärt, ob diese Versauerung vorwiegend von den Bestandteilen und Eigenschaften der Nadelstreu ausgeht oder ob in größerem Umfang auch Luftschadstoffe daran beteiligt sind, die wegen der besseren Filterwirkung der Nadelbäume dort in höheren Konzentrationen eingetragen werden als in Laubholzbeständen. Bei bestimmten standörtlichen und waldbaulichen Bedingungen wird eine Bodenversauerung durch Nadelholzanbau angenommen [Ulrich 1983 b; Rehfuess 1981 a].

Durch die Artenarmut vieler Wälder entfällt die gegenseitig fördernde Wirkung von Bäumen, Sträuchern und Kräutern, die zwar noch kaum erforscht, aber empirisch vielfach belegt ist (z. B. zwischen Tanne und Buche).

Die Bedeutung des Nährstoffentzugs durch die Holzernte ist umstritten. Während in der Landwirtschaft der Nährstoffentzug bei der Entnahme des Ernteertrags wegen des geringen Anteils verbleibenden organischen Materials durch Düngungsmaßnahmen ersetzt werden muß, geht man in der Regel bei Waldökosystemen davon aus, daß durch die Rückführung eines großen Teils des organischen Materials in den Boden in Verbindung mit einer kontinuierlichen Nachverwitterung des Gesteins eine ausreichende Nährstoffproduktion gewährleistet ist. Der Nährstoffkreis-

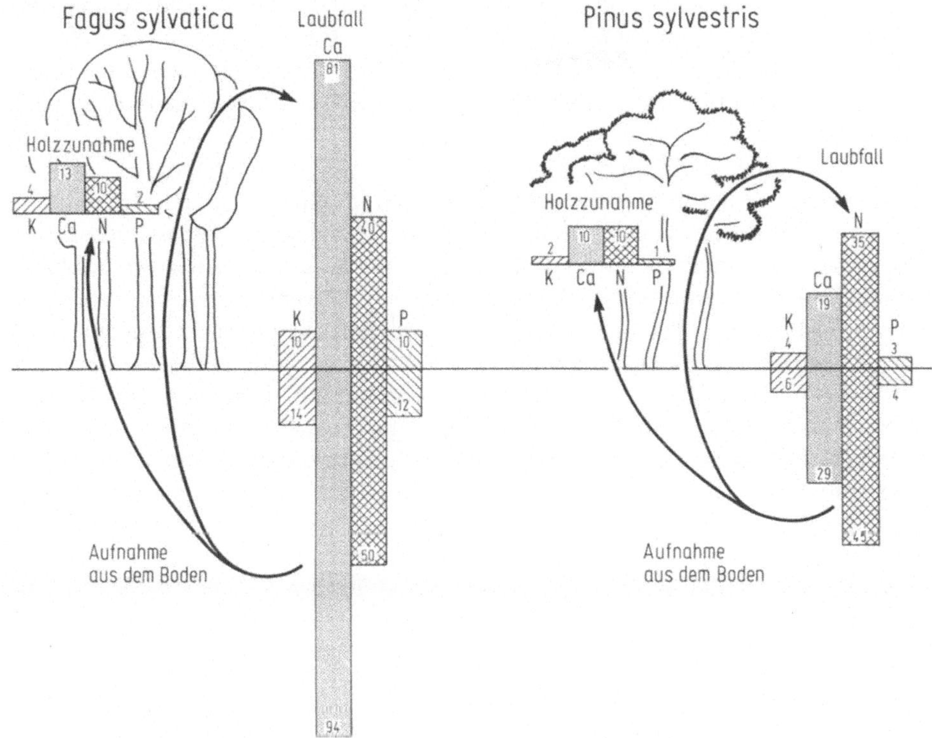

Abb. C-31. Jährliche Aufnahme (Werte unterhalb der Bodenlinie), jährlicher Rückhalt im Gewebe (Zahlenangaben in den Kronen der Bäume) und jährliche Rückgabe (Werte oberhalb der Bodenlinie) der wichtigsten Mineralien (in kg pro ha) von Kiefer und Rotbuche. (Man beachte die große Menge der Nährstoffe, die dem Boden durch den Laubabfall zurückgegeben werden.) [Remmert 1980]

lauf in zwei Waldtypen wird in Abb. C-31 dargestellt. Danach werden je nach Baumart 17 bzw. 27% der in die Biomasseproduktion eingehenden Nährstoffe im Holz eingelagert, während 83 bzw. 73% wieder in den Boden gelangen [Reichle 1973]. Der Anteil der Wurzeln und Stubben an der Gesamtholzmasse von 20 bis 25% und – bei einer Holzaufbereitung im Wald – auch der Anteil der Äste und der Rinde von 10 bis 15% verbleibt zusätzlich im Nährstoffkreislauf des Waldes, so daß je nach Baumart nur etwa 10 bis 20% der in die Biomasseproduktion der Bäume eingegangenen Nährstoffe entnommen werden, was größenordnungsmäßig dem Eintrag dieser Stoffe aus der Atmosphäre entspricht [Mitscherlich 1975].

Der Kationenaustrag bei Biomasseentzug durch Ernte ergibt einen unterschiedlich hohen H^+-Überschuß [Ulrich et al. 1983] (Angaben in kmol H^+/ha · Jahr): Buche 0,7; Fichte 1,5; Getreidekörner bis 0,5; Getreide und Stroh bis 2,6; Zuckerrüben 18; Kartoffeln 12; Rotklee 8.

Bei der Anwendung von Bioziden (Herbizide bei der Kulturpflege, Insektizide bei der Schädlingsbekämpfung) ist mit einer Schädigung biozönotischer Elemente und einer Schadstoffbelastung des Bodens zu rechnen, deren Auswirkungen noch nicht geklärt sind. Durch den Waldwegebau kann eine Störung des Wasserhaushalts

(Drainageeffekt) erfolgen und Angriffsmöglichkeiten für Sturm- und Sonnenschäden (bei plötzlicher Aufhellung) geschaffen werden. Der Einsatz schwerer Maschinen und unpflegliche Holznutzung führen zu Bodenverdichtungen und Verletzungen am Stammfuß und an den Wurzeln, die Ausgangspunkte sekundärer Schädigungen sind.

Die Absenkung des Grundwasserspiegels ist eine weitere anthropogene Standortveränderung. Sie hat in manchen Regionen (z.B. im Rheintal durch den Bau des Rheinseitenkanals, aber auch durch Grundwasserentnahme zur menschlichen Nutzung) zu einer akuten Gefährdung der Waldbestände und zu einer weitgehenden Veränderung der Biozönose und der waldbaulichen Möglichkeiten geführt.

Viele der bisherigen Kalamitäten hängen mit diesen ökologischen Risiken zusammen, die zugunsten einer Produktivitätssteigerung in Kauf genommen werden. Durch die Wirkungen der Luftverunreinigungen werden sie teilweise erhöht, wodurch weitere Schäden entstehen können. Das gegenwärtige Waldsterben kann jedoch nicht in entscheidendem Umfang mit waldbaulichen Maßnahmen in Verbindung gebracht werden, da die neuen Waldschäden auf allen Standorten und in allen Bestandstypen, Mischungsformen und Altersgefügen innerhalb und außerhalb des natürlichen Verbreitungsgebietes der jeweiligen Baumart auftreten.

1.3.3.3.4.4 Besonders gefährdete Ökosysteme

Die Gefährdung von Ökosystemen durch Luftverunreinigungen hängt ab von

- der Art und Dosis deponierter Schadstoffe,
- der Empfindlichkeit der einzelnen Arten,
- der Artenvielfalt als Voraussetzung fließender Biozönoseänderungen,
- der Orographie und der physikalischen und chemischen Bodenstabilität und
- der Belastungssituation durch andere Streßfaktoren.

Für Gebirgslagen, die gleichzeitig die Hauptwaldgebiete sind, ergibt sich neben Gebieten mit hoher Immissionsbelastung in Emittentennähe eine besonders kritische Konstellation:

- Die Immissionsbelastung kann je nach meteorologischer Konstellation bei der Anbrandung rasch lateral transportierter Abgasfahnen, bei der Anreicherung in länger andauernden Inversionswetterlagen und bei der luftchemischen Umwandlung von Emissionsstoffen unter intensiver Sonnenbestrahlung zumindest kurzfristig gefährliche Werte erreichen.
- Starke Temperaturschwankungen, Temperaturextreme, Schnee- und Windbelastung erfordern eine hohe Resistenz der Vegetation. Die Schadstoffe bewirken einerseits eine Verringerung dieser Resistenz, zum anderen eine physiologische Verkürzung der ohnehin knappen Vegetationszeit [Kutschera-Mitter et al. 1982].
- Die Wälder bestehen zum überwiegenden Teil aus Nadelbäumen, die besonders schnee- und sturmgefährdet sind und die zudem Luftverunreinigungen am wirksamsten ausfiltern und am empfindlichsten darauf reagieren.
- Die Böden weisen meist eine geringe Basenversorgung auf und besitzen mit Ausnahme der wenigen kalkhaltigen Gebirge eine mäßige bis geringe Pufferkapazität gegenüber Versauerungseinflüssen. Dadurch besteht die Gefahr der Nährstoffauswaschung, der Mobilisierung toxischer Metallionen und der Störung der Regelungsmechanismen des Wasserhaushaltes.

- Durch die Erosionsgefahr stark geneigter Hanglagen muß zur Erhaltung einer vegetationsfähigen Bodenschicht eine ständige Bodenbedeckung und eine gute Durchwurzelung des Bodens gewährleistet sein.
- Je extremer die Standortbedingungen sind, umso artenärmer ist die Lebensgemeinschaft eines Biotops. Bei der Abnahme oder beim Verschwinden von Arten auf solchen Standorten ergeben sich Schwierigkeiten der Auffüllung dieser Lükken. Kontinuitätsstörungen der Vegetationsdecke können aber zur Bodenzerstörung führen.

Andere kritische Ökosysteme sind geprägt vom Wasserhaushalt (trockene, nasse, wechselfeuchte Standorte), von Bodenfaktoren (Flachgründigkeit, Nährstoffmangel, pH-Wert, Salzböden) oder von kulturbedingter Artenarmut (landwirtschaftliche und forstwirtschaftliche Monokulturen). Besondere Beachtung verdienen Restbestände von natürlichen Lebensräumen, die als letzte Zufluchtsstätten seltener Tier- und Pflanzenarten zur Erhaltung der Artenvielfalt von großer ökologischer Bedeutung sind (z. B. Trockenrasen, Feuchtgebiete, Hochmoore). Sie sind meist an spezifische Umweltbedingungen gebunden und damit in hohem Maße durch Schadstoffeintrag bedroht.

1.3.3.4 Bewertung und Schlußfolgerungen

Die Wirkungszusammenhänge bei den neuartigen Waldschäden und bei der Entstehung einer Krankheitsdisposition für bekannte Schadbilder sind wegen ihrer Vielschichtigkeit nicht allgemeingültig und einheitlich zu beschreiben.

Vier Faktorenkomplexe sind mit unterschiedlicher Bedeutung am gegenwärtigen Waldsterben beteiligt:

- Immission schädlicher Luftverunreinigungen,
- Klima und Witterungsverlauf (insbesondere durch Trockenheit, Hitze und intensive Sonneneinstrahlung),
- anthropogene Standortveränderungen (insbesondere Grundwasserabsenkung und Waldbaumaßnahmen),
- schädliche Organismen.

1.3.3.4.1 Bewertung

Klimatische Veränderungen stellten in der Vergangenheit die bedeutendsten primären Stressoren für Ökosysteme dar. Die meisten früheren Waldschäden konnten direkt (z. B. Dürre) oder indirekt (z. B. Schädlingskalamitäten) auf solche Einflüsse zurückgeführt werden. Bei den aktuellen Waldschäden muß jedoch davon ausgegangen werden, daß den klimatischen Faktoren allenfalls eine verstärkende Wirkung zugesprochen werden kann. Zum einen erklärt die im Abschnitt 1.3.3.3.4.1 angesprochene Tendenz zur Verminderung der Niederschläge im bisherigen Umfang nicht die Art und das Ausmaß der Schäden. Auch bei deutlichen Wassermangelsymptomen, wie sie z. B. von Mitscherlich seit circa 20 Jahren bei Tannen im Bergland gefunden wurden, muß in vielen Fällen eine Störung der physiologischen Regelungsmechanismen des Wasserhaushalts durch andere Faktoren angenommen werden [Mitscherlich 1983].

Auch waldbaulichen Faktoren kommt bei der Ursachenanalyse des Waldsterbens nur eine untergeordnete Rolle zu. Das plötzliche Auftreten der Symptome und der progressive Krankheitsverlauf finden keine Entsprechung in umfassenden waldbaulichen Veränderungen. Waldschäden werden auch in den als optimal erachteten Ökosystemen der Plenterwälder um Alpirsbach, Freudenstadt oder Schapbach in erheblichem Ausmaß beobachtet.

Zunehmend werden biotische Ursachen für die gegenwärtigen Waldschäden angeführt. Zweifellos sind diesbezügliche Kalamitäten in katastrophalem Ausmaß zu befürchten und teilweise schon im Anfangsstadium, da die geschwächten und vorgeschädigten Bestände zunächst ideale Lebens- und Ausbreitungsbedingungen für diese Organismen bieten. Der weitere Verlauf wird von der Entwicklung der Vitalität der Waldbäume und der Schädlinge und darüber hinaus von populationsdynamischen Mechanismen der Biozönose (zwischen Wirt und Parasit bzw. zwischen Parasit und dessen natürlichem Feind) abhängen. Deshalb ist es wenig erfolgversprechend, das Hauptaugenmerk auf die Befallssituation und Bekämpfung forstlicher Schädlinge zu richten, solange die primären Stressoren nicht beseitigt oder wenigstens erkannt und entsprechend berücksichtigt sind. Allerdings ist es wichtig, biotische Schäden an den bekannten Schadbildern zu identifizieren und von anderen Schäden abzugrenzen.

Die meisten Indizien sprechen indes für eine entscheidende Beteiligung der Luftverunreinigungen am Waldsterben. Zum einen sind dies Korrelationen mit meteorologischen Parametern (Windrichtung, Insolation, Inversionshöhenlage), zum anderen Immissionsmessungen, die zumindest kurzfristig oft höhere Belastungen als erwartet nachgewiesen haben; zum dritten ähneln manche Schadbilder im Wald denen von Versuchen mit kontrollierter Einwirkung bestimmter Schadstoffe; schließlich können bekannte Bodenveränderungen durch Senkung des pH-Wertes mit mangelhaften Symbiose- und Nährstoffsituationen in Verbindung gebracht werden.

Allerdings ist es bisher nur unzureichend gelungen, eine generelle oder auch lokale Gewichtung der Bedeutung der einzelnen Schadstoffe vorzunehmen. Dies liegt an der unvollständigen Kenntnis der einzelnen Wirkungsmechanismen und insbesondere an der Schwierigkeit, die Vielzahl der Elemente eines so komplexen Systems wie eines Waldökosystems in ihrer Eigendynamik und gegenseitigen Beeinflussung synoptisch systemanalytisch darzustellen.

Bei der Bildung zweier grundsätzlicher Wirkungskategorien können folgende Schwerpunkte gesetzt werden:

- Direkte Wirkungen von Luftverunreinigungen auf Organe und Physiologie der Pflanzen
  Hierzu sind einerseits hoch konzentrierte Schadstoffe von Bedeutung, die zu Schadbildern führen, wie sie von den Rauchschäden seit langem bekannt sind. Andererseits wird den Photooxidantien und den im Zusammenwirken mit dem Sonnenlicht und anderen Faktoren entstehenden organischen und anorganischen Verbindungen zunehmende Beachtung geschenkt. In diesen Vorgängen (Bildung von toxischen Substanzen, z. B. Ozon, beim Zusammenwirken emittierter Schadstoffe, vor allem NO_x und Kohlenwasserstoffe, mit klimatischen Faktoren und fallweises Auftreten hoher Schadstoffkonzentrationen auch in größerer Entfernung von den Emittenten durch eine Verlagerung in höhere Luftschichten und ungünstige meteorologische Konstellationen) wird der für das akute Waldsterben bedeutendste Ursachenkomplex gesehen. Er kommt besonders dort zum Tragen,

wo häufige Inversionswetterlagen zu Schadstoffanreicherungen führen und wo durch intensive Sonneneinstrahlung die energetischen Voraussetzungen für die chemischen Umsetzungen gegeben sind. Dies ist in den hauptsächlich betroffenen Höhenlagen der Mittelgebirge der Fall. Allerdings muß betont werden, daß die aktuellen Waldschäden ohne das synergistische Zusammenwirken verschiedener Faktoren, so auch der Photooxidantien mit den Säurebildnern und Säuren, nicht verstanden werden können.

- Indirekte Wirkungen von Luftverunreinigungen über Standortfaktoren des Ökosystems

  Bei diesen Wirkungen stehen die Versauerung durch Säureeintrag und die nachfolgenden Bodenveränderungen im Vordergrund. Der Eintrag von anderen Schadstoffen (z. B. Schwermetallen) wird im Augenblick nicht als entscheidend für die akuten Waldschäden angesehen. Der Säureeintrag erlangt vor allem dort entscheidende Bedeutung, wo sich der pH-Wert ohnehin durch die Zusammensetzung des geologischen Untergrunds oder menschliche Eingriffe an der Untergrenze biologischer Tragfähigkeit befindet und geringe Pufferungskapazitäten zur Verfügung stehen. In manchen Gegenden (z. B. im Solling) kann dieser Mechanismus von dominierender Bedeutung für die dortigen Waldschäden sein.

  Grundsätzlich ist auf den meisten Böden bei zunehmender Versauerung mit einer Verschlechterung der standörtlichen Bedingungen und damit einer zunehmenden Streßwirkung auf Waldbäume zu rechnen. Ein allgemeingültiges Dominieren dieser Faktoren im Ursachengefüge der aktuellen Waldschäden kann jedoch wegen des geringen Zusammenhangs der Schäden mit den jeweiligen Bodenverhältnissen und der unzureichenden Erklärungsmöglichkeiten der beobachteten Schadbilder mit möglichen Veränderungen von Bodenfaktoren nicht angenommen werden.

In Tabelle C-49 sind die derzeit diskutierten Schadstoffgruppen mit ihren verschiedenen Wirkungen auf Pflanzen und Biotop und mit bekannten Synergismen zusammenfassend dargestellt.

In Tabelle C-50 sind für verschiedene Stoffe Konzentrationen in „reiner" Luft [Smith 1981; Urone 1976], aktuelle Jahresmittelwerte der Luftkonzentrationen in Reinluftgebieten und Ballungsräumen sowie aktuelle Depositionsraten (aus verschiedenen Quellen, u. a. [Rat von Sachverständigen für Umweltfragen]) aufgeführt. Daneben stehen Grenzwerte für Dosen, bei deren Einhaltung eine direkte Schädigung von Pflanzen weitgehend ausgeschlossen wird. Allerdings sind dabei synergistische oder auch nur additive Effekte einer komplexen Belastungssituation nicht berücksichtigt. Die unterschiedlichen Grenzwerte ergeben sich aus den verschiedenen Ansätzen und den Bezugsgrößen der jeweiligen Autoren:

IUFRO: (International Union of Forest Research Organisations)
Die Sicherung der Ökosysteme und der verschiedenen Waldfunktionen soll gewährleistet werden. Die jeweils höheren Werte in Tabelle C-50 beziehen sich auf normale Standorte, auf denen die volle Leistungsfähigkeit als gesichert angesehen wird. Die niedrigeren Werte werden zur Aufrechterhaltung der Schutz- und Sozialfunktionen, z. B. Erosions-, Lawinen- und Klimaschutz in höheren Lagen, im borealen Bereich des Waldes und allgemein auf kritischen oder extremen Standorten für not-

Tabelle C-49. Zusammenfassende Darstellung von Schadstoffwirkungen

Schadstoffgruppe	Direkte Wirkungen				Indirekte Wirkungen						Bekannte Synergismen
					Boden			Biozönose			
	Organe der Pflanzen	Photosynthese	Stoffhaushalt	Entwicklung und Fortpflanzung	ph-Wert	Nährstoffe	Schadstoffmenge	Pflanzengesellschaft	Bodenleben	Symbiose	
SO_2, H_2SO_3, H_2SO_4	+ + +	+ + +	+ + +	+ + +	+ + +	+ +		+ +	+ +	+	$SO_2 + NO_x$; $SO_2 + O_3$
NO_x, HNO_2, HNO_3	+ +	+ + +	+ +	+ +	+ + +	+ +		+ +	+ +	+	$NO_2 + O_3$, PAN $NO_x + SO_2$
O_3, PAN	+ + +	+ + +	+ + +	+ + +				+ + +			$O_3 + SO_2$, O_3/PAN + NO_2
HF, HCl	(+)	(+)	(+)	(+)	(+)	(+)		(+)	(+)	(+)	
Schwermetalle	+ +	+ +	+ +	+ +		+ +	+ + +	+ +	+ +	+ +	Cadmium + Blei
Organische Verbindungen	(+)	+	+	+			+	+	+	+	

(+) Nur ausnahmsweise in schädlichen Konzentrationen auftretend
\+ Vermutete Schadwirkung
\+ + An Schädigung mitbeteiligt
\+ + + Hauptsächliche Schadwirkung

Tabelle C-50. Konzentration in „reiner Luft“; aktuelle Luftkonzentrationen und Depositionsraten; empfohlene Grenzwerte

Schadstoff	Konzentration in „reiner Luft“ (μg/m³)	Aktuelle Konzentration (Jahresmittel) (μg/m³)		Aktuelle Depositionsraten (mg/m² · d)	Empfohlene Grenzwerte unschädlicher Dosen (μg/m³)		
		Reinluftgebiete BR Deutschland	Ballungsgebiete BR Deutschland		Konzentration	Dauer	Quelle
(1)	(2)	(3)	(4)	(5)	(6)	(7)	(8)
SO_2	0,5–1	10–20	50–140	Gesamtschwefeldeposition: ca. 11 Extreme über 30	25/50[a] 75/150	Jahresmittel 30 min	IUFRO 1979
					50–120 250–600	7 Monate 30 min	VDI 2310 (1978)
NO_2	2	3–20	30–70	Gesamtstickstoffdeposition: ca. 5	100–500	Langzeit	Prinz 1982
					350 6000	7 Monate 30 min	VDI 2310 (1978)
O_3	20–40				50–300 150–700 300–1000	4 h 1 h 30 min	UBA 1978
HF		0,1	0,5		0,3–1,4 0,4–2 2–4	7 Monate 1 Monat 24 h	VDI 2310 (1978)
					0,3–1,4	Langzeit	Prinz 1982
					0,3 0,9	Langzeit 30 min	IUFRO 1979
HCl		10	bis 25		30–150	Langzeit	Prinz 1982
					100–150 800–1200	1 Monat 24 h	VDI 2310 (1978)
					Depositionsraten (mg/m² · d)		
Pb	0,005–0,04	0,05–0,2	bis 2	ca. 0,25 (Ruhrgebiet)	0,25–0,5		Prinz 1982
Cd	0,00004	0,003	bis 0,015	ca. 0,004 (Ruhrgebiet)	0,005–0,01		Prinz 1982

[a] Vgl. Text S. 235 und S. 238

wendig gehalten. Als Leitbaumart wird die Fichte (Picea abies) gewählt, weil sie einerseits die in Mittel- und Nordeuropa am meisten verbreitete Baumart ist und weil andererseits die Anforderungen zu ihrem Schutz auch den Immissionsschutz der meisten anderen Holzarten einschließen.

VDI/UBA: Die Immissionsmöglichkeiten unter Beachtung der Belange der menschlichen Gesundheit und des Schutzes von Nutztieren und -pflanzen ergeben die tolerierbaren Grenzwerte. Als Kriterium der Wirkung dienen äußere Schädigungsmerkmale, Auswirkungen auf die Wuchs- und Ertragsleistung sowie auf die Qualität. Schäden in naturnahen bzw. naturbelassenen Ökosystemen werden ausdrücklich nicht berücksichtigt. Der Rahmen der Grenzwerte ergibt sich aus einer Differenzierung nach Empfindlichkeitsstufen der Pflanzen.

PRINZ: Die Differenzierung erfolgt nach der Empfindlichkeit der Pflanzen, der Flächennutzungsart (Gewerbe- und Industrieansiedlungsgebiete, Wohnsiedlungsgebiete, Agrarbereiche, Waldbereiche und Naturschutzgebiete) und dem Schutzanspruch (mittel und maximal).

Ein Vergleich dieser Grenzwerte mit den aktuellen Konzentrationen bzw. Depositionen zeigt, daß die Langzeitbelastung durch einzelne Schadstoffe in der Regel im unschädlichen Rahmen bleibt. Kurzzeitbelastungen können allerdings deutlich darüber hinausgehen. Über solche kurzzeitig auftretenden Höchstbelastungen liegen bisher jedoch noch kaum befriedigende Informationen vor. Einzelne Messungen weisen darauf hin, daß insbesondere in den Wintermonaten kurzzeitig sehr hohe Werte für die Schadstoffkonzentrationen erreicht werden; so wurden an Meßstellen in Oberfranken in den Monaten Januar und Februar maximale 1/2-h-Werte für die SO_2-Konzentration von über 1000 $\mu g/m^3$ Luft und 95-%-Fraktilwerte von über 500 $\mu g/m^3$ Luft gemessen. Da in hohen Kurzzeitkonzentrationen wesentliche Ursachen vieler Waldschäden vermutet werden, ist eine systematische Erfassung dieser Belastungen und ihrer jeweiligen Entstehung von großer Bedeutung.

Der Anteil der direkten und indirekten Wirkungen von Luftverunreinigungen an der Schadensverursachung könnte bei verschiedenen Immissionssituationen (z.B. niedrige Langzeitbelastung mit einzelnen extremen Kurzzeitwerten im Schwarzwald und relativ hohe Langzeitbelastung im Solling) unterschiedlich bedeutsam sein. In jedem Fall sind für Veränderungen des Biotops, etwa durch Bodenversauerung oder Schadstoffanreicherung, auch geringe langfristige Einträge von großem Einfluß.

Neben der weiteren Erforschung der einzelnen Schadstoffwirkungen kann die Klärung der additiven und synergistischen Effekte wesentlich zum Verständnis der aktuellen Waldschäden beitragen.

1.3.3.4.2 Maßnahmen zur Walderhaltung

Aus prinzipiellen Gründen kann nicht mit einer raschen und lückenlosen Aufklärung der Kausalverbindungen zwischen emittierten Schadstoffen und allen Krankheitssymptomen der Pflanzen gerechnet werden (Diskrepanz zwischen der Komplexität des Untersuchungsgegenstands Ökosystem und den gegenwärtigen wissenschaftlichen Möglichkeiten). Es ist aber nicht zu bezweifeln, daß den Luftverunreinigungen eine dominierende Bedeutung zukommt. Kurzfristig sollten deshalb diejenigen Emissionen verringert werden, von denen bekannt ist, daß sie in erheblichem Ausmaß selbst oder durch Bildung von schädlichen Folgeprodukten (z. B. Photooxidantien) an der direkten Pflanzenschädigung beteiligt sind. Dies betrifft vor allem SO_2 und NO_x. Mit diesen Stoffen sind gleichzeitig die wichtigsten säurebildenden Schadstoffe erfaßt, durch die über eine Bodenversauerung die Stabilität des Ökosystems gefährdet wird. Wegen der Unvollständigkeit der Kenntnisse über die Bedeutung anderer Emissionen müssen aber auch alle anderen Luftverunreinigungen, die im begründeten Verdacht stehen, schädigend zu wirken (gegenwärtig insbesondere die Schwermetalle), so weit als möglich reduziert werden.

Maßnahmen zur Bodenverbesserung auf gefährdeten Standorten sowie Schädlingsbekämpfung können allenfalls zur Abschwächung einer lokalen Notsituation oder zur Verzögerung des Krankheitsverlaufs beitragen. Geeignetere Waldbaumethoden und Baumartenwahl können die Empfindlichkeit des Waldes gegenüber den Luftschadstoffen herabsetzen. Mit einer grundlegenden Erholung des Ökosystems ist aber erst zu rechnen, wenn die Belastungen durch die hauptsächlichen primären Stressoren, d.h. die schädigenden Luftverunreinigungen, abgenommen haben.

1.3.4 Auswirkungen saurer Niederschläge auf aquatische Ökosysteme

1.3.4.1 Eintrag von Schadstoffen

Die wesentlichen anthropogenen Einflüsse auf aquatische Ökosysteme gehen von Abwässern aus, insbesondere die Belastung mit toxischen Stoffen stammt vorwiegend aus direkten Einleitungen (siehe [KfK 3526]). Nur ein geringer Teil der deponierten Luftverunreinigungen gelangt unmittelbar in das Oberflächenwasser; der überwiegende Teil wird in terrestrischen Ökosystemen abgelagert und erreicht erst mit dem abfließenden Regenwasser oder nach der Passage durch den Boden mit dem Sickerwasser die aquatischen Ökosysteme.

Nach den Ionenbilanzen von Ulrich (vgl. Abschnitt 1.3.3.3.2.1) ist der H^+-Austrag mit dem Sickerwasser unabhängig vom Eintrag und der bodeninternen Produktion von freien Wasserstoffionen. Dem eingetragenen Säuregehalt entspricht jedoch ein Austrag von Kationensäuren (vor allem Al^{3+}, in geringerem Umfang Mn^{2+} und Fe^{3+}). Die alleinige Berücksichtigung der Protonenbilanz ergibt also ein falsches Bild von den Säureumsätzen im Boden. Mohn stellte bei den von Versauerung betroffenen Seen Südnorwegens eine Korrelation zwischen der SO_4^{2-}-Konzentration und dem pH-Wert bei Seen mit vergleichbarer Ca^{2+}-Konzentration fest [Mohn et al. 1980]. Dies spricht dafür, daß zumindest auf bestimmten Standorten (trotz einiger gegenteiliger Meinungsäußerungen: z.B. [Rosenqvist et al. 1980; Isermann 1982]) der H^+-Umsatz im Boden für den pH-Wert der Oberflächenwasser wesentlich weniger bedeutsam zu sein scheint als die SO_4^{2+}-Konzentration [Overrein et al. 1981].

Von besonderer Bedeutung für den pH-Wert der Gewässer sind auch die Austauschreaktionen, die Ca^{2+}- und Al^{3+}-Ionen betreffen. Kalzium bildet mit Kohlensäure ein Säurepuffersystem, das oberhalb von etwa pH 5,5 wirksam ist. Ein bestimmter H^+-Eintrag in ein Oberflächengewässer bewirkt also eine umso geringere pH-Absenkung je mehr Kalzium gelöst ist. Ein ähnliches Puffersystem bilden bei pH-Werten zwischen 4 und 5,5 die Al-Hydroxoionen und Al^{3+}. Andere Puffersysteme, auch mit organischen Verbindungen, können unter Umständen ebenfalls von Bedeutung sein (siehe z. B. [Johannessen 1980]).

1.3.4.2 Auswirkungen auf aquatische Organismen

Die auffälligste Auswirkung der Versauerung von Oberflächengewässer ist die Abnahme oder das Verschwinden von Fischpopulationen in Seen und Flüssen, und sie soll hier vor allem diskutiert werden. Die Wirkungsmechanismen lassen sich in zwei Gruppen anordnen:

- Beeinträchtigung von Organismen, von denen sich die Fische unmittelbar oder mittelbar ernähren;
- direkte Folgen des geänderten Wasserchemismus auf die Fische.

In jedem Fall hat man zu beachten, daß nicht nur ein erniedrigter mittlerer pH-Wert und seine Begleiterscheinungen sich nachteilig auswirken können, sondern daß sich im Rahmen des Versauerungsprozesses auch die Variabilität des pH-Werts erhöht, beispielsweise durch die Erschöpfung der $Ca(HCO_3)_2$-Pufferkapazität oder das plötzliche Inlösunggehen trocken deponierter Säurebildner. Da viele Arten an relativ enge pH-Bereiche angepaßt sind, bedeutet dies, daß unter Umständen auf einer bestimmten Versauerungsstufe keine stabile Biozönose existieren kann, obwohl der mittlere Zustand von hinreichend vielen Arten toleriert werden würde.

Die Ernährungsgrundlage der Fische ist ein komplexes Gefüge aus Räuber-Beute-Verhältnissen, das letzten Endes auf den phototrophen Organismen basiert, sofern keine anthropogenen Nährstoffe eingetragen werden. Auf sehr vielen Stufen dieses Nahrungsgewebes wurde die Empfindlichkeit der Arten gegen Versauerung getestet, und in den weitaus meisten Fällen ergaben sich bei pH-Änderungen, wie sie in der Natur beobachtet werden, signifikante Effekte [Overrein et al. 1981]. Bei den phototrophen Organismen zeigt sich in vielen Fällen eine Artenverarmung und ein Überhandnehmen von Fadenalgen und Moosen als Folge der Versauerung. (Die Moose sind in sauren Gewässern begünstigt, weil sie ihren C-Bedarf durch die Aufnahme von CO_2 und H_2CO_3 decken können, während die meisten anderen Wasserpflanzen auf HCO_3^--Ionen angewiesen sind.) Besonders ausgeprägte Artenverschiebungen zeigen sich bei den Kieselalgen. Man kann sie daher sogar als Indikatoren für den pH-Wert eines Gewässers in der Vergangenheit benutzen, indem man die Kieselalgenarten in unterschiedlich alten Sedimentschichten identifiziert. Die Ergebnisse dieser Untersuchungen bestätigen unabhängig von der Diskussion um die Genauigkeit alter pH-Meßwerte (siehe z. B. [Chester 1981]), daß der pH- Wert vieler Seen in den letzten Dekaden deutlich abgenommen hat (siehe z. B. [Del Prete, Schofield 1980; van Dam, Kooyman–van Blokland 1978; Davis, Berge 1980]). Die Photosyntheserate wird durch einen niedrigeren pH-Wert verringert. Trotzdem wird in vielen versauerten Gewässern eine höhere Pflanzenbiomasse beobachtet. Dies rührt her von der geringeren Aktivität der Pflanzenfresser infolge der Versauerung, auch der Abbau abgestorbener Biomasse wird reduziert (Verschiebung bei den Destruenten von den Bakterien zu den Pilzen).

Auch bei den Wirbellosen, die im vereinfachten Bild einer Nahrungskette das Bindeglied zwischen den Pflanzen und den Fischen darstellen, zeigen sich bei Versauerung Artenverschiebungen und -verarmung. Als besonders empfindlich erwiesen sich die Süßwasserkrebse (siehe z. B. [Brehm, Meijering 1982]), während einzelne Gruppen, wie z.B. die Wasserläufer (siehe z.B. [Rosseland et al. 1980]), begünstigt werden.

Insgesamt ergibt sich also durch die Versauerung im Nahrungsgewebe unterhalb der Fische

- eine Verschiebung des Artenspektrums,
- eine Verringerung der Diversität,
- eine Verringerung der Produktivität.

Diese Effekte können eine Verringerung der Fischerträge hervorrufen, das vollständige Verschwinden von Fischpopulationen konnten sie jedoch in keinem Fall erklären [Overrein et al. 1981].

Zur Erklärung des vollständigen Verschwindens von Fischen aus Flüssen und Seen muß man direkte Auswirkungen der Versauerung betrachten. Der pH-Wert selbst ist dabei allerdings nicht entscheidend [Schofield 1976]: In Laborversuchen mit natürlichen Wässern, die zusätzlich angesäuert wurden, zeigen die Fische regelmäßig eine viel größere pH-Toleranz als in der Natur. Erst bei pH-Werten unter 3 kommt es zur Koagulation des Schleims auf den Kiemen mit anschließendem Ersticken. Das Verschwinden von Fischpopulationen in der Natur, das im pH-Bereich 4 bis 5 beobachtet wird, geht mit hoher Wahrscheinlichkeit auf den erhöhten Al-Gehalt des Wassers zurück [Overrein et al. 1981]. Ansatzpunkt sind auch hier die Kiemen, an denen es durch die hohe Al-Konzentration zur Schleimkoagulation und zu einer Störung des Ionenaustausches zwischen Wasser und Fischblut kommt. Die Todesursache ist letzten Endes ein zu geringer Elektrolytgehalt im Fisch. Dementsprechend ist die Schädlichkeit einer bestimmten pH-Al-Kombination ganz wesentlich vom Elektrolytgehalt des Wassers abhängig [Muniz, Leivestad 1980].

1.3.4.3 Beobachtete Schäden und potentiell gefährdete Gebiete

Schäden an Oberflächengewässern durch Versauerung sind vor allem da zu erwarten, wo industriell bedingte Immissionen mit kalziumarmen anstehendem Gestein (z.B. Granit, Gneis) zusammentreffen, das von einer nur dünnen Erdschicht bedeckt ist. Solche Gebiete sind der Nordosten Nordamerikas und Südskandinavien. In der Tat kamen aus diesen Gebieten die ersten und die alarmierendsten Meldungen über Säureschäden an Oberflächengewässern [Overrein et al. 1981; Schofield 1976]. Abb. C-32 zeigt als Beispiel die Abnahme der Fischpopulationen in den vier südlichsten Distrikten Norwegens. Inzwischen werden Säureschäden an Gewässern auch aus anderen Gebieten gemeldet, z.B. aus dem Mittelwesten und Südosten der USA oder aus Alberta (Kanada).

In Mitteleuropa liegt kalziumarmes Muttergestein mit flachgründigem Boden vor allem in den Hochlagen der Mittelgebirge vor, und dementsprechend werden dort ebenfalls Versauerungserscheinungen an Gewässern beobachtet (siehe z.B. [Peukert, Panning 1975; Thiele 1982; Krieter 1983; Steubing et al. 1983; Schön 1983]). Besonders betroffen sind Erz- und Fichtelgebirge und Bayerischer Wald sowie die Mittelgebirge in östlicher und südöstlicher Nachbarschaft des Ruhrgebiets (z.B. Kaufunger Wald, Knüllgebirge): die Ergebnisse der vorliegenden Studien zeigen, daß die SO_2-Immissionen in diesen Gebieten besonders hoch sind. Es wurden dort, wie auch im Nordschwarzwald, in Bächen schon pH-Werte von unter 4 gemessen und drastische Abnahmen der Forellenpopulationen festgestellt. Auffällig ist auch

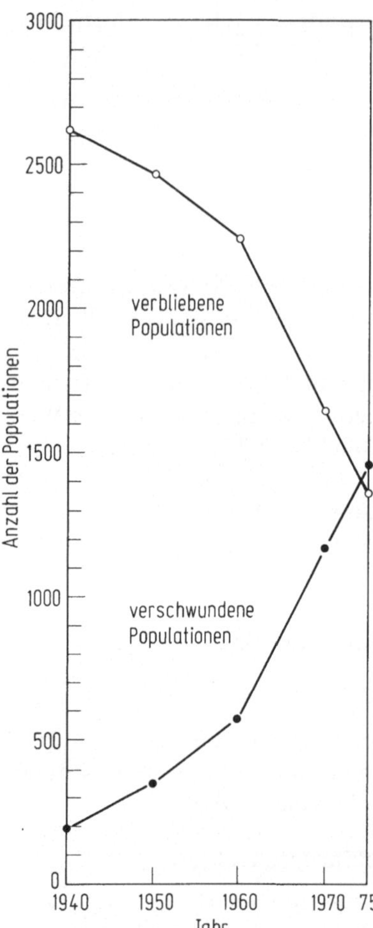

Abb. C-32. Abnahme der Fischpopulation in den Seen der Distrikte Rogaland, Vest-Agder, Aust-Agder und Telemark in Norwegen nach [Overrein 1981]

der hohe Nitratanteil (NO_3^-) an der Versauerung [Schön, Wright, Krieter 1984]. Für die größeren Seen und Flüsse Mitteleuropas dürfte die Gefahr der Versauerung im Augenblick weniger hoch sein, weil diese einen großen Anteil harten Wassers (mit hoher Pufferkapazität) empfangen (auch über die Kette Grundwasser- Trinkwasser-Abwasser). Dies gilt auch für die schleswig-holsteinischen Seen [Ohle 1959; Lampert 1983]. Es ist jedoch festzustellen, daß die Prognose der Versauerung eines einzelnen Gewässers heute noch nicht möglich ist, da neben den beiden obengenannten Hauptkriterien (saure Deposition, kalkarmes Gestein) noch zahlreiche andere Randbedingungen in komplizierter Weise Einfluß nehmen, z. B. der Bodentyp, die Vegetation und die Niederschlagsmenge.

1.3.4.4 Zusammenfassung und Schlußfolgerungen

(1) Abgelagerte Luftverunreinigungen gelangen zum Teil direkt, überwiegend aber im abfließenden Regenwasser oder Sickerwasser nach einer Passage durch den Boden in Oberflächengewässer. Sie bewirken dort Absenkungen des pH-Wertes duch Veränderungen der Ionenzusammensetzung (u. a. Zunahme von Al^{3+}), deren Größe und spezifische Ausprägung allerdings von einer Vielzahl von Randbedingungen abhängen. Als Folgewirkung wird die Abnahme von Fischnahrungstieren sowie eine direkte Schädigung der Fische selbst beob-

achtet. Besonders betroffen sind in Mitteleuropa Gewässer aus den Mittelgebirgen mit kalziumarmem Muttergestein, die häufig bisher noch als unbelastet und von hoher Güte angesehen wurden.

(2) Mit Hilfe von Untersuchungsergebnissen aus anderen Kapiteln dieser Studie können nachstehende Schlußfolgerungen gezogen werden:

- Die Gewässerversauerung in der Bundesrepublik Deutschland, die hauptsächlich kleine und mittlere Gewässer mit geringen Pufferkapazitäten betrifft, hängt eng mit der Entwicklung der Immissionssituation für SO_2 (und wahrscheinlich auch NO_x) zusammen. Wegen des hohen Anteils ausländischer Emittenten an den Schwefelimmissionen in der Bundesrepublik Deutschland reichen inländische Maßnahmen allein zur Verbesserung der Gewässergüte nicht aus.
- Allerdings würde auch eine drastische Verbesserung der Immissionssituation wahrscheinlich nicht zu einer raschen Verbesserung des Gewässerzustands in ähnlichem Umfang führen. Da der Schadstoffeintrag im wesentlichen durch Regen- oder Sickerwasser erfolgt, muß nämlich berücksichtigt werden, daß auch bei stark verbesserter Immissionssituation die bisherige Belastung der Böden sich noch eine längere Zeit in einer Gewässerbelastung fortsetzen würde.

1.3.5 Auswirkungen von Luftverunreinigungen auf Materialien

Alle der Witterung ausgesetzten Gegenstände unterliegen nicht nur dem Angriff anthropogener Luftverunreinigungen, sondern auch der Einwirkung natürlicher Umweltfaktoren wie Feuchtigkeit, Regen, Wind und Temperaturschwankungen. Es ist daher nicht leicht, natürliche und anthropogene Schadenswirkungen an Materialien voneinander zu trennen. Sehr häufig ist es so, daß erst die kombinierte Wirkung von Luftverunreinigungen und natürlichen Faktoren zu Schäden führt.

Am gründlichsten untersucht wurden bisher die Schäden an Kulturgütern, beispielsweise an Kirchen, Kirchenfenstern, Schlössern. Bei immissionsbedingten Schäden gelten in den meisten Fällen Schwefeldioxid und seine Umwandlungsprodukte – daneben auch Stickoxide – als Hauptverursacher. Die Rolle des SO_2 und seiner Umwandlungsprodukte bei der Zerstörung von Materialien ist vergleichsweise gut untersucht, während die Wirkung anderer gasförmiger Luftverunreinigungen, insbesondere der Stickoxide (abgesehen von ihrem Einfluß auf Polymere), bisher nur wenig erforscht wurde. Von Staubablagerungen ist bekannt, daß die in ihnen enthaltenen Schwermetalle die Bildung von Schwefelsäure aus Schwefeldioxid katalytisch unterstützen können und daß sie aufgrund ihrer Speicherfähigkeit für gasförmige Luftverunreinigungen als ätzende Kompressen für das darunter liegende Material wirken können [Schärer 1980].

1.3.5.1 Schwellen- bzw. Grenzwerte bei der Schädigung von Materialien durch Luftverunreinigungen

Um Dosis-Wirkungs-Beziehungen aufstellen zu können, müssen geeignete physikalische Größen definiert werden. Da die Schädigung von Materialien im Freien nicht unmittelbar von der Schadstoffkonzentration, sondern von der Immissionsrate, d.h. von der pro Zeiteinheit auf die Oberfläche treffenden Schadstoffmenge, und damit ganz wesentlich von der Windgeschwindigkeit abhängt, ist es sinnvoll, die Aufnahme- oder Immissionsrate als Maß für die Dosis zu wählen. Bei Laboruntersuchungen wird dennoch im allgemeinen die Konzentration anstelle der Immissionsrate angegeben.

Schwellenwerte für Luftverunreinigungen in dem Sinne, daß bei niedrigerer Belastung Schäden auszuschließen sind, wurden bisher noch an keinem Material experimentell nachgewiesen [Roß 1984]. Die Schwierigkeit oder gar die Unmöglichkeit eines solchen Nachweises wird verständlich, wenn man bedenkt, daß, wie bereits erwähnt, Luftverunreinigungen für die meisten Materialien – abgesehen von Objekten, die geschützt im Innern von Gebäuden aufgestellt sind – erst durch das Zusammenwirken mit natürlichen Faktoren, z. B. Luftfeuchtigkeit und Niederschlag, ihre schädigende Wirkung voll entfalten [Yocom, Baer 1983]. Und da die natürlichen Faktoren für sich allein schon Schäden hervorrufen, auch wenn diese nur gering sind, ließ sich bisher noch bei keinem Material mit Sicherheit feststellen, ob bei minimalen Schadstoffdosen die Luftverunreinigungen bei der Zerstörung noch eine Rolle spielen oder ob die Schäden ausschließlich den natürlichen Einflüssen zuzuschreiben sind. Ferner wurden auch erst für verhältnismäßig wenige Stoffe die Zusammenhänge zwischen Belastung und Schädigung quantitativ untersucht [Lanting 1982].

Außerdem wird auch die Auffassung vertreten, „daß, wenn überhaupt die Möglichkeit einer chemischen Reaktion zwischen einem bestimmten Schadstoff und einem bestimmten Material besteht, eine Wirkung zu erwarten sein wird bei jeder Immissionsbelastung, die größer ist als Null“ [Sachverständigenanhörung 1978 (Statement von F. Luckat)]. Mit anderen Worten: bei solchen Materialien gibt es keine Schwellenwerte.

Ein Grenzwert, bei dem die Schäden durch die Belastung mit Schwefeldioxid als tolerierbar niedrig angesehen werden, ist für Schlaitdorfer Sandstein angegeben worden. Der Wert wurde aus dem Vergleich ungefähr gleich alter Baugruppen (1860 bis 1872) aus diesem Stein abgeleitet, die am Kölner Dom, am Ulmer Münster und am Schloß Neuschwanstein zu finden sind. Während dieses Material am Kölner Dom stark zerstört ist, weist es am Ulmer Münster nur mäßige und in Neuschwanstein praktisch keine Schäden auf. Die Immissionsrate in Neuschwanstein beträgt etwa 6 mg $SO_2/m^2 \cdot d$, der daraus abgeleitete Grenzwert der Immissionsrate 10 mg $SO_2/m^2 \cdot d$. Dieser Wert liegt allerdings so niedrig, daß er nur noch in wenigen Gegenden der Bundesrepublik Deutschland, beispielsweise dem Voralpengebiet, unterschritten wird [Sachverständigenanhörung 1978 (Statement von F. Luckat)]. Dieser Wert fand auch keine Aufnahme in Gesetze oder untergesetzliche Regelungen [Roß 1984].

In gesetzlichen Regelwerken, Verwaltungsvorschriften (wie der TA Luft) oder in den Vorstufen zu solchen, z. B. der VDI-Richtlinie 2310, werden in der Bundesrepublik Deutschland bislang keine Immissionsgrenzwerte speziell für den Schutz von Materialien angegeben. Die Einhaltung der Immissionswerte der TA Luft, die in erster Linie zum Schutz der menschlichen Gesundheit festgelegt werden, soll – jedenfalls grundsätzlich – auch einen pauschalen Immissionsschutz für Materialien gewährleisten [Roß 1984; Zallmanzig 1984].

Im folgenden wird der Wissensstand über die Schädigungen und die Schädigungsmechanismen für verschiedene Materialien kurz dargestellt, und es werden jeweils Schutzmaßnahmen diskutiert.

1.3.5.2 Schädigungen und Schädigungsmechanismen bei verschiedenen Materialien

Naturstein. Der Einfluß von Luftverunreinigungen auf Naturstein historischer Bauwerke, Skulpturen und Denkmäler wurde in den letzten Jahren intensiv untersucht.

Als ein Beispiel von vielen sei hier der Kölner Dom erwähnt. Deutliche Hinweise, daß Luftverunreinigungen an der Steinzerstörung maßgeblich beteiligt sein müssen, liefern folgende Tatsachen. Der Zustand jahrhundertealter Skulpturen, allerdings nur solcher aus ganz bestimmten Steinsorten, verschlechterte sich in den letzten Jahrzehnten, d.h. in der Zeit stark zunehmender Industrialisierung, ganz rapide, wie der Vergleich mit Fotografien zeigt, die um die Jahrhundertwende aufgenommen wurden [Luckat 1982]. Ferner wurde festgestellt, daß bestimmte Steinsorten in Reinluftgebieten kaum angegriffen sind, während dieselben Steinsorten in Belastungsgebieten stark zerstört wurden, und dies bei gleichem Alter der Gebäude, in denen die Steine verwendet wurden. Von vereinzelten Gegenmeinungen [Riederer 1973, 1974] abgesehen, gilt deshalb weniger der Einfluß natürlicher Faktoren als vielmehr deren Zusammenwirken mit Luftverunreinigungen als Hauptfeind der empfindlichen Natursteinarten [Sachverständigenanhörung 1978; Luckat 1982; Schreiber 1982; Roß 1983].

Für einige Natursteinarten wurde am Beispiel des Baumberger Sandsteins und des Krensheimer Muschelkalks nachgewiesen, daß die von den Steinen aufgenommene Rate an Schwefeldioxid direkt proportional zur SO_2-Immissionsrate ist, die mit IRMA (*I*mmissions-*R*aten-*M*eß*a*nlage), einem in der Bundesrepublik Deutschland entwickelten Meßgerät zur standardisierten Messung von Immissionsraten, ermittelt wurde [Luckat 1981].

Wie schon angedeutet, werden nicht alle Natursteinsorten gleichermaßen angegriffen. Dies läßt sich beispielsweise an den zahlreichen verschiedenen Steinsorten am Kölner Dom gut belegen. Die schwersten Schäden finden sich an kalk- oder dolomitgebundenen Sandsteinen (z.B. Schlaitdorfer Sandstein) und an Kalksteinen, vor allem Muschelkalk, während Steinarten, die keine reaktionsfähigen Bestandteile enthalten, z.B. Oberkirchener Sandstein und Basaltlaven, praktisch nicht angegriffen sind [Luckat 1982].

Vom Schwefeldioxid ist der Wirkungsmechanismus im Gegensatz zu den anderen Luftverunreinigungen recht gut bekannt. Zusammen mit der Luftfeuchtigkeit bildet sich schwefelige Säure. Diese reagiert entweder direkt oder erst nach Aufoxidation zu Schwefelsäure, bevorzugt mit den Karbonaten im Stein. Die schließlich als Reaktionsprodukte entstehenden Sulfate sind häufig besser wasserlöslich als die ursprünglichen Verbindungen, d.h. sie können vom Regen leichter ausgewaschen werden. Außerdem können viele der schwefelhaltigen Reaktionsprodukte hohe Mengen an Kristallwasser aufnehmen, wodurch eine Sprengwirkung auf den Stein ausgeübt wird [Luckat 1982].

Abgesehen von der Reduzierung des Schadstoffausstoßes gibt es eine Reihe anderer Möglichkeiten, die gefährdeten Objekte bereits heute vor dem Zerfall zu bewahren:

- Überführen schützenswerter Objekte aus dem Freien in ein Museum bzw. Überdachung der Objekte;
- Auswechseln besonders gefährdeter bzw. zerstörter Objekte gegen Kopien aus resistentem Material.
- Konservieren durch Beschichten bzw. Tränken mit Steinkonservierungsmitteln.

Die Steinkonservierung ist problematisch, denn es gibt kein universell einsetzbares Steinkonservierungsmittel, und durch die Anwendung des falschen unter den vielfältig angebotenen Mitteln kann unter Umständen der Schaden beträchtlich verschlimmert werden. Aus diesem Grunde ist man bei der Erhaltung der Akropolis in Athen von der Steinkonservierung wieder abgekommen; die zu schützenden Gegenstände werden statt dessen ins Museum gebracht und in einer Schutzgasatmosphäre aufbewahrt [Skoulikidis 1983]. Für die Steine vom Kölner Dom konnten dagegen geeignete Schutzmittel gefunden werden, wobei eine Lebensdauer des Schutzes von bestenfalls etwa 20 Jahren erwartet wird [Luckat 1982].

Glasgemälde. Glasgemälde, im allgemeinen handelt es sich um Fenster, sind aus einer Vielzahl von farbigen Scheiben (jede Scheibe ist einfarbig) zusammengesetzt, die durch eine Verbleiung miteinander verbunden sind (Mosaik). Auf diese Glasflächen ist das eigentliche Kunstwerk aufgemalt. Die Bemalung ist schwarz und besteht aus einer mikrometer-dicken Schicht aus Schwarzlot, das in die Gläser eingebrannt ist. Meist liegt die Bemalung auf der Vorderseite der Fenster, d.h. auf der im Innern des Gebäudes liegenden Seite, teilweise aber auch auf der Rückseite.

Die ältesten erhaltenen Glasfenster der Welt, die noch an ihrem ursprünglichen Ort im Augsburger Dom stehen, stammen aus der Zeit um 1130 (fünf Fenster). In der Bundesrepublik Deutschland stammen aus jener Zeit bis zum Jahr 1600 insgesamt etwa 500 Baudenkmäler mit rund 25 000 erhaltenswerten Fenstern. Alle diese Glasgemälde zeigen zumindest auf der dem Freien zugewandten Rückseite häufig gravierende Schäden. Auch bei modernen Scheiben wurden Schäden festgestellt, die sich zum Teil auf eine unzureichende Fertigungstechnik zurückführen lassen [Sachverständigenanhörung 1978]. Die Oberfläche der geschädigten Scheiben ist dabei regelrecht abgeätzt und mit einer trüben, porösen Wettersteinschicht, die bis zu einigen Millimetern dick sein kann, überzogen; daneben zeigt sich auch Lochfraß. Eine rückseitige Bemalung ist dann bereits unwiderruflich zerstört. Zur Zeit wird in der Bundesrepublik Deutschland an der Erstellung eines Schadensatlasses für Glasgemälde gearbeitet [Ferrazzini 1978; Ulrich 1978; Sachverständigenanhörung 1978].

Anders als modernes Fensterglas (Sodaglas), das, abgesehen von Flußsäure, selbst von den stärksten Säuren nicht angegriffen wird, sind die mittelalterlichen Gläser (Kaliglas), bedingt durch das unterschiedliche Herstellungsverfahren und die andere Zusammensetzung, äußerst säureempfindlich. Daher wird von den meisten Fachleuten dem säurebildenden Schwefeldioxid im Zusammenwirken mit der Luftfeuchtigkeit die Hauptschuld an der Zerstörung mittelalterlicher Gläser gegeben [Ferrazzini 1978; Sachverständigenanhörung 1978]. Es gibt jedoch Gegenmeinungen, die in erster Linie die Luftfeuchtigkeit allein verantwortlich machen [Newton 1982]. In der letzten Zeit wird von einigen Experten auch in den Autoabgasen (Stickoxide) ein wichtiger Feind der Gläser vermutet [Roß 1983]. Dafür, daß Luftverunreinigungen eine wesentliche Rolle bei der Zerstörung spielen, spricht, wie im Falle von Natursteinen, daß mittelalterliche Fenster in stadtnahen Gebieten erheblich stärker zerstört sind als in ländlichen Gebieten und daß sie in den letzten zwanzig bis dreißig Jahren wesentlich stärker gelitten haben als in den Jahrhunderten davor [Sachverständigenanhörung 1978].

Der Wirkungsmechanismus der Zerstörung wird folgendermaßen gedeutet: Die Protonen von auf das Glas gelangenden Säuren diffundieren in das Glas ein und ersetzen die Alkali- und Erdalkali-Ionen, die ihrerseits an die Oberfläche diffundieren und entweder von dort vom Regenwasser weggeschwemmt werden oder die erwähnte Wettersteinkruste (hoher Gehalt an Synegenit und Gips) bilden.

Als Gegenmaßnahme werden die gefährdeten Fenster, von der Überführung in ein Museum einmal abgesehen, mit einer Schutzverglasung versehen; zum Teil wird sogar zur Senkung der relativen Luftfeuchtigkeit der Zwischenraum zwischen den Scheiben beheizt, so daß die Bildung von Kondenswasser ausgeschlossen wird [Ulrich 1978]. Daneben wurden auch alte Fenster in der Art eines Sandwiches zwischen zwei eng anliegende Fensterglasscheiben eingebettet, wobei die Zwischenräume mit durchsichtigem Kunststoff ausgefüllt wurden [Schreiber 1982]. Von dieser Methode ist man inzwischen wieder abgekommen, u.a. weil sie nur schwer rückgängig zu machen ist. Stattdessen werden zur Zeit große Hoffnungen in Verfahren zur Beschichtung der Gläser mit anorganischen Materialien, die sich allerdings noch in der Entwicklung befinden, gesetzt [Schreiber 1982; Roß 1983].

Metalle. Edelmetalle wie Gold und Platin reagieren überhaupt nicht mit den Bestandteilen der Luft. Eine weitere Gruppe von Metallen, beispielsweise Chrom, Titan, Zirkon und einige hochlegierte Chrom- und Nickelstähle, überziehen sich an der Luft sofort mit einem resistenten Oxidfilm, der jeden weiteren Angriff durch Luftverunreinigungen unterbindet. Die erwähnten Metalle und Legierungen werden von Luftverunreinigungen daher praktisch nicht angegriffen [Fitz 1978].

Alle anderen Metalle korrodieren unter Umweltbedingungen. Als Beispiele sind nachfolgend einige gebräuchliche Metalle und Legierungen in der Reihenfolge zunehmender Korrosion unter dem Einfluß der Luftverschmutzung aufgelistet: Zinn, Blei, Aluminium, Kupfer, Nickel, Messing, Zink, Cadmium, Eisen (= unlegierter Stahl – solcher wird allerdings nicht in Stahlkonstruktionen verwendet) [Sachverständigenanhörung 1978; Schärer 1980]. Auch bei diesen Metallen bilden sich schützende Oberflächenfilme (Patina) aus Oxiden bzw. Hydroxiden, die mit zunehmender Dicke ihre Schutzwirkung verstärken.

In Gegenwart von Schwefeldioxid wird die natürliche Korrosion dieser Metalle durch dessen katalytische Wirkung stark beschleunigt. Diese Wirkung des Schwefeldioxids setzt allerdings erst oberhalb einer bestimmten relativen Luftfeuchte ein, je nach Metall zwischen 45 und 70%. Für viele der empfindlichen Metalle wurde in Laboruntersuchungen festgestellt, daß die Korrosionsrate linear mit der Schwefeldioxidkonzentration ansteigt; das gilt zumindest bis hin zu den in der Realität auftretenden Spitzenkonzentrationen. Bei Immissionsraten von Schwefeldioxid in Höhe von 40 bis 50 $mg/m^2 \cdot d$ bzw. bei Schwefeldioxidkonzentrationen von etwa 43 $\mu g/m^3$ Luft werden von einigen Autoren Wirkungsschwellenwerte vermutet [Fitz 1978]. Für Stahl und verzinkten Stahl wurden Dosis-Wirkungsbeziehungen gemessen, die bisher jedoch in der Bundesrepublik Deutschland noch nicht zur ökonomischen Schadensbewertung herangezogen wurden [Roß 1983]. Häufig wird bei solchen Untersuchungen die Zusammensetzung des untersuchten Stahls, die ausschlaggebend für seine Eigenschaften ist, verschwiegen, was den Vergleich mit Untersuchungen anderer Autoren unmöglich macht; zum Teil wurden auch Stähle analysiert, die in der Praxis nicht unmittelbar der Witterung ausgesetzt, sondern soweit sie überhaupt Verwendung finden, durch Anstriche oder ähnliche Schutzmaßnahmen geschützt werden [Yocom et al. 1982].

An Bronzeplastiken wurde nachgewiesen, daß der Staub eine ganz wesentliche Rolle bei der Zerstörung der Metalloberflächen spielt. An sich sollte im Fall von Bronze die sich bildende Patina einen ausreichenden Schutz gegen Umwelteinflüsse bieten, wie Laborversuche gezeigt haben. Staubablagerungen führen jedoch zu einer stark aufgelockerten, von Rissen und Poren durchsetzten Patina, die von Zeit zu Zeit abplatzt, wodurch die Metalloberfläche unregelmäßig zerfressen wird [Riederer 1972]. Anstriche, wie sie sonst zum Schutz von Metalloberflächen üblich sind, können bei Metallplastiken nicht angewandt werden. Zumindest für Bronze, in der die meisten unserer Metallplastiken ausgeführt sind, hat man jedoch geeignete Schutzmaßnahmen gefunden [Riederer 1972; Schärer 1980].

Zement und Beton. Von großer Bedeutung als moderne Baustoffe sind Zement und Beton. Abgesehen von Asbestzement, bei dessen Verwitterung die Freisetzung gesundheitsgefährdender Asbestfasern befürchtet wird, wurden Zement und Beton bisher kaum auf ihr Verhalten gegenüber Luftverunreinigungen untersucht. Gravierende Schäden an der Stahlbetonkonstruktion des erst 15 Jahre alten Hamburger Fernsehturms waren es jedoch, die das Vertrauen in den „Jahrtausendbaustoff" Stahlbeton erschütterten [Roß 1983].

Es ist denkbar, daß es zu Schäden im Zement dadurch kommen kann, daß durch Eindiffundieren von Schwefeldioxid oder seiner Folgeprodukte, ähnlich wie im Naturstein, Salze mit extrem hohem Kristallwassergehalt gebildet werden und eine Sprengwirkung auf das Gefüge ausüben. Ferner könnte durch das Eindringen säurebildender Stoffe die Alkalireserve im Beton aufgebraucht werden, so daß die korrosionsschützende Wirkung gegenüber der Stahlarmierung verloren geht (in basischer Umgebung rostet Stahl nicht). Dieser Vorgang kann allerdings schon durch Kohlendioxid ausgelöst werden. Quantitative Untersuchungen hierfür fehlen bisher, so daß es noch nicht möglich ist, die Rolle der Luftverunreinigungen zu wichten [UBA 1981; Roß 1983].

Kunststoffe. Daß Kunststoffe unter natürlichen Witterungseinflüssen altern, ist bekannt. Welche Rolle dabei die Belastung durch Luftverunreinigungen spielt, wurde bisher kaum untersucht. Der zerstörende Einfluß auf Baumwoll- und Nylonfasern durch Schwefeldioxid wurde bereits nachgewiesen [Roß 1978]. Hinweise auf den Einfluß der Luftverschmutzung zeigen sich auch darin, daß in Reinluftgebieten Farbanstriche an Fernleitungsmasten seltener erneuert werden müssen und daß Lkw-Planen länger halten als in Belastungsgebieten [Ziegahn 1983]. In den Vereinigten Staaten (Los Angeles) wurde beobachtet, daß Autoreifen infolge hoher Ozonkonzentrationen besonders rasch zerstört wurden [Sachverständigenanhörung 1978].

Inzwischen wurden auch die Einflüsse von Stickoxiden und von Licht auf Polymere untersucht. Die Konzentration von Stickoxiden, überwiegend NO_2, in der verunreinigten Luft lag bei den Versuchen bei etwa 2 vpm[1] ($\triangleq$ 4,1 mg NO_2/m^3) und damit weit über den in der Realität auftretenden Werten. Bei den meisten der unter-

1 1 vpm = 1 ppm bezogen auf das Volumen

suchten Stoffe nahmen die Schäden in der Reihenfolge folgender Begasungsarten zu:

- Reinluft ohne Lichteinfluß,
- mit Stickoxiden verunreinigte Luft ohne Lichteinfluß,
- Reinluft und Lichteinfluß,
- mit Stickoxiden verunreinigte Luft und Lichteinfluß.

Unter den untersuchten Materialien waren neben weniger relevanten Proben, z. B. Lebensmittelverpackungsmaterial, auch Stoffe, die in der Praxis Luftverunreinigungen und Witterungseinflüssen ausgesetzt sind, z. B. Sicherheitsgurte und Lkw-Planen. Gerade diese Stoffe weichen in ihrem Verhalten vom sonst üblichen Verhalten der Proben ab, und zwar traten hierbei allein unter dem Einfluß der mit Stickoxiden verunreinigten Luft größere Schäden auf als durch den Lichteinfluß bei Begasung mit Reinluft [Jörg et al. 1982; Ziegahn 1983].

Die die Schäden verursachenden Wirkungsmechanismen von Stickoxiden auf Polymere wurden bisher nicht untersucht [Ziegahn 1983].

Weitere Materialien. Nicht nur der Außenluft zugängliche Objekte zeigen Schäden durch Luftverunreinigungen. Inzwischen konnten auch an in Museen untergebrachten Gegenständen aus *Papier* und *Leder* Schäden durch Luftverunreinigungen, insbesondere durch Schwefeldioxid, nachgewiesen werden. Die Schäden an Leder zeigten sich allerdings nur bei pflanzlich gegerbtem Leder [Roß 1978].

Textilfarbstoffe werden unter dem Einfluß von Sonnenlicht und Luftverunreinigungen, vor allem von Stickoxiden und Ozon, in geringerem Maße auch durch Schwefeldioxid, angegriffen und gebleicht [Roß 1978].

Bei Begasungsversuchen wurde festgestellt, daß *Anstriche* in Gegenwart von Schwefeldioxid abgetragen bzw. beim Trocknungsprozeß gestört werden [Roß 1978]. Die Schwefeldioxidkonzentrationen lagen aber zwischen 2,9 und 29 mg SO_2/m^3, also bei Konzentrationen, die ein Vielfaches der in der Praxis auftretenden Spitzenwerte ausmachten.

Schadenswirkungen von Schwefeldioxid auf *Holz* wurden bisher nur vermutet, aber experimentell noch nicht bestätigt [Roß 1978]. Gegenwärtig werden Laboruntersuchungen hierzu durchgeführt [Roß 1984].

1.3.5.3 Zusammenfassung und Schlußfolgerungen

(1) Ganz entscheidend dafür, ob überhaupt und in welchem Maße Luftverunreinigungen ihre schädigende Wirkung entfalten, ist die Art und Zusammensetzung der exponierten Materialien. Dies wird beispielsweise an dem extrem unterschiedlichen Zerstörungsgrad der verschiedenen Steinarten am Kölner Dom deutlich.

(2) Zur Erhaltung von Baudenkmälern reichen die heute gültigen gesetzlichen Vorschriften zur Luftreinhaltung in vielen Fällen nicht aus, denn es wurden früher häufig Materialien verwandt, für die Schädigungen nur noch in wenigen Reinluftgebieten nicht zu erwarten sind. Gefährdete Baudenkmäler müssen daher durch konservierende Maßnahmen bzw. durch den Ersatz empfindlicher Materialien durch resistente vor dem Verfall bewahrt werden.

(3) Dosis-Wirkungs-Beziehungen wurden erst bei verhältnismäßig wenigen Stoffen, beispielsweise bei einigen Natursteinarten, aufgestellt. Noch weniger erforscht wurden die Wirkungsmechanismen. Es steht jedoch fest, daß das Zusammenwirken mit natürlichen Faktoren, wie Feuchtigkeit, Temperaturschwankungen usw., im allgemeinen eine zentrale Rolle bei der Schädigung durch Luftverunreinigungen spielt.

2 Umweltfolgenanalyse für Abwasseremissionen und feste Rückstände aus der Kohlegewinnung und -nutzung

Zusammenfassung der Ergebnisse

Im Rahmen der Studie wurden Analysen zum Wasserverbrauch und zum Abwasseranfall sowie zum Anfall fester Rückstände bei der Kohlegewinnung und -aufbereitung und bei den verschiedenen Kohleumwandlungsverfahren durchgeführt und darauf aufbauend Hochrechnungen für die Referenzschätzung und die Kohleeinsatzstrategien erstellt. Weiterhin wurden die Möglichkeiten der Verwertung der festen Rückstände diskutiert und Kenntnisstandsanalysen zu den Gewässergefährdungen durch Abwässer und feste Rückstände durchgeführt.

Die Untersuchungen, die in einer separaten Veröffentlichung detailliert dargestellt werden (Bericht des Kernforschungszentrums Karlsruhe, KfK 3526), kommen zu folgenden Ergebnissen:

Der referenz- und strategiegemäß angenommene Kohleeinsatz wird keine generellen „*Wassermengen-Probleme*" mit sich bringen; es kann aber nicht ausgeschlossen werden, daß lokal die Bereitstellung der benötigten Wassermenge für Großanlagen mit Schwierigkeiten verbunden sein kann.

Als Problem muß die Entsorgung der bei der Kohlegewinnung anfallenden *Grubenwässer* gesehen werden. Durch ihren hohen Salzgehalt von 200 g/l und mehr tragen sie zu einem großen Prozentsatz (ca. 15%) zur Aufsalzung des Rheins dar. In anderen Flüssen verhindern sie die Möglichkeit der Trinkwasser- und Brauchwassergewinnung bzw. beeinträchtigen die Lebensmöglichkeiten von Fischen und anderen aquatischen Lebensformen. Für die Einleitung salzhaltiger Abwässer sind zur Zeit keine Grenzwerte vorgesehen.

Abwässer aus *Kohleaufbereitungsanlagen und Kohlekraftwerken* lassen sich relativ problemlos reinigen, so daß von ihnen keine Gewässergefährdung auszugehen braucht. Allerdings ist auch hier eine Beeinträchtigung von Vorflutern möglich, wenn die Abwässer – insbesondere bei Rauchgasentschwefelungsanlagen – hohe Salzkonzentrationen aufweisen. Es ist daher zu erwägen, ob nicht grundsätzlich solchen Aufbereitungs- und Reinigungsverfahren, die zur Verringerung der Salzbelastung beitragen können, der Vorrang zu geben ist, auch wenn dies mit Mehrkosten verbunden ist.

Abwässer aus *Kohleveredlungsanlagen* sind trotz ihres teilweise sehr hohen Gehaltes an krankheitserregenden und giftigen organischen Substanzen gut zu reinigen. Die in ihnen enthaltenen Wertstoffe können wirtschaftlich zurückgewonnen werden. Der Reinigungsaufwand sollte allerdings über den derzeitigen Stand der Technik (vollbiologische Kläranlage) hinausgehen und zur Elimination von schwer abbaubaren Substanzen noch eine physikalisch-chemische Reinigungsstufe enthalten.

Im großen und ganzen ist die mögliche zusätzliche *Schädigung von Vorflutern* durch *Abwässer aus Kohleaufbereitungs- und Kohleumwandlungsanlagen* als gering anzusehen. Allerdings kann nicht ausgeschlossen werden, daß solche Abwässer dazu beitragen können, daß einzelne Gewässer nicht mehr zur Trinkwassergewinnung herangezogen werden können, weil ihre Vorbelastung und die Zusatzbelastung durch weitere Abwässer die im Hinblick auf die Nutzung für die Trinkwasserversorgung maximal zulässige Verschmutzung von Gewässern übersteigen.

Der Anfall *fester Rückstände* aus dem Steinkohleeinsatz wird sich gegenüber heute für die Referenzschätzung erhöhen; für die Strategien sind noch größere Mengen zu erwarten.

Bei der Entsorgung der festen Rückstände steht inzwischen der Gedanke der Wiederverwendung im Vordergrund, insbesondere auch wegen des Mangels an geeigneten Deponieflächen und gestiegener Entsorgungskosten. Die Möglichkeiten der Wiederverwendung sind für die einzelnen Rückstände allerdings unterschiedlich. Für *Berge,* die bei der Kohlegewinnung anfallen und in der Vergangenheit u. a. im Straßen- und Deichbau verwendet wurde, werden die bisherigen Verwendungsmöglichkeiten stagnieren bzw. zurückgehen.

Durch Maßnahmen zur Veredlung der Berge zu Baurohstoffen könnte ein neuer Absatzbereich erschlossen werden. Ein Teil der kohlenstoffreichen Wasch- und Flotationsberge könnte auch in weiterer Zukunft in Wirbelschichtöfen zur Energiegewinnung verwendet werden. Für *Rückstände aus der Wasseraufbereitung und -reinigung* befinden sich die Verwertungsmöglichkeiten noch im Erprobungsstadium. *Grobaschen* aus Kraftwerken und Veredlungsanlagen werden zu über 65% verwertet (u.a. im Straßenbau) und dürften auch in Zukunft leicht untergebracht werden können.

Bei den *Flugaschen* wird die Empfehlung des Deutschen Ausschusses für Stahlbeton, wonach der Mindestgehalt an Zement im Beton von 240 kg/m^3 auf 300 kg/m^3 heraufgesetzt werden soll, erhebliche Absatzschwierigkeiten nach sich ziehen. Nur wenn es gelingt, neue Verwendungsmöglichkeiten wie Flugaschezement oder als Bodenverfüllungsmaterial zu finden, bestehen Chancen für die Beibehaltung des derzeitigen Verwertungsanteils (ca. 75%). Für die Zusatzmengen, die sich aufgrund der Referenzschätzung und der Strategien (im Mittel Verdopplung gegenüber 1980) ergeben, wird sich das Problem der Verwertung noch erheblich verschärfen. Der überwiegende Anteil wird wahrscheinlich in Deponien abgelagert werden müssen.

Der *Gips aus den Rauchgasentschwefelungsanlagen* ist vielseitig verwendbar. Absatzschwierigkeiten werden für Mengen, wie sie referenzmäßig und bei der Verheizungs- und Veredlungsstrategie anfallen, bisher nicht erwartet. Beim deutlich höheren Gipsanfall der Verstromungsstrategie sind Schwierigkeiten jedoch nicht auszuschließen.

Eine *Deponierung der verschiedenen Rückstände* ist möglich, wenn die behördlich vorgeschriebenen Einbau- und Betriebsvorschriften für Deponien angewandt werden. Die Bereitstellung der erforderlichen Flächen wird allerdings – insbesondere lokal – zunehmend Schwierigkeiten mit sich bringen, so daß der Verwertung höchste Priorität einzuräumen ist.

3 Unfall- und Gesundheitsrisiken im Steinkohlenbergbau und bei Steinkohletransport, -aufbereitung und -umwandlung

Zusammenfassung der Ergebnisse

Zu den Auswirkungen eines verstärkten Kohleeinsatzes gehören auch die durch zusätzliche Förderung, Transporte, Aufbereitung und Umwandlung von Kohle bedingten Unfälle und Berufskrankheitsfälle. Die Untersuchungen im Rahmen der Studie konzentrierten sich auf die Entwicklung der Unfälle und Berufskrankheiten im Steinkohlenbergbau. Zu den Risiken bei Steinkohletransport, -aufbereitung und -umwandlung wurden im Rahmen der Studie vom Rheinisch-Westfälischen Technischen Überwachungs-Verein und der Gesellschaft für Reaktorsicherheit Problemanalysen durchgeführt.

Die Ergebnisse der Untersuchungen zu den Unfall- und Gesundheitsrisiken, die in einer separaten Veröffentlichung detailliert dargestellt werden (KfK-Bericht 3525), lassen sich wie folgt zusammenfassen:

- Im deutschen Steinkohlenbergbau ist die Gesamtzahl der Unfälle unter Tage von knapp 90 000 im Jahr 1965 auf rund 24 000 im Jahr 1981 zurückgegangen. Die Zahl der Unfälle unter Tage pro 1 Million Tonnen geförderter verwertbarer Steinkohle ist ebenfalls in allen Unfallkategorien stark gesunken. Die Unfallhäufigkeiten pro geförderter Tonne verwertbarer Steinkohle dürften auch in Zukunft weiter abnehmen, allerdings mit abgeschwächten Raten.
- Für einen strategiebedingten Mehreinsatz an Steinkohle zwischen 12 und 30 Mio t SKE errechnen sich bei Annahme eines Einsatzverhältnisses inländische Steinkohle/Importkohle von 1 : 2 zwischen rund 800 und 2100 zusätzliche Unfälle unter Tage im Jahr 2000. Selbst bei einer Steigerung der inländischen Steinkohleförderung bis zum Jahr 2000 auf 100 Mio t SKE würde aber die Zahl der Unfälle unter Tage des Jahres 1981 nicht mehr erreicht werden.
- Bei Silikosen und Siliko-Tuberkulosen ist die Zahl der Neuerkrankungen in den letzten Jahrzehnten ständig gesunken. Diese Tendenz dürfte sich fortsetzen.
- Die Unfallrisiken bei Steinkohletransport, -aufbereitung und -umwandlung sind im Vergleich zu den emissionsbedingten Umweltrisiken solcher Aktivitäten von untergeordneter Bedeutung. Nennenswerte Unterschiede zwischen den Kohleeinsatzstrategien und dem jeweiligen Ölvergleichsfall hinsichtlich der Unfallrisiken beim Transport und bei der Aufbereitung und Umwandlung sind nicht zu erwarten.

4 Zusammenfassung der Ergebnisse der Umweltfolgenanalysen

Unter Umweltgesichtspunkten bringt die strategiegemäße Substitution von 20 Mio t SKE Rohöl durch Steinkohle keine wesentlichen Mehrbelastungen mit sich; den Emissionen luftverunreinigender Stoffe aus dem zusätzlichen Kohleeinsatz stehen Verringerungen der Emissionen aus dem Öleinsatz in etwa gleicher Höhe gegenüber. Abwasser- und Rückstandsmengen sind weitgehend mit dem Kohleeinsatz korreliert, so daß die Verheizungsstrategie hier Vorteile aufweist; die höheren Mengen an Abwässern und Rückständen der anderen Strategien erscheinen aber im Hinblick auf die Folgen für die Umwelt beherrschbar, wenn auch lokale Probleme (Bereitstellung der notwendigen Wassermengen, Salzbelastung bei Vorflutern mit hoher Vorbelastung, Bereitstellung ausreichender Deponieflächen) nicht auszuschließen sind. Wie bzw. mit welchen Kohletechnologien Öl substituiert wird, ist deshalb unter Umweltgesichtspunkten bei globaler Bilanzierung kaum von Belang. Es ergäben sich zwar Vorteile für die Verheizungsstrategie, wenn alle Steinkohlenfeuerungen im Leistungsbereich unter 300 MWth, die im Rahmen dieser Strategie implementiert werden sollen, mit Wirbelschichtfeuerungen ausgerüstet würden; die Unterschiede gegenüber den anderen Strategien sind aber bei dem hier betrachteten Substitutionsumfang nicht gravierend.

Bei einem Vergleich mit der heutigen Situation wird sich bis zum Jahr 2000 die Umweltbelastung durch Luftverunreinigungen aus dem Steinkohleeinsatz durch den Vollzug der neuen Großfeuerungsanlagenverordnung (GFAVO) erheblich verringern. Dies gilt insbesondere für *Schwefeldioxid.* Die SO_2-Emissionen aus dem Steinkohleeinsatz reduzieren sich trotz einer erheblichen Zunahme des Steinkohleeinsatzes (13 bis 42 Mio t SKE mehr je nach Annahme) auf etwa 40 bis 60% der derzeitigen SO_2-Emissionen aus dem Steinkohleeinsatz. Angesichts der stark zunehmenden Waldschäden, an deren Mitverursachung durch SO_2 kaum Zweifel bestehen, sollte das Emissionsreduktionspotential der GFAVO von 1750 kt/a (bezogen auf den derzeitigen Einsatz fossiler Energieträger) aber möglichst schnell realisiert werden. Die Situation bei den Schwefelimmissionen wird sich bis zum Jahr 2000 ebenfalls beträchtlich verbessern, allerdings nicht proportional zur Emissionsentwicklung, solange im Ausland nicht entsprechende Maßnahmen zur Rückhaltung eingeleitet werden.

Die *NO_x-Emissionen* aus dem Steinkohleeinsatz werden, wenn man die durch den Beschluß der Umweltministerkonferenz vom April 1984 gegenüber der GFAVO vom Juni 1983 verschärften Grenzwerte bereits berücksichtigt, bis zum Jahr 2000 auf 30 bis 60% des derzeitigen Standes zurückgehen. Die Emissionen anderer Schadstoffe – wie *Schwermetalle, polyzyklische aromatische Kohlenwasserstoffe, radioaktive Substanzen* – aus dem Steinkohleeinsatz in Großfeuerungen bringen keinen nennenswerten Beitrag zur Immissionsbelastung durch diese Schadstoffe in der Bundesrepublik Deutschland.

Aussagen über die Entwicklung der atmosphärischen *CO_2-Konzentrationen* aufgrund des Einsatzes fossiler Energieträger und über die Auswirkungen erhöhter CO_2-Konzentrationen auf das Klima sind zur Zeit noch mit erheblichen Unsicherheiten behaftet. Da die potentiellen langfristigen Auswirkungen von Klimaveränderungen erheblich sein können, stellen verstärkte Forschungen sowohl zum Kohlenstoffkreislauf als auch zu den Klimamodellen eine vordringliche Aufgabe dar.

Der in der Vergangenheit im deutschen Steinkohlebergbau zu verzeichnende Rückgang der *Unfälle unter Tage* dürfte sich fortsetzen. Nennenswerte Unterschiede zwischen den Kohleeinsatzstrategien und dem jeweiligen Ölvergleichsfall hinsichtlich der *Unfallrisiken bei Transport, Aufbereitung und Umwandlung* sind nicht zu erwarten.

Teil D

Analysen zu den gesellschaftlichen Bedingungen eines verstärkten Kohleeinsatzes

Bearbeiter: G. Bechmann
G. Frederichs
F. Gloede

1 Fragestellung und Zielsetzung

Die Ausgangsfrage in diesem Abschnitt der Studie ist, ob es aus Anlaß einer verstärkten Kohlenutzung zu ähnlichen Protesten und Widerständen kommen könnte wie bei der Kernenergie. Die Berechtigung dieser Frage hat sich während des Untersuchungszeitraums durch den Gang der Ereignisse bestätigt: „Saurer Regen" und „Waldsterben" sind zu öffentlichen Themen geworden, und die Möglichkeit läßt sich nicht von der Hand weisen, daß sie in der Bevölkerung zu einer verbreiteten Ablehnung der Kohle führen.

Eine solche Ausbreitung von Skepsis könnte zu ähnlichen Massendemonstrationen und Widerstandsaktionen führen wie im Falle der Kernenergie. Der Grund für diese Befürchtung liegt darin, daß über die Kernenergiekritik und die Umweltproblematik in unserer Gesellschaft eine kritische Strömung entstanden ist, die nukleares Risiko, Rüstungswettlauf und eben auch das Waldsterben als jeweils aktuelle Zuspitzungen ein und desselben Problems sieht, nämlich einer grundsätzlichen Fehlentwicklung des industriellen Fortschritts. Die bisher deutlichsten Manifestationen dieser „Industrialismuskritik"[1] sind die neuen sozialen Bewegungen (Umweltschutz-, Antikernkraft-, Friedensbewegung u.a.). Ihre Ausbreitung beschränkt sich nicht auf die meist jugendlichen Teilnehmer von Demonstrationen, sondern ist auch in anderen Bevölkerungsgruppen nachweisbar, so etwa im sogenannten Neuen Mittelstand (Beamte und Angestellte). Aus der Sicht dieser Kritik bestehen Gefahren für Mensch und Natur, denen es durch Aufklärung und politische Einflußnahme entgegenzusteuern gilt. Ganz in Analogie zum Kernenergiekonflikt ergeben sich Möglichkeiten der politischen Einflußnahme vor allem dann, wenn bestimmte, zum Beispiel ökologische Probleme, starke Resonanz in der Öffentlichkeit finden.

Die Verbreitung und die politische Bedeutung dieser Kritik sind nur sehr schwer abzuschätzen. Angesichts der Erfahrungen mit den Konflikten um die Kernenergie und die Nachrüstung besteht kein Anlaß, sie geringzuschätzen oder gar zu ignorieren. Daß diese Kritik auch die neue „Vorrang für Kohle"-Politik mit einbezieht, war zu erwarten und hat sich inzwischen bestätigt. Auf einem Kongreß „Können Umweltschützer für die Kohle sein?" wurde 1981 von seiten der beiden bundesweiten Umweltschutzverbände, dem Bund Umwelt und Naturschutz Deutschland (BUND) und dem Bundesverband Bürgerinitiativen Umweltschutz (BBU), in Zusammenarbeit mit der Arbeitsgemeinschaft ökologischer Forschungsinstitute (AGÖF) eine erste systematische Standortbestimmung zur Kohlepolitik vorgenommen [Hatzfeld, Leinen, Schumacher, Teufel 1981]. Zwar wurde ein bedingtes JA zur Kohle ausgesprochen, gleichzeitig aber in scharfer Form betont, daß diese Bedingungen den heute vorherrschenden Kohle-Strategien diametral entgegenstehen [ebd., S. 6].

Ziel dieses Teils der vorliegenden Untersuchung ist es daher, die Resonanz dieser Kohlekritik zu messen. Durch Umfragen in der Bevölkerung und durch Medienanalysen sollen Einblicke in die öffentliche Meinungsbildung zur Kohle gewonnen werden, die empirisch fundierte Aussagen darüber gestatten, ob und in welchem Umfang der verstärkten Kohlenutzung aus der Industrialismuskritik ein Konfliktpotential erwächst.

---

1 Zur Erläuterung dieses Begriffes siehe [Frederichs, Bechmann, Gloede 1983]

Es wurden zwei repräsentative Bevölkerungsbefragungen in der Bundesrepublik Deutschland einschließlich West-Berlins durchgeführt, und zwar im Dezember 1980 und im Mai 1982. Da die Berichte über Waldschäden erst im Sommer 1983 mit der gegenwärtigen Intensität einsetzten, wurde im Oktober 1983 eine dritte Kurzumfrage durchgeführt, um auch die Resonanz auf diese neueste Entwicklung noch zu erfassen.

Parallel zu den Umfragen wurde die Kohleberichterstattung von drei Tageszeitungen und zwei Wochenperiodika untersucht. Diese Erhebungen erstreckten sich über drei Zeitabschnitte von je einer Jahreslänge: Mitte 1977 bis Mitte 1978, Mitte 1979 bis Mitte 1980 und Mitte 1981 bis Mitte 1982. Ebenfalls in Reaktion auf die verstärkte Diskussion über das Waldsterben wurde eine weitere Erhebung derselben Medien für den Zeitabschnitt März bis Juni 1983 durchgeführt.

Die nachfolgenden Ausführungen enthalten eine geraffte Übersicht über die Ergebnisse dieser Untersuchungen. Kapitel 2 gibt einen kurzen Überblick über die gegenwärtige Literatur zu den Themen Wertwandel, neue Bewegungen und gesellschaftliche Konfliktlinien, die den theoretischen Hintergrund der vorliegenden Untersuchung bilden. In Kapitel 3 wird die Meinungsbildung in der Bevölkerung zu allgemeineren energiepolitischen Fragen und speziell zur Kernenergie anhand der Umfragedaten dargestellt und vor diesem theoretischen Hintergrund gedeutet. Nach diesen vorbereitenden Kapiteln wird über die Untersuchungen der Bevölkerungsmeinungen zur Kohle (Kapitel 4) und der Presseberichterstattung zum selben Thema (Kapitel 5) berichtet. Anschließend werden die Ergebnisse auf ihre Relevanz hinsichtlich des Konfliktpotentials einer Politik der verstärkten Kohlenutzung überprüft (Kapitel 6).

2 Rahmenbedingungen

In veränderten Einstellungen zur Energiepolitik und in der Tatsache, daß die Energieversorgung in den westlichen Industriestaaten zu einem öffentlich umstrittenen Politikfeld geworden ist, spiegelt sich wider, daß es bei dieser breitgefächerten öffentlichen Diskussion nicht allein um Energiefragen geht, sondern daß ebenso umstrittene Strukturprobleme der Gesellschaft mitverhandelt werden, bei denen unterschiedliche Werte aufeinanderstoßen. Die Energiedebatte ist deshalb so brisant geworden, weil sie im Zentrum gesellschaftlicher Wandlungsprozesse steht, die sich in allen westlichen Industrienationen in den letzten 15 Jahren herausgebildet haben. Stichwortartig seien hier genannt: Wertwandel, Aufkommen neuer sozialer Bewegungen, Entstehung einer neuen gesamtgesellschaftlichen Konfliktlinie.

2.1 Wertwandel

Vor dem Hintergrund eines weit verbreiteten, diffusen Unbehagens kristallisiert sich zunehmend die derzeitige Ablehnung bislang tragender Wertmuster, gesellschaftlicher Optionen und Lebensstile heraus. R. Inglehart hatte die grundlegende Dimension dieses Prozesses als generationsspezifischen Wertwandel analysiert. Er charakterisiert die Ablösung von „acquisitiven" zu „nachbürgerlichen" (post-bourgeois) [Inglehart 1971] bzw. von „materialistischen" zu „postmaterialistischen" Wertpräferenzen [Inglehart 1977] als „silent revolution". Diese Analyse stützt sich auf die Beobachtung, daß das traditionelle „bürgerliche" Wertsystem mit seiner positiven Bewertung von Arbeit, Disziplin und Privateigentum einerseits sowie dem Leistungsprinzip und Erfolgsstreben als „normierte", d.h. allgemein akzeptierte Verhaltensorientierung andererseits im Übergang zum „Wohlfahrtsstaat" einem erheblichen Zerfallsprozeß ausgesetzt ist und daß neue Werte insbesondere von der jüngeren Generation vertreten werden, die sich stärker an unmittelbarer Bedürfnisbefriedigung und gemeinschaftlichem Zusammenleben orientieren.

Entscheidend ist nun, daß sich im Rahmen dieses allgemeinen Wertwandels in starkem Maße ökologische Wertvorstellungen herausgebildet haben, die mit einer skeptischen Haltung gegenüber Wissenschaft und Technik und einem verstärkten Engagement für den Umweltschutz korrespondieren [Fietkau 1982].

2.2 Aufkommen neuer sozialer Bewegungen

Die eigentliche politische Stoßkraft haben die Wertwandelsprozesse erst durch die neuen sozialen Bewegungen erhalten. Angefangen von der Jugendrevolte und der Frauenbewegung bis hin zu ethnischen Minderheiten, Ökologiebewegung und Friedensbewegung haben diese Bewegungen die gesellschaftliche und politische Struktur der westlichen Länder verändert [Costoriadis 1982]. Allgemein lassen sich soziale Bewegungen als kollektive Reaktionen auf einen Zustand relativer Benachteiligung begreifen. Dies allein charakterisiert jedoch noch nicht das Spezifische der neuen sozialen Bewegungen der 70er Jahre.

Neu ist vielmehr die Gleichzeitigkeit dieser Bewegungen in der Form von Bürgerinitiativ-, Ökologie-, Frauen-, Alternativ- und Friedensbewegung, die trotz ihrer Vielfalt von Themen und Aktionen eine Reihe von Gemeinsamkeiten aufweisen, nämlich ihre breite soziale Verankerung in den neuen Mittelschichten (Beamte, Angestellte), ihre teilweise Anbindung an postmaterialistische Werte, ihre gemeinsame Problemsicht: die Thematisierung atomarer und ökologischer Katastrophen globalen Ausmaßes, ihre Kritik an der wachstumsorientierten Industriegesellschaft. Gemeinsam richtet sich ihr Protest gegen eine fortschreitende Bürokratisierung, Zentralisierung und Verrechtlichung der Gesellschaft.

2.3 Entstehung einer neuen gesamtgesellschaftlichen Konfliktlinie

Als ein wesentliches Ergebnis der Wertwandelsprozesse und der Entstehung neuer sozialer Bewegungen kann man die Herausbildung einer neuen gesamtgesellschaftlichen Konfliktlinie auffassen. „Die Struktur der Konfliktlinien, die in den westlichen Nationen die Basis der Politik bilden, hat sich in den letzten zwei Jahrzehnten grundlegend verändert. Als Folge dieser Veränderung sind die traditionellen Definitionen von „links" und „rechts" nur noch teilweise korrekt" [Inglehart 1983, S. 139]. Traditionellerweise zeigten industrielle Gesellschaften einen doppelt institutionalisierten Konflikt: die soziale Konfliktlinie zwischen Arbeit und Kapital auf der sozialen, und die Polarisierung von „links" und „rechts" auf der politischen Ebene. Der Links-Rechts-Polarisierung liegt historisch der Konflikt über den Besitz der Produktionsmittel und die Verteilung des Einkommens zugrunde. Diese bekannte Konfliktlinie wird zunehmend von einer neuen überlagert, die vornehmlich zwischen politischer Administration und gegenkulturellen Gruppierungen zu Auseinandersetzungen führt [Bürklin 1981, S. 363 ff].

Die Gegensätze beiderseits der neuen Konfliktlinie werden insbesondere in der aktuellen Diskussion um Umweltprobleme, Probleme der Ressourcenverknappung usw. deutlich. Hier stehen sich zwei Strategien zur Überwindung der Entwicklungsschwierigkeiten des industriellen Systems gegenüber:

- Weiteres Wirtschaftswachstum, um die Voraussetzungen für die technische Lösung der Probleme zu schaffen: die Substitution knapper Ressourcen durch neue Technologien (Beispiel: Brütertechnologie) und die Korrektur unerwünschter Nebenfolgen ebenfalls durch Technik und rationale Organisation (Beispiel: technische Sicherheitssysteme zur Reduktion von Risiken).
- Oder aber: Verzicht auf weiteres Wirtschaftswachstum unter der Voraussetzung tiefgreifender struktureller Veränderungen der industriellen Gesellschaft. In Ansätzen wird dies unter dem Schlagwort der „Alternative" (z. B. alternative Technologien) diskutiert.

Bezog sich die alte Konfliktlinie auf Fragen der politischen Herrschaft, Verteilung der Ressourcen und Beteiligung an Produktionsmitteln, so zeichnen sich jetzt zwei neue Dimensionen ab: die Alternative von „harter" und „sanfter" Technologie sowie die Differenz einer wachstums- und warenintensiven zu einer bewahrenden und gebrauchswertorientierten Wirtschaft.

Immer deutlicher zeigt sich, daß es bei der Diskussion um die „harte" oder „sanfte" Technologie um eine Veränderung des Wertkonsenses der Gesellschaft geht, letztlich also der Diskussion ein Wertkonflikt zugrundeliegt. Wertkonflikte treten als Begleiterscheinung von Prozessen gesellschaftlicher Kommunikation und Interaktion auf, die schwerwiegende soziale Probleme zum Inhalt haben. Mit diesen Konflikten entstehen gesellschaftliche Problemdefinitionen, die die aktuelle Situationswahrnehmung mit einem wertenden Akzent verbinden [Lautmann 1981]. Am Beispiel der Kernenergie zeigt sich dieser Zusammenhang daran, daß die Ablehnung und Befürwortung von Kernkraftwerken auf die gesellschaftspolitische Ebene verlagert wurde. Nicht über einzelne ökonomische oder technische Probleme wurde mit Vorrang diskutiert; am heftigsten umstritten waren vielmehr Fragen des Risikos und der sozialen Auswirkungen sowie die Problematik von Großtechnologien insgesamt. Die Kontroverse spitzte sich immer mehr auf eine Entscheidung für oder gegen bestimmte Werte (z. B. ökonomisches Wachstum contra Subsistenzwirtschaft), Zukunftsentwürfe und bestimmte Annahmen über die gesellschaftliche und politische Entwicklung (Stichwort „Atomstaat") zu. Wertkonflikte sind Anzeichen dafür, daß sich im Zuge sozialer Wandlungsprozesse eine ‚Umwertung' des Grundwertesystems einer Gesellschaft vollzieht.

Auch bei den im Rahmen dieser Studie durchgeführten Umfragen ergab sich, daß die Skeptiker – gemeint ist hier die Gruppe derjenigen, die die Kohle eingeschränkt bis uneingeschränkt ablehnen, in Verbindung mit einer entschiedenen Ablehnung der Kernenergie: 6,9% der Befragten (siehe Kapitel 4) – hinsichtlich der Beurteilung von Energietechnologien, bei aller Vielfalt ihrer individuellen Meinungen, eine gemeinsame, verallgemeinernde Problemsicht einnehmen. Offenbar handelt es sich hierbei um ein Phänomen der kollektiven Bewußtwerdung von Problemen, das sich nicht allein auf die individuelle Meinungsbildung zurückführen läßt. Das darin zum Ausdruck kommende Einstellungssyndrom wird hier als „Industrialismuskritik" bezeichnet. Sie beginnt, das alltägliche Verhalten der entsprechenden Individuen, insbesondere das der Informationsaufnahme und -verarbeitung, zu beeinflussen. Industrialismuskritik stellt ein Deutungsmuster dar, das die Einstellungen zu den Energietechnologien (Kohle und Kernkraft) generalisiert und in einen interpretativen Rahmen stellt.

Die grundsätzliche Befürwortung der industriellen Entwicklung auf der einen Seite und die Industrialismuskritik auf der anderen bilden die Grundlage einer bewußten Auseinandersetzung mit energiepolitischen Fragen. Am Ende von Kapitel 3 wird auf zwei gegensätzliche Meinungsgruppen hingewiesen, die sich von der Mehrheit der Befragten durch die größere Konsistenz ihrer Meinungen zur Kernenergie abheben. Diese Konstellation findet durch den Gegensatz zwischen ‚Industrialismusbefürwortung' und ‚Industrialismuskritik' eine theoretische Deutung, die durch die Analyse bestätigt wird: Die Befürwortung der industriellen Entwicklung schlägt sich bei der Beurteilung energiepolitischer Statements in einer grundsätzlich affirmativen Haltung sowohl gegenüber der Kernenergie als auch der Kohle nieder.

Die industrialismuskritische Haltung führt dagegen zu einer ebenso grundsätzlichen Ablehnung beider Energietechnologien, wobei allerdings hinsichtlich der Kohle gewisse Modifikationen zu beobachten sind (siehe Kapitel 4). Die große Mittelgruppe repräsentiert die Mehrheit der Bevölkerung, deren Meinungen sich nicht eigenständig, sondern erst unter dem Eindruck der öffentlichen energiepolitischen Auseinandersetzung bilden. Man kann davon ausgehen, daß die Kontrahenten in dieser Auseinandersetzung sich im wesentlichen aus den beiden Extremgruppen rekrutieren.

Als die beiden wichtigsten Meinungsgruppen im Rahmen dieser Untersuchung können somit die „Industrialismusbefürworter" und die „Industrialismuskritiker" gesehen werden. Die Industrialismusbefürworter betonen innerhalb der Energiedebatte, daß nur mit weiterem Ausbau der Kernenergie die Energieversorgungsprobleme zu lösen seien, und sehen einen Vorrang der Ökonomie vor der Ökologie. Sie lassen sich in etwa mit den Inhalten und der Strategie von Pfad 1 der Enquête-Kommission „Zukünftige Kernenergie-Politik" des Deutschen Bundestages identifizieren. Die Industrialismuskritiker lehnen diese Position ab und plädieren für regenerative Energieträger und Umweltschutz, etwa in Entsprechung des Pfades 4 der genannten Enquête.

3 Energiepolitische Auffassungen in der Bevölkerung

Seit den 70er Jahren werden energiepolitische Ziele und Maßnahmen in einer breiten Öffentlichkeit diskutiert und verstärkt Forderungen nach Partizipation an Planungsmaßnahmen gestellt. Die Sicherung der Energieversorgung, die Auswirkungen von Energieverknappungen, der Ölpreisanstieg und die Nutzung alternativer Energieträger sowie Maßnahmen zum Einsparen von Energie sind seit Jahren zu Dauerthemen der politischen Diskussion geworden. Im Gegensatz dazu war die Energiepolitik in den 50er und 60er Jahren ein politisches Ressort, das in der Öffentlichkeit kaum mehr Aufmerksamkeit erfuhr als andere. Heute werden auf diesem Feld Kontroversen ausgetragen, deren Thematik über die Grenzen des Fachressorts weit hinausgehen.

In den repräsentativen Umfragen von 1980 und 1982 wurde versucht, die Wirkung dieser intensiven Auseinandersetzungen zu erfassen und zu analysieren. Zwar zeigte sich, daß die Kontroversen um die Energiepolitik in der Bevölkerung nicht mit der Schärfe auftreten wie auf der Ebene der energiepolitischen Diskussion. Gleichwohl konnte in beiden Umfragen ein verbreitetes Interesse an energiepolitischen Fragen in der Bevölkerung nachgewiesen werden, das über das übliche Maß hinausgeht. Ein Ausspruch wie: „Wichtig ist, daß ausreichend Energie zur Verfügung steht, woher diese kommt, ist egal" hätte wahrscheinlich der allgemeinen Einstellung noch vor 15 Jahren entsprochen. Heute lehnt die Mehrheit der Bürger (56,6%) ein solches Statement ab (s. Tabelle D-1, Statement 1980 E).

Diese erhöhte Aufmerksamkeit gegenüber energiepolitischen Fragen geht mit der bekannten Erscheinung einher, daß politische Entscheidungen heute weniger selbstverständlich hingenommen werden. Das einstige politische Desinteresse des Durchschnittsbürgers, der seine politische Beteiligung mit dem Wahlakt als erledigt betrachtete, hat einer stärkeren Wachsamkeit und Bereitschaft zu Widerspruch Platz gemacht [Barnes, Kaase et al. 1979; IIUG 1982]. In der Befragung von 1980 kommt das in der Ablehnung des obigen Statements durch die Mehrheit der Befragten zum Ausdruck.

In gleicher Weise ist es zu deuten, daß dem Statement 1980 D eher widersprochen als zugestimmt wird: Die in dem Statement zum Ausdruck kommende Ansicht, daß Energieprobleme Sache der Politiker seien und daß diese sich nur energischer für die Kernenergie einsetzen müßten, um unsere Energieprobleme zu lösen, wird mit dem zweithöchsten Prozentsatz (46,3%) abgelehnt.

Bemerkenswert positiv ist dagegen das Echo auf die Aussage zu neuen Energiequellen (1980 A) und zur recht harschen Kritik an einer mangelnden Berücksichtigung von Umweltproblemen in der Energiepolitik (1980 C). Die hohen Anteile zustimmender Urteile zu diesen beiden Statements zeigen, daß Alternativen zur und Kritik an der etablierten Energiepolitik in der breiten Bevölkerung positive Resonanz finden. Der Frage, wie weit hier die Kritik inhaltlich verarbeitet worden ist, wird im folgenden wiederholt nachgegangen. Fast einhellig ist mit 82,9% die Zustimmung zum Energiesparen, auch wenn die entsprechende Aussage 1980 B gleichzeitig Kritik an der Kernenergie und eine Priorität für die Kohle ausspricht (beides sind Meinungen, die nicht so einhellig vertreten werden!).

Zusammengefaßt zeigt sich bereits in diesen wenigen Statement-Urteilen ein Meinungsklima, das keineswegs von vorbehaltlosem Vertrauen in die etablierte Energiepolitik geprägt ist. Eindeutig findet die Umweltkritik ein starkes Echo, die sicherlich ein wesentlicher Faktor für die Entstehung dieser verhältnismäßig starken Verbreitung kritischer Aufmerksamkeit in der Bevölkerung ist. Ein weiterer wesentlicher Faktor ist die Geschichte der Kernenergie [Radkau 1983]. Man kann davon ausgehen, daß sich infolge der langen und heftigen Auseinandersetzungen um die Kernenergie auch in der breiten Bevölkerung zu diesem Thema Einstellungen herausgebildet haben, die sich bei der Meinungsbildung zu anderen energiepolitischen

Tabelle D-1. Allgemeine energiepolitische Aussagen

1980 (N = 1997)[a]	Zustimmung	Ablehnung	„Weiß nicht“
A Mit neuen Energiearten wie z. B. Energie durch Sonne, Wind, Erdwärme könnte man die Energieprobleme weitgehend lösen	67,3%	22,3%	10,5%
B Man kann den Ausbau von Kernkraftwerken in vernünftigen Grenzen halten, wenn man Energie spart und die Kohle stärker nutzt	82,9%	9,3%	7,8%
C Umweltfragen kommen in der Energiepolitik gegenüber wirtschaftlichen und technischen Fragen zu kurz	65,0%	21,0%	14,0%
D Wenn die Politiker sich nur stärker für die Kernenergie einsetzten, dann gäbe es keine Energieprobleme	39,7%	46,3%	14,1%
E Wichtig ist, daß ausreichend Energie zur Verfügung steht; woher diese kommt, ist egal	36,6%	56,6%	6,9%
1982 (N = 1993)			
A Unsere Energieprobleme sind nur durch den verstärkten Einsatz von Kernenergie und Kohle zu lösen, auch wenn dabei Risiken und Umweltbelastungen nicht ganz ausgeschlossen werden können	71,7%	26,8%	1,4%
B Zusätzlich zum Energiesparen müssen unsere Energieprobleme durch den Einsatz neuer Energiearten, wie z. B. Sonnen- und Windenergie gelöst werden	92,2%	6,6%	1,2%
C Die Genehmigungsverfahren für Kernkraftwerke müssen gestrafft werden, damit der Bau der Anlagen nicht durch Einsprüche zu sehr verzögert wird	62,9%	34,8%	2,3%

[a] N = Samplegröße

Fragen auswirken. Das wird von den hier vorliegenden Befragungsergebnissen bestätigt. Allerdings ist dieser Zusammenhang nicht so einfach, wie die Hypothese nahelegen könnte. Vielmehr treten weitere Faktoren hinzu, wie in Kapitel 4 dargestellt werden wird.

Im folgenden kurzen Exkurs sollen die Ergebnisse speziell zu Fragen der Kernenergie dargestellt werden, weil in diesem Fall die Struktur des energiepolitischen Meinungsbildes in der Bevölkerung besonders deutlich hervortritt. Wie sich herausstellen wird, findet sich diese Struktur auch bei allgemeineren Fragen zur Energiepolitik sowie bei der Kohlethematik wieder.

Im Meinungsbild zur Kernenergie konkurrieren zwei Einflüsse: die offizielle, über Massenmedien verbreitete energiepolitische Diskussion von Regierungen, Parlamenten und etablierten Parteien; auf der anderen Seite die vorwiegend im außerparlamentarischen Raum über Bücher, Vorträge und unmittelbare Kommunikation verbreitete kritische Diskussion, die bis hin zur Industrialismuskritik geht. Die letztere Diskussion wird vor allem von den neuen Bewegungen und ihren Organisationen, in den letzten Jahren auch von der Partei der „Grünen" geführt (siehe Kapitel 2).

In der Befragung schlägt sich der Einfluß der offiziellen energiepolitischen Diskussion darin nieder, daß der von allen etablierten Parteien bejahten Notwendigkeit der Kernenergie mit großer Mehrheit zugestimmt wird (74,6%) (siehe Tabelle D-2). Die Frage zum weiteren Ausbau der Kernenergie dagegen, die in der offiziellen Diskussion weniger eindeutig entschieden ist, wird in hohem Maße kritisch beurteilt: ein Moratorium des Ausbaus würden 68,9% befürworten.

Dieses starke Echo der Kritik findet sich auch bei solchen Themen, die ursprünglich weniger durch das etablierte politische System als durch die „Anti-AKW-Bewegung" Eingang in die öffentliche Diskussion gefunden haben. Dabei ist ein Unterschied zwischen solchen Themen zu beobachten, die sich speziell auf die Kernenergie beziehen (Risiko von Reaktorunfällen und radioaktiver Verseuchung, Probleme der Beseitigung des radioaktiven Mülls) und solchen Themen, die, wie die Umweltproblematik und die Frage nach der Legitimation politischer Entscheidungen, einen über die Technologie hinausführenden Problemkreis ansprechen: Die kernenergiespezifische Kritik wird jeweils von Mehrheiten der Bevölkerung geteilt (Risiko: 56,1%; Abfall: 51,7%); dagegen wird die über die Kernenergie hinausführende Kritik jeweils nur von Minderheiten unterstützt, die allerdings immer noch erheblich sind (Umwelt: 42,4%; politische Legitimation: 40,8%).

Der Unterschied zwischen spezifischer und generalisierender Kritik an der Kernenergie verschwindet bei Wählern der „Grünen", bei „Postmaterialisten" usw., d.h. bei Bevölkerungsgruppen, denen Nähe zur Industrialismuskritik unterstellt werden kann. Der Unterschied verstärkt sich immer dort, wo wenig Neigung zur Industrialismuskritik besteht. Man trifft hier also auf den Unterschied zwischen einer allgemein verbreiteten „populistischen" Kernenergieskepsis und einer inhaltlich über die Technologie hinausgehenden Kritik, die hier als „Industrialismuskritik" etikettiert wurde (siehe Kapitel 2).

Die allgemein verbreitete Kernenergiekritik spiegelt im wesentlichen die etablierte energiepolitische Diskussion wider. Sie erstreckt sich auf die technologiespezifischen Probleme, die offiziell in Bearbeitung sind: Reaktorsicherheit, Abfallbeseitigung. Kritik besagt hier, daß Lösungen der Probleme gefordert werden, ohne daß

Tabelle D-2. Meinungsgruppen zu Kernenergie und Mediennutzung

I) Statements (1982)	pronukleare Gruppe		Mittelgruppe		antinukleare Gruppe		Gesamtsample	
	pro KE-Antwort	contra KE-Antwort	pro KE-Antwort	contra KE-Antwort	pro KE-Antwort	contra KE-Antwort	pro KE-Antwort	contra KE-Antwort
a) Energiepolitisch im engeren Sinn								
Kernenergie ist für die Energieversorgung notwendig	100	0	100	0	0	100	74,6	23,2
Man sollte mit dem weiteren Ausbau der Kernenergie erst einmal warten, bis man über ihre Probleme besser Bescheid weiß	100	0	0	100	0	100	28,7	68,9
b) Technologiespezifisch								
Das Risiko von Reaktorunfällen und einer radioaktiven Verseuchung der Umwelt ist zu groß	65,2	34,3	41,5	57,6	15,5	83,8	41,5	56,1
Unseren Nachkommen wird auf unverantwortliche Weise der radioaktive Müll hinterlassen	72,4	25,6	47,9	49,9	10,0	90,0	45,2	51,7
c) Themen der Industrialismuskritik								
Die Kernenergie ist eine der umweltfreundlichsten Technologien	78,5	20,6	60,2	38,9	19,5	80,3	55,1	42,4
Die von uns gewählten Politiker haben sich in der Mehrheit für die Kernenergie entschieden. Das muß man akzeptieren	83,0	16,4	62,5	37,1	17,5	81,5	56,9	40,8
N	511		962		400		1993	
II) Mediennutzung (1980)	**%**	**D[a]**	**%**	**D**	**%**	**D**	**%**	
TV + Radio	92,1	+1,3	91,1	−0,1	90,0	−1,3	91,3	
Lokalzeitung	65,8	+2,3	65,8	+2,3	56,6	−6,9	63,5	
Gespräche	56,9	+0,8	56,3	+0,2	67,6	+11,5	56,1	
Überregionale Tageszeitung	38,5	+3,1	31,3	−4,1	49,8	+14,4	35,4	
Illustrierte	23,9	−2,2	27,4	+1,3	30,3	+4,2	26,1	
Bild-Zeitung	14,7	+0,1	16,2	+1,6	9,3	−5,3	14,6	
Bücher	11,3	−0,8	10,6	−1,5	21,7	+9,5	12,1	
Vorträge	10,8	+2,4	6,2	−2,2	13,2	+4,8	8,4	
N	619		821		281		1997	

[a] Differenz zum Gesamtsample

damit die Kernenergie in Frage gestellt wird; die Industrialismuskritik bleibt zwar nicht ohne Echo, wird jedoch inhaltlich kaum verarbeitet.

Es lassen sich drei allgemeine Meinungstendenzen zur Kernenergie unterscheiden: Eine explizite Ablehnung der Kernenergie, die sich stark mit der oben genannten Industrialismuskritik überschneidet, eine ebenso explizite Befürwortung der Kernenergie, der eine generell affirmative Haltung zum Industrialismus unterliegt, und drittens eine breite Strömung von Zustimmung, die jedoch mit Skepsis gepaart ist, wobei weder die eine noch die andere Haltung sehr ausgeprägt ist. Diese Haltung ist nicht sehr stabil, und die generelle Zustimmung zur Kernenergie kann aus besonderen Anlässen, z. B. unter der Anwohnerschaft geplanter Anlagenstandorte, in ihr Gegenteil umschlagen.

Die drei Meinungsströmungen lassen sich nicht eindeutig als Meinungs*gruppen* festmachen. Wie aus den zahlreichen Umfragen zur Kernenergie hinreichend bekannt, sind die Grenzen fließend und hängen stark von den jeweiligen Fragestellungen ab. Im folgenden wird dennoch eine Operationalisierung dieser drei Strömungen versucht, wobei die so definierten Meinungsgruppen nicht als feststehende Quantitäten betrachtet werden dürfen.

Die Gruppe der pronuklear Urteilenden definiert sich darüber, daß sie gegen ein Moratorium des Ausbaus der Kernenergie ist und die Notwendigkeit der Kernenergie bejaht. Diese Gruppe umfaßt 1982 25,6% der Bevölkerung.

Die Gegengruppe der strikt antinuklear Urteilenden ist für ein Moratorium und verneint die Notwendigkeit der Kernenergie. Sie umfaßt 1982 20,1% der Bevölkerung. Die große Mittelgruppe derjenigen, die zwar die Notwendigkeit der Kernenergie bejahen, bezüglich der Lösung noch offener Probleme aber Zweifel haben und zur besseren Klärung für ein Moratorium plädieren, erstreckt sich über 48,3%. Es ist ein für sich bemerkenswertes Ergebnis, daß sich fast die gesamte Bevölkerung in diese drei Meinungsgruppen aufteilen läßt (94%!). Das vierte Antwortmuster, nämlich die Verneinung der Notwendigkeit der Kernenergie und die gleichzeitige Ablehnung des Moratoriums, vor allem aber die „weiß nicht“-Antworten fallen zahlenmäßig nicht ins Gewicht. Es ist dies eine Besonderheit des Themas „Kernenergie“, das über viele Jahre in der öffentlichen Diskussion dominierte, so daß es kaum noch Befragte gibt, die nicht eine Meinung zu diesem Thema äußern.

Charakteristische Unterschiede in der Meinungsbildung zwischen den drei Gruppen lassen sich anhand der Mediennutzung und der Meinungen zu den Statements in Tabelle D-2 ablesen. Anspruchsvolle Medien, wie Bücher, Vorträge und überregionale Tageszeitungen (außer Bild-Zeitung) sind in der *Mittelgruppe* unterrepräsentiert. Die Prozentanteile kritischer Meinungen zur Kernenergie entsprechen dem Durchschnitt.

In der *pronuklearen Gruppe* entspricht bei einem etwas aktiveren Informationsverhalten (Vorträge, überregionale Zeitungen) der Medienkonsum in etwa dem Durchschnitt. Die nicht unerheblichen Kritikanteile bei kernenergiespezifischen Fragen spiegeln lediglich die dominierende Berichterstattung in den Massenmedien wider, die die technische Lösung der Probleme fordert, insgesamt aber das nukleare Konzept der Energieversorgung befürwortet. Über die Kernenergie hinausführende Kritik ist in dieser Gruppe zwar auch vertreten (Umwelt: 20,6%; politische Legitimation: 16,4%), kann aber kaum als industrialismuskritischer Ansatz gewertet werden. Ein Widerspruch zwischen Zustimmung zur Kernenergie und Kritik liegt in dieser Gruppe insofern nicht vor, als der Meinungsbildung die Überzeugung zugrunde liegt, daß noch offene Probleme gelöst werden können.

Die *antinukleare Gruppe* hebt sich im Informationsverhalten von den beiden anderen Gruppen ab. Überregionale Zeitungen, direkte Kommunikation und Bücher sind überrepräsentiert. Von daher und aufgrund bestimmter Indikatoren für Industrialismuskritik (durchgängig erhöhte Kritikanteile, gleich starke Präsenz spezifischer und generalisierender Kritik) muß auf einen starken Einfluß der Industrialismuskritik geschlossen werden (vgl. dazu ausführlicher: [Frederichs, Bechmann, Gloede 1983].

Nach diesem Exkurs zur Kernenergie sei nun erneut ein Blick auf die Statements in Tabelle D-1 geworfen: Die bei der Kernenergie vorgefundene Struktur dreier Meinungsströmungen findet sich auch bei der Beurteilung allgemeinerer energiepolitischer Fragen wieder. Die kritische Tendenz manifestiert sich vor allem über die Ablehnung der Statements D und E von 1980 und des Statements C von 1982. Zusammengefaßt kommen hierin die Forderung nach Partizipation an politischen Entscheidungen und das Engagement für eine politische Einflußnahme zum Ausdruck. Diese Haltung überschneidet sich sehr stark mit der vorher erwähnten strikten Ablehnung der Kernenergie. Selbstverständlich teilt diese Strömung die allgemein verbreitete Umweltkritik, zeigt jedoch in einzelnen damit zusammenhängenden Fragen deutliche Unterschiede zum allgemeinen Trend. So ist z. B. die Zustimmung zu dem Statement 1980 A, daß die Energieprobleme mit regenerativen Energiearten weitgehend gelöst werden könnten, wesentlich zurückhaltender als in der Gesamtbevölkerung. Hierin zeigt sich ein Unterschied zwischen emphatischer und reflektierter Beurteilung des (inhaltlich sehr umstrittenen) Statements.

Die emphatische Urteilsweise läßt sich wie bei der Kernenergie einer allgemein verbreiteten Kritik zuordnen, wie sie vor allem in der mittleren der drei genannten Meinungsströmungen vorkommt. Die in dieser Strömung sehr populäre Umweltkritik wird zwar auf die Beurteilung energiepolitischer Fragen angewendet, jedoch nicht immer in konsistenter Weise. Zum Beispiel bedeutet die Befürwortung des Statements B in der 1980er Befragung (Tabelle D-1) eine Zustimmung zur offiziellen Energiepolitik der zweiten Fortschreibung des Energieprogramms der Bundesregierung (das Statement ist fast wörtlich ein damals von der Regierung in Anzeigenkampagnen verbreiteter Werbeslogan). Fast 60% der Befragten stimmen sowohl diesem als auch dem Statement 1980 A in Tabelle D-1 zu, wonach die Energieprobleme mit regenerativen Energiequellen weitgehend zu lösen seien. Diese Ansicht widerspricht aber entschieden dem energiepolitischen Ansatz der zweiten Fortschreibung.

Die dritte Meinungsströmung, die man als die „affirmative" bezeichnen kann, ist an einer dezidierten Ablehnung der Statements A und C sowie an der häufigeren Zustimmung zu den Statements D und E von 1980 erkennbar. Auch hier findet sich eine starke Überschneidung mit der analogen Haltung zur Kernenergie, nämlich ihrer expliziten Befürwortung. Die beiden flankierenden Meinungsströmungen, die „kritische" und die „affirmative", repräsentieren offensichtlich eine bewußtere Auseinandersetzung mit energiepolitischen Fragen, als es bei der mittleren Strömung der Fall ist. Das zeigt sich darin, daß widersprüchliche Urteile wie im obigen Beispiel wesentlich seltener auftreten.

Die in der ersten Befragung von 1980 analysierte Meinungsstruktur konnte 1982 in der zweiten Befragung bestätigt werden. Fast einhellig ist die Zustimmung zum Statement 1982 B, das neben dem Energiesparen den Einsatz regenerativer Energiequellen fordert (Tabelle D-1). Es zeigt sich aber noch deutlicher als 1980, daß diese sich aus der Umweltkritik ableitende Haltung nicht mit der oben genannten „kritischen" Meinungsströmung gleichgesetzt werden kann. Denn über 70% jener 92,2%, die die neuen Energiequellen wünschen, stimmen gleichzeitig der Aussage 1982A zu, in der die Notwendigkeit der Kernenergie und des verstärkten Kohleeinsatzes trotz möglicher Risiken und Umweltprobleme betont wird. Eine solche Aussage entspricht aber entschieden nicht der „kritischen" Strömung. Das Gleiche gilt für das Statement 1982 C: Die von den Befürwortern der Kernenergie geforderte Straffung der Genehmigungsverfahren stößt auf den Widerstand der „kritischen" Meinungsströmung, die sich ja vor allem über die Partizipationsforderung bestimmt. Auch hier stimmen über 60% derjenigen zu, die den Einsatz regenerativer Energiearten neben dem Energiesparen für wünschenswert halten.

Betrachtet man beide Umfragen im Zusammenhang, so kann man folgendes Resümee ziehen. In der Mehrheit der Bevölkerung ist eine gewisse kritische Aufmerksamkeit gegenüber energiepolitischen Fragen verbreitet. Sie findet in der fast einhelligen Befürwortung des Energiesparens und des Einsatzes regenerativer Energiequellen ihren Niederschlag. Im Zusammenhang damit haben die von der Partei der Grünen, durch die Öko-Institute usw. in der energiepolitischen Diskussion artikulierte Kritik und die von dieser Seite vorgetragenen alternativen Konzepte der Energieversorgung (siehe z. B. „Pfad 4" im Bericht der Enquête-Kommission „Zukünftige Kernenergie-Politik" des Deutschen Bundestages) eine verhältnismäßig starke Resonanz in der Bevölkerung. Diese breite Meinungsströmung ist jedoch nicht sehr konsistent und neigt je nach Statementformulierung bald der einen, bald der anderen Seite der energiepolitischen Auseinandersetzung zu.

Diese Kontroverse selbst findet ihre Entsprechung in dem Auftreten zweier entgegengesetzter Meinungsströmungen, die sich von der eben genannten mittleren Strömung deutlich abheben. Auf der einen Seite die stark kernenergiekritische, an der Partizipationsforderung orientierte Meinungstendenz. Auf der anderen Seite eine „affirmative" Meinungsströmung, die die etablierte Energiepolitik explizit befürwortet und sich im Streit um die Kernenergie bewußt pronuklear verhält. Die größere Konsistenz in den Urteilen sowie gewisse sozialstrukturelle Merkmale (im Durchschnitt höherer Bildungsabschluß, niedrigeres Durchschnittsalter, anspruchsvollere Mediennutzung, höheres politisches Engagement (siehe [Frederichs, Bechmann, Gloede 1983])) lassen diese beiden Meinungsströmungen trotz geringerer Zahlenstärke im Vergleich mit der mittleren Meinungsströmung als politisch besonders wichtig erscheinen.

Diese in den 70er Jahren entstandene energiepolitische Meinungsstruktur in der Bevölkerung der Bundesrepublik Deutschland bildet den Hintergrund, vor dem die Resonanz auf eine Energiepolitik untersucht werden soll, die den verstärkten Einsatz der Kohle vorsieht. Besondere Aufmerksamkeit ist dabei der Industrialismuskritik zu widmen, die sich im Gefolge der Umwelt- und Kernenergieauseinandersetzungen verbreitet und organisiert hat. Sie wird als wesentliche Rahmenbedingung der gegenwärtigen energiepolitischen Meinungsbildung gesehen.

4 Die Beurteilung der Kohlenutzung in der Bevölkerung

4.1 Vorbemerkungen zur Meinungsstruktur

Es hat sich bei der Auswertung der Bevölkerungsbefragungen als wesentlich herausgestellt, zwei Weisen der Meinungsbildung zur Kohle voneinander zu unterscheiden. Die Meinungsbildung bewegt sich im *„traditionellen"* Rahmen, wenn sie sich an der seit Ende der 50er Jahre anhaltenden Kohlekrise orientiert. Einst „Leitsektor" der industriellen Entwicklung, geriet die deutsche Steinkohle damals zunehmend unter den Konkurrenzdruck des Importöls, das nicht nur billiger war, sondern auch technische und wirtschaftliche Vorteile hatte [Meyer-Renschhausen 1977, S. 32 ff]. Die nicht aufzuhaltende Schrumpfung des deutschen Steinkohlenbergbaus und der mit der Expansion des Öls einhergehende energiewirtschaftliche Strukturwandel hatten vielfältige politische, ökonomische und soziale Folgen. Die jeweiligen Bundesregierungen versuchten, den daraus erwachsenden Spannungen und Konflikten mit unterschiedlichen kohlepolitischen Ansätzen entgegenzusteuern [Bahl 1977; Meyer-Renschhausen 1977, 1981].

Diese Vorgänge blieben natürlich in der Öffentlichkeit nicht ohne Echo, und es bildeten sich charakteristische Meinungsbilder, die auch heute wirksam sind. Auf der einen Seite gab es eine kohlebefürwortende Position, die den Rückgang des deutschen Kohleanteils am heimischen Energiemarkt problematisierte: Abhängigkeit der Energieversorgung vom Ausland; Arbeitsplatzverluste, vor allem unter den Bergleuten. Dem stand die Position gegenüber, die im Mineralöl den fortschrittlichen Energieträger sah und an der Kohle entsprechend technische Rückständigkeit und fehlende Rentabilität bemängelte. In diesem Zusammenhang wurden auch Schmutz und Rauch bei der Kohleverfeuerung kritisiert.

Die Umfragen zeigen, daß diese Argumente vielen Bürgern geläufig sind. Die Argumente finden sich unter den am häufigsten genannten Gesichtspunkten wieder, unter denen eine verstärkte Kohlenutzung beurteilt wurde. Allerdings, und daran erkennt man den Stimmungsumschwung seit den „Ölkrisen", sind die einst populären Contra-Kohle-Argumente nur noch zu etwa 5% mit der Aussage vertreten, daß die Kohle teuer oder unrentabel sei. Dagegen tritt verstärkt die befürwortende Argumentation zutage: Der Hinweis auf die heimischen Kohlevorkommen, das Autarkieargument und die Argumente zur Erhaltung und zur Schaffung von Arbeitsplätzen.

Neben diesen traditionellen Themen der Kohlediskussion haben sich aber deutlich neue nach vorne geschoben, die an den Kernenergiekonflikt und an die seit den 70er Jahren vorherrschende Umweltdiskussion anknüpfen: „umweltfeindlich", „geringeres Risiko als bei der Kernenergie" gehören zu den häufigsten Argumenten, die als Antwort auf die Frage genannt werden, unter welchen Gesichtspunkten der Befragte eine verstärkte Kohlenutzung beurteilt. Dabei wird allerdings eine grundlegende Unterscheidung notwendig: Umweltargumente können im traditionellen Sinne verstanden werden etwa als Kritik an „Schmutz und Rauch" durch Kohleverfeuerung, womit die Nachteile der Kohle gegenüber den „sauberen" Energieformen

Kernenergie und Öl betont werden. Im Gegensatz dazu werden die Umweltargumente in der heutigen Ökologiebewegung in einer ganz anderen, allgemeineren Bedeutung gebraucht, die das Öl und die Kernenergie in die Kritik mit einschließt.

Die an Umweltdebatte und Kernenergiekonflikt anknüpfende *„neue"* Meinungsbildung zur Kohle ist unter anderem dadurch charakterisiert, daß sie entschiedener, häufig mit der Bereitschaft zu Konflikten, vertreten wird, was als Anzeichen einer gewissen Ideologisierung gedeutet werden kann. In dieser „neuen" Meinungsbildung findet sich die in den vorangegangenen Kapiteln wiederholt angesprochene Polarisierung zwischen „Industrialismus" und „Industrialismuskritik" wieder, wie sie in den Meinungsströmungen zur Kernenergie wie auch bei allgemeineren energiepolitischen Fragen hervortrat.

Sowohl in der traditionellen als auch in der „neuen" Meinungsbildung zur Kohle entstehen jeweils kontroverse, kohlebefürwortende und kohlekritische Positionen. Diese Struktur läßt sich als Gegensatz von *„altem"* und *„neuem Kohledissens"* kennzeichnen. Die Struktur der Meinungen zur Kohle weist damit vier Schwerpunkte auf: Kohlebefürwortung und -ablehnung jeweils im Kontext des „alten" und des „neuen Kohledissenses".

4.2 Die Meinungen zur Kohle im Spiegel dreier Umfragen

Das Meinungsbild in der Bevölkerung zur Frage einer verstärkten Kohlenutzung erweist sich in allen Umfragen als sehr positiv. 1982 befürworteten 72,6% der Befragten die Kohle. Im Herbst 1983 ging dieser Prozentsatz etwas zurück, und zwar auf 66,5%. Angesichts der dramatischen Zuspitzung des Waldsterbens im Sommer 1983 hätte man vielleicht einen stärkeren Rückgang erwarten können.

Tatsächlich zeigen die Antworten auf die Frage, welche Gesichtspunkte dem jeweiligen Urteil des Befragten zur Kohle-Vorrang-Politik zugrundeliegen, daß die Themen „Kohle" und „Waldsterben" nicht unmittelbar im Zusammenhang gesehen werden, zumindest nicht spontan in der Interviewsituation. Vielmehr überwiegen im Urteil zur Kohle andere Aspekte.

Am häufigsten werden die heimischen Kohlevorkommen als Umstand angesehen, der für eine verstärkte Nutzung der Kohle spricht (1983: 30,3%). Häufiger als die Umweltproblematik wird die Arbeitsplatzproblematik mit dem Kohlethema assoziiert, und zwar in dem Sinne, daß man sich bei einem verstärkten Einsatz der Kohle die Schaffung von mehr Arbeitsplätzen verspricht (27,6%). Interessant ist, daß dieser Aspekt 1983 fast dreimal so oft genannt wird wie im Mai 1982 (9,6%). Er rangierte damals in der Häufigkeit der Nennungen an dritter Stelle hinter dem negativen Argument, daß die Kohle umweltfeindlich sei. Dieser letztere Gesichtspunkt tritt nun zwar häufiger auf als 1982 (1982: 14,8%, 1983: 18,2%), wurde aber von dem Arbeitsplatzargument in der Rangfolge überholt.

Auch die anschließende gezielte Frage nach möglichen Problemen einer verstärkten Kohlenutzung, insbesonders für die Umwelt, erbrachte keine auffallende Häufung von Nennungen, die sich auf das Waldsterben beziehen. Zwar nannte die Mehrheit allgemeinere Umweltfolgen, es waren aber weniger als 1982 (1982: 60,7%, 1983: 55,3%). Nennungen, die sich auf das Waldsterben beziehen lassen, etwa „Schädigung von Pflanzen" oder „Saurer Regen", waren 1983 nicht wesentlich häufiger als 1982 (1982: 9,4%, 1983: 12,3%). Stattdessen hatte sich die Zahl der Befragten, die positive Folgen erwarten (allgemeiner Art, nicht nur auf die Umwelt bezogen), von 3,7% (1982) auf 14,7% (1983) gesteigert.

Ebenfalls im Gegensatz zu der Vermutung, daß sich das Waldsterben im Meinungsbild zuungunsten der Kohle ausgewirkt hätte, steht die Häufigkeit der Meinungen, die die Kohle für umweltfreundlich halten. Ihre Zahl hat sich seit 1982 nahezu verdoppelt (1982: 6,8%, 1983: 12,6%).

Eine Erklärung hierzu ergibt sich aus folgenden Daten: Unter denjenigen Befragten, die die Partei der Grünen gewählt hätten, wenn zum Zeitpunkt der Umfrage Bundestagswahlen gewesen wären[1], ist die Zahl der positiven Urteile zur Kohle von 67,9% (1982) auf 69,0% gestiegen. Trotz des Waldsterbens hat sich die starke Mehrheit unter den Grünen-Wählern zugunsten der Kohle also noch weiter ausgebaut! (Allerdings ist auch die Zahl der negativen Urteile von 22,6 auf 27,1% angewachsen[2]. Noch deutlicher wird dieser bezüglich der Kohle positive Trend, wenn man die Argumente betrachtet: Der Anteil derjenigen Grünen-Wähler, die die Kohle für umweltfeindlich halten, ist von 22,6% auf 18,6% zurückgegangen, und das entgegengesetzte Urteil, daß die Kohle umweltfreundlich sei, hat sich um fast elf Prozentpunkte von 17,0 auf 27,9% erhöht.

Unterstellt man in naheliegender Weise, daß die Grünen-Wähler die Umweltproblematik mit überdurchschnittlicher Aufmerksamkeit verfolgen, so ergibt sich also, daß sehr oft gerade aus dieser Haltung heraus an die Kohle positive Erwartungen bezüglich der Umweltverträglichkeit der Energieversorgung geknüpft werden. Hier verbindet sich offensichtlich das Wissen um neue Techniken der Kohleverbrennung, wie sie in den Veröffentlichungen der Umweltschutzbewegung gefordert werden (Wirbelschichtfeuerung, neue Filtertechniken, s. [Hatzfeld, Leinen, Schumacher, Teufel 1982]) mit der Erwartung, daß diese Verfahren auch zur Anwendung kommen.

Damit erklärt sich das nach wie vor positive Kohlebild unter den umweltbewußteren Bürgern, das zu dem positiven Kohlebild in der Gesamtbevölkerung wesentlich beitragen dürfte. Denn analog zur Kernenergie, wo ein erheblicher Einfluß der „Anti-Kernkraft-Bewegung" auf die allgemeine Meinungsbildung festzustellen war (siehe Kapitel 3), ist auch bei dem Thema „Waldsterben" anzunehmen, daß die Äußerungen von seiten der Ökologiebewegung ein besonderes Gehör finden. Im übrigen ist auf die Medienanalyse hinzuweisen, wonach in der Presseberichterstattung ähnlich wie in den Meinungen der Bevölkerung kein besonderer Zusammenhang zwischen Waldsterben und Kohle hergestellt wird. Dort wird auch deutlich, wie die Themen „Waldsterben" und „Kohle" in unterschiedlichen Kontexten abgehandelt werden (siehe Abschnitt 5.3.3).

Nun ist aber diese für die Kohle günstige Reaktion in der Bevölkerung nicht einhellig. Immerhin ist der Anteil derjenigen, die die Kohle negativ beurteilen, seit Mai 1982 von 17,9 auf 24,8% im Herbst 1983 gestiegen. Bei ihnen dominiert als Begründung für die Ablehnung das eine Argument, daß die Kohle umweltfeindlich sei

1 1982: 7,2% bei einer „Wahlbeteiligung" von 74,1%;
1983: 8,0% bei einer „Wahlbeteiligung" von 82,6%.

2 Diese Aufspaltung im Meinungsspektrum der Grünen-Wähler findet ihre Deutung durch die Meinungsgruppen C und G in der Positionencharakterisierung weiter unten.

(1982: 54,3%, 1983: 67,4%). Verglichen damit sind nur noch zwei Nennungen erwähnenswert: Das Argument, das in der Ökologiebewegung immer eine Rolle gespielt hat, nämlich daß die Kohle ein begrenzter Rohstoff sei (11,3%), und das traditionelle Argument, daß die Kohle zu teuer bzw. unrentabel sei (15,9%). Bei den Befürwortern einer Kohle-Vorrang-Politik ist die Begründung nicht so einheitlich. Hier finden sich zu etwa gleichen Teilen die schon erwähnten „heimischen Kohlevorkommen" (45,2%) und die „Schaffung von Arbeitsplätzen" (41,2%).

Zusammengefaßt läßt sich sagen: Die allgemeine Stimmung in der Bevölkerung ist positiv bezüglich einer verstärkten Kohlenutzung. Das Waldsterben hat hieran seit 1982 nur wenig geändert. Entweder wird dieses Problem gar nicht unmittelbar mit der Kohle in Verbindung gebracht, oder aber es verbindet sich gerade bei den umweltbewußteren Bürgern mit der Kohle die Erwartung umweltfreundlicher Techniken der Energiegewinnung.

Insbesondere bei den letzteren ist ein weiteres Motiv für die Befürwortung der Kohle nach wie vor die Ablehnung der Kernenergie. Trotz der neuen Problemthemen, wie Nachrüstung und Waldsterben, ist dieses Thema keineswegs vergessen. In der Gesamtstichprobe tritt der Risikovergleich zwischen Kohle und Kernenergie 1983 mit 14,6% als dritthäufigstes Argument bei der Beurteilung der Kohle auf. Seine Häufigkeit hat sich damit gegenüber 1982 verdoppelt. Bei den Befürwortern der Kohle wird dieses Argument sogar von 21%, bei den Grünen-Wählern von 23,1% genannt.

Hier treten also unterhalb der Ebene allgemeiner Zustimmung zur Kohle die alten energiepolitischen Gegensätze insbesondere in bezug auf die Haltung zur Kernenergie wieder zutage. Die genauere Analyse der Antworten auf die offenen Fragen nach Urteilsgesichtspunkten zur Kohle und bezüglich möglicher Folgen einer verstärkten Kohlenutzung sowie die Analyse der Beurteilungen von vier Statements zur Kohle ergaben ein sehr differenziertes Bild. Aufgrund der Antwortmuster ließen sich insgesamt sieben Positionen zur Kohle identifizieren, die sich idealtypisch wie folgt skizzieren lassen [Frederichs, Bechmann, Gloede 1983, S. 125 ff]:

A Grundsätzliche Kohlebefürwortung

Diese Position befürwortet Kohle *und* Kernenergie im Sinne eines verstärkten Einsatzes nicht-regenerativer Energieträger und in Gestalt zentralisierter Großtechnologien. Eine Brücke zwischen Kohle- und Kernenergie-Einsatz stellt die Veredlungsperspektive dar, für die die notwendige Prozeßwärme in der Zukunft einmal aus Hochtemperaturreaktoren gewonnen werden könnte.

B Strikte Kohlebefürwortung

Diese Position setzt sich uneingeschränkt für die Kohlenutzung ein, weitgehend unabhängig von der jeweiligen Haltung zur Kernenergie. Die Linie der zweiten Fortschreibung des Energieprogramms „Vorrang Kohle" wird gewissermaßen wörtlich genommen. Ihre Haltung zur Nutzungsart der Kohle ist eher indifferent.

C Indirekte Kohlebefürwortung

Diese Position befürwortet den Kohleeinsatz nicht an sich, etwa zum Zweck der Ölsubstitution. Das Motiv ist vielmehr die Ablehnung der Kernenergie, die durch die Kohle ersetzt werden soll.

D Sehr eingeschränkte Kohlebefürwortung

Diese Position befürwortet die Kernenergie als „saubere" Energiequelle, während man der Kohle aus ökonomischen (Kosten, Subventionen) und ökologischen Gründen skeptisch gegenübersteht. Gleichwohl ist die Haltung zur Kohlenutzung nicht ausgesprochen negativ. Man setzt sich nur nicht engagiert für sie ein. Überlegungen hinsichtlich Infrastruktur und Versorgungssicherheit oder beschäftigungspolitische Gesichtspunkte spielen hier keine große Rolle.

E Sehr eingeschränkte Kohlekritik

Diese Position unterscheidet sich von der Position D nur graduell. Sie wendet sich vor allem gegen die Position C einer Kernenergiesubstitution durch die Kohle und vertritt eher den entgegengesetzten Standpunkt. Ihre Begründung findet sich ähnlich wie bei Position D in ökologischen und ökonomischen Argumenten, aus denen eine kohlekritische Schlußfolgerung gezogen wird.

F Strikte Kohlekritik

Diese Position argumentiert ökologisch wie betroffenheitsspezifisch gegen die Kohle, und zwar unabhängig von der Haltung zur Kernenergie. Sie ist teils an Aspekten eines traditionellen Naturschutzes orientiert, aber auch das Interesse an „mehr Lebensqualität" kann zu dieser Position führen.

G Grundsätzliche Kohlekritik

Diese Position bezieht generell gegen den großtechnischen Einsatz von Kohle *und* Kernenergie Stellung, dem die Option „Einsparungen" und Einsatz regenerativer Energieträger entgegengehalten wird. Die ökologischen, ökonomischen wie politischen Rahmenbedingungen für die Kohlenutzung werden unter allgemeinen Bewertungsaspekten kritisch beurteilt. Gleichwohl gesteht auch diese Position der Kohle eine Übergangsrolle bei der Energieversorgung zu. Starkes Gewicht wird auf umweltfeundliche Technologien der Kohlenutzung gelegt.

In der Bevölkerung hat sich also die öffentliche Diskussion um die Kohlenutzung vor dem Hintergrund kontroverser energiepolitischer Optionen niedergeschlagen. Die Kohle wird keineswegs naiv als traditionell eingeführter und per se unproblematischer Energieträger gesehen, sondern im Zusammenhang mit Wachstums- und Versorgungsproblemen, Umwelt- und Standortbelastungen. Wie schon im vorigen Kapitel dargestellt und wie aus der obigen Beschreibung der sieben Meinungsgruppen zu ersehen, spielt die Haltung zur Kernenergie bei den Überlegungen der befragten Personen eine hervorragende Rolle. Die Bezugnahme auf die jeweilige Beurteilung der Kernenergie indiziert die wachsende Bedeutung der „neuen Problematisierung" von Kohlenutzung (vgl. Abschnitt 4.1), die im Untersuchungszeitraum in der Bevölkerung schon weiter fortgeschritten war als in der Presseberichterstattung: Die Präsenz der Themen „Umwelt" und „Vergleich Kohle-Kernenergie" war in der Bevölkerung etwa doppelt so groß wie in den im Rahmen dieser Studie untersuchten Medien (vgl. Kapitel 5).

Bei einer genaueren Inspektion der Untersuchungsergebnisse zeigt sich nun, daß der Zusammenhang zwischen Kernenergiebeurteilung und Kohlebeurteilung zwei

Tabelle D-3. Generalisierte und technologiespezifische Kernenergie- und Kohlebeurteilung[a] (Befragung 1980)

Kernenergie-haltung (in %)	Grund-sätzliche Kohlebe-fürwortung (Gruppe A)	Grund-sätzliche Kohle-kritik (Gruppe G)	Indirekte Kohlebe-fürwortung (Gruppe C)	Sehr ein-geschr. Kohlebe-fürwortung (Gruppe D)	Sehr ein-geschr. Kohle-kritik (Gruppe E)
entschiedene Befürwortung	64,0	13,0	17,2	39,9	50,0
vorsichtige Befürwortung	19,7	12,3	19,5	23,1	23,9
pragmatische Ablehnung	7,9	25,4	24,5	15,8	14,1
entschiedene Ablehnung	2,3	40,6	26,7	6,7	5,4
Zusammen	100,0	100,0	100,0	100,0	100,0

[a] Vgl. [Frederichs, Bechman, Gloede 1983, S. 159–160]

gegensätzliche Formen annimmt (Tabelle D-3):

- Einerseits gilt die Tendenz, daß eine kohlebefürwortende Meinung mit einer kritischen Haltung zur Kernenergie, eine kohlekritische Meinung mit einer Bejahung der Kernenergie verbunden ist (Positionen C, D, E). Dieser Bereich der Meinungsbildung ist eher an technologiespezifischen Gesichtspunkten orientiert.
- Davon zu unterscheiden sind die zwei Positionen, die sich in ihrer Meinungsbildung eher an grundsätzlichen Aspekten orientieren. Hier gilt in der Tendenz: die grundsätzliche Kohlebefürwortung bejaht zugleich die Kernenergie, die grundsätzliche Kohlekritik lehnt die Kernenergie eher ab (Positionen A, G).

Neben der Erkenntnis der zwei Formen des Zusammenhangs von Kernenergie- und Kohlebeurteilung läßt sich den Antwortmustern zur Kohlenutzung entnehmen, daß in der Bevölkerung tatsächlich die zwei qualitativ unterschiedlichen Widerspruchsfronten existieren, wie sie in Abschnitt 4.1 skizziert wurden:

- Einmal der eher an technologiespezifischen Gesichtspunkten orientierte *„traditionelle Dissens" zur Kohle,* wie er im Gegensatz der entschiedenen Kohlebefürwortung und der entschiedenen Kohleablehnung zum Ausdruck kommt (Positionen B und F);
- zum anderen der eher an grundsätzlichen Interessen oder Wertorientierungen orientierte *„neue Dissens" zur Kohle,* wie er durch den Gegensatz von grundsätzlicher Kohlebefürwortung und ebenso grundsätzlicher, aus der Industrialismuskritik abgeleiteter Kohlekritik repräsentiert ist (Positionen A und G).

Die übrigen Antwortmuster (C, D und E) nehmen eine je nach ihrer Kernenergiehaltung abwägende Kohlebeurteilung vor.

Die Konstellation dreier Meinungsströmungen, wie sie bei der Kernenergie und bei allgemeineren energiepolitischen Fragen festgestellt wurde (vgl. Kapitel 3), findet sich auch hier wieder: Die „affirmative" Strömung in der Gruppe A und Teilen der Gruppe B; die „kritische" Strömung in der Gruppe G und zum Teil in der Gruppe F. Dazwischen die allgemein verbreitete Meinungsströmung in den Gruppen C, D, E und zum Teil in B und F.

Im Hinblick auf die Ausgangsfrage der vorliegenden Untersuchung nach dem Konfliktpotential der Kohlepolitik ist die Mittelgruppe wegen ihrer wenig ausgesprochenen Haltung nicht als eigenständiger Faktor eines möglichen Konflikts um die Kohle anzusehen. Diese Einschätzung stützt sich unter anderem auf die Beobachtung, daß ähnlich wie im Bereich energiepolitischer Einstellungen (vgl. Kapitel 3) die Auffassungen der Bevölkerung zur Kohle insgesamt als nicht einheitlich, sondern tendenziell widersprüchlich erscheinen. Diese fehlende Konsistenz geht vor allem auf das Konto der mittleren Gruppen C, D und E.

Daher soll sich die weitere Darstellung der Befragungsergebnisse auf die vier Meinungsgruppen A vs. G und B vs. F konzentrieren. Die jeweiligen Prozentangaben beziehen sich auf die Umfrage von 1982, weil die letzte Befragung von 1983 eine valide Rekonstruktion dieser Gruppen nicht zuläßt. (Wie in der Einleitung erwähnt, handelte es sich 1983 nur um eine ad hoc angesetzte Kurzumfrage in Reaktion auf die Zuspitzung des Waldsterbens im Sommer 1983.)

Die folgende Auflistung der vier Gruppen charakterisiert die in ihnen vorherrschenden Einstellungen zu Kernenergie und Kohle und gibt die jeweilige Gruppenstärke in Prozent an:

(1) Gruppe A: Uneingeschränkte Kohlebefürwortung in Verbindung mit entschiedener Befürwortung der Kernenergie (13,8%).
(2) Gruppe B: Uneingeschränkte Kohlebefürwortung in Verbindung mit vorsichtiger Befürwortung der Kernenergie (23,5%).
(3) Gruppe F: Uneingeschränkte Kohleablehnung in Verbindung mit einer eher kernenergiebefürwortenden Haltung (14,6%).
(4) Gruppe G: Eingeschränkte bis uneingeschränkte Kohleablehnung in Verbindung mit einer entschiedenen Ablehnung der Kernenergie (6,9%).

Die in Abschnitt 4.1 getroffene Unterscheidung zwischen „traditionellem" und „neuen Kohledissens" wird durch diese Gruppen wie folgt repräsentiert:

„traditioneller Kohledissens": Gruppe B vs. Gruppe F,
„neuer Kohledissens": Gruppe A vs. Gruppe G.

Diese Unterscheidung wird der folgenden Darstellung zugrunde gelegt.

4.3 Auffassungen von Kohlebefürwortern und Kohlegegnern im „traditionellen Dissens" (1982)

Zwischen den beiden Kontrahentengruppen (B) und (F) im traditionellen Kohledissens gibt es hinsichtlich allgemeiner energiepolitischer Orientierungen kaum Differenzen. Dieses Ergebnis bestätigt die bereits aus der ersten Befragung gewonnene These, daß es sich bei beiden Gruppen um ein eher auf technologiespezifische Aspekte bezogenes Kohleurteil handelt. Auch in der allgemeinen Wertorientierung (Inglehart-Skala) unterscheiden sich Befürworter und Gegner kaum – allenfalls bemerkenswert ist der unterdurchschnittliche Anteil an Postmaterialisten bei den entschiedenen Kohlebefürwortern. Schließlich ist auch in der Parteipräferenz beider Befragtengruppen keine wesentliche Unterscheidung zu treffen.

In sozialstruktureller Hinsicht sind Unterschiede nur unter drei Aspekten erwähnenswert: die entschiedenen Kohlegegner sind überdurchschnittlich gebildet (Schulabschluß mit Abitur: 15,2% vs. 7,8% bei den Befürwortern), überdurchschnittlich konfessionslos (11,1% vs. 6%) und überdurchschnittlich männlichen Geschlechts (66,2% vs. 48,6%). Von diesen Merkmalen hat vor allem die Schulbildung grundsätzliche Bedeutung. Auch bei anderen Untergruppen der insgesamt befragten Personen geht ein Schulabschluß mit Abitur meist einher mit einer überdurchschnittlich kritischen Haltung gegenüber der Kohle.

Welches sind nun die wichtigsten Argumente dieser beiden Gruppen für ihre jeweilige Auffassung?

Die strikten Befürworter der Kohlenutzung nennen weitaus am häufigsten die vorhandenen Kohlevorräte und die damit mögliche Importunabhängigkeit gegenüber anderen Energieträgern; sodann wird die Schaffung von Arbeitsplätzen betont; und schließlich wird die Kohle gegenüber der Kernenergie insgesamt wie hinsichtlich des Risikos bevorzugt.

Die strikten Kohlegegner hingegen heben ausgesprochen häufig die Umweltfeindlichkeit der Kohle hervor, gefolgt von den beiden Annahmen, daß Kohle unrentabel oder zu teuer sei oder die Kohlevorräte begrenzt seien. Es herrscht also Dissens in den Dimensionen „Ressourcenverfügbarkeit", „Wirtschaftlichkeit", „Arbeitsplätze" und „Umweltverträglichkeit" sowie hinsichtlich des Vergleichs zur Kernenergie. Während jedoch die Umweltdimension für die Gegner von größter Bedeutung ist, halten die Befürworter sie für untergeordnet. Genau umgekehrt verhält es sich mit der Dimension „Arbeitsplätze".

Neben den etablierten Aspekten der Wirtschaftlichkeit und der Arbeitsplatzproblematik hat also auch im Rahmen des traditionellen Dissenses das Umweltthema seinen Platz. Es gilt allerdings zu beachten, daß „Umwelt" hier nicht im Sinne der Ökologiebewegung gemeint sein muß (vgl. den entsprechenden Hinweis in Abschnitt 4.1). Dagegen spricht auf Seiten der strikten Kohlegegner deren Haltung in der Kernenergiefrage (überdurchschnittlich viele Anhänger dieser Position sehen etwa keinerlei Probleme mit dem radioaktiven Abfall) und in der überdurchschnittlichen Inkaufnahme von Risiken und Umweltbelastungen bei der Nutzung nichtregenerativer Energieträger. Viel eher dürften hier die technologiespezifischen Belastungen (Schmutz, Staub) gemeint sein, mit denen die Nachteile gegenüber anderen Energieträgern herausgestrichen werden.

Wenn schon die Kohle genutzt wird, geben die traditionellen Kohlegegner – möglicherweise im Zusammenhang mit ihrer Auffassung von den begrenzten Vorräten – der Kohleveredlung den Vorzug, während sie die Verstromung nur stark unterdurchschnittlich für wünschenswert halten. Hinter dieser Einstellung steht das Argument, daß die Nutzung der Kohle nur zu rechtfertigen sei, wenn aus ihr Ersatz für Öl und Gas geschaffen wird, deren Vorräte zur Neige gehen. In der Gruppe der Kohlebefürworter entspricht die Verteilung der Prioritäten bezüglich der Nutzungsarten der Verteilung in der Gesamtstichprobe. Hier erscheint die Verheizung von gleicher Relevanz wie die Veredlung, während die Verstromung weniger oft genannt wird.

Dazu paßt auch die Beantwortung der Frage, ob die Kohle eher in Großkraftwerken oder in kleineren Heizkraftwerken eingesetzt werden solle. Die Befürworter der Kohle sprechen sich mehrheitlich für die kleineren Heizkraftwerke aus und haben hier nur hinsichtlich der Wirtschaftlichkeit Zweifel. Auch hierin stimmt diese Gruppe mit dem Gesamtsample überein. Die Kohlegegner hingegen sind sich nicht schlüssig und tendieren unter den Aspekten Umwelt, Risiko und Wirtschaftlichkeit für Großkraftwerke, unter den Aspekten Standortproblematik, Arbeitsplatzproblematik und Sozialverträglichkeit eher zu kleineren Kraftwerken. Bemerkenswert ist es, daß die Umweltbedenken der traditionellen Kohlegegner nicht ihrer Befürwortung großtechnologischer Nutzungsoptionen widersprechen – ein Gesichtspunkt, der im Gegensatz zur Beurteilung von (Energie-) Technologien im Kontext der neuen Konfliktlinie zwischen Industrialismus und Industrialismuskritik steht.

Wird nun unabhängig von anderen Nutzungsoptionen nach der Meinung der Befragten zur Veredlung (Verflüssigung und Vergasung) gefragt, äußern sich beide Gruppen weitaus eher positiv als negativ, wobei zu beachten ist, daß mehr als 30% hierzu keine Antwort gaben. Wie schon in der ersten Befragung ist das Thema Veredlung nicht sehr präsent.

Für die Veredlung spricht nach der Auffassung beider Gruppen am ehesten die Substitution von Gas und Öl, von weit geringerem Gewicht ist die angenommene Schaffung von Arbeitsplätzen.

Demgegenüber wird in beiden Gruppen der wichtigste Gesichtspunkt bei der Beurteilung der Kohleveredlung, nämlich die Wirtschaftlichkeit, mehr oder weniger kritisch beurteilt. Dissens herrscht in dieser Frage nur hinsichtlich des Standes der Veredlungstechnologie, die von den Befürwortern eher optimistisch, von den Gegnern einer verstärkten Kohlenutzung eher pessimistisch beurteilt wird. Interessanterweise spielen Umweltüberlegungen für beide Gruppen kaum eine Rolle und schlagen dabei weder für noch gegen die Veredlung aus. Dies trifft für die Bevölkerung insgesamt nicht zu, die hier eher negativ urteilt.

Auf die gezielte Frage nach möglichen Schwierigkeiten mit der verstärkten Kohlenutzung und speziell nach Umweltfolgen wird nun der traditionelle Dissens zwischen den Gruppen wieder deutlich. Während 23,7% der Befürworter keinerlei Schwierigkeiten erwarten, tun dies nur 4,6% der Gegner. Letztere sehen zu 70,5% Umweltprobleme, die Befürworter hingegen nur zu 44,6%.

Welches sind nun die Umweltfolgen, die von beiden Gruppen erwartet werden?

Befürworter und Gegner unterscheiden sich in der inhaltlichen Struktur ihrer Antworten nur wenig voneinander. Die am häufigsten genannten Folgen werden für die Natur im allgemeinen und für die Atmosphäre gesehen. Spezifische Folgen für die Flora (einschließlich der Wälder) wie für die Menschen und deren Gesundheit werden weitaus weniger häufig genannt (1982).

Soweit die Art der Belastung genannt wird, rangieren „Verschmutzung“ und „allgemeine Belastung“ mit mehr als 65% der Nennungen an erster Stelle. Zwar wird von den Kohlegegnern „Schwefel/Saurer Regen“ häufiger genannt als von den Befürwortern, aber sie entsprechen damit nur dem Bevölkerungsdurchschnitt (rund 10% der Nennungen). Auch in dieser Dimension sind die Differenzen zwischen beiden Gruppen nur graduell.

Schließlich unterscheiden sich die Kontrahenten im traditionellen Kohledissens auch nur wenig, was die Alternativen zur Kohle betrifft. Ähnlich wie im Gesamtsample werden hier regenerative Energieträger weitaus häufiger genannt als nicht-regenerative (etwa im Verhältnis 3 : 1)[3]. Mit Ausnahme der Kernenergie, die von den Kohlekritikern etwas häufiger genannt wird, weichen die beiden Gruppen auch im einzelnen nicht voneinander und vom Durchschnitt der Befragten ab. Die drei am häufigsten genannten Alternativen zur Kohle werden in Sonnen-, Wind- und Wasserenergie gesehen. Erst danach folgt im Gesamtsample und bei den Kohlegegnern die Kernenergie, während die Kohlebefürworter etwas häufiger noch als die Kernenergie das Gas nennen.

Zusammengefaßt läßt sich feststellen:

Innerhalb des traditionellen Dissenses wird die Frage der verstärkten Kohlenutzung vor allem unter den Gesichtspunkten

- der Wirtschaftlichkeit,
- der Arbeitsplatzproblematik,
- der Umweltproblematik,
- des Vergleichs mit der Kernenergie

betrachtet.

Dabei werden als Argumente *für* die Kohle hauptsächlich die Importunabhängigkeit und die Sicherung und Schaffung von Arbeitsplätzen sowie ihre Bevorzugung gegenüber der Kernenergie ins Feld geführt.

Als Argumente *gegen* die Kohle werden aus der traditionellen Betrachtungsweise heraus vor allem Umweltbelastungen sowie Zweifel an der Wirtschaftlichkeit genannt.

Die Tatsache, daß sich die traditionelle Kohlegegnerschaft das Umweltargument zu eigen gemacht hat, muß jedoch, wie die Untersuchung gezeigt hat, als technologiespezifisch, nicht im generellen Sinn der Ökologiebewegung gesehen werden (vgl. Abschnitt 4.1).

Hinsichtlich der Nutzungsoptionen für die Kohle und der Abschätzung von möglichen Schwierigkeiten und negativen Folgen sind die Differenzen im traditionellen Dissens nur graduell; im Kontext energiepolitischer Abwägungen finden sich erst recht keine Unterschiede.

4.4 Die Meinungsbildung im „neuen Kohledissens“ (Befragung 1982)

Kennzeichnend für den neuen Kohledissens ist, daß die Beurteilung von Kohle und Kernenergie parallel verläuft: Entweder werden beide nicht-regenerativen Energieträger befürwortet (Position A in Abschnitt 4.2) oder es werden beide abgelehnt (Position G). Es handelt sich hier tendenziell um den Gegensatz zwischen einer die industrielle Entwicklung befürwortenden Haltung einerseits und der Industrialismuskritik auf der anderen Seite (vgl. Kapitel 2).

Schon die energiepolitischen Auffassungen beider Gruppen sind höchst kontrovers (Tabelle D-4). Im Gegensatz zur traditionellen Kontroverse um die Kohle ist

3 Die allgemein große Sympathie in der Bevölkerung für regenerative Energieträger ist inzwischen mehrfach dokumentiert worden; vgl. u.a. [Renn 1981, Bd. I, S. 31].

Tabelle D-4. Energiepolitische Gegensätze im „neuen Kohledissens"[a] (in v. H.)

Beurteilte Stellungnahmen	Kohlebefürworter		Kohlegegner	
	entschiedene Zustimmung	entschiedene Ablehnung	entschiedene Zustimmung	entschiedene Ablehnung
Verstärkter Einsatz von Kohle und Kernenergie	75,0	0,0	4,8	31,5
Straffung der Genehmigungsverfahren für Kernkraftwerke	47,8	2,8	4,0	46,0
Energiewirtschaft behindert neue Energiearten	8,8	16,5	41,1	4,0

[a] Es wurden zur Verdeutlichung nur die „entschiedenen" Stellungnahmen berücksichtigt

die neue Kontroverse zudem durch ein inverses Verhältnis von Wertprioritäten gekennzeichnet. Während die Kohlebefürworter (Position A) mit 44,9% überdurchschnittlich „materialistisch" orientiert sind, finden sich unter den hier betrachteten Kohlegegnern (Position G) weit überdurchschnittlich viele „Postmaterialisten" (46,3%; im Gesamtsample: 16,8%).

Auch in der Parteipräferenz reproduziert sich dieser grundlegende Dissens: 65,8% CDU-Anhänger bei den Kohlebefürwortern stehen 70,6% SPD- und Grünen-Anhängern bei den industrialismuskritischen Kohlegegnern gegenüber (davon allein 30,6% Anhänger der Grünen; im Gesamtsample: 7,6%).

Bezieht man die sozialstrukturellen Differenzen beider Gruppen ein, findet man ähnlich wie im Rahmen des traditionellen Dissenses zunächst die Schulbildung als Einflußfaktor wieder: die Kohlegegner haben auch hier häufiger als die Befürworter einen Schulabschluß mit Abitur. Ebenfalls, im Zusammenhang damit, finden wir wieder einen überdurchschnittlichen Anteil an Konfessionslosen unter den Kohlegegnern. Während die traditionellen Kohlegegner jedoch überdurchschnittlich männlichen Geschlechts sind, trifft auf die neuen Kohlekritiker das Gegenteil zu. Demgegenüber entspricht die Geschlechtszugehörigkeit der Kohlebefürworter in beiden Dissens-Dimensionen dem Durchschnitt.

Neben den drei sozialstrukturellen Aspekten, die auch für den traditionellen Widerspruch zur Kohle relevant waren, haben für den neuen Kohledissens auch die berufsbedingte Funktion sowie die Altersstruktur Bedeutung. Während die Befürworter der Kohle hier weitgehend dem Bevölkerungsdurchschnitt entsprechen, finden sich auf Seiten der Gegner überdurchschnittlich viele Befragte der Altersgruppe von 18 bis 35 Jahren und zugleich überdurchschnittlich viele Angehörige menschen- und gesellschaftsbezogener Berufe (wie etwa im Sozial- und Gesundheitsbereich Tätige, Lehrer etc.). Dies findet seinen weiteren Rahmen in der Tatsache, daß 32,7% der Kohlegegner (Position G) der oberen Schicht der neuen Mittelklasse (Angestellte, Beamte u. ä.) zuzurechnen sind (Gesamtsample: 19,8%). Angehörige der technisch-wissenschaftlichen Berufe sind bei ihnen hingegen unterrepräsentiert.

Mit den so umrissenen Charakteristika (höhere Schulbildung, Jugend, Konfessionslosigkeit, Produktionsferne der Berufstätigkeit) findet man für die grundsätzlichen Kohlegegner die Ergebnisse bestätigt, die bereits aus der Befragung von 1980 gewonnen wurden [Frederichs, Bechmann, Gloede 1983].

Die wichtigsten Argumente der Kontrahenten im neuen Kohledissens gehen zu einem Teil mit jenen konform, die die traditionellen Kontrahenten vorbringen: Auf seiten der Befürworter werden vorhandene Kohlevorräte und Importunabhängigkeit sowie die Schaffung von Arbeitsplätzen angeführt, von den Gegnern die „Umweltfeindlichkeit" der Kohle sowie der Hinweis auf die Begrenztheit der Kohlevorräte. Starker Dissens besteht ferner in der Frage der Wirtschaftlichkeit der Kohlenutzung.

Im Unterschied zur traditionellen Kontroverse wird von den grundsätzlichen Befürwortern die Veredlung als wichtiges Argument erachtet; und auf seiten der Gegner wird durch die Auffassung, Kohle sei besser als Kernenergie, der bereits aus der ersten Befragung bekannte „Kohle-Bonus" deutlich [Frederichs, Bechmann, Gloede 1983], der mit dem bedingten JA zur Kohlenutzung der Umweltschutzverbände übereinstimmt (vgl. Kapitel 1).

Schließlich herrscht ein Widerspruch zwischen beiden Gruppen in der Beurteilung der regenerativen Energieträger, der im traditionellen Dissens praktisch nicht auftritt. Die industrialistisch orientierten Kohlebefürworter ziehen als einzige Gruppe unter den Befragten die Kohle den Regenerativen vor, während die Gegner letzteren (natürlich) den Vorzug geben.

Während die Kohlebefürworter in der Frage der Nutzungsoptionen etwa wie der Durchschnitt der Befragten votieren, mit leichtem Akzent auf der Verstromung, liegt die Sympathie der industrialismuskritischen Kohlegegner überdurchschnittlich bei der Verheizungsperspektive.

Dies schlägt bei der Frage, ob die Kohle in Großkraftwerken oder in kleineren Heizkraftwerken eingesetzt werden soll, voll durch. Die Kohlegegner entscheiden sich unter allen Aspekten für die kleineren Heizkraftwerke, nur in der Frage der Wirtschaftlichkeit sind sie unentschieden. Ihr diesbezügliches Votum hat große Ähnlichkeit mit dem der traditionellen Kohlebefürworter, ist insgesamt jedoch entschiedener.

Die industrialistisch orientierten Kohlebefürworter hingegen befürworten wiederum als einzige Bevölkerungsgruppe mehrheitlich die Option der Großkraftwerke. Einzig unter den Aspekten der Sozialverträglichkeit und der Arbeitsplätze neigen sie eher den kleineren Heizkraftwerken zu.

Geringer noch als im traditionellen ist im neuen Kohledissens die Präsenz des Veredlungsthemas. Dies gilt hier vor allem für die Kohlekritiker, von denen 46% keine Antwort gaben bzw. keine Meinung hatten. Weitere 12,1% der Kritiker lehnten die Kohleveredlung ab, während ihr immerhin 43,4% eher positiv gegenüberstehen. Bei den Kohlebefürwortern sind dies hingegen 47,8%, denen nur 7,6% ablehnende Stimmen entsprechen.

Man kann dennoch feststellen, daß bezüglich der Veredlung sowohl im traditionellen wie im neuen Dissens die Widersprüche nicht sehr ausgeprägt sind. So ist es bezeichnend, daß selbst die grundsätzlichen Kohlekritiker unter dem Aspekt der Umweltproblematik eine unentschiedene Haltung gegenüber der Veredlung einnehmen. Damit ist zugleich gesagt, daß die von Öko-Instituten und den Grünen vorgebrachten Bedenken gegen eine großtechnologische Veredlungsstrategie bis 1982 noch keine große Resonanz gefunden haben, auch bei denen nicht, die im übrigen einer industrialismuskritischen Sichtweise zuneigen.

Eindeutig sind die Gegensätze wiederum in der Frage nach den erwarteten Schwierigkeiten und möglichen Umweltfolgen. Während rund 25% der Befürworter keinerlei Schwierigkeiten und Probleme mit der Kohle sehen, sind dies bei den Gegnern nur etwa 12%. Entsprechend komplementär verhält es sich mit den erwarteten Umweltbelastungen.

Charakteristisch für den neuen Dissens ist es, daß sich die industrialistischen Kohlebefürworter gegenüber dem Bevölkerungsdurchschnitt dadurch auszeichnen, daß sie besonders selten Folgen für die Menschen und deren Gesundheit erwarten, während die entsprechende Quote bei den Kritikern deutlich überdurchschnittlich ausfällt. Ebenso, daß die Kritiker deutlich überdurchschnittlich Folgen für Wälder, Wiesen und Ackerland absehen. Dies unterscheidet sie von den traditionellen Kohlekritikern. Unterstrichen wird diese Tendenz noch durch die Antworten auf die Frage nach der Art der erwarteten Belastungen. Immerhin 22% der Kritiker nennen hier bereits im Mai 1982 „Schwefel/Saurer Regen", während dies bei den Befürwortern nur 6,7% tun. Wenn also auch bei den industrialismuskritisch orientierten Kohlegegnern das Thema „Waldsterben/Saurer Regen" nicht an erster Stelle genannt wurde, geben sie ihm doch deutlich mehr Gewicht als der Rest der Bevölkerung, einschließlich der traditionellen Kohlekritiker (Gesamtsample 1982: 7,0%). Es ist daher sicher nicht falsch, dieses Problem eher als Bestandteil des neuen als des „alten" Kohledissenses anzusehen.

Auf seiten der grundsätzlichen Befürworter herrscht bei der Suche nach Alternativen zur Kohle die relativ geringste Sympathie für regenerative Energieträger, während sie bei den Kritikern um 20 Prozentpunkte höher liegt. Im traditionellen Dissens betrug die Differenz nur vier Prozentpunkte. Insbesondere die Windenergie wird von den Kritikern überdurchschnittlich häufig genannt.

Umgekehrt liegen die Verhältnisse bei den nicht-regenerativen Energieträgern. Die Kohlebefürworter nennen sie viermal so häufig wie ihre Kontrahenten.

Trotz der allgemein großen Sympathie für regenerative Energieträger in der Bevölkerung läßt sich also im neuen Kohledissens auch in dieser Dimension ein Gegensatz nachzeichnen, der für die traditionelle Widerspruchsfront nicht zu finden war.

Ebenso wie im traditionellen Dissens sowohl traditionelle wie neue Aspekte der Kohlenutzung zur Meinungsbildung beitragen, spielen auch im neuen Dissens Wirtschaftlichkeit, Arbeitsplatzproblematik und Importunabhängigkeit eine wichtige Rolle. Die industrialismuskritische Kohlekritik verbindet jedoch mit dem neuen Argument der Umweltfeindlichkeit das der Ressourcenknappheit, den Vergleich zur Kernenergie und zu regenerativen Energieträgern und gibt ihm damit eine systematische, generalisierte Bedeutung. Dies schlägt sich unter anderem deutlich in der überdurchschnittlichen – und zum Zeitpunkt der Befragung frühen – Problematisierung des Themas „Waldsterben/Saurer Regen" nieder, die von keiner anderen Befragtengruppe geteilt wurde.

Vor dem Hintergrund der den neuen Kohledissens auszeichnenden Widersprüche im energiepolitischen Bereich und in den Bereichen von Parteipräferenz und Wertprioritäten gewinnt auch die Frage der Zentralisierung der Energieversorgung im

Tabelle D-5. „Traditioneller“ und „neuer Kohledissens“ und ihre Begründungskontexte[a]

Dimension der Urteilsbildung	Traditioneller Kohledissens		Neuer Kohledissens	
	Befürwortung Position B[b]	Gegner Position F[b]	Befürwortung Position A[b]	Gegner Position G[b]
Beurteilung der Kernenergie	durchschnittliche Befürwortung	überdurchschnittliche Befürwortung	überdurchschnittliche Befürwortung	überdurchschnittliche Ablehnung
Energiepolitische Haltungen	kaum Differenzen		gegensätzlich[c]	
Werthaltungen	kaum Differenzen		gegensätzlich	
Parteipräferenzen	kaum Differenzen		gegensätzlich	
Sozialstrukturelle Verankerung	etwa durchschnittlich	mehr Männer mehr Abitur mehr Konfessionslose	etwa durchschnittlich	mehr Frauen mehr Abitur mehr Konfessionslose mehr Junge mehr gesellschaftlich bezogene Berufe
Argumente zur verstärkten Kohlenutzung	Importunabhängigkeit Arbeitsplätze besser als KE	umweltfeindlich unrentabel begrenzte Vorräte	Importunabhängigkeit Arbeitsplätze Veredlung besser als Regenerative	umweltfeindlich begrenzte Vorräte besser als KE schlechter als Regenerative
Großkraftwerke oder kleinere Heizkraftwerke	eher Heizkraftwerke	unentschieden	eher Großkraftwerke	entschieden für Heizkraftwerke
Veredlung	geringe Präsenz des Themas			
	kaum Unterschiede, eher positive Beurteilung		eher positive Beurteilung	mehr Kritik
Schwierigkeiten/ Umweltfolgen	inhaltlich kaum Differenzen	allgemein größere Problematisierung		allgemein größere Problematisierung, mehr Thematisierung von Saurem Regen/ Waldsterben
Alternativen zur Kohle	kaum Unterschiede, generelle Sympathie für Regenerative		weniger Sympathie für Regenerative, mehr Sympathie für nicht-Regenerative	mehr Sympathie für Regenerative, weniger für nicht-Regenerative

[a] Bei Vergleichen wird auf die Werte des Gesamtsamples (repräsentative Durchschnittswerte) Bezug genommen.

neuen Dissens größere Bedeutung als im traditionellen. Es liegt auf der Linie der industrialismuskritischen Orientierung, dezentralisierten kleineren Heizkraftwerken eindeutig den Vorrang vor Großkraftwerken einzuräumen.

In Tabelle D-5 sind noch einmal systematisch die unterschiedlichen Begründungszusammenhänge der beiden diskutierten Frontstellungen zur Kohle einander gegenübergestellt.

Ganz offenkundig orientiert sich der traditionelle Dissens nicht an grundsätzlichen Fragen, und auch in den einzelnen Aspekten der Kohlenutzung sind die Unterschiede eher gradueller Natur. Demgegenüber sind die Gegensätze im neuen Dissens krasser, mit Ausnahme der Veredlungsthematik. Insbesondere auf seiten der Kritiker handelt es sich um eine generalisierte Urteilsbildung, die namentlich der Umweltthematik einen ganz anderen Stellenwert gibt, als es auf seiten der traditionellen Kohlekritiker geschieht. Gleichwohl stellt die Umweltthematik den wichtigsten Berührungspunkt beider Kritikströmungen dar, wie sich an den aktuellen Koalitionsbildungen zwischen traditionellen Naturschützern und neuer Ökologiebewegung inzwischen deutlich zeigt.

5 Medienberichterstattung über Kohlenutzung und Energiepolitik

Nehmen die Medien in der Bundesrepublik Deutschland in ihrer Berichterstattung über die Kohle jene Aspekte und politischen Bezüge der Kohlediskussion in der energiepolitischen Arena und in der Bevölkerung auf, die oben als „traditioneller Dissens“ und „neuer Dissens“ bezeichnet wurden?

Es wurden drei Tageszeitungen (Frankfurter Allgemeine Zeitung, Frankfurter Rundschau, Bild-Zeitung) sowie zwei Wochenperiodika (Spiegel, Stern) in die Analyse einbezogen. Untersuchungszeiträume waren sechs Halbjahre (2/77, 1/78, 2/79, 1/80, 2/81, 1/82), für die sämtliche Artikel erhoben und ausgewertet wurden, in denen „Kohle“ und „Kohlenutzung“ angesprochen waren. Als Gesamtsample der Medienanalyse ergaben sich damit 2695 Artikel, deren Inhalt auf eine Berücksichtigung verschiedenster sachlicher Aspekte von Kohlenutzung sowie auf die Repräsentanz von energiepolitischen Positionen und allgemeinen Werthaltungen hin untersucht wurde.

Zur Überprüfung der Frage, welchen Einfluß die seit der Jahreswende 1982/83 verstärkt in den Medien behandelte Problematik des „Waldsterbens“ auf die Kohleberichterstattung hat, wurden nachträglich sämtliche Artikel in den fünf genannten Periodika erhoben und analysiert, die in den Monaten 3 bis 6/83 erschienen sind und Kohlenutzung und/oder „Waldsterben/Saurer Regen“ thematisieren. Hierbei handelt es sich um 420 Artikel. In 272 dieser Artikel wird „Kohle“ entsprechend dem Erhebungskriterium der Hauptuntersuchung thematisiert (vgl. Abschnitt 5.2.2).

Das der Hauptuntersuchung zugrunde gelegte Kategorienschema umfaßt drei Bereiche:

I. Formale Daten,
II. Sachliche Probleme der Kohlenutzung („Nutzungsaspekte"),
III. Energiepolitische Haltungen und Werthaltungen (ausführlich dokumentiert in [Gloede 1982, S. 58ff]).

Die nähere Untergliederung dieser drei Bereiche ist stichwortartig der Tabelle D-6 zu entnehmen.

Für die Nachuntersuchung wurde das Kategorienschema um einen Abschnitt erweitert, der die Darstellung von Ursachen und Folgen des „Waldsterbens" sowie die Problematik verschiedener Gegenmaßnahmen und ihrer Beurteilung erfaßt. In der Tabelle D-6 wurde die Erweiterung noch nicht berücksichtigt, weil ein Vergleich mit der Hauptuntersuchung nicht möglich ist. Auf die Ergebnisse der Nachuntersuchung wird im Rahmen der vorliegenden Darstellung daher auch nur insoweit eingegangen, als sie die Aussagen der Hauptuntersuchung zur energiepolitischen Behandlung der Kohle in der Presse betreffen.

Die erhobenen Artikel der Hauptuntersuchung mußten nur die Bedingung erfüllen, „Kohle" in irgendeiner Weise anzusprechen. Tatsächlich ist der Thematisierungsgrad[1] von Kohlenutzung bei 56,3% dieser Artikel gering, d.h. die Thematik wird hier auf weniger als 10% der Artikelfläche behandelt (vgl. Tabelle D-6, Teil I).

Um die Besonderheiten der Kohleberichterstattung gegenüber den übrigen energiepolitischen, -wirtschaftlichen und -technischen Themen im Gesamtsample deutlicher herauszuarbeiten, wurden jene 366 Artikel gesondert untersucht, in denen dem Thema besonders viel Raum gewidmet ist. Es wurde dazu ein Index gebildet, der die verfügbaren Angaben über Artikelumfang und Thematisierungsgrad von „Kohle" kombiniert [vgl. Gloede 1982, S. 16ff]. Ein Artikel dieser Gruppe, die im folgenden „Kohle-Artikel" genannt werden sollen, räumt dem Thema Kohle durchschnittlich fünfmal so viel Platz ein wie ein Artikel im Gesamtsample, spricht zugleich aber nur doppelt so viele Aspekte (9,8) des Themas an. In ihnen erfolgt die Behandlung des Themas also nicht nur extensiver, sondern auch intensiver bzw. ausführlicher. In den 366 „Kohle-Artikeln" (= 13,6% des Gesamtsamples) sind 61,6% der unmittelbaren Thematisierung von Kohlenutzung im Gesamtsample erfaßt.

Für die Artikel des Frühjahrs 1983 können entsprechende Feststellungen getroffen werden.

5.1 Allgemeine Charakteristika der Kohleberichterstattung

Tabelle D-6 gibt in den Teilen II und III eine vergleichende Übersicht über die Thematisierungsdichte (D) der untersuchten Dimensionen von Kohlenutzung und energiepolitischen Haltungen wie Werthaltungen (D = Nennungen der Dimension in v.H. der Artikel) sowie über die Thematisierungsstruktur (Einzelaspekte in v.H. der

1 „Thematisierungsgrad" wurde definiert als Anteil der Artikelfläche, in dem Kohlenutzung unmittelbar thematisiert wurde. Es wurden drei Grade unterschieden.

Nennungen je Dimension). Zusätzlich werden die Ergebnisse der Nachuntersuchung für jene 272 Artikel wiedergegeben, die „Kohle“ ansprechen, also dem Erhebungskriterium der Hauptuntersuchung entsprechen.

Grob betrachtet, sind die Unterschiede zwischen Gesamtsample und Kohleartikeln hinsichtlich der *Thematisierungsdichte* (D) der angesprochenen Nutzungsdimensionen (Teil II von Tabelle D-6) nicht sehr groß. Abgesehen von der allgemein höheren Thematisierungsdichte in den Kohleartikeln stehen in beiden Artikelgruppen Einsatzmöglichkeiten, technisch-organisatorische und ökonomische Aspekte der Kohlenutzung im Vordergrund. Ökologische und sozio-politische Voraussetzungen und Folgen machen in beiden Artikelgruppen gleichermaßen nur etwa 16% aller thematisierten Nutzungsaspekte aus[2]. Daran hat sich auch 1983 grundsätzlich nichts geändert. Die häufigere Thematisierung des ökologischen Bereichs geht einher mit einer geringeren Thematisierung des sozio-politischen Bereichs.

Tabelle D-6. Formale Strukturen, Themenstrukturen und Thematisierungsdichten (D) von „Kohle-“ und „industrialismuskritischen“ (IK)-Artikeln im Vergleich zum Gesamtsample (in v.H. der Nennungen bzw. in v.H. der Artikel)

	Gesamtsample N=2695	„Kohle-Artikel“ N=366	IK-Artikel N=42	Nacherhebung 3–6/83 N=272
I. Formale Daten (in % der Artikel)				
Medium				
FAZ	47,7	54,9	19,0	50,0
FR	35,2	35,2	52,4	33,1
Spiegel	8,4	5,7	16,7	9,6
Stern	3,3	0,6	11,9	3,3
Bild	5,5	3,6	–	4,0
Jahr				
1977	13,2	12,6	11,9	–
1978	9,9	6,8	7,1	–
1979	24,8	29,2	26,2	–
1980	18,5	18,9	31,0	–
1981	19,6	18,9	21,4	–
1982	14,1	13,7	2,4	–
Umfang				
kurz	33,3	–	7,1	42,7
mittel	42,1	56,0	35,7	34,9
lang	24,6	44,0	57,1	22,4
Produzent				
Zeitung	82,3	91,0	73,8	76,5
Agentur	12,7	4,6	4,8	9,2
Sonstige	5,0	4,4	21,4	14,3

2 Vgl. Tabelle D-6; die Dichtewerte des ökologischen und des sozio-politischen Bereichs werden jeweils bezogen auf die Summe der Dichtewerte aller sachlichen Aspekte von Kohlenutzung.

Tabelle D-6. (Fortsetzung)

	Gesamt-sample N=2695	„Kohle-Artikel" N=366	IK-Artikel N=42	Nacher-hebung 3–6/83 N=272
Formaler Charakter				
Nachricht	51,8	45,6	26,2	49,6
Kommentar	6,0	8,5	9,5	5,9
Berichte etc.	38,2	43,7	52,4	36,0
Interviews	2,2	1,4	9,5	1,8
Leserbriefe	1,8	0,8	2,4	6,6
Situierung				
Titelgesch./Titelseite	9,3	6,3	9,4	4,0
Sonstige	90,7	93,7	90,6	96,0
Ressort				
Politik	29,5	18,9	53,1	26,5
Wissenschaft	47,2	60,4	6,3	44,9
Wiss./Technik	5,4	6,8	6,3	1,1
Regionales/Lokales	3,4	4,6	3,1	4,0
Sonstiges	14,6	9,3	31,3	23,5
Thematisierungsgrad von Kohlenutzung (in v. H. der Artikelfläche)				
groß (F > 50%)	23,0	73,5	2,4	28,9
mittel (50% > F > 10%)	20,7	26,5	22,0	21,9
klein (10% > F)	56,3	–	75,6	49,3
Thematischer Fokus[a]				
Energiepolitik	35,2	39,2	35,7	18,3
Energiewirtschaft	20,8	25,8	7,1	30,3
Wiss.-technische Entwicklung	6,9	11,5	7,1	2,5
Umweltbelastung	6,2	6,6	19,0	20,0
Akzeptanzprobleme	3,7	3,3	15,5	0,6
Standortkonflikte	0,8	1,2	2,4	–
Sonstiges	26,4	12,4	13,1	28,3
	D = 134,6	D = 156,8	D = 200,0	D = 132,4
Erwähnte Energieträger				
Kohle	(wird entsprechend Auswahlkriterium immer thematisiert)			
Kernenergie	20,5	19,4	25,0	21,9
Öl	24,4	25,4	16,0	21,2
Gas	12,7	13,7	8,3	12,5
Regenerative	5,8	4,2	8,3	5,7
Strom	18,7	22,2	16,0	22,7
Fernwärme	3,6	4,4	6,9	7,5
Neue	5,4	4,4	6,9	5,0
„Einsparen"	8,8	6,3	12,5	3,5
	D = 189,8	D = 235,2 (ohne Kohle)	D = 342,9	D = 147,4

[a] Da die Artikel meist mehr als einen thematischen Fokus ihrer Darstellung haben, sind die Thematisierungsdichten (D) hier > 100% der Artikelzahlen. Die Prozentwerte für die einzelnen Foki beziehen sich demgegenüber auf die Gesamtzahl aller Fokusnennungen. Entsprechendes gilt für die „Erwähnung von Energieträgern"

Tabelle D-6. (Fortsetzung)

	Gesamt-sample N=2695	„Kohle-Artikel" N=366	IK-Artikel N=42	Nacher-hebung 3–6/83 N=272
II. Sachliche Probleme der Kohlenutzung				
Einsatzmöglichkeiten				
Raumwärmeerzeugung	6,3	6,4	7,5	18,0
Verstromung	23,0	25,2	25,4	41,3
Veredlung allgemein	10,0	17,3	10,4	6,2
Verflüssigung	8,4	14,4	6,0	4,2
Vergasung	6,9	12,3	6,0	4,5
Nichtenergetischer Einsatz	7,5	8,6	1,5	10,7
Einsatzmöglichkeiten unspezifisch	38,1	16,2	43,3	15,2
	D=146,2	D=251,6	D=159,5	D=130,9
Technisch-organisatorischer Bereich				
Energetische Infrastruktur	19,1	18,7	23,7	12,2
Stand der Energietechnik	15,8	19,2	16,9	15,8
Zentralisierungsgrad	3,9	4,7	6,8	4,1
Kohleproduktion und -beschaffung	39,7	31,8	32,2	40,1
Wirkungsgrad	3,4	5,3	3,4	5,0
Arbeitskräfte im Bergbau	6,5	6,9	5,1	1,8
Umstellungsaufwand	2,6	3,1	6,8	4,2
Sonstige organis.-technische Fragen	9,1	10,3	5,1	18,0
	D=128,4	D=282,0	D=140,5	D=81,6
Ökonomischer Bereich				
Energiepreis	15,1	14,5	15,4	19,1
Rentabilität	11,8	15,0	7,7	11,5
Investitionen	13,9	16,8	2,6	7,1
Arbeitsmarkt	7,7	7,0	17,9	13,4
Zahlungsbilanz	5,7	4,3	5,1	2,1
Versorgungsssicherheit	14,5	14,8	23,1	5,2
Subventionen	12,3	12,0	7,7	7,6
Technologieexport	2,7	3,0	–	3,9
Sonstige ökonomische Probleme	16,3	12,6	20,5	30,1
	D=120,2	D=290,4	D=92,9	D=140,4
Ökologischer Bereich				
Ökologische Effekte	31,6	31,3	40,0	7,8
Natürliche Umwelt	25,3	28,2	28,6	61,0
Klima	7,1	5,3	14,3	1,3
Menschen	10,2	14,4	8,6	8,4
Beschäftigte	13,9	12,7	8,6	13,6
Unfälle	11,9	7,6	–	7,8
	D=36,1	D=79,5	D=83,3	D=56,6
Sozio-politischer Bereich				
Akzeptanzprobleme	16,6	20,9	36,0	9,5
Energie-Recht	32,0	37,2	16,0	37,8
Ethik	7,1	6,4	20,0	5,4
Wirtschaftsordnung	16,6	15,9	8,0	5,4
Sonstige Probleme	27,7	19,6	20,0	41,9
	D=40,2	D=80,9	D=59,2	D=27,2

Tabelle D-6. (Fortsetzung)

	Gesamt-sample N=2695	„Kohle-Artikel“ N=366	IK-Artikel N=42	Nacher-hebung 3–6/83 N=272
III. Energiepolitische Einstellungen und Werthaltungen				
Energieangebot und Nachfrage				
Erhöhung	39,3	56,1	17,9	53,1
Erhöhung/Sparen	20,0	18,4	7,1	–
Sparen/Regenerative	40,7	25,5	75,0	46,9
	D=23,4	D=26,8	D=66,7	D=11,8
Prioritäten bei Energieträgern				
Weg vom Öl	32,0	31,3	33,3	15,1
Vorrang Kohle	35,4	49,3	25,6	47,7
Vorrang KE	17,3	11,6	15,4	25,6
Vorrang Regenerative	3,7	0,6	17,9	5,8
Kombination	11,6	7,2	7,7	5,8
	D=54,5	D=98,6	D=92,9	D=31,6
Haltung zur Kernenergie				
unspezifiziert für KE	44,0	45,9	22,8	19,0
modifiziert für KE	21,8	27,0	18,5	44,0
modifiziert gegen KE	12,8	9,9	19,6	31,0
unspezifiziert gegen KE	21,4	17,1	39,1	6,0
	D=57,1	D=60,7	D=219,0	D=30,9
Sicherung der Energieversorgung				
durch technologische Mittel	59,7	61,7	66,7	37,9
durch ökonomische Mittel	18,8	21,0	6,7	27,6
durch politische Mittel	18,5	15,6	26,7	34,5
durch militärische Mittel	3,0	1,8	–	–
	D=27,6	D=45,6	D=35,7	D=10,7
Haltung zum wiss.-techn. Fortschritt				
+ +	60,6	69,6	25,0	51,9
+ –	19,0	16,3	22,2	34,6
– +	16,5	12,8	37,5	13,5
– –	3,9	1,3	15,3	–
	D=43,7	D=62,0	D=171,4	D=19,1
Haltung zu Formen der politischen Willensbildung				
Straffung!	32,9	32,7	6,0	42,9
Reichen aus!	10,3	10,2	4,0	14,3
Ausgleich!	37,3	38,8	52,0	28,6
Alternative Formen	19,4	18,4	38,0	14,3
	D=15,1	D=13,4	D=119,0	D=2,6
Allgemeine Werthaltungen				
Wirtschaftliches Wachstum	35,1	35,8	10,1	31,5
Materielle Sicherung	30,0	34,9	17,7	18,1
Sicherheit/Ordnung	3,7	2,0	3,2	0,7
Rechte/Freiheiten	6,4	3,9	14,6	5,4
mehr Lebensqualität	14,3	11,4	21,5	10,7
ökologisches Gleichgewicht	10,4	12,0	32,9	33,6
	D=108,3	D=125,1	D=376,2	D=54,8

Dieser Tatbestand deutet bereits auf eine relativ geringe „Politisierung“ der Kohleberichterstattung im Untersuchungszeitraum hin. Deutlicher wird dieses grundlegende Charakteristikum, wenn man den energiepolitischen Kontext der Artikelinhalte berücksichtigt, in dem die Behandlung der Nutzungsaspekte von Kohle jeweils steht. Als Index für den spezifischen Politisierungsgrad der Berichterstattung kann man die Zahl der durchschnittlich angesprochenen Nutzungsaspekte (Teil II von Tabelle D-6) auf die Zahl der durchschnittlich angesprochenen energiepolitischen Stellungnahmen und Werthaltungen (Teil III von Tabelle D-6) in den Artikelgruppen beziehen. Auf jeweils zehn solcher Nutzungsaspekte kommen in den Artikeln des Gesamtsamples sieben, in den Kohleartikeln nur etwa vier energiepolitische Stellungnahmen oder Werthaltungen. Demgegenüber entfielen in den an anderer Stelle untersuchten „Kernenergie-Artikeln“ des Gesamtsamples (Artikel im Gesamtsample, die vornehmlich Kernenergie thematisieren (vgl. [Gloede 1982, S. 17f]) auf zehn Nutzungsaspekte 16, in den später zu behandelnden „Industrialismuskritik-Artikeln“ (vgl. Abschnitt 5.3; zum Datenüberblick für diese Artikelgruppe: siehe ebenfalls Tabelle D-6) gar 20 energiepolitische Stellungnahmen und Werthaltungen. Auch 1983 liegt der entsprechende Indexwert der Kohleartikel deutlich unter dem des Gesamtsamples und dieser wiederum unter dem der Kernenergie-Artikel.

Für die weitere Interpretation der *Thematisierungsstruktur* in der Kohleberichterstattung ist der Vergleich zwischen Gesamtsample und Kohleartikeln systematisch herangezogen worden. Insoweit hier die Kohleartikel vom Gesamtsample abweichen, können diese Abweichungen als Charakteristika der Behandlung des Kohlethemas verstanden werden, die im Gesamtsample wegen der gleichzeitigen Behandlung anderer energiepolitischer Fragen nicht so klar in Erscheinung treten.

Dieser Vergleich bringt kurz gefaßt folgende Ergebnisse (vgl. wiederum Tabelle D-6): Stärker als im Gesamtsample stehen in den Kohleartikeln Fragen der Veredlung, des Standes der Energietechnologie und des Wirkungsgrads der Kohleumwandlung im Vordergrund. Flankiert wird dies durch eine entsprechend überdurchschnittliche Behandlung der einzelwirtschaftlichen Rentabilität und der Investitionsanforderungen sowie energierechtlicher Fragen.

Eine dergestalt akzentuierte Kohleberichterstattung erhält schließlich ihren Hintergrund durch die Tatsache, daß etwa 55% der untersuchten Kohleartikel aus der FAZ stammen bzw. rund 60% aus den Wirtschaftsressorts der einbezogenen Periodika. Solche Eigenschaften der Artikel, die auf einen Bezug zu einem breiteren Leserpublikum hinweisen, sind dagegen nur unterdurchschnittlich repräsentiert (Situierung auf der Titelseite, Interviews und Leserbriefe, Herkunft aus Stern und Bild-Zeitung).

Der energiepolitische Kontext, aus dem heraus die beschriebene Behandlung in den Kohleartikeln erfolgt, ist wesentlich bestimmt durch die überdurchschnittliche Repräsentation „harter“ [3] energiepolitischer Positionen in den Dimensionen „Energieangebot und -nachfrage“, „Haltung zur Kernenergie“ und „Haltung zum wissenschaftlich-technischen Fortschritt“ (Tabelle D-7), die übrigens auch die „Kernener-

3 Zu dem in der energiepolitischen Diskussion verwandten Begriffspaar „hart“ und „sanft“ [Kitschelt 1982, S. 174ff; Wiesenthal 1982, S. 54f] siehe den Bericht der Enquête-Kommission des Deutschen Bundestages „Zukünftige Kernenergie-Politik“ [Enquête-Kommission 1980, S. 46].

Tabelle D-7. „Harte“ und „sanfte“ energiepolitische Haltungen in „Kohleartikeln“ und im Gesamtsample (dichotomisiert)[a]

	Haltung zur Erhöhung des Energieangebots		Haltung zur Kernenergie		Haltung zum technisch wissenschaftlichen Fortschritt	
	Kohleartikel	Gesamtsample	Kohleartikel	Gesamtsample	Kohleartikel	Gesamtsample
eher positiv	65,3 (60,0)	49,3 (53,1)	72,9 (53,4)	65,8 (63,0)	85,9 (83,3)	79,6 (86,5)
eher kritisch	34,7 (40,0)	50,7 (46,9)	27,1 (46,6)	34,2 (37,0)	14,1 (16,7)	20,4 (13,5)

[a] In Klammern die entsprechenden Prozentwerte aus der Nachuntersuchung 1983

gieartikel“ prägt (vgl. [Gloede 1982, S. 39]). Für den Erhebungszeitraum des Jahres 1983 hat sich diese systematische energiepolitische Abweichung der Kohleartikel jedoch abgeschwächt und hinsichtlich der Kernenergie sogar umgekehrt. Hierauf wird im Abschnitt 5.2 näher eingegangen.

Hinsichtlich der Repräsentation allgemeiner Werthaltungen (vgl. Tabelle D-6, Teil III) ist das allgemeine Übergewicht materialistischer Wertorientierungen in den Kohleartikeln etwas deutlicher ausgeprägt. Dies geht hauptsächlich auf die überdurchschnittliche Priorisierung der „materiellen Sicherung“ als einer der materialistischen Orientierungen zurück. 1983 zeichnen sich die Kohleartikel darüber hinaus durch eine *unter*durchschnittliche Priorisierung des „ökologischen Gleichgewichts“ aus.

Wie die Ergebnisse einer multivariaten Analyse der Artikelinhalte zeigen, steht die Repräsentation der Werthaltung „materielle Sicherung“ vorwiegend im Kontext des sozial- und beschäftigungspolitischen Aspekts der Kohlenutzung. In den Artikeln des Gesamtsamples hingegen ist dieser Zusammenhang nicht vorhanden. Ein solcher Wertbezug des Themas der Arbeitsplatzproblematik in den Kohleartikeln unterstreicht die Relevanz des eher „traditionellen“ Aspekts (vgl. dazu Abschnitt 4.1) der Kohlepolitik für die eigentliche Kohleberichterstattung.

Auch die weiteren Abweichungen zwischen Kohleartikeln und Gesamtsample im Rahmen der Hauptkomponenten-Analyse bestätigen noch einmal die dargestellte Prägung der unmittelbaren Kohleberichterstattung. So ist die durch den Zusammenhang charakteristischer energiepolitischer Auffassungen indizierte Industrialismuskritik (Vorrang für regenerative Energieträger, Ablehnung des wissenschaftlich-technischen Fortschritts, Priorisierung des ökologischen Gleichgewichts, Ablehnung der Kernenergie, Befürwortung alternativer Formen der politischen Willensbildung) zwar im Gesamtsample, nicht aber in den Kohleartikeln repräsentiert.

Als Ergebnis der Querschnittsanalyse läßt sich zunächst festhalten, daß die Kohleberichterstattung in den untersuchten Periodika primär durch energiewirtschaftliche und technische Aspekte geprägt ist, die eher im Zusammenhang mit dem traditionellen als mit dem neuen Dissens zur Kohlenutzung stehen. Die „Politisierung“ der Berichterstattung ist relativ gering und zeichnet sich durch eine überdurchschnittliche Repräsentation „harter“ energiepolitischer Auffassungen aus. Im Kontext der Kohleartikel überwiegen „materialistische“ Wertorientierungen; insbesondere die Priorisierung der „materiellen Sicherung“ ist hierbei überdurchschnittlich repräsentiert.

5.2 Entwicklungslinien der Kohleberichterstattung

Nach der Querschnittsanalyse der beiden Artikelgruppen sollen nun einige Ergebnisse der Längsschnittanalyse wiedergegeben werden. Hierbei wollen wir uns auf den Verlauf der Berichterstattung in den Kohleartikeln konzentrieren.

5.2.1 Energiepolitische und technisch-ökonomische Aspekte

Der Politisierungsgrad der Berichterstattung in bezug auf Energiepolitik, der ja insgesamt ein relativ niedriges Niveau aufweist, hat seine höchsten Werte in den Halbjahren 1977 sowie 1979 und 1980 (s. S. 383). Dies läßt sich sowohl an den in ihnen behandelten „Fokussen“ wie an dem Verhältnis von repräsentierten energiepolitischen Positionen zu den angesprochenen Nutzungsaspekten ablesen (Tabelle D-8). Die beiden Phasen erhöhter Politisierung der Kohlediskussion stehen 1977 im Kontext der Diskussion um die zweite Fortschreibung des Energieprogramms der Bundesregierung sowie der Neufassung des Bundesimmissionsschutz-Gesetzes und 1979/80 im Kontext der allgemeinen energiepolitischen Diskussion vor dem Hintergrund der Tätigkeit der Enquête-Kommission „Zukünftige Kernenergie-Politik“ des Bundestages. Letzteres findet auch seinen Niederschlag in der erhöhten Thematisierung der Kernenergie im Rahmen der Kohleartikel für die Halbjahre 1979/80.

Von der Entwicklung der energiepolitischen Indikatoren weicht die Zugehörigkeit der Kohleartikel zum politischen Ressort der Presseorgane insbesondere im Frühjahr 1983 ab. Die nähere Analyse zeigt, daß der erhöhte Anteil der „politischen“ Kohleartikel auf das *umwelt*politische Thema „Waldsterben“ zurückgeht. Denn nur 7,7% der Kohleartikel ohne den Fokus „Waldsterben“ entstammen dem politischen Ressort, Kohleartikel mit dem Fokus „Waldsterben“ hingegen zu 66,7%. Bei der Zugehörigkeit zum Wirtschaftsressort verhalten sich die beiden Artikeluntergruppen umgekehrt proportional.

Tabelle D-8. Indexwerte zur „Politisierung“ der Kohleberichterstattung

Indizes	1977	1978	1979	1980	1981	1982	1983
Artikelzugehörigkeit zum politischen Ressort (in %)	26,1	20,0	23,4	14,5	13,1	16,0	26,3
Fokus Energiepolitik (in %)[a]	65,2	40,0	70,1	73,9	52,2	46,0	36,8
Verhältnis energiepolitischer Positionen zu Nutzungsaspekten (in %)	27,0	21,1	23,6	25,1	22,9	21,5	16,9

[a] Fokusanteile addieren sich wegen Mehrfachnennungen zu mehr als 100%

Dieses Ergebnis weist bereits darauf hin, daß die energiewirtschaftliche und -politische Presseberichterstattung zur Kohle relativ wenig mit umweltpolitischen Gesichtspunkten verbunden ist (vgl. dazu Abschnitt 5.2.2).

Neben den Phasen verstärkter energiepolitischer Diskussion wächst generell die Bedeutung des ökonomischen Kontextes der Kohleberichterstattung. Im Untersuchungszeitraum ist die relative und absolute Häufigkeit des Fokus „Energiewirtschaft" tendenziell angewachsen. Insbesondere hat die Thematisierung ökonomischer Voraussetzungen und Folgen der Kohlenutzung je Artikel wie auch im Verhältnis zu allen Nutzungsaspekten durchgängig zugenommen.

Komplementär dazu gewinnt die Reportage bzw. der Bericht als „journalistische Stilform" der Kohleartikel an Bedeutung, so daß auch in der zeitlichen Entwicklung auf einen eher abwägenden, auf industrielle Nutzungsmöglichkeiten bezogenen Charakter der Berichterstattung geschlossen werden kann.

Im Unterschied dazu ist der wissenschaftlich-technische Aspekt von Kohlenutzung (operationalisiert durch die Kategorien „Ressortzugehörigkeit" der Artikel, Fokus „wissenschaftlich-technische Entwicklung", Aspekt „Stand der Energietechnologie"), der in den Jahren 1977 bis 1982 ebenfalls an Bedeutung gewonnen hatte, im Frühjahr 1983 erheblich weniger behandelt worden. Diese Entwicklung steht im Zusammenhang mit der rückläufigen Thematisierung von Kohleveredlung (bzw. -verflüssigung und -vergasung). Zugleich ist die Thematisierung von Verstromung und insbesondere Verheizung von Kohle (hier wiederum besonders für „Fernwärme") absolut und relativ angewachsen. Die multivariate Analyse schließt aus, daß hinter dieser Entwicklung ein Einfluß der Diskussion über das Waldsterben steht, wie man vermuten könnte. Vielmehr dürften eher ökonomische Gründe dafür verantwortlich sein, etwa die aktuellen Absatzschwierigkeiten der Kohle einerseits und die gegenwärtig nicht gegebene Rentabilität der Veredlungsoption andererseits.

Untersucht man nun den Verlauf der Repräsentation „harter" energiepolitischer Positionen in den Dimensionen „Energieangebot und -nachfrage", „Haltung zur Kernenergie" und „Haltung zum wissenschaftlich-technischen Fortschritt", findet man in den Jahren 1977 bis 1982 einen ziemlich einheitlichen Verlauf. In allen drei Dimensionen erleben die jeweils „harten" Auffassungen, die ja in den Kohleartikeln überdurchschnittlich hoch vertreten sind (vgl. Tabelle D-7), in den Halbjahren 1979/80 einen Einbruch, um anschließend wieder einen höheren Anteil zu erreichen. Für die Artikel des Gesamtsamples gilt diese Entwicklung ebenfalls, und zwar am deutlichsten für die Forderung nach einer Erhöhung des Energieangebots. Komplementär dazu verläuft die Thematisierung von „Energieeinsparung", die 1979/80 ihre relativ größte Häufigkeit hat, um danach bis 1982 auf ein sehr niedriges Niveau abzufallen.

Dieser Verlauf steht offenbar im Zusammenhang mit jener erwähnten Phase der Politisierung der Kohleberichterstattung, die durch die Auswirkungen der Tätigkeit der Enquête-Kommission charakterisiert ist. Die Repräsentation „sanfter" energiepolitischer Auffassungen ist vorübergehend durch die Vorgänge in der politischen Arena begünstigt worden [Kitschelt 1982, S. 179, 185 ff].

In den Artikeln der Nachuntersuchung von 1983 nun kehrt sich die Entwicklung seit 1980 erneut um. Die Repräsentation „harter" energiepolitischer Positionen in den drei untersuchten Dimensionen geht absolut und relativ zurück. Zugleich wächst die Thematisierung von „Einsparungen" bzw. das Votum für „Sparmaßnahmen und Einsatz regenerativer Energieträger".

Während dieser neue Trend in den Dimensionen „Energieangebot und -nachfrage" wie auch „Haltung zum wissenschaftlich-technischen Fortschritt" zumindest *auch* mit der stark zunehmenden Thematisierung von Umweltproblemen bei der Energieumwandlung und -nutzung (insbesondere „Waldsterben") im Zusammenhang steht, läßt sich ein solcher Zusammenhang für die rückläufige Bejahung der Kernenergie nicht nachweisen.

Für den relativen Rückgang der Kernenergiebejahung im Rahmen der Kohleberichterstattung dürfte vor allem eine Entaktualisierung des Ausbaus der Kernenergie in der politischen Arena verantwortlich sein, die weniger energiepolitische als energiewirtschaftliche Hintergründe hat. Daneben ist von Bedeutung, daß die Thematisierung der Umweltfolgen fossiler Energieträger in der Presse kaum zu einer verstärkten Befürwortung von Kernenergie geführt hat. Unter den in den Kohleartikeln angesprochenen Gegenmaßnahmen gegen das „Waldsterben" findet sich nur zu 11% die Option „mehr Kernenergie"; in der Artikelgruppe, die das Waldsterben völlig ohne Bezug zur Kohle behandelt, wird gar nur zu 2% „mehr Kernenergie" befürwortet.

Faßt man die bisherige Analyse des zeitlichen Verlaufs der Berichterstattung in den Kohleartikeln zusammen, läßt sich folgendes feststellen:

- Im Untersuchungszeitraum gewinnen energiewirtschaftliche Gesichtspunkte zunehmend an Bedeutung.
- Energietechnologische Gesichtspunkte sind weitgehend an die Behandlung des Themenkomplexes „Kohleveredlung" gebunden, deren Präsenz in der Presse ihrerseits ähnlich wie die der beiden übrigen Einsatzmöglichkeiten „Verheizung" und „Verstromung" in energiewirtschaftliche Erwägungen eingebunden ist.
- Soweit diese Entwicklung von Phasen verstärkter energiepolitischer Problematisierung der Kohlenutzung überlagert ist, läßt sich die entsprechende Presseberichterstattung auf Auseinandersetzungen in der politischen Arena rückbeziehen.
- Während der Stand dieser energiepolitischen Auseinandersetzungen sich offenbar auch dahingehend auswirkt, in welchem Maß „harte" energiepolitische Auffassungen in der Kohleberichterstattung zum Tragen kommen, hat darauf die aktuelle umweltpolitische Debatte um die Nutzung fossiler Energieträger vergleichsweise wenig Einfluß. Dies hat wohl nicht zuletzt mit der ressortmäßigen Trennung energiepolitischer und umweltpolitischer Themen in der Presse zu tun.

5.2.2 Ökologische und umweltpolitische Gesichtspunkte

Zweifellos sind neben den für die Kohleberichterstattung dominierenden ökonomischen und technologischen Gesichtspunkten in den letzten Jahren zunehmend wieder ökologische und umweltpolitische Aspekte maßgeblich. Wie die Abb. D-1 zeigt, liegen die Thematisierungshäufigkeiten für die drei wichtigsten ökologischen Dimensionen (Fokus „Umweltbelastung", Folgen der Kohlenutzung für die „natürliche Umwelt" und Werthaltung „für ökologisches Gleichgewicht") im Halbjahr 1977 recht hoch, fallen 1980 auf ein sehr niedriges Niveau, um seitdem kontinuierlich wieder anzuwachsen. In den Werten vom Frühjahr 1983 schlägt sich insbesondere

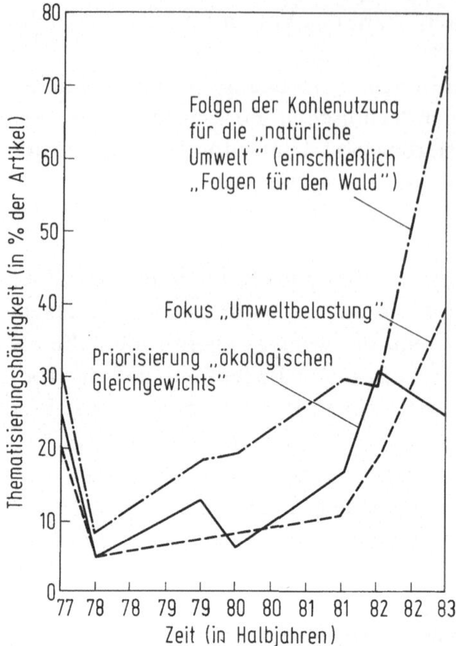

Abb. D-1. Entwicklung ökologischer Thematisierungen in Kohleartikeln 1977 bis 1983

die Thematik „Waldsterben" nieder, während 1977 die Auswirkungen der erwähnten Politisierungsphase der Kohlediskussion in ökologischer Hinsicht zu beobachten sind, die durch die damalige Neufassung des Bundesimmissionsschutz-Gesetzes, die energiepolitischen Sonderparteitage von SPD und FDP sowie die zweite Fortschreibung des Energieprogramms der Bundesregierung bedingt war.

Während aber 1977 die erhöhte Bedeutung ökologischer Aspekte relativ eng verbunden war mit einer energiepolitischen Weichenstellung (vgl. das entsprechend große Gewicht des Fokus „Energiepolitik", Tabelle D-8), trifft für 1983 eher das Gegenteil zu. Nun wird der thematische Schwerpunkt „Energiepolitik" in den Kohleartikeln sogar seltener behandelt als der Schwerpunkt „Umweltbelastung". Dies trifft auch für das Gesamtsample zu.

Verhältnismäßig parallel zur wachsenden Thematisierung der ökonomischen Problematik einerseits und der ökologischen Problematik andererseits verläuft die Repräsentation der einschlägigen Wertorientierung in der Presse (Priorisierung „wirtschaftlichen Wachstums" bzw. Priorisierung „ökologischen Gleichgewichts").

Auch für die Repräsentation der Werthaltungen insgesamt läßt sich sagen, daß ihr Umfang tendenziell wächst (mit Ausnahme des Frühjahrs 1983) und daß innerhalb dieser Entwicklung der Anteil postmaterialistischer Orientierungen (Priorisierung von Rechten und Freiheiten der Bürger, mehr Lebensqualität und ökologischem Gleichgewicht) größer wird.

Damit bildet sich in der Presseberichterstattung auf der Ebene der Wertbezüge eine tendenziell wachsende Polarisierung aus, die ihren Hintergrund in der neuen gesellschaftlichen Konfliktlinie hat (vgl. Abschnitt 2.3).

Dieser Gegensatz geht zwar zu einem großen Teil auf die zunehmende Umweltkritik (auch im Zusammenhang mit dem „Waldsterben") zurück. Er schlägt sich im

Rahmen der Kohleberichterstattung jedoch kaum in entsprechenden *energiepolitischen* Optionen zur Kohle nieder. Dies zeigt sich zunächst ganz allgemein daran, daß weder der Thematisierungsverlauf der ökonomischen noch der der ökologischen Problematisierung mit der jeweiligen Bedeutung des Fokus „Energiepolitik“ in den Kohleartikeln korrelieren. Gleiches gilt für die Dimension der „Prioritätssetzungen bei Energieträgern“ und insbesondere für die Nennung einer „Vorrang für Kohle“-Haltung.

Auch konkret ist kein statistischer Zusammenhang erkennbar zwischen der Thematisierungshäufigkeit von Umweltproblemen allgemein bzw. von ökologischen Folgen der Kohlenutzung einerseits und von „Akzeptanzproblemen“ mit der Kohle andererseits. Allenfalls besteht ein solcher Zusammenhang zwischen dem Verlauf der Repräsentation von „Priorität für ökologisches Gleichgewicht“ und der Thematisierung von Akzeptanzproblemen ($r = 0{,}51$).

Geht man nun weiter der Frage nach, in welchem zeitlichen Kontext das energiepolitische Für und Wider zur Kohle als Energieträger steht (bezogen auf die Thematisierung von „Vorrang für Kohle“ einerseits, von „Akzeptanzproblemen“ mit der Kohlenutzung andererseits), ergeben sich neben der umweltkritischen Wertorientierung drei weitere thematische Aspekte, wie die Tabelle D-9 zeigt.

Stärker noch als eine grundsätzliche Umweltkritik stehen demnach sozial- und beschäftigungspolitische Gesichtspunkte (repräsentiert durch die Werthaltung „materielle Sicherung“) in einem zeitlichen Zusammenhang mit der energiepolitischen Problematisierung des Energieträgers Kohle. Daneben spielen die Diskussion der Versorgungssicherheit wie auch die Abwägung zwischen Kernenergie und Kohle eine wichtige Rolle.

Auch in der Kohleberichterstattung der untersuchten Presseorgane zeigt sich also, daß – soweit dies Gegenstand der Artikel ist – die Kohlebeurteilung sowohl von „traditionellen“ (Sozial- und Beschäftigungspolitik sowie Versorgungssicherheit) als auch von „neuen“ Gesichtspunkten (Umwelt, Kernenergie) bestimmt ist (vgl. die entsprechende Urteilsbildung in der Bevölkerung, Abschnitt 4.2).

Nun ist gerade die Thematisierung der Akzeptanzproblematik von Kohlenutzung in den Kohleartikeln des Frühjahrs 1983 stark rückläufig (vgl. für das Gesamtsample Tabelle D-6). Dies ist zunächst insofern überraschend, als zugleich die Dis-

Tabelle D-9. Zeitreihenkorrelationen zwischen den Thematisierungshäufigkeiten energiepolitischer Positionen und Werthaltungen 1977 bis 1983

	„Vorrang für Kohle“	„Akzeptanzprobleme“ mit der Kohlenutzung
Thematisierung der Werthaltung „materielle Sicherung“	0,56	0,71
Thematisierung der Werthaltung „ökologisches Gleichgewicht“	−0,61	0,51
Thematisierung des Aspekts „Versorgungssicherheit“	0,84	0,48
Dimension „Haltung zur Kernenergie“ (Pro und Contra)	0,46	0,43

kussion der ökologischen Problematik im Zusammenhang mit dem „Waldsterben" enorm anwächst. Berücksichtigt man jedoch das bisherige Ergebnis der Zeitreihenuntersuchung, erscheint die abnehmende Bedeutung der Akzeptanzfrage schon weniger verwunderlich: auch die Repräsentanz der Werthaltung „materielle Sicherung", die Thematisierung des Aspekts „Versorgungssicherheit" und die Dimension „Haltung zur Kernenergie" haben in den Artikeln von 1983 an Bedeutung verloren.

Warum aber wirkt sich die Thematisierung der in der Presse als sehr dringlich erachteten Problematik des „Waldsterbens" wie auch weitergreifender ökologischer Gesichtspunkte kaum auf die Thematisierung der Kohleakzeptanz aus?

Über die oben getroffene Feststellung hinaus, daß die Presse im wesentlichen das Thema „Waldsterben" im politischen, das Thema „Kohlenutzung" im Wirtschaftsressort behandelt, zeigt die quantitative Inhaltsanalyse aller 420 Artikel des Frühjahrs 1983, daß die Presseberichterstattung zum Thema „Waldsterben/Saurer Regen" vor allem unter umweltpolitischem Aspekt erfolgt und relativ wenig Überschneidungen mit der traditionellen energiewirtschaftlichen und -politischen Behandlung des Energieträgers Kohle aufweist (vgl. Abb. D-2).

Zwar ragt das Thema „Waldsterben" durchaus in die Kohleberichterstattung hinein (Abb. D-2a), aber eine intensive Diskussion der Kohlenutzung bleibt für die schwerpunktmäßige Berichterstattung über das Waldsterben nur peripher (Abb. D-2b).

Gleichwohl sind es insbesondere 1983 diese Berührungspunkte der beiden Themen, die sich in der oben ausgewiesenen Zunahme ökologischer Aspekte im Rahmen der Kohleberichterstattung niederschlagen.

Nach der relativ weitgehenden ressortmäßigen und thematischen Trennung von Umweltproblematik und energiepolitischer Kohleoption kann schließlich auch eine entsprechende argumentative Trennung nachgezeichnet werden.

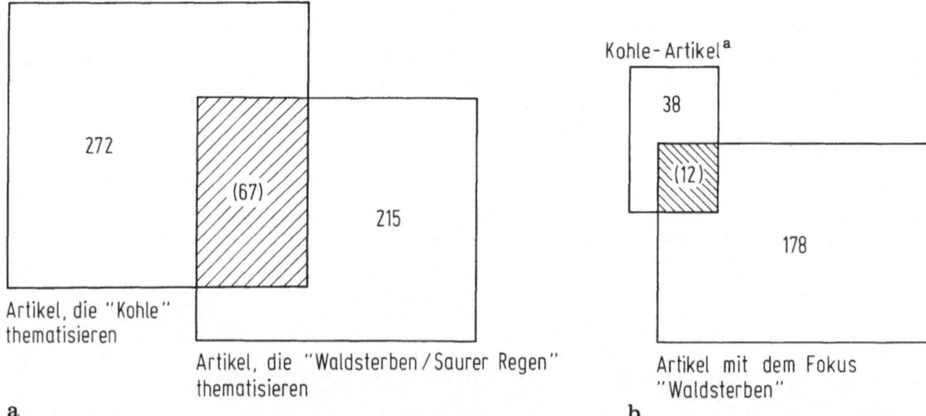

Abb. D-2. Kohleberichterstattung und Berichterstattung über „Waldsterben/Saurer Regen" im Frühjahr 1983 (N=420). Die schraffierten Flächen stellen die jeweiligen Überschneidungen beider Bereiche der Berichterstattung dar.

[a] Kohle-Artikel sind definiert als eine Untergruppe aller Artikel, die „Kohle" thematisieren. Sie behandeln dieses Thema besonders extensiv und ausführlich. Damit umfassen sie rund 60% der unmittelbaren Thematisierung von Kohlenutzung in der Gesamterhebung

Die qualitative Analyse der relativ wenigen Artikel, in denen die Akzeptanzproblematik der Kohle in Zusammenhang mit Umweltproblemen und „Waldsterben" überhaupt behandelt wird, kommt zu folgenden Ergebnissen.

1. Auf einer ganz allgemeinen Ebene werden Ausmaß und Folgen der Umweltbelastung (bei der Nutzung fossiler Energieträger) erörtert. Dies führt teilweise dann zu einer generellen Problematisierung der weiteren Industrialisierung, als deren zwangsläufiges Resultat der Zusammenbruch ökologischer Systeme erscheint.
2. Als *ein* Ergebnis jener allgemeinen Problematisierung erscheint dann der Zusammenhang zwischen grundsätzlichen umweltkritischen Betrachtungen und grundsätzlichen energiepolitischen Weichenstellungen. Auf dieser Ebene der Problematisierung wird dann etwa eine grundlegende Wende in der Energiepolitik gefordert, der Einsatz fossiler Energieträger problematisiert und der von regenerativen Energieträgern langfristig befürwortet und/oder auf eine Änderung der gesamten Energieversorgungsstruktur gesetzt.
3. Erst auf der nächstfolgenden Konkretionsstufe der Argumentation wird ein Zusammenhang zwischen konkreten energiepolitischen Optionen und umweltkritischen Gesichtspunkten hergestellt.
   Hier erst finden wir das Problem der Kohleakzeptanz vor dem Hintergrund der Thematik „Waldsterben"/„Saurer Regen" wieder.
   a) Im Gegensatz zur allgemeinen Problematisierung fossiler Energieträger wird gerade von Seiten der Ökologiebewegung eine eher positive Haltung zur Kohle eingenommen[4], der eine Übergangsrolle in jener langfristigen energiepolitischen Perspektive eingeräumt wird. Der Kohle wird zugute gehalten, daß ihre umweltfreundliche Nutzung (energiesparender Einsatz, Rückhaltetechniken) möglich ist. Dieses Argument verbindet sich mit einer eher positiven Einschätzung ihrer sozio-politischen Folgen (z. B. Möglichkeit einer dezentralen Energieversorgung). Daran knüpft sich allerdings die energiepolitische wie umweltpolitische Erwartung, daß diese Möglichkeiten von Politik und Wirtschaft auch baldigst realisiert werden. Für den Fall, daß keine Schritte in dieser Richtung unternommen würden, wird auf lange Sicht eine Abkehr von der Kohle vorausgesagt – ein Argument, das übrigens nicht nur von Umweltschützern, sondern auch in einem Leitartikel der FAZ vorgetragen wurde (FAZ, 29.4.83 „Der kranke Wald mahnt zum Handeln").
   b) Weniger häufig und gerade nicht von der Ökologiebewegung wird auf der Ebene konkreter energiepolitischer Optionen auch die Ersetzung von Kohlekraftwerken durch Kernkraftwerke in der Presse behandelt (vgl. etwa FAZ, 22.4.83 „Wald und Whyl").
4. Schließlich finden wir die Ebene der Berichterstattung über praktische Maßnahmen und Aktionen der politischen Akteure im Zusammenhang mit dem Waldsterben. Hier stehen die Diskussion um die TA Luft, die neue Großfeuerungsanlagenverordnung (GFAVO) und die geplante Autoabgas-Entgiftung im Vordergrund. Weniger häufig werden politische Proteste von Umweltschutzgruppen und Betroffenen (etwa Waldbesitzer) behandelt. Eindeutig aber ist, daß es sich auf

---

4 Die Autorenanalyse (vgl. Abschnitt 5.3) ergibt, daß auch in den Jahren 1977 bis 1982 Vertreter der Grünen und Bürgerinitiativen der Kohle überdurchschnittlich „Vorrang" einräumten!

dieser Ebene nicht um eine energiepolitische, sondern um eine *umweltpolitische* Auseinandersetzung handelt. Auch die vom BBU in seiner Presseerklärung vom 10.1.84 angekündigten „Großdemonstrationen gegen Kohlekraftwerke" richten sich nicht gegen die Kohle, sondern haben eine umweltpolitische Zielsetzung. Während die „traditionelle" Kritik neben das Motiv des Umweltschutzes deutlich das Interesse an finanzieller Kompensation von eingetretenen Schäden stellt, tritt die „neue" Umweltschutzbewegung bedingungslos für die Durchsetzung von Sofortmaßnahmen gegen das Waldsterben ein.

Zusammenfassend läßt sich also sagen, daß ein Zusammenhang zwischen der ökologischen Problematisierung des „Waldsterbens" und der „Kohleakzeptanz" in der Presseberichterstattung (die ihrerseits vor allem die Auseinandersetzungen in der politischen Arena wiedergibt) nur auf einer von vier Diskussionsebenen hergestellt wird. Eine kritische Beurteilung der Kohle wird meist auch hier nur langfristig und für den Fall in Aussicht gestellt, daß die konkret vorgetragenen umweltpolitischen Forderungen von Regierung und Industrie nicht erfüllt werden.

Wenn auch die Kohleberichterstattung in der Hauptsache durch Gesichtspunkte einer „traditionellen" technisch-ökonomischen Problematik geprägt ist, die nur phasenweise durch explizit energiepolitische Fragestellungen überlagert wird, so reflektiert sie doch zunehmend das Spannungsfeld zwischen Ökonomie und Ökologie, zwischen materialistischen und postmaterialistischen Wertorientierungen, zwischen „industrialistischen" und „industrialismuskritischen" Auffassungen. Diese Tendenz übergreift die aktuelle Themenkarriere des „Waldsterbens" und wird von daher wahrscheinlich auch nicht den Verlauf eines issue-attention-cycles nehmen, wie er für die „normale" Themenverarbeitung im politischen System bzw. deren Wiedergabe in den Medien typisch ist[5].

Dementsprechend ist also für die Zukunft nicht auszuschließen, daß aus den aktuell nur umweltpolitischen Diskussionen – vor dem Hintergrund jener allgemeinen Konfliktlinie – kontroverse energiepolitische Schlußfolgerungen hinsichtlich der Kohle gezogen werden.

5.3 Medienpolitische Aspekte der neuen Kohleproblematisierung

Muß nun die konstatierte Entwicklung (kontroverser Wertbezug in Kohleartikeln, zunehmende umweltpolitische Diskussion auch der Kohlenutzung) auf eine gezielte „Meinungsmache" in den Redaktionen der untersuchten Periodika zurückgeführt

5 Vgl. [Röthlein 1979, S. 6ff], wo das Konzept des issue-attention-cycle auf das Thema „Kernenergie" angewendet wird. Wie [Heller 1980, S. 21] zu Recht feststellt, hat sich die Kernenergie jedoch nicht als Thema erwiesen, „das in der Öffentlichkeit als „Modethema" diskutiert wird. Es erhält jeweils aktuellen Auftrieb durch die Ereignisse". Heller greift selber zu kurz, wenn sie es nur den „Ereignissen" zuschreibt, daß es dem politischen System nicht gelungen ist, dieses Thema „abzufertigen, d.h. zu bearbeiten" [Röthlein 1979, S. 13]. Vielmehr muß diese Unfähigkeit vor dem Hintergrund gewandelter gesellschaftlicher Wertvorstellungen und der neuentstandenen Konfliktlinie zwischen Industrialismus und Industrialismuskritik gedeutet werden (vgl. dazu auch [Renn 1983, S. 747]).

werden? Sind hier die Journalisten zum Angriff gegen „eine der zentralen Positionen in der Gesellschaft", nämlich die Energiepolitik, übergegangen, der sich jetzt auch auf die Kohle zu erstrecken beginnt?

Anhand der vorliegenden Daten wurde versucht, diesen nicht selten geäußerten Verdacht[6] zu überprüfen. Dabei wird von der Unterstellung einer unmittelbaren bzw. manipulativen Beeinflussungsmöglichkeit von Bevölkerungsmeinungen oder gar generellen Einstellungen ohnehin abgesehen. Dies legen heute Wirkungsanalysen der Medienforschung bei allem Dissens im einzelnen nahe[7].

Die hier vorgenommene Untersuchung tatsächlich präsenter Medieninhalte läßt daher weniger Rückschlüsse auf die Wirkung beim Leserpublikum als vielmehr auf den redaktionellen Verarbeitungsprozeß von Informationen und öffentlichen Kontroversen zu, ganz unabhängig von der subjektiven Intention der einzelnen beteiligten Journalisten. Schon die allgemein überdurchschnittliche Repräsentation „harter" energiepolitischer Auffassungen in der Kohleberichterstattung (ähnlich wie in den „Kernenergie-Artikeln" des Gesamtsamples) läßt Zweifel an dem Verdacht aufkommen, daß von der Presse systematisch eine Unterminierung des Glaubens an technischen Fortschritt, an Kohlenutzung und Kernenergie betrieben wird.

Berücksichtigt man nicht nur die Thematisierungshäufigkeit und die Thematisierungsstruktur, sondern auch die „Autorenschaft"[8] der jeweils angesprochenen Aspekte und Positionen in den Artikeln, läßt sich der Teil der Kohleberichterstattung untersuchen, den die Repräsentanten der Zeitungen und Zeitschriften unmittelbar zu verantworten haben – sei es in Form der Bearbeitung von Agenturmeldungen, der Kommentierung oder der reportagehaften Berichterstattung.

Das Ergebnis dieser Betrachtung zeigt, daß sich die Beiträge der Journalisten selber durch eine überdurchschnittliche Berücksichtigung sachlicher Aspekte von Kohlenutzung auszeichnen (76,7% vs. 58,8% im Gesamtsample). Damit kommen durchschnittlich auf jeweils zehn angesprochene Nutzungsaspekte nur insgesamt drei energiepolitische Aussagen oder Wertpräferenzen – der weitaus geringste Politisierungsgrad im Gesamtsample.

Auch innerhalb der Thematisierung von Voraussetzungen und Folgen der Kohlenutzung liegen technisch-ökonomische Aspekte deutlich über dem Durchschnitt.

Die einzige kohlespezifische Abweichung dieser Autorengruppe ist in der stark überdurchschnittlichen Thematisierung von Unfällen im Bergbau zu finden. Dies hat sicher mit dem besonderen „Nachrichtenwert" solcher Ereignisse zu tun[9].

Der eher marginale energiepolitische Bezugsrahmen zeichnet sich weder durch eine durchgängig ‚harte' noch durch eine ‚sanfte' Grundhaltung aus.

---

6 Stellvertretend für viele andere vgl. [Proske 1982, S. 139ff; Zimmermeyer 1984, S. 174].

7 Vgl. in diesem Sinne zur Berichterstattung über Kernenergie: [van Buiren 1978, S. 1; Heller 1980, S. 23; Renn 1981, Bd. III, S. 93].

8 „Autorenschaft" bezieht sich hier nicht nur auf die Verfasser der Artikel, sondern auf die inhaltsanalytisch eindeutige Zuordnungsmöglichkeit von innerhalb der Artikel angesprochenen thematischen Aspekten bzw. energiepolitischen Haltungen zu jeweils genannten oder zitierten Autoren, die klassifiziert wurden nach Repräsentanten des politischen, wirtschaftlichen und Wissenschaftssystem, der Gewerkschaften, der Bürgerinitiativen/Grünen wie schließlich des jeweiligen Presseorgans selbst (Redakteure, Journalisten), die in der Regel als Verfasser der Artikel auftreten.

9 Alle diese Ergebnisse bestätigen sich auch in der Nachuntersuchung von 1983.

In der Dimension „Energieangebot und -nachfrage“ wird von den Journalisten überdurchschnittlich eine „Erhöhung des Energieangebots“ vertreten, ihre „Haltung zur Kernenergie“ entsprach 1977 bis 1982 dem Durchschnitt im Gesamtsample (und ist 1983 sogar überdurchschnittlich kernenergiebejahend), ihre „Haltung zum wissenschaftlich-technischen Fortschritt“ entspricht ebenfalls dem Durchschnitt, während ihre Stellungnahme zur „Form der politischen Willensbildung“ mehrheitlich auf eine Öffnung gegenüber den Bürgern hinausläuft.

Nun ließe sich gleichwohl vermuten, daß die Presse zunehmend Vertretern einer systemkritischen Intellektuellenbewegung Aufmerksamkeit widmet (vgl. [Proske 1982]), ohne selbst direkt Stellung zu nehmen. Die Analyse der Autorengruppe „Experten“ (Repräsentanten des Wissenschaftssystems) ergibt für deren wiedergegebene Äußerungen zur Kohlenutzung einen durchschnittlichen Politisierungsgrad. In der Thematisierung „Nutzungsaspekte“ konzentrieren sich ihre in der Presse präsenten Äußerungen auf die Problematik der technisch-organisatorischen Voraussetzungen und Folgen der verschiedenen Kohleeinsatzmöglichkeiten. Die für unsere Frage relevante ökologische Problematisierung der Kohle beinhaltet überdurchschnittlich die Auswirkungen auf Bevölkerung und Klima. Erst 1983 äußerte sich diese Autorengruppe überdurchschnittlich zu „Folgen für die natürliche Umwelt“.

Demgegenüber sprachen die Vertreter von Bürgerinitiativen und ‚Grünen‘ im Rahmen der Kohleartikel bereits vor 1983 überdurchschnittlich „Folgen für die natürliche Umwelt“ an, implizit also auch die Frage des „Waldsterbens“. Dieses Ergebnis stimmt überein mit den Ergebnissen der Bevölkerungsbefragung.

Aus der Sicht der vorliegenden Inhaltsanalyse jedenfalls kann man sagen, daß auch durch die Selektion von Expertenaussagen nicht die heute dominierende Diskussion um das Waldsterben verursacht worden ist.

Schließlich läßt sich die Frage stellen, ob und in welchem Umfang im Rahmen der Kohleberichterstattung insgesamt überhaupt gesellschafts-, kultur- und umweltkritische Auffassungen zum Tragen kommen. Wir haben „Industrialismuskritik“ als eine übergreifende „ideologische Konzeptualisierung“ von Politik nachgezeichnet, die von neuen sozialen Bewegungen getragen wird und eine neue Konfliktlinie in den westlichen Industriegesellschaften prägt. Das Resonanzpotential von Industrialismuskritik in der Bevölkerung liegt nach unseren Ergebnissen in der Größenordnung von 7%. Die relative Bedeutung dieser Kritikströmung in der Bevölkerung findet im Rahmen der energiepolitischen und kohlespezifischen Berichterstattung der untersuchten Presseorgane jedoch keine Entsprechung. Von den 2695 Artikeln des Gesamtsamples geben nur etwa 1,6% einer industrialismuskritischen Grundhaltung Raum[10], das sind ganze 42 Artikel. Im Frühjahr 1983 fand sich unter den 272 kohlethematisierenden Artikeln nur noch ein einziger „industrialismuskritischer“, unter den restlichen 148 Artikeln zum Thema „Waldsterben/Saurer Regen“ waren es dagegen immerhin 3.

10 Artikel, die einer industrialismuskritischen Grundhaltung Raum geben, werden hier kurz als ‚Industrialismuskritik-Artikel‘ bezeichnet und sind in ihrer Thematisierung in Tabelle D-6 dargestellt. Ihre Indizierung erforderte die *gleichzeitige* Repräsentation von Gesellschaftskritik, Umweltkritik, Technikkritik und Bürokratiekritik im selben Artikel. Dies war bei 1,6% aller Artikel der Fall. Bestätigt wurde diese Größenordnung durch die Faktorenanalyse, die als einen Faktor (Hauptkomponente) der Artikelinhalte diese Kombination von Kritikaspekten erbrachte.

Die nähere Analyse dieser Artikel zeigt, daß ihr Bezug zum Leserpublikum bzw. zur Diskussion außerhalb des politischen Systems überdurchschnittlich groß ist: 21,4% dieser Artikel stammen weder von Redakteuren noch von Agenturen, sondern von „sonstigen" Produzenten (im Gesamtsample nur 5%), der Anteil an Interviews und Leserbriefen ist überdurchschnittlich hoch (zusammen 11,9% der Artikel vs. 4% im Gesamtsample).

Wir können hier schon feststellen, daß die Berücksichtigung von Industrialismuskritik in der Presse nur geringfügig ist und offenbar weniger auf redaktionelle Initiative, sondern eher auf die Öffnung der Presseberichterstattung gegenüber Diskussionsprozessen und Aktionen im Publikum bzw. in der breiteren Öffentlichkeit zurückgeht, obwohl die redaktionelle Linie (insbesondere beim Vergleich zwischen FAZ und FR) hier graduelle Unterschiede aufweist.

Wem sind dann aber in erster Linie industrialismuskritische Positionen bzw. eine umweltkritische Problematisierung der Kohlenutzung in der Presseberichterstattung zuzuschreiben?

Ein inhaltsanalytischer Vergleich zwischen den „industrialismuskritischen Artikeln" und den repräsentierten Äußerungen der Vertreter von Bürgerinitiativen und Grünen zeigt, daß es letztere sind, die in jener Artikelgruppe bevorzugt zu Wort kommen, während in den Kohleartikeln offenbar vorzugsweise Vertreter des Wirtschaftssystems ihre Auffassungen darlegen können. Die je spezifische, thematische und politische Akzentuierung der beiden Artikelgruppen geht zu großen Teilen gerade auf jene beiden Autorengruppen zurück, die sich im Rahmen der Gesamtuntersuchung als die Antipoden der neuen Konfliktlinie um die Perspektive einer weiteren Industrialisierung erwiesen haben.

Nur knapp seien hier einige der repräsentierten Äußerungen der Wirtschaftsvertreter und der Bürgerinitiativen/Grünen einander gegenübergestellt.

Zunächst einmal ist der Politisierungsgrad in den Äußerungen der Wirtschaftsvertreter recht gering, in denen der Bürgerinitiativen und Grünen sehr hoch: das Thematisierungsverhältnis von Nutzungsaspekten der Kohle und energiepolitischen Haltungen ist nahezu invers. Wirtschaftsvertreter äußern sich überdurchschnittlich zu technisch-ökonomischen Fragen, Repräsentanten der Bürgerinitiativen und Grünen überdurchschnittlich zu ökologischen Aspekten. Wirtschaftsvertreter sprechen überdurchschnittlich Fragen der Rentabilität und des Investitionsaufwands an, Vertreter der Bürgerinitiativen und der Grünen dagegen überdurchschnittlich Arbeitsmarktfolgen und Fragen der Versorgungssicherheit. Wirtschaftsvertreter konzentrieren sich in ihren veröffentlichten Aussagen überdurchschnittlich auf energierechtliche Probleme der Kohlenutzung (59% der sozio-politischen Thematisierungen), die Vertreter der Bürgerinitiativen und Grünen besonders stark auf die Akzeptanzproblematik (70% der sozio-politischen Thematisierungen)[11].

---

11 Im Zusammenhang mit der 1983 analysierten Berichterstattung zum „Waldsterben" ist hinzuzufügen, daß die Wirtschaftsvertreter als einzige Autorengruppe mehrheitlich den entsprechenden Problemdruck als „gering" einstuften und ebenfalls als einzige Gruppe mehrheitlich die neue GFAVO als „zu weitgehend" beurteilten.

Tabelle D-10. Repräsentierte energiepolitische Einstellungen und Werthaltungen von Repräsentanten des Wirtschaftssystems bzw. der Bürgerinitiativen und Grünen (in % aller Äußerungen der jeweiligen Autorengruppe je Dimension)

Energiepolitische Dimension	Wirtschaft		Bürgerinitiativen/ Grüne	
Energieangebot				
Erhöhung	64,8			
Sparen und Einsatz regen. Energieträger			100,0	
Kernenergie				
Bejahung	95,6			
Ablehnung			94,3	
Haltung zum wiss.-techn. Fortschritt				
Bejahung	100,0			
Kritik			83,8	
Haltung zu Formen der politischen Willensbildung				
Straffung oder Bewahrung	90,9			
Ausgleich oder Alternativen			96,2	
Werthaltungen				
Materialistische Orientierungen	97,7			
darunter: Wirtschaftswachstum		74,5		
Postmaterialistische Orientierungen			92,8	
darunter: ökologisches Gleichgewicht				57,1

Noch krasser wird der Gegensatz im Bereich der energiepolitischen Einstellungen und Werthaltungen, die von beiden Autorengruppen im Kontext der Kohleberichterstattung eingenommen werden (Tabelle D-10).

Auch auf der energiepolitischen Ebene reproduziert sich also auch in der Presse der Gegensatz zwischen eher industrialistischen und eher industrialismuskritischen Positionen, wobei der Kern der Kohleberichterstattung (die Kohleartikel) eindeutig von den erstgenannten geprägt ist. Im Gesamtsample stehen 366 Kohleartikeln nur 42 industrialismuskritische Artikel von 3756 Äußerungen der Wirtschaftsvertreter nur 419 Äußerungen der Bürgerinitiativen und Grünen gegenüber (9 : 1). Auch diese Ergebnisse fanden 1983 ihre Bestätigung.

Gemessen an dem entsprechenden Verhältnis in den Bevölkerungsauffassungen ist also eine industrialismuskritische Problematisierung der Kohle deutlich unterrepräsentiert. Zugleich zeigt sich, daß die Impulse für letztere nicht primär von den Redaktionen, sondern von einem gesellschaftlichen Konfliktpotential ausgehen, das sich im Zuge des Kernenergiekonflikts herausgebildet hat und inzwischen sowohl über generalisierte gesellschaftskritische Konzepte als auch über eine gewisse politische und wissenschaftliche Infrastruktur verfügt.

6 Konfliktpotential der Kohlekritik

Auf der Grundlage der vorliegenden Ergebnisse soll nun die Ausgangsfrage explizit aufgegriffen und diskutiert werden, ob sich bei einer verstärkten Kohlenutzung Konflikte der Art wiederholen könnten, wie sie bei der Kernenergie aufgetreten sind (siehe Kapitel 1). Es wird gefragt, wie weit die vorhandenen kritischen Strömungen in der Kohlebeurteilung Resonanz in der Öffentlichkeit und damit Einfluß auf die Politik gewinnen können. Dies hängt von mehreren Bedingungen ab, wobei der in der Auswertung der Bevölkerungsbefragungen deutlich gewordene Unterschied zwischen „traditioneller" und „neuer Kohlekritik" eine wichtige Rolle spielt.

Einen Faktor für die politische Bedeutung der jeweiligen kritischen Position stellt ihre Integration in das bestehende Parteien- und Regierungssystem dar. Wie sehr können ihre Kritikpunkte in den Rahmen des alltäglichen politischen Handelns und Entscheidens eingebracht werden und sich dort Geltung verschaffen? Wie stark sind ihre Meinungsführer, welche Aufmerksamkeit finden ihre Argumente in der Parteiendiskussion? Man kann diesen Bereich als die Auseinandersetzung in der politischen Arena bezeichnen.

Einen zweiten Faktor stellen die Medien dar. Wie berichten sie über die Auseinandersetzung, und wie unterstützen sie die jeweiligen Positionen? Wie allerdings bereits gezeigt wurde, wird die aktive Rolle, die die Medien bei der politischen Meinungsbildung der Bevölkerung spielen, leicht überschätzt.

Ein dritter Faktor ist die Beobachtung und Verarbeitung der Vorgänge in der politischen Arena durch die Bevölkerung selber.

6.1 „Traditionelle" und „neue Kohlekritik" in der politischen Arena

Betrachtet man die beiden genannten Kritikperspektiven zur Kohle auf der Ebene der politischen Arena, so weisen sie charakteristische Unterschiede auf. Der traditionelle Kohledissens ist im politischen System repräsentiert. Konfliktpunkte werden nach den bekannten politischen Regeln bearbeitet: Nachteile für spezifische Interessengruppen werden möglichst durch Subventionen kompensiert oder durch entsprechende Gesetze reguliert. Der traditionelle Kohledissens zeichnet sich durch Kompromißfähigkeit aus und dadurch, daß nur wenige Konfliktfälle in einer breiten Öffentlichkeit zum politischen Thema werden.

Die neue Kohlekritik hingegen ist kaum im politischen System institutionalisiert. Ihre Vertreter besitzen wenig Zugangsmöglichkeiten zu den politischen Entscheidungsprozessen. Auch verfügen sie weder über eine namhafte Verbandsmacht, noch haben sie eine nennenswerte Lobby innerhalb der etablierten Parteien. Die Grundlage ihrer politischen Effizienz ist die Erreichung öffentlicher Unterstützung der politischen Forderungen. Dabei besteht die Anwendung unkonventioneller Formen der politischen Auseinandersetzung in einer Gratwanderung zwischen der Erreichung von öffentlicher Aufmerksamkeit und Ablehnung.

6.2 Die Kohlekritik im Wechselspiel zwischen politischer Arena und Publikum

In einer „prozeßbezogenen" Betrachtungsweise der Entwicklung von Konfliktpotentialen in der Gesellschaft stehen die Beziehungen zwischen den organisierten politischen Akteuren in der politischen Arena einerseits und den Bürgern als potentiellen politischen Akteuren andererseits im Vordergrund [Kaase 1976, S. 122]. Soweit der Eindruck vorherrscht, daß die eigenen Interessen und Erwartungen in den institutionalisierten Verarbeitungs- und Konfliktaustragungsformen des politischen Systems adäquat berücksichtigt werden, ist nicht anzunehmen, daß die Betroffenen unkonventionelle Formen der politischen Beteiligung legitim finden oder gar selbst an ihnen teilnehmen. Dies trifft für die Meinungsgruppe des traditionellen Kohledissenses weitgehend zu. (In Tabelle D-12 können die entsprechenden Zahlen für die Gruppe der traditionellen Kohlekritiker mit denen des Gesamtsamples und denen der neuen Kohlekritiker verglichen werden.)

Die Besonderheiten des neuen Kohledissenses hingegen fördern auf seiten der Kritiker insofern die Bereitschaft zu unkonventionellem politischen Handeln, als sie ihre speziellen Ziele und Wertorientierungen kaum im etablierten System des Interessenausgleichs repräsentiert sehen. Dies gilt umso mehr, als der konkrete Dissens zur Kohlenutzung seinen generellen Hintergrund in der neuen Konfliktlinie um die Entwicklungsrichtung von Industriegesellschaften hat.

Hierzu die wichtigsten empirischen Anhaltspunkte:

- Die Wahrnehmung einer unzureichenden Repräsentanz industrialismuskritischer Ansätze im etablierten System kommt stereotyp in den Meinungsäußerungen und in den Kritiken zu den Statements zum Ausdruck, so z. B. deutlich in der Auffassung, die Energiewirtschaft behindere die Nutzung neuer Energiearten. Sie wird von den neuen Kohlekritikern zu 41,1% mit Entschiedenheit vertreten. Im Gesamtsample sind es nur 18,3%, und bei den traditionellen Kohlekritikern liegt die Zahl noch darunter.
- Einen weiteren empirischen Anhaltspunkt liefert die stark überdurchschnittliche Orientierung der neuen Kohlekritiker auf die Partei der Grünen, während die traditionellen Kohlekritiker überdurchschnittlich die CDU bevorzugen und sich in ihrer Parteipräferenz sonst nicht wesentlich von den traditionellen Kohlebefürwortern unterscheiden.
- Entsprechend ihrer negativen Beurteilung einer verstärkten Kohlenutzung erwartet ein überdurchschnittlich hoher Prozentsatz sowohl der traditionellen wie der neuen Kohlekritiker ähnliche Proteste beim Bau von Kohlekraftwerken wie beim Bau von Kernkraftwerken (siehe Tabelle D-11). Die Begründung hierfür wird vor allem in der Umweltbelastung und in der Standortproblematik gesehen. Betrachtet man jedoch die übrigen Gründe, unterscheiden sich beide Kritikrichtungen erwartungsgemäß darin, daß die traditionellen Kohlegegner kaum Wachstumskritik als Grund nennen, wie es die neuen Kohlegegner weit überdurchschnittlich tun. Ebenso war es zu erwarten, daß die neuen Kohlegegner solche Proteste, wenn sie auftreten, nicht als Querulantentum abqualifizieren, während diese Ansicht bei den traditionellen Kritikern wie im Gesamtsample von 20% vertreten wird.

- Auch in den Begründungen für das Ausbleiben von Kohleprotesten unterscheiden sich beide Kritikrichtungen in einer zu erwartenden Weise. Die traditionellen Kritiker meinen besonders häufig, daß der Kernenergiekonflikt eine einmalige Erscheinung war („Singularität"). Sie zeigen damit ebenso wie mit dem Hinweis auf das Querulantentum, daß sie sich mit den hier gemeinten Protestformen nicht identifizieren. Das Gegenteil trifft mehrheitlich auf die neuen Kohlekritiker zu.
- Der Auffassung, in der etablierten Politik nicht ausreichend vertreten zu sein, entspricht es weiterhin, daß bei den neuen Kohlekritikern eine erhöhte Konfliktbereitschaft festzustellen ist, wie sie mit Hilfe einer von Kaase entwickelten Skala erfaßt wurde (siehe Tabelle D-12) [Kaase 1976].

Es wurde sowohl nach der allgemeinen Befürwortung der genannten Formen unkonventionellen politischen Verhaltens als auch nach der eigenen Beteiligung an solchen Aktionen gefragt.

Die Ergebnisse zeigen, daß die neuen Kohlekritiker generell diese Fomen

- überdurchschnittlich befürworten,
- mit größerer Entschiedenheit befürworten,
- und sich ihrer überdurchschnittlich bedient haben.

Der Bruch zwischen der Befürwortung legaler Formen (Unterschriften, Bürgerinitiative, Demonstration) und nicht-legaler Formen unkonventionellen Protests ist zudem bei ihnen nicht so stark ausgeprägt wie bei den Befragten insgesamt.

Demgegenüber liegen Befürwortung, Entschiedenheit und Teilnahme der traditionellen Kohlekritiker hinsichtlich unkonventionellen politischen Verhaltens durchweg eher unter dem Bevölkerungsdurchschnitt. Dies stimmt in der Tendenz überein mit ihren Begründungen für die Protesterwartung.

Als Resümee ist also festzustellen, daß es für die Diskussion eines Konfliktpotentials, das aus der Kohlekritik erwächst, wesentlich ist, zwischen traditioneller und neuer Kohlekritik zu unterscheiden. Es sind in erster Linie die neuen Kohlekritiker,

Tabelle D-11. Protesterwartung bei den „traditionellen" und den „neuen Kohlekritikern" (Befragung 1982; in v. H.)

Erwartung von Protest	Gesamtsample	Traditionelle Kohlekritiker	Neue Kohlekritiker
Ja	28,7	39,9	38,7
Nein	53,7	46,0	46,8
Weiß nicht	17,6	14,1	14,5
Gründe für Protest:			
Umweltbelastung	45,1	53,3	58,3
Standortproblematik	27,2	22,9	22,9
Querulantentum	21,7	20,0	2,1
Wachstumskritik	6,0	2,9	16,7
Gründe gegen Protest:			
Sicherheit der Kohlekraftwerke	45,8	37,2	48,3
Singularität des KE-Konflikts	25,1	40,5	20,7
Vertrautheit mit der Kohle	19,1	10,7	24,1
Energiewirtschaftliche Notwendigkeit	10,0	9,1	3,5

Tabelle D-12. Befürwortung und Teilnahme an unkonventionellen politischen Aktionen bei „traditionellen" und „neuen Kohlekritikern" (Befragung 1982; in v. H.)

Protestform	Befürwortung			Entschiedenheitsquote[a]			Teilnahme		
	Gesamtsample	Traditionelle Kohlekritik	Neue Kohlekritik	Gesamtsample	Traditionelle Kohlekritik	Neue Kohlekritik	Gesamtsample	Traditionelle Kohlekritik	Neue Kohlekritik
Unterschriftensammlung	81,3	79,5	89,5	56,0	58,4	71,2	5,6	4,6	25,8
Bürgerinitiative	79,1	76,8	91,1	50,9	48,5	69,0	2,6	2,3	9,7
Genehmigte Demonstration	58,5	59,3	79,0	45,0	44,9	69,4	3,0	2,7	16,1
Boykott	21,4	16,0	41,9	27,4	19,0	38,5	0,5	0,8	1,6
Aufhalten des Verkehrs	13,4	10,3	37,9	24,3	37,0	36,2	1,2	0,8	4,8
Besetzung von Gebäuden u. ä.	8,7	4,2	27,4	23,7	27,3	41,2	0,5	0,4	2,4
Nicht genehmigte Demonstration	8,0	6,5	21,0	25,2	17,6	34,6	0,5	0,8	2,4

[a] Anteil der entschiedenen Befürwortung an der Gesamtbefürwortung

von denen ähnliche Proteste gegen die verstärkte Kohlenutzung wie bei der Kernenergie ausgehen könnten bzw. die sich solchen von den organisierten politischen Akteuren initiierten Aktionen anschließen würden, im Zusammenhang mit einer grundsätzlichen industrialismuskritischen Orientierung.

6.3 Die Konfliktfähigkeit der neuen Kohlekritik

Die damit angesprochene Bevölkerungsgruppe ist durch die Gruppe G repräsentiert, die 6,9% der Bevölkerung umfaßt (siehe Abschnitt 4.2).

Es schließt sich die Frage an, wie weit von diesem relativ geringen Bevölkerungsanteil von 6,9%, selbst wenn es zu Protesten kommt, ein gesellschaftlich und politisch relevanter Konflikt ausgehen kann. Mit anderen Worten: Wie hoch ist die Konfliktfähigkeit dieser Kritikströmung einzuschätzen?

Eine der Stärken der industrialismuskritischen Bewegung wird in ihrer thematischen und sozialen Heterogenität gesehen, weil „die Bildung breiter und thematisch wechselnder Koalitionen“ möglich ist, „ohne daß Fragen der Parteidisziplin oder der ideologischen Abgrenzung eine entscheidende Barriere darstellen“ [Brand 1982, S. 189; vgl. auch Hirsch/Roth 1980]. Hierbei ist nicht nur an eine regionale und sozialstrukturelle Breite zu denken, sondern auch an das Hineinwirken in das bestehende Parteiensystem und in bestehende Interessenorganisationen [Brand 1982, S. 190]. Zugleich ist aber der geringe Grad an institutioneller Verfestigung und Anbindung an das bestehende System politischer Entscheidungen auch eine Schranke für Konfliktfähigkeit (vgl. [Vester 1983]). Die bisher erkennbaren Elemente einer sich entwickelnden Infrastruktur, wie die organisatorische Vernetzung von Bürgerinitiativen, von Selbsthilfe- und Alternativprojekten, die Institutionalisierung einer „kritischen Wissenschaft“ (Öko-Institute u. ä.) weisen jedoch weniger auf eine direkte Teilnahme am bestehenden politischen Entscheidungssystem hin als vielmehr auf spezifische politische, ideologische und praktische Mobilisierungsmöglichkeiten gegenüber weiteren Bevölkerungskreisen. Hier käme zum Tragen, daß über die relativ kleine Meinungsgruppe der neuen Kohlekritiker hinaus in der Bevölkerung ein kritisches Umweltbewußtsein und auch Ansätze spezifischer Kohlekritik verbreitet sind.

In diesem Zusammenhang müssen zwei Faktoren gesehen werden, die zur Konfliktfähigkeit der neuen Kohlekritik beitragen (siehe Tabelle D-13). Es handelt sich einmal um das überdurchschnittliche Niveau an Schulbildung, das die Argumenta-

Tabelle D-13. Altersstruktur und Schulbildung der „traditionellen“ und „neuen Kohlekritiker“ (Befragung 1982; in v. H.)

	Gesamtsample	Traditionelle Kohlekritiker	Neue Kohlekritiker
Altersgruppe			
18 bis 35	33,5	28,6	60,5
36 und älter	66,5	71,4	39,5
Schulabschluß mit Abitur	11,1	15,2	30,7

tions- und Artikulationsfähigkeit der Kritiker begünstigt. Zum anderen verweist das geringere Durchschnittsalter der neuen Kohlekritiker auf eine generationsspezifische Mobilität und Ungebundenheit, die als günstige Dispositionen für die Teilnahme an den erwähnten unkonventionellen politischen Protestformen gelten können.

Dieses Ergebnis deckt sich mit den vorliegenden Analysen über die sozialstrukturelle Rekrutierungsbasis anderer Protestbewegungen wie der Friedensbewegung oder der Anti-Kernenergiebewegung: „18 bis 35 + Abitur = Aktivgruppe" [Küchler 1981].

Darüber hinaus gibt es in den Ergebnissen der Befragung von 1980 Anhaltspunkte dafür, daß die industrialismuskritische Bewegung tatsächlich Meinungsführerfunktionen in solchen Konflikten innehat [Frederichs, Bechmann, Gloede 1983, S. 206].

Zusammengefaßt läßt sich die Konfliktfähigkeit der neuen Kohlekritiker weniger an der Nutzungsmöglichkeit ökonomischer und institutioneller Machtmittel festmachen, da eine ökonomisch homogene Interessenlage und -vertretung nicht besteht und eine direkte Teilhabe am politischen Entscheidungssystem kaum abgesichert ist. Viel eher liegt der Schwerpunkt ihrer Konfliktfähigkeit in politischen und praktischen Mobilisierungsmöglichkeiten gegenüber einer breiteren Öffentlichkeit, die wesentlich auf unkonventionelle Formen politischer Beteiligung zurückgehen und die hohe Bereitschaft einschließen, solche Formen auch zu praktizieren.

6.4 Aktuelle Realisierungsbedingungen des Konfliktpotentials

Angesichts der spezifischen Konfliktfähigkeit und der hohen generellen Konfliktbereitschaft der neuen Kohlekritiker (die allerdings durch eine gewisse Befürwortung der Kohle als bessere Alternative zur Kernenergie eingeschränkt erscheinen) ist nach den aktuellen Realisierungsbedingungen dieses Konfliktpotentials zu fragen. Auf drei wesentliche Bedingungen für die Manifestation des diagnostizierten Potentials ist kurz einzugehen:

- die Entwicklung der sachlichen Problematik,
- die Behandlung der Problematik durch das politische System,
- die Resonanz der Problematik in der Bevölkerung.

6.4.1 Die Entwicklung der sachlichen Problematik

Wie schon erwähnt, hatte die Umweltschutzbewegung ihre eher positive Haltung gegenüber einer verstärkten Kohlenutzung seit 1981 davon abhängig gemacht, daß deren technische Auslegung sich radikal an Aspekten der Umweltverträglichkeit und der Sozialverträglichkeit orientiert (Reduktion des Primärenergieeinsatzes, Kraft-Wärme-Kopplung, Rauchgasentschwefelung, Wirbelschichtfeuerung, dezentralisierte Fernwärmenetze etc.).

Durch die sich beschleunigenden Waldschäden, die mit der Nutzung fossiler Energieträger in Verbindung gebracht werden können, hat sich seitdem der sachliche Problemdruck verstärkt. Gegenüber 1982 haben sich die in Mitleidenschaft gezogenen Waldflächen in der Bundesrepublik Deutschland durchschnittlich vervierfacht (s. Teil C, Abschnitt 1.3.3). Folgeschäden für die Trinkwasserversorgung, für die Frischluftversorgung der Städte usw. werden erwartet. Neben dem Waldsterben werden andere unmittelbare Folgen des „Sauren Regens“ in der öffentlichen Auseinandersetzung thematisiert, so etwa das „Seensterben“, die Belastungen der Atemluft oder die zunehmenden Gebäudeschäden (vgl. hierzu die Abschnitte 1.3.2, 1.3.3 und 1.3.4 des Teils C).

Zugleich ist bekannt; daß die übergroße Mehrzahl aller Kohle- und Ölkraftwerke wie anderer Emittenten in der Bundesrepublik Deutschland (und erst recht in anderen europäischen Ländern) noch nicht entschwefelt sind. Die Dringlichkeit von Maßnahmen gegen die von kaum jemandem mehr bestrittenen Schäden und ihre Ursachen wird von den meisten Experten unterstrichen. Nach einer Befragung des Instituts für Forstpolitik und Raumordnung der Universität Freiburg erwarten 60% der befragten Experten ein weitflächiges oder gar vollständiges Waldsterben, wenn sich in den nächsten zehn Jahren nichts Grundlegendes am Ausmaß der Luftverunreinigungen ändert [Nießlein 1983]. Selbst bei einer sofortigen Reduktion der Schadstoffemissionen auf Null wird noch eine jahrelange Fortsetzung der Walderkrankungen vermutet [Ginjaar 1983].

Auch in der einschlägigen Presseberichterstattung wird der Problemdruck des Waldsterbens fast einhellig für „groß“ gehalten. Ausschließlich die Vertreter des Wirtschaftssystems halten, soweit dazu ihre Äußerungen wiedergegeben werden, zu 75% den Problemdruck für „gering“.

6.4.2 Die Behandlung der Problematik durch das politische System

Vor dem Hintergrund dieser kaum aufschiebbaren Problematik konzentrieren sich die Erwartungen der Umweltschutzbewegung wie auch unmittelbar betroffener Interessengruppen, in deren Reihen sich inzwischen nicht nur die neuen, sondern zunehmend auch traditionelle Kohlekritiker finden, auf die Reaktionen und Maßnahmen des politischen Systems. Die von Bund und Ländern beschlossenen Maßnahmen zur Verbesserung der Schadstoffrückhaltung (TA Luft, Großfeuerungsanlagenverordnung) werden von den Umweltschutzverbänden als nicht ausreichend und durchschlagend genug angesehen. Auch viele Fachleute schließen sich diesem Urteil an [Nießlein 1983].

Die Presseberichterstattung des Frühjahrs 1983 gibt ebenfalls mehrheitlich kritische Auffassungen zur Novellierung der TA Luft und der Großfeuerungsanlagenverordnung wieder. Während mehr als 60% der repräsentierten Stellungnahmen in den ausgewerteten Artikeln die GFAVO für „nicht ausreichend“ halten, liegt der entsprechende Prozentsatz bei der Autorengruppe „Experten“ sogar bei 80%. Wiederum sind es die Vertreter des Wirtschaftssystems, die die GFAVO als einzige Autorengruppe zu über 80% für „ausreichend“ oder „zu weitgehend“ halten.

Die bisherige Behandlung der Problematik durch Politik und Wirtschaft wurde in der Presse bereits als „Dethematisierung“, „Problemverschiebung“ und „symbolische Verarbeitung“ charakterisiert: „Dethematisierung“ im Sinne einer Leugnung oder Herabstufung des Problems; „Verschiebung“ im Sinne einer Verantwortlichmachung anderer Probleme, wie dem verzögerten Ausbau der Kernenergie oder der internationalen Vernetzung der Ursachenzusammenhänge; „symbolische Verarbeitung“ in dem Sinne, daß anstelle zielstrebiger Abhilfe nur symbolische Maßnahmen ergriffen werden (Beispiel: die Stiftungsgründung „Wald in Not“ durch verantwortliche Politiker [Der Spiegel, Nr. 7 (1983), S. 85 f].

Würde eine solche Beurteilung von Politik und Wirtschaft im Zusammenhang mit dem Problem des Waldsterbens in der Bevölkerung um sich greifen, so würde das einen Schwund des Vertrauens in die politischen Herrschaftsträger bedeuten, ein Vorgang, der eine wesentliche Voraussetzung für das Auftreten unkonventioneller Protestformen wäre [Kaase 1976, S. 120 ff]. Damit ist die dritte Bedingung für die Konkretisierung des durch die Kohlekritik gegebenen Konfliktpotentials angesprochen, nämlich die Resonanz der Problematik in der Bevölkerung.

6.4.3 Die Resonanz der Problematik in der Bevölkerung

Hier sind die Ergebnisse der Medienanalyse vom Frühjahr 1983 und der Befragung im Oktober 1983 besonders informativ. Obwohl die Beobachtung der politischen Arena und die Ergebnisse der vorhergehenden Befragungen und Medienanalysen eine zunehmende Sensibilisierung gegenüber der Umweltproblematik erkennen lassen, mündet dies (bisher) auf der Ebene der Medien und der Bevölkerung nicht in eine wesentliche Ausbreitung der Kohlekritik ein.

Noch vor dem Beginn der breiten öffentlichen Auseinandersetzung um das Waldsterben war die Erwartung von Protesten bei einem verstärkten Zubau von Kohlekraftwerken in der Bevölkerung gestiegen (siehe Tabelle D-14).

Zugleich stieg unter den Gründen für einen solchen Kohleprotest die Nennung von „Umweltbelastung“ von 35,8 auf 45,1%, während unter den Gründen gegen einen solchen Protest das Argument „Vertrautheit mit der Kohle“ von 27,4 auf 19,1% aller Nennungen zurückging.

Inzwischen ist das Waldsterben in der Bevölkerung so bekannt wie kaum eine andere Thematik. Mehr als die Hälfte der Bevölkerung hat bereits mit eigenen Augen etwas davon bemerkt [Allensbach 1983]. 74% halten Maßnahmen zur Beendigung des Waldsterbens „persönlich für besonders wichtig“ und immerhin 49% meinen, daß „gute Politiker hier etwas erreichen“ könnten [ebd.].

Daneben ist die Bevölkerung mehrheitlich bereit, selbst etwas für die Verbesserung der Umweltqualität und gegen das Waldsterben zu tun. Nach einer Befragung des INFAS-Instituts halten es 56,4% für erfolgversprechend, durch Information und Aufklärung zu einem anderen Verhalten zu kommen, und 57,7% der Befragten ver-

Tabelle D-14. Protesterwartung bei einem verstärkten Zubau von Kohlekraftwerken (Vergleich der Befragungen 1980 und 1982)

	Gesamtsample 1980	Gesamtsample 1982
N	1997	1993
Protesterwartung		
Ja	23,6	28,7
nein	59,6	53,7

sprechen sich etwas davon, die Bevölkerung „an wichtigen Entscheidungen über umweltbeeinflussende Vorhaben unmittelbar zu beteiligen“ [Nießlein 1983]. In der gleichen Befragung befürworten 74% eine Stromkosten-Mehrbelastung pro Monat, wenn dadurch eine Reduktion der SO_2-Emissionen im „technisch machbaren Umfang“ für Kraftwerke und Industriebetriebe durchzusetzen wäre [ebd.].

Zu einem ähnlichen Ergebnis kommt die Allensbacher Befragung, die bei 62% der Bevölkerung Zustimmung für eine jährliche Abgabe von 5 DM „für ein Programm gegen das Waldsterben“ erhielt. Besonders hoch fiel die Zustimmung in der Altersgruppe von 16 bis 29 Jahren und bei denjenigen aus, die einen höheren Schulabschluß hatten.

Die von der Bevölkerung gesehene Dringlichkeit praktisch wirksamer Maßnahmen wird schließlich unterstrichen durch die vorherrschende Auffassung, „daß mit der wirkungsvollen Reduktion der Luftbelastung in der Bundesrepublik Deutschland sofort zu beginnen ist und nicht auf den Abschluß internationaler Vereinbarungen gewartet werden kann“. 92% der Befragten schlossen sich dieser Auffassung an [Nießlein 1983].

In der politischen Arena hat das Auswirkungen auf die Kohlekritik. Es schließen sich jene Organisationen zusammen, die eine „bedingte“ oder „grundsätzliche“ Kritik[1] der gegenwärtigen Kohle- (und Öl-) Nutzung vertreten, wie dies mit der „Aktionskonferenz gegen Sauren Regen und Waldsterben“ in Freudenstadt und der jüngsten Bildung einer „Grünen Allianz gegen das Waldsterben“ in München sichtbar wurde [FR, 8.11.83]. Während die „neuen Kohlekritiker“ bereits einen breiten Katalog eher unkonventioneller politischer Aktionen ins Auge fassen, setzen die traditionellen Kritiker eher auf konventionelle Formen der Konfliktaustragung (z. B. Schadensersatzklagen gegen Bund und Länder).

In gewisser Hinsicht erinnert der sich entwickelnde Konflikt bereits an die Auseinandersetzung um die Kernenergie (Bündnis von Betroffenen und überregionalen generalisierenden Kritikern), insbesondere, wenn man die teils schon durchgeführten, teils geplanten Aktionsformen betrachtet:

- Demonstrationen gegen geplante und nicht bzw. unzureichend entschwefelte Kohlekraftwerke (Buschhaus bei Helmstedt, Heizkraftwerk-West in Frankfurt, Braunkohlekraftwerk im Hohen Meißner-Gebiet etc.);
- symbolische Besetzungen von Kraftwerksschloten und anderen Gebäuden durch Aktionsgruppen wie „Robin Wood“;
- massenhafter „ziviler Ungehorsam“ wie die geplante Aktion „Giro-Blau“ (Elektrizitätsversorgungsunternehmen sollen die Bankeinzugsermächtigungen für die Stromrechnungen entzogen werden);
- „Waldspaziergänge“ zur Besichtigung der Schäden und „Masseninspektionen“ von örtlichen Kraftwerken wie Industrieansiedlungen;
- Beschreitung des Gerichtswegs (Verwaltungsgerichte, Bundesverfassungsgericht);
- Aktionen im Vorfeld der Wahlen zum Europa-Parlament 1984.

Vergleicht man nun die Ergebnisse der Umfrage im Oktober 1983 (Abschnitt 4.2) mit diesen Reaktionen in der politischen Arena auf das Waldsterben, so ergibt sich eine deutliche Diskrepanz: In der Bevölkerung hat die Problematik des Waldster-

1 Bezeichnungen in Analogie zu den Meinungsgruppen in Kapitel 4.

bens bisher nicht zur Ausweitung einer kritischen Haltung gegenüber der Kohle geführt. Die Umfrage zeigt stattdessen, daß Kohlenutzung und Waldsterben zwei Themen sind, die von der Bevölkerung kaum im Zusammenhang gesehen werden. Der gleiche Tatbestand gilt auch für die Presse, wie sich aus der Medienanalyse ergab. Ferner ergab die Umfrage, daß sehr oft dann, wenn diese beiden Themen von den Befragten doch miteinander in Verbindung gebracht werden, an die Kohlenutzung positive Erwartungen hinsichtlich der Anwendung neuer umweltschonender Techniken geknüpft werden (Abschnitt 4.2).

Es erhebt sich dennoch die Frage, ob diese für die Kohle günstige Meinungskonstellation in der Bevölkerung langfristig stabil bleibt, insbesondere, wenn es zu ihrer verstärkten Nutzung kommt. Dagegen spricht z. B., daß sich die öffentliche Kohlediskussion bereits 1982 von der in den siebziger Jahren und selbst noch vom Stand der Beurteilung im Jahre 1980 qualitativ unterschieden hat. Zu verdeutlichen ist dies an von Renn berichteten Ergebnissen einer vergleichenden Risiko/Nutzen-Analyse von Fischhoff aus dem Jahre 1978. Während danach die Kernenergie bereits sehr stark unter soziopolitischen und ethischen Gesichtspunkten auf Risiko und Nutzen hin beurteilt wurde, in denen offenbar Werthaltungen und generalisierte Deutungsmuster zum Tragen kamen, dominierten bei der Kohlebeurteilung individuelle Interessenlagen [Renn 1981, Bd. II, S. 69]. Auch in unserer Befragung von 1980 spielten kontroverse Wertbezüge noch kaum eine Rolle für die Beurteilung der Kohle [Frederichs, Bechmann, Gloede 1983, S. 168 ff], während dies im Jahr 1982 durchaus der Fall war. Auch die Entwicklung der Medienberichterstattung zur Kohle deutet in die hier skizzierte Richtung.

Die Analyse kommt deshalb zu folgender Einschätzung:

Die gegenwärtige – weitgehend konfliktfreie – energiepolitische Bejahung der Kohle wird angesichts der allgemeinen gesellschaftlichen Rahmenbedingungen (Entstehung einer neuen Konfliktlinie) und des generellen Konfliktpotentials der neuen Kohlekritik nur dann Bestand haben, wenn

- die umweltpolitischen Erwartungen an Politik und Wirtschaft erfüllt werden, also der neueste Stand der Rückhaltetechnik im geforderten Umfang und Zeitraum zum Einsatz kommt; und
- die umweltpolitischen Maßnahmen auch tatsächlich Wirkung zeigen, z. B. also die Wirkung einer verbesserten Rückhaltung auf die emittierten Schadstoffmengen nicht durch einen entsprechenden Mehreinsatz fossiler Energieträger kompensiert wird.

Teil E

Zusammenfassende Bewertung der Kohleeinsatzstrategien und Empfehlungen für einen verstärkten Steinkohleeinsatz zur Ölsubstitution in der Bundesrepublik Deutschland

Bearbeiter: R. Coenen, V. Schulz, H. Paschen, D. Wintzer

Vorbemerkungen

Die in den Teilen B, C und D dieses Berichts dargestellten Ergebnisse der ökonomischen, ökologischen und gesellschaftlichen Folgenanalysen lassen die folgenden generellen Schlußfolgerungen hinsichtlich eines verstärkten Steinkohleeinsatzes mit dem Ziel der Ölsubstitution zu:

- Die Realisierung der im Rahmen der Kohleeinsatzstrategien betrachteten Möglichkeiten der Ölsubstitution durch Steinkohle würde fast ohne Ausnahme eine energiepolitische Unterstützung durch den Staat erfordern, obwohl sich für mehrere der analysierten Substitutionsfälle bei einer gesamtwirtschaftlich orientierten längerfristigen Sichtweise Kostenvorteile gegenüber der jeweiligen Öltechnologie ergeben. Zurückzuführen ist dies u.a. darauf, daß die Kostenvorteile der Kohletechnologien als Anreiz für Umstellungen zu gering sind, daß erhebliche Anlaufverluste zu überbrücken sind und daß die Amortisationszeiten unter einzelwirtschaftlichen Gesichtspunkten zu lang sind.
- Die Umweltbelastung durch Luftverunreinigungen aus dem referenzmäßigen – geringfügig über dem heutigen Einsatz liegenden – Kohleeinsatz wird sich bis zum Jahr 2000 durch die neuen immissionsschutzrechtlichen Vorschriften ganz erheblich vermindern. Die zusätzlichen Belastungen durch einen verstärkten Steinkohleeinsatz zur Ölsubstitution werden diese Entlastung nicht annähernd wieder ausgleichen; in einigen Fällen ist sogar noch eine weitergehende Entlastung möglich, da die Umweltbelastungen im Ölvergleichsfall höher sind als im Kohlefall. Der Anfall an Abwässern und festen Rückständen aus dem Kohleeinsatz wird zwar referenzmäßig und strategiegemäß teilweise zunehmen; Umweltbelastungen dürften sich aber weitgehend durch Reinigung der Abwässer bzw. Verwertung oder vorschriftsgemäße Deponierung der Rückstände vermeiden lassen.
- Die Wahrscheinlichkeit gesellschaftlicher Konflikte um die verstärkte Kohlenutzung ist gering, wenn Rückhaltetechniken jeweils nach dem neuesten Stand der Technik eingesetzt werden und der verstärkte Kohleeinsatz die aufgrund kürzlich erlassener immissionsschutzrechtlicher Maßnahmen zu erwartenden Emissionsentlastungen nicht wieder aufhebt; letzteres ist nach den Ergebnissen dieser Studie nicht zu erwarten.

Die Vorbedingungen für einen verstärkten Steinkohleeinsatz zur Ölsubstitution sind also unter umwelt- und gesellschaftspolitischen Akzeptanzgesichtspunkten nicht ungünstig. Die ökonomischen Folgenanalysen dagegen bestätigen die Ausgangsprämisse der Studie, daß der hier betrachtete verstärkte Einsatz der Steinkohle (strategischer Mehreinsatz) zur Ölsubstitution – als Beitrag zur Erhöhung der Versorgungssicherheit – nicht ohne energiepolitische Unterstützung möglich sein wird.

In diesem Berichtsteil werden die Ergebnisse der partiellen Folgenanalysen zusammengeführt und eine Gesamtbewertung der untersuchten Kohleeinsatzstrategien vorgenommen (Kapitel 1). Auf Basis dieser Bewertung werden in Kapitel 2 Empfehlungen erarbeitet, wie eine Substitution von etwa 20 Mio t SKE Rohöl durch verstärkten Steinkohleeinsatz unter Abwägung ökonomischer, ökologischer und gesellschaftspolitischer Gesichtspunkte erfolgen sollte.

1 Bewertung der Kohleeinsatzstrategien

1.1 Bewertung der Kohleeinsatzstrategien unter Einzelaspekten

Die Verstromungs-, die Verheizungs- und die beiden Varianten der Veredlungsstrategie werden in diesem Kapitel unter verschiedenen Bewertungsaspekten verglichen. Die Vergleiche basieren auf den Analysen der Berichtsteile B, C und D; teilweise stützen sie sich auf quantitative Indikatoren, teilweise auf qualitative Erwägungen. Die Bewertungsaspekte (siehe Tabelle E-1) lassen sich klassifizieren in

- Bewertungsaspekte, anhand derer der Zielerreichungsgrad der Strategien beurteilt wird, d.h. ihr Beitrag zur Erhöhung der Versorgungssicherheit (Bewertungsaspekte 1 und 2);
- Bewertungsaspekte, die die ökonomischen Folgen bzw. den mit der Substitution verbundenen ökonomischen Aufwand betreffen (Bewertungsaspekte 3 bis 5);
- Bewertungsaspekte, die sich auf die Realisierungsbedingungen der Strategien beziehen (Bewertungsaspekte 6 bis 10);
- Bewertungsaspekte, die die Umweltfolgen der Strategien betreffen (Bewertungsaspekte 11 bis 18).

Tabelle E-1 gibt einen Überblick über die Rangordnungen der Strategien bezüglich dieser Bewertungsaspekte, wie sie sich *aus der Sicht der Bearbeiter der Studie* darstellen. Ergeben sich deutliche Rangabstufungen zwischen den Strategien, so sind die entsprechenden Rangziffern unterstrichen.

Bei den im folgenden dargelegten Begründungen für die Bewertungen werden diejenigen Erwägungen herausgestellt, die für die Bearbeiter der Studie bei der Bildung der Rangordnungen maßgeblich waren; es erfolgt also keine erschöpfende Diskussion der Strategien hinsichtlich der Bewertungsaspekte. Von einer Gewichtung der Aspekte wird abgesehen; in Kapitel 2 dieses Berichtsteils werden allerdings bei der Entwicklung von Empfehlungen zum verstärkten Kohleeinsatz bestimmte Bewertungsaspekte in den Vordergrund gestellt, die nach Auffassung der Bearbeiter ein hohes Gewicht haben sollten.

(1) *Langfristige Versorgungssicherheit*

Die langfristige Versorgungssicherheit ist unter zwei Gesichtspunkten zu diskutieren:

- dem Gesichtspunkt der geologischen Ressourcensituation und
- dem Gesichtspunkt der geopolitischen Verteilung der Ressourcen.

Im Hinblick auf die *geologische Ressourcensituation* sind die Strategien weitgehend gleich zu bewerten. Sie substituieren annahmegemäß jeweils die gleiche Rohölmenge, d.h. einen Primärenergieträger, dessen geologische Ressourcensituation ungünstiger zu beurteilen ist als die der Steinkohle. Die Unterschiede im Steinkohlebedarf der Strategien sind angesichts der Ressourcensituation bei diesem Energieträger in bezug auf diesen Bewertungsaspekt als kaum erheblich anzusehen.

Tabelle E-1. Rangordnung der Kohleeinsatzstrategien (Verstromungsstrategie (VS) Verheizungsstrategie (VH), Veredlungsstrategie (VE) in bezug auf verschiedene Bewertungsaspekte[a]

Bewertungsaspekte	VS	VH	VE	
			Variante A	B
Zielerreichungsgrad				
(1) Langfristige Versorgungssicherheit	2	1	2	2
(2) Versorgungssicherheit im Krisenfall	2	3	1	2
Ökonomische Folgen				
(3) Substitutionskosten	2	1	4	3
(4) Arbeitskräftebedarf	2	2	1	1
(5) Devisenbedarf	2	1	4	3
Realisierungsbedingungen				
(6) Investitionsbedarf und Finanzierbarkeit	1	3	2	2
(7) Zeitliche Realisierbarkeit	1	2	2	2
(8) Institutionelle und infrastrukturelle Einpaßbarkeit in das Energieversorgungssystem	1	4	2	3
(9) Konkurrenzsituation zu anderen Energieträgern als Mineralölprodukten	2	3	1	4
(10) Gesellschaftliche Akzeptanzbedingungen	3	1	2	2
Umweltfolgen				
(11) Ressourcenschonung	2	1	4	3
(12) Belastung durch SO_2-Emissionen	2	4 (1)[b]	3	1
(13) Belastung durch NO_x-Emissionen	3	4	1	2
(14) Belastung durch Emissionen von Staub und staubgetragenen Stoffen	3	4	2	1
(15) Belastung durch PAH-Emissionen[c]	–	–	–	–
(16) Belastung durch CO_2-Emissionen	2	1	2	2
(17) Wasserverbrauch und Abwasseranfall	3	1	2	2
(18) Feste Rückstände	3	1	2	2

[a] Unterstreichung der Rangziffern bedeutet deutliche Positionsabstufung

[b] Bei Einsatz der Wirbelschichtfeuerung im Leistungsbereich <300 MWth Feuerungswärmeleistung

[c] Keine Differenzierung der Bewertungen möglich

Unter *geopolitischen* Gesichtspunkten ist folgendes hervorzuheben:

Zur Zeit kommt ein beträchtlicher Teil der Ölimporte aus den Nordsee-Fördergebieten. Aufgrund der Ressourcensituation und des derzeitigen Fördervolumens in diesen Fördergebieten ist nicht auszuschließen, daß die Bundesrepublik Deutschland gegen Ende der 90er Jahre wieder stark vom OPEC-Öl abhängig werden wird und daß sich damit die geopolitische Diversifikationsstruktur der Ölimporte wieder verschlechtert. Die Substitution von 20 Mio t SKE Rohöl durch Steinkohle könnte dieser Entwicklung entgegenwirken, auch wenn ein erheblicher Teil der Steinkohle importiert würde, da die meisten der in Frage kommenden Kohleexportländer als politisch stabiler anzusehen sind als die Ölexportländer im Mittleren Osten. Die Unterschiede im Kohleimportbedarf der Strategien sind – selbst wenn man von einem hohen Deckungsanteil der Importkohle beim strategischen Kohlemehreinsatz ausgeht – nicht so groß, daß man kohleseitig deutliche Rangabstufungen der Strategien unter geopolitischen Gesichtspunkten vornehmen könnte.

In bezug auf dieses Zielerreichungskriterium sind somit die Strategien annähernd gleich zu bewerten. Einen leichten Vorteil hat die Verheizungsstrategie wegen ihres deutlich geringeren Kohlebedarfs; die Unterschiede im Kohlebedarf der anderen Strategien sind für eine weitere Bewertungsdifferenzierung zu gering.

(2) *Versorgungssicherheit im Krisenfall (Reduzierung der sektoralen Ölabhängigkeit)*

Im Falle von kurz- und mittelfristigen Versorgungskrisen beim Mineralöl bietet die Kohleveredlungsstrategie insofern Vorteile, als sie als einzige Strategie größere Substitutionsbeiträge im Straßenverkehr erbringt, der bisher völlig von Mineralölprodukten abhängig ist und bei dem nur in geringem Umfang Vorratsmöglichkeiten beim Endverbraucher bestehen. Bei der Variante A würden immerhin 30% des Treibstoffbedarfs aus kohlestämmigen Treibstoffen gedeckt, bei der Variante B allerdings ein wesentlich geringerer Anteil (13%). Für die Verstromungsstrategie und die Verheizungsstrategie gilt, daß die Technologien, die jeweils die größten Substitutionsbeiträge leisten – elektrische bivalente Wärmepumpen mit Ölzusatzheizung und Fernwärme mit Ölheizwerken zur Spitzenbedarfsdeckung –, in einem gewissen Umfang auch weiterhin vom Mineralöl abhängig sind; andererseits ist die benötigte Menge jeweils wesentlich geringer als im Ölvergleichsfall, so daß auch längere Versorgungskrisen überbrückbar sein dürften. Für die Verstromungsstrategie ist ein Vorteil darin zu sehen, daß sie im Raumwärmesektor in einem Bereich ansetzt, nämlich in dünnbesiedelten Gebieten, die noch weitgehend vom Öl abhängig sind und für die auf absehbare Zeit keine anderen Versorgungsmöglichkeiten mit größeren Potentialen zu sehen sind.

(3) *Substitutionskosten*

Bei den Substitutionskosten, d.h. den Mehr- oder Minderkosten im Vergleich zum Ölreferenzfall (vgl. im einzelnen Teil B, Abschnitt 3.4.2 und Tabelle B-38), ergibt sich eine relativ deutliche Rangordnung der Strategien. Die Verheizungsstrategie schneidet mit einem Minderaufwand am besten ab, da sowohl für in Kohleheizkraftwerken erzeugte Fernwärme zur Ölsubstitution im Raumwärmebereich als auch für den Ersatz von industriellen Ölkesseln durch kohlebefeuerte Kessel Kostenvorteile ermittelt werden. Diese Kostenvorteile sind teilweise sehr deutlich, wenn von einer Implementation der Strategien in den 90er Jahren und von jährlichen realen Ölpreissteigerungsraten von 2% ausgegangen wird; sie werden auch bei einer Implementation in den 80er Jahren und/oder geringeren realen Ölpreissteigerungsraten nicht völlig aufgezehrt. Angesichts der Unsicherheiten bezüglich der zukünftigen Ölpreisentwicklung sind deshalb auch die längerfristigen wirtschaftlichen Risiken bei der Implementation dieser Strategie am geringsten.

Bei der Verstromungsstrategie errechnet sich für beide Betrachtungszeiträume (1982 bis 2001 und 1992 bis 2011) ein Substitutions-Mehraufwand, weil nur einige der Strategietechnologien – und dabei solche, die nur ein relativ beschränktes Substitutionspotential haben (Nachtspeicherheizungen, elektrische Induktionsöfen und elektrische Glasschmelze) – in beiden Fällen Kostenvorteile aufweisen, während die Strategietechnologien mit strategiegemäß großen Substitutionsbeiträgen (insbesondere die elektrischen Wärmepumpen für die Raumwärmeversorgung) – wenn überhaupt – nur geringe Kostenvorteile haben.

Die höchsten Substitutionskosten weisen die beiden Varianten der Veredlungsstrategie auf; dabei schneidet die Variante B mit einem großen Anteil gasförmiger Produkte noch relativ besser ab als die Variante A, bei der die im Vergleich zu Mineralölprodukten besonders kostenungünstigen Hydrierprodukte das Ergebnis maßgeblich beeinflussen.

(4) *Arbeitskräftebedarf*

Die Bewertung der Strategie erfolgt bei diesem Aspekt vor dem Hintergrund einer längerfristig ungünstigen Arbeitsmarktsituation. Bei allen Strategien ergibt sich ein Arbeitskräftebedarf, der höher ist als im Ölvergleichsfall.

Bei Summierung des betriebsbedingten Arbeitskräftebedarfs – d.h. des Arbeitskräftebedarfs für die Förderung der strategiegemäß benötigten Kohlemengen sowie für den Betrieb und die Wartung der Umwandlungs-, Verteilungs- und Endenergienutzungsanlagen – und des investitionsbedingten Arbeitskräftebedarfs zur Erstellung und Installation dieser Anlagen ergibt sich der höchste Bedarf bei der Variante A der Veredlungsstrategie. Zurückzuführen ist dies auf den hohen förderungsbedingten Arbeitskräftebedarf und den hohen Arbeitskräftebedarf für den Betrieb der Umwandlungsanlagen. Die zweite Position nimmt die Verstromungsstrategie ein, insbesondere wegen eines hohen investitionsbedingten Arbeitskräftebedarfs. Die Variante B der Veredlungsstrategie und die Verheizungsstrategie weisen die niedrigsten Werte für den Arbeitskräftebedarf auf. Die Werte liegen in einer Spanne von ca. 40 000 Mannjahren pro Jahr (Verheizungsstrategie) und 80 000 Mannjahren pro Jahr (Veredlungsstrategie Variante A). Die Unterschiede sind angesichts einer derzeitigen Arbeitslosenzahl von 2,3 Mio und eines gesamtwirtschaftlichen Beschäftigungsvolumens von 25,5 Mio Beschäftigten nicht als sehr erheblich einzustufen. Außerdem ist zu berücksichtigen, daß sich die Positionen der Strategien verändern könnten, wenn man unterstellt, daß sich der für die Strategien jeweils ermittelte Substitutionsmehr- oder -minderaufwand im Vergleich zum Ölfall durch zusätzliche Nachfrage oder durch Nachfrageausfall in anderen Bereichen beschäftigungsmäßig bemerkbar macht. Dies könnte insbesondere die Position der Veredlungsstrategie Variante A betreffen, die die höchsten Substitutionskosten aufweist, deren Deckung möglicherweise durch Nachfrageeinschränkung in anderen Bereichen negative Beschäftigungswirkungen auslösen könnte.

Wenn trotzdem diese Strategievariante und die Variante B der Veredlungsstrategie unter arbeitsmarktpolitischen Gesichtspunkten etwas herausgestellt werden, so deshalb, weil deren Arbeitskräftebedarf regional sehr konzentriert auftritt und gerade für die zur Zeit durch hohe Arbeitslosenzahlen betroffenen Kohleförder- und Küstengebiete von erheblicher Bedeutung sein könnte.

(5) *Devisenbedarf*

Bei allen drei Strategien errechnen sich Devisenersparnisse. Die Devisenersparnisse, die sich durch den Rückgang der Importe an Rohöl- und Mineralölprodukten ergeben, können für alle Strategien als in etwa gleich hoch angenommen werden; Unterschiede, die sich durch die jeweils unterschiedlichen Anteile der substituierten Mineralölprodukte (Heizöl-S, Heizöl-EL, Benzin, Diesel) bei den Strategien ergeben können, fallen nicht stark ins Gewicht. Diese Devisenersparnisse übersteigen deutlich den Devisenbedarf für die zu importierende Steinkohle, der bei der Verheizungsstrategie aufgrund des geringsten Kohlebedarfs natürlich am niedrigsten ist. Der Devisenbedarf ist aber als Bewertungsaspekt, insbesondere aus der Sicht eines stark auf Außenhandel angewiesenen und nicht mit chronischen Zahlungsbilanzproblemen belasteten Landes wie der Bundesrepublik Deutschland, zu relativieren.

(6) *Investitionsbedarf und Finanzierbarkeit*

Bei den Investitionen weist die Verstromungsstrategie mit ca. 100 Mrd DM den höchsten Bedarf auf, die Verheizungsstrategie mit ca. 40 Mrd DM den niedrigsten. Die beiden Varianten der Veredlungsstrategie nehmen mit knapp 67 Mrd DM (Variante A) und 55 Mrd DM (Variante B) mittlere Positionen ein. Diese Investitionsbeträge stellen jeweils den Mehrbedarf der Strategien gegenüber dem Ölvergleichsfall dar, d.h. im Ölfall erforderliche Investitionen werden – mit Ausnahme der nicht ins Gewicht fallenden Investitionen im Raffineriebereich – in Abzug gebracht.

Die Investitionsbeträge für die Strategien bewegen sich in einer Größenordnung, die bei Verteilung der Investitionen auf einen zwanzigjährigen Betrachtungszeitraum jährliche Investitionsbeträge ergibt, die im Hinblick auf die Beanspruchung des Kapitalmarkts als vernachlässigbar einzustufen sind (ca. 1% des gesamten Anlageninvestitionsvolumens der Bundesrepublik Deutschland im Jahre 1982 ohne „Investitionen" der Haushalte). Unter Bewertungsgesichtspunkten ist deshalb die Finanzierbarkeit dieser Investitionen durch die jeweiligen Investoren bzw. Investorengruppen als Realisierungsbedingung der relevantere Aspekt, dessen Diskussion eine sektorale Betrachtungsweise erfordert.

Betrachtet man zunächst den Umwandlungs- und Verteilungssektor, so liegt hier der Investitionsbedarf für alle drei Strategien in der Größenordnung von 40 Mrd DM. Unter Berücksichtigung der jeweiligen Träger dürfte die Verstromungsstrategie auf dieser Ebene die geringsten Probleme mit sich bringen, wenn die Wirtschaftlichkeit gegeben ist. Träger wären hier die großen Elektrizitätsversorgungsunternehmen der Verbundstufe. Ein zusätzlicher jährlicher Investitionsbetrag in der Größenordnung von 2 Mrd DM würde keinen qualitativen Sprung für das Investitionsvolumen dieses Industriezweiges bedeuten. Bei der Veredlungsstrategie kämen auf der Umwandlungsebene auch nur Großunternehmen des Bergbaus, der Mineralöl- und der Gaswirtschaft in Frage; bei gegebener Wirtschaftlichkeit wären auch hier keine größeren Probleme zu erwarten, vielleicht am ehesten bei Beteiligung des Steinkohlenbergbaus, dessen Spielraum für zusätzliche Investitionen begrenzt sein dürfte. Zudem bestehen wegen der noch fehlenden großtechnischen Demonstration der Veredlungstechnologien Investitions- und Betriebskostenrisiken, die sich auf die Investitionsbereitschaft auswirken könnten. Bei der Verheizungsstrategie dürften die Finanzierungsprobleme am größten sein, insbesondere wenn als Träger der Investitionen für die Fernwärme relativ finanzschwache kommunale Versorgungsunternehmen in Frage kommen. Beim Neuaufbau einer Fernwärmeversorgung entstehen normalerweise über eine längere Anlaufphase erhebliche Kostenunterdeckungen, deren Zwischenfinanzierung den kommunalen Unternehmen bzw. deren Trägern große Schwierigkeiten bereiten dürfte.

Auf der Endnutzungsebene sind bei einigen Strategien für bestimmte Substitutionsbeiträge Finanzierungsprobleme oder geringe Investitionsbereitschaft zu erwarten. Dies betrifft in erster Linie die relativ teuren elektrischen Wärmepumpen zur Raumwärmeerzeugung, die einen beträchtlichen Substitutionsbeitrag in der Verstromungsstrategie leisten sollen, sowie die Kohlekessel zur Dampferzeugung innerhalb der Verheizungsstrategie, bei denen sich teilweise längere Amortisationszeiten ergeben als in der Industrie üblich, und in zweiter Linie auch Flüssiggas- und Methanol-Pkw wegen des Mehraufwands gegenüber Benzin-Pkw.

Unter Abwägung der verschiedenen Überlegungen ergibt sich bei Ausklammerung des Wirtschaftlichkeitsaspekts folgende Rangordnung bezüglich der Finanzierbarkeit und Finanzierungsbereitschaft: Verstromungsstrategie, Variante A und B der Veredlungsstrategie, Verheizungsstrategie.

(7) *Zeitliche Realisierbarkeit*

Bei der zeitlichen Realisierbarkeit spielen zwei Gesichtspunkte eine Rolle:

- der technische Entwicklungsstand der Strategietechnologien und
- der Zeitbedarf zur Umstellung auf der Umwandlungs-, Verteilungs- und Endenergienutzungsebene.

Bei der Verstromungsstrategie und der Verheizungsstrategie kommen ausnahmslos Technologien zum Einsatz, die technisch bewährt sind. Von dieser Seite sind hier keine Realisierungsprobleme zu erwarten. Auch bei der Wirbelschichtfeuerung, die in der Verheizungsstrategie aus Umweltgründen als Alternative zu kleinen konventionellen Feuerungen für die Fernwärme- und Dampferzeugung in Frage kommt, sind zumindest für den Einsatz der atmosphärischen, stationären Wirbelschichtfeuerung keine größeren technisch bedingten zeitlichen Realisierungsprobleme zu sehen, obwohl längere Betriebserfahrungen mit Kohle-Wirbelschichtfeuerungen noch fehlen. Dagegen steht bei der Veredlungsstrategie für verschiedene Strategietechnologien die großtechnische Demonstration noch aus. Es sind hier zwar keine prinzipiellen Probleme zu erwarten, andererseits empfiehlt sich ein breiter Einstieg in diese Technologie erst nach technischer und ökonomischer Optimierung in großtechnischen Demonstrationsanlagen, so daß der Aufbau der Strategien sich auf die zweite Hälfte des Betrachtungszeitraums konzentrieren müßte.

Beim *Zeitbedarf zur Umstellung* auf der *Umwandlungsebene* sind keine größeren technisch-baulich bedingten Unterschiede zwischen den Strategien zu sehen, soweit es um den Bau der notwendigen Umwandlungskapazitäten geht; eher könnten solche Unterschiede im Zeitbedarf für die Planung und Genehmigung der Anlagen auftreten. Für die Verstromungsstrategie könnten hierbei die Voraussetzungen am günstigsten sein, da die bisherigen Planungen der Elektrizitätswirtschaft sich an einer höheren Strombedarfsentwicklung orientiert haben, als heute allgemein erwartet wird, und so zumindest ein Teil der für die Verstromungsstrategie benötigten Kapazitäten bereits durch die bisherigen Planungen abgedeckt ist. Allerdings stimmt die geplante regionale Verteilung des Zubaus nicht gut mit der regionalen Verteilung des zu substituierenden Heizölverbrauchs überein, da die Zubauplanungen für Steinkohlekraftwerke eine stärkere Konzentration auf die Kohle-Fördergebiete erwarten lassen.

Auf der *Verteilungsebene* sind bei der Veredlungsstrategie Variante A bis auf die Methanolverteilung keine Umstellungen erforderlich, da – mit den Mineralölprodukten identische – Kohleveredlungsprodukte produziert werden und die geringen vorgesehenen SNG-Substitutionsbeiträge über das vorhandene Gasnetz verteilt werden können. Bei der Variante B sind zusätzlich Inselnetze für die Verteilung von Industriegas erforderlich. Außerdem machen die wesentlich größeren SNG-Substitutionsbeiträge bei dieser Variante einen Ausbau der vorhandenen Gasnetze erforderlich. Auch bei der Verstromungsstrategie ist ein Netzausbau, vornehmlich im Mittel- und Niederspannungsbereich, notwendig.

Der erheblichste Zubau von Netzen ergibt sich bei der Verheizungsstrategie. Obwohl zeitliche regionale Kapazitätsengpässe nicht auszuschließen sind, sind auch hier auf mittlere Sicht keine baulich bedingten Zeitprobleme zu erwarten. Zeitliche Realisierungsprobleme können aber daraus entstehen, daß die erforderliche Zahl von Anschlußwilligen auf der *Endenergienutzungsebene* nicht rechtzeitig in gewünschtem Umfang gefunden wird. Die Anschlußbereitschaft dürfte bei gegebener Wirtschaftlichkeit im wesentlichen vom Alter des bisher installierten Heizsystems abhängen. Generell ist zu erwarten, daß in einem 20jährigen Betrachtungszeitraum Ersatzinvestitionen für das jeweilige Heizsystem in den meisten Fällen erforderlich sind; im konkreten Fall könnten sich aber durchaus zeitliche Diskrepanzen zwischen Anschlußerfordernissen aufgrund des Kapazitätsausbaus auf der Erzeugungs- und Verteilungsebene und der Anschlußentwicklung auf der Endenergienutzungsebene ergeben.

Bei der Veredlungsstrategie Variante A wären auf der *Endenergienutzungsebene* die geringsten Probleme zu erwarten, da für einen großen Teil der Endenergienutzungsanlagen (Diesel- und Superbenzin-Pkw) keine technischen Anpassungen erforderlich sind und – sofern solche notwendig sind (Methanol-Pkw) – die vergleichsweise kurze Lebensdauer von Pkw häufiger Ersatzinvestitionen erforderlich macht.

Bei Abwägung dieser verschiedenen zeitlichen Realisierungsaspekte dürften bei der Verstromungsstrategie die geringsten Probleme zu erwarten sein; die Verheizungsstrategie und die Veredlungsstrategie sind etwa gleich einzustufen, erstere wegen möglicher Probleme bei der zeitlichen Synchronisation von Kapazitätsaufbau und Anschlußentwicklung, letztere wegen teilweise noch fehlender großtechnischer Demonstration der Kohleveredlungsverfahren.

(8) *Institutionelle und infrastrukturelle Einpaßbarkeit in das Energieversorgungssystem*

Mit der Verstromungsstrategie sind keine infrastrukturellen oder institutionellen Veränderungen des Energieversorgungssystems verbunden. Zwar ist die Bereitstellung neuer Kraftwerkskapazitäten ausschließlich für Zwecke der Raumheizung bisher – aus Wirtschaftlichkeitsgründen – nicht vorgesehen, andererseits wäre bei gegebener Wirtschaftlichkeit davon auszugehen, daß die Elektrizitätswirtschaft bei einer solchen Strategie mitzieht. Die Veredlungsstrategie brächte infrastrukturelle Veränderungen mit sich, insofern für die Methanolbeiträge ein europaweites Tankstellennetz erforderlich würde. Für Inselnetze oder für die Versorgung bestimmter Sparten des Pkw-Verkehrs (z. B. Taxis) ist der vorgesehene Substitutionsumfang zu groß. Hierin ist ein erhebliches Realisierungsproblem zu sehen. Bei der Variante B ist zusätzlich noch ein Verteilungsnetz für Industriegas erforderlich.

Die Verheizungsstrategie würde voraussichtlich erhebliche institutionelle Realisierungsprobleme zu überwinden haben; ihre Realisierung würde eine Anpassung der Kraftwerksplanung der EVU der Verbundstufe an die Erfordernisse der Fernwärmeversorgung, vor allem hinsichtlich der Standortwahl und der Dimensionierung der Anlagen, und den Verzicht auf eigene Stromproduktion in nicht unbeträchtlichem Ausmaße erfordern, wenn vornehmlich kommunale Trägerunternehmen die Fernwärmeerzeugung übernehmen. Die Einführung der Fernwärmeversorgung in dem strategiegemäß vorgesehenen Umfang würde darüber hinaus einen erheblichen Abstimmungsbedarf zwischen den EVU und zahlreichen Trägerunternehmen der kommunalen Fernwärmeerzeugung im Hinblick auf die Ausbauplanung hervorrufen. Für die EVU würden damit unternehmerische Dispositionsspielräume eingeengt. Die Voraussetzungen für ein Mitziehen der Elektrizitätswirtschaft bei einer solchen Strategie dürften nur dann günstig sein, wenn die wirtschaftlichen Perspektiven der Fernwärme auch aus der Sicht der EVU als vorteilhaft anzusehen sind. Möglichkeiten, ein Mitwirken der EVU an einer Strategie verstärkter Fernwärmeerzeugung in Kraft-Wärme-Kopplungsanlagen zu erzwingen, bietet das Energiewirtschaftsrecht nach herrschender Meinung nicht.

Bezüglich institutioneller und infrastruktureller Realisierungsprobleme ist somit die Verheizungsstrategie am ungünstigsten einzustufen, während bei der Verstromungsstrategie keine Probleme zu erwarten sind. Bei den beiden Varianten der Veredlungsstrategie sind bei den vorgesehenen Methanolbeiträgen infrastrukturelle Realisierungsprobleme zu erwarten.

(9) *Konkurrenzsituation zu anderen Energieträgern*

Bei mehreren Strategietechnologien bestehen zwar einerseits relativ günstige Wettbewerbschancen beim Vergleich mit den jeweiligen Öltechnologien, andererseits gibt es ähnlich günstige oder günstigere Technologien auf Basis anderer Energieträger.

Bei der Verstromungsstrategie ist dies weniger im Raumwärmemarkt der Fall, da die Substitution hier in weniger dicht besiedelten Gebieten erfolgt, wo Öl im wesentlichen einzige Alternative ist, sondern eher im industriellen Wärmemarkt. Bei der einfachen Dampferzeugung sind im vorgesehenen Leistungsbereich neben Öl- auch Gas- und Kohlekessel günstiger; für den Stromeinsatz im Bereich der Hochtemperatur-Prozeßwärme kommt aufgrund des Grundlastcharakters dieses Strombedarfs eher Grundlaststrom auf Braunkohle- und Kernenergiebasis in Frage.

Bei der Verheizungsstrategie ist der Hauptsubstitutionsbereich der Strategie – der Raumwärmemarkt in innerstädtischen Gebieten – insbesondere der Konkurrenz des Erdgases ausgesetzt. Bei einem 20jährigen Betrachtungszeitraum sind die kostenmäßigen Perspektiven für die Fernwärme im Vergleich zum Erdgas nicht ungünstig, teilweise sogar günstiger; die derzeitigen Marktchancen für das Erdgas sind aber wegen der signifikant größeren Anlaufprobleme der Fernwärme deutlich besser.

Die Variante A der Veredlungsstrategie hat den deutlichen Schwerpunkt auf dem Verkehrssektor, wo die flüssigen Kohleveredlungsprodukte praktisch die einzige Alternative zu Mineralölprodukten darstellen. Nur bei den geringen Beiträgen von SNG im Raumwärmemarkt besteht Konkurrenz durch Erdgas und auch durch Fernwärme auf Kohlebasis, die beide deutlich günstiger sind. Am ungünstigsten schneidet unter diesem Bewertungsaspekt die Variante B der Veredlungsstrategie ab: im Falle von SNG im Raumwärmemarkt sind Erdgas und Fernwärme günstiger, im Prozeßwärmemarkt sind Kohle- und Erdgasdampfkessel günstiger als Industriegaskessel.

(10) *Gesellschaftliche Akzeptanzbedingungen*

Analysiert man die im Rahmen der Studie durchgeführten Bevölkerungsbefragungen im Hinblick auf verschiedene Optionen der Kohlenutzung, so wird die Verheizung präferiert. Die Kohleveredlung ist in der Bevölkerung nicht so präsent wie die anderen Nutzungsoptionen; sie wird mehrheitlich bejaht, ein beträchtlicher Prozentsatz der Befragten äußert jedoch keine Meinung zur Veredlung. Das Meinungsbild zur Kohleverstromung in Großkraftwerken ist kontrovers; sie wird insbesondere von jenen Gruppen abgelehnt, deren Konfliktfähigkeit und -bereitschaft als hoch einzuschätzen ist. Diese Gruppen stehen der Kohle insgesamt kritisch gegenüber, akzeptieren aber am ehesten noch die Kohleverheizung in kleinen Heizkraftwerken.

(11) *Ressourcenschonung*

Der energetische Aufwand zur Substitution von 20 Mio t SKE Rohöl ist bei der Verheizungsstrategie deutlich geringer als bei den anderen Strategien; es werden nur 12 Mio t SKE Steinkohle zur Substitution von 20 Mio t SKE Rohöl benötigt. Der energetische Aufwand bei der Verstromungsstrategie ist doppelt so hoch, der der beiden Varianten der Veredlungsstrategie mit 29 Mio t SKE (Variante A) und ca. 28 Mio t SKE (Variante B) noch höher. In bezug auf die Ressourcenschonung ergibt sich somit eine deutliche Rangordnung; allerdings würde dieser Aspekt, mit dem auch eine Reihe weiterer positiver Umweltaspekte (in der Regel geringere Schadstoffemissionen, geringere Rückstandsmengen) verbunden sind, erst bei einer mengenmäßigen oder zeitlichen Extrapolation der Strategien an Bedeutung gewinnen.

(12) *Belastung durch SO_2-Emissionen*

Bei den *SO_2-Emissionsabschätzungen* für die Strategien beträgt die Differenz zwischen dem besten und dem schlechtesten Wert rund 190 000 t SO_2. Die Variante B der Veredlungsstrategie und die Verstromungsstrategie weisen sogar etwas geringere Emissionen als der Ölvergleichsfall (Referenzschätzung) auf. Der Differenzbetrag zwischen den Strategien beträgt ca. 17% der Gesamtemissionen der Referenzschätzung 2000. Die Verheizungsstrategie weist den ungünstigsten Wert aus. Dies resultiert daher, daß gegenüber den anderen Strategien ein beträchtlicher Teil der Steinkohle in kleinen Heizkraftwerken und Industriekesseln eingesetzt wird, die gemäß den geltenden immissionsschutzrechtlichen Vorschriften nicht oder nur begrenzt entschwefeln müssen. Am günstigsten schneidet die Variante B der Veredlungsstrategie ab, bei der emissionsreiches Öl durch den Einsatz von emissionsarmem Kohlegas substituiert wird, das in Kohlevergasungsanlagen mit geringen SO_2-Emissionen produziert wird. Fast so günstig ist die Verstromungsstrategie, bei der Öl durch emissionsfreien Strom substituiert wird, der in Kohlegroßkraftwerken mit hoher SO_2-Rückhaltung produziert wird. Die Variante A der Veredlungsstrategie ist etwas ungünstiger, aber noch um ca. 140 000 t günstiger als die Verheizungsstrategie.

Die Verheizungsstrategie würde allerdings am besten von allen Strategien abschneiden, wenn man alle strategiegemäß vorgesehenen kleinen Heizkraftwerke und industriellen Kohlekessel mit Wirbelschichtfeuerungen ausrüsten würde.

Diese Positionen der Strategien verändern sich auch nicht bei Betrachtung der Immissionsbelastung durch SO_2. Bei der *Immissionsbelastung in Ballungsgebieten,* deren Abschätzung für die Beurteilung möglicher Gesundheitsgefährdungen von

Bedeutung ist und die anhand von Analysen für Modellballungsräume untersucht wurde, ergibt sich beim Vergleich von Verstromungsstrategie und Verheizungsstrategie – die beiden Varianten der Veredlungsstrategie wurden hier nicht untersucht (siehe hierzu Teil C, Abschnitt 1.2) – die gleiche Rangabstufung wie bei den Gesamtemissionen: Die Verstromungsstrategie liegt im Vergleich zur Verheizungsstrategie (bei Einsatz von konventionellen Feuerungen im Leistungsbereich ≦ 300 MWth Feuerungswärmeleistung) günstiger, bei Einsatz von Wirbelschichtfeuerungen in diesem Leistungsbereich jedoch schlechter.

Die Rechnungen zur *weiträumigen Ausbreitung von SO_2*, die Aussagen über die möglichen Auswirkungen eines verstärkten Steinkohleeinsatzes auf Ökosysteme, z.B. Wälder, ermöglichen sollen, lassen keine größeren Unterschiede zwischen den drei Kohleeinsatzstrategien und zwischen diesen und der Referenzschätzung 2000 erkennen; die emissionsseitigen Unterschiede verwischen sich auf der Immissionsseite. Dies gilt sowohl für die durchschnittliche Immissionsbelastung über dem Gesamtgebiet der Bundesrepublik Deutschland als auch für Immissionsbelastungen von stark geschädigten Waldgebieten. Dieses Ergebnis ist nicht überraschend, da die Emissionsunterschiede zwischen den Strategien in Relation zu den Gesamtemissionen in der Bundesrepublik Deutschland und im benachbarten Ausland marginal sind. Vorhandene „spezifische" Emissionsunterschiede zwischen den Strategien (Emissionsunterschiede pro 1 Mio t SKE substituiertes Rohöl) würden sich immissionsseitig voraussichtlich erst bei einer erheblichen mengenmäßigen Extrapolation der Strategien, d.h. bei einer deutlich stärkeren Ausweitung des Steinkohleeinsatzes als im Rahmen der Strategien vorgesehen, niederschlagen.

Die Emissions- und Immissionsanalysen zum SO_2 führen somit zu folgender – in erster Linie emissionsseitig bestimmter – Rangordnung der Strategien: Veredlungsstrategie B, Verstromungsstrategie, Veredlungsstrategie A, Verheizungsstrategie. Die Verheizungsstrategie würde allerdings die beste Einstufung erhalten, wenn Wirbelschichtfeuerungen im Leistungsbereich unter 300 MWth Feuerungswärmeleistung eingesetzt würden. Die Unterschiede zwischen den Strategien sind bei dem betrachteten Substitutionsvolumen allerdings nicht gravierend.

(13) *Belastung durch NO_x-Emissionen*

Die Rückhaltetechnik für NO_x-Emissionen bei Feuerungen ist zur Zeit stark im Fluß. In der Studie wurde zunächst von den in der Großfeuerungsanlagenverordnung (GFAVO) vorgeschriebenen Grenzwerten ausgegangen; inzwischen wurde aber der Stand der Technik durch einen Beschluß der Umweltministerkonferenz vom April 1984 durch erheblich niedrigere Grenzwerte neu definiert.

Bei Zugrundelegung der GFAVO-Grenzwerte beträgt bei den NO_x-Emissionen der Strategien die Differenz zwischen dem günstigsten und dem schlechtesten Wert ca. 240 000 t NO_x. Die Differenz entspricht in etwa 10% der für die Referenzschätzung 2000 ermittelten Gesamtemissionen von NO_x. Den schlechtesten Wert mit relativ deutlichem Abstand zu den anderen Strategien weist die Verstromungsstrategie auf. Dies liegt vor allem an den hohen NO_x-Emissionen der Steinkohlekraftwerke, während die wegfallenden NO_x-Emissionen aus dem Einsatz von Heizöl (EL) und (S) gering sind. Am günstigsten ist die Variante A der Kohleveredlungsstrategie, weil hier größere Beträge von ölstämmigem Superbenzin durch kohlestämmiges Methanol und Diesel substituiert werden, deren Einsatz geringere Emissionen von

NO_x hervorruft. Ähnlich günstig ist auch die Variante B, weil auch hier Ölbenzin durch Methanol substituiert wird. Beide Varianten weisen geringere NO_x-Emissionen auf als die Referenzschätzung. Bei Einsatz von Abgaskatalysatoren würden diese Emissionsunterschiede zwischen verschiedenen Kraftstoffen allerdings keine Rolle mehr spielen. Die Verheizungsstrategie mit einem etwas über der Referenzschätzung liegenden Wert nimmt eine mittlere Position zwischen den beiden Varianten der Veredlungsstrategie einerseits und der Verstromungsstrategie andererseits ein. Die NO_x-Emissionen der Verheizungsstrategie würden sich verringern, wenn bei den kleineren Kohleanlagen Wirbelschichtfeuerungen vorgesehen würden, die – technisch bedingt – geringere NO_x-Emissionen als konventionelle Kohlefeuerungen aufweisen.

Bestimmt man die NO_x-Emissionen der Strategien nach den in dem Beschluß der Umweltministerkonferenz vom April 1984 festgelegten Grenzwerten, so verringern sich die Unterschiede zwischen den Strategien auf maximal ca. 120 000 t NO_x; die Verstromungsstrategie weist dann nicht mehr die höchsten Emissionen auf, sondern die Verheizungsstrategie.

Immissionsseitige Bewertungen können nicht vorgenommen werden, da keine Immissionsanalysen für Stickoxide durchgeführt wurden.

Die vorgenommene Bewertung orientiert sich an den Rechnungen mit den neuen Grenzwerten des Beschlusses der Umweltministerkonferenz; die Unterschiede zwischen den Strategien sind aber fast zu vernachlässigen.

(14) *Belastung durch Emissionen von Staub und staubgetragenen Stoffen*

Die Unterschiede zwischen den Strategien hinsichtlich der Staubemissionen sind unerheblich; die Variante B der Veredlungsstrategie weist den geringsten, die Verheizungsstrategie den höchsten Wert auf, der 10% über dem für die Referenzschätzung ermittelten Wert liegt. Der Einsatz der Wirbelschichtfeuerung führt nicht zu einer Änderung dieser Rangordnung.

Immissionsanalysen für Staub und Staubinhaltsstoffe wurden für die verschiedenen Strategien nicht durchgeführt, so daß eine immissionsseitige Bewertung der Strategien nicht möglich ist.

(15) *Belastung durch PAH-Emissionen*

Aufgrund der durch feuerungs- und regelungstechnische Maßnahmen erreichten hohen Verbrennungsgrade von Kohle in Kraftwerken und größeren Industriefeuerungen werden aus diesen Anlagen nur sehr geringe Mengen von PAH emittiert. Erheblich höher sind die PAH-Emissionen aus dem Kohleeinsatz in den Sektoren „Haushalte und Kleinverbraucher" und „Kokereien". Auch der Kraftfahrzeugverkehr gilt als bedeutende Quelle von PAH. Da die Hauptquellen der PAH-Emissionen – die Haushalte und Kokereien – durch den strategiebedingten Kohlemehreinsatz nicht betroffen werden, dürften die Unterschiede zwischen der Referenzschätzung 2000 und den Kohleeinsatzstrategien hinsichtlich dieser Emissionen gering sein. Die Veredlungsstrategie könnte durch einen verstärkten Einsatz von Methanol und Flüssiggas als Kraftstoffe eine Tendenz zur Verringerung der PAH-Emissionen im Verkehr mit sich bringen. Insgesamt reichen aber die verfügbaren Informationen für eine differenzierende Bewertung der Strategien nach diesem Kriterium nicht aus.

(16) *Belastung durch CO_2-Emissionen*

Die Emissionsentwicklung bei CO_2 ist proportional zu der Menge der eingesetzten Kohle. Deshalb schneidet hier die Verheizungsstrategie am günstigsten ab. Die Emissionsunterschiede zwischen den Strategien sind natürlich in Relation zu den globalen CO_2-Emissionen gering. Bei zeitlicher und insbesondere mengenmäßiger Extrapolation dieser grundsätzlichen Nutzungsoptionen der Kohle könnten die Unterschiede aber relevant werden, sofern sich das CO_2-Problem als real erweist.

(17) *Wasserverbrauch und Abwasseranfall*

Beim Wasserverbrauch bzw. Abwasseranfall ergibt sich ein ganz deutlicher Vorteil für die Verheizungsstrategie; der Wasserverbrauch entspricht bei dieser Strategie in etwa dem der Referenzschätzung. Bei der Verstromungsstrategie ist der Wasserverbrauch deutlich am höchsten. Die beiden Varianten der Veredlungsstrategie liegen ungefähr in der Mitte zwischen Verstromungs- und Verheizungsstrategie; die Variante B hat einen etwas geringeren Wasserverbrauch als Variante A. Bei der Bewertung zu berücksichtigen ist auch der hohe Wasserverbrauch je Anlage bei Großanlagen (Steinkohlekraftwerk 700 MWe, Hydrieranlagen), der wegen der Bereitstellung ausreichender Wassermengen Probleme bei der Standortfindung mit sich bringen und wegen der nicht zu vermeidenden zeitlichen Ungleichmäßigkeit der Abwassereinleitungen zu größeren Gewässerbelastungen führen kann als bei kleineren Anlagen.

Der Anfall salzhaltiger Grubenwässer ist proportional zum Kohlebedarf der Strategien, so daß sich auch hier ein Vorteil für die Verheizungsstrategie ergibt.

Für Abwässer sowohl aus Kohlekraftwerken als auch aus Kohleveredlungsanlagen stehen effektive Abwasserreinigungsverfahren zur Verfügung, so daß sich aus der unterschiedlichen Art der jeweiligen Abwässer keine Bewertungsdifferenzierungen ergeben. Insgesamt ergibt sich bei diesem Bewertungsaspekt ein deutlicher Vorteil für die Verheizungsstrategie; die Unterschiede zwischen den anderen Strategien sind nur graduell.

(18) *Feste Rückstände*

Hinsichtlich der festen Rückstände muß für eine Beurteilung der Strategien davon ausgegangen werden, daß eine vollständige Verwertung der Rückstände nicht gewährleistet ist, sondern daß ein großer Teil deponiert werden muß, was angesichts der knappen Deponieflächen zunehmend schwieriger wird. Damit kommt der Rückstandsmenge erhebliche Bedeutung zu. Sie ist bei der Verheizungsstrategie am geringsten, bei der Verstromungsstrategie und bei den Varianten der Veredlungsstrategie ungefähr gleich.

Bei Abwägung der Mengenunterschiede einerseits und der Verwertungsmöglichkeiten der strategiespezifisch unterschiedlichen Rückstände andererseits ergibt sich für die Verheizungsstrategie die günstigste Position, insbesondere bedingt durch den geringen Anfall von Rückständen. Die Verwertungsmöglichkeiten der Rückstände der Kohleveredlung (Schmelzgranulate und kohlenstoffreiche Flugasche) sind prinzipiell günstig einzuschätzen; allerdings fehlen hier noch Erfahrungen. Die Verwertungsmöglichkeiten der Rückstände aus der Verstromung sind a priori beeinträchtigt, da bereits durch den referenzmäßigen Anfall von Rückständen (Flugasche und REA-Gips) ein großer Verwertungsbedarf besteht.

1.2 Zusammenfassende Bewertung der Kohleeinsatzstrategien

Wegen der unterschiedlichen Gewichte der Bewertungsaspekte und der Ordinalität der Rangordnungen verbietet sich eine quantitative Aggregation der Einzelbewertungen zu einer Gesamtbewertung der Strategien. Es soll hier eine „qualitative Aggregation" versucht werden.

Die Variante A der Veredlungsstrategie hebt sich im Hinblick auf den *Zielerreichungsgrad* etwas heraus. Die Bewertungsunterschiede bezüglich des Beitrages der einzelnen Strategien zur langfristigen Versorgungssicherheit sind zwar gering, die Verflüssigungsvariante der Veredlungsstrategie bietet jedoch gewisse Vorteile im Falle von Versorgungskrisen.

Die günstige Position der Verheizungsstrategie im Vergleich zu den anderen Strategien, die sich bei einer zusammenfassenden Bewertung der *ökonomischen Folgen* ergibt, ist zu relativieren. Bei dem aus der Sicht der Bearbeiter wichtigsten ökonomischen Bewertungsaspekt – den Substitutionskosten – weist diese Strategie bei langfristigen jährlichen realen Ölpreissteigerungen von mehr als 1% zwar einen Substitutionsgewinn auf, das heißt Minderkosten gegenüber dem Ölvergleichsfall, andererseits ist trotz dieses möglichen langfristigen gesamtwirtschaftlichen Substitutionsgewinns zur Realisierung des wichtigsten Substitutionsbeitrags der Strategie – der Fernwärme aus Kohle-Heizkraftwerken – eine staatliche Subventionierung der langen Anlaufphase erforderlich. Die Verstromungsstrategie nimmt hier eine mittlere Position ein. Sie weist einen Mehraufwand gegenüber dem Ölvergleichsfall auf; die ökonomischen Perspektiven dieser Strategie verbessern sich aber, wenn man das Substitutionsziel etwas reduziert, da einige Strategietechnologien mit relativ geringen Substitutionsbeiträgen sehr hohe Substitutionskosten verursachen (z. B. Elektrodampfkessel).

Die beiden Varianten der Veredlungsstrategie weisen ein ungünstiges ökonomisches Folgenspektrum auf; für eventuelle Substitutionsbeiträge wären aus ökonomischer Sicht nur regionale arbeitsmarktpolitische Gründe ins Spiel zu bringen.

Unterschiede bei den ermittelten Globalwerten für Investitionsbedarf, Arbeitskräftebedarf und Devisenbedarf der Strategien sind unter gesamtwirtschaftlichen Aspekten als nicht erheblich einzustufen.

Bei den *Umweltfolgen* schneidet die Vergasungsvariante der Veredlungsstrategie am günstigsten ab, insbesondere wenn man bei der Bewertung die Luftverunreinigungen in den Vordergrund stellt, da sowohl die Kohlevergasung als auch die Nutzung der Vergasungsprodukte vergleichsweise geringe Emissionen verursachen. Bei einer Reihe von Umweltbewertungsaspekten schneidet auch die Verheizungsstrategie sehr günstig ab, und zwar immer dann, wenn die anfallenden Schadstoff-, Abwasser- und Rückstandsmengen mit dem Kohleeinsatz korreliert sind. Gerade bei den im Hinblick auf die Belastung der menschlichen Gesundheit und von Ökosystemen sehr wichtigen Luftschadstoffen SO_2 und NO_x ist diese Korrelation allerdings aufgehoben, da die in der Verheizungsstrategie vorgesehenen Kleinanlagen diese Schadstoffe gemäß den geltenden immissionsschutzrechtlichen Regelungen nicht oder nur in geringem Umfang zurückhalten müssen. Die durch den Einsatz der Wirbelschichtfeuerung erreichbare Verbesserung der Verheizungsstrategie hinsichtlich der Umweltfolgen würde die Einstufung dieser Strategie bei der Umweltfolgenbewertung erheblich verbessern; allerdings würden dadurch ihre ökonomischen Perspektiven etwas verschlechtert. Auch die Verstromungsstrategie und die Verflüssigungsvariante der Veredlungsstrategie sind nicht mit signifikanten Verschlechterungen gegenüber dem Ölreferenzfall verbunden und sind daher nicht als umweltungünstig einzustufen.

Die Verheizungsstrategie, die sowohl ökonomisch günstige Perspektiven hat – bei einer gesamtwirtschaftlich orientierten Betrachtung – als auch umweltmäßig bei Einsatz der Wirbelschichtfeuerung (WSF) in kleinen Anlagen ein günstiges Folgenspektrum aufweist, dürfte vergleichsweise mit den größten *Realisierungsproblemen* zu kämpfen haben. Sie betreffen im wesentlichen die Fernwärme, die erstens einer harten Konkurrenz durch das Erdgas ausgesetzt ist, die zweitens Veränderungen elektrizitätswirtschaftlicher Planungen und Strukturen erfordern würde und die drittens auch mit erheblichen Finanzierungsproblemen zu rechnen hätte. Ungünstig sehen auch die Realisierungsbedingungen für die Vergasungsvariante der Veredlungsstrategie aus, solange ausreichende Mengen an Erdgas zu günstigen Preisen verfügbar sind. Die Verstromungsstrategie weist in dieser Hinsicht die relativ günstigsten Bedingungen auf; Probleme waren bei gegebener Wirtschaftlichkeit nur bei den Wärmepumpen zu sehen, für die ein großer Substitutionsbeitrag vorgesehen ist. Hier sind wegen der für Haushalte relativ hohen Investitionsbeträge Zweifel bezüglich der Finanzierbarkeit und Finanzierungsbereitschaft anzumelden. Die Verflüssigungsvariante der Veredlungsstrategie hat ebenfalls günstige Realisierungsbedingungen; dafür stehen aber ihrer Realisierung die höchsten Substitutionskosten entgegen.

Geht man nun noch einen Schritt weiter in der Aggregation der Bewertung, so lassen sich folgende Schlußfolgerungen für die Strategien ziehen:

Gegen größere Beitrage der *Kohlevergasung* und *Kohleverflüssigung* zur Ölsubstitution sprechen die hohen Substitutionskosten, die eine massive Subventionierung erforderlich machen würden. Unter Umweltgesichtspunkten beständen dagegen keine Bedenken, da keine oder keine nennenswerten Mehrbelastungen gegenüber dem Ölvergleichsfall auftreten dürften. Die Vergasungsvariante erhält bezüglich einiger Umweltaspekte sogar eine sehr günstige Bewertung. Die Akzeptanzproblematik einer umfangreichen Kohleveredlung ist schwierig zu beurteilen, da die Technologie im Bewußtsein der Bevölkerung bisher wenig präsent ist.

Die *Verstromungsstrategie* könnte bezüglich der Substitutionskosten günstiger werden, wenn man den Substitutionsumfang etwas reduzieren würde. Einer der wesentlichen Vorteile ist darin zu sehen, daß man mit Kohlestrom die Ölabhängigkeit der Raumwärmeversorgung in dünner besiedelten Gebieten reduzieren könnte. Unter Umweltgesichtspunkten ist die Verstromungsstrategie auch vertretbar; gewisse zusätzliche Belastungen gegenüber dem Ölvergleichsfall könnten durch zunehmende Rückstandsmengen entstehen, deren Verwertung problematisch wird. Bei einem verstärkten Einsatz der Steinkohle in Großkraftwerken zur Raumwärmeversorgung sind aber Akzeptanzprobleme nicht auszuschließen, da diese Kohlenutzungsoption in der Bevölkerung umstritten ist.

Die *Verheizungsstrategie* weist die günstigsten ökonomischen Perspektiven auf; sie verliert diese Spitzenposition im ökonomischen Strategievergleich auch nicht, wenn Wirbelschichtfeuerungen für die kleineren Anlagen vorgesehen werden. Beim Einsatz der WSF schnitte die Verheizungsstrategie unter Umweltgesichtspunkten mit am besten ab. Die Verheizung der Kohle in dezentraler Form ist zugleich die von der Bevölkerung favorisierte Option der Kohlenutzung.

Unter ökonomischen, ökologischen und gesellschaftspolitischen Gesichtspunkten wäre demnach eine Realisierung der Verheizungsstrategie in vollem Substitutionsumfang am ehesten vertretbar, doch stehen dem schwerwiegende Realisierungsprobleme entgegen, die auch bei der Verheizungsstrategie eine Reduzierung des Substitutionsumfangs nahelegen. Die Ausweitung der Fernwärme im strategiegemäß vorgesehenen Umfang würde einerseits eine im Vergleich zu heute im Niveau höhere Subventionierung der Fernwärme erfordern, andererseits energiepolitische Maßnahmen zur Verhinderung einer starken Ausweitung des Erdgases in die für die Fernwärme geeigneten Gebiete bedingen. Eine derart einseitige Bevorzugung der Fernwärme ist aber energiepolitisch schwer zu begründen, zumal sich gegenüber dem Erdgas keine Umweltvorteile für die Fernwärme ergeben. Maßnahmen gegen ein zu starkes Vordringen des Erdgases wären vor dem Hintergrund zu diskutieren, ob es unter dem Aspekt der langfristigen Versorgungssicherheit sinnvoll ist, dem Erdgas mit seiner günstigeren ökonomischen Startposition den größten Teil des Raumwärmemarktes in dicht besiedelten Gebieten zu überlassen. Die Ergebnisse der Studie würden folgende Politik nahelegen: für die Fernwärme die größeren und mittleren Städte vorzusehen, in denen sich auch langfristige ökonomische Vorteile der Fernwärme gegenüber dem Erdgas errechnen, und das Erdgas in die kleineren Städte bzw. in Gebiete mit ungünstigeren siedlungsstrukturellen Voraussetzungen zu leiten, d.h. in Gebiete, in denen Gas auch langfristig konkurrenzfähig gegenüber Fernwärme aus Kohle ist. Eine solche Politik könnte auch die Probleme mildern, die unter elektrizitätswirtschaftlichen Gesichtspunkten bei einer starken Ausdehnung der Fernwärme auf Basis der Kraft-Wärme-Kopplung bestehen.

Die zusammenfassende Bewertung der Strategien macht deutlich, daß bei allen hier betrachteten Strategien jeweils aus unterschiedlichen Gründen Abstriche am Substitutionsumfang zweckmäßig erscheinen. Deshalb soll im folgenden Kapitel diskutiert werden, wie unter Hervorhebung bestimmter Bewertungsaspekte eine Ölsubstitution im Umfang von ca. 20 Mio t SKE Rohöl durch Mischung von Strategietechnologien der drei Strategien erfolgen sollte.

2 Empfehlungen für einen verstärkten Steinkohleeinsatz zur Ölsubstitution

Bei der Auswahl von Strategietechnologien zur Substitution von ca. 20 Mio t SKE Rohöl durch Steinkohle werden von den Bearbeitern der Studie drei Bewertungsaspekte in den Vordergrund gestellt:

- der monetäre Substitutionsaufwand als wichtigster ökonomischer Bewertungsaspekt;
- die Belastung durch SO_2- und NO_X-Emissionen, weil diese Schadstoffe zur Zeit besonders intensiv hinsichtlich der Schädigungen von Waldökosystemen und der Gefährdung der menschlichen Gesundheit diskutiert werden und weil die Stein-

kohle absolut und auch relativ (SO_2) große Beiträge zu den Gesamtemissionen dieser Stoffe liefert;
- die Energieeffizienz, weil mit ihr verschiedene positive Umwelteffekte – Ressourcenschonung, in der Regel geringere Schadstoffemissionen, Rückstands- und Abwassermengen – verbunden sind und sie damit ein repräsentativer Indikator für die Umweltbelastung ist.

Die Betonung anderer Bewertungsaspekte kann natürlich zu anderen Vorschlägen als dem im folgenden diskutierten führen.

Die Rangfolge der Strategietechnologien bezüglich der *Substitutionskosten* geht aus Tabelle B-31 des ökonomischen Teils hervor. Aus dieser Rangordnung der einzelnen Strategietechnologien läßt sich auch eine Rangordnung von Technologiegruppen bezüglich der Substitutionskosten – wenn man von einigen „Ausreißern" absieht – ableiten. Diese hat folgendes Aussehen:

Rangklasse 1: Fernwärme aus Kondensationsheizkraftwerken.
Rangklasse 2: Fernwärme aus größeren Gegendruckanlagen,
Kohledampfkessel,
Elektrowärme-Hochtemperaturverfahren.
Rangklasse 3: Fernwärme aus kleinen Gegendruckanlagen,
elektrische Widerstandsheizungen,
elektrische Wärmepumpen zur Raumwärme- und Dampferzeugung.
Rangklasse 4: Industriegaskessel,
SNG-Heizungen,
Methanol für Pkw.
Rangklasse 5: Hydrierprodukte für Pkw.
Rangklasse 6: Elektrodampfkessel.

Unter dem Aspekt der *Belastung durch* SO_2*- und* NO_x*-Emissionen* würden von diesen Technologiegruppen die Kohledampfkessel und die kleinen Gegendruckanlagen zur Fernwärmeerzeugung wegen relativ hoher SO_2-Emissionen negativ zu bewerten sein. Durch den Einsatz der Wirbelschichtfeuerung könnte diese negative Bewertung zwar vermieden werden; dadurch würde sich aber die ökonomische Position dieser Technologiegruppen verschlechtern.

In bezug auf den dritten hier in den Vordergrund gestellten Bewertungsaspekt der *Energieeffizienz* wären folgende Technologiegruppen hervorzuheben:

- Fernwärme aus großen Kondensationsheizkraftwerken,
- Fernwärme aus Gegendruckanlagen,
- elektrische Wärmepumpen zur Raumwärme- und Dampferzeugung.

Relativ ungünstig einzustufen wären:

- elektrische Widerstandsheizungen
- Elektrowärme-Hochtemperaturverfahren.

Führt man diese Überlegungen zusammen, so kommt man zu folgenden Prioritäten bezüglich einer Technologieauswahl für die Ölsubstitution durch Kohle:

- *Erste Priorität* ist der *Fernwärme aus Entnahmekondensationsheizkraftwerken und aus größeren Gegendruck-Heizkraftwerken* zuzuordnen, für die Substitutionsbeiträge von *8,6 Mio t SKE* Endenergie vorgesehen sind. Für diese Strategietechnologien ergeben sich bezüglich der Substitutionskosten, der Belastung durch SO_2- und NO_x-Emissionen sowie der Energieeffizienz durchgehend günstige Bewertungen.

- *Zweite Priorität* ist verschiedenen Technologiegruppen zuzuordnen:
  - *Kohledampfkessel* mit Wirbelschichtfeuerungen, für die Substitutionsbeiträge von 6,5 Mio t SKE Endenergie vorgesehen sind. Sie verlieren zwar durch den Einsatz der Wirbelschichtfeuerung zur Vermeidung von relativ hohen SO_2-Emissionen an ökonomischer Attraktivität, können aber weiterhin bezüglich der Substitutionskosten mit den Technologien in Rangklasse 3 konkurrieren.
  - *Kleine Gegendruckheizkraftwerke,* für die ein Substitutionsvolumen von 2,5 Mio t SKE Endenergie vorgesehen ist. Bezüglich der Substitutionskosten werden sie bei Einsatz der Wirbelschichtfeuerung zwar ungünstiger als die anderen Technologiegruppen in Rangklasse 3; wegen ihrer günstigen Einstufung bezüglich der Energieeffizienz sind sie jedoch auch in dieser Prioritätsklasse zu berücksichtigen. Sie bieten sich auch für die Ölsubstitution in relativ dünnbesiedelten Gebieten an, insofern ihre Stromproduktion für Heizzwecke in Ein- und Zweifamilienhäusern genutzt werden kann. Diese Art von Verknüpfung hat neben versorgungspolitischen Überlegungen den Vorteil, daß sich so Stromabnehmer ergeben, die den Strom in etwa entsprechend dem Wärmebedarf benötigen.
  - *Elektrische Wärmepumpen für die Raumwärmeerzeugung und die Dampferzeugung (Substitutionsbeitrag 8,1 Mio t SKE Endenergie) und elektrische Widerstandsheizungen (Substitutionsbeitrag 5,5 Mio t SKE Endenergie).* Vom vorgesehenen Substitutionspotential sollten jedoch Abstriche gemacht werden. Sie betreffen aus ökonomischen Gründen bivalent-elektrische Wärmepumpen für kleine Einfamilienhäuser und monovalent-elektrische Wärmepumpen für die Raumwärmeversorgung in der Industrie (3 Mio t SKE Substitutionsbeitrag) sowie aus Gründen der Energieeffizienz Widerstandsheizungen (2,1 Mio t SKE Substitutionsbeitrag), soweit sie nicht zur Verbesserung des Lastverlaufs der Elektrizitätsversorgung dienen.

Für andere Technologiegruppen sind aus heutiger Sicht kaum größere Ölsubstitutionsbeiträge zu empfehlen. Ökonomisch relativ günstig stellen sich noch *Elektrowärme-Hochtemperaturverfahren* (Induktionsöfen und Glasschmelzwanne) dar. Sie arbeiten aber normalerweise mit hoher zeitlicher Auslastung, so daß hierfür in erster Linie Grundlaststrom auf Basis von Braunkohle, Kernenergie und Laufwasser in Frage kommen. Produkte der *Kohlevergasung für Raum- und Prozeßwärmeerzeugung* haben ökonomisch relativ ungünstige Perspektiven; außerdem wären derzeit auf jeden Fall andere Kohlewege zur Ölsubstitution (Fernwärme aus Kohle-HKW und Kohledampfkessel) für die hier vorgesehenen Ölsubstitutionsbereiche ökonomisch günstiger. *Elektrodampfkessel* scheiden wegen gravierender ökonomischer Nachteile aus.

Sowohl für *Hydrierprodukte* als auch für *Methanol aus Steinkohle* bestehen kaum Chancen, um das Jahr 2000 mit Kraftstoffen aus Mineralöl konkurrieren zu können. In beiden Fällen handelt es sich um Kohleprodukte, die vermutlich auch in diesem Einsatzbereich die entsprechenden Mineralölprodukte langfristig ersetzen müssen.

Vorläufig ist jedoch kein rascher Aufbau von umfangreichen Kapazitäten zur inländischen Kraftstofferzeugung aus Steinkohle zu empfehlen. Allerdings sollte die großtechnische Demonstration der Vergasung und der Verflüssigung, wie geplant, gefördert werden, einerseits unter dem Gesichtspunkt von Referenzanlagen für Exporte, andererseits unter dem Gesichtspunkt der ökonomischen und ökologischen Optimierung.

Die Summe der Substitutionsbeiträge der Technologiegruppen der Prioritätsklasse 1 und 2 ergibt unter Berücksichtigung der angesprochenen Abstriche bei Elektroheizsystemen ca. 26 Mio t SKE Endenergie. Das sind ca. 8 Mio t SKE mehr, als bei den Einzelstrategien als Substitutionsziel betrachtet werden.

Eine Mischstrategie, die – wie die Einzelstrategien – 20 Mio t SKE Rohöl (17,6 Mio t SKE Mineralölprodukte) substituiert, ergäbe sich rein rechnerisch durch Abstriche von jeweils 50% bei den Substitutionsbeiträgen der Technologiegruppen der zweiten Prioritätsklasse.

Eine solche Strategie würde bedeuten, daß fast 55% des Substitutionsbeitrages auf die Fernwärme aus Kohleheizkraftwerken entfielen. Zur Milderung der zuvor angesprochenen Realisierungsprobleme eines solch hohen Beitrages der Fernwärme (Finanzierungsprobleme, Konkurrenzsituation zum Erdgas, institutionelle Probleme zwischen Elektrizitätswirtschaft und kommunaler Energieversorgungswirtschaft) und zur Reduzierung des in diesem Falle erforderlichen politischen Handlungsbedarfs wäre anstelle einer prozentualen Kürzung in der zweite Prioritätsklasse auch eine Reduzierung der Substitutionsbeiträge der Fernwärme aus Heizkraftwerken zu erwägen.

Literaturverzeichnis

Teil A

Abel, O.; Oelert, H. H.: Erfassung und Abschätzung der Emissionen aus Anlagen zur Kohleverflüssigung und Kohlevergasung in der Bundesrepublik Deutschland. Vorlage 9/498 des Landtages des Landes Nordrhein-Westfalen. Clausthal, August 1981

Energy Research Symposium: Wissenschaft und Technologie der Kohleverflüssigung und -vergasung. Energy Research and Development Symposium, Bonn, Mai 1980

Humboldt-Wedag AG: Humboldt-Kohlevergasung. Firmenschrift der KHD Humboldt Wedag AG, Nr. 1–250d, 1981

Paschen, P.; Pfeiffer, R.; Waldhecker, H.-D.: Das Humboldt-Kohlevergasungsverfahren. Glückauf 117 (1981) Nr. 11a

Verband der Chemischen Industrie e.V. (Hrsg.): Rohstoffsicherung durch Kohleveredlung. Schriftenreihe Chemie und Fortschritt (1981) Nr. 1

Teil B

Amblank, W.: Wärmepumpeneinsatz in der Kunststoffindustrie. Elektrowärme international 40 (1982) B, S. 194–198

Antonioni et al.: Das Recht der Elektrizitätswirtschaft 1983. Elektrizitätswirtschaft 83 (1984) Nr. 1, S. 1–29

Arbeitsgruppe „Energie und Umwelt“: Bericht vom 2.8.1983

ARE: Regionale Energieversorgung 1980/81. Tätigkeitsbericht der Arbeitsgemeinschaft regionaler Energieversorgungs-Unternehmen. ARE e.V., Hannover, April 1982

Bonberg, W.; Hofmann, H.-G.: Vegetations- und Materialschäden – Lösungsansätze des Energiewirtschaftsrechts und des Immisionsschutzrechts. Energiewirtschaftliche Tagesfragen (1984) Nr. 1, S. 57

Büdenbender, U.: Energierecht. Handbuchreihe Energie, Bd. 15, 1982 (1982a)

Büdenbender, U.: Zur kartellrechtlichen Beurteilung von Energieerzeugungsverboten in energiewirtschaftlichen Verträgen. Energiewirtschaftliche Tagesfragen (1982) Nr. 1, S. 43 (1982b)

Bundesministerium für Raumordnung, Bauwesen und Städtebau (Hrsg.): Wechselwirkung zwischen der Siedlungsstruktur und Wärmeversorgungssystemen. Schriftenreihe „Raumordnung“ des BMBau, 06.044/1980

Bundesministerium für Wirtschaft: Schreiben vom 21.7.1964 an die Energieaufsichtsbehörden der Länder zur Freigabepraxis nach § 4 des Energiewirtschaftsgesetzes. Energiewirtschaftliche Tagesfragen (1964) Nr. 131, S. 511

Canzler, B.: Was bietet der Markt und was muß der Planer berücksichtigen? Elektrowärme international 40 (1982) B, S. 199–207

Deuster, G.: Reale Chancen der Fernwärmeversorgung. Kommunalwirtschaft (1982) Nr. 6, S. 218

Deutscher Bundestag: Drucksache 8/2136 vom 27.9.1978: Entwurf eines Vierten Gesetzes zur Änderung des Gesetzes gegen Wettbewerbsbeschränkungen

Deutscher Bundestag: Drucksache 10/800 vom 8.12.1983: Antwort der Bundesregierung auf die Kleine Anfrage der SPD-Bundestagsfraktion zum Energiewirtschaftsgesetz vom 24.11.1983

Eiser; Riederer; Obernolte; Danner: Energiewirtschaftsrecht. Beck: München 1961–1983

Energiebilanzen der Bundesländer: Energiebilanzen der Bundesländer für 1980 (ohne Bremen). Herausgegeben von dem jeweils zuständigen Landesministerium, teilweise in Zusammenarbeit mit Wirtschaftsforschungsinstituten

Erklärung der Elektrizitätswirtschaft zum Ausbau der Fernwärme vom Juni 1981. Energiemarktrecht (Hrsg.: Zydek, H.; Heller, W.) Bd. 1, Allgemeines 2.99

Gesamtverband Steinkohlenbergbau: Zubau neuer Steinkohlenkraftwerke. Stand April 1983, pers. Mitt.

Hansen, U.: Kernenergie und Wirtschaftlichkeit. Eine Analyse der erwarteten Stromkosten gebauter und geplanter Kraftwerke. Köln: TÜV Rheinland 1983

Ifo-Institut, München: Investitionsbericht der Fernwärmeversorgung. Erhebung 1981/82. Fernwärme international-FWI 11 (1982) Nr. 6, S. 440–442

Kartellreferenten des Bundes und der Länder: Erklärung vom 8/9. Okt. 1981 zur Unzulässigkeit von Energieerzeugungsverboten in versorgungswirtschaftlichen Verträgen

Koehnlein, W.: Dampfkesselbestand in der Bundesrepublik Deutschland und im Land Berlin im Jahr 1977. Technische Überwachung 20, Nr. 2

Kroll, G.: Die Entwicklung der Investitionen in der öffentlichen Elektrizitätsversorgung. Elektrizitätswirtschaft 81 (1982) Nr. 23, S. 795–799

Landeskartellbehörde Bayern: Tätigkeitsbericht 1978/79

Landesregierung Nordrhein-Westfalen: Energiebericht 1982, S. 332

Lichtenberg, H.: Die Bedeutung der Elektrizitätsversorgung im Konjunkturzyklus der Wirtschaft. Elektrizitätswirtschaft 82 (1983) Nr. 17/18, S. 613–622

Maack, J.: Wie wirtschaftlich ist Fernwärmebezug und was ist beim Anschluß von Fernwärmelieferverträgen zu beachten? In: Das Jahrbuch der Ingenieure (4. Ausgabe) (Hrsg.: Bartz, W. J.; Wippler, E.). Grafenau, Zürich: Expert Verlag und Verlag Industrielle Organisation 1982, S. 527–534

Mann, E. W.: Möglichkeiten des Wärmepumpeneinsatzes beim Trocknen und Eindampfen. Elektrowärme international 40 (1982) B, S. 177–181

Ministerium für Wirtschaft, Mittelstand und Verkehr des Landes Nordrhein-Westfalen (Hrsg): Stromerzeugung im Kostenvergleich von Steinkohlen- und Kernkraftwerken. Experten- Anhörung des Ministers für Wirtschaft, Mittelstand und Verkehr auf Basis eines aktualisierten Gutachtens des Battelle-Instituts, Düsseldorf 1984

Oligmüller, P.: Verlangt der Umweltschutz ein neues Energierecht? ZRP (1983) Nr. 3, S. 69

Ott, G.: Der deutsche Steinkohlenbergbau im Jahre 1982. Aktuelle Probleme – längerfristige Perspektiven. Glückauf 118 (1982) Nr. 24, S. 1225–1232

Rat von Sachverständigen für Umweltfragen: Energie und Umwelt. Sondergutachten des Rates von Sachverständigen für Umweltfragen, März 1981

Schmitt, D.; Gommersbach, M.: Möglichkeiten und Probleme einer verstärkten Nutzung von Wärme aus Anlagen der Kraft-Wärme-Kopplung. Kurzstudie, Energiewirtschaftl. Inst. d. Univ. Köln. Köln, Februar 1982

Schulte, G.: Die Rolle der kommunalen Gebietskörperschaften bei der Energierationalisierung – Der rechtliche Rahmen –. Kommunalwirtschaft (1981) Nr. 2, S. 41

Spreer, F.: Konflikte zwischen leitungsgebundenen Energien im Rahmen örtlicher Energieversorgungskonzepte. Informationen zur Raumentwicklung (1982) Nr. 4/5 (Örtliche und regionale Energieversorgungskonzepte)

Stumpf, H.: Grundsätze der Bewertung von Abwärme. VDI-Ber. 415 (1981) S. 33

Tegethoff, W.: Zum gegenwärtigen Stand der Beratungen über Versorgungskonzepte. Elektrizitätswirtschaft 81 (1982) Nr. 12, S. 376

Tegethoff, W.; Büdenbender, U.; Klinger, H.: Das Recht der öffentlichen Energieversorgung – Kommentar – Bde. I und II

Vereinigung Deutscher Elektrizitätswerke – VDEW – e. V. (Hrsg): Statistik für das Jahr 1982

Vereinigung Deutscher Elektrizitätswerke – VDEW – e. V. (Hrsg): Stellungnahme zum Problemkatalog der Umweltministerkonferenz vom 6.5.1982. Elektrizitätswirtschaft 81 (1982) Nr. 13, S. 406

Vereinigung Industrielle Kraftwirtschaft – VIK –: Stromwirtschaftliche Zusammenarbeit zwischen Elektrizitätswirtschaft und Industrie. Brennstoff-Wärme-Kraft 31 (1979) Nr. 2, S. 373–374

Vereinigung Industrielle Kraftwirtschaft: Tätigkeitsbericht 1980/81, S. 20

Verwaltungsgerichtshof Baden-Württemberg: Beschluß vom 26.9.1979, betr. den Anschluß- und Benutzungszwang für Fernwärme. Energiewirtschaftliche Tagesfragen (1979) Nr. 3, S. 175

Wirtschaftsministerkonferenz: Beschluß vom 24.11.1983 zu „Vorstellungen im Bereich der Umweltministerkonferenz zum Energierecht“. Energiewirtschaftliche Tagesfragen (1984) Nr. 3, S. 173

Witzel, H.: Die Verordnung über Allgemeine Bedingungen für die Versorgung mit Fernwärme – Erläuterungen für die Praxis der Versorgungsunternehmen. VWEW (Verlags- und Wirtschaftsgesellschaft der Elektrizitätswerke mbH.) Frankfurt a. M. 1980, S. 69

Teil C

Abrahamsen, G.: Acid precipitation, plant nutrients, and forest growth. In: Ecological impact of acid precipitation (eds.: Drablos, D., Tollan, A.). Proc. Int. Conf. Sanderfjord, Norway, March 11–14, 1980. SNSF-Project, Oslo 1980

Ahland, E.; Mertens, H.: PAH-Emissionen aus Kohleheizungen – Sammelverfahren, Analytik, Ergebnisse. VDI-Ber. 358 (1980) S. 107–111

Ando, J.: Review of Japanese NO_x control technology for stationary sources. In: Air pollution by nitrogen oxides (eds: Schneider, T.; Grant, C.). Amsterdam: Elsevier 1982, pp. 699–714

Andreasen, J.: Rauchgasreinigung durch Sprühabsorption. VGB Kraftwerkstechnik 60 (1980) Nr. 3, S. 202–208

Antweiler, H.: Grenzwertvorschlag für Schwefeldioxid. In: Lufthygiene und Silikoseforschung. Jahresber. 1977 d. Med. Inst. f. Lufthygiene u. Silikoseforschung, Bd. 10 (Hrsg.: Ges. zur Förderung der Lufthygiene u. Silikoseforschung e.V. Düsseldorf). Essen: Girardet 1978, S. 97–104

ApSimon, H. M.; Goddard, A. J. H.; Wrigley, J.: Estimating the possible transfrontier consequences of accidental releases – The MESOS model for long range atmospheric dispersal. Proc. C.E.C. Seminar "Radioactive releases and their dispersion in the atmosphere following a hypothetical reactor accident". Risø Denmark, 22–25 April, 1980

Araki, S.; Honman, T.; Yanagiharda, S.; Ushio, K.: Recovery of slowed nerve conduction velocity in lead-exposed workers. Int. Arch. Occup. Environ. Health 46 (1980) pp. 151–157

Babich, H.; Stotzky, G.: Effects of cadmium on the biota: Influence of environmental factors. Adv. Appl. Microbiol. 23 (1978) pp. 55–117

Barnes, R. L.: Effects of chronic exposure to ozone on photosynthesis and respiration of pines. Environ. Pollut. 3 (1972) pp. 133–138

Bakir, F. et al.: (o.T.). Zitiert in: Science 181 (1973) p. 320

Bauch, J.: Biologische Veränderungen im Stamm und in den Wurzeln umweltbelasteter Waldbäume. GSF Bericht A3/83. Gesellschaft für Strahlen- und Umweltforschung, München 1983

Bauch, J.; Schröder, W.: Zellulärer Nachweis einiger Elemente in den Feinwurzeln gesunder und erkrankter Tannen und Fichten. Forstwiss. Centralbl. 101 (1982) S. 285–294

Biesold, H.; Hein, K.: Aufnahme von Schwermetallen und toxischen Elementen über die Wurzeln in die Vegetation. Gesellschaft für Reaktorsicherheit, Köln 1983 (unveröffentlicht)

13. BImSchV: Dreizehnte Verordnung zur Durchführung des Bundes-Immissionsschutzgesetzes (Verordnung über Großfeuerungsanlagen) 14.6.1983

5. BImSchVwV: Fünfte Allgemeine Verwaltungsvorschrift zum Bundes-Immissionsschutzgesetz (Emissionskataster in Belastungsgebieten) 1979, Anhang 1

Blair, W. H.; Henry, M. C.; Ehrlich, R.: Chronic toxicity of nitrogen dioxide. II. Effect on histopathology of lung tissue. Arch. Environ. Health 18 (1969) pp. 186–192

Blaschke, H.: Zur Mykorrhizaforschung bei Waldbäumen. Forstwiss. Centralbl. 99 (1980) S. 6–12

BMELF (Bundesministerium für Ernährung, Landwirtschaft und Forsten): Waldschäden durch Luftverunreinigungen. Schriftenreihe des BMELF Reihe A, Nr. 273, 1982

BMELF (Bundesministerium für Ernährung, Landwirtschaft und Forsten): Neuartige Waldschäden in der Bundesrepublik Deutschland. Bericht des Bundesministers für Ernährung, Landwirtschaft und Forsten zur „Waldschadenserhebung 1983" vom 9.11.1983

BMI (Bundesministerium des Innern): Allgemeine Berechnungsgrundlage für die Strahlenexposition bei radioaktiven Ableitungen mit der Abluft oder in Oberflächengewässer. Gemeinsames Ministerialblatt, Nr. 21, S. 369ff. Bonn, August 1979

BMI (Bundesministerium des Innern): Anhörung zu Cadmium. Protokoll der Sachverständigenanhörung. Berlin, 2.–4. November 1981. Umweltbundesamt (Hrsg.), Berlin 1982

Bonn, B.; Schilling, H. D.: Folgen eines verstärkten Kohleeinsatzes in der Bundesrepublik Deutschland; Materialienband II: Technische Konzepte, Emissionsaspekte und mittelfristige Einsatzmöglichkeiten der Wirbelschichtfeuerung. Bericht des Kernforschungszentrums Karlsruhe, KfK 3524, März 1983

Bowen, H. J.: The biochemistry of the elements. Zitiert in: Braunstein et al.; a.a.O. pp. 6–64

Bowen, G. D.: Mineral nutrition in ectomycorrhizae. In: Ectomycorrhizae. Their ecology and physiology (eds: Marks, G. C.; Kozlowski, T. T.). New York: Academic Press 1973

Brasser, L. J.: Polycyclic aromatic hydrocarbon concentrations in the Netherlands. VDI-Ber. 358 (1980) S. 171–180

Braunstein, H. M.; Copenhaver, E. D.; Pfuderer, H. A.: Environmental health and control aspects of coal conversion. An information overview, Vol. 2. Nat. Tech. Information Service v.s. Dptm. of Commerce, Springfield, VA. 22161, 1977

Brehm, J.; Meijering, M. P. D.: Zur Säureempfindlichkeit ausgewählter Süßwasserkrebse. Arch. Hydrobiol. 95 (1982) S. 17–27

Brockhaus, A.: Vorschlag zur Begrenzung der Konzentration partikelförmiger Luftverunreinigungen. In: Lufthygiene und Silikoseforschung, Jahresber. 1977 d. Med. Inst. f. Lufthygiene u. Silikoseforschung, Bd. 10 (Hrsg.: Ges. zur Förderung der Lufthygiene u. Silikoseforschung e. V. Düsseldorf). Essen: Girardet 1978, S. 143–157

Bröker, G.; Gliwa, H.: Abschätzung von Emissionsfaktoren für die Elemente Zink, Blei, Cadmium und Quecksilber bei Hausbrandfeuerungen für feste Brennstoffe. Schriftenreihe der Landesanstalt für Immissionsschutz des Landes Nordrhein-Westfalen, Nr. 50 (1980)

Bruch, J.; Rogge, H.-D.: Grenzwertvorschlag für Stickstoffdioxid. In: Lufthygiene und Silikoseforschung. Jahresber. 1977 d. Med. Inst. f. Lufthygiene u. Silikoseforschung, Bd. 10 (Hrsg.: Ges. zur Förderung der Lufthygiene u. Silikoseforschung e. V. Düsseldorf). Essen: Girardet 1978, S. 105–119

Brune, H. et al.: Dr. med. H. Brune, Vaselin-Werk Schümann, Hamburg, pers. Mitt. 1982

Buchtahl, F.; Behse, F.: Electrophysiology and nerve biopsy in men exposed to lead. Brit. J. Ind. Med. 36 (1979) pp. 135–147

Carlson, R. W.; Bazzaz, F. A.: Growth reduction in American sycamore caused by Pb-Cd interaction. Environ. Pollut. 12 (1977) pp. 243–252

Chester, P. F.: Acid cain, SO_2-emissions and fisheries. Rep. RD/L/2122N81, Central Electricity Res. Lab., Leatherhead, GB, 1981

Chughtai, M. Y.; Michelfelder, S.: Schadstoffeinbindung durch Additiveinblasung um die Flamme. Brennstoff-Wärme-Kraft 35 (1983) Nr. 3, S. 75–83

Clarke, A. J.: Emission trends and legislative requirements in Great Britain. VDI-Kongr. Emissionsminderungen bei Feuerungsanlagen. SO_2-NO_x-Staub. Essen, November 1983

Concawe: SO_2-emission trends and control options in Western Europe. CONCAWE-Rep. No. 1/82, Den Haag, 1982

Constantinidou, H.; Kozlowski, T. T.; Jensen, K.: Effects of sulfur dioxide on pinus resinosa seedlings in the cotyledon stage. J. Environ. Qual. 5 (1976) pp. 141–144

Dässler, H.-G.: Einfluß von Luftverunreinigungen auf die Vegetation. Ursachen – Wirkungen – Gegenmaßnahmen, 2. Aufl. Jena: Fischer 1981

van Dam, H.; Kooyman – van Blokland, H.: Menschlich bedingte Veränderungen in einigen Moorweihern, betrachtet anhand historischer und rezenter Daten über Diatomeen und Makrophyten. Int. Rev. ges. Hydrobiol. 63 (1978) S. 587–607

Davis, D. D.; Miller, C. A.; Coppolino, J. B.: Foliar response of eleven woody species to ozone (O_3) with emphasis on black cherry. Proc. Am. Phytopath. Soc. 4 (1977) p. 185

Davis, R. B.; Berge, F.: Atmospheric deposition in Norway during the last 300 years as recorded in SNSF lake sediments, Part II: Diatom stratigraphy and inferred pH. In: Ecological impact of acid precipitation (eds: Drablos, D.; Tollan, A.). Proc. Int. Conf. Sanderfjord, Norway, March 11–14, 1980. SNSF-Project, Oslo 1980

Dehnen, W.: Chemische Kanzerogene: Metabolismus und Wirkung. Arbeitsmed., Sozialmed., Präventivmed. 12 (1977) Nr. 8, S. 168–172

Del Prete, A.; Schofield, C.: The Utility of diatom analysis of lake sediments for evaluating acid precipitation effects on dilute lakes. Arch. Hydrobiol. 91 (1981) pp. 332–340

Dlugi, R.: Untersuchungen der Auswirkungen der gegenseitigen Beeinflussung von Kühlturmschwaden und Abgasfahnen bei Kraftwerken: Chemische Reaktionen und Aerosolverhalten. Kernforschungszentrum Karlsruhe, KfK 3817 (in Druck)

Douglas, J. W. B.; Waller, R. E.: Air pollution and respiratory infection in children. Brit. J. Prev. Soc. Med. 20 (1966) pp. 1–8

DVGW (Deutscher Verein des Gas- und Wasserfaches e. V.): Technische Regeln für die Gasbeschaffenheit – G 260. Januar 1973 und Änderung Januar 1978

Eaton, W. C. et al.: Exposure to indoor nitrogen dioxide from gas stoves. Reprint, Environmental Protection Agency, Human Studies Lab. Jan. 1973, 11 refs. Zit. nach Referat No. 47244 in Air Pollution Abstracts, May 1975

Einbrodt, H. J.; Fingerhut, M.; Müller, R.; Rosmanith, J.; Schneider, R.: Eine epidemiologische Studie zur Gesundheitsgefährdung durch Blei in Risikogebieten. Umwelthygiene 1 (1975) S. 347–351

Elstner, E.; Freudenberg, M.: Biochemische Kriterien der Bearbeitung phytotoxischer Gasemissionen. Inst. f. Botanik u. Mikrobiologie. TU München 1983. (Die Studie wurde im Auftrag des Bayerischen Staatsministeriums für Landesentwicklung und Umweltfragen erstellt.)

Energie 1983: Erste Ergebnisse mit der zirkulierenden WSF in Lünen. Energie 35 (1983) Nr. 6, S. 164–166

Environment Agency: A population-based survey of the influence of combined air pollution on health. Outline of survey and major results. Environment Agency, January 1977

EPA: Can we delay a greenhouse warming? United States Environmental Protection Agency, Strategic Studies Staff, Washington, D.C., 1983

Feder, W. A.: Abnormal pollen, flower or seed development. In: Air pollution and metropolitan woody vegetation (eds.: Smith, W. H.; Dochinger, L. S.) Pub. No. PIEFR-PA-1, U.S.D.A. Forest Service, Upper Darby: Pennsylvania 1975

Ferrazzini, J. C.: Die Einwirkung von Schwefeloxiden auf mittelalterliche Glasgemälde. VDI-Ber. 314 (1978) S. 123–125

Ferris, B. G.; Burgess, W. A.; Worcester, J.: Prevalence of chronic respiratory disease in a pulp mill and a paper mill in the United States. Brit. J. Ind. Med. 24 (1967)

Fitz, S.: Korrosion an Metallen durch SO_2-Einwirkung. VDI-Ber. 314 (1978) S. 103–107

Flückiger, W.; Braun, S.; Oertli, J. J.: Effect of air pollution caused by traffic on germination and tube growth of pollen by Nicotiana sylvestris. Environ. Pollut. 16 (1978) pp. 73–80

Forck, B.: Stand der Rauchgasentschwefelung – Trend der Entwicklung. Proc. VGB- Konf. „Kraftwerk und Umwelt 1981“. VGB Technische Vereinigung der Großkraftwerksbetreiber e.V., Essen 1981, S. 75–81

Fuchs, P.; Rau, G.; Hässler, G.: Grenzwerte für den Entschwefelungsgrad von Rauchgasentschwefelungsanlagen unter dem Gesichtspunkt des sparsameren Einsatzes von Primärenergie. Vortrag auf dem VGB-Kongr. „Kraftwerke 1982“, Mannheim, 14.–17.9.1982

Georgii 1982: Feststellung der Deposition von sauren und langzeitwirksamen Luftverunreinigungen aus Belastungsgebieten. Inst. f. Meteorologie u. Geophysik d. Univ. Frankfurt a.M., März 1982

Goethel, G. F. et al.: Coal liquefaction and heavy oil conversion. Minimizing of environmental impact. Results from VEBA OEL-Prefeasibility Study. OECD Symp. on the Economic Aspects of Coal Pollution Abatement Technologies, Petten, Mai 1982

Griesshammer, R.: Letzte Chance für den Wald? Die abwendbaren Folgen des Sauren Regens. BUND-Informationen 26. Freiburg i. Br.: Dreisam-Verlag 1983

Grimmer, G.; Böhnke, H.; Harke, H. P.: Zum Problem des Passivrauchens. Aufnahme von polyzyklischen aromatischen Kohlenwasserstoffen durch Einatmen von zigarettenrauchhaltiger Luft. Int. Arch. Occup. Environ. Health 40 (1977) S. 93–99

Guderian, R.; Stratmann, H.: Freilandversuche zur Ermittlung von Schwefeldioxidwirkungen auf die Vegetation, Teil III: Forschungsberichte des Landes Nordrhein-Westfalen Nr. 1920. Köln, Opladen: Westdeutscher Verlag 1968

Guggenberger, J.; Krammer, G.; Lindenmüller, W.: Ein Beitrag zur Ermittlung der Emission von polyzyklischen aromatischen Kohlenwasserstoffen aus Großfeuerungsanlagen. Staub-Reinhalt. Luft 41 (1981) Nr. 9

Hinze, H.; Holzer, H.: Effects of nitrite and sulfite on the energy metabolism of yeast; zur Veröffentlichung eingereicht 1983

Hitschold: Das Fichtensterben in Ostpreußen. Der Deutsche Forstwirt 16 (1934) Nr. 79, S. 845–847 und 16 (1934) Nr. 80, S. 853–858

Hlubek, W.: Aktuelle Entwicklungen im Umweltschutz und deren Auswirkungen auf den Betrieb der RWE-Braunkohlekraftwerke. Energiewirtschaftliche Tagesfragen 33 (1983) Nr. 11, S. 856–860

Höfken, K.-D.; Georgii, H.-W.; Gravenhorst, G.: Untersuchungen über die Deposition atmosphärischer Spurenstoffe an Buchen- und Fichtenwald. Ber. d. Inst. f. Meteorologie u. Geophysik d. Univ. Frankfurt/M. Nr. 46, 1981

Hoffmann: Acid fog. Environ. Sci. Technol. 17 (1983) No. 3

Hoffmann, G.; Schweiger, P.; Scholl, W.; Schmid, R.: Grundbelastung der Böden von Baden-Württemberg mit Schwermetallen. Vortrag, VDLUFA-Kongr., Trier, September 1981. Landwirtsch. Forsch., Sonderh. 38 (1981) S. 324–337

Houllier, C.: Emissionsituation in Frankreich – Französische Strategie der Emissionsminderung und eingeleitete Maßnahmen. VDI-Kongr. Emissionsminderungen bei Feuerungsanlagen. SO_2-NO_X-Staub. Essen, November 1983 (1983a)

Houllier, C.: Evolution des emissions de dioxyde de soufre, d'oxydes d'azote et de poussieres en France de 1971 à 1982 et à l'horizon 1990–2000. CITEPA Etudes Documentaires No. 74, Octobre 1983 (1983b)

Houston, D. B.; Dochinger, L. S.: Effects of ambient air pollution on cone, seed, and pollen characteristics in eastern white and red pines. Environ. Pollut. 12 (1977) pp. 1–5

Hüttermann, A.: Frühdiagnose von Immissionsschäden im Wurzelbereich von Waldbäumen. Sonderheft Mitteilungen 1982 der Landesanstalt für Ökologie, Landschaftsentwicklung und Forstplanungen Nordrhein-Westfalen: Recklinghausen 1982

ICRP Publication 30, Part 1 (International Commission on Radiological Protection): Limits for intakes of radionuclides by workers. Ann. ICRP 2 (1979) Nr. 3/4 (1979a)

ICRP Publication 30. Suppl. to Part 1 (International Commission on Radiological Protection): Limits for intakes of radionuclides by workers. Ann. ICRP. 3 (1979) No. 1–4 (1979b)

ICRP Publication 30, Part 2 (International Commission on Radiological Protection): Limits for intakes of radionuclides by workers. Ann. ICRP 4 (1980) No. 3/4

ICRP Publication 30, Suppl. to Part 2 (International Commission on Radiological Protection): Limits for intakes of radionuclides by workers. Ann. ICRP 5 (1981) No. 1–6

Isermann, K.: Bewertung natürlicher und anthropogener Stoffeinträge über die Atmosphäre als Standortfaktoren hinsichtlich der Versauerung land- und forstwirtschaftlich genutzter Böden. Jahrestagung der Deutschen Botanischen Gesellschaft. Freiburg i. Br. 12.–18.9.1982

Islam, M. S.; Ulmer, W. T.: Untersuchungen zur Schwellenkonzentration bei besonders Gefährdeten. Wissenschaft u. Umwelt (1979) Nr. 1, S. 41–47 (1979a)

Islam, M. S.; Ulmer, W. T.: Die Wirkung einer Langzeitexposition (8h/Tag über 4 Tage) gegen Gasgemisch von SO_2 + NO_X + O_3 im dreifachen MIK-Bereich auf die Lungenfunktion und Bronchialreagibilität bei gesunden Versuchspersonen. Wissenschaft u. Umwelt (1979) Nr. 4, S. 186–190 (1979b)

IUFRO (International Union of Forest Research Organisations): Resolution über Maximale Immissionsrate zum Schutze der Wälder. Fachtagung Laibach/Jugoslawien 18–23 September 1978

Ixfeld, H.; Ellermann, K.; Buch, M.: Bericht über die Ergebnisse des III. und IV. Meßprogrammes des Landes Nordrhein-Westfalen (Schwefeldioxid- und Mehrkomponentenmessungen). Schriftenreihe der Landesanstalt für Immissionsschutz des Landes Nordrhein-Westfalen Nr. 54, 1981

Jacobi, W.; Paretzke, H. G.; Ehling, U. H.: Strahlenexposition und Strahlenrisiko der Bevölkerung. GSF-Ber. S-710, München 1981

Jacobs, J.: Erfolge und Ziele bei der Entwicklung einer NO_X-Minderungstechnologie für Kraftwerksfeuerungen. VGB Kraftwerkstechnik 61 (1981) Nr. 3, S. 214–217

Jakimcuk, P. P.; Celikanov, K. N.: Materials for hygienic establishment of 24 hours maximal permissible concentration of nitrogen dioxide in the atmosphere. In: Biological effect and hygienic significance of atmospheric pollutants, Vol. II, Moscow 1968, pp. 164–171. (in russisch)

Jensen, V.: Effects of lead on biodegradation of hydrocarbons in soil. Oikos 28 (1976)

Jörg, F.; Schmitt, D.; Ziegahn, K.-F.: Einfluß gasförmiger Schadstoffe aus der Umwelt auf Polymere (Teil II). Studie im Auftrag des Umweltbundesamtes (Schadstoffwirkungen). Forschungsber. 82-106 08 001/01, Dezember 1982

Johannessen, M.: Aluminium, a buffer in acidic waters? In: Ecological impact of acid precipitation (eds.: Drablos, D.; Tollan, A.). Proc. Int. Conf. Sanderfjord, Norway, March 11–14, 1980. SNSF-Project, Oslo 1980

Joshida, K.; Oshima, H.; Imai, M.: Air pollution and asthma in Jokkaichi. Arch. Environ. Health 13 (1966)

Jüntgen, A. et al.: Folgen eines verstärkten Kohleeinsatzes in der Bundesrepublik Deutschland; Materialienband I: Schadstoffemissionen bei der Kohleveredlung. Bericht des Kernforschungszentrums Karlsruhe, KfK 3523, März 1983

Karnosky, D. F.; Stairs, G. R.: The effects of SO_2 on in vitro forest tree pollen germination and tube elongation. J. Environ. Qual. 3 (1974) pp. 406–409

Katsuna, M. (ed).: Minimata disease. Kumamoto University, Japan 1968.

Kautz, K.; Kirsch, H.; Laufhütte, D. W.: Über Spurenelementgehalte in Steinkohlen und den daraus entstehenden Reingasstäuben. VGB Kraftwerkstechnik 55 (1975) Nr. 10, S. 672–676

Keller, T.: Definition and importance of latent injury by air pollution. Allg. Forst- u. Jagdztg. 148 (1977) S. 115–120 (1977 a)

Keller, T.: The effect of long term low SO_2 concentrations upon photosynthesis of conifers. 4th Int. Clean Air Congr. 1977 (1977 b)

Keller, T.: The influence of air pollution by fluorides on photosynthesis of forest tree species. Mitt. Schweiz. Anst. Forstl. Versuchswes. 53 (1977) S. 163–198 (1977 c)

Keller, T.: Influence of low SO_2 concentrations upon CO_2 uptake of fire and spruce. Photosynthetica 12 (1978) S. 316–322 (1978 a)

Keller, T.: The influence of SO_2 treatment at different seasons on the spruce trees intake of CO_2 and its yearly growth pattern. Schweiz. Z. Forstwes. 129 (1978) S. 381–393 (1978 b)

Keller, T.: Folgen einer winterlichen SO_2-Belastung für die Fichte. Gartenbauwissenschaft 46 (1981) Nr. 4, S. 170–178

Keller, T.: Ökophysiologische Folgen niedriger, aber langdauernder SO_2-Konzentrationen für Waldbaumarten. GSF Ber. A 3/83. Gesellschaft für Strahlen- und Umweltforschung, München 1983

KFA: Studie über die Auswirkungen von Kohlendioxidemissionen auf das Klima. Kernforschungsanlage Jülich 1983

Kirchner, H. H., Weber, G.: Messung von festen und gasförmigen Emissionen. Gas-Wärme international 28 (1979) Nr. 2/3, S. 105–110

Kirsch, H.: Herkunft, thermisches Verhalten und Auswirkung von Spurenelementen in Kraftwerksbrennstoffen. Vorlesung an der Univ. Karlsruhe, 6.–7.2.1981

Kleihues, P. et al.: Repair excision of alkylated bases from DNA in vivo. Oncology 33 (1976) pp. 86–88

Kloke, A.: Richtwerte '80. Orientierungswerte für tolerierbare Gesamtgehalte einiger Elemente in Kulturböden. Mitt. des Verbandes Deutscher Landwirtschaftlicher Untersuchungs- und Forschungsanstalten (VDLUFA) (1980) Nr. 1–3, S. 9–11

Kolb, W.; Täuber, H.: Schwermetallanreicherungen in Flugaschen und Flugstaub. PTB-Mitt. 91 (1981) Nr. 1, S. 30–32

Kreeb, K. H.; Weinmann, R.; Schiele, S.; Lühmann, H.; Wietschorke, G.: Ökologische-physiologische Indikation anthropogener Umweltbelastung. Forschungsber. 10401042 und 10607007 aus dem Umweltforschungsplan des Bundesministers des Inneren, 1976

Kremer, H.: NO_x-Emissionen aus Feuerungsanlagen und aus anderen Quellen. Proc. VGB-Konf. „Kraftwerk und Umwelt 1979". VGB Technische Vereinigung der Großkraftwerksbetreiber e.V. Essen, 1979, S. 163–170

Krieter, M.: Versauerung von Gewässern im südlichen Rheinischen Schiefergebirge. VDI-Koll. „Saure Niederschläge: Ursachen und Wirkungen", Lindau, 7.–9. Juni 1983

Kutschera-Mitter, L.; Lichtenegger, E.; Sobotik, M.: Vegetationswandel unter Schadgasbelastung auf Grün- und Ackerland. In: Das immissions-ökologische Projekt Arnoldstein (Hrsg.: Halbwachs, G.) 39. Sonderh. Carinthia 2, Klagenfurt 1982

Lambert, P. M.; Reid, D. D.: Smoking, air pollution, and bronchitis in Britain. Lancet I (1970) pp. 853–857

Lampert: Persönliche Mitteilung. Max-Planck-Institut für Limnologie, Plön 1983

Landesgewerbeanstalt Bayern (Lehnert/Szadowski): Blei-Studie für den „Bund- Länder-Arbeitskreis Umweltchemikalien" 1981

Lanting, R. W.: Effects of atmospheric pollutants on materials; research needs. In: Deposition of atmospheric pollutants (eds.: Georgii, H.-W., Pankrath, J.). Dordrecht: Reidel 1982

Lave, L. B.; Seskin, E. P.: An analysis of the association between US mortality and air pollution. J. Am. Stat. Assoc. 68 (1973) pp. 284–290

Lave, L. B.; Seskin, E. P.: Air pollution and human health. Baltimore, MD: John Hopkins University Press 1977

Lawther, P. J.; Waller, R. E.; Henderson, M.: Air pollution and exacerbation of bronchitis. Thorax 25 (1970) pp. 525–539

Leaderer, B. P.; Berman, M. D.; Stolwük, J. A. J.: Adverse health impact of ambient sulfates, SO_2 and TSP on the US population. Proc. 4th Clean Air Congr. (eds.: Kasuga, S. et al.) Tokyo: The Japanese Union of Air Pollution Prevention Associations, 1977

Leibundgut, H.: Zum Problem des Tannensterbens. Schweiz. Z. Forstwes. 7 (1974) S. 476–484

van der Lende, R. et al.: Decreases in VC and FEV with time: Indicators for effects of smoking and air pollution. Bull. Europ. Physiopath. Resp. 17 (1981) pp. 775–792

van der Lende, R. et al.: Respiratory symptoms and lung function disturbances in a polluted and a non-polluted area in the Netherlands. In: Umwelthygiene/Suppl. 1: Luftverunreinigung – Wirkung auf den Menschen, Wirkungskataster. (Hrsg.: Ges. zur Förderung der Lufthygiene und Silikoseforschung e. V.) Düsseldorf 1984, S. 117–130

Linzon, S. N.: Effects of airborne sulfur pollutants on plants. In: Sulfur in the environment, Part II: Ecological impacts (ed.: Nriagu, J.-O.). New York: Wiley 1978

Löffler, F.: Die Abscheidung von Partikeln aus Gasen in Faserfiltern. Chem.-Ing.- Techn. 52 (1980) Nr. 4, S. 312–323

Luckat, S.: Quantitative Untersuchung des Einflusses von Luftverunreinigungen bei der Zerstörung von Naturstein. Staub-Reinhalt. Luft 41 (1981) Nr. 11, S. 440–442

Luckat, S.: Steinzerfall und Steinkonservierung: Chemie gegen Chemie. Chemie in unserer Zeit 16 (1982) Nr. 3, S. 89–93

Lunn, J. E.; Knowelden, J.; Roe, J. W.: Patterns of respiratory illness in Sheffield junior schoolchildren. A follow-up study. Brit. J. Prev. Soc. Med. 24 (1970) pp. 223–228

Machta, L.: The atmosphere. In: Changing climate, Rep. of the Carbon Dioxide Assessment Committee. Washington, D.C.: National Academy Press 1983

Mamajev, S. A.; Shkarlet, O. D.: Effects of air and soil pollution by industrial waste on the fructification of Scotch pine in the Urals. Mitt. Forstl. Bundes-Versuchsanstalt Wien 97 (1972)

Martin, A. E.; Bradley, W. H.: Mortality, fog and atmospheric pollution. An investigation during the winter of 1958/59. Mon. Bull. Minist. Health Public Health Lab. Serv. 19 (1960) pp. 56–75

Mayer, R.: Natürliche und anthropogene Komponenten des Schwermetall-Haushalts von Waldökosystemen. Göttinger Bodenkdl. Ber. 70 (1981) S. 1–292

McIlveen, W. D.; Spotts, R. A.; Davis, D. D.: The influence of soil zinc on modulation, mycorrhizae, and ozone-sensitivity of pinto bean. Phytopathology 65 (1975) pp. 645–647

Meyer, H.: Beitrag zur Frage der Rückgängigkeitserscheinungen der Weißtanne (Abies alba Mill.) am Nordrand ihres Naturareals. Arch. Forstwes. 6 (1957) S. 719–787

Michelfelder, S.; Leikert, K.: Der Stufenmischbrenner und Betriebsergebnisse mit Kohlenstaubbrennern für niedrige NO_x-Emission. VGB Kraftwerkstechnik 60 (1980) Nr. 2, S. 105–113

Miller, P. R.; Parmeter, J. R.; Flick, B. H.; Martinez, C. W.: Ozone dosage response of ponderosa pine seedlings. J. Air Pollut. Control Assoc. 19 (1969) pp. 435–438

Minister für Arbeit, Gesundheit und Soziales des Landes Nordrhein-Westfalen: Luftreinhalteplan Ruhrgebiet Mitte 1980–1984, Düsseldorf 1980

Minister für Arbeit, Gesundheit und Sozialordnung des Landes Baden-Württemberg: Stand der Maßnahmen zur Minderung von Stickoxid-Emissionen aus kohlegefeuerten Kraftwerken in Japan. Sozialpolitischer Info-Dienst (Sonderausgabe), Dezember 1983

Minister für Wirtschaft, Mittelstand und Verkehr des Landes Baden-Württemberg: Energiebericht 1980/81

Minister für Wirtschaft, Mittelstand und Verkehr des Landes Nordrhein-Westfalen: Energiebericht 1982

Misfeld, J.: Epidemiologie. Bericht 1/79 Umweltbundesamt Berlin. Berlin: Schmidt 1979, S. 204

Mitchel, R. J. et al.: Household survey of the incidence of respiratory disease in relation to environmental pollutants. Preliminary Rep. 1974

Mitscherlich, G.: Wald, Wachstum und Umwelt, Bd. 3. Frankfurt a. M.: Sauerländer 1975

Mohn, E.; Joranger, E.; Kalvenes, S.; Sollie, B.; Wright, R. F.: Regional surveys of the chemistry of small Norwegian lakes: A statistical analysis of the data from 1977/78. In: Ecological impact of acid precipitation (eds.: Drablos, D.; Tollan, A.) Proc. Int. Conf. Sanderfjord, Norway, March 11–14, 1980, pp. 234–235, SNSF-Project, Oslo 1980

Mülder, D.: Erfahrungen über das Fichtensterben in einem ostpreußischen Revier. Der Deutsche Forstbeamte 2 (1934) S. 736–737

Mufti, A. W. et al. (o. T.). Zitiert in: Proc. World Health Organization Conf. Intoxication due to Alkylmercury Treated Seed. Baghdad, November 9–13, 1974, p. 23 (Suppl. to Bull. WHO 53, Geneva 1976)

Muniz, I. P.; Leivestad, H.: Acidification-effects on freshwater fish. In: Ecological impact of acid precipitation (eds.: Drablos, D.; Tollan, A.). Proc. Int. Conf., Sanderfjord, Norway, March 11–14, 1980. SNSF-Project, Oslo 1980

NAS (National Academy of Sciences): Copper. Washington, D.C.: NAS 1977 (1977a)

NAS (National Academy of Sciences): Effects of nitrogen oxides on vegetation. In: Nitrogen oxides. Washington, D.C.: NAS 1977 (1977b)

NAS (National Academy of Sciences): Ozone and other photochemical oxidants. Washington, D.C.: NAS 1977 (1977c)

NAS: (National Academy of Sciences): Changing climate. Rep. of the Carbon Dioxide Assessment Committee. Washington D.C.: National Academy Press 1983

NATO/CCMS-Committee on the Challanges of Modern Society: Impact of air pollutants on materials. No. 139, Vol. I, pp. 32–36, August 1982

Necker, P.: Dr. Ing. S. Necker, Neckarwerke-Elektrizitätsversorgung AG, pers. Mitt., Februar 1984

Newton, R. G.: The deterioration and conservation of painted glass: A critical bibliography. Oxford: Oxford University Press 1982

von Nieding, G.; Wagner, H. M.; Löllgen, H.; Krekeler, H.: Zur akuten Wirkung von Ozon auf die Lungenfunktion des Menschen. VDI-Ber. 270 (1977) S. 123–129

Niigata Report: Report on the cases of mercury poisoning in Niigata. Tokyo, Ministry of Health and Welfare, 1967

Nitsch, J.; Schott, D.: Ausbau von Sekundärenergiesystemen in der Bundesrepublik Deutschland bis zum Jahre 2000. Arbeitsgemeinschaft der Großforschungseinrichtungen (AGF), Köln, Januar 1981 (ASA-ZE/18/80)

Nordberg, G.; Skerfving, S.: Metabolism. In: Mercury in the environment (eds.: Friberg, L.; Vostal, J.). Cleveland: Chemical Rubber Co., 1972, p. 29

OECD (Organisation for Economic Co-Operation and Development): The OECD programme on long-range transport of air pollutants. Paris 1977

Oesch, F.: Biochemistry of polycyclic aromatic hydrocarbons. VDI-Ber. 358 (1980) S. 251–256

Ohle, W.: Die Seen Schleswig-Holsteins, ein Überblick nach regionalen, zivilisatorischen und produktionsbiologischen Gesichtspunkten. Vom Wasser XXVI, S. 16–41, 1959

Orehek, J.; Massari, P.; Gayrard, P.; Grimaud, C.; Charpin, J.: Effect of short-term, low-level nitrogen dioxide exposure on bronchial sensitivity of asthmatic patients. J. Clin. Invest. 57 (1976) pp. 301–307

Overrein, L. N.; Seip, H. M.; Tollan, A.: Acid precipitation – effects on forest and fish. Final Rep. on the SNSF-Project 1972–1980, Rep. FR 19, SNSF-Project, Oslo 1981

Pacyna: Trace element emission from anthropogenic sources in Europe. Norwegian Institute for Air Research. Tech. Rep. No. 10/1982

Pearlman, M. E.; Finklea, J. F.; Creason, J. P.; Shy, C. M.; Young, M. N.; Horton, R. J. M.: Nitrogen dioxide and lower respiratory illness. Pediatrics 47 (1971) pp. 391–398

Perseke, C.: Die trockene und feuchte Deposition säurebildender atmosphärischer Spurenelemente. Ber. d. Inst. f. Meteorologie und Geophysik d. Univ. Frankfurt a. M., Nr. 48, 1982

Perseke, C.; Beilke, S.; Georgii, H.-W.: Die Gesamtschwefeldeposition in der Bundesrepublik Deutschland auf der Grundlage von Meßdaten des Jahres 1974. Ber. d. Inst. für Meteorologie und Geophysik d. Univ. Frankfurt a. M., Nr. 40, 1980

Peukert, V.; Panning, C.: Einfluß anorganischer Luftverunreinigungen auf die Wasserbeschaffenheit von Trinkwassertalsperren. Acta Hydrochim. Hydrobiol. 3 (1975) S. 545–552

Pitts, J. N.; Finlayson, B. J.: Mechanismen der photochemischen Luftverschmutzung. Angew. Chem. 87 (1975) S. 18–33

Pott, F.: Kanzerogenität von PAH-Gemischen. Bericht 1/79 Umweltbundesamt Berlin. Berlin: Schmidt 1979, S. 204

Pott, F.; Tomingas, R.; Brockhaus, A.; Huth, F.: Untersuchungen zur tumorerzeugenden Wirkung von Extrakten und Extraktfraktionen aus atmosphärischen Schwebstoffen im Subkutantest bei der Maus. Zbl. Bakt. Hyg., I. Abt. Orig. B, 1979

Pott, F.; Steinhoff, D.: Prüfung von PAH und PAH-haltigen Emissionen und Immissionen im Subkutantest. VDI-Ber. 358 (1980) S. 317–322

Pott, F.; Heinrich, U.: Versuchsmodelle zur tierexperimentellen Kanzerogenitätsprüfung von Gesamtabgasen. Umwelthygiene Band 15 (Jahresber. 1982). Hrsg.: Gesellschaft zur Förderung der Lufthygiene und Silikoseforschung e. V., Düsseldorf 1983, S. 86–94

Prinz, B.: Wirkungen von Luftverunreinigungen auf Pflanzen und Möglichkeiten zum verbesserten Schutz der Vegetation in der Bundesrepublik Deutschland. In: Materialien zu Energie und Umwelt. (Hrsg.: Rat von Sachverständigen für Umweltfragen.) 1982, S. 101–214

Prinz, B.; Krause, G. H. M.; Stratmann, H.: Vorläufiger Bericht d. Landesanstalt für Immissionsschutz des Landes Nordrhein-Westfalen über Untersuchungen zur Aufklärung der Waldschäden in der Bundesrepublik Deutschland. LIS-Ber. Nr. 28 (1982) Waldschäden in der Bundesrepublik Deutschland

Rat von Sachverständigen für Umweltfragen: Waldschäden und Luftverunreinigungen. Sondergutachten des Rates von Sachverständigen für Umweltfragen. März 1973. (Bundestags-Drucksache 10/113 vom 8.6.1983

Rehfuess, K. F.: Über die Wirkungen von sauren Niederschlägen in Waldökosystemen. Forstwiss. Centralbl. 100 (1981) Nr. 6 (1981 a)

Rehfuess, K. F.: Waldböden, Entwicklung, Eigenschaften und Nutzung. Hamburg, Berlin: Parey 1981 (1981 b)

Rehfuess, K. E.; Bosch, C.; Pfannkuch, E.: Nutrient imbalancies in coniferous stands in Southern Germany. Int. Workshop on Growth Disturbances of Forest Trees. INFRO/FFRJ Finland, October 10–13, 1982

Rehfuess, K. E.: Arbeitshypothese zur Erklärung der Fichtenerkrankung in den Hochlagen des Bayrischen Waldes. GSF-Ber. A 3/83. Gesellschaft für Strahlen- und Umweltforschung, München 1983

Reichle, D. E.: Analysis of temperate forest ecosystems. Ecol. Stud. 1 (1973) pp. 1–304

Rentz, O.: Technologien zur Minderung von Schadstoffemissionen aus Industrieanlagen und deren Implementierung. Vortrag auf dem Symposium „Saure Niederschläge – Eine Herausforderung für Europa", CEC/KfK, Karlsruhe, 19.–21. September 1983

Riederer, J.: Korrosionsschäden an Bronzeplastiken. Werkst. Korros. 23 (1972) Nr. 12, S. 1097–1100

Riederer, J.: Die Wirkungslosigkeit von Luftverunreinigungen beim Steinzerfall. Staub-Reinhalt. Luft 33 (1973)

Riederer, J.: Steinschäden auch ohne Rauchgas. Umwelt 1 (1974)

Rosenqvist, Th.; Jorgensen, P.; Ruestlätten, H.: The importance of natural H production for acidity in soil and water. In: Ecological impact of acid precipitation (eds.: Drablos, D.; Tollan, A.). Proc. Int. Conf. Sanderfjord, Norway, March 11–14, 1980. SNSF-Project, Oslo 1980

Roß, H.: Einfluß von sauerstoffhaltigen Schwefelverbindungen auf organische Materialien. VDI-Ber. 314 (1978) S. 109–118

Roß, H.: Dr. H. Roß, Umweltbundesamt, Berlin. Pers. Mitt., 20.10.1983

Roß, H.: Dr. H. Roß, Umweltbundesamt, Berlin. Pers. Mitt., 5.1.1984

Rosseland, B. O.; Sevaldrud, I.; Svalastog, D.; Muniz, I. P.: Studies of freshwater fish populations – effects of acidification on reproduction, population structure, growth, and food selection. In: Ecological impact of acid precipitation (eds.: Drablos, D.; Tollan, A.). Proc. Int. Conf. Sanderfjord, Norway, March 11–14, 1980. SNSF-Project, Oslo 1980

Ruzicka, J.: Die Tanne stirbt aus, wo sie in strengen Wintern anfriert. Sudetendeutsche Forst- und Jagdztg., Bodenbach/E. 37 (1937) S. 27–29; 37–39

RWTÜV (Rheinisch-Westfälischer Technischer Überwachungsverein e. V.): Studie über Risiko von Anlagen der Kohletechnologie, erstattet im Auftrag des Kernforschungszentrums Karlsruhe, Essen, 2.2.1982

Sachverständigenanhörung 1978: Medizinische, biologische und ökologische Grundlagen zur Bewertung schädlicher Luftverunreinigungen – Themenkreis Materialien. Berlin, 20.–24.2.1978, Wortprotokoll und Materialien. Hrsg.: Umweltbundesamt Berlin, 1978

Salamberidze, O. P.; Cereteli, N. T.: The joint action of small concentrations of sulfurous gas and nitrogen dioxide gases under conditions of a chronic test. Gis. i. Sanit. (1971) No. 4, pp. 10–14 (in russisch)

Schärer, B. (Hrsg.): Luftverschmutzung durch Schwefeldioxid – Ursachen Wirkung, Minderung. UBA-Texte, Kap. 2.3, Umweltbundesamt Berlin, 1980

Scheidter, F.: Das Tannensterben im Frankenwalde. Naturwiss. Z. Forst- u. Landwirtsch. 17 (1919) S. 69–90

Schladot, J. D.; Nürnberg, H. W.: Atmosphärische Belastung durch toxische Metalle in der Bundesrepublik Deutschland. Emission und Deposition. Jül-1776, April 1982

Schön, R.; Wright, R. F.: Erste, vorläufige Ergebnisse einer Untersuchung über Versauerungserscheinungen in kleinen kalkarmen Fließgewässern der Bundesrepublik Deutschland während der Schneeschmelze 1983. Vortrag auf dem VDI-Koll. „Saure Niederschläge: Ursachen und Wirkungen“ Lindau 7.–9. Juni 1983

Schön, R., Wright, R. F.; Krieter, M.: Gewässerversauerung in der Bundesrepublik Deutschland. Naturwissenschaften 71 (1984) S. 95–97

von Schönborn, A.; Weber, E.: Untersuchungen über die Immissionsbelastung von Tannen- und Fichtennadeln im Bereich des Bayrischen Waldes. Forstwiss. Centralbl. 100 (1981) S. 265–270

Schönbucher, B.: Dr. B. Schönbucher, Energieversorgung Schwaben. Pers. Mitt. Dez. 1983

Schofield, C. L.: Acid precipitation: Effects on fish. Ambio 5 (1976) pp. 228–230

Scholz, F.: Entwicklungsstand der Rauchgasreinigung. Brennstoff-Wärme-Kraft 36 (1984) Nr. 1–2

Schreiber, H.: Air pollution effects on materials. In: Proc. impact of air pollutants on materials, NATO/CCMS-Report No. 139, Vol. II, August 1982

Schroeder, D.: Bodenkunde in Stichworten. Kiel: Hirt 1978

Schütt, P.: Das Tannensterben. Der Stand unseres Wissens über eine aktuelle und gefährliche Komplexkrankheit der Weißtanne (Abies alba Mill.). Forstwiss. Centralbl. 96 (1977) S. 177–186

Schurath, U.: (o.T.). Zitiert in: Arbeitsgruppe „Luftchemie“ der VDI-Kommission Reinhaltung der Luft, Düsseldorf 1980, S. 36

Schuster, H.: Minderung der NO_x-Emissionen aus Kraftwerksfeuerungen. Vortrag auf dem VDI-Koll. „Emissionsminderung bei Feuerungsanlagen“, Essen, 10./11. November 1983

Schuster, H.; Jacobs, J.; Leikert, K.; Michelfelder, S.; Reidick, H.: Minderung der NO_x-Emissionen aus Dampferzeugerfeuerungen. Jahrbuch der Dampferzeugungstechnik, 4. Ausgabe. VGB Technische Vereinigung der Großkraftwerksbetreiber e. V. Essen: Vulkan-Verlag 1980, S. 748–763

Schuster, H.; Stebel, H.: Großtechnische Erprobung einer Feuerung mit geringer NO_x-Emission für steinkohlengefeuerte Dampferzeuger mit flüssigem Ascheabzug. Brennstoff-Wärme-Kraft 33 (1981) S. 443–446

Schwerdtfeger, F.: Waldkrankheiten. 4. Aufl. Hamburg, Berlin: Parey 1981

Seitschek, O.: Verbreitung und Bedeutung der Tannenkrankheit in Bayern. Forstwiss. Centralbl. 100 (1981) S. 138–148

Sessa, T.; Ferrari, E.; Colussi D'Amato, C.: Velocita di conduzione nervosa nei saturnini. Folia med. (Napoli) 48 (1965) S. 658–668

Shy, C. M.; Creason, J. P.; Pearlman, M. E. et al.: The Chattanooga school-children study, I. Methods, description of pollutant exposure, and results of ventilatory function testing. J. Air Pollut. Control Assoc. 20 (1970) pp. 539–545 (1970 a)

Shy, C. M.; Creason, J. P.; Pearlman, M. E. et al.: The Chattanooga school-children study, II. Incidence of acute respiratory illness. J. Air Pollut. Control Assoc. 20 (1970) pp. 582–588 (1970 b)

Skoulikidis, Th.: Effects of air pollutants and acid deposition on buildings and monuments. Vortrag auf dem CEC/KfK-Symposium „Saure Niederschläge – eine Herausforderung für Europa“. Karlsruhe, 19.–21.9.1983

Smith, F. B.: Conditions pertaining to high acid concentration in rain. Vortrag auf dem VDI-Koll. „Saure Niederschläge: Ursachen und Wirkungen“. Lindau, 7.–9. Juni 1983

Smith, R. G.; Vorwald, A. J. et al.: (o.T.). Zitiert in: Am. Ind. Hyg. Assoc. J. 31 (1970) pp. 687–700

Smith, W. H.: Air pollution and forests. Berlin, Heidelberg, New York: Springer 1981

SRI (Stanford Research Institute): Regional pattern and transfrontier exchanges of airborne sulfur pollution in Europe. Final Report. SRI Project 4797, prepared for Umweltbundesamt Berlin, April 1979

SRI (Stanford Research Institute): Further studies to develop and apply long- and short-term models to calculate regional pattern and transfrontier exchanges of airborne pollution in Europe. Final Report, SRI Project 8365, March 1982

Stellbrink, H.: Betriebserfahrungen mit der REA II und der Wiederaufheizung in Wilhelmshaven. Vortrag auf der VGB-Konf. „Kraftwerk und Umwelt 1983", Essen, 27./28. April 1983

Steubing, L.; Fricke, G.; Jehn, H.: Veränderungen des Algenspektrums der Eder im Verlauf von vier Jahrzehnten. Arch. Hydrobiol. 96 (1983) S. 205–222

Stratmann, H.: Freilandversuche zur Ermittlung von Schwefeldioxydwirkungen auf die Vegetation, Teil II. Forschungsber. des Landes Nordrhein-Westfalen Nr. 1184. Köln, Opladen: Westdeutscher Verlag 1963

Takenaka, H. et al.: Carcinogenicity of cadmium chloride aerosols in rats. J. nat. Cancer Inst. 70 (1983) pp. 367–371

Taylor, O. C.; Thompson, C. R.; Tingey, D. T.; Reinert, R. A.: Oxides of nitrogen. In: Responses of plants to air pollution (eds.: Mudd, J. B.; Kozlowski, T. T.). New York: Academic Press 1975

Teisinger, J.; Fierova-Bergerova, V.: (o.T.). Zitiert in: Ind. Med. Surg. 34 (1965) p. 580

Thiele, K.: Der kristallklare Tod. Nationalpark 36 (1982) Nr. 3

Thompson, C. R.; Taylor, O. C.: Effects of air pollutants on growth, leaf drop, fruit drop and yield of citrus trees. Environ. Sci. Technol. 3 (1969) pp. 934–940

Thron, H. L.; Englert, N.; Krause, Ch.; Laskus, L.; Sonneborn, M.; Wagner, H. M.: Bleibelastung von Bevölkerungsgruppen. Epidemiologische Untersuchungen in der Nachbarschaft einer Bleihütte und in Kontrollregionen. WaBoLu-Ber., Bundesgesundheitsamt 2/1978

Thyssen, J.; Althoff, J.; Kimmerle, G.; Mohr, U.: Inhalation studies with Benzo(a)pyrene. VDI-Ber. 358 (1980) S. 329–333

Tomingas, R.: Untersuchung der PAH-Belastung im Ruhrgebiet – Vergleich mit einer Reinluftstation. VDI-Ber. 358, (1980) S. 147–153

Trojanowska, B.: Med. Pracy 17 (1966) p. 535. Zitiert in: WHO „Environmental Health Criteria 1 – Mercury. Geneva 1976

Tukey, H. B.: The leaching of substances from plants. Ann. Rev. Pl. Physiol. 21 (1970) pp. 305–324

Tyler, G.: Heavy metals pollute nature, may reduce productivity. Ambio 1 (1972) pp. 52–59

Tyree, S. Y.: Rainwater acidity measurement problems. Atmos. Environ. 5 (1980) pp. 57–60

UBA: Sachverständigenanhörung: Medizinische, biologische und ökologische Grundlagen zur Bewertung schädlicher Luftverunreinigungen. Umweltbundesamt Berlin 1978

UBA: Luftreinhaltung '81. Materialien zum Zweiten Immissionsschutzbericht der Bundesregierung. Umweltbundesamt Berlin 1981

UBA: Großräumige Luftverunreinigung in der Bundesrepublik Deutschland. Umweltbundesamt Berlin, Texte 33/82

UBA: Unveröffentlichter Bericht über PAH. Umweltbundesamt Berlin 1984

Ulmer, W. T. et al.: Regionale Häufigkeit unspezifischer Atemwegserkrankungen. IV. Mitt. Int. Arch. Arbeitsmed. 27 (1970) S. 73–109

Ulrich, E.: Die Glasgemälde des Augsburger Doms. VDI-Ber. 314 (1978) S. 127–130

Ulrich, B.; Mayer, R.; Khanna, P. K.: Deposition von Luftverunreinigungen und ihre Auswirkungen in Waldökosystemen im Solling. Schriftenr. Forstl. Fak. Univ. Göttingen 58 (1979)

Ulrich, B.: Die Wälder in Mitteleuropa. Meßergebnisse ihrer Umweltbelastung, Theorie ihrer Gefährdung, Prognose ihrer Entwicklung. AFZ 36 (1980) S. 1198–1202

Ulrich, B.: Ökologische Gruppierung von Böden nach ihrem chemischen Bodenzustand. Z. Pflanzenernähr. Bodenk. 144 (1981) Nr. 3 (1981 a)

Ulrich, B.: Eine ökosystemare Hypothese über die Ursachen des Tannensterbens. Forstwiss. Centralbl. 100 (1981) Nr. 3 u. 4 (1981 b)

Ulrich, B.: Gefahren für das Waldökosystem durch Saure Niederschläge. Sonderh. d. Mitt. 1982, Landesanstalt für Ökologie, Landschaftsentwicklung und Forstplanung, Nordrhein-Westfalen. Recklinghausen (1982 a)

Ulrich, B.: Workshop „Effects of Accumulation of Air Pollutants in Forest Ecosystems", Göttingen, 16–18. Mai 1982 (1982b)

Ulrich, B.; Matzner, E.: Abiotische Folgewirkungen der weiträumigen Ausbreitung von Luftverunreinigungen. Forschungsber. 10402615, Umweltbundesamt Berlin 1983 (1983a)

Ulrich, B.: A concept of forest ecosystem stability and of acid deposition as a driving force for destabilization. In: Effects of accumulation of air pollutants in forest ecosystems (eds.: Ulrich, B.; Pankrath, J.). Dordrecht: Reidel 1983, pp. 1–29 (1983b)

Urone, P.: The primary air pollutants – gaseous. Their occurrence, sources, and effects. In: Air pollution (ed. Stern, A. C.), Vol. 1. New York: Academic Press 1976, pp. 23–75

VDEW (Vereinigung Deutscher Elektrizitätswerke): Statistik für das Jahr 1980. VWEW – Verlags- und Wirtschaftsgesellschaft der Elektrizitätswerke mbH, Frankfurt a. M. 1981

VDI: Maximale Immissionskonzentrationen für Schwefeldioxid. Entwurf VDI 2310, Blatt 11, 1982

VGB: Erste Hybrid-Rauchgasentschwefelungsanlage ohne Wiederaufheizung. VGB Kraftwerkstechnik 61 (1981) Nr. 10, S. 884–885

Wagner, F.: Ausmaß und Verlauf des Tannensterbens in Ostbayern von 1975 bis 1980. Forstwiss. Centralbl. 100 (1981) S. 148–160

Wagner, H.-M.; von Nieding, G.; Beuthan, A.; Antweiler, H.: Biochemical effects after shortterm exposure of humans to NO_2, O_3 and SO_2 at MAK-concentrations. Wissenschaft u. Umwelt (1982) Nr. 1, S. 34–39

Watanaba, H.: Air pollution and its health effect in Osaka, Japan. Paper presented at the 58th Annual Meeting of the Air Pollution Control Association. Toronto/Canada, June 1965

Weber, E.: Rauchgasentstaubung. Vortrag auf der ENVITEC '80, 3. Int. Kongr. „Energie und Umwelt", Düsseldorf, 11.–13.2.1980

Weinstein, L. H.: Fluoride and plant life. J. Occup. Med. 19 (1977) pp. 49–78

Weir, F. W.; Bromberg, P. A.: Effects of sulfur dioxide on healthy and peripheral airway impaired subjects. Proc. Recent Advances in the Assessment of the Health Effects of Environmental Pollution. Int. Symp. Paris, 24–26. June 1974. Luxemburg: Commission of the European Communities 1975. EUR 5360, Vol. 4, pp. 1989–2004, 15 Qu

Wever, A. M. J.: Short-term effects of air pollution in the Rijnmond Area, the Netherlands. VDI-Ber. 314 (1978) pp. 183–186

Wirth, W.; Gloxhuber, C.: Toxikologie. Stuttgart: Thieme 1981

WHO (World Health Organization): Environmental Health Criteria 1 – Mercury. Geneva 1976

WHO (World Health Organization): Environmental Health Criteria 4 – Oxides of nitrogen. Geneva 1977

WHO (World Health Organization): Environmental Health Criteria 8 – Sulfur dioxide. Geneva 1979

WHO (World Health Organization): Recommended health based limits in occupational exposure to heavy metals. Tech. Rep. Ser. 647 (1980)

Yocom, J. E.; Baer, N. S.: The acid deposition phenomenon and its effects. E-7. Effects on materials. In: The acidic deposition phenomenon and its effects. United States Environmental Protection Agency, EPA-600/8-83-0168, May 1983

Yocom, J. E.; Stankunas, A. R.; Bradow, F. V.: A review of air pollutants damage to materials. In: Impact of air pollutants on materials. NATO/CCMS-Rep. No. 139, Vol. II, 1982

Zallmanzig, J.: Dr. J. Zallmanzig, Zollern-Institut. Pers. Mitt. 9.1.1984

Ziegahn, K.-F.: Dipl.-Phys. K.-F. Ziegahn, Fraunhofer-Institut für Treib- und Explosivstoffe (ICT), Pfinztal-Berghausen. Pers. Mitt. 13.10.1983

Zielhuis, R. L.: Dose response relationships for inorganic lead. I: Biochemical and haematological response. II: Subjective and functional responses. Chronic sequelae. No-response levels. Int. Arch. Occup. Health 35 (1975) pp. 1–18; 19–35

Zöttl, H. W.: Der Wald und die Schwermetalle. Allgemeine Forstzeitschrift 47 (1979) S. 1282–1283

Zöttl, H. W.: Nadelanalytische Befunde zur Fichtenerkrankung in den Hochlagen des Süd-Schwarzwaldes. Symp. „Saurer Regen – Waldschäden", Forschungsansätze u. -schwerpunkte, Jülich, 27.–28. Jan. 1983

Zöttl, H. W.; Mies, E.: Die Fichtenerkrankung in Hochlagen des Süd-Schwarzwaldes. AFJZ 154 (1983) S. 110–114

Teil D

Allensbacher Berichte 1983/Nr. 21: Waldsterben – Die Mehrheit ist zu finanziellen Opfern bereit. Allensbach 1983

Bahl, V.: Staatliche Politik am Beispiel der Kohle. Frankfurt a. M., New York: Campus 1977

Barnes, S. M.; Kaase, M. et al.: Political action: Mass participation in five nations. London, Beverly Hills: Sage Publ. 1979

Bechmann, G.; Nowotny, H.; Rammert, W.; Ulrich, O.; Vahrenkamp, R. (Hrsg.): Technik und Gesellschaft; Jahrbuch 1. Frankfurt a.M., New York: Campus 1982

Brand, K. W.: Neue soziale Bewegungen. Opladen: Westdeutscher Verlag 1982

Bürklin, W. P.: Die Grünen und die „Neue Politik". Politische Vierteljahresschrift 22 (1981) S. 359–382

van Buiren, S.: Die Kernenergiekontroverse im Spiegel der Tageszeitungen. Frankfurt a. M.: Battelle-Institut 1978

Bundesverband Bürgerinitiativen Umweltschutz e. V. (BBU): Bekämpfung des sauren Regens steht 1984 im Mittelpunkt der Aktivitäten. Bonn: Presseerklärung vom 1.1.1984

Cole, G. A.; Withey, S. B.: Perspectives on risk perception. Risk Analysis 1 (1981) No. 2, pp. 143–163

Costoriadis, C.: The crisis of western societies. Telos (1982) pp. 17–28

Enquête-Kommission „Zukünftige Kernenergie-Politik": Bericht der Enquête-Kommission „Zukünftige Kernenergie-Politik" des Deutschen Bundestages. Deutscher Bundestag, 8. Wahlperiode, Drucksache 8/4341, 27.6.1980

Fietkau, M. J.; Kessel, H.; Tischler, W.: Umwelt im Spiegel der öffentlichen Meinung. Frankfurt a. M., New York: Campus 1982

Frederichs, G.; Bechmann, G.; Gloede, F.: Großtechnologien in der gesellschaftlichen Kontroverse. Karlsruhe: KfK-Ber. 3342, 1983

Ginjaar, L.: Overall conclusions of the symposium. In: Saure Niederschläge – Eine Herausforderung für Europa (Symp. d. EG-Kommission und des Kernforschungszentrums Karlsruhe vom 19.–23.9.1983. Hrsg.: Ott, H.; Stangl, H. Karlsruhe 1983, S. 346–349

Gloede, F.: Diskussionszusammenhänge der Themen ‚Kohle' und ‚Kernenergie' in der Presse. Karlsruhe: KfK-Primärber. 1982

Hatzfeld, H.; Leinen, J.; Schumacher, H. G.; Teufel, D. (Hrsg.): Kohle – Konzepte einer umweltfreundlichen Nutzung. Frankfurt a. M.: Fischer 1982

Heller, E.: Umfragen zur Kernenergie. Frankfurt a. M.: Battelle-Institut 1980, BF-R 63.012-400/5

Hirsch, J.; Roth, R.: ‚Modell Deutschland' und neue soziale Bewegungen. Prokla 10 (1980) Nr. 3, S. 14–40

Inglehart, R.: The silent revolution in Europe: International change in post-industrial societies. The Am. Political Sci. Rev. 65 (1971) pp. 991–1017

Inglehart, R.: The silent revolution. Princeton, New Yersey: Princeton University Press 1977

Inglehart, R.: Traditionelle politische Trennungslinien und die Entwicklung der neuen Politik in westlichen Gesellschaften. Politische Vierteljahresschrift 24 (1983) S. 139–165

Internationales Institut für Umwelt und Gesellschaft (IIUG): Ökologische Werte und gesellschaftlicher Protest. In: Wissenschaftszentrum Berlin – WZB-Mitt. Nr. 19, August 1982, S. 15–18

Kaase, M.: Bedingungen unkonventionellen politischen Verhaltens in der Bundesrepublik Deutschland. In: Legitimationsprobleme politischer Systeme. (Hrsg.: Kielmannsegg, P.) Politische Vierteljahresschrift, Sonderh. 7 (1976) S. 179–216. Opladen: Westdeutscher Verlag 1976

Kitschelt, H.: Energiepolitische Stagnation oder Innovation. In: Technik und Gesellschaft; Jahrbuch 1 (Hrsg.: Bechmann, G.; Nowotny, H.; Rammert, W.; Ulrich, O.; Vahrenkamp, R.). Frankfurt a. M., New York: Campus 1982, S. 165–191

Küchler, M.: 18 bis 35 + Abitur = Aktivgruppe. Der Spiegel 48 (1981) S. 65–70

Lautmann, R.: Soziale Werte in der Konstitution sozialer Probleme. In: Lebenswelt und soziale Probleme. Verhandlungen des 20. Deutschen Soziologentages in Bremen 1980. (Hrsg.: Matthes, J.) Frankfurt a. M., New York: Campus 1981, S. 179–197

Meyer-Renschhausen, M.: Energiepolitik in der Bundesrepublik Deutschland von 1950 bis heute. Köln: Pahl-Rugenstein 1977.
Meyer-Renschhausen, M.: Das Energieprogramm der Bundesregierung. Frankfurt a. M., New York: Campus 1981
Nießlein, E.: Bevölkerung verlangt wirkungsvollere Maßnahmen zur Luftreinhaltung. Inst. f. Forstpolitik und Raumordnung d. Univ. Freiburg i. Br. 1983
Offe, C.: Politische Herrschaft und Klassenstrukturen. In: Politik – Wissenschaft (Hrsg.: Kress, G.; Senghaas, D.). Frankfurt a. M.: Europäische Verlagsanstalt 1973, S. 135–164
Olson, M.: Die Logik des kollektiven Handelns. Tübingen: Mohr 1968
Proske, R.: Technologiebewertung in den Medien – Instrument einer neuen Kulturrevolution? In: Technik auf dem Prüfstand (Hrsg.: Münch, E.) Essen: Girardet 1982, S. 136–142
Radkau, J.: Szenenwechsel in der Kernkraft-Kontroverse. Neue Politische Literatur 28 (1983) S. 5–56
Radkau, J.: Aufstieg und Krise der deutschen Atomwirtschaft 1945–1975. Reinbeck b. Hamburg: Rowohlt 1983
Renn, O.: Wahrnehmung und Akzeptanz technischer Risiken. Jül.-Spez. 97, Bde. I–VI. Kernforschungsanlage Jülich 1981
Renn, O.: Analyse der Sozialverträglichkeit von Energiesystemen als Instrument der wissenschaftlichen Politikberatung. Energiewirtschaftliche Tagesfragen 33 (1983) Nr. 10, S. 745–756
Röthlein, B.: Kernenergie – Ein Thema der öffentlichen Meinung. Diss. TU München 1979
Spiegel-Report über die Wahlkampfthemen Waldsterben und Säureregen. Der Spiegel 7 (1983) S. 72–89
Vester, M.: Von neuen Plebejern, Emanzipation und Massenstreiks. Frankfurter Rundschau 78 (1983) S. 14–15 (5.4.1983)
Wiesenthal, H.: Alternative Technologie und gesellschaftliche Alternativen. In: Technik und Gesellschaft; Jahrbuch 1 (Hrsg.: Bechmann, G.; Nowotny, H.; Rammert, W.; Urich, O.; Vahrenkamp, R.). Frankfurt a. M., New York: Campus 1982, S. 48–78
Zimmermeyer, G.: Kohle und Umwelt. Glückauf 120 (1984) Nr. 3, S. 170–174

Sachverzeichnis